단기간 마무리 학습을 위한

7개년 과년도

공조냉동기계기사

Engineer Air-Conditioning Refrigerating Machinery 필기

최승일 지음

 (주)도서출판 **성안당**

독자 여러분께 알려드립니다

공조냉동기계기사 [필기]시험을 본 후 그 문제 가운데 10여 문제를 재구성해서 성안당 출판사로 보내주시면, 채택된 문제에 대해서 성안당 도서 중 "공조냉동기계 기사 [실기]" 1부를 증정해 드립니다. 독자 여러분이 보내주시는 기출문제는 더 나은 책을 만드는 데 큰 도움이 됩니다. 감사합니다.

 e-mail coh@cyber.co.kr (최옥현)

★ 메일을 보내주실 때 성명, 연락처, 주소를 기재해 주시기 바랍니다.
★ 보내주신 기출문제는 집필자가 검토한 후에 도서를 증정해 드립니다.

■ 도서 A/S 안내

성안당에서 발행하는 모든 도서는 저자와 출판사, 그리고 독자가 함께 만들어 나갑니다.

좋은 책을 펴내기 위해 많은 노력을 기울이고 있습니다. 혹시라도 내용상의 오류나 오탈자 등이 발견되면 "좋은 책은 나라의 보배"로서 우리 모두가 함께 만들어 간다는 마음으로 연락주시기 바랍니다. 수정 보완하여 더 나은 책이 되도록 최선을 다하겠습니다.

성안당은 늘 독자 여러분들의 소중한 의견을 기다리고 있습니다. 좋은 의견을 보내주시는 분께는 성안당 쇼핑몰의 포인트(3,000포인트)를 적립해 드립니다.

잘못 만들어진 책이나 부록 등이 파손된 경우에는 교환해 드립니다.

저자 문의 e-mail : choisi@kopo.ac.kr(최승일)
본서 기획자 e-mail : coh@cyber.co.kr(최옥현)
홈페이지 : http://www.cyber.co.kr   전화 : 031) 950-6300

항목	세부 항목	1회독	2회독	3회독
핵심 요점노트	제1편 에너지관리	1~3일	1~2일	1일
	제2편 공조냉동설계			
	제3편 시운전 및 안전관리			
	제4편 유지보수공사관리			
2016년 과년도 출제문제	제1회 기출문제	4~5일	3일	2일
	제2회 기출문제			
	제3회 기출문제			
2017년 과년도 출제문제	제1회 기출문제	6~7일	4일	
	제2회 기출문제			
	제3회 기출문제			
2018년 과년도 출제문제	제1회 기출문제	8~9일	5일	3일
	제2회 기출문제			
	제3회 기출문제			
2019년 과년도 출제문제	제1회 기출문제	10~11일	6일	
	제2회 기출문제			
	제3회 기출문제			
2020년 과년도 출제문제	제1·2회 통합 기출문제	12~13일	7일	4일
	제3회 기출문제			
	제4회 기출문제			
2021년 과년도 출제문제	제1회 기출문제	14~16일	8일	
	제2회 기출문제			
	제3회 기출문제			
2022년 과년도 출제문제	제1회 기출문제	17~18일	9일	
	제2회 기출문제			
부록 CBT 대비 실전 모의고사	제1회 모의고사	19~20일	10일	5일
	제2회 모의고사			
	제3회 모의고사			
	제4회 모의고사			
	제5회 모의고사			

" 수험생 여러분을 성안당이 응원합니다! "

20일 완성!　**10**일 완성!　**5**일 완성!

스스로 체크하는
3회독
플래너

항목	세부 항목	1회독	2회독	3회독
핵심 요점노트	제1편 에너지관리			
	제2편 공조냉동설계			
	제3편 시운전 및 안전관리			
	제4편 유지보수공사관리			
2016년 과년도 출제문제	제1회 기출문제			
	제2회 기출문제			
	제3회 기출문제			
2017년 과년도 출제문제	제1회 기출문제			
	제2회 기출문제			
	제3회 기출문제			
2018년 과년도 출제문제	제1회 기출문제			
	제2회 기출문제			
	제3회 기출문제			
2019년 과년도 출제문제	제1회 기출문제			
	제2회 기출문제			
	제3회 기출문제			
2020년 과년도 출제문제	제1·2회 통합 기출문제			
	제3회 기출문제			
	제4회 기출문제			
2021년 과년도 출제문제	제1회 기출문제			
	제2회 기출문제			
	제3회 기출문제			
2022년 과년도 출제문제	제1회 기출문제			
	제2회 기출문제			
부록 CBT 대비 실전 모의고사	제1회 모의고사			
	제2회 모의고사			
	제3회 모의고사			
	제4회 모의고사			
	제5회 모의고사			

❝ 수험생 여러분을 성안당이 응원합니다! ❞

일 완성   일 완성   일 완성

절취선

머리말

냉동공조산업은 일반적으로 "냉동기, 냉동냉장 응용제품류 및 공기조화기류를 제조, 생산하는 분야로서 인간을 대상으로 하는 생활공간의 생성 및 유지를 목적으로 사용되고 있으며, 기계, 전자, 전기, 화학, 섬유, 건축설비, 식품, 제약 등 전 산업분야의 응용기기로서 생산공정에 필수적으로 활용되는 산업용의 목적에 사용되는 기기와 관련된 산업"이라 정의할 수 있다.

즉, 공조냉동기계기사는 주로 각종 공사(주택, 토지개발, 도로, 가스안전, 가스), 냉동고압가스업체, 냉난방 및 냉동장치제조업체, 공조냉동설비관련 업체, 저온유통업체, 식품냉동업체 등으로 진출할 수 있다. 일부는 건설업체, 감리전문업체, 엔지니어링업체, 정부기관 등으로 진출하고 있고, 「에너지이용합리화법」에 의한 에너지절약전문기업의 기술인력, 「고압가스안전관리법」에 의해 냉동제조시설, 냉동기제조시설의 안전관리책임자, 「건설기술관리법」에 의한 감리전문회사의 감리원 등으로 고용될 수도 있다.

공조냉동기술은 주로 제빙, 식품저장 및 가공분야 외에 경공업, 중화학공업분야, 의학, 축산업, 원자력공업 및 대형건물의 냉난방시설에 이르기까지 광범위한 분야에 응용되고 있다. 또한 생활수준의 향상으로 냉난방설비수요가 증가하고 있는데, 이에 따라 공조냉동기계를 설계하거나 기능인력을 지도, 감독해야 할 기술인력에 대한 수요가 증가할 전망이다. 공조냉동분야에 대한 높은 관심은 자격응시인원의 증가로 이어지고 있다.

냉동관련 산업분야의 우수한 기술자가 되기 위한 냉동공학을 ㈜KTENG 김철수 사장님의 배려로 이론적 배경에 역점을 두었고, 기계 열역학, 냉동공학, 공기조화, 전기제어공학, 배관일반은 검정기준에 최대한 적합하도록 구성하였다.

여기에 필자는 산업설비분야 등 다수 자격증을 보유한 노하우와 30여 년간 교육 및 냉동분야 연구의 경험을 바탕으로 이 책을 출간하게 되었다.

이 책의 특징

① 20일, 10일, 5일, 계획에 따라 실천하면 3회독으로 마스터가 가능한 "합격 플래너"를 수록하였다.

② 시험 직전 최종 마무리하는 데 활용할 수 있도록 중요공식들을 모아 정리한 "핵심 요점노트"를 수록하였다.

③ 과년도 출제문제를 상세한 해설과 함께 수록하여 실전에 대비할 수 있도록 하였다.

④ 중요한 내용을 한번에 빠르게 이해 · 암기할 수 있도록 "암기법"을 제시하였다.

⑤ CBT 대비 모의고사를 수록하였다.

오탈자 또는 미흡한 부분에 대해서는 아낌없는 격려와 질책을 바라며, 앞으로 시행되는 출제문제와 함께 자세한 해설을 계속 수정 및 보완할 것이다. 끝으로 수험생 여러분의 필독서가 되어 많은 도움이 되기를 바라며 무궁한 발전을 기원한다.

이 책이 출간되도록 물심양면으로 도와주신 성안당출판사 이종춘 회장님과 관계자 분들께 진심으로 깊은 감사를 드린다.

저자 최승일

NCS 안내

1 국가직무능력표준(NCS)이란?

국가직무능력표준(NCS, National Competency Standards)은 산업현장에서 직무를 수행하기 위해 요구되는 지식·기술·태도 등의 내용을 국가가 산업부문별, 수준별로 체계화한 것이다.

(1) 국가직무능력표준(NCS) 개념도

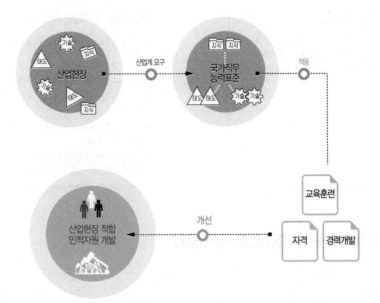

직무능력 : 일을 할 수 있는 On - spec인 능력
① 직업인으로서 기본적으로 갖추어야 할 공통 능력 → 직업기초능력
② 해당 직무를 수행하는 데 필요한 역량(지식, 기술, 태도) → 직무수행능력

보다 효율적이고 현실적인 대안 마련
① 실무 중심의 교육·훈련 과정 개편
② 국가자격의 종목 신설 및 재설계
③ 산업현장 직무에 맞게 자격시험 전면 개편
④ NCS 채용을 통한 기업의 능력 중심 인사관리 및 근로자의 평생경력 개발 관리 지원

(2) 국가직무능력표준(NCS) 학습모듈

국가직무능력표준(NCS)이 현장의 '직무요구서'라고 한다면, NCS 학습모듈은 NCS 능력단위를 교육훈련에서 학습할 수 있도록 구성한 '교수·학습자료'이다. NCS 학습모듈은 구체적 직무를 학습할 수 있도록 이론 및 실습과 관련된 내용을 상세하게 제시하고 있다.

2 국가직무능력표준(NCS)이 왜 필요한가?

능력 있는 인재를 개발해 핵심 인프라를 구축하고, 나아가 국가경쟁력을 향상시키기 위해 국가직무능력표준이 필요하다.

(1) 국가직무능력표준(NCS) 적용 전/후

🔍 지금은	국가직무 능력표준	⊕ 이렇게 바뀝니다.
• 직업 교육·훈련 및 자격제도가 산업현장과 불일치 • 인적자원의 비효율적 관리 운용		• 각각 따로 운영되었던 교육·훈련, 국가직무능력표준 중심 시스템으로 전환 (일-교육·훈련-자격 연계) • 산업현장 직무 중심의 인적자원 개발 • 능력중심사회 구현을 위한 핵심 인프라 구축 • 고용과 평생직업능력개발 연계를 통한 국가경쟁력 향상

(2) 국가직무능력표준(NCS) 활용범위

기업체
Corporation

– 현장 수요 기반의 인력채용 및 인사 관리 기준
– 근로자 경력개발
– 직무기술서

교육훈련기관
Education and training

– 직업교육 훈련과정 개발
– 교수계획 및 매체, 교재 개발
– 훈련기준 개발

자격시험기관
Qualification

– 자격종목의 신설·통합·폐지
– 출제기준 개발 및 개정
– 시험문항 및 평가 방법

3 과정평가형 자격취득

(1) 개념

과정평가형 자격은 국가직무능력표준(NCS)으로 설계된 교육·훈련과정을 체계적으로 이수하고 내·외부평가를 거쳐 취득하는 국가기술자격이다.

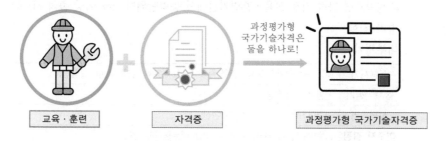

(2) 기존 자격제도와 차이점

구분	검정형	과정형
응시자격	학력, 경력요건 등 응시요건을 충족한 자	해당 과정을 이수한 누구나
평가방법	지필평가, 실무평가	내부평가, 외부평가
합격기준	• 필기 : 평균 60점 이상 • 실기 : 60점 이상	내부평가와 외부평가의 결과를 1 : 1로 반영하여 평균 80점 이상
자격증 기재내용	자격종목, 인적사항	자격종목, 인적사항, 교육·훈련기관명, 교육·훈련기간 및 이수시간, NCS 능력단위명

(3) 취득방법

① 산업계의 의견수렴절차를 거쳐 한국산업인력공단은 다음연도의 과정평가형 국가기술자격 시행종목을 선정한다.

② 한국산업인력공단은 종목별 편성기준(시설·장비, 교육·훈련기관, NCS 능력단위 등)을 공고하고, 엄격한 심사를 거쳐 과정평가형 국가기술자격을 운영할 교육·훈련기관을 선정한다.

③ 교육·훈련생은 각 교육·훈련기관에서 600시간 이상의 교육·훈련을 받고 능력단위별 내부평가에 참여한다.

④ 이수기준(출석률 75%, 모든 내부평가 응시)을 충족한 교육·훈련생은 외부평가에 참여한다.

⑤ 교육·훈련생은 80점 이상(내부평가 50+외부평가 50)의 점수를 받으면 해당 자격을 취득하게 된다.

(4) 교육·훈련생의 평가방법

① 내부평가(지정 교육·훈련기관)

ㄱ 과정평가형 자격 지정 교육·훈련기관에서 능력단위별 75% 이상 출석 시 내부평가 시행

ㄴ 내부평가

시행시기	NCS 능력단위별 교육·훈련 종료 후 실시(교육·훈련시간에 포함됨)
출제·평가	지필평가, 실무평가
성적관리	능력단위별 100점 만점으로 환산
이수자 결정	능력단위별 출석률 75% 이상, 모든 내부평가에 참여
출석관리	교육·훈련기관 자체 규정 적용(다만, 훈련기관의 경우 근로자직업능력개발법 적용)

ㄷ 모니터링

시행시기	내부평가 시
확인사항	과정 지정 시 인정받은 필수기준 및 세부평가기준 충족 여부, 내부평가의 적정성, 출석관리 및 시설장비의 보유 및 활용사항 등
시행횟수	분기별 1회 이상(교육·훈련기관의 부적절한 운영상황에 대한 문제제기 등 필요 시 수시확인)
시행방법	종목별 외부전문가의 서류 또는 현장조사
위반사항 적발	주무부처 장관에게 통보, 국가기술자격법에 따라 위반내용 및 횟수에 따라 시정명령, 지정취소 등 행정처분(국가기술자격법 제24조의5)

② 외부평가(한국산업인력공단)

내부평가 이수자에 대한 외부평가 실시

시행시기	해당 교육·훈련과정 종료 후 외부평가 실시
출제·평가	과정 지정 시 인정받은 필수기준 및 세부평가기준 충족 여부, 내부평가의 적정성, 출석관리 및 시설장비의 보유 및 활용사항 등 ※ 외부평가 응시 시 발생되는 응시수수료 한시적으로 면제

★ NCS에 대한 자세한 사항은 ▤ 국가직무능력표준 National Competency Standards 홈페이지(www.ncs.go.kr)에서 확인해주시기 바랍니다. ★

★ 과정평가형 자격에 대한 자세한 사항은 CQ-Net 홈페이지(c.q-net.or.kr)에서 확인해주시기 바랍니다. ★

직무 분야	기계	중직무 분야	기계장비설비 · 설치	적용 기간	2025. 1. 1.~2029. 12. 31.
직무내용 : 산업현장, 건축물의 실내환경을 최적으로 조성하고, 냉동냉장설비 및 기타 공작물을 주어진 조건 으로 유지하기 위해 공학적 이론을 바탕으로 공조냉동, 유틸리티 등 필요한 설비를 계획, 설계, 시공관리하는 직무이다.					
필기검정방법	객관식	**문제수**	80	**시험시간**	2시간

필기과목명	문제수	주요 항목	세부항목	세세항목
에너지관리 (구 공기조화)	20	1. 공기조화의 이론	(1) 공기조화의 기초	① 공기조화의 개요 ② 보건공조 및 산업공조 ③ 환경 및 설계조건
			(2) 공기의 성질	① 공기의 성질 ② 습공기선도 및 상태변화
		2. 공기조화계획	(1) 공기조화방식	① 공기조화방식의 개요 ② 공기조화방식 ③ 열원방식
			(2) 공기조화부하	① 부하의 개요 ② 난방부하 ③ 냉방부하
			(3) 난방	① 중앙난방 ② 개별난방
			(4) 클린룸	① 클린룸방식 ② 클린룸구성 ③ 클린룸장치
		3. 공기조화설비	(1) 공조기기	① 공기조화기장치 ② 송풍기 및 공기정화장치 ③ 공기냉각 및 가열코일 ④ 가습 · 감습장치 ⑤ 열교환기
			(2) 열원기기	① 온열원기기 ② 냉열원기기
			(3) 덕트 및 부속설비	① 덕트 ② 급 · 환기설비 ③ 부속설비
		4. T.A.B	(1) T.A.B 계획	① 측정 및 계측기기

필기과목명	문제수	주요 항목	세부항목	세세항목
에너지관리 (구 공기조화)	20	4. T.A.B	(2) T.A.B 수행	① 유량, 온도, 압력 측정 · 조정 ② 전압, 전류 측정 · 조정
		5. 보일러설비 시운전	(1) 보일러설비 시운전	① 보일러설비 구성 ② 급탕설비 ③ 난방설비 ④ 가스설비 ⑤ 보일러설비 시운전 및 안전 대책
		6. 공조설비 시운전	(1) 공조설비 시운전	① 공조설비 시운전 준비 및 안전 대책
		7. 급배수설비 시운전	(1) 급배수설비 시운전	① 급배수설비 시운전 준비 및 안전대책
공조냉동설계 (구 냉동공학 +기계 열역학)	20	1. 냉동이론	(1) 냉동의 기초 및 원리	① 단위 및 용어 ② 냉동의 원리 ③ 냉매 ④ 신냉매 및 천연냉매 ⑤ 브라인 및 냉동유 ⑥ 전열과 방열
			(2) 냉매선도와 냉동사이클	① 모리엘선도와 상변화 ② 역카르노 및 실제 사이클 ③ 증기압축냉동사이클 ④ 흡수식 냉동사이클
		2. 냉동장치의 구조	(1) 냉동장치 구성기기	① 압축기 ② 응축기 ③ 증발기 ④ 팽창밸브 ⑤ 장치 부속기기 ⑥ 제어기기
		3. 냉동장치의 응용 과 안전관리	(1) 냉동장치의 응용	① 제빙 및 동결장치 ② 열펌프 및 축열장치 ③ 흡수식 냉동장치 ④ 신 · 재생에너지(지열, 태양열 이용 히트펌프 등) ⑤ 에너지 절약 및 효율 개선 ⑥ 기타 냉동의 응용
			(2) 냉동장치 안전관리	① 냉매 취급 시 유의사항
		4. 냉동 · 냉장부하	(1) 냉동 · 냉장부하계산	① 냉동부하계산 ② 냉장부하계산
		5. 냉동설비 시운전	(1) 냉동설비 시운전	① 냉동설비 시운전 및 안전대책

필기과목명	문제수	주요 항목	세부항목	세세항목
공조냉동설계 (구 냉동공학 +기계 열역학)	20	6. 열역학의 기본 사항	(1) 기본개념	① 물질의 상태와 상태량 ② 과정과 사이클 등
			(2) 용어와 단위계	① 질량, 길이, 시간 및 힘의 단 위계 등
		7. 순수물질의 성질	(1) 물질의 성질과 상태	① 순수물질 ② 순수물질의 상평형 ③ 순수물질의 독립상태량
			(2) 이상기체	① 이상기체와 실제 기체 ② 이상기체의 상태방정식 ③ 이상기체의 성질 및 상태변 화 등
		8. 일과 열	(1) 일과 동력	① 일과 열의 정의 및 단위 ② 일이 있는 몇 가지 시스템 ③ 일과 열의 비교
			(2) 열전달	① 전도, 대류, 복사의 기초
		9. 열역학의 법칙	(1) 열역학 제1법칙	① 열역학 제0법칙 ② 밀폐계 ③ 개방계
			(2) 열역학 제2법칙	① 비가역과정 ② 엔트로피
		10. 각종 사이클	(1) 동력사이클	① 동력시스템 개요 ② 랭킨사이클 ③ 공기표준동력사이클 ④ 오토, 디젤, 사바테사이클 ⑤ 기타 동력사이클
		11. 열역학의 응용	(1) 열역학의 적용 사례	① 압축기 ② 엔진 ③ 냉동기 ④ 보일러 ⑤ 증기터빈 등
시운전 및 안전관리 (구 전기제어공학)	20	1. 교류회로	(1) 교류회로의 기초	① 정현파 및 비정현파 교류의 전압, 전류, 전력 ② 각속도 ③ 위상의 시간표현 ④ 교류회로(저항, 유도, 용량)
			(2) 3상 교류회로	① 성형결선, 환상결선 및 V결선 ② 전력, 전류, 기전력 ③ 대칭좌표법 및 $Y-\triangle$변환

필기과목명	문제수	주요 항목	세부항목	세세항목
시운전 및 안전관리 (구 전기제어공학)	20	2. 전기기기	(1) 직류기	① 직류전동기 및 발전기의 구조 및 원리 ② 전기자 권선법과 유도기전력 ③ 전기자 반작용과 정류 및 전압변동 ④ 직류발전기의 병렬운전 및 효율 ⑤ 직류전동기의 특성 및 속도제어
			(2) 유도기	① 구조 및 원리 ② 전력과 역률, 토크 및 원선도 ③ 기동법과 속도제어 및 제동
			(3) 동기기	① 구조와 원리 ② 특성 및 용도 ③ 손실, 효율, 정격 등 ④ 동기전동기의 설치와 보수
			(4) 정류기	① 회전변류기 ② 반도체정류기 ③ 수은정류기 ④ 교류정류자기
		3. 전기계측	(1) 전류, 전압, 저항의 측정	① 직류 및 교류전압측정 ② 저전압 및 고전압측정 ③ 충격전압 및 전류측정 ④ 미소전류 및 대전류측정 ⑤ 고주파 전류측정 ⑥ 저저항, 중저항, 고저항, 특수저항측정
			(2) 전력 및 전력량측정	① 전력과 기기의 정격 ② 직류 및 교류 전력측정 ③ 역률측정
			(3) 절연저항측정	① 전기기기의 절연저항측정 ② 배선의 절연저항측정 ③ 스위치 및 콘센트 등의 절연저항측정
		4. 시퀀스제어	(1) 제어요소의 동작과 표현	① 입력기구 ② 출력기구 ③ 보조기구
			(2) 불대수의 기본정리	① 불대수의 기본 ② 드모르간의 법칙

필기과목명	문제수	주요 항목	세부항목	세세항목
시운전 및 안전관리 (구 전기제어공학)	20	4. 시퀀스제어	(3) 논리회로	① AND회로 ② OR회로(EX-OR) ③ NOT회로 ④ NOR회로 ⑤ NAND회로 ⑥ 논리연산
			(4) 무접점회로	① 로직시퀀스 ② PLC
			(5) 유접점회로	① 접점 ② 수동스위치 ③ 검출스위치 ④ 전자계전기
		5. 제어기기 및 회로	(1) 제어의 개념	① 제어계의 기초 ② 자동제어계의 기본적인 용어
			(2) 조작용 기기	① 전자밸브 ② 전동밸브 ③ 2상 서보전동기 ④ 직류서보전동기 ⑤ 펄스전동기 ⑥ 클러치 ⑦ 다이어프램 ⑧ 밸브포지셔너 ⑨ 유압식 조작기
			(3) 검출용 기기	① 전압검출기 ② 속도검출기 ③ 전위차계 ④ 차동변압기 ⑤ 싱크로 ⑥ 압력계 ⑦ 유량계 ⑧ 액면계 ⑨ 온도계 ⑩ 습도계 ⑪ 액체성분계 ⑫ 가스성분계
			(4) 제어용 기기	① 컨버터 ② 센서용 검출변환기 ③ 조절계 및 조절계의 기본동작 ④ 비례동작기구 ⑤ 비례미분동작기구 ⑥ 비례적분미분동작기구

필기과목명	문제수	주요 항목	세부항목	세세항목
시운전 및 안전관리 (구 전기제어공학)	20	6. 설치검사	(1) 관련 법규 파악	① 냉동공조기 제작 및 설치 관련 법규
		7. 설치안전관리	(1) 안전관리	① 근로자안전관리교육 ② 안전사고예방 ③ 안전보호구
			(2) 환경관리	① 환경요소 특성 및 대처방법 ② 폐기물 특성 및 대처방법
		8. 운영안전관리	(1) 분야별 안전관리	① 고압가스안전관리법에 의한 냉 동기관리 ② 기계설비법 ③ 산업안전보건법
		9. 제어밸브 점검 관리	(1) 관련 법규 파악	① 냉동공조설비 유지보수 관련 관계법규
유지보수 공사관리 (구 배관일반)	20	1. 배관재료 및 공작	(1) 배관재료	① 관의 종류와 용도 ② 관이음 부속 및 재료 등 ③ 관지지장치 ④ 보온·보냉재료 및 기타 배관 용 재료
			(2) 배관공작	① 배관용 공구 및 시공 ② 관이음방법
		2. 배관 관련 설비	(1) 급수설비	① 급수설비의 개요 ② 급수설비배관
			(2) 급탕설비	① 급탕설비의 개요 ② 급탕설비배관
			(3) 배수통기설비	① 배수통기설비의 개요 ② 배수통기설비배관
			(4) 난방설비	① 난방설비의 개요 ② 난방설비배관
			(5) 공기조화설비	① 공기조화설비의 개요 ② 공기조화설비배관
			(6) 가스설비	① 가스설비의 개요 ② 가스설비배관
			(7) 냉동 및 냉장설비	① 냉동설비의 배관 및 개요 ② 냉장설비의 배관 및 개요
			(8) 압축공기설비	① 압축공기설비 및 유틸리티 개요

필기과목명	문제수	주요 항목	세부항목	세세항목
유지보수 공사관리 (구 배관일반)	20	3. 유지보수공사 및 검사계획 수립	(1) 유지보수공사관리	① 유지보수공사계획 수립
			(2) 냉동기 정비·세관작업 관리	① 냉동기 오버홀 정비 및 세관공사 ② 냉동기 정비계획 수립
			(3) 보일러 정비·세관작업 관리	① 보일러 오버홀 정비 및 세관공사 ② 보일러 정비계획 수립
			(4) 검사관리	① 냉동기 냉수·냉각수 수질관리 ② 보일러 수질관리 ③ 응축기 수질관리 ④ 공기질기준
		4. 덕트설비 유지보 수공사	(1) 덕트설비 유지보수공 사 검토	① 덕트설비 보수공사기준, 공사 매뉴얼, 절차서 검토 ② 덕트관경 및 장방형 덕트의 상 당직경
		5. 냉동·냉장설비 설계도면 작성	(1) 냉동·냉장설비 설계도면 작성	① 냉동·냉장계통도 ② 장비도면 ③ 배관도면(배관표시법) ④ 배관구경 산출 ⑤ 덕트도면 ⑥ 산업표준에 규정한 도면 작성법

차례

핵심 요점노트

Engineer Air-Conditioning Refrigerating Machinery

Engineer
Air-Conditioning Refrigerating Machinery

01 PART 에너지관리(구 공기조화)

01 | 불쾌지수

불쾌지수(UI) = 0.72(건구온도 + 습구온도) + 40.6
$$= 0.72(DB + WB) + 40.6$$

02 | 수정유효온도

$$CET = 9.56 + 0.6t_w - (23.9 - t)(0.4 + 0.127v^{0.5})\,[\text{℃}]$$

여기서, t_w : 등가온도

v : 풍속(m/min)

03 | 작용(효과)온도

$$OT = \frac{MRT + t_r}{2} = \frac{\text{평균복사온도} + \text{실내온도}}{2}\,[\text{℃}]$$

04 | 평균복사온도

$$MRT = \frac{t_s \sum A_i}{\sum A_i}$$
$$= \frac{\text{각 내표면온도} \times \text{각 내면의 면적}}{\text{각 내면의 면적}}\,[\text{℃}]$$

05 | 일반가스정수

① SI단위 : $\overline{R} = MR = \dfrac{PV}{T} = \dfrac{101,325 \times 22.4}{273}$

$≒ 8,314\text{J/kmol} \cdot \text{K} = 8.31\text{kJ/kmol} \cdot \text{K}$

② 공학단위 : $\overline{R} = MR = \dfrac{PV}{T}$

$= \dfrac{1.0332 \times 10^4 \times 22.4}{273} ≒ 848\text{kgf} \cdot \text{m/kmol} \cdot \text{K}$

06 | 기체정수(가스정수)

① 공기의 기체정수

$$R_a = \frac{\overline{R}}{M_a} = \frac{8,314}{28.965} ≒ 287.1\text{J/kg} \cdot \text{K}$$

② 수증기의 기체정수

$$R_v = \frac{\overline{R}}{M_v} = \frac{8,314}{18.051} ≒ 462\text{J/kg} \cdot \text{K}$$

07 | 돌턴의 법칙

$$P = P_{\text{N}_2} + P_{\text{O}_2} + P_{\text{CO}_2} + P_{\text{Ar}} + P_u = P_a + P_v$$

(전압력 = 건공기의 분압 + 수증기의 분압)

08 | 상대습도(ϕ, RH[%])

① $\phi = \dfrac{\rho_v}{\rho_s} \times 100 = \dfrac{P_v(\text{수증기분압})}{P_s(\text{포화증기의 분압})} \times 100\,[\%]$

② $RH = \dfrac{\text{공기 1kg 중의 수증기중량}(P_v)}{\text{공기 1kg 중의 포화수중량}(P_s)} \times 100\,[\%]$

③ $\rho_v = \phi\rho_s, \ \dfrac{\rho_v}{\rho_s} = \dfrac{P_v}{P_s} \rightarrow \rho_s = \rho_v \dfrac{P_s}{P_v} = \dfrac{P_s}{R_v T}$

④ $\phi = \dfrac{V_v}{V_s} \times 100$

$= \dfrac{\text{수증기비중량}(V_v)}{\text{포화상태의 증기비중량}(V_s)} \times 100\,[\%]$

⑤ 상대습도

$= \dfrac{\text{초기상대습도} \times \text{초기포화수증기압}}{\text{변화포화수증기압}}\,[\%]$

⑥ 상대습도(RH)

$= \dfrac{\text{절대습도(g/kg)}}{\text{포화수분함량(g/kg)}} \times 100\,[\%]$

$R_w = 0.4619\text{kJ/kg} \cdot \text{K}$

$R_w = 47.05\text{kgf} \cdot \text{m/kgf} \cdot \text{K}$

$R_a = 0.287\text{kJ/kg} \cdot \text{K}$

$R_a = 29.27 \text{kgf} \cdot \text{m/kgf} \cdot \text{K}$(공기의 기체정수)

⑦ 상대습도$(\phi) = \dfrac{xP}{P_s(0.622 + x)}$ [%]

09 | 절대습도(비습도, $W = x$, AH[g/m³])

$x = \dfrac{G_v(\text{수증기중량})}{G_a(\text{건공기중량})} = 0.622\dfrac{P_v}{P_a}$

$= 0.622 \times \dfrac{\text{수증기분압}(P_v)}{\text{대기압}(P) - \text{수증기분압}(P_v)}$ [kg/kg']

대기압 = 건공기분압 + 수증기분압

10 | 공기의 포화도(비교습도)

$\mu = \dfrac{W(\text{포화공기의 절대습도})}{W_s(\text{포화습공기의 절대습도})} = \dfrac{x}{x_s}$

$= \phi\left(\dfrac{P - P_s}{P - \varphi P_s}\right)$

11 | 습공기의 엔탈피

① 공학단위 : $i = i_a + \xi_v = C_{pa}t + x(i_g + C_{pv}t)$
$= 0.24t + x(597 + 0.444t)$ [kcal/kgf]

② SI단위 : $i = i_a + \xi_v = C_{pa}t + x(i_g + C_{pv}t)$
$= 1.0t + x(2501.3 + 1.86t)$ [kJ/kg]

12 | 현열비

$SHF = \dfrac{q_s}{q} = \dfrac{\text{현열}}{\text{총열량}} = \dfrac{\text{현열}(q_s)}{\text{현열}(q_s) + \text{잠열}(q_l)}$

$= \dfrac{\Delta i - \text{잠열변화}}{\Delta i}$

13 | 열수분비

$u = \dfrac{h_2 - h_1}{x_2 - x_1} = \dfrac{\Delta i}{\Delta x} = \dfrac{\text{전열량의 변화량}}{\text{절대습도의 변화량}}$

$= \dfrac{q_s + q_L}{L} = \dfrac{q_s}{L} + h_L$ [kcal/kg]

14 | 비체적(용적)선

$v = (29.27 + 47.06x)\dfrac{T}{P}$ [m³/kg]

15 | 가열 · 냉각열량(q_s)

① G : 공기량(kg/h)은 시간당 중량으로 적용
$q_s = C_p G \Delta t = 0.24 G \Delta t$ [kcal/h]
여기서, C_p : 공기의 정압비열(0.24kcal/kgf · ℃)
$= 1.01$kJ/kg · ℃)
Δt : 온도차(℃)

② Q_A : 공기량(m³/h)은 시간당 체적으로 적용
$q_s = C_p G \Delta t = C_p \gamma Q_A \Delta t = 0.24 \times 1.2 Q_A \Delta t$
$= 0.29 Q_A \Delta t$ [kcal/h]
여기서, γ : 공기의 비중량(kg/m³), $G = Q_A \gamma$ [kg/h]

16 | 가 · 감습변화

① 가 · 감습열량 : $q_L = 597.3G(x_2 - x_1)$
$= 597.3 \times 1.2 Q_A(x_2 - x_1)$
$= 715 Q_A(x_2 - x_1)$ [kg/h]
여기서, x_1, x_2 : 변화 전 · 후의 공기습도(kg/kg')

② 전열량 : $q_t = q_s + q_L = G(i_2 - i_1)$ [kcal/h]
여기서, i_1, i_2 : 변화 전 · 후의 엔탈피(kcal/kg)

17 | 바이패스팩터(BF)와 콘택트팩터(CF)

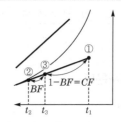

① $BF = \dfrac{t_3 - t_2}{t_1 - t_2} = \dfrac{h_3 - h_2}{h_1 - h_2} = \dfrac{x_3 - x_2}{x_1 - x_2}$

② $CF = \dfrac{t_1 - t_3}{t_1 - t_2}$

③ 바이패스팩터(BF) = 1 - 콘택트팩터 = 1 - CF

18 | 환기용 도입외기량

$V = \dfrac{X}{C_a - C_o}$ [m³/h]

여기서, X : 실내오염물질 발생량(= 인원수×호흡량)
(m³/h)
C_a : 서한도(실내유지농도)(m³/m³)
C_o : 외기탄산가스함유량(m³/m³)

19 | 난방부하(실내손실열량)

① 현열 : $q_s = C_p G \Delta t = 0.24 G \Delta t = \gamma_a C_p Q_A \Delta t$
$$= 1.2 \times 0.24 Q_A \Delta t = 0.29 Q_A \Delta t$$

- 공기량 : $Q_A[\mathrm{m^3/h}]$가 $G[\mathrm{kg/h}]$로 변경
$$G = \gamma_a[\mathrm{kg/m^3}] Q_A[\mathrm{m^3/h}] = \frac{Q_A[\mathrm{m^3/h}]}{\nu[\mathrm{m^3/kg}]}[\mathrm{kg/h}]$$

② 잠열 : $q_l = \gamma_w G \Delta x = 597.5 G \Delta x$
$$= 597.5 \gamma_a Q_A \Delta x$$
$$= 597.5 \times 1.2 Q_A \Delta x = 715 Q_A \Delta x$$

③ 지붕, 외벽, 창유리에서의 열손실
$q = KAk\Delta t[\mathrm{kcal/h, W}]$
이때 k : 방위계수

방위	동, 서	남	북	남동, 남서	북동, 북서	지붕
방위 계수	1.1	1.0	1.2	1.05	1.15	1.2

④ 천장, 바닥이나 샛벽에서의 손실열량
- ㉠ 천장, 바닥이나 샛벽의 실외측을 난방하지 않는 경우의 손실열량 : $q = KA\Delta t[\mathrm{kcal/h, W}]$
- ㉡ 바닥이나 외벽이 지면과 접촉하고 있는 경우의 손실열량 : $q = KA\Delta t[\mathrm{kcal/h, W}]$
- ㉢ 극간풍에 의한 난방부하
  - 현열부하 : $q_s = 0.24 \times 1.2 Q \Delta t$
  $$\fallingdotseq 0.29 Q \Delta t[\mathrm{kcal/h}]$$
  $$= 0.34 Q \Delta t[\mathrm{W}]$$
  - 잠열부하 : $q_l = 597.5 \times 1.2 Q \Delta x$
  $$= 720 Q \Delta x[\mathrm{kcal/h}]$$
  $$= 837 Q \Delta x[\mathrm{W}]$$

⑤ 극간풍량($\mathrm{m^3/h}$) 산출방법
- 환기횟수법 : 극간풍량($\mathrm{m^3/h}$)=자연환기횟수 (회/h)×실용적($\mathrm{m^3}$)
- 면적법
- 크랙(극간길이)법

20 | 냉방부하

① 지붕에서 침입하는 열량 : $q_1 = KA\Delta t_e[\mathrm{kcal/h, W}]$
- 열통과율(K)이 표시되지 않은 구조에 대해서
$$K = \frac{1}{R},$$
$$R = \frac{1}{\alpha_0} + \frac{l_1}{\lambda_1} + \frac{l_2}{\lambda_2} + \cdots + \frac{l_n}{\lambda_n} + \frac{1}{\alpha_i}$$

② 외벽에서 침입하는 열량 : $q_2 = KA\Delta t_e$
- 수정상당외기온도
$$\Delta t_e' = \Delta t_e + (t_o' - t_o) - (t_i' - t_i)[\mathrm{℃}]$$

③ 창유리의 복사열에 의해 침입하는 열량
$q_3 = I_{gr} K_s A K_d[\mathrm{kcal/h, W}]$

④ 유리창의 열통과량(실내외의 온도차에 의해 침입하는 열량) : $q_4 = KA\Delta t[\mathrm{kcal/h, W}]$

⑤ 극간풍(틈새바람)에 의한 열량
- ㉠ 현열부하 : $q_5 = 0.24 \times 1.2 Q \Delta t$
$$\fallingdotseq 0.29 Q \Delta t[\mathrm{kcal/h}]$$
$$= 0.34 Q \Delta t[\mathrm{W}]$$
- ㉡ 잠열부하 : $q_6 = 597.5 \times 1.2 Q \Delta x$
$$= 720 Q \Delta x[\mathrm{kcal/h}]$$
$$= 837 Q \Delta x[\mathrm{W}]$$

⑥ 천장, 바닥, 샛벽에서 침입하는 열량 : $q_7 = KA\Delta t$

⑦ 인체의 발열량(인체부하)
- ㉠ 현열부하 : $q_8 = Q_{hs} N$=1인당 현열량×재실인원수
- ㉡ 잠열부하 : $q_9 = Q_{hl} N$=1인당 잠열량×재실인원수

⑧ 조명에 의한 발열량(조명부하)
- ㉠ 백열등의 발열량 : $1\mathrm{kW}=860\mathrm{kcal/h}$, $1\mathrm{W}=0.86\mathrm{kcal/h}$
- ㉡ 형광등의 발열량 : $1\mathrm{kW}=1,000\mathrm{kcal/h}$, $1\mathrm{W}=1\mathrm{kcal/h}$

⑨ 송풍량 : $Q = \dfrac{\text{실내현열부하}(q_s)}{0.29 \times \text{온도차}(\Delta t)}$

※ 실내현열부하(q_s)=실내취득현열부하+기기 내 취득부하

21 | 송풍기의 정압

① 전압 : $P_t = 1.1(P_1 + P_2 + P_3)[\mathrm{mmAq}]$
② 정압 : $P_s = P_t - P_v \rightarrow$ 정압=전압-동압[mmAq]
여기서, P_3 : 공조기류의 전압손실(mmAq)
P_v : 송풍기 토출구에 대한 동압
$$\left(= \frac{V_d^2}{2g}\gamma = 0.06 V_d^2\right)(\mathrm{mmAq})$$

22 | 송풍기의 번호 결정

① 원심송풍기(다익형 등) 번호

$$= \frac{\text{회전날개의 지름}(mm)}{150}$$

② 축류송풍기(프로펠러형 등) 번호

$$= \frac{\text{회전날개의 지름}(mm)}{100}$$

23 | 송풍기의 동력(풍압(mmAq)의 경우)

① $S = \dfrac{QH}{75 \times 60\eta} = \dfrac{QH}{4,500\eta}$ [PS]

② $S = \dfrac{QH}{76 \times 60\eta} = \dfrac{QH}{4,560\eta}$ [HP]

③ $S = \dfrac{QH}{102 \times 60\eta} = \dfrac{QH}{6,120\eta}$ [kW]

24 | 송풍기의 소요동력(정압(kgf/m²)의 경우)

$$L = \frac{P_t Q}{102\eta_t \times 3,600} [kW], \ P_t = P_v + P_s$$

25 | 송풍기의 상사법칙

① 공기량 : $Q_1 = Q\left(\dfrac{N_2}{N_1}\right) = Q\left(\dfrac{d_1}{d}\right)^3$

② 정압 : $P_1 = P\left(\dfrac{N_2}{N_1}\right)^2 = P\left(\dfrac{d_1}{d}\right)^2$

③ 동력 : $L_1 = L\left(\dfrac{N_2}{N_1}\right)^3 = L\left(\dfrac{d_1}{d}\right)^5$

26 | 여과효율

① 냉온수코일 : $\eta_f = \dfrac{C_1 - C_2}{C_1} = 1 - \dfrac{C_2}{C_1}$

$$= 1 - \frac{\text{출구분진농도}(mg/m^3)}{\text{입구분진농도}(mg/m^3)} \times 100 [\%]$$

② 에어필터 : $\eta = C_1 - \dfrac{C_2}{C_1}$

$$= \text{필터 입구면지량} - \frac{\text{필터 출구면지량}}{\text{필터 입구면지량}}$$

27 | 냉각코일의 전열량

① $q = G(i_1 - i_2) = G_w C_w \Delta t = KF(LMTD)NC_m$

여기서, N : 코일의 오행열수

C_w : 습면계수

K : 코일의 열관류율(kcal/m² · h · ℃)

C_w : 물의 비열(kcal/kg · ℃)

$LMTD$: 대수평균온도차(℃)

i_1, i_2 : 공기엔탈피(kcal/h)

G_w : 냉수량(kg/h)

Δt : 냉수 입출구온도차(℃)

G : 송풍량(kg/h)

② 코일의 열수 : $N = \dfrac{q(LMTD)}{C_w k F}$

28 | 대수평균온도차

$$LMTD(\text{평행류}) = \frac{\Delta t_1 - \Delta t_2}{2.3 \log \dfrac{\Delta t_1}{\Delta t_2}} \fallingdotseq \frac{\Delta t_1 - \Delta t_2}{\ln \dfrac{\Delta t_1}{\Delta t_2}}$$

$$= \frac{(t_1 - t_{w1}) - (t_2 - t_{w2})}{\ln \dfrac{t_1 - t_{w1}}{t_2 - t_{w2}}}$$

$$= \frac{(\text{고온 입구} - \text{저온 입구}) - (\text{고온 출구} - \text{저온 출구})}{\ln \dfrac{\text{고온 입구} - \text{저온 입구}}{\text{고온 출구} - \text{저온 출구}}}$$

여기서, Δt_1 : 열유체(공기) 입구측에서의 온도차(℃)

Δt_2 : 열유체(공기) 출구측에서의 온도차(℃)

① 평행류(향류) : $\Delta t_1 = t_1 - t_{w1}$, $\Delta t_2 = t_2 - t_{w2}$

② 대향류(역류) : $\Delta t_1 = t_1 - t_{w2}$, $\Delta t_2 = t_2 - t_{w1}$

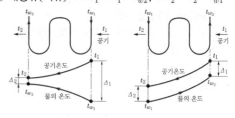

▲ 평행류　　　　　　▲ 대향류

29 | 가열코일의 설계

$$q_r = KFN\left(t_s - \frac{t_1 + t_2}{2}\right), \ G_s = \frac{q_r}{R} = \frac{0.24Q}{R}(t_2 - t_1)$$

여기서, Q : 풍량(kg/h)

G_s : 증기량(kg/h)

t_s : 증기온도(℃)

t_1, t_2 : 공기 입 · 출구온도(℃)

q_r : 가열량

R : 증발잠열(kcal/kg)

30 | 가습효율

$$가습효율(\eta_s) = \frac{증발수량}{분무수량} = \frac{t_1 - t_2}{t_1 - t_1{}'}$$

31 | 열교환기의 용량과 전열면적

① 용량 : $q_h = WC(t_2 - t_1) = KF(LMTD)\,[\text{kcal/h}]$

② 전열면적 : $F = \dfrac{q_h}{K(LMTD)} = \dfrac{WC(t_2 - t_1)}{K(LMTD)}\,[\text{m}^2]$

32 | 평균온도차

$$LMTD = \frac{(t_s - t_1) - (t_s - t_2)}{\ln\dfrac{t_s - t}{t_s - t_2}}\,[\text{℃}]$$

또는 $\Delta t_m = t_s - \dfrac{t_1 + t_2}{2}\,[\text{℃}]$

33 | 냉각탑의 계산식

① 쿨링어프로치 = 냉각수 출구온도 − 냉각탑 입구공기의 습구온도 → 5℃

② 쿨링레인지 = 냉각수 입구온도 − 냉각수 출구온도 (압축식 : 5℃, 흡수식 : 6~9℃)

③ 냉각탑의 능력 : $Q =$ 냉각수량(L/min)×쿨링레인지 ×60

34 | 정압재취득법에 의한 덕트 계산

$$\Delta p = k\left(\frac{v_1{}^2}{2g}r - \frac{v_2{}^2}{2g}r\right)$$

35 | 흡입구의 환기량 및 환기방법

① 필요환기량(Q_o)

$q = 1.2 Q_o C_p (t_r - t_o)\,[\text{kcal/h}]$

$\therefore Q_o = \dfrac{q}{1.2 C_p(t_r - t_o)}\,[\text{m}^3/\text{h}]$

② 매 시간 환기량 = 환기횟수×실용적 = $nV\,[\text{m}^3/\text{h}]$

36 | T.A.B계획

① T.A.B의 개요 : T.A.B(Testing, Adjusting and Balancing)란 공기조화설비에 대한 종합시험조정으로 시험, 조정, 평가라는 뜻이다.

② T.A.B.의 필요성
  ㉠ 초기투자비 절감
  ㉡ 시공품질 증대
  ㉢ 운전경비 절감
  ㉣ 쾌적한 실내환경 조성
  ㉤ 장비수명 연장
  ㉥ 완벽한 계획하의 개보수작업
  ㉦ 효율적인 운전관리

37 | T.A.B 수행

① 유량, 온도, 압력 측정
  ㉠ 공통장비 : 회전수측정, 온도측정(물, 공기), 전기계측, 소음측정
  ㉡ 공기계통장비 : 공기압력측정, 피토튜브, 풍속측정, 습도측정, 직독식 풍량측정
  ㉢ 물계통장비 : 온도측정, 압력측정, 차압측정, 습도측정, 초음파측정

② 전압, 전류 측정

38 | 과열증기로 되는데 필요한 열량

① 과열증기열량 = 증기량×(과열증기엔탈피−습증기엔탈피)

② 습증기엔탈피 = 포화액엔탈피+건조도×증발잠열

39 | 선팽창길이

$\Delta L = \alpha L \Delta t$

여기서, α : 선팽창계수

40 | 가스배관경의 결정

① 저압배관의 관경 계산

$$Q = K\sqrt{\frac{D^5 H}{SL}} \rightarrow D = \sqrt[5]{\frac{Q^2 SL}{K^2 H}}$$

② 중·고압배관의 관경 계산

$$Q = C\sqrt{\frac{(P_1 - P_2)D^5}{SL}} \rightarrow D = \sqrt[5]{\frac{Q^2 SL}{C^2(P_1 - P_2)}}$$

여기서, Q : 설계유량(m^3/h)
D : 관의 내경(cm)
H : 압력손실(mmH_2O)
S : 가스의 비중(공기=1)
L : 배관길이(m)(부속품 등의 상당길이 포함)
K : 상수값(0.707)

41 | 보일러용량

① 보일러 발생열량
　㉠ 증기 : $q = G_a(h_2 - h_1)$[kcal/h, kJ/s]
　㉡ 온수 : $q = G_w C(t_2 - t_1)$[kcal/h, kJ/s]

② 상당증발량(환산증발량)

$$G_e = \frac{q}{539} = \frac{G_a(h_2 - h_1)}{539} = G_a \alpha$$

$$= 실제\ 증발량 \times 보일러계수[kcal/h]$$

여기서, α : 보일러계수

$$\left(= \frac{h_2 - h_1}{539} = \frac{증기엔탈피 - 급수엔탈피}{539} \right)$$

③ 보일러마력(BHP) $= \dfrac{G_e}{15.65} = \dfrac{G_a(h_2 - h_1)}{539 \times 15.65}$

　㉠ 1BHP $= 15.65 \times 539 ≒ 8,435$ kcal/h

　㉡ EDR $= \dfrac{\text{BHP}}{q_o} = \dfrac{8,435}{650} ≒ 13 m^2$

42 | 난방부하

난방부하 $=$ EDR $\times$ 방열기 방열량
$=$ 쪽수 $\times$ 쪽당 면적 $\times$ 방열기 방열량

① 상당방열면적

$$\text{EDR} = \frac{q}{q_o} = \frac{방열기의\ 총방열량}{방열기의\ 표준방열량}[m^2]$$

② 증기일 때 표준방열량 : 650kcal/$m^2 \cdot$ h

③ 온수일 때 표준방열량 : 450kcal/$m^2 \cdot$ h

43 | 보일러의 능력

① 정미출력 $=$ 난방부하 $+$ 급탕부하(적은 출력)

② 상용출력 $=$ 정미출력 $+$ 배관부하

③ 정격출력 $=$ 난방부하 $+$ 급탕부하 $+$ 배관부하 $+$ 예열부하

44 | 보일러의 효율

① 효율$(\eta) = \dfrac{보일러\ 발생열량}{연료소비량 \times 연료의\ 저위발열량}$

$$= \frac{G_a(h_2 - h_1)}{G_l H_l} \times 100$$

$$= 연소효율 \times 전열효율 \times 100[\%]$$

② 저위발열량 : $H_l = H_h - 600(9H + W)$

여기서, H : 수소
W : 수분
η_c : 절탄기, 공기예열기가 없는 것(0.60~0.80)
η_k : 절탄기, 공기예열기가 있는 것(0.85~0.90)

45 | 보일러부하

① 정격출력$(q) = q_1 + q_2 + q_3 + q_4$[kcal/h]

② 배관부하(방열기 용량, $q_3) = q_1 + q_2$[kcal/h]

③ 예열부하(상용출력, $q_4) = q_1 + q_2 + q_3$[kcal/h]

여기서, q_1 : 난방부하(kcal/h)
q_2 : 급탕·급기부하(kcal/h)
q_3 : 배관부하(kcal/h)
q_4 : 예열부하(kcal/h)

46 | 방열량

① 표준방열량(q_0)
　㉠ 증기 : 증기온도 102℃(증기압 1.1ata), 실내온도 18.5℃일 때의 방열량

$$q_0 = K(t_s - t_1) = 8 \times (102 - 18.5)$$

$$≒ 650 kcal/m^2 \cdot h$$

여기서, K : 방열계수(증기 : 8kcal/$m^2 \cdot$ h)
t_s : 증기온도(℃)
t_1 : 실내온도(℃)

　㉡ 온수 : 증기온도 80℃, 실내온도 18.5℃일 때의 방열량

$$q_0 = K(t_s - t_1) = 7.2 \times (80 - 18.5)$$
$$\fallingdotseq 450 \text{kcal/m}^2 \cdot \text{h}$$

여기서, K : 방열계수(온수 : 7.2kcal/m² · h)

t_s : 열매온도(℃)

t_1 : 실내온도(℃)

② 방열기의 소요쪽수

㉠ 방열기 방열량

＝방열계수×(방열기 내 평균온도－실내온도)

㉡ 소요방열면적 ＝ $\dfrac{\text{난방부하}}{\text{방열기 방열량}}$ [m²]

㉢ 쪽수 ＝ $\dfrac{\text{소요방열면적}}{\text{쪽당 방열면적}}$ [쪽]

③ 방열기 방열량의 보정

$$Q' = \frac{q_0}{C} = \frac{\text{표준방열량}}{\text{보정계수}} \text{ [kcal/m}^2 \cdot \text{h]}$$

여기서, q_0 : 표준방열량(kcal/m² · h)

C : 보정계수(증기난방 : $C = \left(\dfrac{102 - 18.5}{t_s - t_1}\right)^n$,

온수난방 : $C = \left(\dfrac{80 - 18.5}{t_w - t_1}\right)^n$)

n : 보정지수(주철 · 강판제 방열기 : 1.3, 대류형 방열기 : 1.4, 파이프방열기 : 1.25)

④ 방열기 내의 증기응축수량 : $G_w = \dfrac{q}{R}$ [kg/m² · h]

여기서, q : 방열기의 방열량(kcal/m² · h)

R : 그 증발압력에서의 증발잠열(kcal/kg)

47 | 이론공기량(체적)

$$A_o = 8.89C + 26.67\left(H - \frac{O}{8}\right) + 3.33S \text{[m}^3/\text{kg]}$$

48 | 증기의 분출속도

$$V = 91.5\sqrt{h_2 - h_1}$$

49 | 마하수

$$M = \frac{\text{속도}}{\text{음속}}$$

① $M = 1$: 음속

② $M > 1$: 초음속(단면 축소)

③ $M < 1$: 아음속(단면 확대)

50 | 시운전기간

① 동절기(10월 중순에서 4월 준공지구)(15일 100시간)

㉠ 예비운전 : 5일로 일 4시간(20시간)

㉡ 정상운전 : 10일로 일 8시간(80시간)

② 기타 절기(5월에서 10월 중순 준공지구)(11일 68시간)

㉠ 예비운전 : 5일로 일 4시간(20시간)

㉡ 정상운전 : 6일로 일 8시간(48시간)

51 | 펌프 운전 시 고장원인과 대책

① 전기가 회전하지 않는다(전동기가 응용거리며 움직이지 않는다).

• 전동기가 고장 나 있다.

• 전원관계가 이상 있다.

• 회전 부분이 접촉되어 있다.

• 녹이 붙어있다.

• 눌러 붙어있다.

• 습동부에 이물질이 들어있다.

② 회전하지만 물이 나오지 않는다(규정토출량이 나오지 않는다).

• 프라이밍(priming)이 되어있지 않다.

• 토출밸브가 막혀있다. 반쯤 열려있다.

• 회전방향이 반대이다.

• 회전속도가 낮다.

• 전동기의 극수가 다르다.

• 50Hz지구에서 60Hz용의 펌프를 운전하고 있다.

• 전압이 저하하고 있다.

• 풋밸브나 스트레너가 막혀있다.

• 회전자에 이물질이 막혀있다.

• 배관에 이물질이 막혀있다.

• 토출배관에 누수가 있다.

• 회전차가 부식되어 있다.

• 회전차가 마모되어 있다.

• 라이너링이 마모되어 있다.

• 배관의 손실이 크다.

• 흡입양정이 높던가, 토출양정이 높다.

• 액온이 높던가, 휘발성 액이다.

• 캐비테이션을 발생하고 있다.

③ 과부하가 걸린다.

• 회전속도가 높다.

• 전압 저하 및 각 상의 불균형이 크다.

- 양정이 낮다.
- 유량이 너무 많이 흐른다.
- 펌프 내 이물질이 들어있다.
- 비중이나 점도가 주문 시보다 높다.
- 베어링이 손상되었다.
- 회전 부분이 닿아있다.
- 축이 굽어있다.

④ 베어링이 뜨겁게 된다.
- 베어링이 손상되었다.
- 장시간 체절운동을 하고 있다.

⑤ 펌프가 진동이 심하다(운전음이 크다).
- 기기가 불완전하다
- 취부 축심이 불량하다.
- 베어링이 손상되어 있다.
- 토출량이 너무 많다.
- 토출량이 너무 적다.
- 회전차가 막혀있다.
- 역회전하고 있다.
- 회전 부분이 닿아있다.
- 축이 굽어있다.
- 캐비테이션이 발생하고 있다.
- 배관이 공진하고 있다.

⑥ 축봉부의 누수가 심하다.
- 메커니컬 실이 손상되어 있다.
- 흡입압력이 너무 높다.

02 PART 공조냉동설계(구 냉동공학+기계 열역학)

01 | 압력

① 절대압력＝대기압＋게이지압력＝대기압－진공압력
② 표준대기압

$1atm=760mmHg(수은주, 수은)=76cmHg(수은)$
$=30inHg(수은)=1.0332kgf/cm^2$
$=10,332kgf/m^2$
$=10.332mAq(mH_2O)(수두)$
$=10,332mmAq(수두)$
$=1.01325bar=1013.25mbar=101,325Pa$
$=0.101325MPa=101,325N/m^2$
$=14.7psi(=lb/in^2)$

02 | 온도

① 섭씨온도 : $℃=\dfrac{5}{9}(℉-32)$

② 화씨온도 : $℉=\dfrac{9}{5}℃+32$

③ 절대온도(캘빈도) : $K=℃+273.15$

④ 절대온도(랭킨도) : $℉R=℉+459.67=1.8K$

03 | 비열비

$$K=\frac{C_p}{C_v}=\frac{정압비열}{정적비열}>1$$

04 | 현열과 잠열

① 현열(감열) : $Q=GC\Delta t$
② 잠열(숨은열) : $Q_L=G\gamma$
③ 전열량＝현열량＋잠열량$=G(C\Delta t+\gamma)\,[\text{kcal}]$

05 | 비열이 다른 물질의 혼합온도

$$t_m=\frac{G_1C_1t_1+G_2C_2t_2}{G_1C_1+G_2C_2}\,[℃]$$

06 | 혼합공기의 온도

$$t_m=\frac{(외기비율\times외기온도)+(환기비율\times환기온도)}{외기비율+환기비율}\,[℃]$$

07 | 몰리에르선도($P-h$선도)에서의 계산

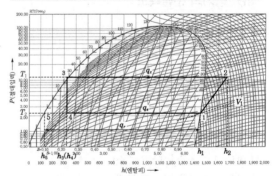

① 냉동효과, 냉동력, 냉동량 : $q_e = h_1 - h_4 (= h_3)$

$\quad$ = 증발기 출구엔탈피 - 증발기 입구엔탈피

$\quad$ = $(1-x)r = (1-$건조도$) \times$증발잠열$[kcal/kg]$

② 압축일의 열당량 : $A_w = h_2 - h_1 = q_c - q_e [kcal/kg]$

③ 응축열량 : $q_c = h_2 - h_3 (= h_4) = q_e + A_w$

$\quad$ = 냉동효과 + 압축일의 열당량$[kcal/kg]$

④ 이론성적계수 : $COP = \dfrac{q_e}{A_w} = \dfrac{h_1 - h_4}{h_2 - h_1} = \dfrac{q_e}{q_c - q_e}$

$\quad = \dfrac{T_2}{T_1 - T_2} = \dfrac{Q_2}{Q_1 - Q_2}$

$\quad = \dfrac{\text{증발기에 냉매가 흡수한 열량}}{\text{압축기에서 공급한 일}}$

⑤ 히트(열)펌프의 성적계수

$\quad$ ㉠ $COP_H = \dfrac{q_c}{A_w} = \dfrac{q_e + A_w}{A_w}$

$\quad\quad = \dfrac{q_e}{A_w} + \dfrac{A_w}{A_w} = \dfrac{q_e}{A_w} + 1$

$\quad\quad = COP + 1 = \dfrac{T_1}{T_1 - T_2} = \dfrac{Q_1}{Q_1 - Q_2}$

$\quad\quad = \dfrac{\text{응축기에 냉매가 방출한 열량}}{\text{압축기에서 공급한 일}}$ (이론)

$\quad$ ㉡ $COP_H = \dfrac{\text{냉동능력}}{\text{축동력}}$ (실제)

⑥ 증발잠열 : $q_r = h_1 - h_5 [kcal/kg]$

⑦ 플래시가스잠열 : $q_f = h_4 - h_5 [kcal/kg]$

⑧ 건조도 : $x = \dfrac{q_f}{q_r} = \dfrac{h_4 - h_5}{h_1 - h_5}$

⑨ 냉매순환량

$\quad$ ㉠ 표준사이클 : $G = \dfrac{Q_e(\text{냉동능력})[kcal/h]}{q_e(\text{냉동효과})[kcal/h]}$

$\quad\quad = \dfrac{Q_e(\text{냉동능력})[kcal/h]}{h_1 - h_4(=\text{증발엔탈피}-\text{팽창엔탈피})[kcal/kg]}$

$\quad\quad = \dfrac{Q_e[kW] \times 860}{(h_1 - h_4)[kJ/kg] \times 0.24} [kg/h]$

$\quad$ ㉡ 2단 압축 1단 팽창

$\quad\quad \bullet\ G = \dfrac{Q_e(\text{냉동능력})[kcal/h]}{q_e(\text{냉동효과})[kcal/h]}$

$\quad\quad\quad = \dfrac{h_2 - h_7 [kcal/h]}{h_3 - h_6 [kcal/kg]} [kg/h]$

$\quad\quad \bullet\ G = \dfrac{V_a \eta_r}{v}$

$\quad\quad\quad = \dfrac{\text{피스톤압출량}(m^3/h) \times \text{체적효율}}{\text{흡입가스비체적}(m^3/kg)} [kg/h]$

⑩ 냉동능력

$\quad$ ㉠ $Q_e = Q_c - AW$

$\quad\quad$ = 응축부하$(kcal/h)$ - 압축열량$(kcal/h)$

$\quad$ ㉡ $Q_e = G q_e$

$\quad\quad$ = 냉매순환량(kg/h)

$\quad\quad\quad \times$ 냉동효과$(kcal/kg)[kcal/h]$

$\quad$ ㉢ $Q_e = G_b C \Delta t$

$\quad\quad$ = 브라인양$(kg/h) \times$비열$(kcal/kg \cdot \text{℃})$

$\quad\quad\quad \times$ 온도변화$(\text{℃})[kcal/h]$

$\quad$ ㉣ $Q_e = KF \Delta t_m$

$\quad\quad$ = 통과율$(kcal/m^2 \cdot h \cdot \text{℃}) \times$면적$(m^2)$

$\quad\quad\quad \times$ 온도변화$(\text{℃})[kcal/h]$

여기서, $\Delta t_m = \dfrac{t_{b1} - t_{b2}}{2} - t_2$

$\quad\quad$ = 냉수평균온도 - 증발온도$[\text{℃}]$

⑪ 응축부하(응축열량)

$\quad$ ㉠ $Q_c = Q_e + AW$

$\quad\quad$ = 냉동능력$(kcal/h)$

$\quad\quad\quad +$ 압축기 일의 열당량$(kcal/h)$

$\quad$ ㉡ $Q_c = G q_c$

$\quad\quad$ = 냉매순환량$(kg/h) \times$냉매 $1kg$당

$\quad\quad\quad$ 응축기 방열량$(kcal/kg)[kcal/h]$

$\quad$ ㉢ $Q_c = G(h_2 - h_3)$

$\quad\quad$ = 냉매순환량$(kg/h) \times$응축기 냉매엔탈

$\quad\quad\quad$ 피차$(kcal/kg)[kcal/h]$

$\quad$ ㉣ $Q_c = G_w C \Delta t$ (수냉식 응축기)

$\quad\quad$ = 냉각수 순환량(kg/h)

$\quad\quad\quad \times$ 냉각수 비열$(kcal/kg \cdot \text{℃})$

$\quad\quad\quad \times$ 냉각수 온도차$(\text{℃})[kcal/h]$

$\quad$ ㉤ $Q_c = Q \gamma C \Delta t = Q \times 1.2 \times 0.24 \times \Delta t$

$\quad\quad$ = $0.29 Q \Delta t$ (공냉식 응축기)

$\quad\quad$ = 응축기 소요풍량(m^3/h)

$\quad\quad\quad \times$ 공기비중량$(kg/m^3) \times$공기비열

$\quad\quad\quad (kcal/kg \cdot \text{℃}) \times$공기온도차$(\text{℃})$

$\quad$ ㉥ $Q_c = Q_e C =$ 냉동능력$(kcal/h) \times$방열계수

$\quad$ ㉦ $Q_c = KF \Delta t_m$

$\quad\quad$ = 열통과율$(kcal/m^2 \cdot h \cdot \text{℃})$

$\quad\quad\quad \times$ 전열면적(m^2)

$\quad\quad\quad \times$ 냉매와 냉각수의 평균온도차(℃)

여기서, C: 방열계수$(1.2 \sim 1.3)$

⑫ 압축비 : $P_r = \dfrac{P_2}{P_1} = \dfrac{\text{고압측 압력}(\text{응축압력})}{\text{저압측 압력}(\text{증발압력})}$

08 | 냉동톤

$$RT = \frac{Q_e}{3,320} = \frac{GC\Delta t + Gr + GC\Delta t}{3,320} = \frac{Gq_e}{3,320}$$

$$= \frac{V_a \eta_v q_e}{3,320 v}$$

09 | 냉동능력

$$R = \frac{V}{C} = \frac{\text{피스톤압출량(m}^3/\text{h)}}{\text{냉매가스정수}} \text{[RT]}$$

10 | 공냉식 응축기 소요풍량

$$Q = \frac{Q_c}{\gamma C\Delta t} = \frac{Q_c}{1.2 \times 0.24 \Delta t} = \frac{Q_c}{0.29 \Delta t} \text{[m}^3/\text{h]}$$

11 | 응축기 소요냉각수량

$$G_w = \frac{Q_c}{C\Delta t \times 60}$$

$$= \frac{\text{응축부하(kcal/h)}}{\text{비열(kcal/kg} \cdot \text{℃)} \times \text{응축기 온도차(℃)} \times 60} \text{[L/min]}$$

12 | 산술평균온도차

$$\Delta t_m = \frac{\Delta t_i + \Delta t_o}{2}$$

$$= \frac{\begin{array}{c}\text{응축기 입구측 냉매와 냉각수의 온도차}\\ +\text{응축기 출구측 냉매와 응축수의 온도차}\end{array}}{2} \text{[℃]}$$

※ 응축온도(t_s) : 응축기 냉매의 입구온도와 출구온도
가 같다고 볼 때

$$\Delta t_m = \frac{\Delta t_i + \Delta t_o}{2} = \frac{(t_s - t_1) + (t_s - t_2)}{2}$$

$$= \frac{2t_s - (t_1 + t_2)}{2} = t_s - \frac{t_1 + t_2}{2}$$

$$= \text{응축온도} - \text{냉각수 평균온도[℃]}$$

13 | 대수평균온도차

$$LMTD = \frac{\Delta t_i - \Delta t_o}{\ln \dfrac{\Delta t_i}{\Delta t_o}} \text{[℃]}$$

14 | 역카르노사이클과 실제 사이클

① 카르노사이클의 열효율

$$Q_1 = T_1(s_2 - s_1), \quad Q_2 = T_2(s_2 - s_1)$$

$$\eta_c = \frac{W}{Q_1} = 1 - \frac{Q_2}{Q_1} = \frac{T_1 - T_2}{T_1} = 1 - \frac{T_2}{T_1}$$

$$= 1 - \frac{\text{저온}}{\text{고온}}$$

② 역카르노사이클의 성적계수(냉동기)

$$\varepsilon_r = \frac{Q_2}{W} = \frac{Q_2}{Q_1 - Q_2} = \frac{T_2}{T_1 - T_2}$$

15 | 압축기의 효율

① 왕복식 압축기의 체적효율$(\eta_v) = \dfrac{V_a}{V_i} = \dfrac{\text{실제 체적}}{\text{이론체적}}$

② 압축효율$(\eta_c) = \dfrac{N_i}{N_a} = \dfrac{\text{이론동력(kW)}}{\text{실제 동력(kW)}} = \dfrac{W_i}{W_a}$

$$= \frac{\text{이론일량(kJ/kg)}}{\text{실제 일량(kJ/kg)}}$$

③ 기계효율$(\eta_m) = \dfrac{\text{지시동력}(N)}{\text{실제 소요동력}(N_a)}$

16 | 압축기 소요동력의 계산

① 이론소요동력(N_i)

$$\text{kW} = \frac{GA_w}{860} = \frac{Q_2 A_w}{860 q_2} = \frac{V_a A_w}{860 v} \eta_c$$

$$N_i = \frac{Gw_c}{2646.8} \text{[HP]} = \frac{Gw_c}{3,600} \text{[kW]}$$

② 지시동력(N) : $\text{kW} = \dfrac{GA_w}{860 \eta_c}$

③ 축동력(실제 소요동력)(N_a)

$$\text{kW} = \frac{GA_w}{860} = \frac{GA_w}{860 \eta_c \eta_m} = \frac{N_i}{\eta_c \eta_m}$$

17 | 압축기의 이론동력

$$N_{kW} = \frac{\text{방열온도} - \text{흡열온도}}{\text{흡열온도}} \times \text{냉동효과}$$

$$= \left(\frac{t_1 - t_2}{t_2}\right) Q_e \text{[kW]}$$

18 | 왕복동식 압축기 피스톤압출량(배제량)

① 이론피스톤압축량 : $V_a = \dfrac{\pi}{4} D^2 L N R \times 60 \, [\text{m}^3/\text{h}]$

　여기서, D : 실린더 직경(m)

　　　　　L : 실린더 행정(m)

　　　　　N : 기통수

　　　　　R : 분당 회전수(rpm)

② 실제 피스톤압축량 : $V_g = V_a \eta_v$

　 = 이론피스톤압축량 × 체적효율$[\text{m}^3/\text{h}]$

③ 체적효율 : $\eta_v = \dfrac{V_g}{V_a} = \dfrac{\text{실제 피스톤압축량}}{\text{이론피스톤압축량}}$

19 | 왕복동식 압축기의 극간체적효율

$$\eta = 1 - \varepsilon \left[\left(\dfrac{P_2}{P_1} \right)^{\frac{1}{n}} - 1 \right]$$

　여기서, ε : 극간비

　　　　　n : 폴리트로픽지수

20 | 회전식 압축기의 피스톤압출량(배제량)

$$V_a = \dfrac{\pi}{4}(D^2 - d^2)\, t R \times 60 \, [\text{m}^3/\text{h}]$$

　여기서, D : 실린더 외경(m)

　　　　　d : 실린더 내경(m)

　　　　　t : 실린더 축방향 길이(m)

　　　　　R : 분당 회전수(rpm)

21 | 원심식(터보) 압축기의 단열헤드

$$H_s = \dfrac{AW}{A} = \dfrac{\text{압축일의 열당량}[\text{kcal/kg}]}{\text{일의 열당량}[1/427\text{kcal/kg} \cdot \text{m}]}$$

22 | 원심식 압축기의 비속도

$$N_s = n\, \dfrac{Q^{1/2}}{H^{3/4}} = \text{압축기(펌프) 회전수(rpm)}$$

$$\times\, \dfrac{\text{토출가스량}^{1/2}(\text{m}^3/\text{min})}{\text{전양정}^{3/4}(\text{m})}$$

23 | 오염계수(물때)

$$f(R) = \dfrac{1}{\lambda} = \dfrac{1}{\text{열전달율}}\, [\text{m}^2 \cdot \text{h} \cdot \text{℃/kcal}]$$

24 | 압축기 안전밸브의 지름

① 압축기에 설치하는 안전밸브의 최소 지름

　$d_1 = C_1 \sqrt{V} \, [\text{mm}]$

② 압력용기(수액기 및 응축기) 안전밸브의 지름

$$d_2 = C_2 \sqrt{\left(\dfrac{D}{1,000} \right)\left(\dfrac{L}{1,000} \right)} \, [\text{mm}]$$

25 | 열펌프의 성능계수를 높이는 방법

$$COP_H = \dfrac{q_c}{A_w} = \dfrac{q_e + A_w}{A_w} = \dfrac{q_e}{A_w} + \dfrac{A_w}{A_w} = \dfrac{q_e}{A_w} + 1$$

$$= COP + 1 = \dfrac{T_1}{T_1 - T_2} = \dfrac{Q_1}{Q_1 - Q_2}$$

26 | 축열조의 용량

$$V = \dfrac{\text{축열필요열량}(\text{kW, kcal}) \times \text{여유율}}{\text{2차측 이용 온도차}(\text{℃}) \times \text{축열효율}} \, [\text{m}^3]$$

27 | 빙축열방식의 용량 산출

① 냉동기의 용량

$$= \dfrac{\text{1일 냉방부하}}{\text{야간축열운전시간} + (k \times \text{주간축열운전시간})}$$

② 빙축열조 : 축열용량 = 냉동기 능력 × 야간축열운전시간

28 | 흡수식 냉동기의 열평형식

$$Q_G + G_E = Q_C + Q_A + W_P$$

재생기 + 증발기 = 응축기 + 흡수기 + 펌프의 일(무시)

29 | 기체의 법칙

① 보일의 법칙 : $P_1 V_1 = P_2 V_2 = k$, 실제 기체, 압력이 0일 때만 성립

② 샤를의 법칙 : $\dfrac{V_1}{T_1} = \dfrac{V_2}{T_2} = k(\text{const})$

③ 보일-샤를의 법칙 : $\dfrac{P_1 V_1}{T_1} = \dfrac{P_2 V_2}{T_2} =$ 일정, $\dfrac{PV}{T} = k$

④ 몰(mol, mole)

  ㉠ 개수 : $6.02214179 \times 10^{23}$개. 아보가드로법칙에 따라 모든 기체는 같은 값임(1기압 0℃, 22.4L에서 $1\text{mol} = 6.02214179 \times 10^{23}$개)

  ㉡ 질량 : 원자량(g), 분자량(g) → 1몰(mol)

    예 수소(H_2)의 기체상수

$$R = \frac{\overline{R}}{M} = \frac{\text{표준기체상수}}{M} = \frac{8.3143}{\text{분자량}}$$

$$= \frac{8.3143}{2} = 4.15715$$

  ㉢ 부피 : 22.4L

$$\bullet \ \overline{R} = \frac{PV}{nT} = \frac{1\text{atm} \times 22.4\text{L}}{1\text{mol} \times 273.15\text{K}}$$

$$= 0.0821\text{atm} \cdot \text{L/mol} \cdot \text{K}$$

$$= 8.31\text{J/mol} \cdot \text{K}$$

$$\bullet \ \overline{R} = \frac{PV}{GT} = \frac{1.0332 \times 10^4 \text{kg/m}^2 \times 22.4\text{m}^3}{1\text{kmol} \times 273.15\text{K}}$$

$$= 847.82\text{kg} \cdot \text{m/kmol} \cdot \text{K}$$

여기서, $\overline{R}$: 표준기체상수($= MR = $분자량×기체상수)

R : 실제 기체상수$\left(= \dfrac{\overline{R}}{M} = \dfrac{\text{표준기체상수}}{\text{분자량}} \right)$

n : 몰수

M : 분자량

m : 질량

30 | 이상기체의 상태방정식

① $PV = n\overline{R}T$, $PV = \dfrac{m}{M}\overline{R}T \left(M = \dfrac{m\overline{R}T}{PV} \right)$,

  $n = \dfrac{m}{M} = \dfrac{\text{질량}}{\text{분자량}}$

② $Pv = RT$, $v = \dfrac{RT}{P}$

  여기서, v : 비체적(m^3/kg)

③ $P = \rho RT$

  여기서, ρ : 밀도(kg/m^3)

④ $PV = GRT$, $G = \dfrac{PV}{RT} = \dfrac{PVM}{\overline{R}T}$ [kg],

  $P = \dfrac{GRT}{V}$ [kPa], $T = \dfrac{PV}{GR}$ [K],

  $\Delta V = V_2 - V_1 = \dfrac{GRT_2}{P_2}$

31 | 이상기체의 관계식

$$C_v = \left(\frac{\partial u}{\partial T} \right)_V = \frac{du}{dT}, \quad C_p = \left(\frac{\partial h}{\partial T} \right)_P = \frac{dh}{dT}$$

① 정압비열

$$C_p = \frac{k}{k-1}R, \quad C_p = \frac{k}{k-1}AR$$

  • 이상기체 정압과정 열량

$$Q = GC_p(T_2 - T_1) = GC_pT_1\left(\frac{T_2}{T_1} - 1 \right)$$

$$= GC_pT_1\left(\frac{V_2}{V_1} - 1 \right),$$

$$q = h_2 - h_1 = C_p(T_2 - T_1), \quad C_p = \frac{h_2 - h_1}{T_2 - T_1}$$

  • 1kg당일 경우 $Q = C_p dT = \left(\dfrac{k}{k-1} \right)R(T_2 - T_1)$

$$\therefore \ \frac{W}{Q} = \frac{1}{\dfrac{k}{k-1}} = \frac{k-1}{k}$$

② 정적비열 : $C_v = \left(\dfrac{1}{k-1} \right)R, \quad C_v = \dfrac{AR}{k-1}$

  ※ 기체상수=정압비열−정적비열, $R = C_p - C_v$,

    $C_p = C_v + R$

③ 이상기체의 압력(P), 체적(V)의 관계식

  $PV^n = $ 일정일 때

  ㉠ $n = 0$: 등압변화

  ㉡ $n = 1$: 등온변화

  ㉢ $n = k$: 단열변화, 가역단열과정(단, $k = \dfrac{C_p}{C_v}$)

  ㉣ $n = \infty$: 등적변화

④ 이상기체의 가역단열변화 : $TV^{k-1} = $ 일정

  (단, $k = \dfrac{C_p}{C_v}$)

⑤ 가역단열압축하는 경우 최종온도

$$T_2 = T_1\left(\frac{P_2}{P_1} \right)^{\frac{k-1}{k}} \ [\text{℃}]$$

32 | 이상기체의 엔트로피변화량

① $\Delta S = \dfrac{dQ}{T} \rightarrow S_2 - S_1 = \displaystyle\int_1^2 \frac{\delta Q}{T}$

② $\Delta S = -\dfrac{Q}{T_1} + \dfrac{Q}{T_2} = -\dfrac{Q}{\text{고온방출}} + \dfrac{Q}{\text{저온흡수}}$

$= Q\left(\dfrac{1}{T_2} - \dfrac{1}{T_1}\right) = \dfrac{Q(T_1 - T_2)}{T_1 T_2}\,[\text{kJ/K}]$

③ $\Delta S = C_p \ln\dfrac{V_2}{V_1} = \text{정압비열} \times \ln\dfrac{\text{변화체적}}{\text{초기체적}}$

④ $\Delta S = C_p \ln\dfrac{T_2}{T_1} - R \ln\dfrac{P_2}{P_1}$

$= \text{정압비열} \times \ln\dfrac{\text{변화온도}}{\text{초기온도}}$

$\quad - \text{기체상수} \times \ln\dfrac{\text{변화압력}}{\text{초기압력}}$

$= C_v \ln\dfrac{T_2}{T_1} = AR \ln\dfrac{P_2}{P_1} = m\,C \ln\dfrac{T_2}{T_1}\,(\text{정적})$

⑤ $\Delta S = R \ln\dfrac{P_1}{P_2} = \text{기체상수} \times \ln\dfrac{\text{초기압력}}{\text{변화압력}}$

$= R \ln\dfrac{V_2}{V_1} = \text{기체상수} \times \ln\dfrac{\text{변화체적}}{\text{초기체적}}$

⑥ $\Delta S = m\,C_p \ln\dfrac{T_2}{T_1}$

$= \text{질량} \times \text{비열} \times \ln\dfrac{\text{변화온도}}{\text{초기온도}}$

$= m\,C_p \ln\dfrac{V_2}{V_1}\,[\text{kJ/K}]$

33 | $P-V$ 선도에서 이상기체가 행한 일

① $P-V$ 선도에서 그림 (a)와 같은 변화를 갖는 이상기체가 행한 일 = 삼각형 면적

$W = \dfrac{1}{2}(P_2 - P_1)(V_2 - V_1)\,[\text{kJ}]$

② $P-V$ 선도에서 그림 (b)와 같은 변화를 갖는 이상기체가 행한 일 = 삼각형 면적 + 사각형 면적

$W = \dfrac{1}{2}(P_1 - P_2)(V_2 - V_1) + P_2(V_2 - V_1)\,[\text{kJ}]$

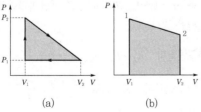

(a)　　　　(b)

34 | 기체와 공기가 한 일

① 기체가 한 일 : $W = P_1 V_1 \ln\dfrac{V_2}{V_1}$

$= \text{압력 } 1 \times \text{체적 } 1 \times \ln\dfrac{\text{체적 } 2}{\text{체적 } 1}\,[\text{kJ}]$

② 공기가 한 일

　㉠ $W_a = GRT_1 \ln\dfrac{P_1[\text{kPa}]}{P_2[\text{kPa}]}$

$= \text{공기무게} \times \text{공기기체상수}$

$\times \text{기체절대온도} \times \ln\dfrac{\text{초기압력}}{\text{팽창압력}}\,[\text{kJ}]$

　㉡ $W_a = GR(T_2 - T_1)$

$= \text{질량} \times \text{공기기체상수} \times \text{온도차}[\text{kJ}]$

　㉢ $W_a = P(V_2 - V_1) = \text{압력} \times \text{체적차}[\text{kJ}]$

　㉣ $W_a = V_1(P_2 - P_1)$

$= \text{초기체적} \times (\text{변화압력}-\text{초기압력})[\text{kJ}]$

　㉤ $W_a = \dfrac{1}{n-1}GRT\left(1 - \dfrac{T_2}{T_1}\right)[\text{kJ}]$

35 | 클라우지우스의 부등식

적분은 $\displaystyle\oint \dfrac{\delta Q}{T} \leq 0$ 에서 가역과정은 0이고, 비가역과정은 0보다 작다.

36 | 공기의 열전달

$Q = GC_p(T_2 - T_1)$

$= \text{공기무게} \times \text{정압비열} \times \text{온도차}[\text{kJ}]$

37 | 일과 열의 정의 및 단위

① 힘

　㉠ SI단위 : 힘은 뉴턴(N)으로 정의

$1\text{N} = 1\text{kg} \times 1\text{m/s}^2 = 1\text{kg} \cdot \text{m/s}^2$

　㉡ 공학단위 : 힘은 기본차원으로 kgf(F)를 사용 (MKS)

$1\text{kgf} = 1\text{kg} \times 9.8\text{m/s}^2 = 9.8\text{kg} \cdot \text{m/s}^2 = 9.8\text{N}$

$\rightarrow 1\text{N} = \dfrac{1}{9.8}\text{kgf}$

② 일(에너지)
  ㉠ SI단위 : $1J=1N \cdot m=1kg \times 1m/s^2 \cdot m$
  $=1kg \cdot m^2/s^2[ML^2T^{-2}]$
  ㉡ 공학단위 : $1kgf \cdot m=9.8N \cdot m=9.8J$
③ 열량변환 : $1kcal=3.968BTU=2.205CHU=4.2kJ$
④ 동력
  ㉠ SI단위 : $1W=1J/s=1N \cdot m/s=1kg \cdot m^2/s^3$
  ㉡ 공학단위
    • $1kW=1,000J/s=1,000N \cdot m/s$
    $=\dfrac{1,000}{9.8}kgf \cdot m/s≒102kgf \cdot m/s$
    $=860kcal/h$
    • $1HP≒76kgf \cdot m/s=0.746kW=641kcal/h$
    • $1PS≒75kgf \cdot m/s=0.735kW=632kcal/h$

PS	HP	kW	kgf · m/s	kcal/h
1	0.986	0.735	75	632
1.014	1	0.745	76	641
1.36	1.34	1	102	860

38 | 열전달

① 전도
  ㉠ 열전도열량 : $Q=\dfrac{\lambda F \Delta t}{l}$ [W, kcal/h]
  ㉡ 열전도율 : $\lambda=\dfrac{1}{R}$ [kcal/m · h · ℃]
  ㉢ 합성벽(3벽)
  $Q=\dfrac{t_1-t_4}{\dfrac{l_1}{\lambda_1 F}+\dfrac{l_2}{\lambda_2 F}+\dfrac{l_3}{\lambda_3 F}}$ [W, kcal/h]
  ㉣ 냉각관의 길이 : $F=\pi DL[m^2]$
  $\to L=\dfrac{F}{\pi D}=\dfrac{전열면적}{\pi \times 냉각관의 외경}$ [m]
② 대류
  ㉠ 열전달열량 : $Q=\alpha F \Delta t$ [W, kcal/h]
  ㉡ 열전달율 : $\alpha=\dfrac{Q}{F \Delta t}$ [kcal/m^2 · h · ℃]
③ 복사열량 : $Q=\alpha AF(T_1^4-T_2^4)$ [W, kcal/h]
④ 스테판-볼츠만상수 : $\alpha=\dfrac{Q}{AF(T_1^4-T_2^4)}$ [W/m^2 · K^4]
⑤ 열통과(열관류)
  ㉠ 열통과열량 : $Q=KFm \Delta T$ [W, kcal/h]

  ㉡ 열통과율 : $K=\dfrac{1}{R}$ [kcal/m^2 · h · ℃]
  • 여러 판의 열통과율
  $K=\dfrac{1}{R}=\dfrac{1}{\dfrac{1}{\alpha_1}+\dfrac{l_1}{\lambda_1}+\dfrac{l_2}{\lambda_2}+\dfrac{l_3}{\lambda_3}+\dfrac{1}{\alpha_2}}$
  [kcal/m^2 · h · ℃]
  • 열저항
  $R=\dfrac{1}{K}=\dfrac{1}{\alpha_1}+\dfrac{l_1}{\lambda_1}+\dfrac{l_2}{\lambda_2}+\dfrac{l_3}{\lambda_3}+\dfrac{1}{\alpha_2}$
  [m^2 · h · ℃/kcal]

39 | 열역학 제1법칙(에너지 보존의 법칙)

① 열과 일의 환산관계
  ㉠ 열량 : $Q=AW$ [kcal]
  ㉡ 일량 : $W=JQ$ [kg · m]
  ㉢ 열의 일당량 : $J=427kg \cdot m/kcal$
  ㉣ 일의 열당량 : $A=\dfrac{1}{427}$ kcal/kg · m
② 엔탈피 : $h(i)=$내부에너지+외부에너지
  $=u+APV=u+AW$ [kcal/kg]
③ 엔탈피 증가 : $dh=du+dw=du+(P_2V_2-P_1V_1)$
  =내부에너지+(변화압력×변화체적
  -초기압력×초기체적)[kJ]
④ 내부에너지 : $U=C_v \Delta T=C_v \dfrac{q}{C_p}$
  $=$정적비열$\times \dfrac{엔탈피}{정압비열}$
⑤ 내부에너지 증가량=압축일+방출열
⑥ 내부에너지 변화 = $U_2-U_1=mC_v(t_2-t_1)$
  =질량×정적비열×(변화온도-초기온도)[kJ]
⑦ 밀폐계의 가역정적변화 : $dU=dQ$, 즉 내부에너지 변화량과 전달된 열변화량은 같다.
⑧ 밀폐계의 가역정압변화 : $dQ=dh-Avdp$
  이때 $dp=0$이면 $dh=dQ$, 즉 엔탈피변화량과 가열량은 같다.
⑨ 출구엔탈피 : $h_2=h_1-q_{out}-\dfrac{V_2^2-V_1^2}{2}$
  =입구엔탈피-방열열량-$\dfrac{출구속도^2-입구속도^2}{2}$
  [kJ/kg]

40 | 열역학 제2법칙

① 열용량 : $Q = mC\Delta T$ [kcal/℃, kJ/K]

② 엔트로피

   ㉠ 비엔트로피 : $\Delta S = \dfrac{\Delta Q}{T}$ [kcal/kg · K] (잠열)

   ㉡ 전엔트로피 : $\Delta S = GC\ln\dfrac{T_2}{T_1}$ [kcal/kg · K] (물)

41 | 랭킨사이클의 열효율

① 고열원으로부터 공급받는 열량

  $q_1 =$ 보일러에서 가열량(q_B) + 과열기에서 가열량(q_S)

    $= (h_3 - h_2) + (h_4 - h_3) = h_4 - h_2$ [kcal/kg]

② 복수기에서 방출한 열량 : $q_2 = h_5 - h_1$ [kcal/kg]

③ 터빈에서 증기가 외부로 행한 일의 열상당량

  $AW_T = h_4 - h_5$ [kcal/kg]

④ 급수펌프에서 포화수를 압축하는 데 소비하는 일의 열상
  당량 : $AW_P = h_2 - h_1 = Av_1(P_2 - P_1)$ [kcal/kg]

⑤ 증기 1kg당 유효일의 열상당량

  $AW_{net} = AW_T - AW_P$

      $= (h_4 - h_5) - (h_2 - h_1)$ [kcal/kg]

⑥ 랭킨사이클의 이론열효율

  ㉠ $\eta_R = \dfrac{q_1 - q_2}{q_1} = 1 - \dfrac{q_2}{q_1}$

     $= \dfrac{AW_{net}}{q_1} = \dfrac{AW_T - AW_P}{q_B - q_S}$

     $= \dfrac{(h_4 - h_5) - (h_2 - h_1)}{h_4 - h_2}$ (펌프일 고려)

  ㉡ $\eta_R = \dfrac{AW_T}{q_1} = \dfrac{h_4 - h_5}{h_4 - h_2}$ (펌프일 무시)

⑦ 랭킨사이클의 효율

  ㉠ $\eta = \dfrac{\text{보일러 출구} - \text{응축기 입구}}{\text{보일러 출구} - \text{보일러 입구}}$

  ㉡ $\eta = \dfrac{\text{터빈 입 · 출구엔탈피}}{\text{보일러 출 · 입구엔탈피}}$

42 | 오토사이클의 열효율

① 오토사이클의 열효율 : $\eta_0 = \dfrac{\text{유효한 일량}}{\text{공급한 열량}}$

  $= \dfrac{AW_a}{q_1} = \dfrac{q_1 - q_2}{q_1} = 1 - \dfrac{q_2}{q_1}$

  $= 1 - \dfrac{C_v(T_4 - T_1)}{C_v(T_3 - T_2)} = 1 - \dfrac{T_4 - T_1}{T_3 - T_2}$

  $= 1 - \left(\dfrac{V_2}{V_1}\right)^{k-1} = 1 - \left(\dfrac{1}{\varepsilon}\right)^{k-1}$

② 압축비의 함수로 표시된 오토사이클의 이론열효율

  $\eta_0 = 1 - \dfrac{T_4 - T_1}{T_3 - T_2} = 1 - \left(\dfrac{v_3}{v_4}\right)^{k-1} = 1 - \left(\dfrac{v_2}{v_1}\right)^{k-1}$

  $= 1 - \left(\dfrac{1}{\varepsilon}\right)^{k-1}$

③ 압축비 : $\varepsilon = 1 + \dfrac{v_1}{v_2}$

43 | 브레이튼사이클의 열효율

① 온도를 함수로 할 때 : $\eta_B = \dfrac{AW_a}{q_1} = \dfrac{q_1 - q_2}{q_1}$

  $= 1 - \dfrac{q_2}{q_1} = 1 - \dfrac{C_p(T_4 - T_1)}{C_p(T_3 - T_2)} = 1 - \dfrac{T_4 - T_1}{T_3 - T_2}$

② 압력을 함수로 할 때 : $\eta_B = 1 - \dfrac{T_4 - T_1}{T_3 - T_2}$

  $= 1 - \left(\dfrac{P_1}{P_2}\right)^{\frac{k-1}{k}} = 1 - \left(\dfrac{1}{\varphi}\right)^{\frac{k-1}{k}}$, 압력비 $\varphi = \dfrac{P_2}{P_1}$

44 | 냉동사이클

① 2단 압축의 압축비(중간압력) : 압축비 $= \sqrt{P_1 P_2}$

  $= \sqrt{\text{고압절대압력} \times \text{저압절대압력}}$

② 결빙시간 : $h = \dfrac{0.56t^2}{-t_b}$

③ 제빙시간 : $t = \dfrac{\text{얼음의 열량(kJ)}}{\text{냉동능력(kW = kJ/s)}}$

  $= \dfrac{\text{얼음의 무게(kg)} \times \text{융해열(kJ/kg)}}{\text{냉동능력(kW = kJ/s)}}$ [sec]

03 | 시운전 및 안전관리(구 전기제어공학)

01 | 정현파 및 비정현파 교류의 전압, 전류, 전력

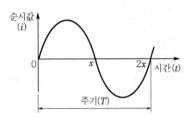

① 사인파 교류(AC) : $i = I_m \sin wt$[A], $v = V_m \sin wt$[V]

② 교류의 크기(값)

   ㉠ 순시값(v, i) : $v = V_m \sin \omega t = \sqrt{2} \sin \omega t$[V],

     $i = I_m \sin \omega t = \sqrt{2} \sin \omega t$[A]

   ㉡ 최대값(V_m, I_m) : $V_m = \sqrt{2}\, V$[V],

     $I_m = \sqrt{2}\, I$[A]

   ㉢ 평균값

    • $V_a = \dfrac{2}{\pi} V_m \fallingdotseq 0.6337 V_m$(전파정류일 때)

    • $V_a = \dfrac{V_m}{\pi}$ (반파정류일 때)

   ㉣ 실효값 : $V = \dfrac{1}{\sqrt{2}} V_m = \dfrac{\text{최대값}}{\sqrt{2}} = 0.707 V_m$

③ 평균값 및 실효값(전류일 때)

   ㉠ 평균값 : $I_{av} = \dfrac{2}{\pi} I_m = 0.6337 I_m$

   ㉡ 실효값 : $I = \dfrac{I_m}{\sqrt{2}} = 0.707 I_m$

④ 파고율 및 파형률

   ㉠ 파고율 $= \dfrac{\text{최대값}}{\text{실효값}}$

     $= \dfrac{V_m}{V} = V_m \div \dfrac{V_m}{\sqrt{2}}$

     $= \sqrt{2} = 1.414$

   ㉡ 파형률 $= \dfrac{\text{실효값}}{\text{평균값}}$

     $= \dfrac{V_m}{\sqrt{2}} \div \dfrac{2}{\pi} V_m$

     $= \dfrac{\pi}{2\sqrt{2}} = 1.111$

02 | 각속도

① 주기 : $T = \dfrac{1}{f}$[s]

② 주파수 : $f = \dfrac{1}{T}$[Hz]

③ 각속도 : $w = \dfrac{2\pi}{T} = 2\pi f$[rad/s]

03 | 위상의 시간표현

$v_1 = V_{m_1} \sin(\omega t + \theta_1)$[V], $v_2 = V_{m_2} \sin(\omega t + \theta_2)$[V]
일 때 위상차는 $\theta = \theta_1 - \theta_2$[rad]

04 | 교류회로(저항, 유도, 용량)

① 임피던스(Z) : $I = \dfrac{V}{Z}$

② 임피던스의 세 가지

   ㉠ 저항(R) : $Z = \dfrac{V}{I} = R + jX$, $Z^2 = R^2 + X^2$,

     $Z = \sqrt{R^2 + X^2} = \sqrt{R^2 + (X_L - X_C)^2}$

   ㉡ 인덕턴스 : $Z = j\omega L$

   ㉢ 커패시턴스 : $Z = \dfrac{1}{j\omega C}$

③ 저항, 유도성 리액턴스, 용량성 리액턴스

   ㉠ 저항 : R[Ω]

   ㉡ 유도성 리액턴스 : $X_L = \omega L$

   ㉢ 용량성 리액턴스 : $X_C = \dfrac{1}{\omega C} = \dfrac{1}{2\pi ft}$

05 | 3상 교류회로

① 성형결선, 환상결선 및 V결선

   ㉠ $\Delta \to Y$

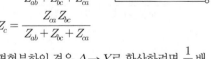

    • $Z_a = \dfrac{Z_{ab} Z_{ca}}{Z_{ab} + Z_{bc} + Z_{ca}}$

    • $Z_b = \dfrac{Z_{bc} Z_{ab}}{Z_{ab} + Z_{bc} + Z_{ca}}$

    • $Z_c = \dfrac{Z_{ca} Z_{bc}}{Z_{ab} + Z_{bc} + Z_{ca}}$

    • 평형부하인 경우 $\Delta \to Y$로 환산하려면 $\dfrac{1}{3}$배,

     $Z_Y = \dfrac{1}{3} Z_\Delta$

ⓛ $Y \to \Delta$

- $Z_{ab} = \dfrac{Z_a Z_b + Z_b Z_c + Z_c Z_a}{Z_c}$

- $Z_{bc} = \dfrac{Z_a Z_b + Z_b Z_c + Z_c Z_a}{Z_a}$

- $Z_{ca} = \dfrac{Z_a Z_b + Z_b Z_c + Z_c Z_a}{Z_b}$

- 평형부하인 경우 $Y \to \Delta$로 환산하려면 3배, $Z_\Delta = 3Z_Y$

② V결선

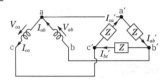

㉠ 출력

$$P = V_{ab}I_{ab}\cos\left(\frac{\pi}{6} - \theta\right) + V_{ca}I_{ca}\cos\left(\frac{\pi}{6} + \theta\right)$$
$$= \sqrt{3}\,VI\cos\theta\,[\text{W}]$$

㉡ 변압기 이용률 및 출력비

- 이용률$(U) = \dfrac{2\text{대의 } V\text{결선출력}}{2\text{대 단독출력의 합}}$
  $= \dfrac{\sqrt{3}\,VI\cos\theta}{2\,VI\cos\theta} = \dfrac{\sqrt{3}}{2} = 0.866$

- 출력비 $= \dfrac{V\text{결선출력}}{\Delta\text{결선출력}} = \dfrac{\sqrt{3}\,VI\cos\theta}{3\,VI\cos\theta}$
  $= \dfrac{\sqrt{3}}{3} = 0.577$

③ 전력, 전류, 기전력 : 단상 교류전력에서
$v = \sqrt{2}\,V\sin wt\,[\text{V}], i = \sqrt{2}\,I\sin(wt - \theta)\,[\text{A}]$일 때

㉠ 순시전력 : $P = vi = VI\cos\theta - VI(2wt - \theta)$

㉡ 유효전력 : $P = VI\cos\theta = I^2R\,[\text{W}]$(소비전력, 평균전력)

㉢ 무효전력 : $P_r = VI\sin\theta = I^2X\,[\text{Var}]$

㉣ 피상전력 : $P_a = VI = \sqrt{P^2 + P_r^{\,2}} = I^2Z\,[\text{VA}]$

㉤ 역률 : $\cos\theta = \dfrac{P}{P_a} = \dfrac{P}{VI} = \dfrac{R}{Z}$

㉥ 무효율 : $\sin\theta = \dfrac{P_r}{P_a} = \dfrac{P_r}{VI} = \dfrac{X}{Z}$

④ 대칭좌표법 및 $Y - \Delta$변환

㉠ 대칭분

- 영상분 : $V_0 = \dfrac{1}{3}(V_a + V_b + V_c)$

- 정상분 : $V_1 = \dfrac{1}{3}(V_a + aV_b + a^2V_c)$

- 역상분 : $V_2 = \dfrac{1}{3}(V_a + a^2V_b + aV_c)$

㉡ 각상분

- a상 : $V_a = V_0 + V_1 + V_2$

- b상 : $V_b = V_0 + a^2V_1 + aV_2$

- c상 : $V_c = V_0 + aV_1 + a^2V_2$

06 │ 직류기의 단자 간에 얻어지는 유기기전력

$$E = \frac{Z}{a}e = \frac{pZ}{60}\phi N\,[\text{V}]$$

여기서, Z : 전기자 도체수
a : 권선의 병렬회로수(중권에서는 $a = p$, 파권에서는 $a = 2$)

07 │ 직류발전기의 효율

① $\eta = \dfrac{\text{출력}}{\text{입력}} \times 100\,[\%]$

② $\eta_{\text{전동기}} = \dfrac{\text{입력} - \text{손실}}{\text{입력}} \times 100\,[\%]$

③ $\eta_{\text{발전기}} = \dfrac{\text{출력}}{\text{출력} + \text{손실}} \times 100\,[\%]$

08 │ 직류전동기의 특성 및 속도제어

① 직류발전기의 전압변동률 : $\varepsilon = \dfrac{V_0(= V_n)}{V_n} \times 100\,[\%]$

② 직류전동기의 속도 : $N = K\dfrac{V(= I_A(R_a + R_s))}{\phi}\,[\text{rpm}]$

③ 전부하전류

㉠ 단상 $= \dfrac{P}{E\cos\theta\eta} = \dfrac{\text{전력}(W)}{\text{전압}(V) \times \text{역률} \times \text{효율}}$

㉡ 3상 $= \dfrac{P}{\sqrt{3}\,E\cos\theta\eta}$
$= \dfrac{\text{전력}(W)}{\sqrt{3} \times \text{전압}(V) \times \text{역률} \times \text{효율}}$

㉢ 전동기의 전력에 의하는 취득열량
$q = \text{정격} \times \dfrac{1}{\text{효율}} \times \text{가동률} \times \dfrac{\text{소요동력}}{\text{정격동력}}$
$\times \text{전동기대수}\,[\text{kW}]$

09 | 유도전동기

① 3상 유도전동기의 회전수와 슬립

㉠ 동기속도(전동기의 속도) : $N_s = \dfrac{120f}{p}$ [rpm]

㉡ 슬립 : $s = \dfrac{동기속도 - 회전속도}{동기속도} = \dfrac{N_s - N}{N_s}$

㉢ 회전자의 회전자에 대한 상대속도

$N = (1-s)N_s = (1-s)\dfrac{120f}{p}$ [rpm]

㉣ 권선형 유도전동기의 속도제어법(종속접속법)

• 가동접속 : $N = \dfrac{120f}{p_1 + p_2}$ [rpm]

• 차동접속 : $N = \dfrac{120f}{p_1 - p_2}$ [rpm]

• 병렬접속 : $N = \dfrac{2 \times 120f}{p_1 + p_2}$ [rpm]

㉤ 제동 중에 발생된 열량 : $q = 중량 \times 거리$

$\times 마찰계수 \times \dfrac{중력가속도}{1,000}$ [kJ]

② 단상 유도전압조정기의 용량

$P = 부하용량 \times \dfrac{승압전압}{고압측 \ 전압}$ [kVA]

③ 특수 유도전동기 동기속도와 슬립

㉠ 동기속도 : $N_s = \dfrac{120f}{P} = \dfrac{120 \times 주파수}{극수}$ [rpm]

㉡ 슬립 : $s = \dfrac{동기속도 - 전동기 \ 실제 \ 속도}{동기속도}$

$= \dfrac{N_s - N}{N_s} = \left(1 - \dfrac{N}{N_s}\right) \times 100$ [%]

㉢ 전압변경에 따른 슬립 : $s_2 = \left(\dfrac{E_1}{E_2}\right)^2 s_1$

$= \left(\dfrac{초기전압}{변경전압}\right)^2 \times 슬립 \times \dfrac{1}{100}$ [%]

㉣ 전동기의 실제 속도 및 극수

$N = N_s(1-s) = \dfrac{120f}{P}(1-s)$ [rpm]

$P = \dfrac{120f}{N}(1-s)$

㉤ 동손

2차 동손$(P_2) = \dfrac{슬립(\%)}{1 - 슬립} \times 전동기 \ 출력$

$= \left(\dfrac{s}{1-s}\right)P_m$ [kW]

㉥ 효율 : $\eta = \dfrac{출력}{입력} \times 100 = \dfrac{입력 - 손실}{입력} \times 100$

$= \dfrac{P}{\sqrt{3} \ V_1 I_1 \cos\theta_1} \times 100$ [%]

㉦ 2차 효율 : $\eta_2 = \dfrac{2차 \ 출력}{2차 \ 입력} \times 100 = \dfrac{P_0}{P_2} \times 100$

$= \dfrac{P_2(1-s)}{P_2} \times 100$

$= (1-s) \times 100$

$= \dfrac{n}{n_s} \times 100$ [%]

10 | 전력과 역률

① 피상전력

$P_a = 전압의 \ 실효값 \times 전류의 \ 실효값 = VI$ [VA]

② 유효전력

$P_e = 전압의 \ 실효값 \times 전류의 \ 실효값 \times 역률$

$= VI\cos\theta$ [VA]

$I^2 = (I\cos\theta)^2 + (I\sin\theta)^2 = I^2(\cos^2\theta + \sin^2\theta)$ [W]

$P_e = 피상전력 \times 역률 = VI\cos\theta = P_a\cos\theta$ [W]

$역률(\cos\theta) = \dfrac{유효전력(P_e)}{피상전력(P_a)}$

③ 무효전력

$P_r = 전압의 \ 실효값 \times 전류의 \ 실효값 \times 무효율$

$= VI\sin\theta$ [Var]

④ 유효전력(P_e), 무효전력(P_r)과 피상전력(P_a)의 관계

$P_a^2 = P_e^2 + P_r^2$

⑤ 역률 : $\cos\theta = \dfrac{R}{Z} = \dfrac{R}{\sqrt{R^2 + X^2}}$

11 | 토크 및 원선도

① 3상 유도전동기의 토크특성

㉠ 토크 : $\tau = \dfrac{P_0}{\omega} = \dfrac{60}{2\pi N}P_0$ [N·m],

$\tau = 0.975\dfrac{P_0}{N} = 0.975\dfrac{P_2}{N_s}$ [kg·m],

$\tau \propto P_2 (N_s \ 일정)$

㉡ $P_2 = 1.026 N_s \tau$ [W]

② 토크와 슬립의 관계

ㄱ 최대 토크슬립

$$s_t = \frac{r_2'}{\sqrt{r_1^2 + (x_1 + x_2')^2}} ≒ \frac{r_2'}{x_2'} = \frac{r_2}{x_2}$$

ㄴ 최대 토크 : $\tau_t = K_0 \frac{V_1^2}{2x_2} = K \frac{E_2^2}{2x_2} [\text{N} \cdot \text{m}]$

③ 원선도 특성

ㄱ 전부하효율 : $\eta = \frac{2차\ 출력}{전입력} = \frac{P_{ab}}{P_{ae}}$

ㄴ 2차 효율 : $\eta_2 = \frac{2차\ 출력}{2차\ 입력} = \frac{P_{ab}}{P_{ac}}$

ㄷ 슬립 : $s = \frac{2차\ 동손}{2차\ 입력} = \frac{P_{bc}}{P_{ac}}$

12 | 유도전동기의 토크와 일

$$W = FRw = Tw$$

$$\therefore T = \frac{W}{w} = \frac{75\text{PS}}{w} = \frac{75 \times 60\text{PS}}{2\pi N}$$

$$= \frac{102 \times 60\text{kW}}{2\pi N} [\text{kg} \cdot \text{m}]$$

여기서, w : 각속도$\left(= \frac{2\pi N}{60}\right)$

13 | 동기기의 특성 및 용도

① 동기속도 : $N_s = \frac{120 \times 주파수}{극수} = \frac{120f}{P} [\text{rpm}]$

② 주변속도 : $V = \frac{\pi \times 지름 \times 속도}{60} = \frac{\pi DN}{60}$

③ 전기자의 권선법

ㄱ (전절권) 단절권

$$K_d = \frac{e'r}{e_1 + e_2 + e_3} = \frac{\sin\frac{\pi}{2}}{\sin\frac{\pi}{2mq}}$$

ㄴ (집중권) 분포권 : $K_p = \frac{e'}{e_a + e_b} = \sin\frac{\beta\pi}{2}$,

$K = K_d K_p$

여기서, K_d : 단절계수

K_p : 분포계수

④ 전압변동률

$$\varepsilon = \frac{단자전압율 - 정격단자전압율}{정격단자전압율} = \frac{E_0 - V_n}{V_n}$$

14 | 동기기의 효율

① 발전기 : $\eta_G = \frac{출력}{출력 + 손실}$

$$= \frac{\sqrt{3}\ VI\cos\phi}{\sqrt{3}\ VI\cos\phi + P_l} \times 100[\%]$$

② 전동기 : $\eta_m = \frac{입력 - 손실}{입력}$

$$= \frac{\sqrt{3}\ VI\cos\phi - P_l}{\sqrt{3}\ VI\cos\phi} \times 100[\%]$$

15 | 정류기의 회전변류기

① 전압비 : $\frac{E_l}{E_d} = \frac{1}{\sqrt{2}} \sin\frac{\pi}{m}$

여기서, E_l : 슬립링 사이의 전압(V)

E_d : 직류전압(V)

② 전류비 : $\frac{I_l}{I_d} = \frac{2\sqrt{2}}{m\cos\theta}$

여기서, I_l : 교류측 선전류(A)

I_d : 직류측 전류(A)

16 | 분류기의 저항(전류계)

① $\frac{I_a}{I} = \frac{R_s}{R_a + R_s}$

$\rightarrow I_a = I\left(\frac{R_s}{R_a + R_s}\right)$

$= 실제\ 전류 \times \frac{분류기저항}{내부저항 + 분류기저항}$

$\rightarrow I = I_a\left(\frac{R_i + R}{R}\right)$

$= 지시전류 \times \frac{내부저항 + 분류기저항}{분류기저항}$

② $m = \frac{I}{I_a} = \frac{I}{\dfrac{IR_s}{R_a + R_s}} = \frac{R_a + R_s}{R_s} = \frac{R_a}{R_s} + 1$

$\rightarrow R_s = \frac{R_a}{m - 1}$

17 | 직류전압 및 교류전압의 측정

① 직류전압의 측정
- 배율기의 저항(전압계)

$$R_m = (m-1)R_a = \left(\frac{V_v}{V} - 1\right)R_a$$

② 교류전압의 측정

정현파 $V = V_m \sin\omega t = V_m \sin 2\pi f t$

㉠ 주기 : $T = 1/f$

㉡ 주파수 : $f = 1/T$

㉢ 각주파수 : $\omega = 2\pi/T$

18 | 고주파 전류 측정

① 주파수 : $f = \dfrac{1}{2\pi LC}$ [Hz]

여기서, L : 인덕턴스(Henry)

C : 정전용량(Farad)

② 파장 : $\lambda = \dfrac{\text{속도}}{\text{주파수}} = \dfrac{C}{f}$

19 | 전력 및 전력량의 역률 측정

① 순간역률의 측정

$$\text{순간역률} = \frac{\text{전력}}{\sqrt{3} \times \text{전압} \times \text{전류}} = \frac{W}{\sqrt{3}\,VA}$$

② 평균역률의 측정 : 평균역률 $= \dfrac{W_H}{\sqrt{3}\,W_H{}^2 Q_H{}^2}$

여기서, W_H : 유효적산전력계(24시간 기록치)

Q_H : 무효적산전력계(24시간 기록치)

20 | 속응성의 척도(시정수)

$\tau = RC$, 시정수=저항×정전용량[μs, ms]

21 | 비례적분미분동작(PID동작)의 전달함수

① 비례요소(P) : K

② 적분요소(I) : $\dfrac{K}{s}$

③ 미분요소(D) : Ks

④ PI동작 : $1 + \dfrac{1}{sT}$

⑤ PD동작 : $K(1 + sT)$

⑥ PID동작 : $K\left(1 + \dfrac{1}{sT} + sT\right)$

22 | 안정될 필요조건을 갖춘 특성방정식

$s^3 + 6s^2 + 10s + 9 = 0$

23 | 불대수의 기본법칙

① 항등법칙 : $X + 0 = 0 + X = X$,

$X \cdot 1 = 1 \cdot X = X$, $X + 1 = 1 + X = 1$,

$X \cdot 0 = 0 \cdot X = 0$

② 누승법칙 : $X + X = X$, $X \cdot X = X$

③ 보간법칙 : $X + \overline{X} = 1$, $X \cdot \overline{X} = 0$

④ 부정법칙 : $\overline{\overline{X}} = X$

⑤ AND(·)의 경우

㉠ 자기 · 자기=자기

(예) A · A=A, 0 · 0=0, 1 · 1=1)

㉡ 자기 · 나머지=0

(예) A · 0=0, A · A=0, 0 · 1=0)

⑥ OR(+)의 경우

㉠ 자기+자기=자기

(예) A+A=A, 0+0=0, 1+1=1)

㉡ 자기+0=자기(예) A+0=A, A+0=A)

㉢ 자기+1=1(예) A+1=1, 0+1=1, A+1=1)

㉣ 자기+자기=1(특별)

⑦ 교환법칙 : $X + Y = Y + X$, $X \cdot Y = Y \cdot X$

⑧ 결합법칙 : $(X + Y) + Z = X + (Y + Z)$,

$(XY) + Z = X + (YZ)$

※ X, Y 대신 A, B 대입 가능

⑨ 배분법칙 : $X(Y + Z) = XY + XZ$,

$X + YZ = (X + Y)(X + Z)$

⑩ 흡수법칙 : $X + XY = X(1 + Y) = X(1) = X$,

$X(X + Y) = XX + XY = X + XY = X$

⑪ 합의 정리 : $XY + YZ + \overline{X}Z = XY + \overline{X}Z$,

$(X + Y)(Y + Z)(\overline{X} + Z) = (X + Y)(\overline{X} + Z)$

⑫ 드모르간의 법칙(정리) : $\overline{X + Y} = \overline{X}\,\overline{Y}$,

$\overline{XY} = \overline{X} + \overline{Y}$

24 | 유량계

① 차압식 유량계 : $Q = K\sqrt{P_1 - P_2}$

② 면적식 유량계 : $Q = KA$

③ 오리피스 유출속도 : $V_2 = \sqrt{2gH}\,[\text{m/s}]$

25 | 조절기기

동작신호를 x_i, 조작량을 x_0이라 하면

① 비례동작(P동작) : $x_0 = K_p x_i$

　여기서, K_p : 비례이득(비례감도)

② 적분동작(I동작) : $x_0 = \dfrac{1}{T_I}\displaystyle\int x_i dt$

　여기서, T_I : 적분시간

③ 미분동작(D동작) : $x_0 = T_D\dfrac{dx_i}{dt}$

　여기서, T_D : 미분시간

④ 비례적분동작(PI동작) : $x_0 = K_p\left(x_i + \dfrac{1}{T_I}\displaystyle\int x_i dt\right)$

⑤ 비례미분동작(PD동작) : $x_0 = K_p\left(x_i + T_D\dfrac{dx_i}{dt}\right)$

⑥ 비례적분미분동작(PID동작)

$$x_0 = K_p\left(x_i + \frac{1}{T_I}\int x_i dt + T_D\frac{dx_i}{dt}\right)$$

26 | 안전관리자의 자격과 선임인원

① 냉동제조시설

　㉠ 냉동능력 300톤 초과(프레온을 냉매로 사용하는 것은 냉동능력 600톤 초과)
　　• 안전관리총괄자 : 1명
　　• 안전관리책임자 : 1명(공조냉동기계산업기사)
　　• 안전관리원 : 2명 이상(공조냉동기계기능사 등)

　㉡ 냉동능력 100톤 초과 300톤 이하(프레온을 냉매로 사용하는 것은 냉동능력 200톤 초과 600톤 이하)
　　• 안전관리총괄자 : 1명
　　• 안전관리책임자 : 1명(공조냉동기계산업기사, 공조냉동기계기능사는 현장실무경력 5년 이상)
　　• 안전관리원 : 1명 이상(공조냉동기계기능사 등)

　㉢ 냉동능력 50톤 초과 100톤 이하(프레온을 냉매로 사용하는 것은 냉동능력 100톤 초과 200톤 이하)

　　• 안전관리총괄자 : 1명
　　• 안전관리책임자 : 1명(공조냉동기계기능사 등)
　　• 안전관리원 : 1명 이상(공조냉동기계기능사 등)

　㉣ 냉동능력 50톤 이하(프레온을 냉매로 사용하는 것은 냉동능력 100톤 이하)
　　• 안전관리총괄자 : 1명
　　• 안전관리책임자 : 1명(공조냉동기계기능사 등)

② 냉동기제조시설
　㉠ 안전관리총괄자 : 1명
　㉡ 안전관리부총괄자 : 1명
　㉢ 안전관리책임자 : 1명(일반기계기사, 용접기사 등)
　㉣ 안전관리원 : 1명 이상(공조냉동기계기능사)

27 | 고압가스냉동제조의 정밀안전검진기준

① 중간검사

② 완성검사

③ 정기검사

④ 수시검사 : 안전밸브, 긴급차단장치, 독성가스제해설비, 가스누출검지경보장치, 물분무장치(살수장치 포함) 및 소화전, 긴급이송설비, 강제환기시설, 안전제어장치, 운영상태감시장치, 안전용 접지기기, 방폭전기기기, 그밖에 안전관리상 필요한 사항

28 | 고압가스냉동제조의 시설기준

① 가스(냉매)설비재료
　㉠ 재료는 표면에 사용상 해로운 흠, 찌그러짐, 부식 등의 결함이 없는 것으로 한다.
　㉡ 재료는 냉매가스, 흡수용액, 윤활유 또는 이들 혼합물의 작용으로 열화되지 않는 것으로 한다.
　㉢ 냉매가스, 흡수용액 또는 피냉각물에 접하는 부분의 재료에서 냉매가스의 종류에 따라 다음의 것들은 사용해서는 안 된다.
　　• 암모니아에는 구리 및 구리합금을 사용하지 않는다. 다만, 압축기 축의 개수 또는 이들과 유사한 부분으로 항상 유막으로 덮여 액화암모니아에 직접 접촉하지 않는 부분에는 청동류를 사용할 수 있다.
　　• 염화메탄에는 알루미늄합금을 사용하지 않는다.

- 프레온에는 2%를 넘는 마그네슘을 함유한 알루미늄합금을 사용하지 않는다.
  - ② 항상 물에 접촉되는 부분에는 순도가 99.7% 미만의 알루미늄을 사용하지 않는다. 다만, 적절한 내식처리를 한 경우에는 사용해도 된다.
② 압축기 또는 발생기의 작용으로 응축압력을 받는 부분
  - ㉠ 원심식 압축기
  - ㉡ 고압부를 내장한 밀폐형 압축기로서 저압부의 압력을 받는 부분
  - ㉢ 승압기(booster)의 토출압력을 받는 부분
  - ㉣ 다원 냉동장치로서 압축기 또는 발생기의 작용에 의하여 응축압력을 받는 부분으로 응축온도가 보통의 운전상태에서 −15℃ 이하의 부분
  - ㉤ 자동팽창밸브[팽창밸브의 2차측에 고압부 압력이 걸리는 것(열펌프용 등)은 고압부로 한다]
    - 저압부(고압부 이외의 부분)에 사용하는 압력용기로서 해당 압력용기 본체에 부속된 밸브에 의하여 봉쇄되는 구조의 용기에는 안전밸브, 파열판 또는 압력릴리프장치를 부착한다.
    - 액봉에 의하여 현저히 압력 상승의 우려가 있는 부분(동관 및 바깥지름이 26mm 미만의 배관 부분을 제외한다)에는 안전밸브, 파열판 또는 압력릴리프장치를 부착한다.

29 | 누설시험, 기밀시험 및 내압시험의 안전관리

① 내압시험
  - ㉠ 대상 : 압축기, 압력용기, 밸브 등 배관을 제외한 구성기기
  - ㉡ 시험압력 : 최고사용압력의 1.5배 이상
② 기밀시험
  - ㉠ 대상 : 배관을 제외한 내압시험대상기기를 내압시험 후 계속해서 시행하여 기밀성능 확인
  - ㉡ 시험압력
    - 최고사용압력의 1.1배 이상
    - 가스압(공기, 불연성 가스)으로 실시
③ **누설시험** : 냉동장치를 설치하고 제일 처음 하는 시험 (누설시험 → 진공시험 → 냉매충전)
  - ㉠ 대상 : 보온 전에 냉매배관 전 계통에 실시하는 것(액화석유가스배관)

  - ㉡ 시험압력
    - 가연성 가스 사용 불가(질소 및 불활성 가스)
    - 계통 중 밸브를 모두 개방
    - 누설개소가 없으면 24시간 방치시험 시행
④ 진공건조 및 진공시험
  - ㉠ 대상 : 누설시험 후 계통 내의 불응축가스나 수분 등을 배제시키기 위해 실시
  - ㉡ 시험압력
    - 압축기 사용 금지, 진공펌프 사용
    - 지름 300mm 정도 대형 진공계 사용

30 | 액압축 발생조건

① 운전 정지 시에 액밸브를 폐쇄하지 않았을 때
② 흡입관 도중에 트랩, 밴드 등과 같이 액체가 정체되어 압축기로 흡입되었을 때
③ 급격한 부하변동에 팽창밸브가 대응하지 못할 때

31 | 압축기의 안전밸브와 고압차단장치를 설치했을 때

밸브의 작동압력은 고압차단장치의 작동압력보다 높게 조정하는 것이 좋다.
고압차단장치(정상고압＋3~4kgf/cm^2)〈안전밸브(정상고압＋4~5kgf/cm^2)

32 | 가용전

응축기 및 수액기의 경우 내용적 500L 미만의 것에 사용하는 안전장치

33 | 연천인율, 빈도율, 강도율

① 연천인율 $= \dfrac{\text{연간 재해발생건수}}{\text{연평균근로자수}} \times 1,000$

② 빈도율(도수율) $= \dfrac{\text{연간 재해발생건수}}{\text{연평균근로자수}}$
$\times 1,000,000$

③ 강도율 $= \dfrac{\text{근로손실일수}}{\text{근로총시간수}} \times 1,000$

34 | 위험성 평가 추진절차 및 단계별 수행 방법

① 1단계 : 사전 준비
② 2단계 : 유해위험요인 파악
③ 3단계 : 위험성 계산
④ 4단계 : 위험성 결정
⑤ 5단계 : 위험성 완화대책 수립·실행

35 | 안전점검의 종류

① 수시점검(일상점검)
② 정기점검
③ 특별점검
④ 임시점검

36 | 안전보건표지의 분류

① 금지표지
  ㉠ 바탕 : 흰색
  ㉡ 기본모형 : 빨간색
  ㉢ 관련 부호 및 그림 : 검은색
② 경고표지
  ㉠ 바탕 : 노란색
  ㉡ 기본모형과 관련 부호 및 그림 : 검은색
③ 지시표지
  ㉠ 바탕 : 파란색
  ㉡ 관련 그림 : 흰색
④ 안내표지
  ㉠ 바탕 : 녹색
  ㉡ 관련 부호 및 그림 : 흰색

37 | 보호구

안전화, 안전장갑, 방진마스크, 방독마스크, 송기마스크, 전동식 호흡보호구, 보호복, 안전대, 차광 및 비산물 위험 방지용 보안경, 용접용 보안면, 방음용 귀마개 또는 귀덮개

38 | 폐기물처리방법

① 고형 폐기물의 매립 및 처분
② 토지경작법
③ 심정주입법 : 침투성 암석층이나 지하 동혈로 땅속깊이 폐기물을 주입하는 방법

39 | 제조냉동(냉동제조허가)

① 가연성 및 독성 가스 : 냉동능력 20톤 이상
② 그 밖의 가스 : 냉동능력 50톤 이상(단, 건축물 냉난방용의 경우에는 100톤 이상)

40 | 냉동(냉동제조신고)

① 가연성 및 독성 가스 : 냉동능력 3톤 이상
② 그 밖의 가스 : 냉동능력 20톤 이상

41 | 허가·신고의 절차

사업자 : 설치·변경계획서 작성(공사 ; 기술 검토) → 허가, 신고, 등록신청서 작성(관할관청 ; 신청서 검토) → 설치공사 또는 변경공사(공사 ; 중간검사 실시, 완성검사) → 안전관리자 선임(해임 후 30일) → 안전관리규정 작성 → 사업 개시

42 | 방류둑

독성 가스냉매 사용 시 방류둑 설치기준은 10,000ℓ 이상이다.

43 | 기계설비유지관리자 선임기준(선임대상 건축물 등)

① 연 6만m² 이상 건축물, 3천세대 이상 공동주택 : 책임 특급 1명, 보조 1명
② 연 3만~6만m² 건축물, 2천~3천세대 공동주택 : 책임 고급 1명, 보조 1명
③ 연 1만 5천~3만m² 건축물, 1천~2천세대 공동주택, 공공건축물 등 국토부장관 고시 건축물 등 : 책임 중급 1명
④ 연 1만~1만 5천m² 건축물, 500~1천세대 공동주택, 300세대 이상 500세대 미만 중앙집중식, (지역)난방방식 공동주택 : 책임 초급 1명

44 | 기계설비유지관리자 자격 및 등급

등급		국가기술자격 및 유지관리 실무경력				
		기술사	기능장	기사	산업기사	건설기술인
책임자	특급	(보유 시)	10년 이상	10년 이상	13년 이상	(특급)10년 이상
	고급		7년 이상	7년 이상	10년 이상	(고급)7년 이상
	중급		4년 이상	4년 이상	7년 이상	(중급)4년 이상
	초급		(보유 시)	(보유 시)	3년 이상	(초급 보유 시)
보조		• 산업기사 보유 • 기능사 보유 및 실무경력 3년 이상 • 인정기능사 보유 또는 기계설비기술자 중 유지관리자가 아닌 자 또는 기계설비 관련 학위 취득 또는 학과 졸업 및 실무경력 5년 이상				

① 책임관리자
  ㉠ 특급
  • 기술사 : 건축기계설비, 공조냉동기계, 건설기계, 산업기계설비, 기계, 용접(취득 시)
  • 기능장 : 에너지관리, 용접, 배관(10년 이상)
  • 기사 : 건축설비, 공조냉동기계, 건설기계설비, 에너지관리, 설비보전, 일반기계, 용접(10년 이상)
  • 산업기사 : 건축설비, 공조냉동기계, 건설기계설비, 에너지관리, 용접, 배관(13년 이상)
  • 특급건설기술인 : 건설기술인(공조냉동, 설비, 용접)(경력 시행령 참고)
  ㉡ 고급
  • 기능장 : 에너지관리, 용접, 배관(7년 이상)
  • 기사 : 건축설비, 공조냉동기계, 건설기계설비, 에너지관리, 설비보전, 일반기계, 용접(7년 이상)
  • 산업기사 : 건축설비, 공조냉동기계, 건설기계설비, 에너지관리, 용접, 배관(10년 이상)
  • 특급건설기술인 : 건설기술인(공조냉동, 설비, 용접)(경력 시행령 참고)
  ㉢ 중급
  • 기능장 : 에너지관리, 용접, 배관(4년 이상)
  • 기사 : 건축설비, 공조냉동기계, 건설기계설비, 에너지관리, 설비보전, 일반기계, 용접(4년 이상)
  • 산업기사 : 건축설비, 공조냉동기계, 건설기계설비, 에너지관리, 용접, 배관(7년 이상)
  • 특급건설기술인 : 건설기술인(공조냉동, 설비, 용접)(경력 시행령 참고)
  ㉣ 초급
  • 기능장 : 에너지관리, 용접, 배관(취득 시)
  • 기사 : 건축설비, 공조냉동기계, 건설기계설비, 에너지관리, 설비보전, 일반기계, 용접(취득 시)
  • 산업기사 : 건축설비, 공조냉동기계, 건설기계설비, 에너지관리, 용접, 배관(3년 이상)
  • 특급건설기술인 : 건설기술인(공조냉동, 설비, 용접)(경력 시행령 참고)
② 보조관리자 : 국토교통부장관이 고시

45 | 기계설비법에서 정하는 '기계설비'의 범위

① 열원설비 : 보일러 등
② 냉난방설비 : 칠러, 냉동기, 난방기, 에어컨 등
③ 공기조화 공기청정환기설비 : 공조기, 배기팬, 공기청정기 등
④ 위생기구, 급수·급탕·오배수통기설비 : 화장실, 정화조 등
⑤ 오수정화 물재이용설비
⑥ 오수배수설비
⑦ 보온설비
⑧ 덕트설비
⑨ 자동제어설비
⑩ 방음·방진내진설비
⑪ 플랜트설비 : 공장
⑫ 특수설비 : 냉장창고, 냉동창고, 클린룸, 부대설비, 물류설비

46 | 안전보건관리책임자의 임무

① 산업재해예방계획 수립
② 안전보건관리규정 작성 및 변경
③ 근로자의 안전, 보건교육에 대한 사항
④ 작업환경 측정 등 작업환경의 점검 및 개선에 대한 사항
⑤ 근로자의 건강진단 등 건강관리에 대한 사항 등

47 | 안전보건관리규정의 작성(게시)

① 안전, 보건관리조직과 그 직무에 대한 사항
② 안전, 보건교육에 대한 사항
③ 작업장 안전관리에 대한 사항
④ 작업장 보건관리에 대한 사항
⑤ 사고 조사 및 대책 수립에 대한 사항
⑥ 그 밖에 안전보건에 대한 사항

48 | 제어밸브 점검하기

① 제어밸브의 정의 : 자동화제조공정에서 제어기(controller), 검출기(transmitter)와 같이 결합하여 사용하는 자동밸브를 말한다.
② 제어밸브의 구성 : 기본적으로 유체를 제어하는 부품과 제어부품들을 구조적으로 안전하게 유지시키는 몸체로 구성된다
③ 제어밸브의 구조 : 유체제어의 구조 및 특성, 유체의 물리화학적 성상, 운전조작방법에 따라 매우 다양하다.
④ 제어밸브의 종류
  ㉠ 모양에 따른 분류 : 게이트밸브, 글로브밸브, 체크밸브, 버터플라이밸브, 플러그밸브, 볼밸브
  ㉡ 유량의 제어목적에 따른 분류
    • 유체흐름의 개폐(on-off) : 게이트밸브, 볼밸브
    • 유체흐름의 유량제어(throttle) : 글로브밸브, 니들밸브, 버터플라이밸브
    • 유체흐름의 방향제어 : 3방향(three way) 밸브, 앵글밸브
  ㉢ 개폐부(trim)의 움직이는 형태에 따른 분류
    • 직선운동형 : 게이트밸브, 글로브밸브, 앵글밸브, 다이어프램밸브, 핀치밸브
    • 회전운동형 : 버터플라이밸브, 볼밸브, 플러그밸브
  ㉣ 재질에 따른 분류 : 주철제 밸브, 주강제 밸브, 단조밸브, 스테인리스강밸브
  ㉤ 접속부에 따른 분류 : 나사식 접속(screwed type), 플랜지식 접속(flanged type), 용접식 접속(welded type), 와퍼식 접속(wafer type)
⑤ 밸브의 재질 : 유체에 대한 부식성과 유체의 압력에 따른 내마모성, 온도에 따른 고온용, 저온용 재질로, 이에 따른 경제성과 안전성 등을 고려하여 밸브의 재질을 선정한다.
  ㉠ 제어밸브 몸체의 재질

  ㉡ 내식성 재질
  ㉢ 트림재질
  ㉣ 탄성재질
  ㉤ 패킹재질
⑥ 제어밸브의 구동기
  ㉠ 수동식 : 손으로 작동
  ㉡ 자동식 : 외부로부터 힘을 받아 작동
  ㉢ 자주식 : 파일럿밸브장치에 의하여 작동

49 | 제어밸브의 설치상태 점검

① 유량제어밸브 : 유체를 제어하는데 제어밸브를 가장 많이 사용하고 공기, 유압, 전기 등을 활용하여 구동되며 속도를 제어한다. 교축밸브, 속도조절밸브, 급속배기밸브, 배기교축밸브, 쿠션밸브 등이 있다..
② 압력계 및 압력제어밸브
  ㉠ 압력계 : 일반압력계, 연성계, 진공계, 고압계, 특수압력계, 격막식 압력계, 오일 충만식 압력계, 내맥동형 압력계, 고온 격측격막압력계, 위생용 압력계, 쌍침압력계, 삼침압력계, 소형 압력계, 차압계, 링 다이어프램식 압력계 등으로 구분한다.
  ㉡ 압력제어밸브 : 1차압 설정용 릴리프밸브, 2차압 설정용 감압밸브, 안전밸브 등의 유압, 공압회로에서 압력을 제어하는 밸브로 릴리프밸브, 감압밸브, 시퀀스밸브, 언로더밸브, 카운터밸런스밸브 등이 있다

04 PART 유지보수공사관리(구 배관일반)

01 | 스케줄번호

$$SCH\ No. = 10\frac{P}{S} (예 SCH\ 40)$$

02 | 연속방정식의 정리(유량)

① $P_1 A_1 V_1 = P_2 A_2 V_2$

② 유량 : $Q = 단면적 \times 유속 = AV = \frac{\pi d^2}{4} V [\text{m}^3/\text{s}]$

③ 유속 : $V = \frac{4Q}{\pi d^2}[\text{m/s}] \rightarrow d = \sqrt{\frac{4Q}{\pi V}}[\text{m}]$

03 | 배관의 신축길이

$$\Delta L = \alpha L \Delta t [\text{m}]$$
여기서, L : 관의 길이
α : 선팽창계수
Δt : 온도차

04 | 벤딩의 길이

$$l = \pi d \frac{\theta}{360} = 2\pi r \frac{\theta}{360}$$

05 | 나사이음 직선의 길이

① 여유치수 : $C = A - a$
② 양쪽 부속길이 : $l = L - 2C = L - 2(A - a)$
③ 빗변의 길이 : $L = \sqrt{{l_1}^2 + {l_2}^2}$

06 | 순간 최대 예상급수량

$$Q_p = \frac{(3 \sim 4) Q_h}{60} [\text{L/min}]$$

07 | 펌프의 동력

① 원동기 동력
㉠ $P = \dfrac{\gamma QH}{75 \eta_p \eta_t}(1 + \alpha)[\text{PS}]$
㉡ $P = \dfrac{\gamma QH}{102 \eta_p \eta_t}(1 + \alpha)[\text{kW}]$
② 축동력
㉠ $S = \dfrac{\gamma QH}{75 \eta_p}[\text{PS}]$
㉡ $S = \dfrac{\gamma QH}{102 \eta_p}[\text{kW}]$
③ 수동력
㉠ $L = \dfrac{\gamma QH}{75}[\text{PS}]$
㉡ $L = \dfrac{\gamma QH}{102}[\text{kW}]$

08 | 펌프의 상사법칙

① 유량 : $Q_1 = Q\left(\dfrac{N_2}{N_1}\right) = Q\left(\dfrac{d_1}{d}\right)^3$
② 양정 : $H_1 = H\left(\dfrac{N_2}{N_1}\right)^2 = H\left(\dfrac{d_1}{d}\right)^2$
③ 축동력 : $P_1 = P\left(\dfrac{N_2}{N_1}\right)^3 = P\left(\dfrac{d_1}{d}\right)^5$

09 | 간접가열식 급탕탱크에서 가열관의 표면적

$$F = \frac{\text{온수열량} \times \text{비열} \times \text{온도차}}{\text{동관의 전열량} \times \text{전열효율} \times (\text{증기온도} - \text{평균온도})}[\text{m}^2]$$

10 | 저탕조 용량

① 직접가열식 : V = (1시간 최대 사용급탕량 − 온수보일러의 탕량) ×1.25[L]
② 간접가열식 : V = 1시간 최대 사용급탕량 × 저탕비율 (0.6~0.9)[L]

11 | 온수팽창량

$$\Delta V = \left(\frac{1}{\rho_2} - \frac{1}{\rho_1}\right)V = \left(\frac{1}{\text{온수밀도}} - \frac{1}{\text{초기밀도}}\right) \times \text{전수량}[\text{L}]$$
• 개방형 탱크용량 = $\Delta V \times (1.5 \sim 2$배$)$

12 | 온수순환수두

$$H_w = 1,000(\rho_1 - \rho_2)h[\text{mmAq}]$$

13 | 관 마찰계수(달시−바이스바흐의 수식)

$$H_f = \lambda \frac{l}{D} \frac{v^2}{2g}[\text{mH}_2\text{O}]$$

14 | 온풍기의 풍량

$$Q = \dfrac{\text{실내현열량(kW)}}{\text{밀도}(kg/m^3) \times \text{비열}(kJ/kg \cdot K)} [m^3/h]$$
$$\times (\text{송풍기공기온도} - \text{실내온도})(℃)$$

15 | 가스배관경의 결정

① 저압배관의 관경 : $Q = K\sqrt{\dfrac{D^5 H}{SL}} [m^3/h]$

$\rightarrow D = \sqrt[5]{\dfrac{Q^2 SL}{K^2 H}} [cm]$

② 중·고압배관의 관경 : $Q = C\sqrt{\dfrac{(P_1 - P_2)D^5}{SL}} [m^3/h]$

$\rightarrow D = \sqrt[5]{\dfrac{Q^2 SL}{C^2(P_1 - P_2)}} [cm]$

16 | 냉동배관의 유량

① 증발기의 냉각수량 : $L_e = \dfrac{3,320RT}{60C\Delta t_e} [L/min]$

② 응축기의 냉각수량 : $L_c = \dfrac{3,320kRT}{60C\Delta t_c} [L/min]$

③ 응축열량의 방열계수 : $C = \dfrac{Q_1}{Q_2} = \dfrac{\text{응축열량}}{\text{냉동열량}}$
$$= 1.2 \sim 1.3$$

④ 온수순환량 : $L_H = \dfrac{H_b}{60C\Delta t_H} [L/min]$
$$= \dfrac{860H_b}{0.24 \times 3,600 C\Delta t_H} [kg/s]$$

⑤ 냉각코일의 냉수량 : $L = \dfrac{H_e}{60C\Delta t} [L/min] = \dfrac{H_e}{300}$

⑥ 온수방열기의 온수량 : $L_r = \dfrac{450EDR}{60C\Delta t_r} [L/min]$
$$≒ 0.7EDR$$

⑦ 방열기의 온수량
$$= \dfrac{\text{방열량}[kW]}{\text{밀도}(977.5kg/m^3)} [m^3/s]$$
$$\times \text{비열}(4.2kJ/kg \cdot K) \times \text{온도차}(℃)$$

17 | 폴리부틸렌관(PB)이음쇠

① 정의 : PB이음은 에이콘이음이라고도 하며 나사이음 및 용접이음이 필요 없고, 그랩링, O-링, 스페이스와셔가 필요하다.

② 특징
　㉠ 내충격성과 내한성 우수
　㉡ 온돌난방, 급수위생, 농업·원예배관 등에 사용
　㉢ 내식성, 내약품성에 강함
　㉣ -60℃에서도 취화 안 됨
　㉤ 내열성과 보온성이 염화비닐관보다 우수

18 | 배관설비공사에서 파이프래크의 폭 시공

① 파이프래크의 실제 폭은 신규라인을 대비하여 계산된 폭보다 20% 정도 크게 한다.
② 파이프래크상의 배관밀도가 작아지는 부분에 대해서는 파이프래크의 폭을 좁게 한다.
③ 고온배관에서는 열팽창에 의하여 과대한 구속을 받지 않도록 충분한 간격을 둔다.
④ 인접하는 파이프의 외측과 외측의 간격을 3inch (76.2mm)로 한다.
⑤ 인접하는 플랜지의 외측과 외측의 간격을 1inch (25.4mm)로 한다.
⑥ 인접하는 파이프와 플랜지의 외측 간의 거리를 1inch(25.4mm)로 한다.
⑦ 배관에 보온을 하는 경우에는 위의 치수에 그 두께를 가산한다.

위에 열거한 대로 산출된 폭을 그대로 채택하지 말고 약 20%의 여유를 두어야 한다. 그 이유는 장치상 항상 새로운 증설라인을 고려해야 하고 배열상 실수 등을 예상해야 하는 경우에 대비해야 한다.

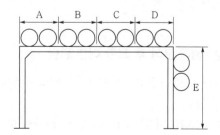

19 | 안전관리계획 수립

■ ○○공사 개요
① 공사명 : ○○배관공사
② 원도급자 : ○○주식회사
③ 하도급자 : ○○주식회사
④ 계약금액 : ○○원(부가세 별도)
⑤ 공사기간 : ○○년 ○○월 ○○일~○○년 ○○월 ○○일
⑥ 공사범위
　㉠ 장비 교체 및 설치공사
　㉡ 냉동기 오버홀(overhaul)공사
　㉢ 보일러 세관공사
　㉣ 공조배관 교체공사
　㉤ 공조덕트 교체공사
　㉥ 위생기구 교체공사
　㉦ 연도 설치공사

20 | 공정계획업무 흐름도

① 사전 검토 : 계약 검토, 도면시방서 등 검토, 실행예산 작성
② 대공정계획 : 작업공정표 작성, 작업지침서 작성,
③ 중공정계획 : 월간 공정진도 점검, 월간 공정내용 보고(기성 및 투입계획), 자원계획 수정
④ 주간 공정계획 : 일일 공사진행보고서 작성

21 | 냉동기 세관의 종류

① 기계식 세관 : 응축기 덮개를 떼어내고 세관용 황동브러시를 사용해서 전열관 내의 녹이나 물때를 제거
② 화학식 세관 : 녹이나 물때를 제거하는 데 가장 효과적인 방법

22 | 냉매 분석 후 교환 여부 판단

① 수분 : 냉동기 운전 중에 사이트글라스로 수분의 유무 확인
② 유분(油分) : 냉매를 신규 충진한 후 윤활유의 추가보충량이 냉매충진량의 10%를 초과할 때

③ 고형 이물(固形 異物) : 정비 시 냉매 및 오일필터가 오염되었을 때
④ 이상한 냄새 : 정비 시 냉매 및 오일필터를 교환할 때 발생(윤활유는 1년에 1회 정비 시 전량 신품으로 교환)

23 | 냉동기 오버홀(over haul ; 분해검사)

① 왕복동식 압축기의 오버홀 : 왕복동식 압축기의 압축링, 오일링, 피스톤핀, 고압밸브, 저압밸브는 필수적으로 교환을 요하는 소모품이며, 피스톤, 커넥팅로드, 메탈베어링, 크랭크샤프트, 밸브플레이트 등의 부품은 마모와 손상의 정도에 따라 교환 및 보수한다. 보편적으로 정기 오버홀의 운전시간은 20,000시간으로 보며 운전조건 및 사용용도에 따라 부품의 소모시기가 단축 또는 연장될 수 있다.
② 스크루압축기의 오버홀 : 스크루압축기는 뛰어난 내구성과 견고함을 갖추고 있으므로 베어링의 교체작업만으로도 냉동기 능력의 유지 및 기계 자체의 고장을 막을 수 있다. 스크루압축기는 2개 이상의 로터의 회전으로 압축이 형성되기 때문에 로터와 로터, 로터와 크랭크케이스와의 틈새(clearance)가 가장 중요한 부분이다. 따라서 베어링의 마모는 위의 중요부에 미치는 영향이 크다.
③ 기계 파손 시 오버홀 : 주목적은 압축기의 이상 발생 및 파손으로 인해 정상작동이 불가능할 경우 고장원인의 분석과 더불어, 파손된 부품의 교환 및 모터 소손 시 권선작업, 오염부의 세척작업으로 정상적인 운전이 가능하도록 보수하는 것이다.

24 | 보일러 세관 및 정비공사

① 화학적 세관작업공정 : 보일러 하부→모터펌프→약품믹싱탱크→상부 검사구 순으로 연결하고, 고압호수를 사용할 시는 반드시 밴드(band)로 조여서 누수가 되지 않도록 한다.
② 수압시험
③ 스케일 제거작업(약품투입)
　㉠ 탈청제는 펌프를 가동하면서 약품을 보유수량에 10~14% 정도 투입한 후, 6~8시간 순환시킨 다음 수세한다.

ⓛ 산농도가 일정하게 계속해서 유지되면 산세척을 완료하고 다음 작업을 한다. 유속은 약 3m/s 정도가 바람직하며, 스케일성분 및 상태에 따라 약품투입량 및 순환시간은 유동적이다.

④ 화실 내 거름 제거

⑤ 윈드박스 패킹 교체 및 버너 청소

⑥ 중화 및 방청 처리 : 모터펌프를 가동하면서 중화방청제를 보유수량에 5~7% 정도 투입한 후 4시간 이내 순환시켜 중화 및 방청 여부를 확인하고 정상수치에 이르면 완전 배수시킨다.

⑦ 세수 처리

⑧ 화실 내 내화제 보수

⑨ 부속기기 분해점검

⑩ 검사 준비

⑪ 시운전

⑫ 기타

25 | 보일러 검사의 종류와 유효기간

종류		유효기간
설치검사		• 보일러 : 1년, 다만, 운전성능 부문의 경우에는 3년 1월로 한다. • 압력용기 및 철금속가열로 : 2년
개조검사		• 보일러 : 1년 • 압력용기 및 철금속가열로 : 2년
설치장소 변경검사		• 보일러 : 1년 • 압력용기 및 철금속가열로 : 2년
계속 사용 검사	안전 검사	• 보일러 : 1년 • 압력용기 : 2년
	운전 성능 검사	• 보일러 : 1년 • 철금속가열로 : 2년
	재사용 검사	• 보일러 : 1년 • 압력용기 및 철금속가열로 : 2년

26 | 냉각수 브라인 농도에 따른 어는점

상품명	규격	특징	브라인 희석도(참고)		
			브라인	물	어는점
브라인 (YESS OL901)	200리터 (D/M) 18리터 (P/L) 리터	• 색상 : 청색 • 주원료 : 에틸렌글리콜 • 첨가제 : 부식방지제 등	15% 30% 40% 50% 60%	85% 70% 60% 50% 40%	-5℃ -15℃ -24℃ -35℃ -50℃

27 | 정기검사의 대상별 검사주기(제30조 제2항 관련)

① 매 4년 : 고압가스 특정 제조허가를 받은 자(고압가스 특정 제조자)

② 매 1년 : 고압가스 특정 제조자 외의 가연성 가스·독성 가스 및 산소의 제조자·저장하는 자 또는 판매자(수입업자 포함)

④ 매 2년 : 고압가스 특정 제조자 외의 불연성 가스(독성 가스 제외)의 제조자·저장하는 자 또는 판매자

⑤ 산업통상자원부장관이 지정하는 시기 : 그 밖에 공공의 안전을 위하여 특히 필요하다고 산업통상자원부장관이 인정하여 지정하는 시설의 제조자 또는 저장하는 자

28 | 물이 보일러에 주는 영향

① 스케일 생성 : 스케일은 부도체로서 열전달을 방해하며 증기 발생을 저하시켜 연료 사용을 가중시켜 연료의 낭비를 가져온다.

② 부식 : 스케일이 전열면을 두껍게 하여 장해를 발생시킨다면, 부식은 보일러 전열면을 얇게 하여 수명을 단축시킨다.

③ 캐리오버(비수현상) : 캐리오버는 발생된 증기 속에 물이 딸려 나가는 것을 말하는 것으로, 딸려 나간 물에 의해 증기배관이나 부속기기의 부식, 기계의 노화를 가져온다.

29 | 보일러의 수질관리

① 보일러의 형식, 운전조건 등에 의해 급수 및 보일러수의 관리목표치 설정

② 목표수질을 유지하기 위한 수처리방법, 블로방법 결정

③ 수질분석(매일 또는 매월)에 의해 블로방법 수정 또는 보완

④ 기타 개관조사 등에 의한 수처리방법 등의 수정 또는 보완

30 | 덕트 재료별 종류

① 아연도강판 덕트 : 가장 널리 사용되고 있으며 가공도 타 재료보다 용이하다.

② 내부보온재 덕트(fiberglass lining duct) : 아연도함석덕트 내부에 장섬유의 우브레이온(woven rayon)으로 코팅된 제품을 접착제와 스폿핀을 이용하여 자동화기계에서 제작한다.

③ 단단한 판유리섬유 덕트(rigid board fiberglass duct) : 경량 덕트로 제작하기 쉬우나 습기에 대한 문제가 발생할 수 있다. 시공 시 견고한 정밀성과 정교함이 요구되며, 특히 접착제나 접착테이프의 선별이 공사의 질 수준을 높이는 데 중요한 역할을 한다.

④ 폴리우레탄 알루미늄 덕트(poly-urethane aluminium duct) : 폴리우레탄 양측에 알루미늄판을 부착시킨 것으로써 건축에 사용되는 샌드위치패널과 흡사한 제품이다.

⑤ 페놀 알루미늄 덕트(phenolic aluminium duct) : 폴리우레탄 알루미늄 덕트와 거의 유사한 것으로, 다만 화염에 매우 강한 소재인 페놀폼을 심재로 알루미늄을 부착시킨 제품이다.

⑥ 플렉시블 덕트(flexible duct) : 알루미늄포일이나 유리섬유(glass cloth)를 사용하여 내부에 강선을 나선식으로 삽입하여 제작된 덕트이다.

⑦ 기타 : 폴리염화비닐(PVC), 섬유강화플라스틱(FRP), 스테인리스 등

31 | 덕트의 계산식

① 전압(P_t) = 정압(P_s) + 동압(P_v) = $p_s + \dfrac{v^2}{2g}r$

$$p_1 + \frac{v_1^{\,2}}{2g}r = p_2 + \frac{v_2^{\,2}}{2g}r + \Delta p$$

② 마찰저항과 국부저항

㉠ 직관형 덕트의 마찰저항 : $\Delta p_f = \lambda\,\dfrac{l}{d}\,\dfrac{v^2}{2g}\,r$

㉡ 원형덕트와 장방형 덕트의 환산표

$$d_e = 1.3\left[\frac{(ab)^5}{(a+b)^2}\right]^{\frac{1}{8}}$$

㉢ 타원형 덕트의 상당직경 환산표

$$d_e = \frac{1.55A^{0.625}}{P^{0.25}}$$

㉣ 곡관 부분의 마찰손실(국부저항)

$$\Delta P_d = \psi\,\frac{V^2}{2g}\,\gamma$$

㉤ 전압기준 국부저항 : $\zeta_T = \zeta_S + 1 - \left(\dfrac{V_2}{V_1}\right)^2$

$$= 정압기준\ 국부저항계수 + 1 - \left(\frac{하류풍속}{상류풍속}\right)^2$$

32 | 냉동냉장설비 설계도면

① 평면도 : 건축물을 바닥층 위에서 수평으로 절단하여 그 절단면을 위에서 본 형상

② 계통도 : 기기나 설비의 주된 구성요소를 나타내는 것으로, 주된 기기 사이의 배관과 덕트를 선이나 화살표 등으로 연결하여 설비 전체의 구성을 나타내는 도면

③ 상세도 : 냉동냉장설비 중 복잡한 기계실의 기계 및 배관과 덕트를 상세하게 나타내는 도면

④ 제작도 : 증발기, 응축기, 수액기 등 냉동기기의 제작을 위한 도면

33 | 제도의 종류

① 배관도면의 종류

㉠ 평면배관도 : 위에서 아래로 보면서 그린 그림

㉡ 입면배관도 : 측면에서 본 그림

② 치수기입법

㉠ 치수 표시 : 숫자로 나타내되 mm로 기입(A : mm, B : inch)

㉡ 높이 표시

• EL : 관의 중심을 기준으로 배관의 높이를 표시 (기준선 : 해수면)

• BOP : 지름이 다른 관의 높이를 나타낼 때 적용되며 관 바깥지름의 아랫면까지를 기준으로 하여 표시

• TOP : BOP와 같은 목적으로 사용되나 관 윗면을 기준으로 하여 표시

• GL : 포장된 지표면을 기준으로 하여 배관장치의 높이를 표시할 때 적용

• FL : 1층의 바닥면을 기준으로 하여 높이를 표시

34 | 관의 도시기호

① 유체의 종류와 문자기호

종류	공기	가스	유류	수증기	증기	물
문자기호	A	G	O	S	V	W

② 유체의 종류에 따른 배관도색

종류	도색	종류	도색
공기	백색	물	청색
가스	황색	증기	암적색
유류	암황적색	전기	마황적색
수증기	암황색	산·알칼리	회자색

③ 관의 연결방법과 도시기호

종류	연결방법	도시기호	종류	연결방법	도시기호
관이음	나사형		신축이음	루프형	
	용접형			슬리브형	
	플랜지형			벨로즈형	
	유니언형			스위블형	
	턱걸이형				
	납땜형				

35 | 신축이음

① 루프형 이음 : 만곡형, 신축곡관, 고압 고온용, 굽힘 반경 6배 이상
② 슬리브형 이음 : 슬라이드형, 석면 패킹 사용
③ 벨로즈형 이음 : 파형
④ 스위블형 이음 : 방열기 주변, 2개 이상 엘보
⑤ 볼조인트 : 입체적인 변위
※ 신축이음 설치간격 : 동관 20m마다, 강관 30m마다

36 | 밸브 및 계기의 표시

① 안전밸브 :
② 다이어프램밸브 :
③ 버터플라이밸브 :
④ 수동밸브 :

⑤ 감압밸브 :
⑥ 공기빼기밸브 :
⑦ 유압조정밸브 :
⑧ 온도지시계 :
⑨ 드라이어 :
⑩ 수액기 :

37 | 관의 표시

① 온수 및 증기의 송기관 : 실선으로 표시
② 온수 및 증기의 복귀관 : 점선으로 표시
③ 급수관 : 일점쇄선으로 표시

38 | 밸브의 기호 및 용도

① 체크밸브(역지변) : 역류 방지,
  ㉠ 리프트식 : 수평배관에만 사용
  ㉡ 스윙식 : 수직, 수평배관에 사용
  ※ 풋형 : 펌프의 흡입관에서 여과기와 역지변을 조합
② 글로브밸브 : 유량조절,
③ 슬루스밸브(게이트, 일반) : 냉동용, 유체 개폐용, 공기고임이 없어 급탕설비에 사용,
  ※ 패럴렐 슬라이드밸브 : 서로 평행인 2개의 밸브 디스크의 조합으로 구성되고, 유체의 압력에 의해 출구 쪽의 밸브시트면에 면압을 주는 게이트 밸브로 쐐기의 각도는 0°로 평행
④ 앵글밸브 : 90°방향 바꿈,
⑤ 볼밸브(콕) : 90°회전으로 개폐조작 용이,

39 | 스트레이너( )

스트레이너는 관내 불순물을 걸러주는 장치로 Y형, U형, V형 등이 있다.
※ S형, P형은 배수트랩의 종류이다.

40 | 강관의 호칭지름

① 치수 표시 : mm 기본
② 강관의 호칭지름

호칭지름		호칭지름		호칭지름	
A(mm)	B(inch)	A(mm)	B(inch)	A(mm)	B(inch)
6A	1/8″	32A	1 1/4″	125A	5″
8A	1/4″	40A	1 1/2″	150A	6″
10A	3/8″	50A	2″	200A	8″
15A	1/2″	65A	2 1/2″	250A	10″
20A	3/4″	80A	3″	300A	12″
25A	1″	100A	4″	350A	14″

2016

Engineer Air-Conditioning Refrigerating Machinery

과년도 출제문제

자주 출제되는 중요한 문제는 별표(★)로 강조했습니다.
마무리학습할 때 한 번 더 풀어보기를 권합니다.

Engineer
Air-Conditioning Refrigerating Machinery

2016년 | 제1회 공조냉동기계기사

제1과목 기계 열역학

★
01 계가 비가역사이클을 이룰 때 클라우지우스(Clausius)의 적분을 옳게 나타낸 것은? (단, T는 온도, Q는 열량이다.)

① $\oint \dfrac{\delta Q}{T} < 0$ ② $\oint \dfrac{\delta Q}{T} > 0$

③ $\oint \dfrac{\delta Q}{T} \geq 0$ ④ $\oint \dfrac{\delta Q}{T} \leq 0$

해설 가역과정에서 등식 $\left(\oint \dfrac{\delta Q}{T} = 0\right)$이, 그리고 비가역과정에서 부등식 $\left(\oint \dfrac{\delta Q}{T} < 0\right)$이 성립한다. 즉, 일반적으로 모든 경우에 대하여 $\oint \dfrac{\delta Q}{T} \leq 0$의 부등식이 성립한다.

★
02 여름철 외기의 온도가 30℃일 때 김치냉장고의 내부를 5℃로 유지하기 위해 3kW의 열을 제거해야 한다. 필요한 최소 동력은 약 몇 kW인가? (단, 이 냉장고는 카르노냉동기이다.)

① 0.27 ② 0.54
③ 1.54 ④ 2.73

해설 $\eta = \dfrac{q}{N} = \dfrac{T_2}{T_1 - T_2}$

$\dfrac{3}{N} = \dfrac{5+273}{(30+273)-(5+273)}$

$\therefore N = \dfrac{3 \times 25}{278} ≒ 0.2698 ≒ 0.27\text{kW}$

03 내부에너지가 40kJ, 절대압력이 200kPa, 체적이 0.1m³, 절대온도가 300K인 계의 엔탈피는 약 몇 kJ인가?

① 42 ② 60
③ 80 ④ 240

해설 h = 내부에너지 + 일의 열당량 × 압력 × 체적
$= U + APV = 40 + 1 \times 200 \times 0.1 = 60\text{kJ}$

04 2개의 정적과정과 2개의 등온과정으로 구성된 동력 사이클은?

① 브레이턴(brayton)사이클
② 에릭슨(ericsson)사이클
③ 스털링(stirling)사이클
④ 오토(otto)사이클

해설 스털링사이클은 2개의 정적과정과 2개의 등온과정으로 구성된다.

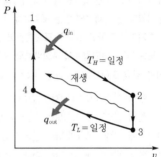

★
05 증기압축냉동기에서 냉매가 순환되는 경로를 올바르게 나타낸 것은?

① 증발기 → 팽창밸브 → 응축기 → 압축기
② 증발기 → 압축기 → 응축기 → 팽창밸브
③ 팽창밸브 → 압축기 → 응축기 → 증발기
④ 응축기 → 증발기 → 압축기 → 팽창밸브

해설 **냉매순환경로** : 증발기 → 압축기 → 응축기 → 팽창밸브

06 다음 중 폐쇄계의 정의를 올바르게 설명한 것은?

① 동작물질 및 일과 열이 그 경계를 통과하지 아니하는 특정 공간
② 동작물질은 계의 경계를 통과할 수 없으나 열과 일은 경계를 통과할 수 있는 특정 공간
③ 동작물질은 계의 경계를 통과할 수 있으나 열과 일은 경계를 통과할 수 없는 특정 공간
④ 동작물질 및 일과 열이 모두 그 경계를 통과할 수 있는 특정 공간

정답 01. ① 02. ① 03. ② 04. ③ 05. ② 06. ②

해설 폐쇄계(밀폐계)는 동작물질의 이동이 없는 계로서 열과
일은 통과한다.

07 한 시간에 3,600kg의 석탄을 소비하여 6,050kW를
발생하는 증기터빈을 사용하는 화력발전소가 있다면,
이 발전소의 열효율은 약 몇 %인가? (단, 석탄의 발열량
은 29,900kJ/kg이다.)

① 약 20% ② 약 30%

③ 약 40% ④ 약 50%

해설 효율 = $\dfrac{출력}{입력}$ = $\dfrac{6,050 \times 3,600}{3,600 \times 29,900} \times 100\%$ ≒ 20%

★
08 체적이 0.01m³인 밀폐용기에 대기압의 포화혼합물이
들어있다. 용기체적의 반은 포화액체, 나머지 반은 포
화증기가 차지하고 있다면 포화혼합물 전체의 질량과
건도는? (단, 대기압에서 포화액체와 포화증기의 비체
적은 각각 0.001044m³/kg, 1.6729m³/kg이다.)

① 전체 질량 : 0.0119kg, 건도 : 0.50

② 전체 질량 : 0.0119kg, 건도 : 0.00062

③ 전체 질량 : 4.792kg, 건도 : 0.50

④ 전체 질량 : 4.792kg, 건도 : 0.00062

해설 ㉠ 액체의 무게 = $\dfrac{1}{2}\left(\dfrac{V}{v_l}\right)$

$= \dfrac{1}{2} \times \dfrac{0.01}{0.001044}$ ≒ 4.7893kg

㉡ 기체의 무게 = $\dfrac{1}{2}\left(\dfrac{V}{v_g}\right)$

$= \dfrac{1}{2} \times \dfrac{0.01}{1.6729}$ ≒ 0.00299kg

㉢ 질량합계 = 4.7893 + 0.00299 ≒ 4.792kg

㉣ 건도 = $\dfrac{기체의\ 무게}{질량합계}$ = $\dfrac{0.00299}{4.792}$ ≒ 0.00062

09 랭킨사이클을 구성하는 요소는 펌프, 보일러, 터빈,
응축기로 구성된다. 각 구성요소가 수행하는 열역학적
변화과정으로 틀린 것은?

① 펌프 : 단열압축

② 보일러 : 정압가열

③ 터빈 : 단열팽창

④ 응축기 : 정적냉각

해설 랭킨사이클은 급수펌프(단열압축), 보일러, 과열기(정압
가열), 터빈(단열팽창), 복수기(=응축기)(정압냉각)로
구성된다.

10 4kg의 공기가 들어있는 용기 A(체적 0.5m³)와 진공용
기 B(체적 0.3m³) 사이를 밸브로 연결하였다. 이 밸브
를 열어서 공기가 자유팽창하여 평형에 도달했을 경우
엔트로피 증가량은 약 몇 kJ/K인가? (단, 온도변화는
없으며, 공기의 기체상수는 0.287kJ/kg · K이다.)

① 0.54 ② 0.49

③ 0.42 ④ 0.37

해설 $\Delta S = nR\ln\left(\dfrac{V_1 + V_2}{V_1}\right)$ = $4 \times 0.287 \times \ln\left(\dfrac{0.5 + 0.3}{0.5}\right)$

≒ 0.5396 ≒ 0.54kJ/K

11 실린더 내부에 기체가 채워져 있고 실린더에는 피
스톤이 끼워져 있다. 초기압력 50kPa, 초기체적
0.05m³인 기체를 버너로 $PV^{1.4}$=constant가 되
도록 가열하여 기체체적이 0.2m³이 되었다면, 이
과정 동안 시스템이 한 일은?

① 1.33kJ ② 2.66kJ

③ 3.99kJ ④ 5.32kJ

해설 $W_a = \dfrac{1}{n-1} \times$ 초기압력 × 초기체적

$\times \left(1 - \left(\dfrac{초기체적}{가열체적}\right)^{n-1}\right)$

$= \dfrac{1}{1.4-1} \times 50 \times 0.05 \times \left(1 - \left(\dfrac{0.05}{0.2}\right)^{1.4-1}\right)$

≒ 2.66kJ

★
12 준평형정적과정을 거치는 시스템에 대한 열전달량
은? (단, 운동에너지와 위치에너지의 변화는 무시
한다.)

① 0이다.

② 이루어진 일량과 같다.

③ 엔탈피변화량과 같다.

④ 내부에너지변화량과 같다.

해설 $\Delta q = \Delta u + AP\Delta v$에서 $AP\Delta v = 0$이므로
∴ $\Delta q = \Delta u$, 즉 내부에너지변화량과 같다.

13 질량이 m이고 비체적이 v인 구(sphere)의 반지름이 R이면, 질량 $4m$이고 비체적이 $2v$인 구의 반지름은?

① $2R$ ② $\sqrt{2}\,R$
③ $\sqrt[3]{2}\,R$ ④ $\sqrt[3]{4}\,R$

해설 구의 체적 $(V) = \dfrac{4}{3}\pi R^3$

$$비체적(v) = \frac{부피(V)}{질량(m)} = \frac{\frac{4}{3}\pi R^3}{m} = \frac{4\pi R^3}{3m}$$

$$R^3 = \frac{3m}{4\pi}v$$

$R = \sqrt[3]{\dfrac{3m}{4\pi}v}$ 이므로 질량 $4m$, 비체적 $2v$이면

$$\therefore \ 반지름 = \sqrt[3]{\frac{3m}{4\pi}v} = \sqrt[3]{\frac{3 \times 4m}{4\pi} \times 2v}$$
$$= 8^{\frac{1}{3}} \times \sqrt[3]{\frac{3m}{4\pi}v} = 2R$$

★
14 밀폐시스템이 압력 $P_1 = 200\text{kPa}$, 체적 $V_1 = 0.1\text{m}^3$인 상태에서 $P_2 = 100\text{kPa}$, $V_2 = 0.3\text{m}^3$인 상태까지 가역팽창되었다. 이 과정이 $P-V$선도에서 직선으로 표시된다면 이 과정 동안 시스템이 한 일은 약 몇 kJ인가?

① 10 ② 20
③ 30 ④ 45

해설
$$W = \frac{1}{2}(P_1 - P_2)(V_2 - V_1) + P_2(V_2 - V_1)$$
$$= \frac{1}{2} \times (200-100) \times (0.3-0.1) + 100 \times (0.3-0.1)$$
$$= 30\,\text{kJ}$$

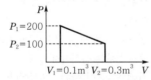

15 온도 600℃의 구리 7kg을 8kg의 물속에 넣어 열적평형을 이룬 후 구리와 물의 온도가 64.2℃가 되었다면 물의 처음 온도는 약 몇 ℃인가? (단, 이 과정 중 열손실은 없고, 구리의 비열은 0.386kJ/kg·K이며, 물의 비열은 4.184kJ/kg·K이다.)

① 6℃ ② 15℃
③ 21℃ ④ 84℃

해설 $G_1 C_1 (t_2 - t_a) = G_2 C_2 (t_a - t_1)$

$$\therefore \ t_1 = t_a - \frac{G_2 C_2 (t_2 - t_a)}{G_1 C_1}$$
$$= 64.2 - \frac{7 \times 0.386 \times (600 - 64.2)}{8 \times 4.184}$$
$$\fallingdotseq 21℃$$

16 고온 400℃, 저온 50℃의 온도범위에서 작동하는 Carnot사이클열기관의 열효율을 구하면 몇 %인가?

① 37 ② 42
③ 47 ④ 52

해설 $\eta = \left(1 - \dfrac{273+50}{273+400}\right) \times 100 \fallingdotseq 52\%$

17 비열비가 1.29, 분자량이 44인 이상기체의 정압비열은 약 몇 kJ/kg·K인가? (단, 일반기체상수는 8.314kJ/kmol·K이다.)

① 0.51 ② 0.69
③ 0.84 ④ 0.91

해설 $R = \dfrac{일반기체상수}{분자량} = \dfrac{8.314}{44}$

$$\therefore \ C_p = \frac{AR}{k-1}k = \frac{1 \times \frac{8.314}{44}}{1.29-1} \times 1.29$$
$$\fallingdotseq 0.84\,\text{kJ/kg·K}$$

여기서, A : 일의 열당량($=1$)

18 랭킨사이클의 열효율 증대방법에 해당하지 않는 것은?

① 복수기(응축기) 압력 저하
② 보일러압력 증가
③ 터빈의 질량유량 증가
④ 보일러에서 증기를 고온으로 과열

해설 ㉠ 복수기 압력 저하, 보일러압력 증가, 터빈의 질량유량 저하, 보일러증기를 고온으로 과열 등은 열효율이 상승한다.
㉡ 이밖에 열방출온도를 상승시키면 효율이 낮아진다. 특히 랭킨사이클은 초온초압이 높고 배압이 낮을수록 열효율이 개선된다.

정답 13. ① 14. ③ 15. ③ 16. ④ 17. ③ 18. ③

19 물 2kg을 20℃에서 60℃가 될 때까지 가열할 경우 엔트로피변화량은 약 몇 kJ/K인가? (단, 물의 비열은 4.184kJ/kg·K이고, 온도변화과정에서 체적은 거의 변화가 없다고 가정한다.)

① 0.78   ② 1.07
③ 1.45   ④ 1.96

해설 $\Delta S = mC \ln \dfrac{T_2}{T_1}$

$= 2 \times 4.184 \times \ln \left(\dfrac{60+273}{20+273} \right) = 1.07 \text{kJ/K}$

20 기체가 열량 80kJ을 흡수하여 외부에 대하여 20kJ의 일을 하였다면 내부에너지변화는 몇 kJ인가?

① 20   ② 60
③ 80   ④ 100

해설 $\Delta u = q - A_w = 80 - 20 = 60 \text{kJ}$

제2과목   냉동공학

21 프레온냉매(CFC)화합물은 태양의 무엇에 의해 분해되어 오존층 파괴의 원인이 되는가?

① 자외선   ② 감마선
③ 적외선   ④ 알파선

해설 프레온가스는 매우 안전하기 때문에 낮은 대기권에서는 분해되지 않으며, 성층권까지 이송된 후 자외선에 의해 분해되어 오존층 파괴의 촉매자로 작용하는 염소분자(Cl)를 방출하게 된다(Cl+O₃ → ClO+O₂). 오존층이 파괴된 후 염소는 재생되므로 하나의 염소분자는 수천에서 수십만 개의 오존층을 파괴할 수 있다.

22 응축압력이 이상고압으로 나타나는 원인으로 가장 거리가 먼 것은?

① 응축기의 냉각관 오염 시
② 불응축가스가 혼입 시
③ 응축부하 증대 시
④ 냉매 부족 시

해설 응축압력의 이상고압은 응축기의 냉각관 오염 시, 불응축가스가 혼입 시, 응축부하 증대 시, 과충전된 냉매배출, 유분리기 불량, 냉각수 온도의 상승 등이 원인이다.

23 물과 리튬브로마이드용액을 사용하는 흡수식 냉동기의 특징으로 틀린 것은?

① 흡수기의 개수에 따라 단효용 또는 다중효용 흡수식 냉동기로 구분된다.
② 냉매로 물을 사용하고, 흡수제로 리튬브로마이드를 사용한다.
③ 사이클은 압력−엔탈피선도가 아닌 듀링선도를 사용하여 작동상태를 표현한다.
④ 단효용흡수식 냉동기에서 냉매는 재생기, 응축기, 냉각기, 흡수기의 순서로 순환한다.

해설 발생기의 개수에 따라 단효용 또는 다중효용흡수식 냉동기로 구분된다.

★
24 2단 압축냉동장치에 관한 설명으로 틀린 것은?

① 동일한 증발온도를 얻을 때 단단 압축냉동장치 대비 압축비를 감소시킬 수 있다.
② 일반적으로 2개의 냉매를 사용하여 −30℃ 이하의 증발온도를 얻기 위해 사용된다.
③ 중간냉각기는 증발기에 공급하는 액을 과냉각시키고 냉동효과를 증대시킨다.
④ 중간냉각기는 냉매증기와 냉매액을 분리시켜 고단측 압축기 액백현상을 방지한다.

해설 일반적으로 2개의 압축기를 사용하여 −30℃ 이하의 증발온도를 얻기 위해 사용된다.

25 열전달현상에 관한 설명으로 가장 거리가 먼 것은?

① 대류는 유체의 흐름에 의해서 일어나는 현상이다.
② 전도는 고체 또는 정지유체에서의 열이동방법으로 물체는 움직이지 않고 그 물체의 구성분자 간에 열이 이동하는 현상이다.
③ 태양과 지구 사이의 열전달은 복사현상이다.
④ 실제 열전달현상에서는 전도, 대류, 복사가 각각 단독으로 일어난다.

해설 전도, 대류, 복사와 같은 열의 이동은 각각 따로 일어나기도 하고 함께 나타나기도 한다.

정답   19. ②   20. ②   21. ①   22. ④   23. ①   24. ②   25. ④

★
26 냉동능력 1RT로 압축되는 냉동기가 있다. 이 냉동기에서 응축기의 방열량은? (단, 응축기 방열량은 냉동능력의 1.2배로 한다.)

① 3.32kW
② 3.98kW
③ 4.22kW
④ 4.63kW

해설 응축기 방열량 = 냉동능력 × 1.2

$$= 1 \times 3{,}320 \times 1.2 \times \frac{1}{860} \fallingdotseq 4.63\text{kW}$$

참고 1kW ≒ 860kcal/h, 1RT ≒ 3,320kcal/h

★
27 암모니아 입형 저속압축기에 많이 사용되는 포핏밸브(poppet valve)에 관한 설명으로 틀린 것은?

① 중량이 가벼워 밸브개폐가 불확실하다.
② 구조가 튼튼하고 파손되는 일이 적다.
③ 회전수가 높아지면 밸브의 관성 때문에 개폐가 자유롭지 못하다.
④ 흡입밸브는 피스톤 상부 스프링으로 가볍게 지지되어 있다.

해설 포핏밸브는 중량이 무겁고 운동이 경쾌하지 못해 고속압축기에는 별로 사용되지 않는다.

★
28 다음 이론냉동사이클의 $P-h$선도에 대한 설명으로 옳은 것은? (단, 냉동장치의 냉매순환량은 540kg/h 이다.)

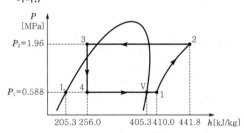

① 냉동능력은 약 23.1RT이다.
② 응축기의 방열량은 약 9.27kW이다.
③ 냉동사이클의 성적계수는 약 4.84이다.
④ 증발기 입구에서 냉매의 건도는 약 0.8이다.

해설 ① 냉매능력

$$G = \frac{\text{냉동능력(kcal/h)}}{\text{냉동효과(kcal/kg)}} = \frac{Q}{q_e} \,[\text{kg/h}]$$

$$540 = \frac{RT \times 3{,}320}{(410-256) \times 0.24}$$

$$\therefore\ RT = \frac{540(410-256) \times 0.24}{3{,}320} \fallingdotseq 6\text{RT}$$

② 응축기 방열량
Q_c = 냉동능력 + 압축일의 열당량

$$= 6 \times 3{,}320 + (441.8-410) \times 0.24 \times \frac{1}{860}$$

$$\fallingdotseq 5.57\text{kW}$$

③ 성적계수

$$COP = \frac{Q_e}{AW} = \frac{h_1 - h_4}{h_2 - h_1}$$

$$= \frac{410-256}{441.8-410} = \frac{154}{31.8} = 4.84$$

④ 증발기 입구냉매의 건도

$$x = \frac{h_4 - h_L}{h_V - h_L} = \frac{256-206.3}{406.3-206.3} = \frac{49.7}{200} \fallingdotseq 0.25$$

★
29 어떤 냉장고의 증발기가 냉매와 공기의 평균온도차가 7℃로 운전되고 있다. 이때 증발기의 열통과율이 30kcal/m² · h · ℃라고 하면 냉동톤당 증발기의 소요외표면적은?

① 15.81m²
② 17.53m²
③ 20.70m²
④ 23.14m²

해설 $F = \dfrac{\text{냉동능력}}{\text{열통과율} \times \text{온도차}}$

$$= \frac{3{,}320}{30 \times 7} \fallingdotseq 15.81\text{m}^2$$

30 냉각수량 600L/min, 전열면적 80m², 응축온도 32℃, 냉각수 입구 및 출구온도가 각각 23℃, 31℃인 수냉응축기의 냉각관 열통과율은?

① 720kcal/m² · h · ℃
② 600kcal/m² · h · ℃
③ 480kcal/m² · h · ℃
④ 360kcal/m² · h · ℃

해설 $k = \dfrac{G}{A\Delta_{tm}}(t_2 - t_1)$

$$= \frac{600 \times 60}{80 \times \left(32 - \dfrac{23+31}{2}\right)} \times (31-23)$$

$$= 720\text{kcal/m}^2 \cdot \text{h} \cdot ℃$$

정답 **26.** ④ **27.** ① **28.** ③ **29.** ① **30.** ①

31 냉동장치의 고압부에 설치하지 않는 부속기기는?

① 투시경
② 유분리기
③ 냉매액펌프
④ 불응축가스분리기(gas purger)

해설 냉동장치의 고압부에는 투시경, 유분리기, 불응축가스분리기, 안전밸브, 고압압력스위치, 가용전의 부속기기가 있다.

32 냉각탑에 대한 설명으로 틀린 것은?

① 밀폐식은 개방식 냉각탑에 비해 냉각수가 외기에 의해 오염될 염려가 적다.
② 냉각탑의 성능은 입구공기의 습구온도에 영향을 받는다.
③ 쿨링레인지(cooling range)는 냉각탑의 냉각수 입·출구온도의 차이값이다.
④ 쿨링어프로치(cooling approach)는 냉각탑의 냉각수 입구온도에서 냉각탑 입구공기의 습구온도를 제한값이다.

해설 냉각탑의 장치에는 일리미네이터(물의 흐트러짐을 방지하는 장치), 쿨링어프로치(냉각수 출구온도−습구온도), 쿨링레인지(냉각탑의 냉각수 입출구온도차)가 있다.

33 다음 중 팽창밸브에 관한 설명으로 틀린 것은?

① 정압식 팽창밸브는 증발압력이 일정하게 유지되도록 냉매의 유량을 조절하기 위한 밸브이다.
② 모세관은 일반적으로 소형 냉장고에 적용되고 있다.
③ 온도식 자동팽창밸브는 감온통이 저온을 받으면 냉매의 유량이 증가된다.
④ 자동식 팽창밸브에는 플로트식이 있다.

해설 온도식 자동팽창밸브(TEV)는 증발기 출구의 냉매과열도를 일정하게 유지시키고, 리퀴드액백방지가 가능하며, 외부균압형 팽창밸브는 0.14kgf/cm² 이상이며, 감온통(Sensing bulb)은 내부에 동일 냉매가 충전되며, 증발기 출구에 밀착하여 부착되며, 저온을 받으면 유량이 감소한다.

34 성적계수인 COP에 관한 설명으로 틀린 것은?

① 냉동기의 성능을 표시하는 무차원수로서 압축일량과 냉동효과의 비를 말한다.
② 열펌프의 성적계수는 일반적으로 1보다 작다.
③ 실제 냉동기에서는 압축효율도 COP에 영향을 미친다.
④ 냉동사이클에서는 응축온도가 가능한 한 낮고, 증발온도가 높을수록 성적계수는 크다.

해설 $COP = \dfrac{저온}{고온-저온} = \dfrac{T_1}{T_2-T_1}$ 로 1보다 크다.

35 브라인(2차 냉매) 중 무기질브라인이 아닌 것은?

① 염화마그네슘
② 에틸렌글리콜
③ 염화칼슘
④ 식염수

해설 ㉠ 무기질 : $MgCl_2$, $CaCl_2$, $NaCl$
㉡ 유기질 : 에틸렌글리콜(CH_2OHCH_2OH), 프로필렌글리콜($C_3H_8O_2$), 에틸알코올(CH_3CH_2OH), 메탄올(CH_3OH)

36 냉방능력이 1냉동톤당 10L/min의 냉각수가 응축기에 사용되었다. 냉각수 입구의 온도가 32℃이면 출구온도는? (단, 응축열량은 냉방능력의 1.2배로 한다.)

① 22.5℃
② 32.6℃
③ 38.6℃
④ 43.5℃

해설 냉각수량 $= \dfrac{RT \times 1.2}{비열 \times (출구온도 - 입구온도)}$

$10 = \dfrac{3,320 \times 1.2}{1 \times (x-32) \times 60}$

$10 \times (x-32) = \dfrac{3,320 \times 1.2}{60}$

$10x = \dfrac{3,320 \times 1.2}{60} + 320$

$\therefore\ x = \dfrac{66.4 + 320}{10} ≒ 38.6℃$

37 터보압축기의 특징으로 틀린 것은?

① 회전운동이므로 진동이 적다.
② 냉매의 회수장치가 불필요하다.
③ 부하가 감소하면 서징현상이 일어난다.
④ 응축기에서 가스가 응축되지 않는 경우에도 이상고압이 되지 않는다.

정답 31. ③ 32. ④ 33. ③ 34. ② 35. ② 36. ③ 37. ②

해설 터보압축기의 특징

㉠ 냉매의 회수장치가 필요하다.

㉡ 저압의 냉매를 사용하므로 취급이 용이하다.

㉢ 흡입밸브, 토출밸브 등의 마찰 부분이 없으므로 고장이 적다.

㉣ 마모에 의한 손상이 적어 성능 저하가 없고 구조가 간단하다.

★
38 압축냉동사이클에서 응축기 내부압력이 일정할 때 증발온도가 낮아지면 나타나는 현상으로 가장 거리가 먼 것은?

① 압축기 단위흡입체적당 냉동효과 감소

② 압축기 토출가스온도 상승

③ 성적계수 감소

④ 과열도 감소

해설 증발온도가 낮으면 일어나는 현상

㉠ 압축비가 커져서 체적효율이 감소한다.

㉡ 소비동력(압축일량), 토출가스온도가 상승한다.

㉢ 성적계수, 냉매순환량, 냉동능력이 감소한다.

39 다음 중 이중효용흡수식 냉동기는 단효용흡수식 냉동기와 비교하여 어떤 장치가 복수개로 설치되는가?

① 흡수기   ② 증발기

③ 응축기   ④ 재생기

해설 이중효용흡수식 냉동기는 재생기(발생기)를 복수개로 설치한다.

★
40 왕복압축기에 관한 설명으로 옳은 것은?

① 압축기의 압축비가 증가하면 일반적으로 압축효율은 증가하고 체적효율은 낮아진다.

② 고속다기통압축기의 용량제어에 언로더를 사용하여 입형 저속에 비해 압축기의 능력을 무단계로 제어가 가능하다.

③ 고속다기통압축기의 밸브는 일반적으로 링모양의 플레이트밸브가 사용되고 있다.

④ 2단 압축냉동장치에서 저단측과 고단측의 실제 피스톤토출량은 일반적으로 같다.

해설 고속다기통압축기의 장점

㉠ 회전수가 빠르므로 냉동능력에 비해 압축기의 크기가 작아져 소형 경량으로 제작할 수 있어 설치면적이 작아진다.

㉡ 실린더수가 많아 정적, 동적평형이 양호하여 진동이 적으므로 운전이 정숙하고 강고한 기초를 필요로 하지 않는다.

㉢ 언로더(unloader)기구에 의한 자동제어와 자동운전이 용이하여 경제적이다.

㉣ 흡입 및 배출밸브에 플레이트밸브(plate valve)를 사용하므로 밸브의 작동이 경쾌하다.

㉤ 부품의 교환이 간단하고 수리가 용이하다.

㉥ 압축기, 전동기 및 응축기를 하나의 프레임에 설치하는 컨덴싱유닛(condensing unit)으로 제작할 수 있다.

제3과목 공기조화

41 동일 풍량, 정압을 갖는 송풍기에서 형번이 다르면 축마력, 출구송풍속도 등이 다르다. 송풍기의 형번이 작은 것을 큰 것으로 바꿔 선정할 때 설명이 틀린 것은?

① 모터용량은 작아진다.

② 출구풍속은 작아진다.

③ 회전수는 커진다.

④ 설비비는 증대한다.

해설 형번은 날개지름을 표시하는 것으로 모터용량이 작아지고, 출구풍속이 작아지고, 회전수가 일정하고, 설비비가 증대하고, 비중량이 같을 때 송풍기 상사법칙이 적용된다.

42 공기조화설비의 열원장치 및 반송시스템에 관한 설명으로 틀린 것은?

① 흡수식 냉동기의 흡수기와 재생기는 증기압축식 냉동기의 압축기와 같은 역할을 수행한다.

② 보일러의 효율은 보일러에 공급한 연료의 발열량에 대한 보일러출력의 비로 계산한다.

③ 흡수식 냉동기의 냉온수 발생기는 냉방 시에는 냉수, 난방 시에는 온수를 각각 공급할 수 있지만, 냉수 및 온수를 동시에 공급할 수는 없다.

④ 단일덕트 재열방식은 실내의 건구온도뿐만 아니라 부분부하 시에 상대습도도 유지하는 것을 목적으로 한다.

해설 흡수식 냉동기의 냉온수 발생기는 냉방 시에는 냉수, 난방 시에는 온수를 각각 공급할 수 있고 냉수 및 온수를 동시에 공급할 수도 있다.

43 증기압축식 냉동기의 냉각탑에서 표준냉각능력을 산정하는 일반적 기준으로 틀린 것은?

① 입구수온 37℃
② 출구수온 32℃
③ 순환수량 23L/min
④ 입구공기 습구온도 27℃

해설 ㉠ 냉각탑의 용량은 표준냉각톤으로 한다. 영문단위표기는 CRT(Cooling tower Refrigeration Ton)로 한다.
㉡ 표준냉각능력은 표준설계조건에서 순환수량이 0.78m³/h(13LPM)일 때 1톤으로 한다. 표준설계조건은 냉각수 입구온도 37℃, 냉각수 출구온도 32℃, 입구공기 습구온도 27℃이다.

★
44 대류 및 복사에 의한 열전달률에 의해 기온과 평균 복사온도를 가중평균한 값으로 복사난방공간의 열 환경을 평가하기 위한 지표로서 가장 적당한 것은?

① 작용온도(operative temperature)
② 건구온도(dry−bulb temperature)
③ 카타냉각력(Kata cooling power)
④ 불쾌지수(discomfort index)

해설 효과(작용)온도(OT)는 실내기류와 습도의 영향을 무시하고 기온(t_a)과 주위 벽의 평균복사온도(t_w)를 가중평균한 값으로 난방공간의 열환경을 평가하기 위한 지표로서 가장 적당하며, 종합효과를 고려하여 체감을 나타낸 온도이다.

45 열전달방법이 자연순환에 의하여 이루어지는 자연형 태양열 난방방식에 해당되지 않는 것은?

① 직접획득방식
② 부착온실방식
③ 태양전지방식
④ 축열벽방식

해설 자연형 태양열 난방방식은 직접획득방식, 부착온실방식, 축열벽방식이 있다.

★
46 열펌프에 대한 설명으로 틀린 것은?

① 공기−물방식에서 물회로변환의 경우 외기가 0℃ 이하에서는 브라인을 사용하여 채열한다.
② 공기−공기방식에서 냉매회로변환의 경우는 장치가 간단하나 축열이 불가능하다.
③ 물−물방식에서 냉매회로변환의 경우는 축열조를 사용할 수 없으므로 대형에 적합하지 않다.
④ 열펌프의 성적계수(COP)는 냉동기의 성적계수보다는 1만큼 더 크게 얻을 수 있다.

해설 열펌프의 방식은 공기−공기방식, 현열이용방식, 태양열이용방식, 물−공기방식이 있다.

★
47 엔탈피변화가 없는 경우의 열수분비는?

① 0
② 1
③ −1
④ ∞

해설 $u = \dfrac{di}{dx}$ 에서 엔탈피변화가 없으며 열수분비는 0이다.

48 송풍량 600m³/min을 공급하여 다음의 공기선도와 같이 난방하는 실의 실내부하는? (단, 공기의 비중량은 1.2kg/m³, 비열은 0.24kcal/kg · ℃이다.)

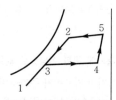

상태점	온도(℃)	엔탈피(kcal/kg)
1	0	0.5
2	20	9.0
3	15	8.0
4	28	10.0
5	29	13.0

① 31,100kcal/h
② 94,510kcal/h
③ 129,600kcal/h
④ 172,800kcal/h

해설 q_L = 송풍량×공기비중×엔탈피차
$= 600 \times 60 \times 1.2 \times (13 - 9) = 172,800$kcal/h

정답 43. ③ 44. ① 45. ③ 46. ③ 47. ① 48. ④

49 1년 동안의 냉난방에 소요되는 열량 및 연료비용의 산출과 관계되는 것은?

① 상당외기온도차　② 풍향 및 풍속
③ 냉난방도일　　　④ 지중온도

해설 기간열부하계산
㉠ 동적열부하계산법
㉡ 전부하 상당시간에 의한 방법
㉢ 냉난방도일법
㉣ 확장도일법
㉤ 감도해석에 의한 효과추정법
㉥ 온도계급별 출현빈도표에 의한 방법
㉦ 축열계수법

50 주철제보일러의 특징에 관한 설명으로 틀린 것은?

① 섹션을 분할하여 반입하므로 현장설치의 제한이 적다.
② 강제보일러보다 내식성이 우수하며 수명이 길다.
③ 강제보일러보다 급격한 온도변화에 강하며 고온 고압의 대용량으로 사용된다.
④ 섹션을 증가시켜 간단하게 출력을 증가시킬 수 있다.

해설 주철제보일러의 특징
㉠ 인장 및 충격에 약해 저압용으로 사용된다.
㉡ 취급이 간단하다.
㉢ 전열면적이 크고 효율이 좋다.

★
51 덕트설계 시 주의사항으로 틀린 것은?

① 덕트 내 풍속을 허용풍속 이하로 선정하여 소음, 송풍기 동력 등에 문제가 발생하지 않도록 한다.
② 덕트의 단면은 정방형이 좋으나, 그것이 어려울 경우 적정 종횡비로 하여 공기이동이 원활하게 한다.
③ 덕트의 확대부는 15° 이하로 하고, 축소부는 40° 이상으로 한다.
④ 곡관부는 가능한 크게 구부리며, 내측 곡률반경이 덕트폭보다 작을 경우는 가이드베인을 설치한다.

해설 압력손실이 적은 덕트를 이용하고 확대각도는 20° 이하 (최대 30°), 축소각도는 45° 이하로 할 것

52 공장이나 창고 등과 같이 높고 넓은 공간에 주로 사용되는 유닛히터(unit heater)를 설치할 때 주의할 사항으로 틀린 것은?

① 온풍의 도달거리나 확산직경은 천장고나 흡출공기온도에 따라 달라지므로 설치위치를 충분히 고려해야 한다.
② 토출공기온도는 너무 높지 않도록 한다.
③ 송풍량을 증가시켜 고온의 공기가 상층부에 모이지 않도록 한다.
④ 열손실이 가장 적은 곳에 설치한다.

해설 유닛히터
㉠ 특히 공장건물의 난방장비로서 이상적이며 난방기기에 사용되는 방열기 중 강제대류형이다.
㉡ 특징
• 설치장소를 적게 차지하며 설치가 간편하고 쉽다.
• 설비비가 저렴하다.
• 실내온도 상승이 빠르다.
• 풍량 및 온도조절이 확실하다.
• 열손실이 많은 곳에 설치 가능하다.

53 다음 중 일사량에 대한 설명으로 틀린 것은?

① 대기투과율은 계절, 시각에 따라 다르다.
② 지표면에 도달하는 일사량을 전일사량이라고 한다.
③ 전일사량은 직달일사량에서 천공복사량을 뺀 값이다.
④ 일사는 건물의 유리나 외벽, 지붕을 통하여 공조(냉방)부하가 된다.

해설 전일사량=직달일사량+산란일사량

★
54 단일덕트 정풍량방식의 장점으로 틀린 것은?

① 각 실의 실온을 개별적으로 제어할 수가 있다.
② 설비비가 다른 방식에 비해 적게 든다.
③ 기계실에 기기류가 집중설치되므로 운전, 보수가 용이하고 진동, 소음의 전달염려가 적다.
④ 외기의 도입이 용이하며 환기팬 등을 이용하면 외기냉방이 가능하고 전열교환기의 설치도 가능하다.

해설 각 실의 부하변동이 다른 건물에서 온습도의 조절에 대응하기 어렵다.

정답 49. ③　50. ③　51. ③　52. ④　53. ③　54. ①

55 다음 중 보온, 보냉, 방로의 목적으로 덕트 전체를 단열해야 하는 것은?

① 급기덕트   ② 배기덕트

③ 외기덕트   ④ 배연덕트

해설 급기덕트는 보온, 보냉, 방로의 목적으로 덕트 전체를 단열한다.

56 어느 실의 냉방장치에서 실내 취득현열부하가 40,000W, 잠열부하가 15,000W인 경우 송풍공기량은? (단, 실내온도 26℃, 송풍공기온도 12℃, 외기온도 35℃, 공기밀도 1.2kg/m³, 공기의 정압비열은 1.005kJ/kg · K이다.)

① $1,658\text{m}^3/\text{s}$ ② $2,280\text{m}^3/\text{s}$

③ $2,369\text{m}^3/\text{s}$ ④ $3,258\text{m}^3/\text{s}$

해설 현열량 = 비열 × 비중량 × 송풍량 × 온도차

$q_s = C\gamma Q\Delta T$

$\therefore Q = \dfrac{q_s}{C\gamma\Delta T} = \dfrac{40,000\times860\times4.186}{1.005\times1.2\times(26-12)\times3,600}$

$\fallingdotseq 2,369\text{m}^3/\text{s}$

57 공기조화기에 걸리는 열부하요소 중 가장 거리가 먼 것은?

① 외기부하

② 재열부하

③ 배관계통에서의 열부하

④ 덕트계통에서의 열부하

해설 배관계통에서의 열부하는 열원설비부하이다.

58 공기조화설비에서 처리하는 열부하로 가장 거리가 먼 것은?

① 실내 열취득부하

② 실내 열손실부하

③ 실내 배연부하

④ 환기용 도입 외기부하

해설 실내 배연부하는 열원설비부하이다.

59 심야전력을 이용하여 냉동기를 가동 후 주간 냉방에 이용하는 빙축열시스템의 일반적인 구성장치로 옳은 것은?

① 펌프, 보일러, 냉동기, 증기축열조

② 축열조, 판형 열교환기, 냉동기, 냉각탑

③ 판형 열교환기, 증기트랩, 냉동기, 냉각탑

④ 냉동기, 축열기, 브라인펌프, 에어프리히터

해설 심야전력 및 빙축열시스템의 구성은 축열조, 판형 열교환기, 냉동기, 냉각탑 등이다.

60 건구온도 32℃, 습구온도 26℃인 신선외기 1,800m³/h를 실내로 도입하여 실내공기를 27℃(DB), 50%(RH)의 상태로 유지하기 위해 외기에서 제거해야 할 전열량은? (단, 32℃, 27℃에서의 절대습도는 각각 0.0189 kg/kg, 0.0112kg/kg이며, 공기의 비중량은 1.2kg/m³, 비열은 0.24kcal/kg · ℃이다.)

① 약 9,900kcal/h

② 약 12,530kcal/h

③ 약 18,300kcal/h

④ 약 23,300kcal/h

해설 전열량 = 외기량 × 공기비중량(공기비열 × (외기온도 −실내온도)+597.3(외기습도−실내습도))

= 1,800 × 1.2 × (0.24 × (32−27)

+597.3 × (0.0189 −0.0112)

$\fallingdotseq$ 12,530kcal/h

제4과목 **전기제어공학**

61 어떤 제어계의 입력으로 단위임펄스가 가해졌을 때 출력이 te^{-3t}이었다. 이 제어계의 전달함수는?

① $\dfrac{1}{(s+3)^2}$ ② $\dfrac{s}{(s+1)(s+2)}$

③ $s(s+2)$ ④ $(s+1)(s+2)$

해설 $\mathcal{L}\left[te^{-3t}\right] = \dfrac{d}{ds}\left\{\mathcal{L}\left[e^{-3t}\right]\right\}$

$= \dfrac{d}{ds}\left(\dfrac{1}{s+3}\right) = \dfrac{1}{(s+3)^2}$

정답   55. ①   56. ③   57. ③   58. ③   59. ②   60. ②   61. ①

62 다음과 같이 저항이 연결된 회로의 a점과 b점의 전위가 일치할 때 저항 R_1과 R_5의 값(Ω)은?

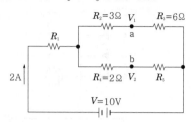

① $R_1 = 4.5\,\Omega$, $R_5 = 4\,\Omega$
② $R_1 = 1.4\,\Omega$, $R_5 = 4\,\Omega$
③ $R_1 = 4\,\Omega$, $R_5 = 1.4\,\Omega$
④ $R_1 = 4\,\Omega$, $R_5 = 4.5\,\Omega$

해설 ㉠ R_2와 R_4의 전압

$$2 = \frac{V}{3} + \frac{V}{2} = \frac{2V}{6} + \frac{3V}{6}$$
$$= \frac{2V + 3V}{6} = \frac{5V}{6}$$
$$\therefore V = \frac{12}{5} = 2.4\text{V}$$

㉡ R_3의 전압 $V_3 = \frac{2.4}{3} \times 6 = 4.8\text{V}$

㉢ R_4의 전류 $I_4 = \frac{2.4}{3} = 1.2\text{A}$

㉣ R_5의 저항 $R_5 = \frac{4.8}{1.2} = 4\,\Omega$

㉤ R_1의 저항 $R_1 = \frac{10 - (2.4 + 4.8)}{12} = 1.4\,\Omega$

★
63 피드백제어계에서 제어요소에 대한 설명 중 옳은 것은?

① 조작부와 검출부로 구성되어 있다.
② 조절부와 검출부로 구성되어 있다.
③ 목표값에 비례하는 신호를 발생하는 요소이다.
④ 동작신호를 조작량으로 변환시키는 요소이다.

해설 동작신호를 조작량으로 변환시키는 요소인 제어요소는 조절부와 조작부로 구성된다.

★
64 제어동작에 따른 분류 중 불연속제어에 해당되는 것은?

① ON/OFF동작
② 비례제어동작
③ 적분제어동작
④ 미분제어동작

해설 불연속제어(간헐제어)는 ON/OFF동작(2위치제어)이다.

★
65 PI동작의 전달함수는? (단, K_p는 비례감도이다.)

① K_p
② $K_p s T$
③ $K(1 + sT)$
④ $K_p\left(1 + \dfrac{1}{sT}\right)$

해설 전달함수
㉠ P(비례)요소 : K
㉡ I(적분)요소 : $\dfrac{K}{s}$
㉢ D(미분)요소 : Ks
㉣ PI동작 : $K\left(1 + \dfrac{1}{sT}\right)$
㉤ PD동작 : $K(1 + sT)$
㉥ PID동작 : $K\left(1 + \dfrac{1}{sT} + sT\right)$

66 상용전원을 이용하여 직류전동기를 속도제어하고자 할 때 필요한 장치가 아닌 것은?

① 초퍼
② 인버터
③ 정류장치
④ 속도센서

해설 인버터란 일반적으로 직류(DC)를 교류(AC)로 변환하는 장치이다.

★
67 다음 그림과 같은 회로에서 스위치를 2분 동안 닫은 후 개방하였을 때 A지점에서 통과한 모든 전하량을 측정하였더니 240C이었다. 이때 저항에서 발생한 열량은 약 몇 cal인가?

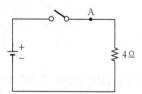

① 80.2
② 160.4
③ 240.5
④ 460.8

해설 $I = \dfrac{\text{전하량}}{\text{시간}} = \dfrac{Q}{t} = \dfrac{240}{2 \times 60} = 2\text{A}$

$\therefore H = 0.24 \times \text{전류}^2 \times \text{저항} \times \text{시간} \fallingdotseq 0.24 I^2 R t$
$\qquad = 0.24 \times 2^2 \times 4 \times (2 \times 60) = 460.8\text{cal}$

68 온도보상용으로 사용되는 소자는?

① 서미스터 ② 바리스터
③ 제너다이오드 ④ 버랙터다이오드

해설 서미스터는 온도 상승에 따라 저항값이 작아지는 특성을 이용하여 온도보상용으로 사용되며 부온도특성을 가진 저항기이다.

69 변압기 $Y-Y$결선방법의 특성을 설명한 것으로 틀린 것은?

① 중성점을 접지할 수 있다.
② 상전압이 선간전압의 $1/\sqrt{3}$ 이 되므로 절연이 용이하다.
③ 선로에 제3고조파를 주로 하는 충전전류가 흘러 통신장애가 생긴다.
④ 단상변압기 3대로 운전하던 중 한 대가 고장이 발생해도 V결선운전이 가능하다.

해설 ㉠ $Y-Y$결선의 특성
• 중성점을 접지할 수 있다.
• 상의 전압이 선간전압의 $1/\sqrt{3}$ 이 되므로 절연이 용이하게 된다.
• 여자전류의 제3고조파분의 통로가 없으므로 1상의 기전력에 제3고조파를 포함하여 통신장애를 주는 일이 있다. 따라서 3차 권선을 설치하여 $Y-Y-\Delta$ 결선으로 하여 널리 채용되고 있다.
㉡ $\Delta-\Delta$결선의 특성
• 단상변압기 3대로 하고, 이 중 1대가 고장 났을 때 남은 2대를 V결선으로 하여 송전할 수 있다.
• 제3고조파는 각상 동상이 되며, 권선 내에 순환전류를 흐르게 하나 외부에 나타나지 않으므로 통신장애의 염려가 없다.
• 동일 선간전압에 대해서 Y결선보다 $\sqrt{3}$ 배의 전압이 가해지므로 권수가 많고 높은 절연이 필요하다.

70 유도전동기에서 슬립이 "0"이란 의미와 같은 것은?

① 유도제동기의 역할을 한다.
② 유도전동기가 정지상태이다.
③ 유도전동기가 전부하운전상태이다.
④ 유도전동기가 동기속도로 회전한다.

해설 ㉠ Slip=0 : 회전자가 동기속도
㉡ Slip=1 : 회전자 정지
㉢ Slip<0 : 유도발전기
㉣ Slip>1 : 유도제동

71 다음 그림과 같이 트랜지스터를 사용하여 논리소자를 구성한 논리회로의 명칭은?

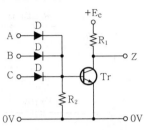

① OR회로 ② AND회로
③ NOR회로 ④ NAND회로

해설 트랜지스터의 논리소자는 역논리합(NOR)을 나타낸다. 즉, $Z=\overline{A+B+C}=\overline{A}\,\overline{B}\,\overline{C}$이다.

72 다음 그림과 같은 회로에서 단자 a, b 간에 주파수 f[Hz]의 정현파 전압을 가했을 때 전류값 A_1과 A_2의 지시가 같았다면 f, L, C 간의 관계는?

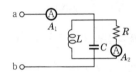

① $f=\dfrac{1}{\sqrt{LC}}$ ② $f=\sqrt{LC}$
③ $f=\dfrac{2\pi}{\sqrt{LC}}$ ④ $f=\dfrac{1}{2\pi\sqrt{LC}}$

해설 A_1과 A_2의 전류값이 같으면 $I_L=I_C$가 되므로 병렬회로가 되어 공진주파수는 $\dfrac{1}{2\pi\sqrt{LC}}$ 가 된다.

73 다음 그림과 같은 $R-L$직렬회로에서 공급전압이 10V일 때 $V_R=8V$이면 V_L은 몇 V인가?

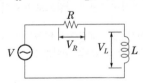

① 2 ② 4
③ 6 ④ 8

해설 $V_L=\sqrt{V^2-V_R^2}=\sqrt{10^2-8^2}=6V$

정답 68. ① 69. ④ 70. ④ 71. ③ 72. ④ 73. ③

74 다음 그림과 같은 회로에서 E를 교류전압 V의 실효값이라 할 때 저항 양단에 걸리는 전압 e_d의 평균값은 E의 약 몇 배 정도인가?

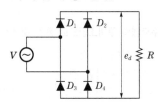

① 0.6
② 0.9
③ 1.4
④ 1.7

해설 $E_e = \dfrac{2\sqrt{2}}{\pi}E ≒ 0.9E$

75 $R-L-C$ 병렬회로에서 회로가 병렬공진되었을 때 합성전류는 어떻게 되는가?

① 최소가 된다.
② 최대가 된다.
③ 전류는 흐르지 않는다.
④ 전류는 무한대가 된다.

해설 $Y_r = \dfrac{1}{R}$(최소)

★
76 단위계단함수 $u(t)$의 그래프는?

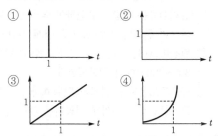

해설 단위계단함수 $u(t)$에서 $t=0$인 점은 $u(t)$의 유일한 불연속점이다.

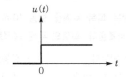

77 자장 안에 놓여 있는 도선에 전류가 흐를 때 도선이 받는 힘 $F = BIl\sin\theta$[N]이다. 이것을 설명하는 법칙과 응용기기가 맞게 짝지어진 것은?

① 플레밍의 오른손법칙 – 발전기
② 플레밍의 왼손법칙 – 전동기
③ 플레밍의 왼손법칙 – 발전기
④ 플레밍의 오른손법칙 – 전동기

해설 ㉠ 플레밍의 왼손법칙 : 전동기의 전자력 방향을 결정하는 법칙

암기법 ➡ 플왼 엄힘 검자 중전

㉡ 플레밍의 오른손법칙 : 발전기의 전자유도에 의해서 생기는 유도전류의 방향을 나타내는 법칙

암기법 ➡ 플오 엄힘 검자 중전

▲ 플레밍의 왼손법칙　　▲ 플레밍의 오른손법칙

★
78 PLC프로그래밍에서 여러 개의 입력신호 중 하나 또는 그 이상의 신호가 ON되었을 때 출력이 나오는 회로는?

① OR회로
② AND회로
③ NOT회로
④ 자기유지회로

해설 OR회로는 입력 A 또는 B의 어느 한쪽이든가, 양쪽이 '1'일 때 출력이 '1'이 되는 회로로서 $X = A + B$로 표시한다.

79 논리식 $X = \overline{A}\,\overline{B}\,C + \overline{A}\,B\,C + \overline{A}\,B\,\overline{C} + \overline{A}\,\overline{B}\,\overline{C}$를 가장 간단히 정리한 것은?

① $\overline{A}$
② $\overline{B} + \overline{C}$
③ $\overline{B}\,\overline{C}$
④ $\overline{A}\,\overline{B}\,\overline{C}$

해설 $X = \overline{A}\,\overline{B}\,C + \overline{A}\,\overline{B}\,\overline{C} + \overline{A}\,B\,C + \overline{A}\,B\,\overline{C}$
$= \overline{A}\,\overline{B}(\overline{C}+C) + \overline{A}\,B(C+\overline{C})$
$= \overline{A}\,\overline{B} + \overline{A}\,B = \overline{A}(\overline{B}+B) = \overline{A}$

80 피드백제어계를 시퀀스제어계와 비교하였을 경우 그 이점으로 틀린 것은?

① 목표값에 정확히 도달할 수 있다.
② 제어계의 특성을 향상시킬 수 있다.
③ 제어계가 간단하고 제어기가 저렴하다.
④ 외부조건의 변화에 대한 영향을 줄일 수 있다.

해설 피드백제어계의 특징
ⓐ 품질이 향상된다.
ⓑ 연료, 원료 및 동력을 절감할 수 있다.
ⓒ 생산속도를 상승시켜 생산량을 증대시킬 수 있다.
ⓓ 설비의 수명을 연장시킬 수 있고 생산원가를 절감할 수 있다.
ⓔ 제어의 설비에 비용이 많이 들고 고도화된 기술이 필요하다.
ⓕ 제어장치의 운전 및 수리에 고도의 지식과 능숙한 기술이 필요하다.

제5과목 배관일반

81 평면상의 변위 및 입체적인 변위까지 안전하게 흡수할 수 있는 이음은?

① 스위블형 이음
② 벨로즈형 이음
③ 슬리브형 이음
④ 볼조인트 신축이음

해설 볼조인트 신축이음은 평면상의 변위뿐만 아니라 입체적인 변위까지 안전하게 흡수하여 볼이음쇠를 2개 이상 사용하면 회전과 기울임이 동시에 가능하다.

82 폴리에틸렌배관의 접합방법이 아닌 것은?

① 기볼트접합
② 용착슬리브접합
③ 인서트접합
④ 테이퍼접합

해설 ⓐ 폴리에틸렌배관접합: 나사(플랜지)접합, 용착(버트, 슬리브, 새들)접합, 인서트접합, 테이퍼접합
ⓑ 석면시멘트관(=이터닛관)접합: 기볼트접합(1개의 슬리브를 2개의 고무링에 끼우고 2개의 플랜지를 설치하여 볼트로 조여서 접합하는 방식), 칼라접합, 심플렉스이음

83 증기트랩장치에서 필요하지 않은 것은?

① 스트레이너
② 게이트밸브
③ 바이패스관
④ 안전밸브

해설 증기트랩장치는 수리 및 보수를 위하여 바이패스배관으로 스트레이너, 게이트밸브, 바이패스관, 글로브밸브 등으로 구성된다.

84 배수트랩의 구비조건으로 틀린 것은?

① 내식성이 클 것
② 구조가 간단할 것
③ 봉수가 유실되지 않는 구조일 것
④ 오물이 트랩에 부착될 수 있는 구조일 것

해설 오물이 트랩에 부착되지 않는 구조일 것

85 급수배관 내 권장유속은 어느 정도가 적당한가?

① 2m/s 이하
② 7m/s 이하
③ 10m/s 이하
④ 13m/s 이하

해설 급수배관 내 권장유속은 2m/s 이하이다.

참고 급수배관의 구경과 유속설정 예

관경(mm)	25	50	65	80	100
유속(m/s)	0.6 이하	0.8	1.0	1.2	1.5

86 무기질 단열재에 관한 설명으로 틀린 것은?

① 암면은 단열성이 우수하고 아스팔트가공된 보냉용의 경우 흡수성이 양호하다.
② 유리섬유는 가볍고 유연하여 작업성이 매우 좋으며 칼이나 가위 등으로 쉽게 절단된다.
③ 탄산마그네슘보온재는 열전도율이 낮으며 300~320℃에서 열분해한다.
④ 규조토보온재는 비교적 단열효과가 낮으므로 어느 정도 두껍게 시공하는 것이 좋다.

해설 펠트는 아스팔트를 방습한 것으로 −60℃까지의 보냉용에 사용할 수 있다.

87 배수관은 피복 두께를 보통 10mm 정도 표준으로 하여 피복한다. 피복의 주된 목적은?

① 충격방지
② 진동방지
③ 방로 및 방음
④ 부식방지

해설 배수관 피복의 주된 목적은 방로 및 방음처리이다.

정답 80. ③ 81. ④ 82. ① 83. ④ 84. ④ 85. ① 86. ① 87. ③

88 냉동기 용량제어의 목적으로 가장 거리가 먼 것은?

① 고내 온도를 일정하게 할 수 있다.
② 중부하기동으로 기동이 용이하다.
③ 압축기를 보호하여 수명을 연장한다.
④ 부하변동에 대응한 용량제어로 경제적인 운전을 한다.

해설 가벼운 부하로 기동에 용이하다.

89 온수난방배관에서 리버스리턴(reverse return)방식을 채택하는 주된 이유는?

① 온수의 유량분배를 균일하게 하기 위하여
② 배관의 길이를 짧게 하기 위하여
③ 배관의 신축을 흡수하기 위하여
④ 온수가 식지 않도록 하기 위하여

해설 리버스리턴방식은 배관의 마찰손실수두를 균일하게 하여 같은 유량을 공급하기 위함이다.

★
90 펌프 주위의 배관 시 주의해야 할 사항으로 틀린 것은?

① 흡입관의 수평배관은 펌프를 향해 위로 올라가도록 설계한다.
② 토출부에 설치한 체크밸브는 서징현상 방지를 위해 펌프에서 먼 곳에 설치한다.
③ 흡입구는 수위면에서부터 관경의 2배 이상 물속으로 들어가게 한다.
④ 흡입관의 길이는 되도록 짧게 하는 것이 좋다.

해설 토출부에 설치한 체크밸브는 서징현상 방지를 위하여 펌프의 출구 가까이에 설치한다.

참고 **서징현상** : 펌프의 운전 중에 압력계기의 눈금이 어떤 주기를 가지고 큰 진폭으로 흔들림과 동시에 토출량이 어떤 범위에서 주기적으로 변동이 발생한다.

★
91 간접가열급탕법과 가장 거리가 먼 장치는?

① 증기사이렌서   ② 저탕조
③ 보일러   ④ 고가수조

해설 직접가열급탕법은 증기사이렌서로 기수혼합장치이다.

92 냉매배관을 시공할 때 주의해야 할 사항으로 가장 거리가 먼 것은?

① 배관은 가능한 한 꺾이는 곳을 적게 하고 꺾이는 곳의 구부림지름을 작게 한다.
② 관통 부분 이외에는 매설하지 않으며, 부득이한 경우 강관으로 보호한다.
③ 구조물을 관통할 때에는 견고하게 관을 보호해야 하며, 외부로의 누설이 없어야 한다.
④ 응력 발생 부분에는 냉매흐름방향에 수평이 되게 루프배관을 한다.

해설 배관은 가능한 한 꺾이는 곳의 수를 적게 하고 꺾이는 곳의 구부림지름을 크게 하여 마찰저항을 줄여야 한다.

★
93 열을 잘 반사하고 확산하여 방열기 표면 등의 도장용으로 적합한 도료는?

① 광명단   ② 산화철
③ 합성수지   ④ 알루미늄

해설 **알루미늄도료(은분)**
  ㉠ Al분말에 유성바니시(oil varnish)를 섞은 도료이다.
  ㉡ Al도막은 금속광택이 있으며 열을 잘 반사한다.
  ㉢ 400~500℃의 내열성을 지니고 있고 난방용 방열기 등의 외면에 도장한다.

94 5세주형 700mm의 주철제 방열기를 설치하여 증기온도가 110℃, 실내공기온도가 20℃이며 난방부하가 25,000kcal/h일 때 방열기의 소요쪽수는? (단, 방열계수 6.9kcal/m² · h · ℃, 1쪽당 방열면적 0.28m²이다.)

① 144쪽   ② 154쪽
③ 164쪽   ④ 174쪽

해설 방열기 방열량 = 방열계수 × (방열기 내 평균온도 − 실내온도)
$$= 6.9 \times (110 - 20)$$
$$= 621 \text{kcal/m}^2 \cdot \text{h}$$
$$\text{소요방열면적} = \frac{\text{난방부하}}{\text{방열기 방열량}} = \frac{25,000}{621} \fallingdotseq 40.3 \text{m}^2$$
$$\therefore \ \text{소요쪽수} = \frac{\text{소요방열면적}}{\text{쪽당 방열면적}} = \frac{40.3}{0.28} \fallingdotseq 144\text{쪽}$$

정답   88. ②   89. ①   90. ②   91. ①   92. ①   93. ④   94. ①

95 증기난방의 특징에 관한 설명으로 틀린 것은?

① 이용열량이 증기의 증발잠열로서 매우 크다.
② 실내온도의 상승이 느리고 예열손실이 많다.
③ 운전을 정지시키면 관에 공기가 유입되므로 관의 부식이 빠르게 진행된다.
④ 취급안전상 주의가 필요하므로 자격을 갖춘 기술자를 필요로 한다.

해설 증기난방은 예열부하와 시간이 적게 소요된다.

★
96 하트포드(hart ford)배관법에 관한 설명으로 가장 거리가 먼 것은?

① 보일러 내의 안전저수면보다 높은 위치에 환수관을 접속한다.
② 저압증기난방에서 보일러 주변의 배관에 사용한다.
③ 하트포드배관법은 보일러 내의 수면이 안전수위 이하로 유지하기 위해 사용된다.
④ 하트포드배관접속 시 환수주관에 침적된 찌꺼기의 보일러 유입을 방지할 수 있다.

해설 하트포드연결법은 증기난방에서 환수주관을 보일러 밑에 접속하여 생기는 나쁜 결과를 막기 위하여 증기관과 환수관 사이 표준수면보다 50mm 아래 균형관을 설치하여 안전수위 이하가 되어 보일러가 빈 상태로 되는 것을 방지하기 위한 것이다.

★
97 가스배관에 관한 설명으로 틀린 것은?

① 특별한 경우를 제외한 옥내배관은 매설배관을 원칙으로 한다.
② 부득이하게 콘크리트 주요 구조부를 통과할 경우에는 슬리브를 사용한다.
③ 가스배관에는 적당한 구배를 두어야 한다.
④ 열에 의한 신축, 진동 등의 영향을 고려하여 적절한 간격으로 지지하여야 한다.

해설 가스배관의 옥내배관은 노출관을 원칙으로 한다.

98 팽창탱크 주위 배관에 관한 설명으로 틀린 것은?

① 개방식 팽창탱크는 시스템의 최상부보다 1m 이상 높게 설치한다.
② 팽창탱크의 급수에는 전동밸브 또는 볼밸브를 이용한다.
③ 오버플로관 및 배수관은 간접배수로 한다.
④ 팽창관에는 팽창량을 조절할 수 있도록 밸브를 설치한다.

해설 팽창관에 밸브를 설치하면 압력이 상승하여 폭발한다.

★
99 다음 중 밸브의 역할이 아닌 것은?

① 유체의 밀도조절   ② 유체의 방향전환
③ 유체의 유량조절   ④ 유체의 흐름단속

해설 밸브의 역할은 유체의 방향전환, 유량조절, 흐름단속이다.

★
100 배수트랩의 형상에 따른 종류가 아닌 것은?

① S트랩   ② P트랩
③ U트랩   ④ H트랩

해설 배수트랩은 사이펀형(S형, P형, U형)과 비사이펀형(가솔린트랩, 하우스트랩, 벨트랩, 드럼트랩)이 있다.

2016년 | 제2회 공조냉동기계기사

기계 열역학

01 대기압 100kPa에서 용기에 가득 채운 프로판을 일정한 온도에서 진공펌프를 사용하여 2kPa까지 배기하였다. 용기 내에 남은 프로판의 중량은 처음 중량의 몇 % 정도 되는가?

① 20% ② 2%

③ 50% ④ 5%

해설 처음 중량 = $\dfrac{\text{남은 압력}}{\text{처음 압력}} = \dfrac{2}{100} = 0.02 = 2\%$

02 열역학적 상태량은 일반적으로 강도성 상태량과 용량성 상태량으로 분류할 수 있다. 강도성 상태량에 속하지 않는 것은?

① 압력 ② 온도

③ 밀도 ④ 체적

해설 열역학적 상태량은 강도성 상태량(압력, 온도, 비체적, 밀도)과 종량성 상태량(체적, 내부에너지, 엔탈피, 엔트로피)으로 구분된다.

★
03 온도가 150℃인 공기 3kg이 정압냉각되어 엔트로피가 1.063kJ/K만큼 감소되었다. 이때 방출된 열량은 약 몇 kJ인가? (단, 공기의 정압비열은 1.01kJ/kg · K 이다.)

① 27 ② 379

③ 538 ④ 715

해설 $\Delta S = GC \ln \dfrac{T_1}{T_2}$

$T_2 = \dfrac{T_1}{e^{\frac{\Delta S}{GC_p}}} = \dfrac{273+150}{e^{\frac{1.063}{3 \times 1.01}}} \fallingdotseq 297.84\,\mathrm{K}$

$\therefore \ q = GC\Delta T$
$= 3 \times 1.01 \times \{(273+150) - 297.84\} \fallingdotseq 379\,\mathrm{kJ}$

04 밀폐계의 가역정적변화에서 다음 중 옳은 것은? (단, U : 내부에너지, Q : 전달된 열, H : 엔탈피, V : 체적, W : 일)

① $dU = dQ$ ② $dH = dQ$

③ $dV = dQ$ ④ $dW = dQ$

해설 ㉠ 가역정적변화에서 $dU = dQ$, 즉 내부에너지변화량과 전달된 열변화량은 같다.
㉡ 가역정압변화에서 $dH = dQ$, 즉 엔탈피변화량과 가열량은 같다.

★
05 공기 1kg을 정적과정으로 40℃에서 120℃까지 가열하고, 다음에 정압과정으로 120℃에서 220℃까지 가열한다면 전체 가열에 필요한 열량은 약 얼마인가? (단, 정압비열은 1.00kJ/kg · K, 정적비열은 0.71kJ/kg · K이다.)

① 127.8kJ/kg ② 141.5kJ/kg

③ 156.8kJ/kg ④ 185.2kJ/kg

해설 ㉠ 정적과정
$Q_v = GC\Delta t = 1 \times 0.71 \times (120-40) = 56.8\,\mathrm{kJ/kg}$
㉡ 정압과정
$Q_p = GC\Delta t = 1 \times 1.00 \times (220-120) = 100\,\mathrm{kJ/kg}$
㉢ 전체 과정
$Q_T = Q_v + Q_p = 56.8 + 100 = 156.8\,\mathrm{kJ/kg}$

06 오토사이클의 압축비가 6인 경우 이론열효율은 약 몇 %인가? (단, 비열비=1.4이다.)

① 51 ② 54

③ 59 ④ 62

해설 $\eta = 1 - \dfrac{T_4 - T_1}{T_3 - T_2} = 1 - \left(\dfrac{V_2}{V_1}\right)^{k-1} = 1 - \left(\dfrac{1}{\varepsilon}\right)^{k-1}$

$= 1 - \left(\dfrac{1}{6}\right)^{1.4-1} \fallingdotseq 0.51 = 51\%$

정답 01. ② 02. ④ 03. ② 04. ① 05. ③ 06. ①

07 수소(H_2)를 이상기체로 생각하였을 때 절대압력 1MPa, 온도 100℃에서의 비체적은 약 몇 m^3/kg인가? (단, 일반기체상수는 8.3145kJ/kmol · K이다.)

① 0.781 ② 1.26
③ 1.55 ④ 3.46

해설 $v = \dfrac{RT}{P} = \dfrac{\dfrac{8.3145}{2} \times (273 + 100)}{1,000} ≒ 1.55 m^3/kg$

★
08 질량 1kg의 공기가 밀폐계에서 압력과 체적이 100kPa, $1m^3$이었는데 폴리트로픽과정($PV^n = $일정)을 거쳐 체적이 $0.5m^3$이 되었다. 최종온도(T_2)와 내부에너지의 변화량(ΔU)은 각각 얼마인가? (단, 공기의 기체상수는 287J/kg · K, 정적비열은 718J/kg · K, 정압비열은 1,005J/kg · K, 폴리트로픽지수는 1.3이다.)

① $T_2 = 459.7K$, $\Delta U = 111.3kJ$
② $T_2 = 459.7K$, $\Delta U = 79.9kJ$
③ $T_2 = 428.9K$, $\Delta U = 80.5kJ$
④ $T_2 = 428.9K$, $\Delta U = 57.8kJ$

해설 $T_1 = \dfrac{100 \times 1}{1 \times 0.287} = 348.4K$

$T_2 = 348.4 \times \left(\dfrac{1}{0.5}\right)^{1.3-1} = 428.9K$

∴ $\Delta U = 0.718 \times (428.9 - 348.4) ≒ 57.8kJ$

09 비열비가 k인 이상기체로 이루어진 시스템이 정압과정으로 부피가 2배로 팽창할 때 시스템이 한 일이 W, 시스템에 전달된 열이 Q일 때 $\dfrac{W}{Q}$는 얼마인가? (단, 비열은 일정하다.)

① k ② $\dfrac{1}{k}$
③ $\dfrac{k}{k-1}$ ④ $\dfrac{k-1}{k}$

해설 $W = R(T_2 - T_1)$

$Q = C_p(T_2 - T_1) = \dfrac{k}{k-1}R(T_2 - T_1)$

∴ $\dfrac{W}{Q} = \dfrac{1}{\dfrac{k}{k-1}} = \dfrac{k-1}{k}$

10 온도 T_2인 저온체에서 열량 Q_A를 흡수해서 온도가 T_1인 고온체로 열량 Q_R를 방출할 때 냉동기의 성능계수(coefficient of performance)는?

① $\dfrac{Q_R - Q_A}{Q_A}$ ② $\dfrac{Q_R}{Q_A}$
③ $\dfrac{Q_A}{Q_R - Q_A}$ ④ $\dfrac{Q_A}{Q_R}$

해설 $COP = \dfrac{저온}{고온 - 저온} = \dfrac{Q_A}{Q_R - Q_A}$

★
11 다음 그림과 같은 Rankine사이클의 열효율은 약 몇 %인가? (단, $h_1 = 191.8kJ/kg$, $h_2 = 193.8kJ/kg$, $h_3 = 2799.5kJ/kg$, $h_4 = 2007.5kJ/kg$이다.)

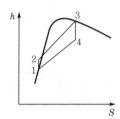

① 30.3% ② 39.7%
③ 46.9% ④ 54.1%

해설 $\eta_R = \dfrac{W}{q} = \dfrac{(h_3 - h_4) - (h_2 - h_1)}{h_3 - h_2}$

$= \dfrac{(2799.5 - 2007.5) - (193.8 - 191.8)}{2799.5 - 193.8}$

$≒ 0.303 = 30.3\%$

12 냉동기 냉매의 일반적인 구비조건으로서 적합하지 않은 사항은?

① 임계온도가 높고, 응고온도가 낮을 것
② 증발열이 작고, 증기의 비체적이 클 것
③ 증기 및 액체의 점성이 작을 것
④ 부식성이 없고, 안정성이 있을 것

해설 **냉매의 구비조건**
㉠ 증발잠열이 크고, 비체적이 작을 것
㉡ 전기저항이 크고, 절연파괴를 일으키지 않을 것
㉢ 불활성일 것
㉣ 냉매가스의 액체의 비열이 적을 것
㉤ 열전달률(열전도도)이 양호할 것(높을 것)

정답 07. ③ 08. ④ 09. ④ 10. ③ 11. ① 12. ②

13 30℃, 100kPa의 물을 800kPa까지 압축한다. 물의 비체적이 0.001m³/kg로 일정하다고 할 때 단위 질량당 소요된 일(공업일)은?

① 167J/kg   ② 602J/kg

③ 700J/kg   ④ 1,400J/kg

해설 $W_t = $ 비체적 $\times$ 압력차 $= v(P_2 - P_1)$
$= 0.001 \times (800 - 100) \times 1,000 = 700\,\text{J/kg}$

14 다음 그림과 같이 중간에 격벽이 설치된 계에서 A에는 이상기체가 충만되어 있고, B는 진공이며, A와 B의 체적은 같다. A와 B 사이의 격벽을 제거하면 A의 기체는 단열비가역자유팽창을 하여 어느 시간 후에 평형에 도달하였다. 이 경우의 엔트로피변화 ΔS는? (단, C_v는 정적비열, C_p는 정압비열, R은 기체상수이다.)

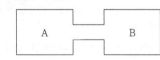

① $\Delta S = C_v \ln 2$ ② $\Delta S = C_p \ln 2$

③ $\Delta S = 0$ ④ $\Delta S = R \ln 2$

해설 $\Delta S = R \ln \dfrac{V_2}{V_1} = R \ln \dfrac{2}{1} = R \ln 2$

★
15 카르노열기관사이클 A는 0℃와 100℃ 사이에서 작동되며, 카르노열기관사이클 B는 100℃와 200℃ 사이에서 작동된다. 사이클 A의 효율(η_A)과 사이클 B의 효율(η_B)을 각각 구하면?

① $\eta_A = 26.80\%,\ \eta_B = 50.00\%$

② $\eta_A = 26.80\%,\ \eta_B = 21.14\%$

③ $\eta_A = 38.75\%,\ \eta_B = 50.00\%$

④ $\eta_A = 38.75\%,\ \eta_B = 21.14\%$

해설 ㉠ $\eta_A = 1 - \dfrac{\text{저온부 절대온도}}{\text{고온부 절대온도}} = 1 - \dfrac{T_1}{T_2}$
$= 1 - \dfrac{273 + 0}{273 + 100} ≒ 0.268 = 26.80\%$

㉡ $\eta_B = 1 - \dfrac{T_1}{T_2} = 1 - \dfrac{273 + 100}{273 + 200}$
$≒ 0.2114 = 21.14\%$

★
16 냉동실에서 흡수열량이 5냉동톤(RT)인 냉동기의 성능계수(COP)가 2, 냉동기를 구동하는 가솔린엔진의 열효율이 20%, 가솔린의 발열량이 43,000kJ/kg일 경우 냉동기 구동에 소요되는 가솔린의 소비율은 약 몇 kg/h인가? (단, 1냉동톤(RT)은 약 3.86kW이다.)

① 1.28kg/h   ② 2.54kg/h

③ 4.04kg/h   ④ 4.85kg/h

해설 $N_{ps} = \dfrac{3.86 \times 5 \times 3,600}{\text{발열량} \times \text{엔진효율} \times \text{성적계수}}$
$= \dfrac{3.86 \times 5 \times 3,600}{43,000 \times 0.2 \times 2} ≒ 4.04\,\text{kg/h}$

17 이상기체에서 엔탈피 h와 내부에너지 u, 엔트로피 S 사이에 성립하는 식으로 옳은 것은? (단, T는 온도, v는 체적, P는 압력이다.)

① $TdS = dh + vdP$ ② $TdS = dh - vdP$

③ $TdS = du - Pdv$ ④ $TdS = dh + d(Pv)$

해설 $dS = \dfrac{dQ}{T}$

$dQ = TdS = dh - AvdT$

A는 일의 열당량이고, SI단위는 생략 가능하다.

$\therefore\ TdS = dh - vdP$

18 밀도 1,000kg/m³인 물이 단면적 0.01m²인 관 속을 2m/s의 속도로 흐를 때 질량유량은?

① 20kg/s   ② 2.0kg/s

③ 50kg/s   ④ 5.0kg/s

해설 질량유량 $=$ 밀도 $\times$ 단면적 $\times$ 유속
$= 1,000 \times 0.01 \times 2 = 20\,\text{kg/s}$

19 과열증기를 냉각시켰더니 포화영역 안으로 들어와서 비체적이 0.2327m³/kg가 되었다. 이때의 포화액과 포화증기의 비체적이 각각 1.079×10^{-3}m³/kg, 0.5243m³/kg이라면 건도는?

① 0.964   ② 0.772

③ 0.653   ④ 0.443

해설 건도 $= \dfrac{\text{기체의 무게(비체적)}}{\text{질량합계(비체적합계)}}$
$= \dfrac{0.2327}{1.079 \times 10^{-3} + 0.5243} ≒ 0.443$

★
20 20℃의 공기 5kg이 정압과정을 거쳐 체적이 2배가 되었다. 공급한 열량은 약 몇 kJ인가? (단, 정압비열은 1kJ/kg · K이다.)

① 1,465　　　　② 2,198

③ 2,931　　　　④ 4,397

해설　$T_2 = (273 + 20) \times 2 = 586K$

∴ $q = $ 공기질량 $\times$ 정압비열 $\times (T_2 - T_1)$
$= 5 \times 1 \times (586 - 293) = 1,465kJ$

제2과목　냉동공학

21 역카르노사이클에서 $T - S$선도상 성적계수 ε를 구하는 식은? (단, AW : 외부로부터 받은 일, Q_1 : 고온으로 배출하는 열량, Q_2 : 저온으로부터 받은 열량, T_1 : 고온, T_2 : 저온)

① $\varepsilon = \dfrac{AW}{Q_1}$　　　② $\varepsilon = \dfrac{Q_1 - Q_2}{Q_2}$

③ $\varepsilon = \dfrac{T_1 - T_2}{T_1}$　　　④ $\varepsilon = \dfrac{T_2}{T_1 - T_2}$

해설　$\varepsilon = \dfrac{Q_2 (저온)}{Q_1 (고온) - Q_2 (저온)} = \dfrac{T_2}{T_1 - T_2}$

★
22 고속다기통압축기의 장점으로 틀린 것은?

① 용량제어장치인 시동부하경감기(starting un-loader)를 이용하여 기동 시 무부하기동이 가능하고, 대용량에서도 시동에 필요한 동력이 적다.

② 크기에 비하여 큰 냉동능력을 얻을 수 있고, 설치면적은 입형 압축기에 비하여 1/2~1/3 정도이다.

③ 언로더기구에 의해 자동제어 및 자동운전이 용이하다.

④ 압축비의 증가에 따라 체적효율의 저하가 작다.

해설　압축비의 증가에 따라 체적효율의 저하가 커진다(즉, 체적효율이 떨어진다).

23 온도식 자동팽창밸브의 감온통 설치방법으로 틀린 것은?

① 증발기 출구측 압축기로 흡입되는 곳에 설치할 것

② 흡입관경이 20A 이하인 경우에는 관상부에 설치할 것

③ 외기의 영향을 받을 경우는 보온해주거나 감온통포켓을 설치할 것

④ 압축기 흡입관에 트랩이 있는 경우에는 트랩 부분에 부착할 것

해설　압축기 흡입관에 트랩이 있는 경우에는 트랩 전에 설치하며, 외기의 영향을 받지 않는 곳에 설치한다.

24 냉동장치의 제상에 대한 설명으로 옳은 것은?

① 제상은 증발기의 성능 저하를 막기 위해 행해진다.

② 증발기에 착상이 심해지면 냉매증발압력은 높아진다.

③ 살수식 제상장치에 사용되는 일반적인 수온은 약 50~80℃로 한다.

④ 핫가스제상이라 함은 뜨거운 수증기를 이용하는 것이다.

해설　제상은 증발기의 성능 저하를 막기 위해 행하며 전열제상과 핫가스제상(고압의 핫냉매증기 사용)이 있다.

★
25 냉매배관 중 액분리기에서 분리된 냉매의 처리방법으로 틀린 것은?

① 응축기로 순환시키는 방법

② 증발기로 재순환시키는 방법

③ 고압측 수액기로 회수하는 방법

④ 가열시켜 액을 증발시키고 압축기로 회수하는 방법

해설　**액분리기에서 분리된 냉매처리방법**
㉠ 만액식 증발기의 경우에는 증발기에 재순환시켜 사용한다.
㉡ 액회수장치를 이용하여 고압수액기로 회수한다.
㉢ 가열시켜 액을 증발시키고 압축기로 회수한다.
㉣ 소형장치에서 열교환기를 이용하여 압축기로 회수한다.

정답　**20.** ①　**21.** ④　**22.** ④　**23.** ④　**24.** ①　**25.** ①

26 다음 그림은 이상적인 냉동사이클을 나타낸 것이다. 각 과정에 대한 설명으로 틀린 것은?

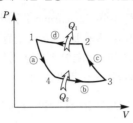

① ⓐ과정은 단열팽창이다.
② ⓑ과정은 등온압축이다.
③ ⓒ과정은 단열압축이다.
④ ⓓ과정은 등온압축이다.

해설 ⓑ과정은 등온팽창이다.

★
27 실내 벽면의 온도가 –40℃인 냉장고의 벽을 노점온도를 기준으로 방열하고자 한다. 열전도율이 0.035 kcal/m·h·℃인 방열재를 사용한다면 두께는 얼마로 하면 좋은가? (단, 외기온도는 30℃, 상대습도는 85%, 노점온도는 27.2℃, 방열재와 외기와의 열전달률은 7kcal/m²·h·℃로 한다.)

① 50mm ② 75mm
③ 100mm ④ 125mm

해설 ㉠ 열전달률에 따른 방열
$$q = a\Delta t = 7 \times (30 - 27.2) = 19.6$$
㉡ 열전도율에 따른 방열
$$q = \frac{\lambda}{l}\Delta t = \frac{0.035}{l} \times (30 - (-40)) = \frac{2.45}{l}$$
㉢ 통과열은 같으므로
$$\frac{2.45}{l} = 19.6$$
$$\therefore l = \frac{2.45}{19.6} = 0.125m = 125mm$$

28 두께 30cm의 벽돌로 된 벽이 있다. 내면의 온도가 21℃, 외면의 온도가 35℃일 때 이 벽을 통해 흐르는 열량은? (단, 벽돌의 열전도율 K는 0.793W/m·K이다.)

① 32W/m² ② 37W/m²
③ 40W/m² ④ 43W/m²

해설 $Q = \frac{\lambda\Delta t}{l} = \frac{0.793 \times (35 - 21)}{0.3} = 37W/m^2$

★
29 어떤 암모니아냉동기의 이론성적계수는 4.75이고 기계효율은 90%, 압축효율은 75%일 때 1냉동톤(1RT)의 능력을 내기 위한 실제 소요마력은 약 몇 마력(PS)인가?

① 1.64 ② 2.73
③ 3.63 ④ 4.74

해설 $N_{ps} = \dfrac{3,320}{632.3 \times 기계효율 \times 압축효율 \times 성적계수}$
$= \dfrac{3,320}{632.3 \times 0.9 \times 0.75 \times 4.75} ≒ 1.64PS$

30 증발식 응축기에 대한 설명으로 옳은 것은?

① 냉각수의 감열(현열)로 냉매가스를 응축
② 외기의 습구온도가 높아야 응축능력 증가
③ 응축온도가 낮아야 응축능력 증가
④ 냉각탑과 응축기의 기능을 하나로 합한 것

해설 증발식 응축기는 수냉식 응축기와 공냉식 응축기의 작용을 혼합한 것이다.

★
31 압축기에 사용되는 냉매의 이상적인 구비조건으로 옳은 것은?

① 임계온도가 낮을 것
② 비열비가 작을 것
③ 증발잠열이 작을 것
④ 비체적이 클 것

해설 **냉매의 구비조건**
㉠ 임계온도가 높고, 응고온도가 낮을 것
㉡ 비열비가 작을 것
㉢ 증발잠열이 크고, 액체의 비열이 적을 것
㉣ 냉매가스의 비체적이 작을 것
㉤ 열전달률(열전도도)이 양호할 것(높을 것)
㉥ 불활성일 것
㉦ 전기저항이 크고, 절연파괴를 일으키지 않을 것
㉧ 점성, 즉 점도는 낮을 것

32 흡수식 냉동기에서 냉매의 과냉원인이 아닌 것은?

① 냉수 및 냉매량 부족
② 냉각수 부족
③ 증발기 전열면적 오염
④ 냉매에 용액이 혼입

해설 냉각수 부족은 냉매가 과열된다.

정답 26. ② 27. ④ 28. ② 29. ① 30. ④ 31. ② 32. ②

33 흡수식 냉동기에서의 냉각원리로 옳은 것은?

① 물이 증발할 때 주위에서 기화열을 빼앗고, 열을 빼앗기는 쪽은 냉각되는 현상을 이용한다.

② 물이 응축할 때 주위에서 액화열을 빼앗고, 열을 빼앗기는 쪽은 냉각되는 현상을 이용한다.

③ 물이 팽창할 때 주위에서 팽창열을 빼앗고, 열을 빼앗기는 쪽은 냉각되는 현상을 이용한다.

④ 물이 압축할 때 주위에서 압축열을 빼앗고, 열을 빼앗기는 쪽은 냉각되는 현상을 이용한다.

해설 흡수식 냉동기는 물이 증발할 때 냉매인 물의 기화열(증발잠열)로 냉수인 물을 냉각한다.

34 압력 – 온도선도(듀링선도)를 이용하여 나타내는 냉동사이클은?

① 증기압축식 냉동기
② 원심식 냉동기
③ 스크롤식 냉동기
④ 흡수식 냉동기

해설 흡수식 냉동기로 수용액의 농도, 온도 및 수증기분압의 관계를 나타낸다. LiBr수용액에서 많이 이용한다.

★
35 드라이어(dryer)에 관한 설명으로 옳은 것은?

① 주로 프레온냉동기보다 암모니아냉동기에 주로 사용된다.

② 냉동장치 내에 수분이 존재하는 것은 좋지 않으므로 냉매종류에 관계없이 소형 냉동장치에 설치한다.

③ 프레온은 수분과 잘 용해하지 않으므로 팽창밸브에서의 동결을 방지하기 위하여 설치한다.

④ 건조제로는 황산, 염화칼슘 등의 물질을 사용한다.

해설 ① 주로 프레온냉동기에 사용한다.
② 주로 프레온냉매에 사용한다.
④ 건조제로는 실리카겔이나 활성알루미나 등의 물질을 사용한다.

36 압축기 실린더의 체적효율이 감소되는 경우가 아닌 것은?

① 클리어런스(clearance)가 작을 경우
② 흡입 · 토출밸브에서 누설될 경우
③ 실린더피스톤이 과열될 경우
④ 회전속도가 빨라질 경우

해설 클리어런스나 압축비가 크면 실린더의 체적효율이 감소한다.

37 다음 중 아이스크림 등을 제조할 때 혼합원료에 공기를 포함시켜서 얼리는 동결장치는?

① 프리저(freezer)
② 스크루컨베이어
③ 하드닝터널
④ 동결건조기(freeze drying)

해설 프리저는 혼합원료에 공기를 포함시켜서 얼리는 동결장치이다.

★
38 냉각수 입구온도 25℃, 냉각수량 1,000L/min인 응축기의 냉각면적이 80m², 그 열통과율이 600kcal/m² · h · ℃이고, 응축온도와 냉각수온의 평균온도차가 6.5℃이면 냉각수 출구온도는?

① 28.4℃
② 32.6℃
③ 29.6℃
④ 30.2℃

해설 $t_2 = t_1 + \dfrac{kA\Delta t_m}{G} = 25 + \dfrac{600 \times 80 \times 6.5}{1,000 \times 60} = 30.2℃$

39 동일한 냉동실 온도조건으로 냉동설비를 한 경우 브라인식과 비교한 직접팽창식에 관한 설명으로 틀린 것은?

① 냉매의 증발온도가 낮다.
② 냉매소비량(충전량)이 많다.
③ 소요동력이 적다.
④ 설비가 간단하다.

해설 직접팽창식 냉매의 증발온도는 브라인식보다 높다.

정답 33. ① 34. ④ 35. ③ 36. ① 37. ① 38. ④ 39. ①

★
40 15℃의 순수한 물로 0℃의 얼음을 매 시간 50kg 만드는 데 냉동기의 냉동능력은 약 몇 냉동톤인가? (단, 1냉동톤은 3,320kcal/h이며, 물의 응축잠열은 80kcal/kg이고, 비열은 1kcal/kg · ℃이다.)

① 0.67 ② 1.43
③ 2.80 ④ 3.21

해설 $RT = \dfrac{50 \times [(1 \times 15) + 79.68]}{3,320} \fallingdotseq 1.43RT$

제3과목 **공기조화**

41 다음 공기조화장치 중 실내로부터 환기의 일부를 외기와 혼합한 후 냉각코일을 통과시키고, 이 냉각 코일 출구의 공기와 환기의 나머지를 혼합하여 송 풍기로 실내에 재순환시키는 장치의 흐름도는?

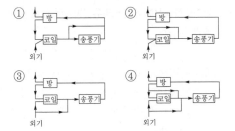

해설 코일로 외기는 따로, 실내로부터 환기순환구조이다.

★
42 공기조절기의 공기냉각코일에서 공기와 냉수의 온 도변화가 다음 그림과 같았다. 이 코일의 대수평균 온도차($LMTD$)는?

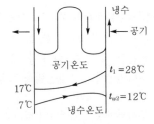

① 9.7℃ ② 12.4℃
③ 14.4℃ ④ 15.6℃

해설 $LMTD = \dfrac{\Delta_1 - \Delta_2}{\ln \dfrac{\Delta_1}{\Delta_2}} = \dfrac{(32-12)-(17-7)}{\ln \dfrac{32-12}{17-7}} \fallingdotseq 14.4℃$

43 다음 그림은 공조기에 ①상태의 외기와 ②상태의 실내에서 되돌아온 공기가 공조기로 들어와 ⑥상태 로 실내로 공급되는 과정을 습공기선도에 표현한 것이다. 공조기 내 과정을 알맞게 나열한 것은?

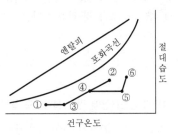

① 예열-혼합-증기가습-가열
② 예열-혼합-가열-증기가습
③ 예열-증기가습-가열-증기가습
④ 혼합-제습-증기가습-가열

해설 습공기선도

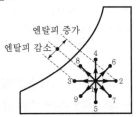

1→2 : 현열가열, 1→3 : 현열냉각, 1→4 : 가습,
1→5 : 감습, 1→6 : 가열가습, 1→7 : 가열감습,
1→8 : 냉각가습, 1→9 : 냉각감습

★
44 외기 및 반송(return)공기의 분진량이 각각 C_O, C_R이 고, 공급되는 외기량 및 필터로 반송되는 공기량은 각각 Q_O, Q_R이며, 실내 발생량이 M이라 할 때 필터의 효율(η)은?

① $\eta = \dfrac{Q_O(C_O - C_R) + M}{C_O Q_O + C_R Q_R}$

② $\eta = \dfrac{Q_O(C_O - C_R) + M}{C_O Q_O - C_R Q_R}$

③ $\eta = \dfrac{Q_O(C_O + C_R) + M}{C_O Q_O + C_R Q_R}$

④ $\eta = \dfrac{Q_O(C_O - C_R) - M}{C_O Q_O - C_R Q_R}$

해설 $\eta = \dfrac{Q_O(C_O - C_R) + M}{C_O Q_O + C_R Q_R}$

정답 40. ② 41. ② 42. ③ 43. ② 44. ①

★
45 덕트시공도 작성 시 유의사항으로 틀린 것은?

① 소음과 진동을 고려한다.
② 설치 시 작업공간을 확보한다.
③ 덕트의 경로는 될 수 있는 한 최장거리로 한다.
④ 댐퍼의 조작 및 점검이 가능한 위치에 있도록 한다.

해설 덕트의 경로는 될 수 있는 한 최단거리로 한다.

46 펌프의 공동현상에 관한 설명으로 틀린 것은?

① 흡입배관경이 클 경우 발생한다.
② 소음 및 진동이 발생한다.
③ 임펠러 침식이 생길 수 있다.
④ 펌프의 회전수를 낮추어 운전하면 이 현상을 줄일 수 있다.

해설 공동현상은 흡입배관경이 작을 경우, 흡입관의 압력이 부압일 때, 흡입관의 양정이 클 때, 흡입관의 저항이 클 때, 유체의 온도가 높을 때, 원주속도가 클 때, 임펠러의 모양이 적당치 않을 때에 발생한다.

47 전압기준 국부저항계수 ζ_T와 정압기준 국부저항계수 ζ_S와의 관계를 바르게 나타낸 것은? (단, 덕트의 상류풍속을 v_1, 하류풍속을 v_2라 한다.)

① $\zeta_T = \zeta_S - 1 + \left(\dfrac{v_2}{v_1}\right)^2$

② $\zeta_T = \zeta_S + 1 - \left(\dfrac{v_2}{v_1}\right)^2$

③ $\zeta_T = \zeta_S - 1 - \left(\dfrac{v_2}{v_1}\right)^2$

④ $\zeta_T = \zeta_S + 1 + \left(\dfrac{v_2}{v_1}\right)^2$

해설 $\zeta_T = \zeta_S + 1 - \left(\dfrac{v_2}{v_1}\right)^2$ =전압기준+1-풍속비의 제곱

48 보일러에서 발생한 증기량이 소비량에 비해 과잉일 경우 액화저장하고, 증기량이 부족할 경우 저장증기를 방출하는 장치는 무엇인가?

① 절탄기   ② 과열기
③ 재열기   ④ 축열기

해설 ① 절탄기 : 급수를 예열하는 장치
② 과열기 : 포화증기를 과열증기로 만드는 장치
③ 재열기 : 보일러에서 증기터빈에 보내어 팽창하여 압력과 온도가 낮아진 증기를 다시 가열하는 장치

49 공기 중에 떠다니는 먼지는 물론 가스와 미생물 등의 오염물질까지도 극소로 만든 설비로서, 청정대상이 주로 먼지인 경우로 정밀측정실이나 반도체산업, 필름공업 등에 이용되는 시설을 무엇이라 하는가?

① 클린아웃(CO)
② 칼로리미터
③ HEPA필터
④ 산업용 클린룸(ICR)

해설 산업용 클린룸(ICR)은 전자제품, 정밀기계생산공장, 정밀세라믹제조공정 등에 이용된다.

★
50 공기조화방식에서 팬코일유닛방식에 대한 설명으로 틀린 것은?

① 사무실, 호텔, 병원 및 점포 등에 사용한다.
② 배관방식에 따라 2관식, 4관식으로 분류된다.
③ 중앙기계실에서 냉수 또는 온수를 공급하여 각 실에 설치한 팬코일유닛에 의해 공조하는 방식이다.
④ 팬코일유닛방식에서의 열부하분담은 내부존 팬코일유닛방식과 외부존 터미널방식이 있다.

해설 팬코일유닛방식은 전수방식으로 내부존 터미널방식과 외부존 팬코일유닛방식으로 구분한다.

51 가변풍량방식에 대한 설명으로 틀린 것은?

① 부분부하 시 송풍기 동력을 절감할 수 없다.
② 시운전 시 노출구의 풍량조정이 간단하다.
③ 부하변동에 따라 송풍량을 조절하므로 에너지 낭비가 적다.
④ 동시부하율을 고려하여 설비용량을 적게 할 수 있다.

해설 가변풍량방식(VAV)은 부분부하 시 송풍기 동력을 절감할 수 있으며 공기조화방식 중 에너지 절약에 가장 효과적이다.

정답   45. ③   46. ①   47. ②   48. ④   49. ④   50. ④   51. ①

52 증기보일러의 발생열량이 60,000kcal/h, 환산증발량이 111.3kg/h이다. 이 증기보일러의 상당방열면적(EDR)은? (단, 표준방열량을 이용한다.)

① 32.1m^2 ② 92.3m^2
③ 133.3m^2 ④ 539.8m^2

> 해설 ㉠ 상당방열면적(EDR) : 방열기의 열량을 표준상태로 환산한 방열기 면적
> $$EDR = \frac{Q}{q_0} = \frac{60,000}{650} = 92.3\text{m}^2$$
> 여기서, q_0 : 표준방열량(증기 : 650, 온수 : 450)
> $$(\text{kcal/m}^2 \cdot \text{h})$$
> ㉡ 환산증발량
> $$G_e = \frac{Q}{539} = \frac{60,000}{539} = 111.3\text{kg/h}$$

★
53 대규모 건물에서 외벽으로부터 떨어진 중앙부는 외기조건의 영향을 적게 받으며, 인체와 조명등 및 실내기구의 발열로 인해 경우에 따라 동절기 및 중간기에 냉방이 필요한 때가 있다. 이와 같은 건물의 회의실, 식당과 같이 일반 사무실에 비해 현열비가 크게 다른 경우 계통별로 구분하여 조닝하는 방법은?

① 방위별 조닝 ② 부하특성별 조닝
③ 사용시간별 조닝 ④ 건물층별 조닝

> 해설 **조닝방법**
> ㉠ 방위별 조닝 : 계절을 고려하여 건물의 각 방위별 조닝을 구분하는 것으로 동, 서, 남, 북의 존으로 구분할 수 있다. 또한 실내측 부분을 내부존(interior zone)이라고 하며 외부에서의 열손실이나 열취득은 거의 없는 것으로 간주한다.
> ㉡ 사용별 조닝 : 실의 사용목적에 따라 조닝을 하는 것이며, 그에 따라 공조의 계통을 구분하거나 각 실별로 독립하여 온도제어 또는 풍량제어를 실시한다.
> • 사용시간별 조닝 : 빌딩 내의 사무실이나 상점, 카페, 식당과 같이 운전시간이 다르며 사용용도가 다른 경우 구별한다.
> • 공조조건별 조닝 : 전산실과 같이 온습도조건이 항상 일정하게 유지되어야 할 필요성 등에 따라 계통별로 구별한다.
> • 부하특성별 조닝 : 건물의 중역실 및 회의실, 식당과 같이 일반 사무실에 비해 현열비가 크게 다른 경우 계통별로 구별한다.

54 아네모스탯(anemostat)형 취출구에서 유인비의 정의로 옳은 것은? (단, 취출구로부터 공급된 조화공기를 1차 공기(PA), 실내 공기가 유인되어 1차 공기와 혼합한 공기를 2차 공기(SA), 1차와 2차 공기를 모두 합한 것을 전공기(TA)라 한다.)

① $\dfrac{TA}{SA}$ ② $\dfrac{PA}{TA}$
③ $\dfrac{TA}{PA}$ ④ $\dfrac{SA}{TA}$

> 해설 유인비 = 토출공기(1차 공기)량에 대한 혼합공기(1차 공기+2차 공기)량의 비 = $\dfrac{Q_1 + Q_2}{Q_1} = \dfrac{TA}{PA}$

★
55 다음 중 각 층 유닛방식의 특징이 아닌 것은?

① 공조기 수가 줄어들어 설비비가 저렴하다.
② 사무실과 병원 등의 각 층에 대하여 시간차 운전에 적합하다.
③ 송풍덕트가 짧게 되고, 주덕트의 수평덕트는 각 층의 복도 부분에 한정되므로 수용이 용이하다.
④ 설계에 따라서는 각 층 슬래브의 관통덕트가 없게 되므로 방재상 유리하다.

> 해설 공조기 수가 많아 설비비가 많이 든다.

56 온도 20℃, 포화도 60% 공기의 절대습도는? (단, 온도 20℃의 포화습공기의 절대습도 X_s=0.01469kg/kg´이다.)

① 0.001623kg/kg´ ② 0.004321kg/kg´
③ 0.006712kg/kg´ ④ 0.008814kg/kg´

> 해설 포화도(ψ) $= \dfrac{X(\text{불포화공기의 절대습도})}{X_s(\text{포화습공기의 절대습도})}$
> $$\therefore X = \psi X_s = 0.6 \times 0.01469 = 0.008814\text{kg/kg}´$$

57 공장의 저속덕트방식에서 주덕트 내의 권장풍속으로 가장 적당한 것은?

① 36~39m/s ② 26~29m/s
③ 16~19m/s ④ 6~9m/s

> 해설 저속덕트방식의 주덕트 내의 권장풍속은 15m/s 이하로 6~9m/s가 해당된다.

정답 52. ② 53. ② 54. ③ 55. ① 56. ④ 57. ④

58 복사패널의 시공법에 관한 설명으로 틀린 것은?

① 코일의 전길이는 50m 정도 이내로 한다.

② 온도에 따른 열팽창을 고려하여 천장의 짧은 변과 코일의 직선부가 평행하도록 배관한다.

③ 콘크리트의 양생은 30℃ 이상의 온도에서 12시간 이상 건조시킨다.

④ 파이프코일의 매설깊이는 코일 외경의 1.5배 정도로 한다.

해설 콘크리트의 양생은 균열을 방지하기 위하여 자연건조가 좋다.

59 송풍량 2,500m³/h인 공기(건구온도 12℃, 상대습도 60%)를 20℃까지 가열하는 데 필요로 하는 열량은? (단, 처음 공기의 비체적 $v=0.815$m³/kg, 가열 전후의 엔탈피는 각각 $h_1=6$kcal/kg, $h_2=8$kcal/kg이다.)

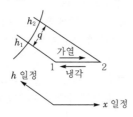

① 4,075kcal/h　　② 5,000kcal/h

③ 6,135kcal/h　　④ 7,362kcal/h

해설 $q=\dfrac{공기체적}{공기비체적}\times(가열\ 후\ 엔탈피-가열\ 전\ 엔탈피)$

$=\dfrac{2,500}{0.815}\times(8-6)≒6,135$kcal/h

60 다음 중 온풍난방에 관한 설명으로 틀린 것은?

① 실내 층고가 높을 경우 상하온도차가 커진다.

② 실내의 환기나 온습도조절이 비교적 용이하다.

③ 직접난방에 비하여 설비비가 높다.

④ 연도의 과열에 의한 화재에 주의해야 한다.

해설 **온풍난방**

㉠ 설비비가 비교적 적다.

㉡ 소음이 생기기 쉽다.

㉢ 예열시간이 짧고 연료비가 작다.

㉣ 공기의 대류를 이용한 방식이다.

제4과목　**전기제어공학**

61 플레밍의 왼손법칙에서 엄지손가락이 가리키는 것은?

① 전류방향　　② 힘의 방향

③ 기전력방향　　④ 자력선방향

해설 플레밍의 왼손법칙은 전동기의 전자력의 방향을 결정하는 법칙이다.

암기법 → 플원 엄힘 검자 중전

▲ 플레밍의 왼손법칙

62 잔류편차와 사이클링이 없어 널리 사용되는 동작은?

① I동작　　② D동작

③ P동작　　④ PI동작

해설 ㉠ 비례제어(P동작) : 잔류편차(offset) 생김

㉡ 적분제어(I동작) : 잔류편차 소멸

㉢ 미분제어(D동작) : 오차예측제어

㉣ 비례미분제어(PD동작) : 응답속도 향상, 과도특성 개선, 잔상보상회로에 해당

㉤ 비례적분제어(PI동작) : 잔류편차와 사이클링 제거, 정상특성 개선

㉥ 비례적분미분제어(PID동작) : 속응도 향상, 잔류편차 제거, 정상/과도특성 개선

㉦ 온오프제어(2위치제어) : 불연속제어(간헐제어)

63 시간에 대해서 설정값이 변화하지 않는 것은?

① 비율제어　　② 추종제어

③ 프로세스제어　　④ 프로그램제어

해설 프로세스제어(process control)는 시간에 대해서 설정값이 변하지 않는 온도, 유량, 압력, 액위면 등의 공업프로세스의 상태량을 제어량으로 하는 것으로 프로세스에 가해지는 외란의 억제를 주목적으로 한다.

정답　58. ③　59. ③　60. ③　61. ②　62. ④　63. ③

64 $i = I_m \sin\omega t$인 정현파교류가 있다. 이 전류보다 90° 앞선 전류를 표시하는 식은 어느 것인가?

① $I_m \cos\omega t$
② $I_m \sin\omega t$
③ $I_m \cos(\omega t + 90°)$
④ $I_m \sin(\omega t - 90°)$

해설 $i = I_m \sin\omega t$ (정현파교류)

∴ 90° 앞선 전류 $i = I_m \sin(\omega t + 90°) = I_m \cos\omega t$

65 전달함수 $G(s) = \dfrac{1}{s+1}$인 제어계의 인디셜응답은?

① e^{-t}
② $1 - e^{-t}$
③ $1 + e^{-t}$
④ $e^{-t} - 1$

해설 $G(s) = \dfrac{1}{s+1} = \dfrac{C(s)}{R(s)}$

$R(s) = \pounds[r(t)] = \pounds[u(t)] = \dfrac{1}{s}$ 을 대입하면

$C(s) = \left(\dfrac{1}{s+1}\right)R(s) = \left(\dfrac{1}{s+1}\right)\dfrac{1}{s}$

$= \dfrac{1}{s(s+1)} = \dfrac{1}{s} - \dfrac{1}{s+1}$

∴ $c(t) = \pounds^{-1}[C(s)] = 1 - e^{-t}$

66 회전하는 각도를 디지털량으로 출력하는 검출기는?

① 로드셀
② 보간치
③ 인코더
④ 퍼텐쇼미터

해설 인코더의 종류
　㉠ 자기식 인코더
　㉡ 광학식 인코더
　　• 리니어엔코더 : 선형위치, 변위, 직선이동량 검출
　　• 로터리엔코더 : 회전속도, 회전량, 각도 등의 검출

★
67 신호흐름선도의 기본성질로 틀린 것은?

① 마디는 변수를 나타낸다.
② 대수방정식으로 도시한다.
③ 선형시스템에만 적용된다.
④ 루프이득이란 루프의 마디이득이다.

해설 신호흐름선도의 기본성질 6가지
　㉠ 마디는 변수를 나타내야 한다.
　㉡ 대수방정식은 원인과 결과의 형태이다.
　㉢ 선형시스템(Linear system)에만 적용된다.
　㉣ 신호는 가지만 따라서 이동한다.
　㉤ 역은 성립하지 않는다.
　㉥ 신호가 전달될 때 가지이득이 곱해진다.

68 다음 그림과 같은 유접점논리회로를 간단히 하면?

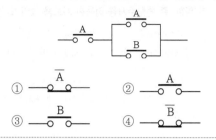

해설 $A(A + B) = AA + AB = A(1 + B) = A$

69 제어동작에 대한 설명 중 틀린 것은?

① 비례동작 : 편차의 제곱에 비례한 조작신호를 낸다.
② 적분동작 : 편차의 적분값에 비례한 조작신호를 낸다.
③ 미분동작 : 조작신호가 편차의 증가속도에 비례하는 동작을 한다.
④ 2위치동작 : ON−OFF동작이라고도 하며, 편차의 정부(+, −)에 따라 조작부를 전폐 또는 전개하는 것이다.

해설 비례동작은 검출값 편차의 크기에 비례하여 조작부를 제어하는 것이다.

★
70 AC서보전동기에 대한 설명 중 옳은 것은?

① AC서보전동기의 전달함수는 미분요소이다.
② 고정자의 기준권선에 제어용 전압을 인가한다.
③ AC서보전동기는 큰 회전력이 요구되는 시스템에 사용된다.
④ AC서보전동기는 두 고정자 권선에 90° 위상차의 2상 전압을 인가하여 회전자계를 만든다.

해설 AC서보전동기는 기준권선과 제어권선의 90° 위상차가 있는 전압을 인가하여 회전자계를 만들어 회전시키는 유도전동기이다.

71 지시계기의 구성 3대 요소가 아닌 것은?

① 유도장치
② 제어장치
③ 제동장치
④ 구동장치

해설 지시계기의 3대 구성요소는 제어장치, 제동장치, 구동장치이다.

정답　64. ①　65. ②　66. ③　67. ④　68. ②　69. ①　70. ④　71. ①

72 비행기 등과 같이 움직이는 목표값의 위치를 알아보기 위한, 즉 원뿔주사를 이용한 서보용 제어기기는?

① 추적레이더　　　　② 자동조타장치
③ 공작기계의 제어　　④ 자동평형기록계

해설 추적레이더는 원뿔(cone)주사를 이용한 방식으로, 비행기와 같이 목표값의 위치를 알아보기 위한 서보용 제어기기가 있다.

★
73 3상 교류에서 a, b, c상에 대한 전압을 기호법으로 표시하면 $E_a = E\angle 0°$, $E_b = E\angle -\frac{2}{3}\pi$, $E_c = E\angle -\frac{4}{3}\pi$로 표시된다. 여기서 $a = \varepsilon^{j\frac{2}{3}\pi}$라는 페이저연산자를 이용하면 E_c는 어떻게 표시되는가?

① $E_c = E$　　　　　② $E_c = a^2 E$
③ $E_c = aE$　　　　④ $E_c = \left(\frac{1}{a}\right)E$

해설 ㉠ a상 기준의 대칭분
$$E_a = \frac{1}{3}(E_a + E_b + E_c)$$
$$= \frac{1}{3}(E_a + a^2 E_a + aE_a) = \frac{E_a}{3}(1 + a^2 + a)$$
㉡ b상 기준의 대칭분
$$E_b = \frac{1}{3}(E_a + aE_b + a^2 E_c)$$
$$= \frac{1}{3}(E_a + a^3 E_a + a^3 E_a) = \frac{E_a}{3}(1 + a^3 + a^3) = E$$
㉢ c상 기준의 대칭분
$$E_c = \frac{1}{3}(E_a + a^2 E_b + aE_c)$$
$$= \frac{1}{3}(E_a + a^4 E_a + a^2 E_a) = \frac{E_a}{3}(1 + a^4 + a^2)$$
㉣ 대칭인 경우 정상분
$$E_c = aE$$

★
74 100V, 6A의 전열기로 2L의 물을 15℃에서 95℃까지 상승시키는 데 약 몇 분이 소요되는가? (단, 전열기는 발생열량의 80%가 유효하게 사용되는 것으로 한다.)

① 15.64　　　　② 18.36
③ 21.26　　　　④ 23.15

해설 소요시간 $= \dfrac{물의 무게 \times 물의 비열 \times 온도차}{전열기 전력 \times 시간}$
$$= \frac{2 \times 4,184 \times (95 - 15)}{100 \times 6 \times 0.8 \times 60} = 23.15분$$

75 워드레오나드속도제어는?

① 저항제어　　　　② 계자제어
③ 전압제어　　　　④ 직·병렬제어

해설 전압제어의 대표적인 것이 워드레오나드방식이다.

76 다음의 전동력응용기계에서 GD^2의 값이 작은 것에 이용될 수 있는 것으로써 가장 바람직한 것은?

① 압연기　　　　② 냉동기
③ 송풍기　　　　④ 승강기

해설 GD는 직류가변전압 기어드 승강로방식의 값이다.

77 논리식 $X + \overline{X} + Y$를 불대수의 정리를 이용하여 간단히 하면?

① Y　　　　② 1
③ 0　　　　④ X + Y

해설 $X + \overline{X} + Y = 1 + Y = 1$

★
78 100mH의 인덕턴스를 갖는 코일에 10A의 전류를 흘릴 때 축적되는 에너지는 몇 J인가?

① 0.5　　　　② 1
③ 5　　　　④ 10

해설 $W = \dfrac{1}{2} \times 인덕턴스 \times 전류^2 = \dfrac{1}{2}LI^2$
$$= \frac{1}{2} \times 100 \times 10^{-3} \times 10^2 = 5J$$

79 승강기 등 무인장치의 운전은 어떤 제어인가?

① 정치제어　　　　② 비율제어
③ 추종제어　　　　④ 프로그램제어

해설 프로그램제어는 목표치가 시간과 함께 미리 정해진 변화를 하는 제어로서 열차의 무인제어, 열처리로의 온도제어, 엘리베이터(승강기), 산업운전로봇에 사용된다.

정답　**72.** ①　**73.** ③　**74.** ④　**75.** ③　**76.** ④　**77.** ②　**78.** ③　**79.** ④

80 3상 농형 유도전동기의 속도제어방법이 아닌 것은?

① 극수변환   ② 주파수제어

③ 2차 저항제어   ④ 1차 전압제어

해설 3상 농형 유도전동기의 속도제어방법은 극수변환법, 주파수변환법, 전원전압제어법(SCR 사용)이다.

제5과목   배관일반

81 냉매의 토출관의 관경을 결정하려고 할 때 일반적인 사항으로 틀린 것은?

① 냉매가스 속에 용해하고 있는 기름이 확실히 운반될 수 있게 횡형관에서는 약 6m/s 이상 되도록 한다.

② 냉매가스 속에 용해하고 있는 기름이 확실히 운반될 수 있게 입상관에서는 약 6m/s 이상 되도록 한다.

③ 속도의 압력손실 및 소음이 일어나지 않을 정도로 속도를 약 25m/s로 제한한다.

④ 토출관에 의해 발생된 전마찰손실압력은 약 19.6kPa를 넘지 않도록 한다.

해설 횡형관에서는 속도가 3~5m/s 이상으로 하고 하향구배를 한다.

82 공기조화설비에서 수배관시공 시 주요 기기류의 접속배관에는 수리 시 전계통의 물을 배수하지 않도록 서비스용 밸브를 설치한다. 이때 밸브를 완전히 열었을 때 저항이 적은 밸브가 요구되는데 가장 적당한 밸브는?

① 나비밸브   ② 게이트밸브

③ 니들밸브   ④ 글로브밸브

해설 ① 나비밸브 : 원형으로 된 밸브가 회전하여 유로를 열고 닫는 동작기구의 밸브

② 게이트밸브 : 유체의 흐름을 단속하는 대표적인 일반 밸브로 게이트밸브(사절밸브)라 함

③ 니들밸브 : 디스크의 형상을 원뿔모양으로 소량 고압 조절용 밸브

④ 글로브밸브 : 유량조절용 밸브

83 배관재료 선정 시 고려해야 할 사항으로 가장 거리가 먼 것은?

① 수송유체에 의한 관의 내식성

② 유체의 온도변화에 따른 물리적 성질의 변화

③ 사용기간(수명) 및 시공방법

④ 사용시기 및 가격

해설 배관재료의 선정 시 고려사항

㉠ 관의 중량 및 수송조건

㉡ 유체의 압력

㉢ 관 외벽의 환경

㉣ 관의 외압

84 유리섬유단열재의 특징에 관한 설명으로 틀린 것은?

① 사용온도범위는 보통 약 −25~300℃이다.

② 다량의 공기를 포함하고 있으므로 보온·단열효과가 양호하다.

③ 유리를 녹여 섬유화한 것이므로 칼이나 가위 등으로 쉽게 절단되지 않는다.

④ 순수한 무기질의 섬유제품으로서 불에 잘 타지 않는다.

해설 칼이나 가위 등으로 절단된다.

85 다음의 저압가스배관의 직경을 구하는 식에서 S가 의미하는 것은? (단, L은 관의 길이를 의미한다.)

$$D^5 = \frac{Q^2 S L}{K^2 H}$$

① 관의 내경   ② 공급압력차

③ 가스유량   ④ 가스비중

해설 Q : 설계유량(m³/h), D : 관의 내경(cm), H : 압력손실 (mmH₂O), L : 배관길이(m, 곡관, 배관의 부속품 등의 상당길이 포함), S : 가스의 비중(공기=1)

86 증기난방 시 방열면적 1m²당 증기가 응축되는 양은 몇 kg/m²·h인가? (단, 증발잠열은 539kcal/kg이다.)

① 3.4   ② 2.1

③ 2.0   ④ 1.2

정답   80. ③   81. ①   82. ②   83. ④   84. ③   85. ④   86. ④

해설 증기일 때 표준방열량 : 650kcal/m² · h

$$\therefore \text{증기응축량} = \frac{\text{표준방열량}}{\text{증발잠열}} = \frac{650}{539} = 1.2\text{kg/m}^2 \cdot \text{h}$$

87 병원, 연구소 등에서 발생하는 배수로 하수도에 직접 방류할 수 없는 유독한 물질을 함유한 배수를 무엇이라고 하는가?

① 오수
② 우수
③ 잡배수
④ 특수 배수

해설 배수의 종류는 오수(대소변기), 우수(빗물), 잡배수(주방, 세탁기, 세면기), 특수 배수(공장, 병원, 연구소)이다.

88 통기관을 접속하여도 장시간 위생기기를 사용하지 않을 때 봉수 파괴가 될 수 있는 원인으로 가장 적당한 것은?

① 자기사이펀작용
② 흡인작용
③ 분출작용
④ 증발작용

해설 증발작용은 통기관을 접속하여도 장시간 위생기기를 사용하지 않을 때 봉수 파괴가 될 수 있으므로 기름막을 형성시켜 보호할 수 있다.

89 수직배관에서의 역류방지를 위해 사용하기 가장 적당한 밸브는?

① 리프트식 체크밸브
② 스윙식 체크밸브
③ 안전밸브
④ 콕밸브

해설 체크밸브에는 스윙형(수평, 수직), 리프트형(수평), 풋형(수직) 등이 있다.

90 기계배기와 기계급기의 조합에 의한 환기방법으로 일반적으로 외기를 정화하기 위한 에어필터를 필요로 하는 환기법은 어느 것인가?

① 1종 환기
② 2종 환기
③ 3종 환기
④ 4종 환기

해설 ② 제2종 환기방식 : 강제급기＋자연배기
③ 제3종 환기방식 : 자연급기＋강제배기
④ 제4종 환기방식 : 자연급기＋자연배기

★
91 다음 중 급탕배관의 구배에 관한 설명으로 옳은 것은?

① 상향공급식의 경우 급탕관은 올림구배, 반탕관은 내림구배로 한다.
② 상향공급식의 경우 급탕관과 반탕관 모두 내림구배로 한다.
③ 하향공급식의 경우 급탕관은 내림구배, 반탕관은 올림구배로 한다.
④ 하향공급식의 경우 급탕관과 반탕관 모두 올림구배로 한다.

해설 ㉠ 상향공급식 급탕배관
 • 급탕관 : 올림구배
 • 반탕관(복귀관) : 내림구배
㉡ 강제순환식 급탕배관의 구배 : $\frac{1}{200}$ 이상

92 수격현상(water hammer) 방지법이 아닌 것은?

① 관내의 유속을 낮게 한다.
② 펌프의 플라이휠을 설치하여 펌프의 속도가 급격히 변하는 것을 막는다.
③ 밸브는 펌프송출구에서 멀리 설치하고, 밸브는 적당히 제어한다.
④ 조압수조(surge tank)를 관선에 설치한다.

해설 밸브는 펌프송출구에 가까이 설치한다.

★
93 냉온수배관 시 유의사항으로 틀린 것은?

① 공기가 체류하는 장소에는 공기빼기밸브를 설치한다.
② 기계실 내에서는 일정 장소에 수동공기빼기밸브를 모아서 설치하고 간접배수하도록 한다.
③ 자동공기빼기밸브는 배관이 (−)압이 걸리는 부분에 설치한다.
④ 주관에서의 분기배관은 신축을 흡수할 수 있도록 스위블이음으로 하며, 공기가 모이지 않도록 구배를 준다.

해설 자동공기빼기밸브는 배관이 (＋)압이 걸리는 높은 부분에 설치한다.

정답 87. ④ 88. ④ 89. ② 90. ① 91. ① 92. ③ 93. ③

94 다음 중 열팽창에 의한 관의 신축으로 배관의 이동을 구속 또는 제한하는 장치가 아닌 것은?

① 앵커(anchor) ② 스토퍼(stopper)
③ 가이드(guide) ④ 인서트(insert)

해설 ㉠ 리스트레인트 : 앵커, 스톱, 가이드로 열팽창에 의한 배관의 이동을 구속 또는 제한
㉡ 서포트 : 스프링, 롤러, 리지드
㉢ 브레이스 : 방진기, 완충기
㉣ 행거 : 리지드, 스프링, 콘스탄트
㉤ 인서트 : 배관 또는 덕트를 천장에 매달아 지지할 때 미리 콘크리트에 매입

95 공기조화설비에서 에어와셔(air washer)의 플러딩 노즐이 하는 역할을 어느 것인가?

① 공기 중에 포함된 수분을 제거한다.
② 입구공기의 난류를 정류로 만든다.
③ 일리미네이터에 부착된 먼지를 제거한다.
④ 출구에 섞여나가는 비산수를 제거한다.

해설 플러딩노즐은 일리미네이터 상단에 실시하여 일리미네이터에 부착된 먼지를 세척하는 장치이다.

96 암모니아냉동장치의 배관재료로 사용할 수 없는 것은?

① 이음매 없는 동관
② 배관용 탄소강관
③ 저온배관용 강관
④ 배관용 스테인리스강관

해설 동합금 및 동은 암모니아(NH_3)가 부식시킨다.

97 다음 중 증기와 응축수 사이의 밀도차, 즉 부력차이에 의해 작동되는 기계식 트랩은?

① 버킷트랩 ② 벨로즈트랩
③ 바이메탈트랩 ④ 디스크트랩

해설 버킷트랩은 증기와 응축수 사이의 밀도차를 이용한 증기난방용으로 관말(관 끝)에 설치하는 트랩이다.

98 가스수요의 시간적 변화에 따라 일정한 가스량을 안전하게 공급하고 저장을 할 수 있는 가스홀더의 종류가 아닌 것은?

① 무수(無水)식 ② 유수(有水)식
③ 주수(柱水)식 ④ 구(球)형

해설 저압식으로 유수식과 무수식 가스홀더가 있으며, 중고압식으로 원통형 및 구형이 있다.

99 다음 중 방열기나 팬코일유닛에 가장 적합한 관이음은?

① 스위블이음(swivel joint)
② 루프이음(loop joint)
③ 슬리브이음(sleeve joint)
④ 벨로즈이음(bellows joint)

해설 방열기 주위는 스위블이음으로 배관한다.

100 온수난방배관에서 리버스리턴(reverse return) 방식을 채택하는 주된 이유는?

① 온수의 유량분배를 균일하게 하기 위하여
② 온수배관의 부식을 방지하기 위하여
③ 배관의 신축을 흡수하기 위하여
④ 배관길이를 짧게 하기 위하여

해설 리버스리턴은 배관의 마찰손실수두를 균일하게 하여 같은 유량을 공급한다.

2016년 | 제3회 공조냉동기계기사

제1과목 기계 열역학

★
01 2MPa 압력에서 작동하는 가역보일러에 포화수가 들어가 포화증기가 되어서 나온다. 보일러의 물 1kg당 가한 열량은 약 몇 kJ인가? (단, 2MPa 압력에서 포화온도는 212.4℃이고 이 온도는 일정하다. 그리고 포화수 비엔트로피는 2.4473kJ/kg · K, 포화증기 비엔트로피는 6.3408kJ/kg · K이다.)

① 295 　　　　　② 827
③ 1,890 　　　　④ 2,423

해설 $Q = ($포화증기 비엔트로피 $-$ 포화수 비엔트로피$)$
$\qquad \times$ 절대온도
$\qquad = (6.3408 - 2.4473) \times (212.4 + 273)$
$\qquad ≒ 1,890 \, \text{kJ/kg}$

02 체적이 150m³인 방 안에 질량이 200kg이고 온도가 20℃인 공기(이상기체상수＝0.287kJ/kg · K)가 들어있을 때 이 공기의 압력은 약 몇 kPa인가?

① 112 　　　　　② 124
③ 162 　　　　　④ 184

해설 $P = \dfrac{\text{질량} \times \text{기체상수} \times \text{절대온도}}{\text{체적}} = \dfrac{GRT}{V}$
$\qquad = \dfrac{200 \times 0.287 \times (273 + 20)}{150} ≒ 112 \text{kPa}$

★
03 압력 200kPa, 체적 0.4m³인 공기가 정압하에서 체적이 0.6m³로 팽창하였다. 이 팽창 중에 내부에너지가 100kJ만큼 증가하였으면 팽창에 필요한 열량은?

① 40kJ 　　　　② 60kJ
③ 140kJ 　　　④ 160kJ

해설 $W = \displaystyle\int_1^2 PdV = P(V_2 - V_1)$
$\qquad = 200 \times (0.6 - 0.4) = 40 \, \text{kJ}$
$\therefore \ Q = \Delta U + W = 100 + 40 = 140 \text{kJ}$

04 카르노사이클로 작동되는 열기관이 600K에서 800kJ의 열을 받아 300K에서 방출한다면 일은 약 몇 kJ인가?

① 200 　　　　　② 400
③ 500 　　　　　④ 900

해설 $Q_a = \left(1 - \dfrac{300}{600}\right) \times 800 = 400 \, \text{kJ}$

★
05 온도 200℃, 압력 500kPa, 비체적 0.6m³/kg의 산소가 정압하에서 비체적이 0.4m³/kg으로 되었다면 변화 후의 온도는 약 얼마인가?

① 42℃ 　　　　② 55℃
③ 315℃ 　　　④ 437℃

해설 $k = \dfrac{P_1 V_1}{T_1} = \dfrac{P_2 V_2}{T_2}$ (보일-샤를의 법칙)
$\qquad \therefore \ T_2 = \dfrac{V_2}{V_1} T_1 = \dfrac{0.4}{0.6} \times (273 + 200)$
$\qquad ≒ 315 \text{K} - 273 = 42℃$

06 카르노열펌프와 카르노냉동기가 있는데, 카르노열펌프의 고열원온도는 카르노냉동기의 고열원온도와 같고, 카르노열펌프의 저열원 온도는 카르노냉동기의 저열원온도와 같다. 이때 카르노열펌프의 성적계수(COP_{HP})와 카르노냉동기의 성적계수(COP_R)의 관계로 옳은 것은?

① $COP_{HP} = COP_R + 1$
② $COP_{HP} = COP_R - 1$
③ $COP_{HP} = \dfrac{1}{COP_R + 1}$
④ $COP_{HP} = \dfrac{1}{COP_R - 1}$

해설 열펌프의 성적계수(COP_{HP})는 냉동기의 성적계수(COP_R)보다는 1만큼 더 크게 얻을 수 있다.
$\qquad COP_{HP} = \dfrac{Q_1}{AW} = \dfrac{Q_2 + AW}{AW} = COP_R + 1$

정답 　01. ③　02. ①　03. ③　04. ②　05. ①　06. ①

★
07 온도 150℃, 압력 0.5MPa의 이상기체 0.287kg이 정압과정에서 원래 체적의 2배로 늘어난다. 이 과정에서 가해진 열량은 약 얼마인가? (단, 공기의 기체상수는 0.287kJ/kg · K이고, 정압비열은 1.004kJ/kg · K이다.)

① 98.8kJ   ② 111.8kJ

③ 121.9kJ   ④ 134.9kJ

해설 $Q = GC_p(T_2 - T_1)$

$= GC_p T_1 \left(\dfrac{T_2}{T_1} - 1 \right) = GC_p T_1 \left(\dfrac{V_2}{V_1} - 1 \right)$

$= 0.287 \times 1.004 \times (150 + 273) \times (2 - 1)$

$≒ 121.9 \text{kJ}$

08 다음 온도–엔트로피선도($T - S$선도)에서 과정 1–2가 가역일 때 빗금 친 부분은 무엇을 나타내는가?

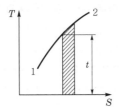

① 공업일   ② 절대일

③ 열량   ④ 내부에너지

해설 $dQ = TdS$로 면적은 가역변화에서 열량을 표시하므로 열선도이다.

★
09 시스템 내의 임의의 이상기체 1kg이 채워져 있다. 이 기체의 정압비열은 1.0kJ/kg · K이고, 초기온도가 50℃인 상태에서 323kJ의 열량을 가하여 팽창시킬 때 변경 후 체적은 변경 전 체적의 약 몇 배가 되는가? (단, 정압과정으로 팽창한다.)

① 1.5배   ② 2배

③ 2.5배   ④ 3배

해설 $P = C$일 때

$Q = GC_p(T_2 - T_1) = GC_p T_1 \left(\dfrac{T_2}{T_1} - 1 \right)$

$= GC_p T_1 \left(\dfrac{V_2}{V_1} - 1 \right)$

$\therefore \dfrac{V_2}{V_1} = 1 + \dfrac{Q}{GC_p T_1} = 1 + \dfrac{323}{1 \times 1 \times (50 + 273)} = 2$배

10 다음 중 강도성 상태량(intensive property)이 아닌 것은?

① 온도   ② 압력

③ 체적   ④ 비체적

해설 ㉠ 강도성 상태량 : 질량에 관계없는 상태량으로 온도, 압력, 비체적, 높이, 점도 등
㉡ 종량성 상태량 : 질량에 의존하는 상태량으로 체적, 모든 종류의 에너지 등

11 다음 그림에서 $T_1 = 561$K, $T_2 = 1,010$K, $T_3 = 690$K, $T_4 = 383$K인 공기를 작동유체로 하는 브레이턴사이클의 이론열효율은?

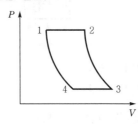

① 0.388   ② 0.465

③ 0.316   ④ 0.412

해설 $\eta = 1 - \dfrac{T_3 - T_4}{T_2 - T_1} = 1 - \dfrac{690 - 383}{1,010 - 561} ≒ 0.316$

★
12 복사열을 방사하는 방사율과 면적이 같은 2개의 방열판이 있다. 각각의 온도가 A방열판은 120℃, B방열판은 80℃일 때 단위면적당 복사열전달량(Q_A / Q_B)의 비는?

① 1.08   ② 1.22

③ 1.54   ④ 2.42

해설 $E = 4.88 \left(\dfrac{T}{100} \right)^4$

$\therefore \dfrac{E_1}{E_2} = \dfrac{(273 + 120)^4}{(273 + 80)^4} ≒ 1.54$

13 일정한 정적비열 C_v와 정압비열 C_p를 가진 이상기체 1kg의 절대온도와 체적이 각각 2배로 되었을 때 엔트로피의 변화량으로 옳은 것은?

① $C_v \ln 2$ ② $C_p \ln 2$

③ $(C_p - C_v) \ln 2$ ④ $(C_p + C_v) \ln 2$

해설 $\Delta S = C_p \ln \dfrac{V_2}{V_1} = C_p \ln \dfrac{2}{1} = C_p \ln 2$

14 다음 그림과 같이 선형스프링으로 지지되는 피스톤-실린더장치 내부에 있는 기체를 가열하여 기체의 체적이 V_1에서 V_2로 증가하였고, 압력은 P_1에서 P_2로 변화하였다. 이때 기체가 피스톤에 행한 일은? (단, 실린더 내부의 압력(P)은 실린더 내부부피(V)와 선형관계($P = aV$, a는 상수)에 있다고 본다.)

가열

① $P_2 V_2 - P_1 V_1$

② $P_2 V_2 + P_1 V_1$

③ $\dfrac{1}{2}(P_2 + P_1)(V_2 - V_1)$

④ $\dfrac{1}{2}(P_2 + P_1)(V_2 + V_1)$

해설 $_1 W_2 = \dfrac{1}{2}(P_2 - P_1)(V_2 - V_1)[\text{kJ}]$

15 질량유량이 10kg/s인 터빈에서 수증기의 엔탈피가 800kJ/kg 감소한다면 출력은 몇 kW인가? (단, 역학적 손실, 열손실은 모두 무시한다.)

① 80

② 160

③ 1,600

④ 8,000

해설 $W_T = $ 질량유량 × 증기엔탈피
$$= 10 \times 800 = 8,000 \,\text{kJ/s} = 8,000 \,\text{kW}$$

16 이상기체의 압력(P), 체적(V)의 관계식 "$PV^n = $ 일정"에서 가역단열과정을 나타내는 n의 값은? (단, C_p는 정압비열, C_v는 정적비열이다.)

① 0

② 1

③ 정적비열에 대한 정압비열의 비(C_p / C_v)

④ 무한대

해설 가역단열과정일 때는 n이 K이므로 $K = \dfrac{C_p}{C_v}$이다.

★
17 Carnot냉동사이클에서 응축기 온도가 50℃, 증발기 온도가 −20℃이면 냉동기의 성능계수는 얼마인가?

① 5.26

② 3.61

③ 2.65

④ 1.26

해설 $COP = \dfrac{T_2}{T_1 - T_2} = \dfrac{-20 + 273}{(50 + 273) - (-20 + 273)}$
$$= \dfrac{253}{323 - 253} ≒ 3.61$$

18 순수한 물질로 되어 있는 밀폐계가 단열과정 중에 수행한 일의 절대값에 관련된 설명으로 옳은 것은? (단, 운동에너지와 위치에너지의 변화는 무시한다.)

① 엔탈피의 변화량과 같다.

② 내부에너지의 변화량과 같다.

③ 단열과정 중의 일은 0이 된다.

④ 외부로부터 받은 열량과 같다.

해설 가역단열과정은 열의 입·출입이 없으므로 내부에너지 변화량과 같다.

★
19 질량이 m이고 한 변의 길이가 a인 정육면체의 밀도가 ρ이면 질량이 $2m$이고 한 변의 길이가 $2a$인 정육면체의 밀도는?

① ρ

② $\dfrac{1}{2}\rho$

③ $\dfrac{1}{4}\rho$

④ $\dfrac{1}{8}\rho$

해설 밀도 $= \dfrac{\text{질량}}{\text{체적}}$
$$\rho = \dfrac{m}{V} = \dfrac{m}{a^3}$$
$$\rho_2 = \dfrac{2m}{(2a)^3} = \dfrac{2m}{8a^3} = \dfrac{m}{4a^3}$$
$$\therefore \ \dfrac{\rho_2}{\rho} = \dfrac{1}{4}$$

정답 14. ③ 15. ④ 16. ③ 17. ② 18. ② 19. ③

20 다음 중 단열과정과 정적과정만으로 이루어진 사이클(cycle)은?

① Otto cycle　　　② Diesel cycle

③ Sabathe cycle　　④ Rankine cycle

해설 Otto cycle은 단열변화(단열과정) 2개와 등적변화(정적과정) 2개로 구성된다. 오토사이클은 정적연소 사이클이다.

제2과목　냉동공학

21 다음 중 신재생에너지와 가장 거리가 먼 것은?

① 지열에너지　　　② 태양에너지

③ 풍력에너지　　　④ 원자력에너지

해설 신재생에너지에는 지열, 태양열, 풍력, 태양광, 바이오, 수력, 해양, 폐기물 등이 있다.

22 전자밸브(solenoid valve) 설치 시 주의사항으로 틀린 것은?

① 코일 부분이 상부로 오도록 수직으로 설치한다.

② 전자밸브 직전에 스트레이너를 장치한다.

③ 배관 시 전자밸브에 과대한 하중이 걸리지 않아야 한다.

④ 전자밸브 본체의 유체방향성에 무관하게 설치한다.

해설 유체의 방향성이 중요하므로 확인 후 설치한다.

★
23 냉동창고에 있어서 기둥, 바닥, 벽 등의 철근콘크리트 구조체 외벽에 단열시공을 하는 외부단열방식에 대한 설명으로 틀린 것은?

① 시공이 용이하다.

② 단열의 내구성이 좋다.

③ 창고 내 벽면에서의 온도차가 거의 없어 온도가 균일한 벽면을 이룬다.

④ 각 층 각 실이 구조체로 구획되고 구조체의 내측에 맞추어 각각 단열을 시공하는 방식이다.

해설 외부단열방식은 각 층 각 실이 구조체로 구획되고 구조체의 외측에 맞추어 각각 단열을 시공한다.

24 다음 카르노사이클의 $P-V$선도를 $T-S$선도로 바르게 나타낸 것은?

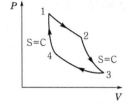

 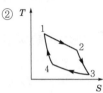

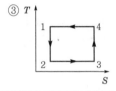 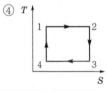

해설

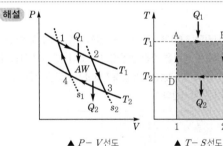

▲ $P-V$선도　　　▲ $T-S$선도

★
25 냉동장치에서 증발온도를 일정하게 하고 응축온도를 높일 때 나타나는 현상으로 옳은 것은?

① 성적계수 증가

② 압축일량 감소

③ 토출가스온도 감소

④ 플래시가스 발생량 증가

해설 냉동장치에서 증발온도를 일정하게 하고 응축온도를 높일 때 일어나는 현상

㉠ 성적계수 감소

㉡ 압축일량 증가(소비동력 증대)

㉢ 토출가스온도 상승

㉣ 플래시가스 발생량 증가

㉤ 압축비 증가

㉥ 체적효율 감소

정답　**20.** ①　**21.** ④　**22.** ④　**23.** ④　**24.** ④　**25.** ④

★
26 냉각관의 열관류율이 500W/m² · ℃이고 대수평균 온도차가 10℃일 때 100kW의 냉동부하를 처리할 수 있는 냉각관의 면적은?

① 5m²　　　　　　② 15m²

③ 20m²　　　　　　④ 40m²

해설　$q = UA\Delta t$

∴ $A = \dfrac{q}{U\Delta t} = \dfrac{100}{0.5 \times 10} = 20\text{m}^2$

27 열펌프의 특징에 관한 설명으로 틀린 것은?

① 성적계수가 1보다 작다.

② 하나의 장치로 난방 및 냉방으로 사용할 수 있다.

③ 대기오염이 적고 설치공간을 절약할 수 있다.

④ 증발온도가 높고 응축온도가 낮을수록 성적계수가 커진다.

해설　열펌프의 성적계수는 $\eta > 1$이다.

★
28 시간당 2,000kg의 30℃의 물을 −10℃의 얼음으로 만드는 능력을 가진 냉동장치가 있다. 조건이 다음과 같을 때 이 냉동장치의 압축기의 소요동력은? (단, 열손실은 무시한다.)

응축기 냉각수	입구온도	32℃
	출구온도	37℃
	유량	60m³/h
물의 비열		1kcal/kg · ℃
얼음	응고잠열	80kcal/kg
	비열	0.5kcal/kg · ℃

① 71kW　　　　　　② 76kW

③ 78kW　　　　　　④ 81kW

해설　㉠ 총교환열량

$q_c = QC(t_o - t_i)$

　　$= 60 \times 1,000 \times (37 - 32) = 300,000\text{kcal/h}$

㉡ 소요열량

$q_e = GC_w\Delta t + G\gamma + GC_i\Delta t$

　　$= G(C_w\Delta t + \gamma + C_i\Delta t)$

　　$= 2,000 \times (1 \times 30 + 80 + 0.5 \times 10)$

　　$= 230,000\text{kcal/h}$

㉢ 소요동력

$\text{kW} = \dfrac{q_c - q_e}{860} = \dfrac{300,000 - 230,000}{860} ≒ 81\text{kW}$

★
29 압축기의 구조와 작용에 대한 설명으로 옳은 것은?

① 다기통압축기의 실린더 상부에 안전두(safety head)가 있으면 액압축이 일어나도 실린더 내 압력의 과도한 상승을 막기 때문에 어떠한 액압축에도 압축기를 보호한다.

② 입형 암모니아압축기는 실린더를 워터재킷에 의해 냉각하고 있는 것이 보통이다.

③ 압축기를 방진고무로 지지할 경우 시동 및 정지 때 진동이 적어 접속연결배관에는 플렉시블튜브 등을 설치할 필요가 없다.

④ 압축기를 용적식과 원심식으로 분류하면 왕복동압축기는 용적식이고, 스크루압축기는 원심식이다.

해설　입형 암모니아압축기는 비열비가 크기 때문에 토출가스의 온도와 압력이 높으므로 수냉각을 한다.

30 식품의 평균초온이 0℃일 때 이것을 동결하여 온도 중심점을 −15℃까지 내리는 데 걸리는 시간을 나타내는 것은?

① 유효동결시간　　　② 유효냉각시간

③ 공칭동결시간　　　④ 시간상수

해설　㉠ 유효동결시간은 온도중심점을 통과하는 면에서 양분하고, 그 두께(L[cm])를 유효동결시간(t_e)으로 나눈 것이다.

㉡ 유효냉각시간은 크기와 평균초온 A[℃]가 주어졌을 때 이것을 냉각하여 온도중심점을 E[℃]로 할 때까지 소요되는 시간이다.

31 냉매의 구비조건으로 틀린 것은?

① 임계온도가 낮을 것

② 응고점이 낮을 것

③ 액체의 비열이 작을 것

④ 비열비가 작을 것

해설　**냉매의 구비조건**
㉠ 임계온도가 높고, 증발잠열이 클 것
㉡ 열전달률(열전도도)이 양호할 것(높을 것)
㉢ 전기저항이 크고, 절연파괴를 일으키지 않을 것
㉣ 불활성일 것
㉤ 냉매가스의 비체적이 작을 것
㉥ 점성, 즉 점도는 낮을 것

정답　26. ③　27. ①　28. ④　29. ②　30. ③　31. ①

32 팽창밸브 중에서 과열도를 검출하여 냉매유량을 제어하는 것은?

① 정압식 자동팽창밸브
② 수동팽창밸브
③ 온도식 자동팽창밸브
④ 모세관

해설 온도식 자동팽창밸브(TEV)의 감온구는 증발기 출구의 과열도를 일정하게 유지한다.

33 펠티에(Feltier)효과를 이용하는 냉동방법에 대한 설명으로 틀린 것은?

① 펠티에효과를 냉동에 이용한 것이 전자냉동 또는 열전기식 냉동법이다.
② 펠티에효과를 냉동법으로 실용화에 어려운 점이 많았으나 반도체기술이 발달하면서 실용화되었다.
③ 이 냉동방법을 이용한 것으로는 휴대용 냉장고, 가정용 특수 냉장고, 물냉각기, 핵잠수함 내의 냉난방장치이다.
④ 증기압축식 냉동장치와 마찬가지로 압축기, 응축기, 증발기 등을 이용한 것이다.

해설 열전냉동장치는 냉매를 사용하지 않고 펠티에효과, 즉 열전기쌍에 열기전력에 저항하는 전류를 통하게 하면 고온접점 쪽에서 발열하고, 저온접점 쪽에서 흡열(냉각)이 이루어지는 효과를 이용하여 냉각공간을 얻는 방법이다.

★
34 다음 중 흡수식 냉동장치에 관한 설명으로 틀린 것은?

① 흡수식 냉동장치는 냉매가스가 용매에 용해하는 비율이 온도, 압력에 따라 현저하게 다른 것을 이용한 것이다.
② 흡수식 냉동장치는 기계압축식과 마찬가지로 증발기와 응축기를 가지고 있다.
③ 흡수식 냉동장치는 기계적인 일 대신에 열에너지를 사용하는 것이다.
④ 흡수식 냉동장치는 흡수기, 압축기, 응축기 및 증발기인 4개의 열교환기로 구성되어 있다.

해설 흡수식 냉동장치는 흡수기, 증발기, 응축기, 재생기, 열교환기 등으로 구성되며 압축기는 없다.

35 R-22를 사용하는 냉동장치에 R-134a를 사용하려 할 때 다음 장치의 운전 시 유의사항으로 틀린 것은?

① 냉매의 능력이 변하므로 전동기 용량이 충분한지 확인한다.
② 응축기, 증발기 용량이 충분한지 확인한다.
③ 개스킷, 실 등의 패킹 선정에 유의해야 한다.
④ 동일 탄화수소계 냉매이므로 그대로 운전할 수 있다.

해설 R-134a는 염소를 포함하지 않으므로 ODP가 0이며, GWP도 0.26으로 매우 낮으므로 R-12의 대체냉매로 개발된다.

36 증발압력이 너무 낮은 원인으로 가장 거리가 먼 것은?

① 냉매가 과다하다.
② 팽창밸브가 너무 조여있다.
③ 팽창밸브에 스케일이 쌓여 빙결하고 있다.
④ 증발압력조절밸브의 조정이 불량하다.

해설 증발압력이 낮은 원인
㉠ 증발기에 제상이 생길 경우이다.
㉡ 증발기의 풍량이 부족하다.
㉢ 여과기가 막혀 있다.

★
37 가로 및 세로가 각 2m이고, 두께가 20cm, 열전도율이 0.2W/m·℃인 벽체로부터의 열통과량은 50W이었다. 한쪽 벽면의 온도가 30℃일 때 반대쪽 벽면의 온도는?

① 87.5℃   ② 62.5℃
③ 50.5℃   ④ 42.5℃

해설 $q = KA\left(\dfrac{t_2-t_1}{L}\right)$

$t_2 - t_1 = \dfrac{qL}{KA}$

$\therefore t_2 = t_1 + \dfrac{qL}{KA} = 30 + \dfrac{50\times 0.2}{0.2\times 4} = 42.5℃$

★
38 냉각수 입구온도 30℃, 냉각수량 1,000L/min이고, 응축기의 전열면적이 8m², 총괄열전달계수 6,000 kcal/m²·h·℃일 때 대수평균온도차 6.5℃로 하면 냉각수 출구온도는?

① 26.7℃   ② 30.9℃
③ 32.6℃   ④ 35.2℃

정답 32. ③ 33. ④ 34. ④ 35. ④ 36. ③ 37. ④ 38. ④

해설 $t_2 = t_1 + \dfrac{kA(LMTD)}{G}$

$= 30 + \dfrac{6,000 \times 8 \times 6.5}{1,000 \times 60} = 35.2℃$

39 다음 액체냉각용 증발기와 가장 거리가 먼 것은?

① 만액식 셸 앤드 튜브식
② 핀코일식 증발기
③ 건식 셸 앤드 튜브식
④ 보데로증발기

해설 ㉠ 액체냉각용 증발기 : 탱크형, 보데로형, 만액식 셸 앤 튜브식, 셸코일식
㉡ 공기냉각용 증발기 : 관코일식, 핀코일식, 나관코일식, 캐스케이드식

40 윤활유의 구비조건으로 틀린 것은?

① 저온에서 왁스가 분리될 것
② 전기절연내력이 클 것
③ 응고점이 낮을 것
④ 인화점이 높을 것

해설 **윤활유의 구비조건**
㉠ 인화점이 높을 것
㉡ 점도가 적당하고 저온에서도 유동성을 유지할 것
㉢ 불순물이 함유되어 있지 않을 것

제3과목 공기조화

★
41 유인유닛방식에 관한 설명으로 틀린 것은?

① 각 실 제어를 쉽게 할 수 있다.
② 유닛에는 가동 부분이 없어 수명이 길다.
③ 덕트스페이스를 작게 할 수 있다.
④ 송풍량이 비교적 커 외기냉방효과가 크다.

해설 **유인유닛방식**
㉠ 각 유닛마다 개별제어가 가능하다.
㉡ 가동 부분이 없어 수명이 반영구적이다.
㉢ 고속덕트를 채용하므로 덕트공간을 적게 차지한다.
㉣ 외기냉방의 효과가 적다.
㉤ 유인비는 보통 3~4 정도로 한다.

42 덕트 내의 풍속이 8m/s이고 정압이 200Pa일 때 전압은? (단, 공기밀도는 1.2kg/m³이다.)

① 219.3Pa
② 218.4Pa
③ 239.3Pa
④ 238.4Pa

해설 $P_t = P_s + P_v = P_s + \dfrac{\rho v^2}{2}$

$= 200 + \dfrac{1.2 \times 8^2}{2} ≒ 238.4\,\text{Pa}$

43 다음 중 전공기방식이 아닌 것은?

① 이중덕트방식
② 단일덕트방식
③ 멀티존유닛방식
④ 유인유닛방식

해설 유인유닛방식은 수-공기방식이다.

★
44 습공기의 상태변화에 관한 설명으로 틀린 것은?

① 습공기를 냉각하면 건구온도와 습구온도가 감소한다.
② 습공기를 냉각가습하면 상대습도와 절대온도가 증가한다.
③ 습공기를 등온감습하면 노점온도와 비체적이 감소한다.
④ 습공기를 가열하면 습구온도와 상대습도가 증가한다.

해설 ㉠ 습공기를 가열하면 상대습도는 감소하고, 냉각하면 상대습도는 증가한다.
㉡ 습공기를 가열냉각하면 절대습도는 일정하다(단, 노점온도 이하로 냉각하면 감소한다).

45 공기정화를 위해 설치한 프리필터효율은 η_p, 메인필터효율을 η_m이라 할 때 종합효율을 바르게 나타낸 것은?

① $\eta_T = 1 - (1 - \eta_p)(1 - \eta_m)$
② $\eta_T = 1 - (1 - \eta_p)/(1 - \eta_m)$
③ $\eta_T = 1 - (1 - \eta_p)\eta_m$
④ $\eta_T = 1 - \eta_p(1 - \eta_m)$

해설 공기정화의 종합효율은 $\eta_T = 1 - (1 - \eta_p)(1 - \eta_m)$이다.

정답 39. ② 40. ① 41. ④ 42. ④ 43. ④ 44. ④ 45. ①

46 보일러의 집진장치 중 사이클론집진기에 대한 설명으로 옳은 것은?

① 연료유에 적정량의 물을 첨가하여 연소시킴으로써 완전연소를 촉진시키는 방법
② 배기가스에 분무수를 접촉시켜 공해물질을 흡수, 용해, 응축작용에 의해 제거하는 방법
③ 연소가스에 고압의 직류전기를 방전하여 가스를 이온화시켜 가스 중 미립자를 집진시키는 방법
④ 배기가스를 동심원통의 접선방향으로 선회시켜 입자를 원심력에 의해 분리배출하는 방법

해설 사이클론집진기는 배기가스를 동심원통의 접선방향으로 선회시켜 입자를 원심력에 의해 분리배출한다.

47 정풍량 단일덕트방식에 관한 설명으로 옳은 것은?

① 실내부하가 감소될 경우에 송풍량을 줄여도 실내공기의 오염이 적다.
② 가변풍량방식에 비하여 송풍기 동력이 커져서 에너지 소비가 증대한다.
③ 각 실이나 존의 부하변동이 서로 다른 건물에서도 온·습도의 불균형이 생기지 않는다.
④ 송풍량과 환기량을 크게 계획할 수 없으며, 외기도입이 어려워 외기냉방을 할 수 없다.

해설 정풍량 단일덕트방식(CAV)은 송풍기 동력이 커져서 에너지 소비가 크고 개별제어도 곤란하다.

48 다음 중 정압의 상승분을 다음 구간덕트의 압력손실에 이용하도록 한 덕트설계법은?

① 정압법 ② 등속법
③ 등온법 ④ 정압재취득법

해설 **정압재취득법**
㉠ 정압의 상승분을 다음 구간덕트의 압력손실에 이용하도록 한 덕트설계법이다.
㉡ 덕트설계법 중 공기분배계통의 에어밸런싱(Air balancing)을 유지하는 데 가장 적합하다.
㉢ 분기부가 많고 주덕트의 길이가 길 때 적합하다.

49 온수난방에서 온수의 순환방식과 가장 거리가 먼 것은?

① 중력순환방식 ② 강제순환방식
③ 역귀환방식 ④ 진공환수방식

해설 진공환수방식은 증기난방의 응축수환수방법으로 순환이 빠르다.

50 다음 습공기선도에 나타낸 과정과 일치하는 장치도는?

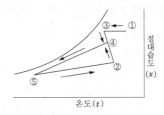

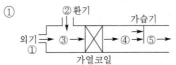
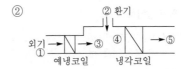
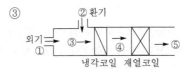
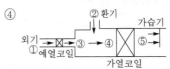

해설 습공기선도

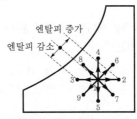

1→2 : 현열가열, 1→3 : 현열냉각, 1→4 : 가습,
1→5 : 감습, 1→6 : 가열가습, 1→7 : 가열감습,
1→8 : 냉각가습, 1→9 : 냉각감습

51 회전수가 1,500rpm인 송풍기의 압력 300Pa이다. 송풍기 회전수를 2,000rpm으로 변경할 경우 송풍기 압력은?

① 423.3Pa   ② 533.3Pa

③ 623.5Pa   ④ 713.3Pa

해설 $P_2 = P_1\left(\dfrac{N_2}{N_1}\right)^2 = 300 \times \left(\dfrac{2,000}{1,500}\right)^2 ≒ 533.3\text{Pa}$

52 환기의 종류와 방법에 대한 연결로 틀린 것은?

① 제1종 환기 : 급기팬(급기기)과 배기팬(배기기)의 조합

② 제2종 환기 : 급기팬(급기기)과 강제배기팬(배기기)의 조합

③ 제3종 환기 : 자연급기와 배기팬(배기기)의 조합

④ 자연환기(중력환기) : 자연급기와 자연배기의 조합

해설   제2종 환기(압입식) : 급기기만 설치

암기법 ➔ 1종 기급기배, 2종 기급자배, 3종 자급기배, 4종 자급자배(강강 강자 자강 자자)

53 두께 20mm, 열전도율 40W/m·K인 강판의 전달되는 두 면의 온도가 각각 200℃, 50℃일 때 전열면 1m²당 전달되는 열량은?

① 125kW   ② 200kW

③ 300kW   ④ 420kW

해설 $q = KA\left(\dfrac{t_2 - t_1}{L}\right) = 0.04 \times 1 \times \dfrac{200 - 50}{0.02} = 300\,\text{kW}$

54 온수의 물을 에어워셔 내에서 분무시킬 때 공기의 상태변화는?

① 절대습도 강하   ② 건구온도 상승

③ 건구온도 강하   ④ 습구온도 일정

해설   온수를 에어워셔 내에서 분무시킬 때 공기의 상태변화는 건구온도는 내려가고, 절대습도는 상승한다.

55 다음 공조방식 중 냉매방식이 아닌 것은?

① 패키지방식   ② 팬코일유닛방식

③ 룸쿨러방식   ④ 멀티유닛방식

해설   팬코일유닛방식은 전수방식이다.

56 보일러의 수위를 제어하는 주된 목적으로 가장 적절한 것은?

① 보일러의 급수장치가 동결되지 않도록 하기 위하여

② 보일러의 연료공급이 잘 이루어지도록 하기 위하여

③ 보일러가 과열로 인해 손상되지 않도록 하기 위하여

④ 보일러에서의 출력을 부하에 따라 조절하기 위하여

해설   보일러의 과열로 인한 폭발을 방지하기 위함이다.

★
57 온도 32℃, 상대습도 60%인 습공기 150kg과 온도 15℃, 상대습도 80%인 습공기 50kg을 혼합했을 때 혼합공기의 상태를 나타낸 것으로 옳은 것은?

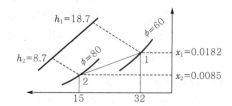

① 온도 20.15℃, 절대습도 0.0158인 공기

② 온도 20.15℃, 절대습도 0.0134인 공기

③ 온도 27.75℃, 절대습도 0.0134인 공기

④ 온도 27.75℃, 절대습도 0.0158인 공기

해설   ㉠ $t_m = \dfrac{60\%\ \text{습공기량} \times 60\%\ \text{온도} + 80\%\ \text{습공기량} \times 80\%\ \text{온도}}{60\%\ \text{습공기량} + 80\%\ \text{습공기량}}$

$= \dfrac{150 \times 32 + 50 \times 15}{150 + 50} = 27.75℃$

㉡ $x_m = \dfrac{60\%\ \text{습공기량} \times 60\%\ \text{건도} + 80\%\ \text{습공기량} \times 80\%\ \text{건도}}{150 + 50}$

$= \dfrac{150 \times 0.0182 + 50 \times 0.0085}{150 + 50}$

$≒ 0.0158\text{kg/kg}'$

정답   51. ②   52. ②   53. ③   54. ③   55. ②   56. ③   57. ④

58 온수난방에 대한 설명으로 틀린 것은?

① 온수의 체적팽창을 고려하여 팽창탱크를 설치한다.

② 보일러가 정지하여도 실내온도의 급격한 강하가 적다.

③ 밀폐식일 경우 배관의 부식이 많아 수명이 짧다.

④ 방열기에 공급되는 온수온도와 유량조절이 용이하다.

해설 밀폐식일 경우 외기와 폐쇄되므로 개방식보다 부식이 적어 수명이 길다.

★
59 공기냉각용 냉수코일의 설계 시 주의사항으로 틀린 것은?

① 코일을 통과하는 공기의 풍속은 2~3m/s로 한다.

② 코일 내 물의 속도는 5m/s 이상으로 한다.

③ 물과 공기의 흐름방향은 역류가 되게 한다.

④ 코일의 설치는 관이 수평으로 놓이게 한다.

해설 **공기냉각용 냉수코일의 설계 시 주의사항**
㉠ 코일을 통과하는 물의 속도는 1m/s 정도가 되도록 한다.
㉡ 코일 출입구의 수온차는 대개 5~10℃ 정도가 되도록 한다.
㉢ 공기와 물의 흐름은 대항류로 하는 것이 대수평균온도차가 크게 된다.
㉣ 코일의 모양은 효율을 고려하여 가능한 한 정방형으로 한다.

★
60 습공기의 습도 표시방법에 대한 설명으로 틀린 것은?

① 절대습도는 건공기 중에 포함된 수증기량을 나타낸다.

② 수증기분압은 절대습도에 반비례관계가 있다.

③ 상대습도는 습공기의 수증기분압과 포화공기의 수증기분압과의 비로 나타낸다.

④ 비교습도는 습공기의 절대습도와 포화공기의 절대습도와의 비로 나타낸다.

해설 $x = 0.622\dfrac{P_w}{P_s} = 0.622\dfrac{P_w}{P-P_w} = 0.622\dfrac{\phi P_s}{P-\phi P_s}$
절대습도(x)는 수증기분압(P_w)에 비례한다.

제4과목 **전기제어공학**

61 다음의 제어기기에서 압력을 변위로 변환하는 변환요소가 아닌 것은?

① 스프링 ② 벨로즈
③ 다이어프램 ④ 노즐플래퍼

해설 ㉠ 압력 → 변위 : 벨로즈, 다이어프램, 스프링
㉡ 변위 → 압력 : 노즐플래퍼, 유압분사관, 스프링
㉢ 변위 → 전압 : 퍼텐쇼미터, 차동변압기, 전위차계
㉣ 전압 → 변위 : 전자석, 전자코일

62 주파수응답에 필요한 입력은?

① 계단입력 ② 램프입력
③ 임펄스입력 ④ 정현파입력

해설 주파수응답에 필요한 입력은 정현파입력이다.

★
63 변압기유로 사용되는 절연유에 요구되는 특성으로 틀린 것은?

① 점도가 클 것 ② 인화점이 높을 것
③ 응고점이 낮을 것 ④ 절연내력이 클 것

해설 **절연유의 구비조건**
㉠ 점도가 낮을 것
㉡ 고온에서 석출물이 생기거나 침식되지 않을 것
㉢ 화학적으로 안정되고 산화되지 않을 것
㉣ 비열이 크고 냉각효과가 클 것

암기법 절인비는 높고, 응점은 낮다.

★
64 자기장의 세기에 대한 설명으로 틀린 것은?

① 단위길이당 기자력과 같다.

② 수직 단면의 자력선밀도와 같다.

③ 단위자극에 작용하는 힘과 같다.

④ 자속밀도에 투자율을 곱한 것과 같다.

해설 ㉠ 자속밀도 = 투자율×자기장의 세기
$B = \mu H$
㉡ 자기장의 세기 = $\dfrac{\text{자속밀도}}{\text{투자율}}$
$H = \dfrac{B}{\mu}$

정답 58. ③ 59. ② 60. ② 61. ④ 62. ④ 63. ① 64. ④

65 변압기 절연내력시험이 아닌 것은?

① 가압시험　　　　② 유도시험

③ 절연저항시험　　④ 충격전압시험

해설 변압기의 절연내력시험은 권선과 대지 사이 또는 권선 사이의 절연강도를 보증하는 시험으로 가압시험, 유도시험, 충격전압시험이 있다.

★
66 200V, 2kW 전열기에서 전열선의 길이를 $\frac{1}{2}$로 할 경우 소비전력은 몇 kW인가?

① 1　　　　　　　② 2

③ 3　　　　　　　④ 4

해설 $P = \dfrac{V^2}{R_1}$

$R_1 = \dfrac{V^2}{P} = \dfrac{220^2}{2,000} = 24.2\,\Omega$

$R_2 = R_1 \times$ 배수 $= 24.2 \times \dfrac{1}{2} = 12.1\,\Omega$

∴ 소비전력 $= \dfrac{V^2}{R_2} = \dfrac{220^2}{12.1} = 4,000\text{W} = 4\text{kW}$

67 배율기(multiplier)의 설명으로 틀린 것은?

① 전압계와 병렬로 접속한다.

② 전압계의 측정범위가 확대된다.

③ 저항에 생기는 전압강하원리를 이용한다.

④ 배율기의 저항은 전압계 내부저항보다 크다.

해설 ㉠ 배율기(multiplier) : 전압의 측정범위를 넓히기 위해 전압계에 직렬로 달아주는 저항을 배율기 저항이라 한다.

ㄴ 분류기(shunt) : 전류의 측정범위를 넓히기 위해 전류계에 병렬로 달아주는 저항을 분류기 저항이라 한다.

68 유도전동기를 유도발전기로 동작시켜 그 발생전력을 전원으로 반환하여 제동하는 유도전동기 제동방식은?

① 발전제동　　　　② 역상제동

③ 단상제동　　　　④ 회생제동

해설 회생제동은 전동기를 발전기로서 작동시켜 운동에너지를 전기에너지로 변환해 회수하여 제동력을 발휘하는 전기제동방법으로 전동기를 동력으로 하는 엘리베이터, 전동차, 자동차 등에 넓게 이용된다.

69 다음 그림과 같은 논리회로의 출력 X_0에 해당하는 것은?

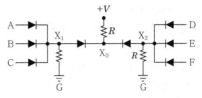

① (ABC) + (DEF)

② (ABC) + (D+E+F)

③ (A+B+C)(D+E+F)

④ (A+B+C) + (D+E+F)

해설 논리회로의 출력 $X_0 = (A+B+C) + (D+E+F)$

70 전압을 V, 전류를 I, 저항을 R, 그리고 도체의 비저항을 ρ라 할 때 옴의 법칙을 나타낸 식은?

① $V = \dfrac{R}{I}$　　　　② $V = \dfrac{I}{R}$

③ $V = IR$　　　　　④ $V = IR\rho$

해설 옴의 법칙은 도체를 흐르는 전류는 그 도선의 양단에서의 전위차에 비례하며, 저항에 반비례한다는 법칙으로 독일인 옴(Ohm)이 발견하였다.

$I = \dfrac{V}{R}$ ∴ $V = IR$

71 동작신호에 따라 제어대상을 제어하기 위하여 조작량으로 변환하는 장치는?

① 제어요소　　　　② 외란요소

③ 피드백요소　　　④ 기준입력요소

해설 제어요소란 동작신호를 조작량으로 변화시키는 요소이다.

★
72 역률 0.85, 전류 50A, 유효전력 28kW인 3상 평형부하의 전압은 약 몇 V인가?

① 300　　　　　　② 380

③ 476　　　　　　④ 660

해설 3상 교류의 경우 $P = \sqrt{3}\,VI\cos\theta$

∴ $V = \dfrac{P}{\sqrt{3}\,I\cos\theta} = \dfrac{28,000}{\sqrt{3}\times50\times0.85} = 380\text{V}$

정답 **65.** ③　**66.** ④　**67.** ①　**68.** ④　**69.** ④　**70.** ③　**71.** ①　**72.** ②

★
73 SCR에 관한 설명 중 틀린 것은?

① PNPN소자이다.
② 스위칭소자이다.
③ 양방향성 사이리스터이다.
④ 직류나 교류의 전력제어용으로 사용된다.

> **해설** SCR은 단일방향 대전류스위칭소자로서 제어를 할 수
> 있는 정류소자이다.
> ㉠ PNPN소자, 스위칭소자, 단방향성 사이리스터이다.
> ㉡ 직류나 교류의 전력제어용으로 사용된다.
> ㉢ OFF상태에서의 저항은 매우 작다.
> ㉣ 3단자 형식이다.

74 제어기의 설명 중 틀린 것은?

① P제어기 : 잔류편차 발생
② I제어기 : 잔류편차 소멸
③ D제어기 : 오차예측제어
④ PD제어기 : 응답속도 지연

> **해설** PD : 속응성 개선으로 동작이 빠름
> **참고** PI : 정상특성 개선

75 다음 그림의 블록선도에서 $C(s)/R(s)$를 구하면?

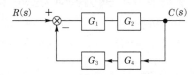

① $\dfrac{G_1 G_2}{1 + G_1 G_2 G_3 G_4}$ ② $\dfrac{G_3 G_4}{1 + G_1 G_2 G_3 G_4}$

③ $\dfrac{G_1 + G_2}{1 + G_1 G_2 + G_3 G_4}$ ④ $\dfrac{G_1 G_2}{1 + G_1 G_2 + G_3 G_4}$

> **해설** $\dfrac{C(s)}{R(s)} = \dfrac{G_1 G_2}{1 + G_1 G_2 G_3 G_4}$

76 자동제어계의 출력신호를 무엇이라 하는가?

① 조작량 ② 목표값
③ 제어량 ④ 동작신호

> **해설** 제어량은 제어대상을 제어하는 것을 목적으로 하는 물리
> 적인 양을 말한다.

77 역률에 관한 다음 설명 중 틀린 것은?

① 역률은 $\sqrt{1 - 무효율^2}$ 로 계산할 수 있다.
② 역률을 이용하여 교류전력의 효율을 알 수 있다.
③ 역률이 클수록 유효전력보다 무효전력이 커진다.
④ 교류회로의 전압과 전류의 위상차에 코사인 (cos)을 취한 값이다.

> **해설** 역률이 클수록 무효전력보다 유효전력이 커진다.

78 PLC(Programmable Logic Controller)의 출력부에 설치하는 것이 아닌 것은?

① 전자개폐기 ② 열동계전기
③ 시그널램프 ④ 솔레노이드밸브

> **해설** ㉠ PLC의 출력부에 설치하는 것 : 전자개폐기, 시그널램
> 프, 솔레노이드밸브, 경보기구
> ㉡ 입력기구 : 수동스위치, 검출스위치 및 센서
> ㉢ 제어회로 : 보조릴레이, 논리소자, 타이머소자, 입출
> 력소자, PLC장치

★
79 $G(j\omega) = e^{-0.4j\omega}$일 때 $\omega = 2.5$rad/s에서의 위상각은 약 몇 도인가?

① 28.6 ② 42.9
③ 57.3 ④ 71.5

> **해설** 지수함수로 표현한다.
> $Ae^{j\theta} = A(\cos\theta + j\sin\theta)$
> $\therefore \theta = -0.4 \times 2.5 = -1.0\text{rad}$
> $1\text{rad} : x = \pi[\text{rad}] : 180°$
> $\pi \times x = 180°$
> $\therefore x = \dfrac{180°}{\pi} \fallingdotseq 57.32°$

80 유도전동기의 속도제어방법이 아닌 것은?

① 극수변환법 ② 역률제어법
③ 2차 여자제어법 ④ 전원전압제어법

> **해설** 유도전동기의 속도제어법
> ㉠ 2차 저항제어법
> ㉡ 1차 주파수제어법

정답 73. ③ 74. ④ 75. ① 76. ③ 77. ③ 78. ② 79. ③ 80. ②

제5과목 배관일반

★
81 배관에서 금속의 산화부식방지법 중 칼로라이징
(calorizing)법이란?

① 크롬(Cr)을 분말상태로 배관 외부에 침투시
키는 방법

② 규소(Si)을 분말상태로 배관 외부에 침투시
키는 방법

③ 알루미늄(Al)을 분말상태로 배관 외부에 침
투시키는 방법

④ 구리(Cu)을 분말상태로 배관 외부에 침투시
키는 방법

해설 ㉠ 크로마이징(Chromizing) : 크롬(Cr)
　　 ㉡ 실리코나이징(Siliconizing) : 규소(Si)
　　 ㉢ 칼로라이징(Calorizing) : 알루미늄(Al)
　　 ㉣ 갈바나이징(Galvanizing) : 아연(Zn)
　　 ㉤ 침유(Sulpaurizing) : 유황(S)
　　 ㉥ 세라다이징(Sheradizing) : 아연(Zn)
　　 ㉦ 질화(Nitriding) : 질소(N)

82 고압배관용 탄소강관에 대한 설명으로 틀린 것은?

① 9.8MPa 이상에 사용하는 고압용 강관이다.

② KS규격기호로 SPPH라고 표시한다.

③ 치수는 호칭지름×호칭두께(Sch. No.)×바깥
지름으로 표시하며, 림드강을 사용하여 만든다.

④ 350℃ 이하에서 내연기관용 연료분사관, 화
학공업의 고압배관용으로 사용된다.

해설 치수는 호칭지름×호칭두께(Sch. No.)로 표시하며, 킬드
강을 사용하여 이음매 없이 제조한다.

83 급수방식 중 압력탱크방식의 특징으로 틀린 것은?

① 높은 곳에 탱크를 설치할 필요가 없으므로 건
축물의 구조를 강화할 필요가 없다.

② 탱크의 설치위치에 제한을 받지 않는다.

③ 조작상 최고, 최저의 압력차가 없으므로 급
수압이 일정하다.

④ 옥상탱크에 비해 펌프의 양정이 길어야 하므
로 시설비가 많이 든다.

해설 급수압이 일정하지 않고 압력차가 크다.

84 강관의 용접접합법으로 적합하지 않은 것은?

① 맞대기용접　　② 슬리브용접
③ 플랜지용접　　④ 플라스턴용접

해설 플라스턴접합은 연관접합법(플라스턴, 맞대기, 수전소
켓, 분기관, 만다린)에 해당한다.

85 급탕배관 시 주의사항으로 틀린 것은?

① 구배는 중력순환식인 경우 $\frac{1}{150}$, 강제순환
식에서는 $\frac{1}{200}$로 한다.

② 배관의 굽힘 부분에는 스위블이음으로 접합
한다.

③ 상향배관인 경우 급탕관은 하향구배로 한다.

④ 플랜지에 사용되는 패킹은 내열성재료를 사
용한다.

해설 급탕배관의 상향배관의 경우 급탕관은 올림구배, 반탕관
(복귀관)은 내림구배를 한다.

★
86 통기관의 종류에서 최상부의 배수수평관이 배수수
직관에 접속된 위치보다도 더욱 위로 배수수직관을
끌어올려 대기 중에 개구하여 사용하는 통기관은?

① 각개통기관　　② 루프통기관
③ 신정통기관　　④ 도피통기관

해설 ① 각개통기관(individual vent) : 각 기구의 트랩마다
통기관을 설치
　　 ② 회로통기관(loop vent＝루프통기관) : 2~8개 이상
의 기구트랩을 일괄하여 통기하는 방식
　　 ④ 도피통기관(relief vent pipe) : 루프통기식 배관에서
통기능률을 촉진하기 위해 설치하는 통기관, 배수횡지
관이 배입수관에 접속하기 바로 전에 설치

87 통기관의 설치목적으로 가장 적절한 것은?

① 배수의 유속을 조절한다.

② 배수트랩의 봉수를 보호한다.

③ 배수관 내의 진공을 완화한다.

④ 배수관 내의 청결도를 유지한다.

해설 통기관의 설치목적은 배수트랩의 봉수를 보호한다.

정답　81. ③　82. ③　83. ③　84. ④　85. ③　86. ③　87. ②

★
88 가스사용시설의 배관설비기준에 대한 설명으로 틀린 것은?

① 배관의 재료와 두께는 사용하는 도시가스의 종류, 온도, 압력에 적절한 것일 것

② 배관을 지하에 매설하는 경우에는 지면으로부터 0.6m 이상의 거리를 유지할 것

③ 배관은 누출된 도시가스가 체류되지 않고 부식의 우려가 없도록 안전하게 설치할 것

④ 배관은 움직이지 않도록 고정하되, 호칭지름이 13mm 미만의 것에는 2m마다, 33mm 이상의 것에는 5m마다 고정장치를 할 것

해설 배관지지는 배관 13mm 미만은 1m마다, 13~33mm는 2m마다, 33mm 이상은 3m마다 고정한다.

89 염화비닐관의 특징에 관한 설명으로 틀린 것은

① 내식성이 우수하다.
② 열팽창률이 작다.
③ 가공성이 우수하다.
④ 가볍고 관의 마찰저항이 적다.

해설 경질염화비닐관(PVC관)의 특징
ㄱ 열팽창률이 크다.
ㄴ 전기절연성이 크다.
ㄷ 저온에서 저온취성이 크고 열에 약하다.

★
90 밀폐배관계에서는 압력계획이 필요하다. 압력계획을 하는 이유로 가장 거리가 먼 것은?

① 운전 중 배관계 내에 대기압보다 낮은 개소가 있으면 접속부에서 공기를 흡입할 우려가 있기 때문에

② 운전 중 수온에 알맞은 최소 압력 이상으로 유지하지 않으면 순환수 비등이나 플래시현상 발생 우려가 있기 때문에

③ 수온의 변화에 의한 체적의 팽창·수축으로 배관 각 부에 악영향을 미치기 때문에

④ 펌프의 운전으로 배관계 각 부의 압력이 감소하므로 수격작용, 공기 정체 등의 문제가 생기기 때문에

해설 압력계획
ㄱ 공기흡입, 정체, 순환수 비등, 국부적 플래시현상, 수격작용, 펌프의 캐비테이션
ㄴ 기기내압문제, 배관압력분포, 팽창탱크설치 등의 문제 고려하여 계획

91 온수난방설비의 온수배관시공법에 관한 설명으로 틀린 것은?

① 공기가 고일 염려가 있는 곳에는 공기배출을 고려한다.

② 수평배관에서 관의 지름을 바꿀 때에는 편심 리듀서를 사용한다.

③ 배관재료는 내열성을 고려한다.

④ 팽창관에는 슬루스밸브를 설치한다.

해설 온수난방의 팽창관에는 밸브를 설치하지 않는다.

92 강관작업에서 다음 그림처럼 15A 나사용 90° 엘보 2개를 사용하여 길이가 200mm가 되게 연결작업을 하려고 한다. 이때 실제 15A 강관의 길이는? (단, a : 나사가 물리는 최소 길이는 11mm, A : 이음쇠의 중심에서 단면까지의 길이는 27mm로 한다.)

① 142mm
② 158mm
③ 168mm
④ 176mm

해설 $l = L - 2(A - a) = 200 - 2 \times (27 - 11) = 168 \, \text{mm}$

93 동관작업용 사이징툴(sizing tool)공구에 관한 설명으로 옳은 것은?

① 동관의 확관용 공구
② 동관의 끝부분을 원형으로 정형하는 공구
③ 동관의 끝을 나팔형으로 만드는 공구
④ 동관 절단 후 생긴 거스러미를 제거하는 공구

해설 ① 동관 확관 : 익스팬더
③ 동관 끝을 나팔형으로 가공 : 플레어링툴 세트
④ 동관 절단 후 거스러미 제거 : 동관 커터

정답 88. ④ 89. ② 90. ④ 91. ④ 92. ③ 93. ②

★

94 60℃의 물 200L와 15℃의 물 100L를 혼합하였을 때 최종온도는?

① 35℃   ② 40℃

③ 45℃   ④ 50℃

> **해설** $t_m = \dfrac{G_1 t_1 + G_2 t_2}{G_1 + G_2}$
>
> $= \dfrac{(60 \times 200) + (15 \times 100)}{200 + 100} = 45℃$

★

95 일반적으로 배관계의 지지에 필요한 조건으로 틀린 것은?

① 관과 관내 유체 및 그 부속장치, 단열피복 등의 합계중량을 저지하는 데 충분해야 한다.

② 온도변화에 의한 관의 신축에 대하여 적응할 수 있어야 한다.

③ 수격현상 또는 외부에서의 진동, 동요에 대해서 견고하게 대응할 수 있어야 한다.

④ 배관계의 소음이나 진동에 의한 영향을 다른 배관계에 전달하여야 한다.

> **해설** 배관계의 소음이나 진동은 흡수하는 구조일 것

96 동관의 외경 산출공식으로 바르게 표시된 것은?

① 외경＝호칭경(인치)＋1/8(인치)

② 외경＝호칭경(인치)×25.4

③ 외경＝호칭경(인치)＋1/4(인치)

④ 외경＝호칭경(인치)×3/4＋1/8(인치)

> **해설** 배관의 호칭은 비철금속관(동관 등) 및 비금속관(합성수지관 등)의 외경＝호칭경(인치)＋1/8(인치)이다. 철금속관(강관, 스테인리스관)은 내경이 기준이다.

97 냉매배관 시 주의사항으로 틀린 것은?

① 굽힘부의 굽힘반경을 작게 한다.

② 배관 속에 기름이 고이지 않도록 한다.

③ 배관에 큰 응력 발생의 염려가 있는 곳에는 루프형 배관을 해준다.

④ 다른 배관과 달라서 벽 관통 시에는 슬리브를 사용하여 보온피복한다.

> **해설** 곡률반지름은 가능한 크게 6d 이상으로 할 것

98 급탕배관시공에 관한 설명으로 틀린 것은?

① 배관의 굽힘 부분에는 벨로스이음을 한다.

② 하향식 급탕주관의 최상부에는 공기빼기장치를 설치한다.

③ 팽창관의 관경은 겨울철 동결을 고려하여 25A 이상으로 한다.

④ 단관식 급탕배관방식에는 상향배관, 하향배관방식이 있다.

> **해설** 배관의 굽힘 부분에는 엘보나 밴드를 이음하고, 벨로스이음은 신축이음쇠이다.

★

99 지역난방의 특징에 관한 설명으로 틀린 것은?

① 대기오염물질이 증가한다.

② 도시의 방재수준 향상이 가능하다.

③ 사용자에게는 화재에 대한 우려가 적다.

④ 대규모 열원기기를 이용한 에너지의 효율적 이용이 가능하다.

> **해설** **지역난방의 특징**
> ㉠ 설비의 합리화로 대기오염이 적다.
> ㉡ 인건비가 절약된다.
> ㉢ 개개 건물의 공간이 절감된다.
> ㉣ 고온수 지역난방은 100℃ 이상의 고온수를 사용한다.
> ㉤ 지역난방의 압력은 1~15kg/cm² 의 증기를 사용한다.

100 배수트랩의 봉수 파괴원인 중 트랩 출구 수직배관부에 머리카락이나 실 등이 걸려서 봉수가 파괴되는 현상과 관련된 작용은?

① 사이펀작용   ② 모세관작용

③ 흡인작용   ④ 토출작용

> **해설** 모세관작용은 수직배관부에 머리카락이나 실 등이 걸려서 봉수가 파괴되는 현상이다.

정답   94. ③   95. ④   96. ①   97. ①   98. ①   99. ①   100. ②

2017

Engineer Air-Conditioning Refrigerating Machinery

과년도 출제문제

자주 출제되는 중요한 문제는 별표(★)로 강조했습니다.
마무리학습할 때 한 번 더 풀어보기를 권합니다.

Engineer
Air-Conditioning Refrigerating Machinery

2017년 | 제1회 공조냉동기계기사

제1과목 기계 열역학

01 다음에 열거한 시스템의 상태량 중 종량적 상태량인 것은?

① 엔탈피   ② 온도

③ 압력   ④ 비체적

해설 종량적 상태량은 물질의 양에 비례하는 상태량으로 엔탈피(H), 내부에너지(U), 체적(V), 엔트로피(ΔS) 등이 있으며, 온도, 압력, 비체적(v) 등은 물질의 양과는 무관한 강도성 상태량이다.

★
02 300L 체적의 진공인 탱크가 25℃, 6MPa의 공기를 공급하는 관에 연결된다. 밸브를 열어 탱크 안의 공기압력이 5MPa이 될 때까지 공기를 채우고 밸브를 닫았다. 이 과정이 단열이고 운동에너지와 위치에너지의 변화는 무시해도 좋을 경우에 탱크 안의 공기의 온도는 약 몇 ℃가 되는가? (단, 공기의 비열비는 1.4이다.)

① 1.5℃   ② 25.0℃

③ 84.4℃   ④ 144.3℃

해설 $t_2 = \dfrac{C_p}{C_v} t_1 = k t_1 = 1.4 \times (25 + 273) = 417.2\text{K}$

$= 417.2\text{K} - 273 \fallingdotseq 144.3℃$

03 오토사이클로 작동되는 기관에서 실린더의 간극체적이 행정체적의 15%라고 하면 이론열효율은 약 얼마인가? (단, 비열비 $k = 1.4$이다.)

① 45.2%   ② 50.6%

③ 55.7%   ④ 61.4%

해설 압축비$(\varepsilon) = 1 + \dfrac{V_s}{V_c} = 1 + \dfrac{1}{0.15} = 7.67$

$\therefore \eta_{tho} = \left[1 - \left(\dfrac{1}{\varepsilon} \right)^{k-1} \right] \times 100$

$= \left[1 - \left(\dfrac{1}{7.67} \right)^{1.4-1} \right] \times 100 \fallingdotseq 55.7\%$

★
04 10℃에서 160℃까지 공기의 평균정적비열은 0.375 kJ/kg·K이다. 이 온도변화에서 공기 1kg의 내부에너지변화는 약 몇 kJ인가?

① 101.1kJ   ② 109.7kJ

③ 120.6kJ   ④ 131.7kJ

해설 $U_2 - U_1 = m C_v (T_2 - T_1) = 1 \times 0.7315 \times (160 - 10)$

$\fallingdotseq 109.7\text{kJ}$

05 열역학 제1법칙에 관한 설명으로 거기가 먼 것은?

① 열역학적 계에 대한 에너지보존법칙을 나타낸다.

② 외부에 어떠한 영향을 남기지 않고 계가 열원으로부터 받은 열을 모두 일로 바꾸는 것은 불가능하다.

③ 열은 에너지의 한 형태로서 일을 열로 변환하거나 열을 일로 변환하는 것이 가능하다.

④ 열을 일고 변환하거나 일로 열을 변환할 때 에너지의 총량은 변하지 않고 일정하다.

해설 외부에 어떠한 영향을 남기지 않고 계가 열원으로부터 받은 열을 모두 일로 바꾸는 것은 불가능하다는 것은 열역학 제2법칙이다.

★
06 단열된 가스터빈의 입구측에서 가스가 압력 2MPa, 온도 1,200K로 유입되어 출구측에서 압력 100kPa, 온도 600K로 유출된다. 5MW의 출력을 얻기 위한 가스의 질량유량은 약 몇 kg/s인가? (단, 터빈의 효율은 100%이고, 가스의 정압비열은 1.12kJ/kg·K이다.)

① 6.44   ② 7.44

③ 8.44   ④ 9.44

해설 질량유량 $= \dfrac{W_t}{C_p (T_2 - T_1)} = \dfrac{5 \times 10^3}{1.12 \times (1,200 - 600)}$

$\fallingdotseq 7.44\text{kg/s}$

정답 01. ①   02. ④   03. ③   04. ②   05. ②   06. ②

07 온도 300K, 압력 100kPa 상태의 공기 0.2kg이 완전히 단열된 강체용기 안에 있다. 패들(paddle)에 의하여 외부로부터 공기에 5kJ의 일이 행해질 때 최종온도는 약 몇 K인가? (단, 공기의 정압비열과 정적비열은 각각 1.0035kJ/kg·K, 0.7165kJ/kg·K이다.)

① 315 ② 275
③ 335 ④ 255

해설 공기비열비$(k)=\dfrac{C_p}{C_v}=\dfrac{1.0035}{0.1765}=1.4$

공기의 기체상수$(R)=0.287$kJ/kg·K

$_1W_2=\dfrac{1}{k-1}(P_1V_1-P_2V_2)=\dfrac{mR}{k-1}(T_1-T_2)$[kJ]

$\therefore T_2=T_1+\dfrac{(k-1)_1W_2}{mR}$

$=300+\dfrac{(1.4-1)\times5}{0.2\times0.287}≒335$K

08 분자량이 M이고 질량이 $2V$인 이상기체 A가 압력 p, 온도 T(절대온도)일 때 부피가 V이다. 동일한 질량의 다른 이상기체 B가 압력 $2p$, 온도 $2T$(절대온도)일 때 부피가 $2V$이면 이 기체의 분자량은 얼마인가?

① $0.5M$ ② M
③ $2M$ ④ $4M$

해설 $PV=nRT=\dfrac{m}{M}RT$

$M=\dfrac{mRT}{PV}$

$\dfrac{M_2}{M_1}=\dfrac{P_1}{P_2}\times\dfrac{V_1}{V_2}\times\dfrac{T_2}{T_1}=\dfrac{P_1}{2P_1}\times\dfrac{V_1}{2V_1}\times\dfrac{2T_1}{T_1}$

$=0.5$

$\therefore M_2=0.5M_1$

09 피스톤-실린더시스템에 100kPa의 압력을 갖는 1kg의 공기가 들어있다. 초기체적은 0.5m³이고, 이 시스템에 온도가 일정한 상태에서 열을 가하여 부피가 1.0m³이 되었다. 이 과정 중 전달된 에너지는 약 몇 kJ인가?

① 30.7 ② 34.7
③ 44.8 ④ 50.0

해설 $W=P_1V_1\ln\dfrac{P_1}{P_2}=100\times0.5\times\ln\dfrac{1}{0.5}≒34.7$kJ

10 4kg의 공기가 들어있는 체적 0.4m³의 용기(A)와 체적이 0.2m³인 진공의 용기(B)를 밸브로 연결하였다. 두 용기의 온도가 같을 때 밸브를 열어 용기 A와 B의 압력이 평형에 도달했을 경우, 이 계의 엔트로피 증가량은 약 몇 J/K인가? (단, 공기의 기체상수는 0.287kJ/kg·K이다.)

① 712.8 ② 595.7
③ 465.5 ④ 348.2

해설 $\Delta s=nR\ln\left(\dfrac{V_1+V_2}{V_1}\right)=4\times0.287\times\ln\left(\dfrac{0.4+0.2}{0.4}\right)$

$≒0.4655$kJ/K$≒465.5$J/K

11 증기터빈의 입구조건은 3MPa, 350℃이고 출구의 압력은 30kPa이다. 이때 정상등엔트로피과정으로 가정할 경우 유체의 단위질량당 터빈에서 발생되는 출력은 약 몇 kJ/kg인가? (단, 표에서 h는 단위질량당 엔탈피, s는 단위질량당 엔트로피이다.)

구분	h[kJ/kg]	s[kJ/kg·K]
터빈 입구	3115.3	6.7428

구분	엔트로피(kJ/kg·K)		
	포화액 S_f	증발 S_{fg}	포화증기 S_g
터빈 출구	0.9439	6.8247	7.7686

구분	엔탈피(kJ/K)		
	포화액 h_f	증발 h_{fg}	포화증기 h_g
터빈 출구	289.2	2336.1	2625.3

① 679.2 ② 490.3
③ 841.1 ④ 970.4

해설 ㉠ 터빈 입구 엔트로피
=터빈 출구 포화액엔트로피
+건도×터빈 출구 증발엔트로피
$6.7428=0.9439+x\times6.8247$
$\therefore x=0.84969$
㉡ 터빈 출구 엔탈피
=포화액엔탈피+(건도×증발엔탈피)
$=289.2+(0.84969\times2336.1)$
$=2274.2$kJ/k
㉢ 터빈 출력
=터빈 입구 엔탈피-터빈 출구 엔탈피
$=3115.3-2274.2=841.1$kJ/kg

정답 **07.** ③ **08.** ① **09.** ② **10.** ③ **11.** ③

★
12 다음 냉동사이클에서 열역학 제1법칙과 제2법칙을 모두 만족하는 Q_1, Q_2, W는?

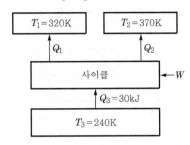

① $Q_1=20\text{kJ}$, $Q_2=20\text{kJ}$, $W=20\text{kJ}$
② $Q_1=20\text{kJ}$, $Q_2=30\text{kJ}$, $W=20\text{kJ}$
③ $Q_1=20\text{kJ}$, $Q_2=20\text{kJ}$, $W=10\text{kJ}$
④ $Q_1=20\text{kJ}$, $Q_2=15\text{kJ}$, $W=5\text{kJ}$

해설 ㉠ 열역학 제1법칙
$$Q_3 + W = Q_1 + Q_2$$
30+20=20+30
∴ 만족
㉡ 열역학 제2법칙
$$\Delta S = S_2 - S_1 = \left(\frac{Q_1}{T_1} + \frac{Q_2}{T_2}\right) - \left(\frac{Q_3}{T_3}\right)$$
$$= \left(\frac{20}{320} + \frac{30}{370}\right) - \left(\frac{30}{240}\right) > 0$$
∴ 만족

13 14.33W의 전등을 매일 7시간 사용하는 집이 있다. 1개월(30일) 동안 약 몇 kJ의 에너지를 사용하는가?

① 10,830
② 15,020
③ 17,420
④ 22,840

해설 $Q = 30 \times 7 \times 14.33 \times 3.6 = 10833.48\text{kJ/K}$
참고 $1\text{kW} = 1\text{kJ/s} = 1,000\text{W(J/s)} = 3,600\text{kJ/h}$

★
14 물 1kg이 포화온도 120℃에서 증발할 때 증발잠열은 2,203kJ이다. 증발하는 동안 물의 엔트로피 증가량은 약 몇 kJ/K인가?

① 4.3
② 5.6
③ 6.5
④ 7.4

해설 $\Delta S = \dfrac{Q_L}{T} = \dfrac{2,203}{120+273} = 5.6\text{kJ/K}$

15 Rankine사이클에 대한 설명으로 틀린 것은?

① 응축기에서의 열방출온도가 낮을수록 열효율이 좋다.
② 증기의 최고온도는 터빈재료의 내열특성에 의하여 제한한다.
③ 팽창일에 비하여 압축일이 적은 편이다.
④ 터빈 출구에서 건도가 낮을수록 효율이 좋아진다.

해설 터빈 출구에서 건도가 높을수록 효율이 좋아진다.

16 다음 압력값 중에서 표준대기압(1atm)과 차이가 가장 큰 압력은?

① 1MPa
② 100kPa
③ 1bar
④ 100hPa

해설 표준대기압(1atm) = 101,325kPa = 1013.25hPa
= 101,325Pa(N/m²)
= 0.101325MPa = 1.01325bar
참고 $1\text{bar} = 10^5\text{Pa}$

17 폴리트로픽과정 $PV^n = C$에서 지수 $n = \infty$인 경우는 어떤 과정인가?

① 등온과정
② 정적과정
③ 정압과정
④ 단열과정

해설 $PV^n = C$에서
㉠ $n=0$, $P=C$: 등압과정
㉡ $n=1$, $PV^1 = C$: 등온과정
㉢ $n=k$, $PV^k = C$: 가역단열변화
㉣ $n=\infty$, $PV^\infty = C$: 등적변화

18 압력 5kPa, 체적이 0.3m³인 기체가 일정한 압력하에서 압축되어 0.2m³로 되었을 때 이 기체가 한 일은? (단, +는 외부로 기체가 일을 한 경우이고, -는 기체가 외부로부터 일을 받은 경우이다.)

① -1,000J
② 1,000J
③ -500J
④ 500J

해설 $_1W_2 = P(V_2 - V_1) = 5,000 \times (0.2 - 0.3) = -500\text{J}$

정답 12. ② 13. ① 14. ② 15. ④ 16. ① 17. ② 18. ③

2017년

★
19 1kg의 공기가 100℃를 유지하면서 등온팽창하여 외부에 100kJ의 일을 하였다. 이때 엔트로피의 변화량은 약 몇 kJ/kg · K인가?

① 0.268　　　　② 0.373
③ 1.00　　　　④ 1.54

해설 $\Delta S = \dfrac{S_2 - S_1}{m} = \dfrac{Q}{mT} = \dfrac{100}{1 \times (100 + 273)}$
$= 0.268 \text{kJ/kg} \cdot \text{K}$

20 이상적인 증기－압축 냉동사이클에서 엔트로피가 감소하는 과정은?

① 증발과정　　　　② 압축과정
③ 팽창과정　　　　④ 응축과정

해설 증기－압축 냉동사이클에서 엔트로피가 감소하는 과정은 응축과정이다.

제2과목　**냉동공학**

★
21 냉동기에 사용되는 팽창밸브에 관한 설명으로 옳은 것은?

① 온도 자동팽창밸브는 응축기의 온도를 일정하게 유지 · 제어한다.
② 흡입압력조정밸브는 압축기의 흡입압력이 설정치 이상이 되지 않도록 제어한다.
③ 전자밸브를 설치할 경우 흐름방향을 고려할 필요가 없다.
④ 고압측 플로트(float)밸브는 냉매액의 속도로 제어한다.

해설 ㉠ 증발기 출구의 냉매온도에 대하여 자동적으로 밸브의 개폐도를 조절한다.
㉡ 흡입압력조정밸브(SPR)는 흡입압력이 일정 이상이 되는 것을 방지한다(압축기, 전동기 과부하 방지 목적).
㉢ 정압식 팽창밸브는 증발기 내의 압력을 일정하게 유지하는 목적으로 사용되는 밸브이다.
㉣ 팽창밸브의 종류에는 수동식, 온도식, 정압식(압력자동식), 플로트식(부자식), 모세관 등이 있다.

★
22 2단 압축 1단 팽창냉동장치에서 각 점의 엔탈피는 다음의 $P-h$선도와 같다고 할 때 중간냉각기 냉매순환량은? (단, 냉동능력은 20RT이다.)

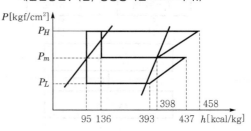

① 68.04kg/h　　　　② 85.89kg/h
③ 222.82kg/h　　　　④ 290.8kg/h

해설 $G = \dfrac{20 \times 3{,}320}{393 - 95} ≒ 222.82 \text{kg/h}$

23 증발기에 관한 설명으로 틀린 것은?

① 냉매는 증발기 속에서 습증기가 건포화증기로 변한다.
② 건식 증발기는 유회수가 용이하다.
③ 만액식 증발기는 액백을 방지하기 위해 액분리기를 설치한다.
④ 액순환식 증발기는 액펌프나 저압수액기가 필요 없으므로 소형 냉동기에 유리하다.

해설 **액순환식 증발기**
㉠ 대용량의 저온냉장실이나 급속동결장치에 사용하기에 가장 적당한 것
㉡ 냉매순환량이 타 증발기보다 4~6배의 많은 냉매가 순환하고, 전열작용이 건식 증발기보다 20% 이상 양호할 것

24 고온부의 절대온도를 T_1, 저온부의 절대온도를 T_2, 고온부로 방출하는 열량을 Q_1, 저온부로부터 흡수하는 열량을 Q_2라고 할 때, 이 냉동기의 이론 성적계수(COP)를 구하는 식은?

① $\dfrac{Q_1}{Q_1 - Q_2}$　　　　② $\dfrac{Q_2}{Q_1 - Q_2}$
③ $\dfrac{T_1}{T_1 - T_2}$　　　　④ $\dfrac{T_1 - T_2}{T_1}$

해설 $COP_R = \dfrac{Q_2}{Q_1 - Q_2} = \dfrac{T_2}{T_1 - T_2}$

정답　**19.** ①　**20.** ④　**21.** ②　**22.** ③　**23.** ④　**24.** ②

★
25 다음의 사이클이 적용된 냉동장치의 냉동능력이 119kW일 때 다음 설명 중 틀린 것은? (단, 압축기의 단열효율 η_c는 0.7, 기계효율 η_m은 0.85이며, 기계적 마찰손실일은 열이 되어 냉매에 더해지는 것으로 가정한다.)

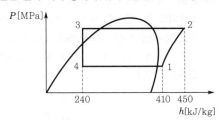

① 냉매순환량은 0.7kg/s이다.
② 냉동장치의 실제 성능계수는 4.25이다.
③ 실제 압축기 토출가스의 엔탈피는 약 497kJ/kg이다.
④ 실제 압축기 축동력은 약 47.1kW이다.

해설 필요동력 $= \dfrac{\text{이론단열압축동력}}{\text{단열효율} \times \text{기계효율}}$

$= \dfrac{450-410}{0.7 \times 0.85} \fallingdotseq 67\text{kJ/kg}$

$\therefore COP = \dfrac{410-240}{67} \fallingdotseq 2.68$

26 냉동장치의 고압부에 대한 안전장치가 아닌 것은?

① 안전밸브   ② 고압스위치
③ 가용전   ④ 방폭문

해설 방폭문은 보일러의 안전장치이다.

★
27 증기압축식 냉동기와 비교하여 흡수식 냉동기의 특징이 아닌 것은?

① 일반적으로 증기압축식 냉동기보다 성능계수가 낮다.
② 압축기의 소비동력을 비교적 절감시킬 수 있다.
③ 초기운전 시 정격성능을 발휘할 때까지 도달 속도가 느리다.
④ 냉각수 배관, 펌프, 냉각탑의 용량이 커져 보조기기 설비비가 증가한다.

해설 흡수식 냉동기는 압축기가 없다.

28 단위시간당 전도에 의한 열량에 대한 설명으로 틀린 것은?

① 전도열량은 물체의 두께에 반비례한다.
② 전도열량은 물체의 온도차에 비례한다.
③ 전도열량은 전열면적에 반비례한다.
④ 전도열량은 열전도율에 비례한다.

해설 $Q' = \dfrac{T_1 - T_4}{\dfrac{L_1}{k_1 A} + \dfrac{L_2}{k_2 A} + \dfrac{L_3}{k_3 A}} [\text{kJ/h}]$

★
29 냉동능력이 99,600kcal/h이고, 압축소요동력이 35 kW인 냉동기에서 응축기의 냉각수 입구온도가 20℃, 내각수량은 360L/min이면 응축기 출구의 냉각수 온도는?

① 22℃   ② 24℃
③ 26℃   ④ 28℃

해설 응축부하열량$(Q_c) = Q_e + A W_L$

$= 99,600 + (35 \times 860)$

$= 129,700\text{kcal/h}$

$Q_c = WC(t_2 - t_1) \times 60 [\text{kcal/h}]$

$\therefore t_2 = t_1 + \dfrac{Q_c}{WC \times 60} = 20 + \dfrac{129,700}{360 \times 1 \times 60} = 26℃$

30 냉동사이클에서 습압축으로 일어나는 현상과 가장 거리가 먼 것은?

① 응축잠열 감소
② 냉동능력 감소
③ 압축기의 체적효율 감소
④ 성적계수 감소

해설 냉동능력, 효율, 성적계수 등이 감소하지만 응축잠열은 관련이 없다.

31 증기압축식 냉동사이클에서 증발온도를 일정하게 유지시키고 응축온도를 상승시킬 때 나타나는 현상이 아닌 것은?

① 소요동력 증가
② 성적계수 감소
③ 토출가스온도 상승
④ 플래시가스 발생량 감소

정답 25. ② 26. ④ 27. ② 28. ③ 29. ③ 30. ① 31. ④

해설 응축온도를 상승시킬 경우 소요동력 증대, 성적계수 감소, 토출가스온도 상승, 플래시가스 발생량이 증가한다.

32 나선상의 관에 냉매를 통과시키고, 그 나선관을 원형 또는 구형의 수조에 담고고 물을 수조에 순환시켜서 냉각하는 방식의 응축기는?

① 대기식 응축기   ② 이중관식 응축기

③ 지수식 응축기   ④ 증발식 응축기

해설 지수식 응축기는 셸 앤드 코일식이라 하며 나선상의 관에 냉매를 통과시키는 방식이다.

33 다음 중 터보압축기의 용량(능력)제어방법이 아닌 것은?

① 회전속도에 의한 제어

② 흡입댐퍼(damper)에 의한 제어

③ 부스터(booster)에 의한 제어

④ 흡입가이드베인(guide vane)에 의한 제어

해설 터보압축기의 용량(능력)제어방법에는 회전수(회전속도)제어, 흡입댐퍼제어, 흡입가이드베인제어, 바이패스제어, 디퓨저제어, 이중관속제어 등이 있다.

★
34 일반적인 냉매의 구비조건으로 옳은 것은?

① 활성이며 부식성이 없을 것

② 전기저항이 적을 것

③ 점성이 크고 유동저항이 클 것

④ 열전달률이 양호할 것

해설 냉매의 구비조건
㉠ 불활성일 것
㉡ 전기저항이 크고 절연 파괴를 일으키지 않을 것
㉢ 점성, 즉 점도는 낮을 것
㉣ 열전달률(열전도도)이 높을 것
㉤ 증발잠열이 크고 액체의 비열이 적을 것
㉥ 임계온도가 높고, 응고온도가 낮을 것
㉦ 냉매가스의 비체적이 작을 것

35 팽창밸브의 역할로 가장 거리가 먼 것은?

① 압력 강하

② 온도 강하

③ 냉매량제어

④ 증발기에 오일흡입방지

해설 팽창밸브의 역할은 증발기 출구의 과열도를 일정하게 유지하기 위하여 압력 강하, 온도 강하, 냉매량을 제어한다.

★
36 0.08m³의 물속에 700℃의 쇠뭉치 3kg을 넣었더니 쇠뭉치의 평균온도가 18℃로 변하였다. 이때 물의 온도 상승량은? (단, 물의 밀도는 1,000kg/m³이고, 쇠의 비열은 606J/kg·℃이며, 물과 공기와의 열교환은 없다.)

① 2.8℃   ② 3.7℃

③ 4.8℃   ④ 5.7℃

해설 $\Delta t = \dfrac{3 \times 0.606 \times 0.24 \times (700-18)}{(0.08 \times 1,000) \times 1} \fallingdotseq 3.7℃$

37 증발식 응축기에 관한 설명으로 옳은 것은?

① 외기의 습구온도영향을 많이 받는다.

② 외부공기가 깨끗한 곳에서는 일리미네이터(eliminator)를 설치할 필요가 없다.

③ 공급수의 양은 물의 증발량과 일리미네이터에서 배제하는 양을 가산한 양으로 충분하다.

④ 냉각작용은 물을 살포하는 것만으로 한다.

해설 증발식 응축기
㉠ 대기의 습구온도에 영향을 많이 받는다.
㉡ 구성요소에는 송풍기, 물분무펌프 및 분재장치, 일리미네이터, 수공급장치가 있다.
㉢ 수냉식 응축기와 공냉식 응축기의 작용을 혼합한 형이다.

★
38 안정적으로 작동되는 냉동시스템에서 팽창밸브를 과도하게 닫았을 때 일어나는 현상이 아닌 것은?

① 흡입압력이 낮아지고 증발기 온도가 저하한다.

② 압축기의 흡입가스가 과열된다.

③ 냉동능력이 감소한다.

④ 압축기의 토출가스온도가 낮아진다.

해설 팽창밸브를 과도하게 닫았을 때(개도가 과소할 때)
㉠ 압력 강하로 증발압력이 저하되고, 따라서 증발온도가 저하함
㉡ 압축기 과열로 윤활유의 열화 및 탄화됨
㉢ 압축비 증가로 냉동능력 감소함
㉣ 냉매순환량이 감소하여 압축기 흡입가스가 과열되고, 토출 시 온도도 상승됨(체적효율 감소)

정답   32. ③   33. ③   34. ④   35. ④   36. ②   37. ①   38. ④

39 냉동장치로 얼음 1ton을 만드는 데 50kWh의 동력이 소비된다. 이 장치에 20℃의 물이 들어가서 −10℃의 얼음으로 나온다고 할 때, 이 냉동장치의 성적계수는? (단, 얼음의 융해잠열은 80kcal/kg, 비열은 0.5kcal/kg · ℃이다.)

① 1.12   ② 2.44

③ 3.42   ④ 4.67

해설
$$COP = \frac{G \times \{(C_w \times (20-0))\} + 80 + (C_i \times (0-(-10))\}}{50 \times 860}$$
$$= \frac{1,000 \times \{(1 \times (20-0)) + 80 + (0.5 \times (0-(-10)))\}}{50 \times 860}$$
$$\fallingdotseq 2.44$$

★
40 냉동능력이 1RT인 냉동장치가 1kW의 압축동력을 필요로 할 때 응축기에서의 방열량은?

① 2kcal/h   ② 3,321kcal/h

③ 4,180kcal/h   ④ 2,460kcal/h

해설
$$Q_c = \text{냉동능력}(Q_e) + \text{압축기 소요동력}(AW_c)$$
$$= (1 \times 3,320) + (1 \times 860) = 4,180 \text{kcal/h}$$

제3과목   **공기조화**

41 다음 그림에 대한 설명으로 틀린 것은? (단, 하절기 공기조화과정이다.)

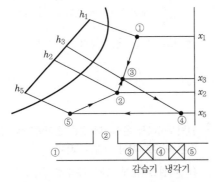

감습기   냉각기

① ③을 감습기에 통과시키면 엔탈피변화 없이 감습된다.

② ④는 냉각기를 통해 엔탈피가 감소되며, ⑤로 변화된다.

③ 냉각기 출구공기 ⑤를 취출하면 실내에서 취득열량을 얻어 ②에 이른다.

④ 실내공기 ①과 외기 ②를 혼합하면 ③이 된다.

해설 외기 ①과 실내공기 ②를 혼합하면 ③이 된다.

★
42 습공기 100kg이 있다. 이때 혼합되어 있는 수증기의 질량이 2kg이라면 공기의 절대습도는?

① 0.00002kg/kg   ② 0.02kg/kg

③ 0.2kg/kg   ④ 0.98kg/kg

해설 절대습도$(x) = \dfrac{\text{수증기질량(kg)}}{\text{습공기질량(kg)}} = \dfrac{2}{100} = 0.02 \text{kg/kg}$
절대습도(x)는 습공기 전체 질량에 대한 수증기질량의 비를 말한다.

★
43 냉난방 공기조화설비에 관한 설명으로 틀린 것은?

① 조명기구에 의한 영향은 현열로서 냉방부하 계산 시 고려되어야 한다.

② 패키지유닛방식을 이용하면 중앙공조방식에 비해 공기조화용 기계실의 면적이 적게 요구한다.

③ 이중덕트방식은 개별제어를 할 수 있는 이점은 있지만 일반적으로 설비비 및 운전비가 많아진다.

④ 지역냉난방은 개별냉난방에 비해 일반적으로 공사비는 현저하게 감소한다.

해설 지역냉난방은 공사비 및 설비비가 비싸다.

44 다음은 어느 방식에 대한 설명인가?

> • 각 실이나 존의 온도를 개별제어하기 쉽다.
> • 일사량변화가 심한 페리미터존에 적합하다.
> • 실내부하가 적어지면 송풍량이 적어지므로 실내공기의 오염도가 높다.

① 정풍량 단일덕트방식

② 변풍량 단일덕트방식

③ 패키지방식

④ 유인유닛방식

해설 **변풍량 단일덕트방식**
㉠ 각 방의 온도를 개별적으로 제어할 수 있다.
㉡ 일사량변화가 심한 페리미터존에 적합하다.
㉢ 실내부하가 적어지면 송풍량이 적어지므로 실내공기의 오염도가 높다.
㉣ 연간 송풍동력이 정풍량방식보다 적다.
㉤ 부하의 증가에 대해서 유연성이 있다.
㉥ 설비시공비가 많이 들고 자동제어가 복잡하여 운전 및 유지관리가 어렵다.

정답   39. ②   40. ③   41. ④   42. ②   43. ④   44. ②

45 다음 중 흡수식 냉동기의 구성기기가 아닌 것은?

① 응축기   ② 흡수기

③ 발생기   ④ 압축기

해설 흡수식 냉동기 : 증발기(냉각기) → 흡수기 → 재생기 → 응축기

★
46 단일덕트 재열방식의 특징에 관한 설명으로 옳은 것은?

① 부하패턴이 다른 다수의 실 또는 존의 공조에 적합하다.

② 식당과 같은 잠열부하가 많은 곳의 공조에는 부적합하다.

③ 전수방식으로서 부하변동이 큰 실이나 존에서 에너지 절약형으로 사용된다.

④ 시스템의 유지·보수면에서는 일반 단일덕트에 비해 우수하다.

해설 단일덕트 재열방식은 실내의 건구온도뿐만 아니라 부분부하 시 상대습도로 유지하는 것을 목적으로 한다.

★
47 유효온도(effective temperature)에 대한 설명으로 옳은 것은?

① 온도, 습도를 하나로 조합한 상태의 측정온도이다.

② 각기 다른 실내온도에서 습도에 따라 실내환경을 평가하는 척도로 사용된다.

③ 인체가 느끼는 쾌적온도로서 바람이 없는 정지된 상태에서 상대습도가 100%인 포화상태의 공기온도를 나타낸다.

④ 유효온도선도는 복사영향을 무시하여 건구온도 대신에 글로브온도계의 온도를 사용한다.

해설 유효온도는 기온, 습도, 풍속 3요소가 체감에 미치는 종합효과를 단일지표로 나타낸 것이다.

48 실리카겔, 활성알루미나 등을 사용하여 감습을 하는 방식은?

① 냉각감습   ② 압축감습

③ 흡수식 감습   ④ 흡착식 감습

해설 감습법은 냉각식, 압축식, 흡수식(염화리튬, 트리에틸렌글리콜), 흡착식(실리카겔, 활성알루미나, 아드소울 등)이 있다.

★
49 크기 1,000×500mm의 직관덕트에 35℃의 온풍 18,000m³/h가 흐르고 있다. 이 덕트가 -10℃의 실외 부분을 지날 때 길이 20m당 덕트표면으로부터의 열손실은? (단, 덕트는 암면 25mm로 보온되어 있고, 이때 1,000m당 온도차 1℃에 대한 온도강하는 0.9℃이다. 공기의 밀도는 1.2kg/m³, 정압비열은 1.01kJ/kg·K이다.)

① 3.0kW   ② 3.8kW

③ 4.9kW   ④ 6.0kW

해설
$$q = \rho Q C_p (t_i - t_o) \times \left(\frac{20}{1,000}\right) \times t \times \frac{1}{3,600}$$
$$= 1.2 \times 18,000 \times 1.01 \times (35 - (-10)) \times 0.02$$
$$\times 0.9 \times \frac{1}{3,600}$$
$$\fallingdotseq 4.9 \text{kW}$$

50 습공기의 수증기분압이 P_V, 동일 온도의 포화수증기압이 P_S일 때, 다음 설명 중 틀린 것은?

① $P_V < P_S$일 때 불포화습기

② $P_V = P_S$일 때 포화습공기

③ $\dfrac{P_S}{P_V} \times 100$은 상대습도

④ $P_V = 0$일 때 건공기

해설 상대습도 = $\dfrac{P_v}{P_s} \times 100$[%]

51 난방설비에서 온수헤더 또는 증기헤더를 사용하는 주된 이유로 가장 적합한 것은?

① 미관을 좋게 하기 위해서

② 온수 및 증기의 온도차가 커지는 것을 방지하기 위해서

③ 워터해머(water hammer)를 방지하기 위해서

④ 온수 및 증기를 각 계통별로 공급하기 위해서

해설 헤더는 각 계통별로 공급하고 부하변동에 대응하기 위한 장치이다.

정답   45. ④   46. ①   47. ③   48. ④   49. ③   50. ③   51. ④

52 원형덕트에서 사각덕트로 환산시키는 식으로 옳은 것은? (단, a는 사각덕트의 장변길이, b는 단변길이, d는 원형덕트의 직경 또는 상당직경이다.)

① $d = 1.2 \left[\dfrac{(ab)^5}{(a+b)^2} \right]^8$

② $d = 1.2 \left[\dfrac{(ab)^2}{(a+b)^5} \right]^8$

③ $d = 1.3 \left[\dfrac{(ab)^2}{(a+b)^5} \right]^{1/8}$

④ $d = 1.3 \left[\dfrac{(ab)^5}{(a+b)^2} \right]^{1/8}$

해설 $d = 1.3 \left[\dfrac{(ab)^5}{(a+b)^2} \right]^{1/8}$

53 덕트의 굴곡부 등에서 덕트 내에 흐르는 기류를 안정시키기 위한 목적으로 사용하는 기구는?

① 스플릿댐퍼 　② 가이드베인
③ 릴리프댐프 　④ 버터플라이댐퍼

해설 곡관부는 가능한 크게 구부리며, 내측 곡률반경이 덕트폭보다 작을 경우는 가이드베인을 설치한다.

54 환기(ventilation)란 A에 있는 공기의 오염을 막기 위하여 B로부터 C를 공급하여 실내의 D를 실외로 배출하고 실내의 오염공기를 교환 또는 희석시키는 것을 말한다. 여기서 A, B, C, D로 적절한 것은?

① A－일정 공간, B－실외, C－청정한 공기, D－오염된 공기
② A－실외, B－일정 공간, C－청정한 공기, D－오염된 공기
③ A－일정 공간, B－실외, C－오염된 공기, D－청정한 공기
④ A－실외, B－일정 공간, C－오염된 공기, D－청정한 공기

해설 환기란 일정 공간에 있는 공기의 오염을 막기 위하여 실외로부터 청정한 공기를 공급하여 실내의 오염된 공기를 실외로 배출하고 실내의 오염공기를 교환 또는 희석시키는 것을 말한다.

55 공기열원 열펌프를 냉동사이클 또는 난방사이클로 전환하기 위하여 사용하는 밸브는?

① 체크밸브　② 글로브밸브
③ 4방밸브　④ 릴리프밸브

해설 4방밸브는 열펌프를 냉동사이클 또는 난방사이클로 전환한다.

★
56 다음과 같이 단열된 덕트 내에 공기가 통하고 이것에 열량 Q[kcal/h]와 수분 L[kg/h]을 가하여 열평형이 이루어졌을 때 공기에 가해진 열량은? (단, 공기의 유량은 G[kg/h], 가열코일 입·출구의 엔탈피, 절대습도를 각각 h_1, h_2[kcal/kg], X_1, X_2[kg/kg]로 하고, 수분의 엔탈피를 h_L[kcal/kg]로 한다.)

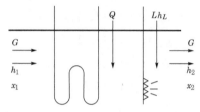

① $G(h_2 - h_1) + Lh_L$　② $G(x_2 - x_1) + Lh_L$
③ $G(h_2 - h_1) - Lh_L$　④ $G(x_2 - x_1) - Lh_L$

해설 Q = 공기열량 － 수분의 열량
$= q_t - q_l = G(h_2 - h_1) - Lh_L$

★
57 냉동창고의 벽체가 두께 15cm, 열전도율 1.4kcal/m·h·℃인 콘크리트와 두께 5cm, 열전도율이 1.2kcal/m·h·℃인 모르타르로 구성되어 있다면 벽체의 열통과율은? (단, 내벽측 표면열전달률은 8kcal/m²·h·℃, 외벽측 표면열전달률은 20kcal/m²·h·℃이다.)

① 0.026kcal/m²·h·℃
② 0.323kcal/m²·h·℃
③ 3.088kcal/m²·h·℃
④ 38.175kcal/m²·h·℃

해설 열통과율$(k) = \dfrac{1}{\text{열저항}(R)} = \dfrac{1}{\dfrac{1}{\alpha_i} + \dfrac{l_1}{x_1} + \dfrac{l_2}{x_2} + \dfrac{1}{\alpha_0}}$

$= \dfrac{1}{\dfrac{1}{8} + \dfrac{0.15}{1.4} + \dfrac{0.05}{1.2} + \dfrac{1}{20}}$

$= 3.088 \text{kcal/m}^2 \cdot \text{h} \cdot ℃$

정답　52. ④　53. ②　54. ①　55. ③　56. ③　57. ③

58 공조설비를 구성하는 공기조화기는 공기여과기, 냉·온수코일, 가습기, 송풍기로 구성되어 있는데, 다음 중 이들 장치와 직접 연결되어 사용되는 설비가 아닌 것은?

① 공급덕트   ② 주증기관
③ 냉각수관   ④ 냉수관

해설 공기조화기는 공기여과기, 냉·온수코일, 가습기, 송풍기로 구성되었으며, 공급덕트, 주증기관, 냉수관을 직접 연결하여 사용한다.

59 국부저항 상류의 풍속을 V_1, 하류의 풍속을 V_2라 하고 전압기준 국부저항계수를 ζ_T, 정압기준 국부저항계수를 ζ_S라 할 때 두 저항계수의 관계식은?

① $\zeta_T = \zeta_S + 1 - (V_1/V_2)^2$
② $\zeta_T = \zeta_S + 1 - (V_2/V_1)^2$
③ $\zeta_T = \zeta_S + 1 + (V_1/V_2)^2$
④ $\zeta_T = \zeta_S + 1 + (V_2/V_1)^2$

해설 $\zeta_T = $ 정압기준 국부저항계수 $+ 1 - \left(\dfrac{\text{하류풍속}}{\text{상류풍속}}\right)^2$

$\qquad = \zeta_S + 1 - \left(\dfrac{V_2}{V_1}\right)^2$

★
60 10℃의 냉풍을 급기하는 덕트가 건구온도 30℃, 상대습도 70%인 실내에 설치되어 있다. 이때 덕트의 표면에 결로가 발생하지 않도록 하려면 보온재의 두께는 최소 몇 mm 이상이어야 하는가? (단, 30℃, 70%의 노점온도 24℃, 보온재의 열전도율은 0.03kcal/m²·h·℃, 내표면이 열전달률은 40kcal/m²·h·℃, 외표면의 열전달률은 8kcal/m²·h·℃, 보온재 이외의 열저항은 무시한다.)

① 5mm   ② 8mm
③ 16mm   ④ 20mm

해설 ㉠ $Q_{all} = k\Delta t = k(t_o - t_i) = k \times (30-10) = 20k$

$\quad Q_i = \alpha_i \Delta t = \alpha_i (t_o - t) = 8 \times (30-24) = 48$

$\quad Q_{all} = Q_i$ 이므로

$\quad 20k = 48$

$\quad \therefore k = 2.4 \text{kcal/m}^2 \cdot \text{h} \cdot ℃$

㉡ $k = \dfrac{1}{\dfrac{1}{\alpha_i} + \dfrac{l}{\lambda} + \dfrac{1}{\alpha_o}}$

$\therefore l = \lambda\left(\dfrac{1}{k} - \dfrac{1}{\alpha_i} - \dfrac{1}{\alpha_o}\right) = 0.03 \times \left(\dfrac{1}{2.4} - \dfrac{1}{8} - \dfrac{1}{40}\right)$

$\quad = 8 \times 10^{-3} \text{m} = 8\text{mm}$

제4과목 **전기제어공학**

61 다음 그림과 같은 블록선도에서 $\dfrac{X_3}{X_1}$를 구하면?

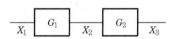

① $G_1 + G_2$ ② $G_1 - G_2$
③ $G_1 G_2$ ④ $\dfrac{G_1}{G_2}$

해설 직선상에 있으니 $G_1 G_2$이다.

★
62 내부저항 90Ω, 최대 지시값 100μA의 직류전류계로 최대 지시값 1mA를 측정하기 위한 분류기 저항은 몇 Ω인가?

① 9   ② 10
③ 90   ④ 100

해설 $I_o = I\left(1 + \dfrac{R_v}{R_s}\right)$

$\dfrac{I_o}{I} - 1 = \dfrac{R_v}{R_s}$

$\therefore R_s = \dfrac{R_v}{\dfrac{I_o}{I} - 1} = \dfrac{90}{\dfrac{1 \times 10^{-3}}{100 \times 10^{-6}} - 1} = \dfrac{90}{9} = 10\,\Omega$

★
63 100V용 전구 30W와 60W 2개를 직렬로 연결하고 직류 100V 전원에 접속하였을 때 두 전구의 상태로 옳은 것은?

① 30W 전구가 더 밝다.
② 60W 전구가 더 밝다.
③ 두 전구의 밝기가 모두 같다.
④ 두 전구가 모두 켜지지 않는다.

해설 직렬에서 전류는 일정하고 저항이 큰 곳에서 소비전력이 커지므로 30W의 저항이 60W 저항의 2배일 때 30W 전구가 60W 전구보다 더 밝다.

정답 58. ③ 59. ② 60. ② 61. ③ 62. ② 63. ①

64 보일러의 자동연소제어가 속하는 제어는?

① 비율제어   ② 추치제어
③ 추종제어   ④ 정치제어

해설 비율제어는 연료의 유량과 공기의 유량과의 관계비율을
연소에 적합하게 유지하고자 하는 제어이다.

★
65 $A = 6 + j8$, $B = 20 \angle 60°$일 때 $A + B$를 직
각좌표형식으로 표현하면?

① $16 + j18$ ② $26 + j28$
③ $16 + j25.32$ ④ $23.32 + j18$

해설

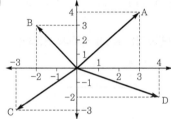

㉠ 복소수를 복소평면에 그리면 $A = 3 + j4$,
$B = -2 + j3$, $C = -3 - j3$, $D = 4 - j2$이다.
㉡ 복소수의 사칙연산 : $X = a + jb$, $Y = c + jd$일 때
- $X + Y = a + jb + (c + jd) = a + c + jb + jd$
       $= (a + c) + j(b + d)$
- $X - Y = a + jb - (c + jd) = a - c + jb - jd$
       $= (a - c) + j(b - d)$

66 서보기구에서 주로 사용하는 제어량은?

① 전류   ② 전압
③ 방향   ④ 속도

해설 서보(servo)기구에서 제어량은 위치, 자세, 방향(방위)
이다.

67 비례적분미분제어를 이용했을 때의 특징에 해당되
지 않는 것은?

① 정정시간을 적게 한다.
② 응답의 안정성이 작다.
③ 잔류편차를 최소화시킨다.
④ 응답의 오버슛을 감소시킨다.

해설 비례적분미분제어(PID동작)는 정정시간을 적게, 응답의
안정성이 크게, 속응도 향상, 잔류편차 제거, 응답의 오버
슛 감소, 정상/과도특성 개선의 특징이 있다.

68 유도전동기에 인가되어 전압과 주파수를 동시에 변
환시켜 직류전동기와 동등한 제어성능을 얻을 수
있는 제어방식은?

① VVVF방식
② 교류궤환제어방식
③ 교류 1단 속도제어방식
④ 교류 2단 속도제어방식

해설 VVVF(가변전압 가변주파수)제어는 전압과 주파수를 동
시에 변환시키는 제어방식이다.

69 조절계의 조절요소에서 비례미분제어에 관한 기호는?

① P   ② PI
③ PD   ④ PID

해설 ㉠ 비례제어(P동작) : 잔류편차(offset) 생김
㉡ 적분제어(I동작) : 잔류편차 소멸
㉢ 미분제어(D동작) : 오차예측제어
㉣ 비례미분제어(PD동작) : 응답속도 향상, 과도특성
     개선, 잔상보상회로에 해당
㉤ 비례적분제어(PI동작) : 잔류편차와 사이클링 제거,
     정상특성 개선
㉥ 비례적분미분제어(PID동작) : 속응도 향상, 잔류편차
     제거, 정상/과도특성 개선
㉦ 온오프제어(=2위치제어) : 불연속제어(간헐제어)

70 단면적 S[m²]를 통과하는 자속을 Φ[Wb]라 하면 자
속밀도 B[Wb/m²]를 나타내는 식으로 옳은 것은?

① $B = S\Phi$ ② $B = \dfrac{\Phi}{S}$
③ $B = \dfrac{S}{\Phi}$ ④ $B = \dfrac{\Phi}{\mu S}$

해설 $B = \dfrac{\Phi}{S}$ [Wb/m²]

★
71 어떤 저항에 전압 100V, 전류 50A를 5분간 흘렸을
때 발생하는 열량은 약 몇 kcal인가?

① 90   ② 180
③ 360   ④ 720

해설 $Q = Pt = VIt = 100 \times 50 \times 5 \times 60 = 1,500,000$J
     $= 15,000$kJ $= 0.24 \times 15,000 = 360$kcal
※ 1kJ = 0.24kcal (≒ 4.2kJ)

정답   64. ①   65. ③   66. ③   67. ②   68. ①   69. ③   70. ②   71. ③

72 전원전압을 안정하게 유지하기 위하여 사용되는 다이오드로 가장 옳은 것은?

① 제너다이오드　　② 터널다이오드
③ 보드형 다이오드　④ 바렉터다이오드

해설　제너다이오드는 주로 정전압전원회로에 사용된다.

73 탄성식 압력계에 해당되는 것은?

① 경사관식　　② 압전기식
③ 환상평형식　④ 벨로즈식

해설　압력계의 종류
　ⓐ 액주형 : U자관식, 단관식, 경사관식
　ⓑ 탄성식 : 부르동관식, 다이어프램식, 벨로즈식, 전위차계식

★
74 정현파 전압 $v = 220\sqrt{2}\sin(wt+30°)\,V$보다 위상이 90° 뒤지고 최대값이 20A인 정현파 전류의 순시값은 몇 A인가?

① $20\sin(wt-30°)$
② $20\sin(wt-60°)$
③ $20\sqrt{2}\sin(wt+60°)$
④ $20\sqrt{20}\sin(wt-60°)$

해설　$i = I_m\sin(\omega t + 30° - e)$
　　$= 20\sin(\omega t + 30° - 90°)$
　　$= 20\sin(\omega t - 60°)$

75 빛의 양(조도)에 의해서 동작되는 CdS를 이용한 센서에 해당하는 것은?

① 저항변화형　　② 용량변화형
③ 전압변화형　　④ 인덕턴스변화형

해설　저항변화형은 빛의 조도에 의해서 동작되는 CdS(황화카드뮴반도체화합물)를 이용한 센서이다.

76 평행한 두 도체에 같은 방향의 전류를 흘렸을 때 두 도체 사이에 작용하는 힘은?

① 흡인력　　　　② 반발력
③ $\dfrac{I}{2\pi r}$의 힘　④ 힘이 작용하지 않는다.

해설　흡인력 발생
　ⓐ 평행한 두 도체에 같은 방향의 전류를 흘렸을 때

ⓑ 자기작용은 도체에 전류가 흐를 때
ⓒ 발열작용은 도체의 저항에 의해 전류가 흐를 때
ⓓ 전기분해는 전해액에 전류가 흐를 때
ⓔ 정전흡력은 콘덴서가 충전하면 양 극판 사이의 양전하와 음전하에 의해 발생

77 3상 유도전동기의 출력이 5kW, 전압 200V, 역률 80%, 효율이 90%일 때 유입되는 선전류는 약 몇 A인가?

① 14　　② 17
③ 20　　④ 25

해설　$I = \dfrac{\text{출력(W)}}{\sqrt{3}\,V\cos\theta\,\eta} = \dfrac{5{,}000}{\sqrt{3}\times 200\times 0.8\times 0.9} = 20A$

★
78 다음 그림과 같은 펄스를 라플라스변환하면 그 값은?

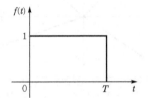

① $\dfrac{1}{T}\left(\dfrac{1-e^{Ts}}{s}\right)$　② $\dfrac{1}{T}\left(\dfrac{1+e^{Ts}}{s}\right)$

③ $\dfrac{1}{s}(1-e^{-Ts})$　④ $\dfrac{1}{s}(1+e^{Ts})$

해설　$f_1(t)=u(t)$, $f_2(t)=-u(t-T)$을 대입하면
　$f(t)=f_1(t)+f_2(t)=u(t)-u(t-T)$
　$\therefore F(s) = £f(t) = \dfrac{1}{s} - \dfrac{1}{s}e^{-Ts} = \dfrac{1}{s}(1-e^{-Ts})$

79 피드백제어계의 제어장치에 속하지 않는 것은?

① 설정부　　② 조절부
③ 검출부　　④ 제어대상

해설　제어장치(control device)란 제어를 하기 위해 제어대상에 부착되는 장치로 조절부, 설정부, 검출부 등이 이에 해당된다.

80 논리식 $\overline{x}y + \overline{x}\,\overline{y}$를 간단히 표시한 것은?

① $\overline{x}$　　　② $\overline{y}$
③ 0　　　④ $x+y$

해설　$\overline{x}y + \overline{x}\,\overline{y} = \overline{x}(y+\overline{y}) = \overline{x}(1+0) = \overline{x}$

정답　72. ①　73. ④　74. ②　75. ①　76. ①　77. ③　78. ③　79. ④　80. ①

제5과목 배관일반

81 고무링과 가단주철제의 칼라를 죄어서 이음하는 방법은?

① 플랜지접합
② 빅토릭접합
③ 기계적 접합
④ 동관접합

해설 주철관의 접합에는 소켓접합, 기계적 접합(메커니컬접합), 빅토릭접합(칼라와 고무링 사용), 타이튼접합(소켓에 고무링 사용), 플랜지접합이 있다.

★
82 급수배관시공 시 수격작용의 방지대책으로 틀린 것은?

① 플래시밸브 또는 급속개폐식 수전을 사용한다.
② 관지름은 유속이 2.0~2.5m/s 이내가 되도록 설정한다.
③ 역류방지를 위하여 체크밸브를 설치하는 것이 좋다.
④ 급수관에서 분기할 때에는 T이음을 사용한다.

해설 급속개폐식 수전은 수격작용, 소음과 진동이 발생된다.

83 증기난방배관 시 단관중력환수식 배관에서 증기와 응축수의 흐름방향이 다른 역류관의 구배는 얼마로 하는가?

① 1/50~1/100
② 1/100~1/200
③ 1/200~1/250
④ 1/250~1/300

해설 ㉠ 단관중력환수식 순구배 : 1/100~1/200
㉡ 단관중력환수식 역구배(역류관의 구배) : 1/50~ 1/100
㉢ 복관중력환수식 순구배 : 1/200

84 공동주택 등 외의 건축물 등에 도시가스를 공급하는 경우 정압기에서 가스사용자가 점유하고 있는 토지의 경계까지 이르는 배관을 무엇이라고 하는가?

① 내관
② 공급관
③ 본관
④ 중압관

해설 공급관은 정압기에서 가스사용자가 점유하고 있는 토지의 경계까지 이르는 배관이다.

★
85 공냉식 응축기 배관 시 틀린 것은?

① 소형 냉동기에 사용하며 핀이 있는 파이프 속에 냉매를 통하여 바람이송냉각설계로 되어 있다.
② 냉방기가 응축기 아래 설치되는 경우 배관높이가 10m 이상일 때는 5m마다 오일트랩을 설치해야 한다.
③ 냉방기가 응축기 위에 위치하고, 압축기가 냉방기에 내장되었을 경우에는 오일트랩이 필요 없다.
④ 수냉식에 비해 능력은 낮지만 냉각수를 사용하지 않아 동결의 염려가 없다.

해설 냉방기가 응축기 아래 설치되는 경우 배관높이가 10m 이상일 때는 10m마다 오일트랩을 설치해야 한다.

86 냉동장치에서 압축기의 진동이 배관에 전달되는 것을 흡수하기 위하여 압축기 토출, 흡입배관 등에 설치해주는 것은?

① 팽창밸브
② 안전밸브
③ 사이트글라스
④ 플렉시블튜브

해설 플렉시블튜브는 진동이 배관에 전달되는 것을 흡수한다.

★
87 급수펌프에 대한 배관시공법 중 옳은 것은?

① 수평관에서 관경을 바꿀 경우 동심리듀서를 사용한다.
② 흡입관은 되도록 길게 하고 굴곡 부분이 되도록 많게 하여야 한다.
③ 풋밸브는 동 수위면보다 흡입관경의 2배 이상 물속에 들어가야 한다.
④ 토출측은 진공계를, 흡입측은 압력계를 설치한다.

해설 급수펌프에 대한 배관시공법
㉠ 수평관에서 관경을 바꿀 경우 편심리듀서를 사용한다.
㉡ 흡입관은 되도록 짧게 하고 굴곡 부분이 되도록 적게 하여야 한다.
㉢ 풋밸브는 동 수위면보다 흡입관경의 2배 이상 물속에 들어가야 한다.
㉣ 토출측은 압력계를, 흡입측은 진공계를 설치한다.
㉤ 토출측 수평관은 상향구배로 배관한다.
㉥ 펌프는 기초볼트를 사용하여 기초콘크리트 위에 설치 고정한다.

정답 81. ② 82. ① 83. ① 84. ② 85. ② 86. ④ 87. ③

★
88 온수난방배관 설치 시 주의사항으로 틀린 것은?

① 온수방열기마다 수동식 에어벤트를 설치한다.
② 수평배관에서 관경을 바꿀 때는 편심이음을 사용한다.
③ 팽창관에 스톱밸브를 부착하여 긴급상황 시 유체흐름을 차단하도록 한다.
④ 수리나 난방휴지 시 배수를 위한 드레인밸브를 설치한다.

해설 팽창관에는 밸브설치가 불가하다.

89 관의 종류와 이음방법의 연결로 틀린 것은?

① 강관–나사이음
② 동관–압축이음
③ 주철관–칼라이음
④ 스테인리스강관–몰코이음

해설 철근콘크리트관은 칼라이음법, 주철관은 소켓, 메커니컬, 타이튼이음법 등이 있다.

90 냉동설비배관에서 액분리기와 압축기 사이에 냉매배관을 할 때 구배로 옳은 것은?

① 1/100 정도의 압축기측 상향구배로 한다.
② 1/100 정도의 압축기측 하향구배로 한다.
③ 1/200 정도의 압축기측 상향구배로 한다.
④ 1/200 정도의 압축기측 하향구배로 한다.

해설 냉매배관은 냉매가 흘러가는 방향으로 1/200 정도 하향구배한다.

91 급수에 사용되는 물은 탄산칼슘의 함유량에 따라 연수와 경수로 구분된다. 경수사용 시 발생될 수 있는 현상으로 틀린 것은?

① 보일러용수로 사용 시 내면에 관석이 많이 발생한다.
② 전열효율이 저하하고 과열원인이 된다.
③ 보일러의 수명이 단축된다.
④ 비누거품이 많이 발생한다.

해설 연수는 비누거품의 발생이 좋고 탄산칼슘의 함유량이 90ppm 이하이다.

92 강관의 나사이음 시 관을 절단한 후 관 단면의 안쪽에 생기는 거스러미를 제거할 때 사용하는 공구는?

① 파이프바이스
② 파이프리머
③ 파이프렌치
④ 파이프커터

해설 파이프리머는 관을 절단한 후 관 단면의 안쪽에 생기는 거스러미를 제거할 때 사용하는 공구이다.

93 밀폐식 온수난방배관에 대한 설명으로 틀린 것은?

① 배관의 부식이 비교적 적어 수명이 길다.
② 배관경이 적어지고 방열기도 적게 할 수 있다.
③ 팽창탱크를 사용한다.
④ 배관 내의 온수온도는 70℃ 이하이다.

해설 밀폐식 온수난방의 배관 내 온수온도는 100℃ 이상이다.

★
94 난방배관에 대한 설명으로 옳은 것은?

① 환수주관의 위치가 보일러 표준수위보다 위쪽에 배관되어 있으면 습식환수라고 한다.
② 진공환수식 증기난방에서 하트포드접속법을 활용하면 응축수를 활용하면 응축수를 1.5m까지 흡상할 수 있다.
③ 온수난방의 경우 증기난방보다 운전 중 침입공기에 의한 배관의 부식 우려가 크다.
④ 증기배관 도중에 글로브밸브를 설치하는 경우에는 밸브축이 옆을 향하도록 설치하여야 한다.

해설 ① 환수주관의 위치가 보일러 표준수위보다 위쪽에 배관되어 있으면 건식환수라고 한다.
② 진공환수식 증기난방에서 리프트피팅법을 활용하면 응축수를 활용하면 응축수를 1.5m까지 흡상할 수 있다.
③ 온수난방의 경우 증기난방보다 운전 중 침입공기에 의한 배관의 부식 우려가 적다.

95 배관용 패킹재료 선정 시 고려해야 할 사항으로 가장 거리가 먼 것은?

① 유체의 압력
② 재료의 부식성
③ 진동의 유무
④ 시트면의 형상

해설 패킹재료 선정 시 고려사항으로 유체의 압력, 재료의 부식성, 진동의 유무가 있다.

정답　88. ③　89. ③　90. ④　91. ④　92. ②　93. ④　94. ④　95. ④

★
96 순동이음쇠를 사용할 때에 비하여 동합금주물이음쇠를 사용할 때 고려할 사항으로 가장 거리가 먼 것은?

① 순동이음쇠 사용에 비해 모세관현상에 의한 용융확산이 어렵다.

② 순동이음쇠와 비교하여 용접재 부착력은 큰 차이가 없다.

③ 순동이음쇠와 비교하여 냉벽 부분이 발생할 수 있다.

④ 순동이음쇠 사용에 비해 열팽창의 불균일에 의한 부정적 틈새가 발생할 수 있다.

해설 **동합금주물이음쇠의 고려사항**
㉠ 동합금이음쇠와 땜납과의 친화력은 동관과의 친화력과 많은 차이가 있다.
㉡ 동관과 이음쇠의 두께(열용량)가 다르기 때문에 양자 간의 온도분포가 불균일하게 되어 냉벽이 발생되기 쉽다.

97 배관의 이음에 관한 설명으로 틀린 것은?

① 동관의 압축이음(flare joint)은 지름이 작은 관에서 분해·결합이 필요한 경우에 주로 적용하는 이음방식이다.

② 주철관의 타이튼이음은 고무링을 압륜으로 죄어 볼트로 체결하는 이음방식이다.

③ 스테인리스강관의 프레스이음은 고무링이 들어있는 이음쇠에 관을 넣고 압축공구로 눌러 이음하는 방식이다.

④ 경질염화비닐관의 TS이음은 접착제를 발라 이음관에 삽입하여 이음하는 방식이다.

해설 주철관의 타이튼접합은 소켓에 고무링만 사용하여 접합하는 방식이다.

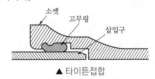
▲ 타이튼접합

98 급탕배관의 신축을 흡수하기 위한 시공방법으로 틀린 것은?

① 건물의 벽 관통 부분 배관에는 슬리브를 끼운다.

② 배관의 굽힘 부분에는 벨로즈이음으로 접합한다.

③ 복식 신축관이음쇠는 신축구간의 중간에 설치한다.

④ 동관을 지지할 때에는 석면, 고무 등의 보호재를 사용하여 고정시킨다.

해설 배관의 굽힘 부분에는 스위블이음으로 접합한다.

99 배수의 성질에 의한 구분에서 수세식 변기의 대·소변에서 나오는 배수는?

① 오수   ② 잡배수

③ 특수 배수   ④ 우수배수

해설 배수의 종류에는 오수(대소변기), 우수(빗물), 잡배수(주방, 세탁기, 세면기), 특수 배수(공장, 병원, 연구소)가 있다.

★
100 개방식 팽창탱크장치 내 전수량이 20,000L이며 수온을 20℃에서 80℃로 상승시킬 경우 물의 팽창수량은? (단, 비중량은 20℃일 때 0.99823kg/L, 80℃일 때 0.97183kg/L이다.)

① 54.3L   ② 400L

③ 544L   ④ 5,430L

해설 $\Delta V = V\left(\dfrac{1}{\gamma_2} - \dfrac{1}{\gamma_1}\right)$
$= 20,000 \times \left(\dfrac{1}{0.97183} - \dfrac{1}{0.99823}\right)$
$= 544\text{L}$

정답 **96. ② 97. ② 98. ② 99. ① 100. ③**

2017년 | 제2회 공조냉동기계기사

제1과목 기계 열역학

01 저열원 20℃와 고열원 700℃ 사이에서 작동하는 카르노열기관의 열효율은 약 몇 %인가?

① 30.1%
② 69.9%
③ 52.9%
④ 74.1%

해설 $\eta = \left(1 - \dfrac{273+20}{273+700}\right) \times 100 = 69.9\%$

02 다음 중 비가역과정으로 볼 수 없는 것은?

① 마찰현상
② 낮은 압력으로의 자유팽창
③ 등온열전달
④ 상이한 조성물질의 혼합

해설 비가역과정이란 가역적이지 않은 과정, 즉 이전 상태에서 현재 상태가 되었을 때 다시 이전 상태로 돌아갈 수 없는 경우를 말한다(마찰현상, 낮은 압력으로의 자유팽창, 상이한 조성물질의 혼합 등).

03 다음 그림과 같이 상태 1, 2 사이에서 계가 1→A →2→B →1과 같은 사이클을 이루고 있을 때 열역학 제1법칙에 가장 적합한 표현은? (단, 여기서 Q는 열량, W는 계가 하는 일, U는 내부에너지를 나타낸다.)

① $dU = \delta Q + \delta W$
② $\Delta U = Q - W$
③ $\oint \delta Q = \oint \delta W$
④ $\oint \delta Q = \oint \delta U$

해설 열은 에너지의 하나로서 일을 열로 변환하거나 또는 열을 일로 변환시킬 수 있다($\oint \delta Q = \oint \delta W$).

04 다음 그림의 랭킨사이클(온도(T)-엔트로피(s)선도)에서 각각의 지점에서 엔탈피는 표와 같을 때 이 사이클의 효율은 약 몇 %인가?

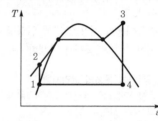

위치	엔탈피(kJ/kg)
1지점	185
2지점	210
3지점	3,100
4지점	2,100

① 33.7%
② 28.4%
③ 25.2%
④ 22.9%

해설 $\eta = \dfrac{(i_1 - i_2) - (i_4 - i_3)}{i_1 - i_4}$

$= \dfrac{(3,100 - 2,100) - (210 - 185)}{3,100 - 185}$

$≒ 0.3373 = 33.7\%$

05 100kPa, 25℃상태의 공기가 있다. 이 공기의 엔탈피가 298.615kJ/kg이라면 내부에너지는 약 몇 kJ/kg인가? (단, 공기는 분자량 28.97인 이상기체로 가정한다.)

① 213.05kJ/kg
② 241.07kJ/kg
③ 298.15kJ/kg
④ 383.72kJ/kg

해설 $U = C_v \Delta T = 정적비열 \times \dfrac{엔탈피}{정압비열} = C_v \dfrac{q}{C_p}$

$= 0.7175 \times \dfrac{298.615}{1.0045} ≒ 213.05 \,kJ/kg$

정답 01. ② 02. ③ 03. ③ 04. ① 05. ①

★
06 압력이 10^6N/m², 체적이 1m³인 공기가 압력이 일정한 상태에서 400kJ의 일을 하였다. 변화 후의 체적은 약 몇 m³인가?

① 1.4 ② 1.0
③ 0.6 ④ 0.4

해설 $V_2 = V_1 + \dfrac{W}{p} = 1 + \dfrac{400 \times 10^3}{10^6} ≒ 1.4\text{m}^3$

07 압력이 일정할 때 공기 5kg을 0℃에서 100℃까지 가열하는 데 필요한 열량은 약 몇 kJ인가? (단, 비열(C_p)은 온도 t[℃]에 관계한 함수로 C_p=1.01 +0.000079t[kJ/kg · ℃]이다.)

① 365 ② 436
③ 480 ④ 507

해설 $C_p = \dfrac{1}{t_2 - t_1} \displaystyle\int_{t_1}^{t_2} (1.01 + 0.000079t)\,dt$

$= \dfrac{1}{t_2 - t_1} \left[1.01(t_2 - t_1) + \dfrac{0.000079}{2}(t_2^2 - t_1^2) \right]$

$= \dfrac{1}{100 - 0} \times \left[1.01 \times (100 - 0) + \dfrac{0.000079}{2} \right.$

$\left. \times (100^2 - 0) \right]$

$= 1.01 + \dfrac{0.000079}{2} \times 100 = 1.01395\,\text{kJ/kg} \cdot ℃$

$\therefore Q = mC_p(t_2 - t_1) = 5 \times 1.01395 \times (100 - 0)$

$≒ 507\,\text{kJ/kg}$

08 열교환기를 흐름배열(flow arrangement)에 따라 분류할 때 다음 그림과 같은 형식은?

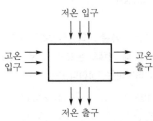

저온 입구

고온 입구 → → 고온 출구

저온 출구

① 평행류 ② 대향류
③ 병행류 ④ 직교류

해설 ㉠ 직교류 : 직각방향으로 흐름
㉡ 평행류 : 같은 방향으로 흐름
㉢ 대향류 : 서로 반대방향으로 흐름

★
09 온도 15℃, 압력 100kPa상태의 체적이 일정한 용기 안에 어떤 이상기체 5kg이 들어있다. 이 기체가 50℃가 될 때까지 가열되는 동안의 엔트로피 증가량은 약 몇 kJ/K인가? (단, 이 기체의 정압비열과 정적비열은 각각 1.001kJ/kg · K, 0.7171kJ/kg · K 이다.)

① 0.411 ② 0.486
③ 0.575 ④ 0.732

해설 $\Delta S = S_2 - S_1 \displaystyle\int \dfrac{dq}{T} = GC_p C_v \ln \dfrac{T_2}{T_1}$

$= 5 \times 1.001 \times 0.7171 \times \ln\left(\dfrac{273+50}{273+15}\right) ≒ 0.411\,\text{kJ/K}$

10 다음 온도에 관한 설명 중 틀린 것은?

① 온도는 뜨겁거나 차가운 정도를 나타낸다.
② 열역학 제0법칙은 온도측정과 관계된 법칙이다.
③ 섭씨온도는 표준기압하에서 물의 어는점과 끓는점을 각각 0과 100으로 부여한 온도척도이다.
④ 화씨온도 F와 절대온도 K 사이에는 K=F+ 273.15의 관계가 성립한다.

해설 K = ℃ + 273.15

11 밀폐계에서 기체의 압력이 100kPa으로 일정하게 유지되면서 체적이 1m³에서 2m³으로 증가되었을 때 옳은 설명은?

① 밀폐계의 에너지변화는 없다.
② 외부로 행한 일은 100kJ이다.
③ 기체가 이상기체라면 온도가 일정하다.
④ 기체가 받은 열은 100kJ이다.

해설 $W = P(V_2 - V_1) = 100 \times (2 - 1) = 100\,\text{kJ}$

★
12 역Carnot cycle로 300K와 240K 사이에서 작동하고 있는 냉동기가 있다. 이 냉동기의 성능계수는?

① 3 ② 4
③ 5 ④ 6

해설 $COP = \dfrac{T_2}{T_1 - T_2} = \dfrac{240}{300 - 240} = 4$

정답 06. ① 07. ④ 08. ④ 09. ① 10. ④ 11. ② 12. ②

2017년

★
13 출력 10,000kW의 터빈플랜트의 시간당 연료소비량이 5,000kg/h이다. 이 플랜트의 열효율은 약 몇 %인가? (단, 연료의 발열량은 33,440kJ/kg이다.)

① 25.4%
② 21.5%
③ 10.9%
④ 40.8%

해설 $\eta = \dfrac{\text{출력(kW)} \times 3,600}{\text{연료소비량} \times \text{발열량}} = \dfrac{10,000 \times 3,600}{5,000 \times 33,440}$
$\fallingdotseq 0.2153 = 21.5\%$

14 보일러 입구의 압력이 9,800kN/m²이고, 응축기의 압력이 4,900N/m²일 때 펌프가 수행한 일은 약 몇 kJ/kg인가? (단, 물의 비체적은 0.001m³/kg이다.)

① 9.79
② 15.17
③ 87.25
④ 180.52

해설 $W_t = \text{비체적} \times \text{압력차} = \nu(P_2 - P_1)$
$= 0.001 \times (9,800 - 4.9) \fallingdotseq 9.79\,\text{kJ/kg}$

15 오토(Otto)사이클에 관한 일반적인 설명 중 틀린 것은?

① 불꽃점화기관의 공기표준사이클이다.
② 연소과정을 정적가열과정으로 간주한다.
③ 압축비가 클수록 효율이 높다.
④ 효율은 작업기체의 종류와 무관하다.

해설 효율은 작업기체의 종류와 관련이 깊다.

16 열역학 제2법칙과 관련된 설명으로 옳지 않은 것은?

① 열효율이 100%인 열기관은 없다.
② 저온물체에서 고온물체로 열은 자연적으로 전달되지 않는다.
③ 폐쇄계와 그 주변계가 열교환이 일어날 경우 폐쇄계와 주변계 각각의 엔트로피는 모두 상승한다.
④ 동일한 온도범위에서 작동되는 가역열기관은 비가역열기관보다 열효율이 높다.

해설 열역학 제2법칙은 열과 기계적인 일 사이의 방향적 관계를 명시한 것이며, 제2종 영구기관 제작 불가능의 법칙이라고도 한다.
비가역변화의 법칙으로 열적으로 고립된 계의 총 엔탈피는 감소하지 않는다는 법칙이다.

17 10kg의 증기가 온도 50℃, 압력 38kPa, 체적 7.5m³일 때 총내부에너지는 6,700kJ이다. 이와 같은 상태의 증기가 가지고 있는 엔탈피는 약 몇 kJ인가?

① 606
② 1,794
③ 3,305
④ 6,985

해설 $h = u + AP\nu = 6,700 + 1 \times 38 \times 7.5 = 6,985\,\text{kJ}$

18 다음 중 정확하게 표기된 SI기본단위(7가지)의 개수가 가장 많은 것은? (단, SI유도단위 및 그 외 단위는 제외한다.)

① A, Cd, ℃, kg, m, Mol, N, s
② cd, J, K, kg, m, Mol, Pa, s
③ A, J, ℃, kg, km, mol, S, W
④ K, kg, km, mol, N, Pa, S, W

해설 SI기본단위 : cd, J, K, kg, m, mol, Pa, s

★
19 어느 증기터빈에 0.4kg/s로 증기가 공급되어 260kW의 출력을 낸다. 입구의 증기엔탈피 및 속도는 각각 3,000kJ/kg, 720m/s, 출구의 증기엔탈피 및 속도는 각각 2,500kJ/kg, 120m/s이면 이 터빈의 열손실은 약 몇 kW가 되는가?

① 15.9
② 40.8
③ 20.0
④ 104

해설 $\text{kW} = G\dfrac{v - v_2}{v}(h_1 - h_2) \times 0.24$
$= 0.4 \times \dfrac{720 - 120}{720} \times (3,000 - 2,500) \times 0.24$
$\fallingdotseq 40.8\,\text{kW}$

20 8℃의 이상기체를 가역단열압축하여 그 체적은 1/5로 하였을 때 기체의 온도는 약 몇 ℃인가? (단, 이 기체의 비열비는 1.40이다.)

① −125℃
② 294℃
③ 222℃
④ 262℃

해설 $T_2 = (273 + 8) \times \left(\dfrac{1}{0.2}\right)^{1.4 - 1}$
$= 534.9\,\text{K} - 273 = 262℃$

제2과목 냉동공학

21 증기압축식 냉동장치에 관한 설명으로 옳은 것은?

① 증발식 응축기에서는 대기의 습구온도가 저하하면 고압압력은 통상의 운전압력보다 높게 된다.

② 압축기의 흡입압력이 낮게 되면 토출압력도 낮게 되어 냉동능력이 증대한다.

③ 언로더부착 압축기를 사용하면 급격하게 부하가 증가하여도 액백(liquid back)현상을 막을 수 있다.

④ 액배관에 플래시가스가 발생하면 냉매순환량이 감소되어 증발기의 냉동능력이 저하된다.

해설 ① 증발식 응축기에서는 대기의 습구온도가 저하하면 고압압력은 통상의 운전압력보다 낮게 된다.

② 압축기의 흡입압력이 낮게 되면 토출압력이 증가하여 냉동능력이 감소한다.

③ 언로더부착 압축기를 사용하면 급격하게 부하가 증가하여도 액백현상을 막을 수 없다.

22 열전달에 관한 설명으로 틀린 것은?

① 전도란 물체 사이의 온도차에 의한 열의 이동현상이다.

② 대류란 유체의 순환에 의한 열의 이동현상이다.

③ 대류열전달계수의 단위는 열통과율의 단위와 같다.

④ 열전도율의 단위는 $W/m^2 \cdot K$이다.

해설 열전도율의 단위는 $W/m \cdot K$, $kcal/m \cdot h \cdot \text{℃}$이다.

★
23 밀도가 $1,200kg/m^3$, 비열이 $0.705kcal/kg \cdot \text{℃}$인 염화칼슘브라인을 사용하는 냉각기의 브라인 입구온도가 -10℃, 출구온도가 -4℃ 되도록 냉각기를 설계하고자 한다. 냉동부하가 $36,000kcal/h$라면 브라인의 유량은 얼마이어야 하는가?

① 118L/min   ② 120L/min

③ 136L/min   ④ 150L/min

해설 $G_b = \dfrac{36,000}{1,200 \times 0.705 \times \{(-4)-(-10)\} \times 60}$

$= 0.1182\,m^3/min ≒ 118\,L/min$

24 2단 냉동사이클에서 응축압력을 P_c, 증발압력을 P_e라 할 때 이론적인 최적의 중간압력으로 가장 적당한 것은?

① $P_c \times P_e$ ② $(P_c \times P_e)^{\frac{1}{2}}$

③ $(P_c \times P_e)^{\frac{1}{3}}$ ④ $(P_c \times P_e)^{\frac{1}{4}}$

해설 $P_o = \sqrt{P_c P_e} = (P_c P_e)^{\frac{1}{2}}$

25 -15℃의 R-134a 냉매포화액의 엔탈피는 180.1kJ/kg, 같은 온도에서 포화증기의 엔탈피는 389.6kJ/kg이다. 증기압축식 냉동시스템에서 팽창밸브 직전의 액의 엔탈피가 237.5kJ/kg이라면 팽창밸브를 통과한 후 냉매의 건도는?

① 0.27   ② 0.32

③ 0.56   ④ 0.72

해설 $x = \dfrac{h - h_L}{h_V - h_L} = \dfrac{237.5 - 180.1}{389.6 - 180.1} ≒ 0.27$

★
26 방열벽의 열통과율(K)이 $0.2kcal/m^2 \cdot h \cdot \text{℃}$이며, 외기와 벽면과의 열전달율($\alpha_1$)은 $20kcal/m^2 \cdot h \cdot \text{℃}$, 실내 공기와 벽면과의 열전달율($\alpha_2$)이 $5kcal/m^2 \cdot h \cdot \text{℃}$, 방열층의 열전도율($\lambda$)이 $0.03kcal/m^2 \cdot h \cdot \text{℃}$라 할 때 방열벽의 두께는 얼마가 되는가?

① 142.5mm   ② 146.5mm

③ 155.5mm   ④ 164.5mm

해설 열통과율(K) $= \dfrac{1}{\dfrac{1}{\alpha_1} + \dfrac{t}{\lambda} + \dfrac{1}{\alpha_2}}$ [$kcal/m^2 \cdot h \cdot \text{℃}$]

$\therefore t = \lambda\left(\dfrac{1}{K} - \dfrac{1}{\alpha_1} - \dfrac{1}{\alpha_2}\right) = 0.03 \times \left(\dfrac{1}{0.2} - \dfrac{1}{20} - \dfrac{1}{5}\right)$

$= 0.1425\,m = 142.5\,mm$

27 다음 냉매의 구비조건에 대한 설명으로 틀린 것은?

① 증기의 비체적이 작을 것

② 임계온도가 충분히 높을 것

③ 점도와 표면장력이 크고 전열성능이 좋을 것

④ 부식성이 적을 것

해설 점도는 적당하고 표면장력은 작을 것

정답 21. ④ 22. ④ 23. ① 24. ② 25. ① 26. ① 27. ③

28 프레온냉매를 사용하는 냉동장치에 공기가 침입하면 어떤 현상이 일어나는가?

① 고압압력이 높아지므로 냉매순환량이 많아지고 냉동능력도 증가한다.
② 냉동톤당 소요동력이 증가한다.
③ 고압압력은 공기의 분압만큼 낮아진다.
④ 배출가스의 온도가 상승하므로 응축기의 열통과율이 높아지고 냉동능력도 증가한다.

해설 공기가 침입하여 불응축가스가 응축기 상부에 체류하면 응축압력이 상승하고 압축비가 증가하므로 토출가스온도 상승, 실린더 과열, 체적효율 감소, 응축압력 상승, 냉동능력 감소, 소요동력이 증대된다.

29 공냉식 냉동장치에서 응축압력이 과다하게 높은 경우가 아닌 것은?

① 순환공기온도가 높을 때
② 응축기가 불결한 상태일 때
③ 장치 내 불응축가스가 존재할 때
④ 공기순환량이 충분할 때

해설 공냉식 응축기는 공기순환량이 충분할 때는 응축압력이 떨어지며 응축압력과 온도가 높으므로 현상이 커진다.

30 냉동장치에서 디스트리뷰터(distributor)의 역할로서 옳은 것은?

① 냉매의 분배
② 흡입가스의 과열방지
③ 증발온도의 저하방지
④ 플래시가스의 발생방지

해설 디스트리뷰터는 냉매의 분배에 사용되는 기기이다.

31 다음 압축기 중 압축방식에 의한 분류에 속하지 않는 것은?

① 왕복동식 압축기　② 흡수식 압축기
③ 회전식 압축기　　④ 스크루식 압축기

해설 압축기는 냉매압축방식에 따라 왕복식, 회전식, 원심식, 스크루식, 스크롤식으로 나누어진다.

32 암모니아냉동기에서 압축기의 흡입포화온도 −20℃, 응축온도 30℃, 팽창밸브의 직전온도가 25℃, 피스톤 압출량이 288m³/h일 때 냉동능력은? (단, 압축기의 체적효율 0.8, 흡입냉매의 엔탈피 396kcal/kg, 냉매 흡입비체적 0.62m³/kg, 팽창밸브 직전 냉매의 엔탈피 128kcal/kg이다.)

① 25RT　　② 30RT
③ 35RT　　④ 40RT

해설
$$RT = \frac{압출량}{비체적} \times 체적효율 \times \frac{h_1 - h_3}{3,320}$$
$$= \frac{288}{0.62} \times 0.8 \times \frac{396 - 128}{3,320} ≒ 30RT$$

33 다음은 $h-x$(엔탈피 - 농도)선도에 흡수식 냉동기의 사이클을 나타낸 것이다. 그림에서 흡수사이클을 나타내는 것으로 옳은 것은?

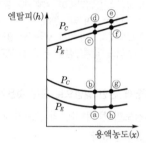

① a−b−g−h−a　② a−c−f−h−a
③ b−c−f−g−b　④ b−d−e−g−b

해설 물과 흡수제인 LiBr의 혼합용액의 순환은 a−b−g−h−a 이다.

34 냉동기의 압축기 윤활목적으로 틀린 것은?

① 마찰을 감소시켜 마모를 적게 한다.
② 패킹재를 보호한다.
③ 열을 발생시킨다.
④ 피스톤, 스터핑박스 등에서 냉매누출을 방지한다.

해설 **압축기의 윤활목적** : 마찰 부분의 마모방지, 패킹보호, 열 발생방지(마찰 부분의 열흡수), 유막으로 기밀유지하여 냉매누출방지, 진동·소음·충격방지, 동력소모의 절감

정답 　28. ②　29. ④　30. ①　31. ②　32. ②　33. ①　34. ③

35 다음 선도와 같이 응축온도만 변화하였을 때 각 사이클의 특성비교로 틀린 것은? (단, 사이클 A : A-B-C-D-A, 사이클 B : A-B´-C´-D´-A, 사이클 C : A-B″-C″-D″-A이다.)

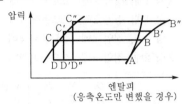

(응축온도만 변했을 경우)

① 압축비 : 사이클 C > 사이클 B > 사이클 A
② 압축일량 : 사이클 C > 사이클 B > 사이클 A
③ 냉동효과 : 사이클 C > 사이클 B > 사이클 A
④ 성적계수 : 사이클 C < 사이클 B < 사이클 A

해설 냉동효과는 사이클 A>B>C 순이다.

★
36 냉매액가스열교환기의 사용에 대한 설명으로 틀린 것은?

① 액가스열교환기는 보통 암모니아장치에는 사용하지 않는다.
② 프레온냉동장치에서 액압축방지 및 액관 중의 플래시가스 발생을 방지하는 데 도움이 된다.
③ 증발기로 들어가는 저온의 냉매증기와 압축기에서 응축기에 이르는 고온의 냉매액을 열교환시키는 방법을 이용한다.
④ 습압축을 방지하여 냉동효과와 성적계수를 향상시킬 수 있다.

해설 ㉠ 프레온냉동장치에서 압축기 흡입배관과 응축기 출구배관을 접촉시켜 열교환시키는 방법을 이용한다.
㉡ 액가스열교환기를 설치 시 장점 : 팽창밸브 직전 냉매를 과냉각시켜서 냉동효과 증대, 성적계수 향상, 액압축방지

37 액분리기에 관한 설명으로 옳은 것은?

① 증발기 입구에 설치한다.
② 액압축을 방지하며 압축기를 보호한다.
③ 냉각할 때 침입한 공기와 냉매를 혼합시킨다.
④ 증발기에 공급되는 냉매액을 냉각시킨다.

해설 액분리기(accumulator)는 액압축을 방지하며 압축기를 보호한다.

★
38 증기압축식 냉동장치의 운전 중에 액백(Liquid back)이 발생되고 있을 때 나타나는 현상으로 옳은 것은?

① 소요동력이 감소한다.
② 토출관이 뜨거워진다.
③ 압축기에 서리가 생긴다.
④ 냉동능력이 증가한다.

해설 리퀴드백(액백)으로 인하여 나타나는 영향
㉠ 소요동력이 증가한다.
㉡ 토출가스의 온도가 저하한다.
㉢ 압축기 실린더에 서리가 발생한다.
㉣ 냉동능력이 감소한다.
㉤ 압축기에 이상음이 발생한다.
㉥ 압축기의 파손 우려가 있다.

39 1단 압축 1단 팽창 이론냉동사이클에서 압축기의 압축과정은?

① 등엔탈피변화   ② 정적변화
③ 등엔트로피변화   ④ 등온변화

해설 압축과정(등엔트로피), 응축과정(등온), 팽창과정(등엔탈피), 증발과정(등온)

40 실제 냉동사이클에서 냉매가 증발기에서 나온 후 압축기의 흡입 전 흡입가스변화는?

① 압력은 감소하고 엔탈피는 증가한다.
② 압력과 엔탈피는 감소한다.
③ 압력은 증가하고 엔탈피는 감소한다.
④ 압력과 엔탈피는 증가한다.

해설 압축기의 흡입 전 흡입가스변화는 압력은 감소하고, 엔탈피는 증가한다.

제3과목 **공기조화**

41 다음 공조방식 중 개별식에 속하는 것은 어느 것인가?

① 팬코일유닛방식   ② 단일덕트방식
③ 2중덕트방식   ④ 패키지유닛방식

해설 패키지유닛방식은 개별식으로 송풍기, 가열코일(혹은 냉각코일), 공기여과기 및 냉동기 등을 내장한 공장제작의 공조기를 단독 또는 여러 개 설치하여 공조하는 방식으로 수냉식과 공냉식이 있다. 일반적으로 많이 사용되고 있는 것은 수냉식 유닛이다.

정답 35. ③ 36. ③ 37. ② 38. ③ 39. ③ 40. ① 41. ④

42 보일러출력 표시에 대한 설명으로 틀린 것은?

① 정격출력 : 연속운전이 가능한 보일러의 능력으로 난방부하, 급탕부하, 배관부하, 예열부하의 합이다.

② 정미출력 : 난방부하, 급탕부하, 예열부하의 합이다.

③ 상용출력 : 정격출력에서 예열부하를 뺀 값이다.

④ 과부하출력 : 운전 초기에 과부하가 발생했을 때는 정격출력의 10~20% 정도 증가해서 운전할 때의 출력으로 한다.

해설 ㉠ 정격출력 = 난방부하 + 급탕부하 + 배관부하 + 예열부하

㉡ 정미출력 = 난방부하 + 급탕부하

㉢ 상용출력 = 난방부하 + 급탕부하 + 배관부하

㉣ 과부하출력 : 24시간 연속운전 중 2시간 동안 연속적으로 운전 가능한 과부하출력을 기준(출력의 10~20% 더 많이 출력)

★
43 20명의 인원이 각각 1개비의 담배를 동시에 피울 경우 필요한 실내환기량은? (단, 담배 1개비당 발생하는 배연량은 0.54g/h, $1m^3$/h의 환기 가능한 허용 담배연소량은 0.017g/h이다.)

① $235m^3$/h ② $347m^3$/h

③ $527m^3$/h ④ $635m^3$/h

해설 배연량$(G) = 20 \times 0.54 = 10.8\,g/h$

$\therefore$ 환기량 $= \dfrac{10.8}{0.017} = 635\,m^3/h$

★
44 건물의 외벽크기가 10m×2.5m이며, 벽두께가 250mm인 벽체의 양 표면온도가 각각 $-15℃$, $26℃$일 때, 이 벽체를 통한 단위시간당의 손실열량은? (단, 벽의 열전도율은 0.05kcal/m·h·℃이다.)

① 20.5kcal/h ② 205kcal/h

③ 102.5kcal/h ④ 240kcal/h

해설 $q_1 = K \dfrac{1}{t} A \Delta t_e$

$= 0.05 \times \dfrac{1}{0.25} \times (10 \times 2.5) \times (26 - (-15))$

$= 205\,kcal/h$

★
45 동일한 송풍기에서 회전수를 2배로 했을 경우 풍량, 정압, 소요동력의 변화에 대한 설명으로 옳은 것은?

① 풍량 1배, 정압 2배, 소요동력 2배

② 풍량 1배, 정압 2배, 소요동력 4배

③ 풍량 2배, 정압 4배, 소요동력 4배

④ 풍량 2배, 정압 4배, 소요동력 8배

해설 ㉠ 회전수에 따른 : $\dfrac{Q_2}{Q_1} = \dfrac{N_2}{N_1}$, $\dfrac{P_2}{P_1} = \left(\dfrac{N_2}{N_1}\right)^2$,

$\dfrac{L_2}{L_1} = \left(\dfrac{N_2}{N_1}\right)^3$

㉡ 직경에 따른 : $\dfrac{Q_2}{Q_1} = \left(\dfrac{d_2}{d_1}\right)^3$, $\dfrac{P_2}{P_1} = \left(\dfrac{d_2}{d_1}\right)^2$,

$\dfrac{L_2}{L_1} = \left(\dfrac{d_2}{d_1}\right)^5$

46 습공기의 가습방법으로 가장 거리가 먼 것은?

① 순환수를 분무하는 방법

② 온수를 분무하는 방법

③ 수증기를 분무하는 방법

④ 외부공기를 가열하는 방법

해설 **가습방법(순환수, 온수, 수증기)** : 에어워셔에 의해서 단열가습, 수증기를 분무하는 방법, 가습팬에 의해 수증기를 사용하는 방법

47 장방형 덕트(긴 변 a, 짧은 변 b)의 원형덕트의 지름환산식으로 옳은 것은?

① $d_e = 1.3 \left[\dfrac{(ab)^2}{a+b}\right]^{1/8}$

② $d_e = 1.3 \left[\dfrac{(ab)^5}{a+b}\right]^{1/6}$

③ $d_e = 1.3 \left[\dfrac{(ab)^5}{(a+b)^2}\right]^{1/8}$

④ $d_e = 1.3 \left[\dfrac{(ab)^2}{a+b}\right]^{1/6}$

해설 $d = 1.3 \left[\dfrac{(ab)^5}{(a+b)^2}\right]^{1/8}$

정답 42. ② 43. ④ 44. ② 45. ④ 46. ④ 47. ③

48 흡수식 냉동기에 관한 설명으로 틀린 것은?

① 비교적 소용량보다는 대용량에 적합하다.

② 발생기에는 증기에 의한 가열이 이루어진다.

③ 냉매는 브롬화리튬(LiBr), 흡수제는 물(H_2O)의 조합으로 이루어진다.

④ 흡수기에서는 냉각수를 사용하여 냉각시킨다.

해설 흡수식 냉동기의 냉매는 물(H_2O), 흡수제는 브로화리튬(LiBr)을 사용한다.

49 온수난방설계 시 달시-바이스바흐(Darcy-Weibach)의 수식을 적용한다. 이 식에서 마찰저항계수와 관련이 있는 인자는?

① 누셀수(Nu)와 상대조도

② 프란틀수(Pr)와 절대조도

③ 레이놀즈수(Re)와 상대조도

④ 그라쇼프수(Gr)와 절대조도

해설 레이놀즈수(Re)와 상대조도는 마찰저항계수와 관련있다.

50 공기 중의 수증기가 응축하기 시작할 때의 온도, 즉 공기가 포화상태로 될 때의 온도를 무엇이라고 하는가?

① 건구온도   ② 노점온도

③ 습구온도   ④ 상당외기온도

해설 노점온도는 응축이 시작되는 온도, 즉 이슬점온도이다.

51 공기 중의 수분이 벽이나 천장, 바닥 등에 닿았을 때 응축되어 이슬이 맺히는 경우가 있다. 이와 같은 수분의 응축결로를 방지하는 방법으로 적절하지 않은 것은?

① 다습한 외기를 도입하지 않도록 한다.

② 벽체인 경우 단열재를 부착한다.

③ 유리창인 경우 2중유리를 사용한다.

④ 공기와 접촉하는 벽면의 온도를 노점온도 이하로 낮춘다.

해설 공기와 접촉하는 벽면온도를 노점온도 이상으로 해야 결로가 방지된다.

★
52 에너지 절약의 효과 및 사무자동화(OA)에 의한 건물에서 내부발생열의 증가와 부하변동에 대한 제어성이 우수하기 때문에 대규모 사무실 건물에 적합한 공기조화방식은?

① 정풍량(CAV) 단일덕트방식

② 유인유닛방식

③ 룸쿨러방식

④ 가변풍량(VAV) 단일덕트방식

해설 **가변풍량 단일덕트방식의 장점**

㉠ 부하변동에 대한 제어성이 우수하기 때문에 대규모 사무실에 적합하다.

㉡ 운전비의 절약이 가능하다.

㉢ 시운전 시의 각 취출구의 풍량조정이 간단하다.

㉣ 개별제어가 용이하다.

㉤ 말단 VAV유닛에 의해 덕트저항이 계산을 간소화할 수 있다.

㉥ Air Balancing이 비교적 용이하고 칸막이 변동이나 부하 증가에 따른 대응이 용이하다.

㉦ 동시부하율을 고려하여 기기용량을 선정할 수 있어서 설비용량을 적게 할 수 있다.

★
53 실내의 냉방현열부하가 5,000kcal/h, 잠열부하가 800kcal/h인 방을 실온 26℃로 냉각하는 경우 송풍량은? (단, 취출온도는 15℃이며, 건공기의 정압비열은 0.24kcal/kg·℃, 공기의 비중량은 1.2kg/m³이다.)

① 1,578m³/h   ② 878m³/h

③ 678m³/h   ④ 578m³/h

해설 $Q = \dfrac{5,000}{1.2 \times 0.24 \times (26-15)} \fallingdotseq 1,578\,\text{m}^3/\text{h}$

54 실내를 항상 급기용 송풍기를 이용하여 정압(+)상태로 유지할 수 있어서 오염된 공기의 침입을 방지하고 연소용 공기가 필요한 보일러실, 반도체 무균실, 소규모 변전실, 창고 등에 적합한 환기법은?

① 제1종 환기   ② 제2종 환기

③ 제3종 환기   ④ 제4종 환기

해설 제2종 환기(압입식)는 기계설비에 의한 송풍기에 의한 강제급기와 자연배기방식이다.

정답 48. ③   49. ③   50. ②   51. ④   52. ④   53. ①   54. ②

55 바닥취출공조방식의 특징으로 틀린 것은?

① 천장덕트를 최소화하여 건축충고를 줄일 수 있다.

② 개개인에 맞추어 풍량 및 풍속조절이 어려워 쾌적성이 저해된다.

③ 가압식의 경우 급기거리가 18m 이하로 제한 된다.

④ 취출온도와 실내온도차이가 10℃ 이상이면 드래프트현상을 유발할 수 있다.

해설 **바닥취출공조방식** : 바닥취출구를 거주자의 근처에 설치함으로써 개인의 기분이나 신체리듬에 맞게 풍량, 풍향 또는 온도를 자유롭게 조절할 수 있는 거주성 중시 쾌적공조시스템이다.

56 단일덕트재열방식의 특징으로 틀린 것은?

① 냉각기에 재열부하가 추가된다.

② 송풍공기량이 증가한다.

③ 실별 제어가 가능하다.

④ 현열비가 큰 장소에 적합하다.

해설 **단일덕트재열방식의 특징**

㉠ 부하패턴이 다른 다수의 실 또는 존의 공조에 적합 하다.

㉡ 단일덕트재열방식은 실내의 건구온도뿐만 아니라 부분부하 시에 상대습도도 유지하는 것을 목적으로 한다.

★
57 가변풍량공조방식의 특징으로 틀린 것은?

① 다른 방식에 비하여 에너지 절약효과가 높다.

② 실내공기의 청정화를 위하여 대풍량이 요구 될 때 적합하다.

③ 각 실의 실온을 개별적으로 제어할 때 적합 하다.

④ 동시사용률을 고려하여 기기용량을 결정할 수 있어 정풍량방식에 비하여 기기의 용량을 적게 할 수 있다.

해설 가변풍량(VAV)방식은 부분부하 시 송풍기 동력을 절감 할 수 있으며 공기조화방식 중 에너지 절약에 가장 효과적 이다.

★
58 다음 습공기선도의 공기조화과정을 나타낸 장치도는? (단, ① : 외기, ② : 환기, HC : 가열기, CC : 냉각기이다.)

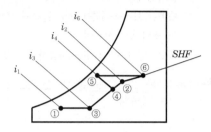

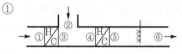
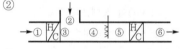
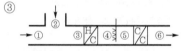
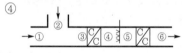

해설 **습공기선도**

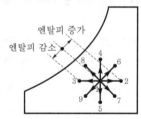

1→2 : 가열, 1→3 : 냉각, 1→4 : 가습, 1→5 : 감습,
1→6 : 가열가습, 1→7 : 가열감습(단열변화),
1→8 : 냉각가습(단열변화), 1→9 : 냉각감습

59 공기조화설비는 공기조화기, 열원장치 등 4대 주요 장치로 구성되어 있다. 4대 주요 장치의 하나인 공기조화기에 해당되는 것이 아닌 것은?

① 에어필터 　　② 공기냉각기

③ 공기가열기 　　④ 왕복동압축기

해설 **공기조화기** : 에어필터, 공기냉각기, 공기가열기, 송풍 기, 냉각코일

정답 　55. ② 　56. ④ 　57. ② 　58. ② 　59. ④

★
60 습공기의 성질에 대한 설명으로 틀린 것은?

① 상대습도란 어떤 공기의 절대습도와 동일 온도의 포화습공기의 절대습도의 비를 말한다.
② 절대습도는 습공기에 포함된 수증기의 중량을 건공기 1kg에 대하여 나타낸 것이다.
③ 포화공기란 습공기 중의 절대습도, 건구온도 등이 변화하면서 수증기가 포화상태에 이른 공기를 말한다.
④ 무입공기란 포화수증기 이상의 수분을 함유하여 공기 중에 미세한 물방울을 함유하는 공기를 말한다.

해설 상대습도는 습공기 중의 포화증기밀도에 대한 동일 온도에서의 증기밀도의 비이다.

$$상대습도 = \frac{증기밀도}{포화증기 밀도}$$

제4과목　전기제어공학

61 논리식 중 동일한 값을 나타내지 않는 것은?

① $X(X+Y)$
② $XY+X\overline{Y}$
③ $X(\overline{X}+Y)$
④ $(X+Y)(X+\overline{Y})$

해설 $X(\overline{X}+Y)=X\overline{X}+XY=XY$

62 콘덴서의 정전용량을 높이는 방법으로 틀린 것은?

① 극판의 면적을 넓게 한다.
② 극판 간의 간격을 작게 한다.
③ 극판 간의 절연 파괴 전압을 작게 한다.
④ 극판 사이의 유전체를 비유전율이 큰 것으로 사용한다.

해설 $C=\dfrac{Q}{V}=\varepsilon\dfrac{A}{t}$

여기서, ε : 비유전율, A : 단면적, t : 극판간격

63 계측기 선정 시 고려사항이 아닌것은?

① 신뢰도
② 정확도
③ 미려도
④ 신속도

해설 **계측기 선정 시 고려사항** : 신뢰도, 정확도, 신속도

64 R, L, C가 서로 직렬로 연결되어 있는 회로에서 양단의 전압과 전류가 동상이 되는 조건은?

① $\omega=LC$
② $\omega=L^2C$
③ $\omega=\dfrac{1}{LC}$
④ $\omega=\dfrac{1}{\sqrt{LC}}$

해설 R, L, C가 서로 직렬로 연결되어 있는 회로에서 양단의 전압과 전류가 동상인 조건은 $\omega=\dfrac{1}{\sqrt{LC}}$ 이다.

65 광전형 센서에 대한 설명으로 틀린 것은?

① 전압변화형 센서이다.
② 포토다이오드, 포토TR 등이 있다.
③ 반도체의 pn접합기전력을 이용한다.
④ 초전효과(pyroelectric effect)를 이용한다.

해설 광전형 센서는 투광기에서 쏜 빛을 수광기에서 감지하여 접점을 개폐하여 물체와 직접 접촉하지 않고 검출한다.

★
66 다음 그림과 같은 계전기 접점회로의 논리식은?

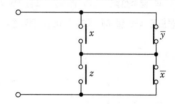

① $xz+\overline{y}\,\overline{x}$
② $xy+z\overline{x}$
③ $(x+\overline{y})(z+\overline{x})$
④ $(x+z)(\overline{y}+\overline{x})$

해설 단자전압을 좌우로 놓고 논리식을 정리한다.
$(x+\overline{y})(z+\overline{x})$

67 3상 권선형 유도전동기 2차측에 외부저항을 접속하여 2차 저항값을 증가시키면 나타나는 특성으로 옳은 것은?

① 슬립 감소
② 속도 증가
③ 기동토크 증가
④ 최대 토크 증가

해설 3상 권선형 유도전동기의 저항 증가는 기동토크의 증가이다.

★

68 $\frac{3}{2}\pi$[rad]단위를 각도(°)단위로 표시하면 얼마인가?

① 120°　　　　② 240°

③ 270°　　　　④ 360°

해설 $\frac{3}{2}\pi = \frac{x}{180}\pi$

$\therefore x = \frac{3}{2}\times180 = 270°$

69 궤환제어계에 속하지 않는 신호로서 외부에서 제어량이 그 값에 맞도록 제어계에 주어지는 신호를 무엇이라 하는가?

① 목표값　　　　② 기준입력

③ 동작신호　　　④ 궤환신호

해설 **목표값(desired value)** : 제어량이 어떤 값을 목표로 정하도록 외부에서 주어지는 값

★

70 그림 (a)의 직렬로 연결된 저항회로에서 입력전압 V_1과 출력전압 V_0의 관계를 그림 (b)의 신호흐름선도로 나타낼 때 A에 들어갈 전달함수는?

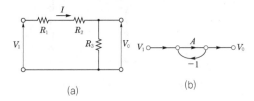

(a)　　　　　　　(b)

① $\dfrac{R_3}{R_1+R_2}$　　　　② $\dfrac{R_1}{R_2+R_3}$

③ $\dfrac{R_2}{R_1+R_3}$　　　　④ $\dfrac{R_3}{R_1+R_2+R_3}$

해설 ㉠ $G_s = \dfrac{V_0}{V_1} = \dfrac{R_3}{R_1+R_2+R_3}$

$V_1 R_3 = V_0(R_1+R_2+R_3)$

$V_1 = V_0\left(\dfrac{R_1+R_2}{R_3}+1\right) = V_0\dfrac{R_1+R_2}{R_3}+V_0$

$\therefore \dfrac{V_0}{V_1-V_0} = \dfrac{R_3}{R_1+R_2}$

㉡ $(V_1-V_0)A = V_0$

$\therefore A = \dfrac{V_0}{V_1-V_0} = \dfrac{R_3}{R_1+R_2}$

71 타력제어와 비교한 자력제어의 특징 중 틀린 것은?

① 저비용　　　　② 구조 간단

③ 확실한 동작　　④ 빠른 조작속도

해설 자력제어는 저비용, 구조 간단, 확실한 동작, 조작속도가 느린 특징이 있다.

★

72 다음 (a), (b) 두 개의 블록선도가 등가가 되기 위한 K는?

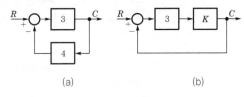

(a)　　　　　　　(b)

① 0　　　　② 0.1

③ 0.2　　　④ 0.3

해설 ㉠ $\dfrac{3}{1+(3\times4)} = \dfrac{3}{13}$

㉡ $\dfrac{3K}{1+3K} = \dfrac{3}{13}$

$3K\times13 = 3\times(1+3K)$

$\therefore K = 0.1$

73 무인커피판매기는 무슨 제어인가?

① 서보기구　　　② 자동조정

③ 시퀀스제어　　④ 프로세스제어

해설 정치제어(프로세스제어 : 온도, 자동조정 : 압연기), 추치제어(서보제어), 프로그램제어(목표값이 미리 정해진 시간적 변위 : 산업로봇무인제어), 시퀀스제어(무인커피자동판매기)

74 전압, 전류, 주파수 등의 양을 주로 제어하는 것으로 응답속도가 빨라야 하는 것이 특징이며 정전압장치나 발전기 및 조속기의 제어 등에 활용하는 제어방법은?

① 서보기구　　　② 비율제어

③ 자동조정　　　④ 프로세스제어

해설 자동조정(automatic regulation)은 제어시스템의 제어량인 전압, 전류, 회전속도, 토크(회전력) 등의 기계적인 것으로서 주로 수차, 증기터빈 등에 널리 사용된다.

정답　68. ③　69. ①　70. ①　71. ④　72. ②　73. ③　74. ③

75 공작기계를 이용한 제품가공을 위해 프로그램을 이용하는 제어와 가장 관계 깊은 것은?

① 속도제어   ② 수치제어

③ 공정제어   ④ 최적제어

해설 수치제어는 복잡하고 균일하게 빠른 가공을 할 수 있는 제어로 CNC공작기계의 프로그램이 적용된다.

★
76 단상변압기 3대를 △결선하여 3상 전원을 공급하다가 1대의 고장으로 인하여 고장 난 변압기를 제거하고 V결선으로 바꾸어 전력을 공급할 경우 출력은 당초 전력의 약 몇 %까지 가능하겠는가?

① 46.7   ② 57.7

③ 66.7   ④ 86.7

해설 출력비 $= \dfrac{\sqrt{3}\,IV\cos\theta}{3IV\cos\theta} = 0.577 = 57.7\%$

77 도체를 늘려서 길이가 4배인 도선을 만들었다면 도체의 전기저항은 처음의 몇 배인가?

① $\dfrac{1}{4}$ ② $\dfrac{1}{16}$

③ 4   ④ 16

해설 $R = \rho\dfrac{l}{S} = \rho\dfrac{4l}{\frac{1}{4}s} = 16\rho\dfrac{l}{s}$

★
78 $L = 4H$인 인덕턴스에 $i = -30e^{-3t}$[A]의 전류가 흐를 때 인덕턴스에 발생하는 단자전압은 몇 V인가?

① $90e^{-3t}$ ② $120e^{-3t}$

③ $180e^{-3t}$ ④ $360e^{-3t}$

해설 $v = L\dfrac{di(t)}{dt} = 4 \times \dfrac{d}{dt} \times (-30e^{-3t}) = 360e^{-3t}$

79 출력의 변동을 조정하는 동시에 목표값에 정확히 추종하도록 설계한 제어계는?

① 타력제어   ② 추치제어

③ 안정제어   ④ 프로세서제어

해설 추종제어는 목표값이 임의의 시간에 변화하는 제어로서 대공포 포신제어(미사일유도), 자동아날로그선반 등이 속한다.

80 제어기기의 변환요소에서 온도를 전압으로 변화시키는 요소는?

① 열전대   ② 광전지

③ 벨로즈   ④ 가변저항기

해설 ㉠ 온도 → 전압 : 열전대(백금, 백금로듐, 철콘스탄탄, 구리콘스탄탄, 크로멜, 알루멜)
ⓛ 압력 → 변위 : 벨로즈, 다이어프램, 스프링
ⓒ 변위 → 압력 : 노즐플래퍼, 유압분사관, 스프링
ⓔ 변위 → 전압 : 퍼텐쇼미터, 차동변압기, 전위차계
ⓜ 전압 → 변위 : 전자석, 전자코일

제5과목   **배관일반**

81 관의 부식방지방법으로 틀린 것은?

① 전기절연을 시킨다.

② 아연도금을 한다.

③ 열처리를 한다.

④ 습기의 접촉을 없게 한다.

해설 열처리는 관의 부식방지와 무관하며 담금질, 뜨임, 풀림, 불림을 말한다.

★
82 급탕배관에서 설치되는 팽창관의 설치위치로 적당한 것은?

① 순환펌프와 가열장치 사이

② 가열장치와 고가탱크 사이

③ 급탕관과 환수관 사이

④ 반탕관과 순환펌프 사이

해설 가열장치와 고가탱크 사이에 팽창관을 설치하며 어떠한 밸브도 부착하지 않는다.

83 기수혼합식 급탕설비에서 소음을 줄이기 위해 사용되는 기구는?

① 서모스탯   ② 사일런서

③ 순환펌프   ④ 감압밸브

해설 기수혼합식의 사용증기압력은 0.1~0.4MPa(1~4kgf/cm²)로 S형과 F형의 스팀사일런서를 부착하는 급탕법이다.

정답   **75.** ②   **76.** ②   **77.** ④   **78.** ④   **79.** ②   **80.** ①   **81.** ③   **82.** ②   **83.** ②

84 다음 중 소형, 경량으로 설치면적이 적고 효율이 좋으므로 가장 많이 사용되고 있는 냉각탑의 종류는?

① 대기식 냉각탑　　② 대향류식 냉각탑
③ 직교류식 냉각탑　　④ 밀폐식 냉각탑

해설 대향류식 냉각탑은 소형, 경량, 설치면적이 적고 효율이 좋다.

85 도시가스 입상배관의 관지름이 20mm일 때 움직이지 않도록 몇 m마다 고정장치를 부착해야 하는가?

① 1m　　　　　② 2m
③ 3m　　　　　④ 4m

해설 관지름이 20mm일 때는 1.8m, 즉 약 2m마다 고정장치를 부착해야 한다.

86 배관도시기호 치수기입법 중 높이 표시에 관한 설명으로 틀린 것은?

① EL : 배관의 높이를 관의 중심을 기준으로 표시
② GL : 포장된 지표면을 기준으로 하여 배관장치의 높이를 표시
③ FL : 1층의 바닥면을 기준으로 표시
④ TOP : 지름이 다른 관의 높이를 나타낼 때 관 외경의 아랫면까지를 기준으로 표시

해설 TOP(Top Of Pipe)은 BOP와 같은 목적으로 사용되나 관 윗면을 기준으로 하여 표시한다.

★
87 급수배관에 관한 설명으로 옳은 것은?

① 수평배관은 필요할 경우 관내의 물을 배제하기 위하여 1/100~1/150의 구배를 준다.
② 상향식 급수배관의 경우 수평주관을 내림구배, 수평분기관은 올림구배로 한다.
③ 배관이 벽이나 바닥을 관통하는 곳에는 후일 수리 시 교체가 쉽도록 슬리브(sleeve)를 설치한다.
④ 급수관과 배수관을 수평으로 매설하는 경우 급수관을 배수관의 아래쪽이 되도록 매설한다.

해설 벽이나 바닥의 관통배관 시에는 슬리브를 넣고 배관하여 교체나 수리가 가능하도록 해야 한다.

88 공장에서 제조정제된 가스를 저장했다가 공급하기 위한 압력탱크로 가스압력을 균일하게 하며 급격한 수요변화에도 제조량과 소비량을 조절하기 위한 장치는?

① 정압기　　　　② 압축기
③ 오리피스　　　④ 가스홀더

해설 가스홀더는 가스를 저장했다가 공급하기 위한 압력탱크로 저압식으로 유수식, 무수식이 있으며, 중·고압식으로 원통형 및 구형이 있다.

★
89 호칭지름 20A인 강관을 2개의 45° 엘보를 사용해서 다음 그림과 같이 연결하고자 한다. 밑면과 높이가 똑같이 150mm라면 빗면연결 부분의 관의 실제 소요길이(*l*)는? (단, 45° 엘보나사부의 길이는 15mm, 이음쇠의 중심선에서 단면까지 거리는 25mm로 한다.)

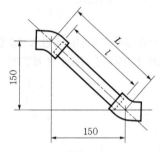

① 178mm　　　② 180mm
③ 192mm　　　④ 212mm

해설 $L = \sqrt{2} \times 150 = 212.13\,mm$
∴ $l = L - 2C = L - 2(A-a) = 212.1 - 2 \times (25-15)$
$= 192.13\,mm$

90 증기배관의 트랩장치에 관한 설명이 옳은 것은?

① 저압증기에서는 보통 버킷형 트랩을 사용한다.
② 냉각레그(cooling leg)는 트랩의 입구 쪽에 설치한다.
③ 트랩의 출구 쪽에는 스트레이너를 설치한다.
④ 플로트형 트랩은 상·하 구분 없이 수직으로 설치한다.

해설 ① 저압증기에서는 보통 플로트형 트랩을 사용한다.
③ 트랩의 입구 쪽에는 스트레이너를 설치한다.
④ 플로트형 트랩은 상·하 구분이 필요하다.

정답　84. ②　85. ②　86. ④　87. ③　88. ④　89. ③　90. ②

★
91 저압가스배관에서 관 내경이 25mm에서 압력손실이 320mmAq이라면 관 내경이 50mm로 2배로 되었을 때 압력손실은 얼마인가?

① 160mmAq   ② 80mmAq

③ 32mmAq   ④ 10mmAq

해설 $Q = K\sqrt{\dfrac{D^5 \Delta P}{SL}}$

$\Delta P = \dfrac{SLQ^2}{K^2 D^5}$

$320 = \dfrac{x}{25^5}$

$x = 3,125,000,000$

$\therefore \ \Delta P = \dfrac{3,125,000,000}{50^5} = 10\,\text{mmAq}$

92 냉동배관의 재료구비조건으로 틀린 것은?

① 가공성이 양호할 것
② 내식성이 좋을 것
③ 냉매와 윤활유가 혼합될 때 화학적 작용으로 인한 냉매의 성질이 변하지 않을 것
④ 저온에서 기계적 강도 및 압력손실이 적을 것

해설 저온에서 기계적 강도가 클 것

93 보온재의 구비조건으로 틀린 것은?

① 열전도율이 적을 것
② 균열신축이 적을 것
③ 내식성 및 내열성이 있을 것
④ 비중이 크고 흡습성이 클 것

해설 비중이 작고 흡습성이 작을 것

94 증기난방배관설비의 응축수환수방법 중 증기의 순환이 가장 빠른 방법은?

① 진공환수식   ② 기계환수식
③ 자연환수식   ④ 중력환수식

해설 진공환수식은 응축수환수방법 중 증기의 순환이 가장 빠르다.

95 급탕배관의 관경을 결정할 때 고려해야 할 요소로 가장 거리가 먼 것은?

① 1m마다의 마찰손실
② 순환수량
③ 관내유속
④ 펌프의 양정

해설 급탕배관의 관경을 결정할 때 고려사항 : 마찰손실, 순환수량, 관내유속

96 가스배관의 경로 선정 시 고려하여야 할 내용으로 적당하지 않은 것은?

① 최단거리로 할 것
② 구부러지거나 오르내림을 적게 할 것
③ 가능한 은폐매설을 할 것
④ 가능한 옥외에 설치할 것

해설 가능한 은폐매설을 피할 것

★
97 통기관에 관한 설명으로 틀린 것은?

① 각개통기관의 관경은 그것이 접속되는 배수관 관경의 1/2 이상으로 한다.
② 통기방식에는 신정통기, 각개통기, 회로통기방식이 있다.
③ 통기관은 트랩 내의 봉수를 보호하고 관내 청결을 유지한다.
④ 배수입관에서 통기입관의 접속은 90° T이음으로 한다.

해설 배수수평관에서 통기관을 분지하는 경우는 배수관 단면의 수직 중심선 상부로부터 45° 이내의 각도에서 분지한다.

98 부력에 의해 밸브를 개폐하여 간헐적으로 응축수를 배출하는 구조를 가진 증기트랩은?

① 열동식 트랩   ② 버킷트랩
③ 플로트트랩   ④ 충격식 트랩

해설 버킷트랩은 부력에 의해 밸브를 간헐적으로 응축수 배출하며, 응축수를 밀어 올릴 수 있어 환수관을 트랩보다 위쪽에 배관할 수 있어 관말트랩이라고도 한다.

정답   91. ④   92. ④   93. ④   94. ①   95. ④   96. ③   97. ④   98. ②

★
99 배관에 사용되는 강관은 1℃ 변화함에 따라 1m당 몇 mm만큼 팽창하는가? (단, 관의 열팽창계수는 0.00012m/m · ℃이다.)

① 0.012　　　　② 0.12

③ 0.022　　　　④ 0.22

해설 $\lambda = 1,000L\Delta t$
$= 1,000 \times 1 \times 0.00012 \times 1$
$= 0.12mm$

100 다음 신축이음 중 주로 증기 및 온수난방용 배관에 사용되는 것은?

① 루프형 신축이음
② 슬리브형 신축이음
③ 스위블형 신축이음
④ 벨로즈형 신축이음

해설 스위블형 신축이음은 2개 이상의 엘보를 사용하는 증기 및 온수난방의 저압용으로 사용한다.

2017년 제3회 공조냉동기계기사

제1과목 기계 열역학

01 1kg의 기체로 구성되는 밀폐계가 50kJ의 열을 받아 15kJ의 일을 했을 때 내부에너지변화량은 얼마인가? (단, 운동에너지의 변화는 무시한다.)

① 65kJ　　② 35kJ

③ 26kJ　　④ 15kJ

해설 $\Delta u = q - AW = 50 - 15 = 35kJ$

★
02 초기에 온도 T, 압력 P상태의 기체(질량 m)가 들어있는 견고한 용기에 같은 기체를 추가로 주입하여 최종적으로 질량 $3m$, 온도 $2T$상태가 되었다. 이때 최종상태에서의 압력은? (단, 기체는 이상기체이고, 온도는 절대온도를 나타낸다.)

① $6P$　　② $3P$

③ $2P$　　④ $\dfrac{3P}{2}$

해설 $PV = nRT$

$P = \dfrac{nRT}{V} = \dfrac{m}{M} \times \dfrac{RT}{V} = \dfrac{mRT}{MV}$

$\therefore P' = \dfrac{3m}{M} \times \dfrac{R \times 2T}{V} = \dfrac{6mRT}{MV} = 6P$

★
03 가스터빈으로 구동되는 동력발전소의 출력이 10MW이고 열효율이 25%라고 한다. 연료의 발열량이 45,000kJ/kg이라면 시간당 공급해야 할 연료량은 약 몇 kg/h인가?

① 3,200　　② 6,400

③ 8,320　　④ 12,800

해설 $\eta = \dfrac{출력(\text{kW}) \times 3,600}{연료소비량 \times 발열량} = \dfrac{10,000 \times 3,600}{x \times 45,000} = 25\%$

$\therefore x = \dfrac{10,000 \times 3,600}{0.25 \times 45,000} = 3,200\text{kg/h}$

★
04 어떤 물질 1kg이 20℃에서 30℃로 되기 위해 필요한 열량은 약 몇 kJ인가? (단, 비열(C[kJ/kg · K])은 온도에 대한 함수로서 $C = 3.594 + 0.0372\,T$이며, 여기서 온도(T)의 단위는 K이다.)

① 4　　② 24

③ 45　　④ 147

해설 $C_p = \dfrac{1}{T_2 - T_1} \displaystyle\int_{T_1}^{T_2} (3.594 + 0.0372\,T)$

$= \dfrac{1}{T_2 - T_1} \left[3.594(T_2 - T_1) + \dfrac{0.0372}{2}\left(T_2^2 - T_1^2\right) \right]$

$= \dfrac{1}{10} \times \left[3.594 \times 10 + \dfrac{0.0372}{2} \times 5,960 \right]$

$= 14.6796\text{kJ/kg} \cdot \text{K}$

$\therefore Q = mC_p(t_2 - t_1)$

$= 1 \times 14.6796 \times (30 - 20) ≒ 147\text{kJ}$

05 어느 발명가가 바닷물로부터 매 시간 1,800kJ의 열량을 공급받아 0.5kW 출력의 열기관을 만들었다고 주장한다면, 이 사실은 열역학 제 몇 법칙에 위반되겠는가?

① 제0법칙　　② 제1법칙

③ 제2법칙　　④ 제3법칙

해설 열역학 제2법칙 위반이다. 즉 어떤 열원에서 에너지를 받아 계속적으로 일로 바꾸고 외부에 아무런 흔적을 남기지 않는 기관은 실현 불가능하다.

06 다음 중 강도성 상태량(intensive property)에 속하는 것은?

① 온도　　② 체적

③ 질량　　④ 내부에너지

해설 ㉠ 강도성 상태량 : 질량에 관계없는 상태량으로 온도, 압력 등
　　㉡ 종량적 상태량 : 질량에 의존하는 상태량으로 체적, 에너지, 질량 등

정답 01. ② 02. ① 03. ① 04. ④ 05. ③ 06. ①

07 다음 중 냉매의 구비조건으로 틀린 것은?

① 증발압력이 대기압보다 낮을 것
② 응축압력이 높지 않을 것
③ 비열비가 작을 것
④ 증발열이 클 것

해설 **냉매의 구비조건**
㉠ 증발압력은 대기압보다 약간 높을 것
㉡ 응고점이 낮을 것
㉢ 임계온도와 압력이 높을 것(낮으면 응축이 잘 안 됨)

★
08 다음 그림과 같이 다수의 추를 올려놓은 피스톤이 설치된 실린더 안에 가스가 들어있다. 이때 가스의 최초압력이 300kPa이고, 초기체적은 0.05m³이다. 여기에 열을 가하여 피스톤을 상승시킴과 동시에 피스톤추를 덜어내어 가스온도를 일정하게 유지하여 실린더 내부의 체적을 증가시킬 경우 이 과정에서 가스가 한 일은 약 몇 kJ인가? (단, 이상기체모델로 간주하고, 상승 후의 체적은 0.2m³이다.)

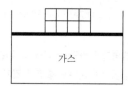

① 10.79kJ
② 15.79kJ
③ 20.79kJ
④ 25.79kJ

해설 $W = 초기압력 \times 초기체적 \times \ln\dfrac{변경체적}{초기체적}$

$= P_1 V_1 \ln\dfrac{V_2}{V_1} = 300 \times 0.05 \times \ln\dfrac{0.2}{0.05} ≒ 20.79kJ$

★
09 체적이 0.5m³, 온도가 80℃인 밀폐압력용기 속에 이상기체가 들어있다. 이 기체의 분자량이 24이고 질량이 10kg이라면 용기 속의 압력은 약 몇 kPa인가?

① 1845.4
② 2446.9
③ 3169.2
④ 3885.7

해설 $R = \dfrac{일반기체상수}{분자량} = \dfrac{R_u}{M}$

$= \dfrac{8.313}{24} = 0.3464kN \cdot m/kg \cdot K$

$VP = mRT$

$\therefore P = \dfrac{mRT}{V} = \dfrac{10 \times 0.3464 \times (273 + 80)}{0.5}$

$≒ 2446.9kPa$

★
10 체적이 0.1m³인 용기 안에 압력 1MPa, 온도 250℃의 공기가 들어있다. 정적과정을 거쳐 압력이 0.35MPa로 될 때 이 용기에서 일어난 열전달과정으로 옳은 것은? (단, 공기의 기체상수는 0.287kJ/kg · K, 정압비열은 1.0035kJ/kg · K, 정적비열은 0.7165kJ/kg · K이다.)

① 약 162kJ의 열이 용기에서 나간다.
② 약 162kJ의 열이 용기로 들어간다.
③ 약 227kJ의 열이 용기에서 나간다.
④ 약 227kJ의 열이 용기로 들어간다.

해설 $P_1 V_1 = mRT_1$

$m = \dfrac{P_1 V_1}{RT_1} = \dfrac{1 \times 10^3 \times 0.1}{0.287 \times 523} = 0.67kg$

$T_2 = T_1 \dfrac{P_2}{P_1} = 523 \times \dfrac{0.35}{1} = 183.05K$

$\therefore Q = mC_v(T_2 - T_1)$
$= 0.67 \times 0.7165 \times (183.05 - 523) ≒ -162kJ$

11 출력 15kW의 디젤기관에서 마찰손실이 그 출력의 15%일 때 그 마찰손실에 의해서 시간당 발생하는 열량은 약 몇 kJ인가?

① 2.25
② 25
③ 810
④ 8,100

해설 $손실 = 15 \times 3,600 \times \dfrac{15}{100} = 8,100kJ$

★
12 3kg의 공기가 들어있는 실린더가 있다. 이 공기가 200kPa, 10℃인 상태에서 600kPa이 될 때까지 압축할 때 공기가 한 일은 약 몇 kJ인가? (단, 이 과정은 폴리트로픽변화로서 폴리트로픽지수는 1.3이다. 또한 공기의 기체상수는 0.287kJ/kg · K이다.)

① −285
② −235
③ 13
④ 125

해설 $W_a = \dfrac{1}{n-1} GRT \left[1 - \left(\dfrac{P_2}{P_1}\right)^{\frac{n-1}{n}}\right]$

$= \dfrac{1}{1.3-1} \times 3 \times 0.287 \times (273+10)$

$\times \left[1 - \left(\dfrac{600}{200}\right)^{\frac{1.3-1}{1.3}}\right]$

$≒ -235kJ$

정답 07. ① 08. ③ 09. ② 10. ① 11. ④ 12. ②

13 이론적인 카르노열기관의 효율(η)을 구하는 식으로 옳은 것은? (단, 고열원의 절대온도는 T_H, 저열원의 절대온도는 T_L이다.)

① $\eta = 1 - \dfrac{T_H}{T_L}$ ② $\eta = 1 + \dfrac{T_L}{T_H}$

③ $\eta = 1 - \dfrac{T_L}{T_H}$ ④ $\eta = 1 + \dfrac{T_H}{T_L}$

해설 $\eta = 1 - \dfrac{\text{저열원}}{\text{고열원}} = 1 - \dfrac{T_L}{T_H}$

14 물 2L를 1kW의 전열기를 사용하여 20℃로부터 100℃까지 가열하는 데 소요되는 시간은 약 몇 분(min)인가? (단, 전열기 열량의 50%가 물을 가열하는 데 유효하게 사용되고, 물은 증발하지 않는 것으로 가정한다. 물의 비열은 4.18kJ/kg·K이다.)

① 22.3   ② 27.6
③ 35.4   ④ 44.6

해설 $t = \dfrac{\text{물의 무게} \times \text{비열} \times \text{온도차}}{\text{분으로 환산} \times 50\%}$

$= \dfrac{2 \times 4.18 \times (100 - 20)}{1 \times 60 \times 0.5}$

$≒ 22.3\text{min}$

★
15 다음 그림과 같이 A, B 두 종류의 기체가 한 용기 안에서 박막으로 분리되어 있다. A의 체적은 0.1m³, 질량은 2kg이고, B의 체적은 0.4m³, 밀도는 1kg/m³이다. 박막이 파열되고 난 후에 평형에 도달하였을 때 기체혼합물의 밀도는 약 몇 kg/m³인가?

A	B

① 4.8   ② 6.0
③ 7.2   ④ 8.4

해설 $\rho_m = \dfrac{\left(\dfrac{\text{질량1}}{\text{체적1}} \times \text{체적1}\right) + (\text{체적2} \times \text{밀도2})}{\text{체적1} + \text{체적2}}$

$= \dfrac{\left(\dfrac{2}{0.1} \times 0.1\right) + (0.4 \times 1)}{0.1 + 0.4} = 4.8\text{kg/m}^3$

16 다음 중 이론적인 카르노사이클과정(순서)을 옳게 나타낸 것은? (단, 모든 사이클은 가역사이클이다.)

① 단열압축→정적가열→단열팽창→정적방열
② 단열압축→단열팽창→정적가열→정적방열
③ 등온팽창→등온압축→단열팽창→단열압축
④ 등온팽창→단열팽창→등온압축→단열압축

해설 이론적인 카르노사이클과정 : 등온팽창 → 단열팽창 → 등온압축 → 단열압축

17 랭킨사이클로 작동되는 증기동력발전소에서 20MPa, 45℃의 물이 보일러에 공급되고, 응축기 출구에서의 온도는 20℃, 압력은 2.339kPa이다. 이때 급수펌프에서 수행하는 단위질량당 일은 약 몇 kJ/kg인가? (단, 20℃에서 포화액 비체적은 0.001002m³/kg, 포화증기 비체적은 57.79m³/kg이며, 급수펌프에서는 등엔트로피과정으로 변화한다고 가정한다.)

① 0.4681   ② 20.04
③ 27.14   ④ 1020.6

해설 $J = $ 비체적 × 압력차 × 중량
$= 0.001002 \times (20{,}000 - 2.339) \times 1 ≒ 20.04\text{kJ/kg}$

★
18 오토사이클(Otto cycle)기관에서 헬륨(비열비=1.66)을 사용하는 경우의 효율(η_{He})과 공기(비열비=1.4)를 사용하는 경우의 효율(η_{air})을 비교하고자 한다. 이때 η_{He} / η_{air}값은? (단, 오토사이클의 압축비는 10이다.)

① 0.681   ② 0.770
③ 1.298   ④ 1.468

해설 $\eta_{He} = 1 - \left(\dfrac{1}{\text{압축비}}\right)^{\text{비열비}-1}$

$= 1 - \left(\dfrac{1}{10}\right)^{1.66-1} = 0.781224$

$\eta_{air} = 1 - \left(\dfrac{1}{\text{압축비}}\right)^{\text{비열비}-1}$

$= 1 - \left(\dfrac{1}{10}\right)^{1.4-1} = 0.601893$

$\therefore \dfrac{\eta_{He}}{\eta_{air}} = \dfrac{0.781224}{0.601893} ≒ 1.298$

정답 13. ③ 14. ① 15. ① 16. ④ 17. ② 18. ③

19 어떤 냉장고의 소비전력이 2kW이고, 이 냉장고의 응축기에서 방열되는 열량이 5kW라면 냉장고의 성적계수는 얼마인가? (단, 이론적인 증기압축냉동사이클로 운전된다고 가정한다.)

① 0.4
② 1.0
③ 1.5
④ 2.5

해설 $COP_R = \dfrac{Q_1 - Q_2}{Q_2} = \dfrac{5-2}{2} = 1.5$

★
20 1kg의 이상기체가 압력 100kPa, 온도 20℃의 상태에서 압력 200kPa, 온도 100℃의 상태로 변화하였다면 체적은 어떻게 되는가? (단, 변화 전 체적을 V라고 한다.)

① 0.64 V
② 1.57 V
③ 3.64 V
④ 4.57 V

해설 $VP = mRT$

$V_1 = \dfrac{mRT_1}{P_1} = \dfrac{1 \times (273 + 20)}{100} = 2.93$

$V_2 = \dfrac{mRT_2}{P_2} = \dfrac{1 \times (273 + 100)}{200} = 1.865$

$\dfrac{V_2}{V_1} = \dfrac{1.865}{2.93} ≒ 0.64$

$\therefore V_2 = 0.64 V_1$

제2과목 **냉동공학**

★
21 흡수식 냉동기에 대한 설명으로 틀린 것은?

① 흡수식 냉동기는 열의 공급과 냉각으로 냉매와 흡수제가 함께 분리되고 섞이는 형태로 사이클을 이룬다.
② 냉매가 암모니아일 경우에는 흡수제로 리튬브로마이드(LiBr)를 사용한다.
③ 리튬브로마이드수용액 사용 시 재료에 대한 부식성 문제로 용액에 미량의 부식억제제를 첨가한다.
④ 압축식에 비해 열효율이 나쁘며 설치면적을 많이 차지한다.

해설 흡수식 냉동기에서는 일반적으로 냉매는 물, 흡수액은 브롬화리튬수용액을 사용한다.

★
22 냉동장치에서 응축기에 관한 설명으로 옳은 것은?

① 응축기 내의 액회수가 원활하지 못하면 액면이 높아져 열교환의 면적이 적어지므로 응축압력이 낮아진다.
② 응축기에서 방출하는 냉매가스의 열량은 증발기에서 흡수하는 열량보다 크다.
③ 냉매가스의 응축온도는 압축기의 토출가스온도보다 높다.
④ 응축기 냉각수 출구온도는 응축온도보다 높다.

해설 응축열량＝증발열량＋압축열량

23 2원 냉동장치에 관한 설명으로 틀린 것은?

① 증발온도 −70℃ 이하의 초저온냉동기에 적합하다.
② 저단압축기 토출냉매의 과냉각을 위해 압축기 출구에 중간냉각기를 설치한다.
③ 저온측 냉매는 고온측 냉매보다 비등점이 낮은 냉매를 사용한다.
④ 두 대의 압축기 소비동력을 고려하여 성능계수(COP)를 구한다.

해설 고압압축기 입구에 중간냉각기를 설치한다.

24 냉동장치의 운전준비작업으로 가장 거리가 먼 것은?

① 윤활상태 및 전류계 확인
② 벨트의 장력상태 확인
③ 압축기 유면 및 냉매량 확인
④ 각종 밸브의 개폐 유·무 확인

해설 **냉동장치의 운전준비작업** : 벨트의 장력상태 확인, 압축기 유면 및 냉매량 확인, 각종 밸브의 개폐 유·무 확인

25 증발온도 −30℃, 응축온도 45℃에서 작동되는 이상적인 냉동기의 성적계수는?

① 2.2
② 3.2
③ 4.2
④ 5.2

해설 $COP_R = \dfrac{Q_2}{Q_1 - Q_2} = \dfrac{T_2}{T_1 - T_2}$

$= \dfrac{273 - 30}{(273 + 45) - (273 - 30)} ≒ 3.2$

정답 19. ③ 20. ① 21. ② 22. ② 23. ② 24. ① 25. ②

26 증발하기 쉬운 유체를 이용한 냉동방법이 아닌 것은?

① 증기분사식 냉동법

② 열전냉동법

③ 흡수식 냉동법

④ 증기압축식 냉동법

해설 증발하기 쉬운 유체를 이용한 냉동법 : 증기분사식, 흡수식, 증기압축식

★
27 압력 2.5kg/cm² 에서 포화온도는 −20℃이고, 이 압력에서의 포화액 및 포화증기의 비체적값이 각각 0.74L/kg, 0.09254m³/kg일 때 압력 2.5kg/cm² 에서 건도(x)가 0.98인 습증기의 비체적(m³/kg)은 얼마인가?

① 0.08050   ② 0.00584

③ 0.06754   ④ 0.09070

해설 $V_x = V' + x(V'' - V')$

$\quad = 0.74 \times 10^{-6} + 0.98 \times (0.0925 - 0.74 \times 10^{-6})$

$\quad = 0.09070 \text{m}^3/\text{kg}$

28 다음 냉매 중 2원 냉동장치의 저온측 냉매로 가장 부적합한 것은?

① R−14   ② R−32

③ R−134a   ④ 에탄(C₂H₆)

해설 ㉠ 저온측 냉매 : R−13, R−14, R−23, R−32, R−503, 에탄(C₂H₆), 에틸렌(C₂H₄)

㉡ 고온측 냉매 : R−22, R−502

29 여름철 공기열원 열펌프장치로 냉방운전할 때 외기의 건구온도 저하 시 나타나는 현상으로 옳은 것은?

① 응축압력이 상승하고, 장치의 소비전력이 증가한다.

② 응축압력이 상승하고, 장치의 소비전력이 감소한다.

③ 응축압력이 저하하고, 장치의 소비전력이 증가한다.

④ 응축압력이 저하하고, 장치의 소비전력이 감소한다.

해설 실외기인 응축기 쪽의 온도가 내려가면 응축압력이 내려가고, 소비전력이 감소된다.

30 다음 중 왕복동식 냉동기의 고압측 압력이 높아지는 원인에 해당되는 것은?

① 냉각수량이 많거나 수온이 낮음

② 압축기 토출밸브 누설

③ 불응축가스 혼입

④ 냉매량 부족

해설 고압측 압력이 높아지는 원인은 불응축가스 혼입의 경우에 나타난다.

★
31 다기통 콤파운드압축기가 다음과 같이 2단 압축 1단 팽창 냉동사이클로 운전되고 있다. 냉동능력이 12RT일 때 저단측 피스톤토출량(m³/h)은? (단, 저·고단측의 체적효율은 모두 0.65이다.)

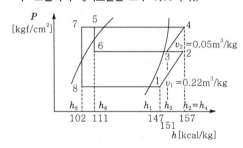

① 219.2   ② 249.2

③ 299.7   ④ 329.7

해설 $G = \dfrac{Q_e}{q_e} = \dfrac{Q_e}{h_1 - h_8} = \dfrac{12 \times 3,320}{147 - 102} = 885.3 \text{kg/h}$

$G = \dfrac{v_a \eta_r}{v_1}$

$\therefore v_a = \dfrac{G v_1}{\eta_r} = \dfrac{885.33 \times 0.22}{0.05} ≒ 299.7 \text{m}^3/\text{h}$

32 흡수식 냉동장치에서의 흡수제 유동방향으로 틀린 것은?

① 흡수기 → 재생기 → 흡수기

② 흡수기 → 재생기 → 증발기 → 응축기 → 흡수기

③ 흡수기 → 용액열교환기 → 재생기 → 용액열교환기 → 흡수기

④ 흡수기 → 고온재생기 → 저온재생기 → 흡수기

해설 **흡수제의 순환경로** : 흡수기 → 열교환기 → 재생기 → 열교환기 → 흡수기

정답   26. ②   27. ④   28. ③   29. ④   30. ③   31. ③   32. ②

33 증발온도는 일정하고 응축온도가 상승할 경우 나타나는 현상으로 틀린 것은?

① 냉동능력 증대   ② 체적효율 저하
③ 압축비 증대   ④ 토출가스온도 상승

해설 압축비 증가로 냉동능력은 감소한다.

★
34 냉각수 입구온도가 15℃이며 매분 40L로 순환되는 수냉식 응축기에서 시간당 18,000kcal의 열이 제거되고 있을 때 냉각수 출구온도(℃)는?

① 22.5   ② 23.5
③ 25   ④ 30

해설 $Q = GC(t_2 - t_1)$

$18,000 = (40 \times 60) \times 1 \times (t_2 - 15)$

$t_2 - 15 = \dfrac{18,000}{40 \times 60}$

$\therefore t_2 = \dfrac{18,000}{40 \times 60} + 15 = 22.5℃$

35 냉장실의 냉동부하가 크게 되었다. 이때 냉동기의 고압측 및 저압측의 압력변화는?

① 압력의 변화가 없음
② 저압측 및 고압측 압력이 모두 상승
③ 저압측은 압력 상승, 고압측은 압력 저하
④ 저압측은 압력 저하, 고압측은 압력 상승

해설 부하가 커지면 전체적으로 압력이 상승한다.

36 열전달에 관한 설명으로 옳은 것은?

① 열관류율의 단위는 kW/m · ℃이다.
② 열교환기에서 성능을 향상시키려면 병류형보다는 향류형으로 하는 것이 좋다.
③ 일반적으로 핀(fin)은 열전달계수가 높은 쪽에 부착한다.
④ 물때 및 유막의 형성은 전열작용을 증가시킨다.

해설 ① 열관류율단위 : kcal/m² · h · ℃, W/m² · ℃
③ 핀은 열전달계수가 낮은 쪽에 설치한다.
④ 물때 및 유막은 전열작용을 감소시킨다.

★
37 브라인에 대한 설명으로 틀린 것은?

① 에틸렌글리콜은 무색, 무취이며, 물로 희석하여 농도를 조절할 수 있다.
② 염화칼슘은 무취로서 주로 식품동결에 쓰이며, 직접적 동결방법을 이용한다.
③ 염화마그네슘브라인은 염화나트륨브라인보다 동결점이 낮으며 부식성도 작다.
④ 브라인에 대한 부식방지를 위해서는 밀폐순환식을 채택하여 공기에 접촉하지 않게 해야 한다.

해설 염화칼슘은 브라인으로 널리 사용하여 제빙, 냉장 및 공업용으로 사용되며, 식품에 닿으면 맛이 떨어 좋지 않아 식품동결에는 부적합하므로 간접적 동결방법을 이용한다.

38 제빙에 필요한 시간을 구하는 공식이 다음과 같다. 이 공식에서 a와 b가 의미하는 것은?

$$\tau = (0.53 \sim 0.6)\dfrac{a^2}{-b}$$

① a : 브라인온도, b : 결빙두께
② a : 결빙두께, b : 브라인유량
③ a : 결빙두께, b : 브라인온도
④ a : 브라인유량, b : 결빙두께

해설 제빙시간 $= \dfrac{0.56a^2}{-t_b}$

여기서, a : 결빙두께(cm), b : 브라인온도(℃)

39 냉동능력 감소와 압축기 과열 등의 악영향을 미치는 냉동배관 내의 불응축가스를 제거하기 위해 설치하는 장치는?

① 액-가스 열교환기
② 여과기
③ 어큐뮬레이터
④ 가스퍼저

해설 가스퍼저는 장치 내에 고여 있는 불응축가스를 가스퍼저로 회수하여 냉매와 불응축가스를 분리하여 수조로 방출하는 장치로 요크식과 암스트롱식이 있다.

정답   33. ①   34. ①   35. ②   36. ②   37. ②   38. ③   39. ④

40 다음 $P-i$선도와 같은 2단 압축 2단 팽창 사이클로 운전되는 NH₃냉동장치에서 고단측 냉매순환량(kg/h)은 얼마인가? (단, 냉동능력은 55,000kcal/h이고, i_1 =89.0, i_2=388, i_3=433, i_4=399, i_5=447, i_6= 128, V_2=1.55m³/kg, V_4=0.42m³/kg이다.)

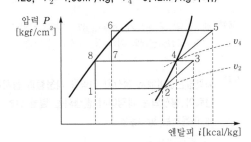

① 210.8   ② 220.7

③ 233.5   ④ 242.9

해설 ㉠ 중간 냉매순환량

$$q_{mro} = \frac{R}{q_e} = \frac{냉동능력}{i_2 - i_1} = \frac{55,000}{388 - 89} = 184 kg/h$$

㉡ 고단측 냉매순환량

$$q_{mrk} = q_{mro}\left(\frac{i_3 - i_1}{i_4 - i_6}\right) = 184 \times \frac{433 - 89}{399 - 128}$$

$$\fallingdotseq 233.5 kg/h$$

제3과목 **공기조화**

41 각 층 유닛방식에 관한 설명으로 틀린 것은?

① 외기용 공조기가 있는 경우에는 습도제어가 곤란하다.

② 장치가 세분화되므로 설비비가 많이 들며 기기관리가 불편하다.

③ 각 층마다 부하 및 운전시간이 다른 경우에 적합하다.

④ 송풍덕트가 짧게 된다.

해설 각 층 유닛방식에 외기용 공조기가 있는 경우 습도조절이 가능하다.

42 다음 중 직접 난방법이 아닌 것은?

① 온풍난방   ② 고온수난방

③ 저압증기난방   ④ 복사난방

해설 온풍난방은 간접 난방법이다.

---

43 습공기선도상에서 ①의 공기가 온도가 높은 다량의 물과 접촉하여 가열, 가습되고 ③의 상태로 변화한 경우를 나타내는 것은?

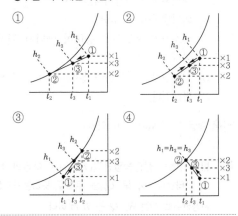

해설 습공기선도

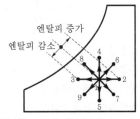

1→2 : 현열가열, 1→3 : 현열냉각, 1→4 : 가습,
1→5 : 감습, 1→6 : 가열가습, 1→7 : 가열감습,
1→8 : 냉각가습, 1→9 : 냉각감습

44 냉각탑(cooling tower)에 대한 설명으로 틀린 것은?

① 일반적으로 쿨링어프로치는 5℃ 정도로 한다.

② 냉각탑은 응축기에서 냉각수가 얻은 열을 공기 중에 방출하는 장치이다.

③ 쿨링레인지란 냉각탑에서의 냉각수 입·출구 수온차이다.

④ 일반적으로 냉각탑으로의 보급수량은 순환수량의 15% 정도이다.

해설 보급수량은 순환수량의 2~3% 정도이다.

45 공기조화방식 중에서 전공기방식에 속하는 것은?

① 패키지유닛방식   ② 복사냉난방방식

③ 유인유닛방식   ④ 저온공조방식

해설 **전공기방식** : 저온공조방식, 정풍량 단일덕트방식, 2중 덕트방식, 변풍량 단일덕트방식

정답 40. ③ 41. ① 42. ① 43. ③ 44. ④ 45. ④

46 각종 공조방식 중 개별방식에 관한 설명으로 틀린 것은?

① 개별제어가 가능하다.

② 외기냉방이 용이하다.

③ 국소적인 운전이 가능하여 에너지 절약적이다.

④ 대량생산이 가능하여 설비비와 운전비가 저렴해진다.

해설 개별난방은 외기냉방이 어렵다.

47 방열기에서 상당방열면적(EDR)은 다음의 식으로 나타낸다. 이 중 Q_O는 무엇을 뜻하는가? (단, 사용단위로 Q는 W, Q_O는 W/m²이다.)

$$EDR = \frac{Q}{Q_O}\,[\text{m}^2]$$

① 증발량

② 응축수량

③ 방열기의 전방열량

④ 방열기의 표준방열량

해설 상당방열면적(EDR)은 방열기의 열량을 표준상태로 환산한 방열기 면적이다.

$$EDR = \frac{Q}{Q_O}\,[\text{m}^2]$$

여기서, Q_O : 방열기 표준방열량(증기 : 650, 온수 : 450kcal/m² · h)

★
48 송풍기의 법칙에서 회전속도가 일정하고, 직경이 d, 동력이 L인 송풍기를 직경이 d_1로 크게 했을 때 동력(L_1)을 나타내는 식은?

① $L_1 = (d/d_1)^5 L$ ② $L_1 = (d/d_1)^4 L$

③ $L_1 = (d_1/d)^4 L$ ④ $L_1 = (d_1/d)^5 L$

해설 송풍기의 상사법칙

㉠ $Q_1 = Q\left(\dfrac{N_2}{N_1}\right) = Q\left(\dfrac{d_1}{d}\right)^3$

㉡ $P_1 = P\left(\dfrac{N_2}{N_1}\right)^2 = P\left(\dfrac{d_1}{d}\right)^2$

㉢ $L_1 = L\left(\dfrac{N_2}{N_1}\right)^3 = L\left(\dfrac{d_1}{d}\right)^5$

49 내부에 송풍기와 냉온수코일이 내장되어 있으며 각 실내에 설치되어 기계실로부터 냉온수를 공급받아 실내공기의 상태를 직접 조절하는 공조기는?

① 패키지형 공조기   ② 인덕션유닛

③ 팬코일유닛   ④ 에어핸드링유닛

해설 팬코일유닛은 송풍기, 여과기(필터), 냉온수코일로 구성되며, 고성능필터와 가습기는 구성하기 어렵다.

50 화력발전설비에서 생산된 전력을 사용함과 동시에, 전력이 생산되는 과정에서 발생되는 열을 난방 등에 이용하는 방식은?

① 히트펌프(heat pump)방식

② 가스엔진 구동형 히트펌프방식

③ 열병합발전(co−generation)방식

④ 지열방식

해설 열병합발전방식은 전력이 생산되는 과정에서 발생되는 열을 난방에 이용하는 방식이다.

★
51 단면적 10m², 두께 2.5cm의 단열벽을 통하여 3kW의 열량이 내부로부터 외부로 전도된다. 내부표면온도가 415℃이고, 재료의 열전도율이 0.2W/m · K일 때 외부표면온도는?

① 185℃   ② 218℃

③ 293℃   ④ 378℃

해설 $Q_c = KF\left(\dfrac{t_i - t_o}{L}\right)[\text{W}]$

$\therefore t_o = t_i - \dfrac{Q_c L}{KF} = 415 - \dfrac{3,000 \times 0.025}{0.2 \times 10} ≒ 378℃$

★
52 9m×6m×3m의 강의실에 10명의 학생이 있다. 1인당 CO_2토출량이 15L/h이면 실내 CO_2량을 0.1%로 유지시키는 데 필요한 환기량(m³/h)은? (단, 외기의 CO_2량은 0.04%로 한다.)

① 80   ② 120

③ 180   ④ 250

해설 $Q = \dfrac{M}{C_i - C_o} = \dfrac{10 \times 15 \times 10^{-3}}{0.001 - 0.0004} ≒ 250\text{m}^3/\text{h}$

53 덕트의 크기를 결정하는 방법이 아닌 것은?

① 등속법   ② 등마찰법

③ 등중량법   ④ 정압재취득법

해설 덕트의 크기결정에는 등속법, 등마찰법, 정압재취득법(덕트의 압력손실 이용), 전압법, 감속법 등이 있다.

54 에어필터의 종류 중 병원의 수술실, 반도체공장의 청정구역(clean room) 등에 이용되는 고성능 에어필터는?

① 백필터   ② 롤필터

③ HEPA필터   ④ 전기집진기

해설 HEPA필터(고성능필터)는 청정구역에 사용한다.

55 냉방부하 중 유리창을 통한 일사취득열량을 계산하기 위한 필요사항으로 가장 거리가 먼 것은?

① 창의 열관류율   ② 창의 면적

③ 차폐계수   ④ 일사의 세기

해설 일사취득열량은 입사각은 크게, 투과율은 적게, 반사율은 크게, 차폐계수는 적게 하면 줄일 수 있다. 즉 창의 면적, 차폐계수, 일사의 세기에 의해 계산된다.

★
56 냉수코일의 설계에 관한 설명으로 틀린 것은?

① 공기와 물의 유동방향은 가능한 대향류가 되도록 한다.

② 코일의 열수는 일반 공기냉각용에는 4~8열이 주로 사용된다.

③ 수온의 상승은 일반적으로 20℃ 정도로 한다.

④ 수속은 일반적으로 1m/s 정도로 한다.

해설 수온의 상승은 일반적으로 5℃ 전후로 한다.

57 연도를 통과하는 배기가스에 분무수를 접촉시켜 공해물질을 흡수, 융해, 응축작용에 의해 불순물을 제거하는 집진장치는 무엇인가?

① 세정식 집진기   ② 사이클론집진기

③ 공기주입식 집진기   ④ 전기집진기

해설 세정식 집진기는 연도를 통과하는 배기가스에 분무수를 접촉하여 집진한다.

58 냉방부하의 종류 중 현열부하만 취득하는 것은?

① 태양복사열

② 인체에서의 발생열

③ 침입외기에 의한 취득열

④ 틈새바람에 의한 부하

해설 냉방부하의 종류 중 현열부하만을 포함하는 것은 태양복사열, 유리로부터의 취득열량, 복사냉난방이다.

★
59 건구온도 30℃, 절대습도 0.015kg/kg′인 습공기의 엔탈피(kJ/kg)는? (단, 건공기 정압비열 1.01kJ/kg·K, 수증기 정압비열 1.85kJ/kg·K, 0℃에서 포화수의 증발잠열은 2,500kJ/kg이다.)

① 68.63   ② 91.12

③ 103.34   ④ 150.54

해설 $h = C_p t + (\gamma_o + C_p wt)x$
$= 1.01 \times 30 + (2,500 + 1.85 \times 30) \times 0.015$
$\fallingdotseq 68.63 \text{kJ/kg}$

60 온풍난방의 특징에 관한 설명으로 틀린 것은?

① 송풍동력이 크며, 설계가 나쁘면 실내로 소음이 전달되기 쉽다.

② 실온과 함께 실내습도, 실내기류를 제어할 수 있다.

③ 실내층고가 높을 경우에는 상하의 온도차가 크다.

④ 예열부하가 크므로 예열시간이 길다.

해설 열용량이 적은 공기(비열 0.24)는 예열시간이 짧다.

제4과목 **전기제어공학**

61 스위치를 닫거나 열기만 하는 제어동작은?

① 비례동작   ② 미분동작

③ 적분동작   ④ 2위치동작

해설 2위치동작으로 ON−OFF제어(불연속제어)를 말한다.

정답 53. ③   54. ③   55. ①   56. ③   57. ①   58. ①   59. ①   60. ④   61. ④

★
62 최대 눈금이 100V인 직류전압계가 있다. 이 전압계를 사용하여 150V의 전압을 측정하려면 배율기의 저항 (Ω)은? (단, 전압계의 내부저항은 5,000Ω이다.)

① 1,000
② 2,500
③ 5,000
④ 10,000

해설 $m = 1 + \dfrac{R_m}{R_v}$

$m - 1 = \dfrac{R_m}{R_v}$

$\therefore R_m = (m-1)R_v = (1.5-1) \times 5,000 = 2,500\,\Omega$

여기서, $m = \dfrac{150}{100} = 1.5$

63 정격 10kW의 3상 유도전동기가 기계손 200W, 전부하슬립 4%로 운전될 때 2차 동손은 몇 W인가?

① 375
② 392
③ 409
④ 425

해설 $P_{C2} = (P_o + P_l)\dfrac{s}{1-s}$

$= (10 \times 10^3 + 200) \times \dfrac{0.04}{1-0.04} \fallingdotseq 425\text{W}$

★
64 정전용량이 같은 2개의 콘덴서를 병렬로 연결했을 때의 합성정전용량은 직렬로 했을 때의 합성정전용량의 몇 배인가?

① 1/2
② 2
③ 4
④ 8

해설 ㉠ 직렬 시

$C_1 = \dfrac{Q}{V} = \dfrac{Q}{V_1 + V_2} = \dfrac{Q}{\dfrac{Q}{C_1} + \dfrac{Q}{C_2}}$

$= \dfrac{1}{\dfrac{1}{C_1} + \dfrac{1}{C_2}} = \dfrac{1}{2}$

㉡ 병렬 시

$C_2 = \dfrac{Q}{V} = \dfrac{Q_1 + Q_2}{V} = \dfrac{C_1 V + C_2 V}{V}$

$= C_1 + C_2 = 1 + 1 = 2$

∴ 병렬은 직렬의 4배이다.

★
65 저항체에 전류가 흐르면 줄열이 발생하는데, 이때 전류 I와 P의 관계는?

① $I = P$
② $I = P^{0.5}$
③ $I = P^{1.5}$
④ $I = P^2$

해설 $P = I^2 R$에서 $I = \left(\dfrac{P}{R}\right)^{\frac{1}{2}} = P^{0.5}$이다.

66 자동제어에서 미리 정해놓은 순서에 따라 제어의 각 단계가 순차적으로 진행되는 제어방식은?

① 서보제어
② 되먹임제어
③ 시퀀스제어
④ 프로세스제어

해설 시퀀스제어는 각 단계가 순차적으로 진행되는 제어방식이다.

67 3상 농형 유도전동기 기동방법이 아닌 것은?

① 2차 저항법
② 전전압기동법
③ 기동보상기법
④ 리액터기동법

해설 ㉠ 3상 농형 유도전동기의 기동법 : 직접기동법(전전압기동법), 리액터기동법, 기동보상기법, 1차 저항기동법, $Y-\Delta$기동법 등
㉡ 3상 권선형 유도전동기 : 2차 저항기동법

68 어떤 회로에 정현파 전압을 가하니 90° 위상이 뒤진 전류가 흘렀다면 이 회로의 부하는?

① 저항
② 용량성
③ 무부하
④ 유도성

해설 유도성 회로(인덕턴스회로)는 전압보다 90° 뒤진 전류가 흐른다.

69 자동제어기기의 조작용 기기가 아닌 것은?

① 클러치
② 전자밸브
③ 서보전동기
④ 앰플리다인

해설 **조작기기의 종류**
㉠ 전기식 : 전자밸브, 2상 서보전동기, 직류서보전동기, 펄스전동기
㉡ 기계식(공기식) : 클러치, 다이어프램밸브, 밸브포지셔너
㉢ 유압식 : 조작기(조작실린더, 조작피스톤 등)
참고 앰플리다인은 증폭기이다.

정답 62. ② 63. ④ 64. ③ 65. ② 66. ③ 67. ① 68. ④ 69. ④

70 전동기의 회전방향을 알기 위한 법칙은?

① 렌츠의 법칙
② 암페어의 법칙
③ 플레밍의 왼손법칙
④ 플레밍의 오른손법칙

해설 ㉠ 플레밍의 왼손법칙 : 전동기의 전자력의 방향을 결정하는 법칙

암기법▶ 플원 엄힘 검자 중전

㉡ 플레밍의 오른손법칙 : 발전기의 전자유도에 의해서 생기는 유도전류의 방향을 나타내는 법칙

암기법▶ 플오 엄힘(도선 힘) 검자 중전

★
71 다음 그림과 같은 논리회로가 나타내는 식은?

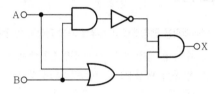

① $X = AB + BA$
② $X = (\overline{A+B})AB$
③ $X = \overline{AB}(A+B)$
④ $X = AB + (A+B)$

해설

논리	논리식	회로기호 (MIL기호)
NOT	$\overline{A}$	
OR	$A+B$	
AND	$A \cdot B$	
XOR	$A \oplus B$	
NOR	$\overline{A+B}$	
NAND	$\overline{A \cdot B}$	

72 온도, 유량, 압력 등의 상태량을 제어량으로 하는 제어계는?

① 서보기구
② 정치제어
③ 샘플값제어
④ 프로세스제어

해설 프로세스제어는 온도, 유량, 압력, 액위, 농도, 밀도 등의 상태량을 제어량하는 것이다.

73 서보전동기의 특징이 아닌 것은?

① 속응성이 높다.
② 전기자의 지름이 작다.
③ 시동, 정지 및 역전의 동작을 자주 반복한다.
④ 큰 회전력을 얻기 위해 축방향으로 전기자의 길이가 짧다.

해설 서보전동기의 특징
㉠ 직류용, 교류용이 있다.
㉡ 급가속 및 급감속이 용이하다.

★
74 발열체의 구비조건으로 틀린 것은?

① 내열성이 클 것
② 용융온도가 높을 것
③ 산화온도가 낮을 것
④ 고온에서 기계적 강도가 클 것

해설 발열체의 구비조건
㉠ 산화온도가 높을 것
㉡ 가공이 용이할 것
㉢ 내식성이 클 것
㉣ 적당한 고유저항값을 가질 것

★
75 피드백제어계의 특징으로 옳은 것은?

① 정확성이 감소된다.
② 감대폭이 증가한다.
③ 특성변화에 대한 입력 대 출력비의 감도가 증대된다.
④ 발진을 일으켜도 안정된 상태로 되어가는 경향이 있다.

해설 피드백제어계의 특징
㉠ 정확성과 감대폭이 증가한다.
㉡ 특성변화에 대한 입력 대 출력비의 감도가 감소한다.
㉢ 발진을 일으키고 불안정한 상태로 되어가는 경향이 있다.
㉣ 입력과 출력을 비교하는 장치가 있어야 한다.
㉤ 구조가 복잡하고 설치비가 비싸다.
㉥ 비선형과 외형에 대한 효과가 감소된다.

정답 70. ③ 71. ③ 72. ④ 73. ④ 74. ③ 75. ②

76 입력으로 단위계단함수 $u(t)$를 가했을 때 출력이 다음 그림과 같은 조절계의 기본동작은?

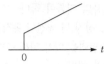

① 비례동작 　　② 2위치동작

③ 비례적분동작 　④ 비례미분동작

해설 비례적분(PI)동작 $m = K_p\left(e + \dfrac{1}{T_1}\int_{edt}\right)$

여기서, K_p : 비례감도, T_1 : 적분시간, $\dfrac{1}{T_1}$: 리셋율

77 $i = I_{m1}\sin wt + I_{m2}\sin(2wt+\theta)$의 실효값은?

① $\dfrac{I_{m1} + I_{m2}}{2}$ 　② $\sqrt{\dfrac{I_{m1}{}^2 + I_{m2}{}^2}{2}}$

③ $\dfrac{\sqrt{I_{m1}{}^2 + I_{m2}{}^2}}{2}$ 　④ $\sqrt{\dfrac{I_{m1} + I_{m2}}{2}}$

해설 $I = \sqrt{\dfrac{I_{m1}{}^2 + I_{m2}{}^2}{2}}$

참고 실효값 $I = \dfrac{최대값}{\sqrt{2}} = \dfrac{I_m}{\sqrt{2}}$

78 다음 그림과 같은 피드백회로에서 종합전달함수는?

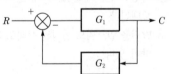

① $\dfrac{1}{G_1} + \dfrac{1}{G_2}$ 　② $\dfrac{G_1}{1 - G_1 G_2}$

③ $\dfrac{G_1}{1 + G_1 G_2}$ 　④ $\dfrac{G_1 G_2}{1 + G_1 G_2}$

해설 $C = RG_1 - CG_1 G_2$

$C + CG_1 G_2 = RG_1$

$C(1 + G_1 G_2) = RG_1$

$\therefore \dfrac{C}{R} = \dfrac{G_1}{1 + G_1 G_2}$

79 온도 - 전압의 변환장치는?

① 열전대 　　② 전자석

③ 벨로즈 　　④ 광전다이오드

해설 열전대는 온도-전압의 변환장치(백금 - 백금로듐, 철 - 콘스탄탄, 구리 - 콘스탄탄, 크로멜 - 알루멜)이다.

80 서보기구에서 제어량은?

① 유량 　　② 전압

③ 위치 　　④ 주파수

해설 서보기구는 위치, 방향, 자세, 각도를 제어한다.

제5과목 　**배관일반**

★
81 냉매배관용 팽창밸브의 종류로 가장 거리가 먼 것은?

① 수동형 팽창밸브 　② 정압팽창밸브

③ 열동식 팽창밸브 　④ 팩리스팽창밸브

해설 **팽창밸브의 종류**

㉠ 수동식 팽창밸브

㉡ 자동식 팽창밸브 : 온도식(열동식), 자동식 혹은 정압식, 플로트식(저압플로트, 고압플로트)

㉢ 모세관

82 급수관에서 수평관을 상향구배로 주어 시공하려고 할 때 행거로 고정한 지점에서 구배를 자유롭게 조정할 수 있는 지지금속은?

① 고정인서트 　　② 앵커

③ 롤러 　　　　④ 턴버클

해설 파이프의 신축을 자유로이 하기 위해 롤러가 장치된 것을, 구배를 조정하기 위해서는 턴버클(turn buckle)이 장치된 것을 사용한다.

83 배관의 종류별 주요 접합방법이 아닌 것은?

① MR조인트이음 - 스테인리스강관

② 플레어접합이음 - 동관

③ TS식 이음 - PVC관

④ 콤포이음 - 연관

해설 **연관의 이음** : 플라스턴이음, 살올림 납땜이음, 용접이음

정답 　76. ③　77. ②　78. ③　79. ①　80. ③　81. ④　82. ④　83. ④

84 보온재 선정 시 고려해야 할 조건으로 틀린 것은?

① 부피 및 비중이 작아야 한다.
② 열전도율이 가능한 적어야 한다.
③ 물리적, 화학적 강도가 커야 한다.
④ 흡수성이 크고 가공이 용이해야 한다.

해설 흡수성이 적고(방습성이 클 것) 가공이 용이할 것

★
85 스테인리스강관의 특징에 대한 설명으로 틀린 것은?

① 내식성이 우수하여 내경의 축소, 저항 증대 현상이 없다.
② 위생적이라서 적수, 백수, 청수의 염려가 없다.
③ 저온충격성이 적고 한랭지배관이 가능하다.
④ 나사식, 용접식, 몰코식, 플랜지식 이음법이 있다.

해설 **스테인리스강관의 특징**
㉠ 저온충격성이 크고 한랭지배관이 가능하며 동결에 대한 저항은 크다.
㉡ 강관에 비해 기계적 성질이 우수하고 두께가 얇아 운반 및 시공이 쉽다.

86 공조설비구성장치 중 공기분배(운반)장치에 해당하는 것은?

① 냉각코일 및 필터
② 냉동기 및 보일러
③ 제습기 및 가습기
④ 송풍기 및 덕트

해설 송풍기 및 덕트는 공조설비구성장치 중 공기분배(운반) 장치이다.

87 냉동설비의 토출가스배관시공 시 압축기와 응축기가 동일 선상에 있는 경우 수평관의 구배는 어떻게 해야 하는가?

① 1/100의 올림구배로 한다.
② 1/100의 내림구배로 한다.
③ 1/50의 내림구배로 한다.
④ 1/50의 올림구배로 한다.

해설 압축기와 응축기가 동일 선상일 때 수평관은 1/50의 내림구배를 한다.

★
88 급수배관설계 및 시공상의 주의사항으로 틀린 것은?

① 수평배관에는 공기나 오물이 정체하지 않도록 한다.
② 주배관에는 적당한 위치에 플랜지(유니언)를 달아 보수점검에 대비한다.
③ 수격작용이 우려되는 곳에는 진공브레이커를 설치한다.
④ 음료용 급수관과 다른 용도의 배관을 접속하지 않아야 한다.

해설 수격작용이 우려되는 곳에는 에어챔버를 설치하고 유속을 낮추며, 밸브개폐는 천천히, 굴곡개소는 줄인다.

89 급수관의 유속을 제한(1.5~2m/s 이하)하는 이유로 가장 거리가 먼 것은?

① 유속이 빠르면 흐름방향이 변하는 개소의 원심력에 의한 부압(−)이 생겨 캐비테이션이 발생하기 때문에
② 관지름을 작게 할 수 있어 재료비 및 시공비가 절약되기 때문에
③ 유속이 빠른 경우 배관의 마찰손실 및 관 내면의 침식이 커지기 때문에
④ 워터해머 발생 시 충격압에 의해 소음, 진동이 발생하기 때문에

해설 **급수관의 유속을 제한(1.5~2m/s 이하)하는 이유**
㉠ 캐비테이션이 발생하기 때문에
㉡ 유속이 빠른 경우 배관의 마찰손실 및 관 내면의 침식이 커지기 때문에
㉢ 워터해머 발생 시 충격압에 의해 소음, 진동이 발생하기 때문에

★
90 온수배관시공 시 유의사항으로 틀린 것은?

① 일반적으로 팽창관에는 밸브를 달지 않는다.
② 배관의 최저부에는 배수밸브를 부착하는 것이 좋다.
③ 공기밸브는 순환펌프의 흡입측에 부착하는 것이 좋다.
④ 수평관은 팽창탱크를 향하여 올림구배가 되도록 한다.

해설 공기밸브는 순환펌프의 출구측에 부착하는 것이 좋다.

91 관경 300mm, 배관길이 500m의 중압가스수송관에서 A, B점의 게이지압력이 각각 3kgf/cm², 2kgf/cm²인 경우 가스유량(m³/h)은? (단, 가스비중은 0.64, 유량계수는 52.31로 한다.)

① 10,238 ② 20,583

③ 38,317 ④ 40,153

해설 $Q = K \sqrt{\dfrac{(P_1^2 - P_2^2)d^5}{Sl}}$

$= 52.31 \times \sqrt{\dfrac{\{(3+1.0332)^2 - (2+1.0332)^2\} \times 0.3^5}{0.64 \times 500}}$

$≒ 38,317 \text{m}^3/\text{h}$

92 증기난방방식에서 응축수환수방법에 따른 분류가 아닌 것은?

① 기계환수식 ② 응축환수식

③ 진공환수식 ④ 중력환수식

해설 **증기난방의 응축수 환수법에 따른 분류**
  ㉠ 중력환수식 : 응축수를 중력작용으로 환수
  ㉡ 기계환수식 : 펌프로 보일러에 강제환수
  ㉢ 진공환수식 : 진공펌프로 환수관 내 응축수와 공기를
    흡인순환

93 다음 방열기 표시에서 "5"의 의미는?

① 방열기의 섹션수
② 방열기의 사용압력
③ 방열기의 종별과 형
④ 유입관의 관경

해설 5 : 방열기의 섹션수, W : 벽걸이, H : 횡형(가로),
  20×15 : 유입관과 유출관의 지름

94 신축이음쇠의 종류에 해당되지 않는 것은?

① 벨로즈형 ② 플랜지형

③ 루프형 ④ 슬리브형

해설 **신축이음쇠의 종류** : 벨로즈형(파형), 루프형(만곡형),
  슬리브형(슬라이드형), 스위블형(2개 이상 엘보형)

95 증기로 가열하는 간접가열식 급탕설비에서 저탕탱크 주위에 설치하는 장치와 가장 거리가 먼 것은?

① 증기트랩장치
② 자동온도조절장치
③ 개방형 팽창탱크
④ 안전장치와 온도계

해설 개방형 팽창탱크는 급수공급장치에 사용한다.

96 도시가스배관 설치기준으로 틀린 것은?

① 배관은 지반의 동결에 의해 손상을 받지 않는 깊이로 한다.
② 배관접합은 용접을 원칙으로 한다.
③ 가스계량기의 설치높이는 바닥으로부터 1.6m 이상 2m 이내의 높이에 수직, 수평으로 설치한다.
④ 폭 8m 이상의 도로에 관을 매설할 경우에는 매설깊이를 지면으로부터 0.6m 이상으로 한다.

해설 폭 8m 이상의 도로에 관을 매설할 경우 매설깊이는 지면으로부터 1.2m 이상으로 한다.

97 난방배관시공을 위해 벽, 바닥 등에 관통배관시공을 할 때 슬리브(sleeve)를 사용하는 이유로 가장 거리가 먼 것은?

① 열팽창에 따른 배관신축에 적응하기 위해
② 후일 관 교체 시 편리하게 하기 위해
③ 고장 시 수리를 편리하게 하기 위해
④ 유체의 압력을 증가시키기 위해

해설 **슬리브를 사용하는 이유** : 열팽창·수축에 적응, 관 교체 및 수리를 쉽게 하기 위해

98 도시가스제조사업소의 부지경계에서 정압기지의 경계까지 이르는 배관을 무엇이라고 하는가?

① 본관 ② 내관
③ 공급관 ④ 사용관

해설 본관은 도시가스제조사업소의 부지경계에서 정압기지의 경계까지 이르는 배관이다.

정답 91. ③ 92. ② 93. ① 94. ② 95. ③ 96. ④ 97. ④ 98. ①

99 공조배관설비에서 수격작용의 방지책으로 틀린 것은?

① 관내의 유속을 낮게 한다.
② 밸브는 펌프의 흡입구 가까이 설치하고 제어한다.
③ 펌프에 플라이휠(fly wheel)을 설치한다.
④ 서지탱크를 설치한다.

해설 **수격작용의 방지책**
ⓐ 밸브개폐는 천천히 할 것
ⓑ 에어챔버를 설치할 것
ⓒ 굴곡개소를 줄일 것

100 증기난방배관시공에서 환수관에 수직상향부가 필요할 때 리프트피팅(lift fitting)을 써서 응축수가 위쪽으로 배출되게 하는 방식은?

① 단관중력환수식   ② 복관중력환수식
③ 진공환수식   ④ 압력환수식

해설 진공환수식은 환수관에 수직상향부가 필요할 때 리프트피팅을 써서 응축수가 위쪽으로 배출하는 방식이다.

MEMO

2018

Engineer Air-Conditioning Refrigerating Machinery

과년도 출제문제

자주 출제되는 중요한 문제는 별표(★)로 강조했습니다.
마무리학습할 때 한 번 더 풀어보기를 권합니다.

Engineer
Air-Conditioning Refrigerating Machinery

2018년 제1회 공조냉동기계기사

제1과목 **기계 열역학**

01 증기터빈발전소에서 터빈 입구의 증기엔탈피는 출구의 엔탈피보다 136kJ/kg 높고, 터빈에서의 열손실은 10kJ/kg이다. 증기속도는 터빈 입구에서 10m/s이고, 출구에서 110m/s일 때 이 터빈에서 발생시킬 수 있는 일은 약 몇 kJ/kg인가?

① 10   ② 90

③ 120   ④ 140

해설 W = 엔탈피 차이 - 열손실

$= 136 - 10 = 126 ≒ 120 \text{kJ/kg}$

★

02 압력 2MPa, 온도 300℃의 수증기가 20m/s 속도로 증기터빈으로 들어간다. 터빈 출구에서 수증기압력이 100kPa, 속도는 100m/s이다. 가역단열과정으로 가정 시 터빈을 통과하는 수증기 1kg당 출력일은 약 몇 kJ/kg인가? (단, 수증기표로부터 2MPa, 300℃에서 비엔탈피는 3023.5kJ/kg, 비엔트로피는 6.7663 kJ/kg · K이고, 출구에서의 비엔탈피 및 비엔트로피는 다음 표와 같다.)

출구	포화액	포화증기
비엔트로피(kJ/kg · K)	1.3025	7.3593
비엔탈피(kJ/kg)	417.44	2675.46

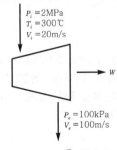

P_i = 2MPa
T_i = 300℃
V_i = 20m/s

w

P_e = 100kPa
V_e = 100m/s

① 1,534   ② 564.3

③ 153.4   ④ 764.5

해설 ㉠ 가역단열과정 = 등엔트로피 이용

또한 터빈 출구의 상태가 습증기이므로

$s = s_1 = s_2 = 6.7663 \text{kJ/kg} \cdot \text{K}$

$s_1 = s' + x(s'' - s')$

여기서, s' : 터빈 출구압력에서의 포화수의 비엔트로피

s'' : 터빈 출구압력에서의 건포화증기의 비엔트로피

$\therefore x = \dfrac{s_1 - s'}{s'' - s'} = \dfrac{6.7663 - 1.3025}{7.3593 - 1.3025} = 0.902094$

㉡ $h_2 = h' + x(h'' - h')$

$= 417.44 + 0.902094 \times (2675.46 - 417.44)$

$= 2454.3 \text{kJ/kg}$

여기서, h' : 복수기 압력에서의 포화수의 비엔탈피

h'' : 복수기 압력에서의 건포화증기의 비엔탈피

㉢ 개방계에 대해 열역학 제1법칙을 표현하는 에너지의 일반식을 이용한다.

$P_1 V_1{}^k = P_2 V_2{}^k = $ 일정

$\therefore \dot{W} = (h_1 - h_2) + \dfrac{V_i{}^2 - V_e{}^2}{2}$

$= (3023.5 - 2454.3) + \dfrac{20^2 - 100^2}{2} \times 10^{-3}$

$= 564.3 \text{kJ/kg}$

03 단위질량의 이상기체가 정적과정하에서 온도가 T_1에서 T_2로 변했고, 압력도 P_1에서 P_2로 변했다면 엔트로피변화량 ΔS는? (단, C_v와 C_p는 각각 정적비열과 정압비열이다.)

① $\Delta S = C_v \ln \dfrac{P_1}{P_2}$ ② $\Delta S = C_p \ln \dfrac{P_2}{P_1}$

③ $\Delta S = C_v \ln \dfrac{T_2}{T_1}$ ④ $\Delta S = C_p \ln \dfrac{T_1}{T_2}$

해설 $\Delta S = C_v \ln \dfrac{T_2}{T_1} = AR \ln \dfrac{P_2}{P_1} = mC \ln \dfrac{T_2}{T_1}$

04 어떤 기체가 5kJ의 열을 받고 0.18kN·m의 일을 외부로 하였다. 이때의 내부에너지의 변화량은?

① 3.24kJ   ② 4.82kJ
③ 5.18kJ   ④ 6.14kJ

해설 $q = \Delta U + AW$
$\therefore \Delta U = q - AW = 5 - 0.18 = 4.82\text{kJ}$

★
05 다음 그림과 같이 온도(T)-엔트로피(S)로 표시된 이상적인 랭킨사이클에서 각 상태의 엔탈피(h)가 다음과 같다면 이 사이클의 효율은 약 몇 %인가? (단, $h_1 = 30\text{kJ/kg}$, $h_2 = 31\text{kJ/kg}$, $h_3 = 274\text{kJ/kg}$, $h_4 = 668\text{kJ/kg}$, $h_5 = 764\text{kJ/kg}$, $h_6 = 478\text{kJ/kg}$이다.)

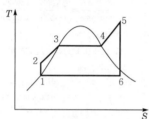

① 39   ② 42
③ 53   ④ 58

해설 효율 $= \dfrac{(h_5 - h_6) - (h_2 - h_1)}{h_5 - h_2}$
$= \dfrac{(764 - 478) - (31 - 30)}{764 - 31}$
$\fallingdotseq 0.388813 \fallingdotseq 39\%$

06 열역학적 변화와 관련하여 다음 설명 중 옳지 않은 것은?

① 단위질량당 물질의 온도를 1℃ 올리는 데 필요한 열량을 비열이라 한다.
② 정압과정으로 시스템에 전달된 열량은 엔트로피변화량과 같다.
③ 내부에너지는 시스템의 질량에 비례하므로 종량적(extensive) 상태량이다.
④ 어떤 고체가 액체로 변화할 때 융해(Melting)라고 하고, 어떤 고체가 기체로 바로 변화할 때 승화(Sublimation)라고 한다.

해설 정압과정으로 시스템에 전달된 열량은 엔트로피변화량을 변화시킨다.

07 엔트로피(s)변화 등과 같은 직접 측정할 수 없는 양들을 압력(P), 비체적(v), 온도(T)와 같은 측정 가능한 상태량으로 나타내는 Maxwell 관계식과 관련하여 다음 중 틀린 것은?

① $\left(\dfrac{\partial T}{\partial P}\right)_s = \left(\dfrac{\partial v}{\partial s}\right)_P$

② $\left(\dfrac{\partial T}{\partial v}\right)_s = -\left(\dfrac{\partial P}{\partial s}\right)_v$

③ $\left(\dfrac{\partial v}{\partial T}\right)_P = -\left(\dfrac{\partial s}{\partial P}\right)_T$

④ $\left(\dfrac{\partial P}{\partial v}\right)_T = \left(\dfrac{\partial s}{\partial T}\right)_v$

해설 Maxwell 관계식
㉠ $dH = Tds + vdP$
$\left(\dfrac{\partial T}{\partial P}\right)_s = \left(\dfrac{\partial v}{\partial s}\right)_P$
㉡ $dU = Tds - Pdv$
$\left(\dfrac{\partial T}{\partial v}\right)_s = -\left(\dfrac{\partial P}{\partial s}\right)_v$
㉢ $dG = -sdT + vdP$
$-\left(\dfrac{\partial s}{\partial P}\right)_T = \left(\dfrac{\partial v}{\partial T}\right)_P$
㉣ $dA = -sdT - Pdv$
$\left(\dfrac{\partial s}{\partial v}\right)_T = \left(\dfrac{\partial P}{\partial T}\right)_v$

08 다음 중 대기압이 100kPa일 때 계기압력이 5.23MPa인 증기의 절대압력은 약 몇 MPa인가?

① 3.02   ② 4.12
③ 5.33   ④ 6.43

해설 절대압력 = 대기압 + 계기압력 = 100 + 5,230
= 5,330kPa = 5.33MPa

09 초기압력 100kPa, 초기체적 0.1m³인 기체를 버너로 가열하여 기체체적이 정압과정으로 0.5m³가 되었다면 이 과정 동안 시스템이 외부에 한 일은 약 몇 kJ인가?

① 10   ② 20
③ 30   ④ 40

해설 $_1W_2 = P(V_2 - V_1) = 100 \times (0.1 - 0.5) = -40\text{J}$

정답   04. ②   05. ①   06. ②   07. ④   08. ③   09. ④

★
10 공기압축기에서 입구공기의 온도와 압력은 각각 27℃, 100kPa이고, 체적유량은 0.01m³/s이다. 출구에서 압력이 400kPa이고, 이 압축기의 등엔트로피 효율이 0.8일 때 압축기의 소요동력은 약 몇 kW인가? (단, 공기의 정압비열과 기체상수는 각각 1kJ/kg · K, 0.287kJ/kg · K이고, 비열비는 1.4이다.)

① 0.9   ② 1.7
③ 2.1   ④ 3.8

해설 $PV = mRT$

$\rho = \dfrac{m}{V} = \dfrac{P_1}{RT_1} = \dfrac{100}{0.287 \times (273 + 27)} = 1.16\text{kg/m}^3$

등엔트로피 가역단열변화이므로

$\dfrac{T_2}{T_1} = \left(\dfrac{P_1}{P_2}\right)^{\frac{1-k}{k}}$

$T_2 = T_1 \left(\dfrac{P_1}{P_2}\right)^{\frac{1-k}{k}}$

$\qquad = (273 + 27) \times \left(\dfrac{400}{100}\right)^{\frac{1-1.4}{1.4}} \fallingdotseq 445.8\text{K}$

$\dot{W}_{th} = \dot{m}C_p \Delta T = \rho Q C_p (T_2 - T_1)$

$\qquad = 1.16 \times 0.01 \times 1 \times (445.8 - 300) \fallingdotseq 1.7\text{kW}$

$\therefore \ \dot{W} = \dfrac{\dot{W}_{th}}{\eta} = \dfrac{1.7}{0.8} \fallingdotseq 2.1\text{kW}$

11 520K의 고온열원으로부터 18.4kJ 열량을 받고 273K의 저온열원에 13kJ의 열량을 방출하는 열기관에 대하여 옳은 설명은?

① Clausius적분값은 −0.0122kJ/K이고 가역과정이다.
② Clausius적분값은 −0.0122kJ/K이고 비가역과정이다.
③ Clausius적분값은 +0.0122kJ/K이고 가역과정이다.
④ Clausius적분값은 +0.0122kJ/K이고 비가역과정이다.

해설 $\oint \dfrac{\delta Q}{T}$ 를 적용하여 방출하였으므로 (−)이다.

$\dfrac{dQ}{dT} = -\dfrac{18.4 - 13}{520 - 273} = -0.0122\text{kJ/K}$

클라우지우스의 적분은 $\oint \dfrac{\delta Q}{T} \leq 0$ 에서 0이면 가역과정이고, 0보다 작으면 비가역과정이다.

12 이상기체가 정압과정으로 dT만큼 온도가 변했을 때 1kg당 변화된 열량 Q는? (단, C_v는 정적비열, C_p는 정압비열, k는 비열비를 나타낸다.)

① $Q = C_v dT$ ② $Q = k^2 C_v dT$
③ $Q = C_p dT$ ④ $Q = kC_p dT$

해설 $Q = GC_p dT = GC_p (T_2 - T_1)$일 때 1kg당이므로
$\therefore \ Q = C_p dT$

13 랭킨사이클에서 25℃, 0.01MPa 압력의 물 1kg을 5MPa 압력의 보일러로 공급한다. 이때 펌프가 가역단열과정으로 작용한다고 가정할 경우 펌프가 한 일은 약 몇 kJ인가? (단, 물의 비체적은 0.001m³/kg이다.)

① 2.58   ② 4.99
③ 20.10   ④ 40.20

해설 $AW_P = \nu_1 (P_2 - P_1)$
$\qquad = 0.001 \times (5,000 - 10)$
$\qquad \fallingdotseq 4.99\text{kJ}$

14 다음 중 강성적(강도성, intensive) 상태량이 아닌 것은?

① 압력   ② 온도
③ 엔탈피   ④ 비체적

해설 ㉠ 강성적(강도적) 상태량 : 물질이 가지는 질량의 크기와 관계없는 상태량이다. 온도(T), 압력(P), 비체적 등이 있다. 즉 나누어도 변화가 없는 상태량이다.
㉡ 종량적 상태량 : 물질의 질량에 따라 값이 변하는 상태량이다. 체적(V), 내부에너지(U), 엔탈피(H), 엔트로피(S) 등이 있다. 나누면 변화가 있는 상태량이다.

15 저온실로부터 46.4kW의 열을 흡수할 때 10kW의 동력을 필요로 하는 냉동기가 있다면 이 냉동기의 성능계수는?

① 4.64   ② 5.65
③ 7.49   ④ 8.82

해설 $COP = \dfrac{Q}{W} = \dfrac{46.4}{10} = 4.64$

정답 10. ③ 11. ② 12. ③ 13. ② 14. ③ 15. ①

★
16 이상적인 복합사이클(사바테사이클)에서 압축비는 16, 최고압력비(압력 상승비)는 2.3, 체절비는 1.6이고, 공기의 비열비는 1.4일 때 이 사이클의 효율은 약 몇 %인가?

① 55.52 　　② 58.41
③ 61.54 　　④ 64.88

해설 $\eta_s = \dfrac{\text{행한 일량}}{\text{공급한 열량}} = \dfrac{W_a}{q_1} = \dfrac{q_1 - q_2}{q_1} = 1 - \dfrac{q_2}{q_1}$

$= 1 - \dfrac{T_5 - T_1}{(T_3 - T_2) + k(T_4 - T_3)}$

$= 1 - \left(\dfrac{1}{\varepsilon}\right)^{k-1} \dfrac{\alpha \sigma^k - 1}{(\alpha - 1) + k\alpha(\sigma - 1)}$

$= 1 - \left(\dfrac{1}{16}\right)^{1.4-1} \times \dfrac{2.3 \times 1.6^{1.4} - 1}{(2.3 - 1) + 1.4 \times 2.3 \times (1.6 - 1)}$

$= 0.648775 ≒ 64.88\%$

★
17 이상기체공기가 안지름 0.1m인 관을 통하여 0.2m/s로 흐르고 있다. 공기의 온도는 20℃, 압력은 100kPa, 기체상수는 0.287kJ/kg·K라면 질량유량은 약 몇 kg/s인가?

① 0.0019 　　② 0.0099
③ 0.0119 　　④ 0.0199

해설 $V = $ 관 속 단면적×유속

$= \dfrac{\pi}{4} \times 0.1^2 \times 0.2 = 0.00157\text{m}^3/\text{s}$

$\therefore G = \dfrac{PV}{RT} = \dfrac{100 \times 0.00157}{0.287 \times (273 + 20)} ≒ 0.0019\text{kg/s}$

★
18 이상적인 오토사이클에서 단열압축되기 전 공기가 101.3kPa, 21℃이며, 압축비 7로 운전할 때 이 사이클의 효율은 약 몇 %인가? (단, 공기의 비열비는 1.4이다.)

① 62% 　　② 54%
③ 46% 　　④ 42%

해설 $\eta = 1 - \dfrac{T_4 - T_1}{T_3 - T_2} = 1 - \left(\dfrac{V_2}{V_1}\right)^{k-1}$

$= 1 - \left(\dfrac{1}{\varepsilon}\right)^{k-1} = 1 - \left(\dfrac{1}{7}\right)^{1.4-1}$

$= 0.540843 ≒ 54\%$

★
19 온도가 각기 다른 액체 A(50℃), B(25℃), C(10℃)가 있다. A와 B를 동일 질량으로 혼합하면 40℃가 되고, A와 C를 동일 질량으로 혼합하면 30℃로 된다. B와 C를 동일 질량으로 혼합할 때는 몇 ℃로 되겠는가?

① 16.0 　　② 18.4
③ 20.0 　　④ 22.5

해설 $Q = mC\Delta t$ 에서

㉠ $mC_a(50 - 40) = mC_b(40 - 25)$

　$2C_a = 3C_b$

　$\therefore C_a = \dfrac{3}{2}C_b$

㉡ $mC_a(50 - 30) = mC_c(30 - 10)$

　$\therefore C_a = C_c$

㉢ $mC_b(25 - t_m) = mC_c(t_m - 10)$

　$C_b(25 - t_m) = C_c(t_m - 10)[C_a = C_c$ 를 적용]

　$C_b(25 - t_m) = C_a(t_m - 10)[C_a = \dfrac{3}{2}C_b$ 를 적용]

　$C_b(25 - t_m) = \dfrac{3}{2}C_b(t_m - 10)$

　$25 - t_m = \dfrac{3}{2}(t_m - 10)$

　$\therefore t_m = 16℃$

20 다음 4가지 경우에서 (　) 안의 물질이 보유한 엔트로피가 증가한 경우는?

ⓐ 컵에 있는 (물)이 증발하였다.
ⓑ 목욕탕의 (수증기)가 차가운 타일벽에서 물로 응결되었다.
ⓒ 실린더 안의 (공기)가 가역단열적으로 팽창되었다.
ⓓ 뜨거운 (커피)가 식어서 주위 온도와 같게 되었다.

① ⓐ 　　② ⓑ
③ ⓒ 　　④ ⓓ

해설 ㉠ 증발과정(등압+등온)에서는 엔트로피가 증가한다.
㉡ ⓑ와 ⓓ일 때 엔트로피가 감소하고, ⓒ일 때 불변한다.

정답 16. ④ 17. ① 18. ② 19. ① 20. ①

제2과목 냉동공학

21 축열시스템 중 빙축열방식이 수축열방식에 비해 유리하다고 할 수 없는 것은?

① 축열조를 소형화할 수 있다.
② 낮은 온도를 이용할 수 있다.
③ 난방 시의 축열 대응에 적합하다.
④ 축열조의 설치장소가 자유롭다.

해설 동일 양의 물을 사용하여 얼음을 만드는 경우 빙축열은 수축열에 비해 약 7배 가량 높으므로 축열조용량의 소형화가 가능하다. 이로 인한 설치면적, 설치경비, 축열조의 열손실을 줄일 수 있다.

★
22 유량이 1,800kg/h인 30℃ 물을 −10℃의 얼음으로 만드는 능력을 가진 냉동장치의 압축기 소요동력은 약 얼마인가? (단, 응축기의 냉각수 입구온도 30℃, 냉각수 출구온도 35℃, 냉각수 수량 50m³/h 이고, 열손실은 무시하는 것으로 한다.)

① 30kW ② 40kW
③ 50kW ④ 60kW

해설 $N = \dfrac{Q_c - Q_e}{860}$

$= \dfrac{50 \times 1,000 \times 1 \times (35-30) - 1,800 \times [1 \times (30-0) + 80 + (0-(-10))]}{860}$

$= 50 \text{kW}$

★
23 냉매에 관한 설명으로 옳은 것은?

① 암모니아냉매가스가 누설된 경우 비중이 공기보다 무거워 바닥에 정체한다.
② 암모니아의 증발잠열은 프레온계 냉매보다 작다.
③ 암모니아는 프레온계 냉매에 비하여 동일 운전압력조건에서는 토출가스온도가 높다.
④ 프레온계 냉매는 화학적으로 안정한 냉매이므로 장치 내에 수분이 혼입되어도 운전상 지장이 없다.

해설 ① 암모니아는 프레온냉매보다도 가볍다.
② 암모니아의 증발잠열은 프레온계 냉매보다 크다.
④ 장치 내에 수분이 혼입되면 운전상 지장이 크다.

★
24 냉매의 구비조건에 대한 설명으로 틀린 것은?

① 동일한 냉동능력에 대하여 냉매가스의 용적이 적을 것
② 저온에 있어서도 대기압 이상의 압력에서 증발하고 비교적 저압에서 액화할 것
③ 점도가 크고 열전도율이 좋을 것
④ 증발열이 크며 액체의 비열이 작을 것

해설 **냉매의 구비조건**
㉠ 냉매가스의 용적(비체적)이 적을 것
㉡ 저온에 있어서도 대기압 이상의 압력에서 증발하고 비교적 저압에서 액화할 것
㉢ 점성, 즉 점도가 낮으며 열전달률(열전도도)이 양호할 것(높을 것)
㉣ 증발잠열이 크고 액체의 비열이 적을 것
㉤ 전기저항이 크고 절연 파괴를 일으키지 않을 것
㉥ 임계온도가 높고 응고온도가 낮을 것
㉦ 불활성일 것

25 다음의 장치는 액−가스 열교환기가 설치되어 있는 1단 증기압축식 냉동장치를 나타낸 것이다. 이 냉동장치의 운전 시에 다음과 같은 현상이 발생하였다. 이 현상에 대한 원인으로 옳은 것은?

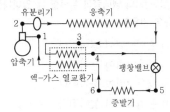

액−가스 열교환기에서 응축기 출구냉매액과 증발기 출구냉매증기가 서로 열교환할 때 이 열교환기 내에서 증발기 출구의 냉매온도변화($T_1 - T_6$)는 18℃이고, 응축기 출구냉매액의 온도변화($T_3 - T_4$)는 1℃이다.

① 증발기 출구(점 6)의 냉매상태는 습증기이다.
② 응축기 출구(점 3)의 냉매상태는 불응축상태이다.
③ 응축기 내에 불응축가스가 혼입되어 있다.
④ 액−가스 열교환기의 열손실이 상당히 많다.

해설 증발기 출구온도가 많이 올라간 것은 응축기에서 응축이 되지 않고 있다고 본다. 즉 불응축되어 있다.

26 흡수식 냉동기에서 냉매의 순환경로는?

① 흡수기 → 증발기 → 재생기 → 열교환기
② 증발기 → 흡수기 → 열교환기 → 재생기
③ 증발기 → 재생기 → 흡수기 → 열교환기
④ 증발기 → 열교환기 → 재생기 → 흡수기

해설 흡수식 냉동기 냉매의 순환경로 : 증발기 → 흡수기 → 열교환기 → 재생기(발생기) → 응축기 → 증발기

암기법➜ 증흡열재응

27 고온가스제상(hot gas defrost)방식에 대한 설명으로 틀린 것은?

① 압축기의 고온·고압가스를 이용한다.
② 소형 냉동장치에 사용하면 언제라도 정상운전을 할 수 있다.
③ 비교적 설비하기가 용이하다.
④ 제상소요시간이 비교적 짧다.

해설 고온가스제상을 소형 냉동장치에 사용하려면 안전장치가 필요하다.

28 냉동장치의 냉매량이 부족할 때 일어나는 현상으로 옳은 것은?

① 흡입압력이 낮아진다.
② 토출압력이 높아진다.
③ 냉동능력이 증가한다.
④ 흡입압력이 높아진다.

해설 냉매량이 부족해지면 흡입압력이 낮아지고 비체적이 증가한다.

★
29 증기압축식 냉동사이클에서 증발온도를 일정하게 유지하고 응축온도를 상승시킬 경우에 나타나는 현상으로 틀린 것은?

① 성적계수 감소
② 토출가스온도 상승
③ 소요동력 증대
④ 플래시가스 발생량 감소

해설 증발온도 일정, 응축온도 상승시키면 성적계수(COP) 감소, 토출가스온도 상승, 소요동력 증대, 압축비 증가, 플래시가스 발생량 증가한다.

★
30 냉매액 강제순환식 증발기에 대한 설명으로 틀린 것은?

① 냉매액이 충분한 속도로 순환되므로 타 증발기에 비해 전열이 좋다.
② 일반적으로 설비가 복잡하며 대용량의 저온 냉장실이나 급속동결장치에 사용한다.
③ 강제순환식이므로 증발기에 오일이 고일 염려가 적고 배관저항에 의한 압력 강하도 작다.
④ 냉매액에 의한 리퀴드백(liquid back)의 발생이 적으며 저압수액기와 액펌프의 위치에 제한이 없다.

해설 저압수액기와 액펌프의 낙차는 1.2m 이상되어야 한다.

31 다음 그림과 같은 사이클을 난방용 히트펌프로 사용한다면 이론성적계수를 구하는 식은?

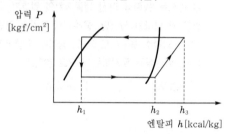

▲ 압력-엔탈피선도

① $COP = \dfrac{h_2 - h_1}{h_3 - h_2}$

② $COP = 1 + \dfrac{h_3 - h_1}{h_3 + h_2}$

③ $COP = \dfrac{h_2 + h_1}{h_3 + h_2}$

④ $COP = 1 + \dfrac{h_2 - h_1}{h_3 - h_2}$

해설 $COP_H = 1 + \dfrac{h_2 - h_1}{h_3 - h_2}$

32 다음 중 자연냉동법이 아닌 것은?

① 융해열을 이용하는 방법
② 승화열을 이용하는 방법
③ 기한제를 이용하는 방법
④ 증기분사를 하여 냉동하는 방법

해설 **자연냉동법** : 융해잠열, 승화잠열, 기한제, 증발잠열

정답 26. ② 27. ② 28. ① 29. ④ 30. ④ 31. ④ 32. ④

33 암모니아냉매의 누설검지방법으로 적절하지 않은 것은?

① 냄새로 알 수 있다.
② 리트머스시험지를 사용한다.
③ 페놀프탈레인시험지를 사용한다.
④ 할로겐 누설검지기를 사용한다.

해설 **암모니아냉매의 누설검지방법**
㉠ 냄새로서 알 수 있다.
㉡ 리트머스시험지가 청색으로 변한다.
㉢ 페놀프탈레인시험지를 물에 적셔 갖다 대면 약알칼리성이므로 홍색으로 된다.
㉣ 유황초나 유황을 묻힌 심지에 불을 붙여 암모니아에 가까이 가면 흰 연기가 발생한다.
㉤ 네슬러시약을 사용하면 물 또는 브라인에 암모니아가 소량 누설 시에는 황색으로, 다량 누설 시에는 자색으로 색이 변화한다.

34 다음 조건을 이용하여 응축기 설계 시 1RT(3,320 kcal/h)당 응축면적은? (단, 온도차는 산술평균온도차를 적용한다.)

- 방열계수 : 1.3
- 응축온도 : 35℃
- 냉각수 입구온도 : 28℃
- 냉각수 출구온도 : 32℃
- 열통과율 : 900kcal/m^2 · h · ℃

① 1.25m^2　　　　② 0.96m^2
③ 0.62m^2　　　　④ 0.45m^2

해설 $\Delta t = \dfrac{(35+35)-(32+28)}{2} = \dfrac{10}{2} = 5℃$

$\therefore F = \dfrac{Q_e C}{k \Delta t} = \dfrac{3,320 \times 1.3}{900 \times 5} ≒ 0.96m^2$

35 다음 중 빙축열시스템의 분류에 대한 조합으로 적당하지 않은 것은?

① 정적제빙형 – 관내착빙형
② 정적제빙형 – 캡슐형
③ 동적제빙형 – 관외착빙형
④ 동적제빙형 – 과냉각아이스형

해설 동적제빙형은 관 외측에 얼음을 만들 수 없다.

36 산업용 식품동결방법은 열을 빼앗는 방식에 따라 분류가 가능하다. 다음 중 위의 분류방식에 따른 식품동결방법이 아닌 것은?

① 진공동결　　　② 분사동결
③ 접촉동결　　　④ 담금동결

해설 **식품동결방법** : 분사(분무)동결, 접촉동결, 담금동결(침지식), 공기동결, 송풍동결 등

37 2단 압축 1단 팽창냉동시스템에서 게이지압력계로 증발압력이 100kPa, 응축압력이 1,100kPa일 때 중간냉각기의 절대압력은 약 얼마인가?

① 331kPa　　　② 491kPa
③ 732kPa　　　④ 1,010kPa

해설 $P_0 = \sqrt{(100+101) \times (1,100+101)} ≒ 491kPa$

참고 1atm=101.325kPa, 1kg/m^2=98.066543kPa

38 다음 중 암모니아냉동시스템에 사용되는 팽창장치로 적절하지 않은 것은?

① 수동식 팽창밸브
② 모세관식 팽창장치
③ 저압 플로트팽창밸브
④ 고압 플로트팽창밸브

해설 모세관식 팽창장치는 주로 소형 냉동기, 가정용 냉동기, 창문형 에어컨, 쇼케이스 등에 사용된다.

39 착상이 냉동장치에 미치는 영향으로 가장 거리가 먼 것은?

① 냉장실 내 온도가 상승한다.
② 증발온도 및 증발압력이 저하한다.
③ 냉동능력당 전력소비량이 감소한다.
④ 냉동능력당 소요동력이 증대한다.

해설 **착상이 냉동장치에 미치는 영향** : 증발온도 저하, 증발압력 감소, 압축비 감소, 냉장고 내 온도 상승, 소요동력 증가, 액압축 우려

정답 33. ④　34. ②　35. ③　36. ①　37. ②　38. ②　39. ③

★
40 방열벽 면적 1,000m², 방열벽 열통과율 0.232W/m² · ℃인 냉장실에 열통과율 29.03W/m² · ℃, 전달면적 20m²인 증발기가 설치되어 있다. 이 냉장실에 열전달률 5.805W/m² · ℃, 전열면적 500m², 온도 5℃인 식품을 보관한다면 실내온도는 몇 ℃로 변화되는가? (단, 증발온도는 −10℃로 하며, 외기온도는 30℃로 한다.)

① 3.7
② 4.2
③ 5.8
④ 6.2

해설 ㉠ 방열벽열량
$$Q_1 = k_1 A_1 \Delta t_1 = 0.232 \times 1,000 \times (30-t)$$
㉡ 식품보관열량
$$Q_2 = k_2 A_2 \Delta t_2 = 5.805 \times 500 \times (5-t)$$
㉢ 냉동장치 능력
$$Q_3 = k_3 A_3 \Delta t_3 = 29.03 \times 20 \times (t-(-10))$$
㉣ 실내온도
$$Q_3 = Q_1 + Q_2$$
$$0.232 \times 1,000 \times (30-t) + 5.805 \times 500 \times (5-t)$$
$$= 29.03 \times 20 \times (t-(-10))$$
$$\therefore t \fallingdotseq 4.2℃$$

제3과목 **공기조화**

★
41 냉수코일설계 시 유의사항으로 옳은 것은?

① 대향류로 하고 대수평균온도차를 되도록 크게 한다.
② 병행류로 하고 대수평균온도차를 되도록 작게 한다.
③ 코일통과풍속을 5m/s 이상으로 취하는 것이 경제적이다.
④ 일반적으로 냉수 입·출구온도차는 10℃보다 크게 취하여 통과유량을 적게 하는 것이 좋다.

해설 냉수코일설계
㉠ 대수평균온도차(MTD)가 클수록 열전달이 좋아져 코일의 열수가 작아도 된다.
㉡ 풍속 2~3m/s가 경제적이며 평균 2.5m/s이다.
㉢ 입·출구온도차는 5℃ 전후로 한다.
㉣ 냉수속도 0.5~1.5m/s 정도, 일반적으로 1m/s 전후로 한다.
㉤ 공기류와 수류의 방향은 역류가 되도록 한다.
㉥ 코일의 설치는 관이 수평으로 놓이게 한다.
㉦ 코일의 열수는 일반 공기냉각용에는 4~8열(列)이 많이 사용된다.

★
42 온도가 30℃이고, 절대습도가 0.02kg/kg인 실외공기와 온도가 20℃, 절대습도가 0.01kg/kg인 실내공기를 1 : 2의 비율로 혼합하였다. 혼합된 공기의 건구온도와 절대습도는?

① 23.3℃, 0.013kg/kg
② 26.6℃, 0.025kg/kg
③ 26.6℃, 0.013kg/kg
④ 23.3℃, 0.025kg/kg

해설 ㉠ 건구온도 : $t = \dfrac{(1 \times 30) + (2 \times 20)}{1+2}$
$\fallingdotseq 23.3℃$
㉡ 절대습도 : $x = \dfrac{(1 \times 0.02) + (2 \times 0.01)}{1+2}$
$\fallingdotseq 0.013kg/kg$

43 다음 난방방식의 표준방열량에 대한 것으로 옳은 것은?

① 증기난방 : 0.523kW
② 온수난방 : 0.756kW
③ 복사난방 : 1.003kW
④ 온풍난방 : 표준방열량이 없다.

해설 ㉠ 증기난방 : 650kcal/m² · h = $\dfrac{650}{860} \fallingdotseq 0.756kW$
㉡ 온수난방 : 450kcal/m² · h = $\dfrac{450}{860} \fallingdotseq 0.523kW$
㉢ 복사난방과 온풍난방은 표준방열량이 없다.

★
44 냉난방 시의 실내현열부하를 q_s[W], 실내와 말단장치의 온도(℃)를 각각 t_r, t_d라 할 때 송풍량 Q[L/s]를 구하는 식은?

① $Q = \dfrac{q_s}{0.24(t_r - t_d)}$ ② $Q = \dfrac{q_s}{1.2(t_r - t_d)}$
③ $Q = \dfrac{q_s}{1.85(t_r - t_d)}$ ④ $Q = \dfrac{q_s}{2,501(t_r - t_d)}$

해설 $Q = \dfrac{\text{현열부하}}{\text{공기비중량} \times (\text{유지온도} - \text{공급온도})}$
$= \dfrac{q_s}{1.2(t_r - t_d)}$[L/s]

정답 40. ② 41. ① 42. ① 43. ④ 44. ②

45 건물의 지하실, 대규모 조리장 등에 적합한 기계환기법(강제급기 + 강제배기)은?

① 제1종 환기　　② 제2종 환기
③ 제3종 환기　　④ 제4종 환기

해설 ② 제2종 환기방식 : 강제급기 + 자연배기
③ 제3종 환기방식 : 자연급기 + 강제배기
④ 제4종 환기방식 : 자연급기 + 자연배기

46 에어워셔에 대한 설명으로 틀린 것은?

① 세정실(Spray chamber)은 일리미네이터 뒤에 있어 공기를 세정한다.
② 분무노즐(Spray nozzle)은 스탠드파이프에 부착되어 스프레이헤더에 연결된다.
③ 플러딩노즐(Flooding nozzle)은 먼지를 세정한다.
④ 다공판 또는 루버(Louver)는 기류를 정류해서 세정실 내를 통과시키기 위한 것이다.

해설 세정실은 일리미네이터 앞에 있다.

★
47 간이계산법에 의한 건평 150m² 에 소요되는 보일러의 급탕부하는? (단, 건물의 열손실은 90kJ/m²·h, 급탕량은 100kg/h, 급수 및 급탕온도는 각각 30℃, 70℃이다.)

① 3,500kJ/h　　② 4,000kJ/h
③ 13,500kJ/h　　④ 16,800kJ/h

해설 $Q = GC(t_2 - t_1)$
$= 100 \times 4.2 \times (70 - 30) = 16,800 \text{kg/h}$

★
48 어떤 방의 취득현열량이 8,360kJ/h로 되었다. 실내온도를 28℃로 유지하기 위하여 16℃의 공기를 취출하기로 계획한다면 실내로의 송풍량은? (단, 공기의 비중량은 1.2kg/m³, 정압비열은 1.004kJ/kg·℃이다.)

① 426.2m³/h　　② 467.5m³/h
③ 578.7m³/h　　④ 612.3m³/h

해설 $Q = \dfrac{\text{현열량}}{\text{공기비중량} \times \text{비열} \times (\text{유지온도} - \text{공급온도})}$
$= \dfrac{8,360}{1.2 \times 1.004 \times (28 - 16)} = 578.7 \text{m}^3/\text{h}$

★
49 온풍난방의 특징에 관한 설명으로 틀린 것은?

① 예열부하가 거의 없으므로 기동시간이 아주 짧다.
② 취급이 간단하고 취급자격자를 필요로 하지 않는다.
③ 방열기기나 배관 등의 시설이 필요 없어 설비비가 싸다.
④ 취출온도의 차가 적어 온도분포가 고르다.

해설 온풍난방의 특징
㉠ 예열부하가 작아 예열시간이 짧다.
㉡ 취급이 간단하고 취급자격자를 필요로 하지 않는다.
㉢ 설비비가 싸다.
㉣ 실내 충고가 높을 경우에는 상하의 온도분포(온도)차가 크다.
㉤ 공기는 비열이 작으므로 착화 즉시 냉난방이 가능하다.

★
50 다음 조건의 외기와 재순환공기를 혼합하려고 할 때 혼합공기의 건구온도는?

- 외기 34℃ DB, 1,000m³/h
- 재순환공기 26℃ DB, 2,000m³/h

① 31.3℃　　② 28.6℃
③ 18.6℃　　④ 10.3℃

해설 건구온도(t)
$= \dfrac{(\text{외기량} \times \text{외기온도}) + (\text{재순환공기량} \times \text{재순환온도})}{\text{외기량} + \text{재순환공기량}}$
$= \dfrac{(1,000 \times 34) + (2,000 \times 26)}{1,000 + 2,000} = 28.6℃$

51 온풍난방에서 중력식 순환방식과 비교한 강제순환방식의 특징에 관한 설명으로 틀린 것은?

① 기기설치장소가 비교적 자유롭다.
② 급기덕트가 작아서 은폐가 용이하다.
③ 공급되는 공기는 필터 등에 의하여 깨끗하게 처리될 수 있다.
④ 공기순환이 어렵고 쾌적성 확보가 곤란하다.

해설 공기순환이 쉽고 쾌적성 확보가 가능하다.

정답　45. ①　46. ①　47. ④　48. ③　49. ④　50. ②　51. ④

52 덕트조립공법 중 원형덕트의 이음방법이 아닌 것은?

① 드로밴드이음(draw band joint)
② 비드클림프이음(beaded crimp joint)
③ 더블심(double seam)
④ 스파이럴심(spiral seam)

해설 ㉠ 원형덕트의 이음방법은 드로밴드이음. 비드클림프이음, 스파이럴심이다.
㉡ 더블심은 세로방향의 이음법이다.

★
53 공기냉각·가열코일에 대한 설명으로 틀린 것은?

① 코일의 관내에 물 또는 증기, 냉매 등의 열매를 통과시키고 외측에는 공기를 통과시켜서 열매와 공기 간의 열교환을 시킨다.
② 코일에 일반적으로 16mm 정도의 동관 또는 강관의 외측에 동, 강 또는 알루미늄제의 판을 붙인 구조로 되어 있다.
③ 에로핀 중 감아 붙인 핀이 주름진 것을 스무드핀, 주름이 없는 평면상의 것을 링클핀이라고 한다.
④ 관의 외부에 얇게 리본모양의 금속판을 일정한 간격으로 감아 붙인 핀의 형상을 에로핀형이라 한다.

해설 에로핀 중 감아 붙인 핀이 평면상의 것을 스무드 스파이럴핀, 주름진 것은 링클핀이라 한다.

★
54 덕트 내 풍속을 측정하는 피토관을 이용하여 전압 23.8mmAq, 정압 10mmAq를 측정하였다. 이 경우 풍속은 약 얼마인가?

① 10m/s ② 15m/s
③ 20m/s ④ 25m/s

해설 ㉠ 전압(P_t) = 정압(P_s) + 동압(P_d)
∴ 동압(P_d) = 전압(P_t) - 정압(P_s)
= 23.8 - 10 = 13.8mmAq

㉡ $P_d = \dfrac{V^2}{2g}\gamma$

∴ $V = \sqrt{\dfrac{2gP_d}{\gamma}} = \sqrt{\dfrac{2 \times 9.8 \times 13.8}{1.2}}$

= 15m/s
여기서, γ(공기의 비중량) : 1.2kg/m³(20℃ 기준)

★
55 유인유닛공조방식의 설명으로 틀린 것은?

① 1차 공기를 고속덕트로 공급하므로 덕트스페이스를 줄일 수 있다.
② 실내유닛에는 회전기기가 없으므로 시스템의 내용연수가 길다.
③ 실내부하를 주로 1차 공기로 처리하므로 중앙공조기는 커진다.
④ 송풍량이 적어 외기냉방효과가 낮다.

해설 **유인유닛공조방식 특징**
㉠ 덕트스페이스를 작게 할 수 있다.
㉡ 시스템의 내용연수가 길다.
㉢ 각 유닛마다 제어가 가능하므로 개별실 제어가 가능하다.
㉣ 외기냉방의 효과가 적다.
㉤ 냉각과 가열을 동시에 하는 경우 혼합손실이 발생한다.
㉥ 유인유닛에는 동력배선이 필요 없다.
㉦ 유인비는 보통 3~4 정도로 한다.
㉧ 실내환경변화에 대응이 쉽다.

56 공조방식에서 가변풍량덕트방식에 관한 설명으로 틀린 것은?

① 운전비 및 에너지의 절약이 가능하다.
② 공조해야 할 공간의 열부하 증감에 따라 송풍량을 조절할 수 있다.
③ 다른 난방방식과 동시에 이용할 수 없다.
④ 실내칸막이변경이나 부하의 증감에 대처하기 쉽다.

해설 가변풍량덕트방식은 다른 난방방식과 동시에 이용할 수 있다.

57 특정한 곳에 열원을 두고 열수송 및 분배망을 이용하여 한정된 지역으로 열매를 공급하는 난방법은?

① 간접난방법 ② 지역난방법
③ 단독난방법 ④ 개별난방법

해설 ㉠ 지역난방법은 특정한 곳에 열원을 두고 열수송 및 분배망을 이용하여 한정된 지역에 난방하는 방법이다.
㉡ 간접난방법은 지하실 등의 특정장소에서 신선한 외기를 도입하여 가열, 가습 또는 감습한 공기를 덕트를 통해서 각 방에 보내어 난방하는 방법이다.

정답 **52.** ③ **53.** ③ **54.** ② **55.** ③ **56.** ③ **57.** ②

58 겨울철에 어떤 방을 난방하는 데 있어서 이 방의 현열손실이 12,000kJ/h이고 잠열손실이 4,000kJ/h이며, 실온을 21℃, 습도를 50%로 유지하려 할 때 취출구의 온도차를 10℃로 하면 취출구 공기상태점은?

① 21℃, 50%인 상태점을 지나는 현열비 0.75에 평행한 선과 건구온도 31℃인 선이 교차하는 점

② 21℃, 50%인 상태점을 지나는 현열비 0.33에 평행한 선과 건구온도 31℃인 선이 교차하는 점

③ 21℃, 50%인 상태점을 지나는 현열비 0.75에 평행한 선과 건구온도 11℃인 선이 교차하는 점

④ 21℃, 50%인 점과 31℃, 50%인 점을 잇는 선분을 4 : 3으로 내분하는 점

해설 ㉠ 현열비$(SHF) = \dfrac{q_s}{q_s + q_l} = \dfrac{12,000}{12,000 + 4,000} = 0.75$

ㄴ 취출구온도=21+10=31℃

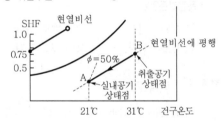

★
59 관류보일러에 대한 설명으로 옳은 것은?

① 드럼과 여러 개의 수관으로 구성되어 있다.

② 관을 자유로이 배치할 수 있어 보일러 전체를 합리적인 구조로 할 수 있다.

③ 전열면적당 보유수량이 커 시동시간이 길다.

④ 고압 대용량에 부적합하다.

해설 **관류보일러**

㉠ 관의 배치가 자유롭다.

ㄴ 관으로 구성되어 있기 때문에 전체적으로 콤팩트한 구조이다.

ㄷ 고압에 잘 견딘다.

ㄹ 보유수량이 작다.

ㅁ 증기 발생까지 시간이 짧다(취급자격자가 없어도 된다).

ㅂ 용량이 다양하다.

ㅅ 설비용으로는 고압증기를 필요로 하는 경우나 소규모 건물에 사용된다.

★
60 공조용 열원장치에서 히트펌프방식에 대한 설명으로 틀린 것은?

① 히트펌프방식은 냉방과 난방을 동시에 공급할 수 있다.

② 히트펌프원리를 이용하여 지열시스템 구성이 가능하다.

③ 히트펌프방식 열원기기의 구동동력은 전기와 가스를 이용한다.

④ 히트펌프를 이용해 난방은 가능하나 급탕공급은 불가능하다.

해설 히트펌프를 이용해 냉난방과 급탕공급이 가능하다.

제4과목 **전기제어공학**

61 토크가 증가하면 속도가 낮아져 대체적으로 일정한 출력이 발생하는 것을 이용해서 전차, 기중기 등에 주로 사용하는 직류전동기는?

① 직권전동기   ② 분권전동기

③ 가동복권전동기   ④ 차동복권전동기

해설 ㉠ 직권전동기 : 권상기, 기중기, 전차용 전동기

ㄴ 분권전동기 : 송풍기, 공작기계, 펌프, 인쇄기, 컨베이어, 권상기, 압연기, 공작기계, 초지기

ㄷ 복권전동기 : 권상기, 절단기, 컨베이어, 분쇄기

★
62 회로에서 A와 B 간의 합성저항은 약 몇 Ω인가? (단, 각 저항의 단위는 모두 Ω이다.)

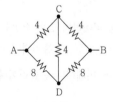

① 2.66   ② 3.2

③ 5.33   ④ 6.4

해설 $R_{AB} = \dfrac{(r_1 + r_2)(r_3 + r_4)}{(r_1 + r_2) + (r_3 + r_4)}$

$= \dfrac{(4+4) \times (8+8)}{(4+4) + (8+8)} = 5.33\,\Omega$

정답   58. ①   59. ②   60. ④   61. ①   62. ③

2018년

63 목표값이 미리 정해진 시간적 변화를 하는 경우 제어량을 변화시키는 제어는?

① 정치제어　　　② 추종제어
③ 비율제어　　　④ 프로그램제어

해설　프로그램제어란 목표치가 시간과 함께 미리 정해진 변화를 하는 제어로서 열처리의 온도제어, 열차의 무인운전, 엘리베이터, 무인자판기 등이 해당한다.

★
64 입력이 011$_{(2)}$일 때 출력은 3V인 컴퓨터제어의 D/A 변환기에서 입력을 101$_{(2)}$로 하였을 때 출력은 몇 V인가? (단, 3bit 디지털 입력이 011$_{(2)}$은 off, on, on을 뜻하고 입력과 출력은 비례한다.)

① 3　　　② 4
③ 5　　　④ 6

해설　$101_{(2)} = 1 \times 2^2 + 0 \times 2 + 1 \times 2^0$
　　　　$= 5V$

65 기계장치, 프로세스 및 시스템 등에서 제어되는 전체 또는 부분으로서 제어량을 발생시키는 장치는?

① 제어장치　　　② 제어대상
③ 조작장치　　　④ 검출장치

해설　제어의 대상으로 제어하려고 하는 기계의 전체 또는 그 일부분을 제어대상이라 한다.

66 평행하게 왕복되는 두 도선에 흐르는 전류 간의 전자력은? (단, 두 도선 간의 거리는 r[m]이라 한다.)

① r에 비례하며 흡인력이다.
② r^2에 비례하며 흡인력이다.
③ $\dfrac{1}{r}$에 비례하며 반발력이다.
④ $\dfrac{1}{r^2}$에 비례하며 반발력이다.

해설　**평행한 두 도선의 전류 간의 전자력**
　㉠ 서로 미는 힘(반발력) : 전류가 다른(왕복) 방향으로 흐를 때 $\dfrac{1}{r}$에 비례
　㉡ 서로 당기는 힘(흡인력) : 전류가 같은 방향으로 흐를 때 r에 비례

67 제어량을 원하는 상태로 하기 위한 입력신호는?

① 제어명령　　　② 작업명령
③ 명령처리　　　④ 신호처리

해설　제어명령은 주기억장치와 제어기억장치에 기억된 자료를 처리하고 기억시킬 수 있는 주기억장치의 기억공간을 마련하거나 명령의 순서선택과 해석을 제어하는 데 사용되는 특별한 명령이다.

68 피드백제어계에서 제어장치가 제어대상에 가하는 제어신호로 제어장치의 출력인 동시에 제어대상의 입력인 신호는?

① 목표값　　　② 조작량
③ 제어량　　　④ 동작신호

해설　제어요소가 제어대상에 주는 양인 조작량은 제어대상에 가한 신호로서, 이것에 의해 제어량을 변화시킨다.

69 평행판의 간격을 처음의 2배로 증가시킬 경우 정전 용량값은?

① 1/2로 된다.　　② 2배로 된다.
③ 1/4로 된다.　　④ 4배로 된다.

해설　$C_i = \dfrac{정전용량}{평행판간격} = \dfrac{C}{r} = \dfrac{1}{2}C$

정전용량(electrostatic capacity)$= C = \dfrac{EA}{d}$[F]에서 A(그 판의 면적(m²))와 E(유전율($= E_0 - E_1$))에 비례하고, d(극판의 간격(m))에 반비례한다.

★
70 다음과 같은 2개의 교류전압이 있다. 2개의 전압은 서로 어느 정도의 시간차를 가지고 있는가?

$$v_1 = 10\cos 10t, \ v_2 = 10\cos 5t$$

① 약 0.25초　　　② 약 0.46초
③ 약 0.63초　　　④ 약 0.72초

해설　$f_1 = \dfrac{10}{2\pi}$, $f_2 = \dfrac{5}{2\pi}$

$T_1 = \dfrac{1}{f_1} = \dfrac{2\pi}{10}$, $T_2 = \dfrac{1}{f_2} = \dfrac{2\pi}{5}$

$\therefore T_2 - T_1 = \dfrac{2\pi}{5} - \dfrac{2\pi}{10} = 0.628$

정답　63. ④　64. ③　65. ②　66. ③　67. ①　68. ②　69. ①　70. ③

71 다음 그림과 같은 계통의 전달함수는?

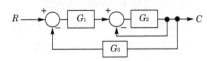

① $\dfrac{G_1 G_2}{1 + G_2 G_3}$ ② $\dfrac{G_1 G_2}{1 + G_1 + G_2 G_3}$

③ $\dfrac{G_1 G_2}{1 + G_2 + G_1 G_2 G_3}$ ④ $\dfrac{G_1 G_2}{1 + G_1 G_2 + G_2 G_3}$

해설 $\dfrac{C}{R} = \dfrac{경로}{1 + 폐로} = \dfrac{G_1 G_2}{1 + G_2 + G_1 G_2 G_3}$

★
72 피드백제어의 장점으로 틀린 것은?

① 목표값에 정확히 도달할 수 있다.
② 제어계의 특성을 향상시킬 수 있다.
③ 외부조건의 변화에 대한 영향을 줄일 수 있다.
④ 제어기 부품들의 성능이 나쁘면 큰 영향을 받는다.

해설 피드백제어의 단점
　㉠ 제어의 설비에 비용이 많이 들고 고도화된 기술이 필요하다.
　㉡ 제어장치의 운전 및 수리에 고도의 지식과 능숙한 기술이 필요하다.

73 내부저항 r인 전류계의 측정범위를 n배로 확대하려면 전류계에 접속하는 분류기저항(Ω)값은?

① nr ② r/n
③ $(n-1)r$ ④ $r/(n-1)$

해설 분류기(shunt)에 전류의 측정범위를 넓히기 위해 전류계에 병렬로 달아주는 저항을 분류기저항이라 한다. 저항값은 $\dfrac{r}{n-1}$[Ω]이다.

74 예비전원으로 사용되는 축전지의 내부저항을 측정할 때 가장 적합한 브리지는?

① 캠벨브리지   ② 맥스웰브리지
③ 휘트스톤브리지   ④ 콜라우시브리지

해설 콜라우시브리지는 예비전원으로 사용되는 축전지의 내부저항을 측정할 때 적합하다.

★
75 전달함수 $G(s) = \dfrac{s+b}{s+a}$ 를 갖는 회로가 진상보상 회로의 특성을 갖기 위한 조건으로 옳은 것은?

① $a > b$ ② $a < b$
③ $a > 1$ ④ $b > 1$

해설 진상보상회로의 특성
　㉠ 전달함수는 각기 다른 두 양이 있고 서로 관계하고 있을 때 최초의 양에서 다음의 다른 양으로 변화하기 위한 함수이다.
　㉡ 보상회로는 설계값 이외의 임피던스로 종단된 전송선로에 대하여 그 송단측 임피던스를 실현하기 위해 원래의 회로에 부가하는 회로이다.
　∴ $a > b$

76 다음 그림과 같은 계전기 접점회로의 논리식은?

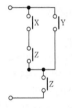

① $XZ + Y$ ② $(X+Y)Z$
③ $(X+Z)Y$ ④ $X + Y + Z$

해설 $(XZ + Y)Z = XZ + YZ = (X+Y)Z$

77 물 20L를 15℃에서 60℃로 가열하려고 한다. 이때 필요한 열량은 몇 kcal인가? (단, 가열 시 손실은 없는 것으로 한다.)

① 700   ② 800
③ 900   ④ 1,000

해설 $Q = GC(t_2 - t_1) = 20 \times 1 \times (60 - 15) = 900 \text{kcal}$

78 제어하려는 물리량을 무엇이라 하는가?

① 제어   ② 제어량
③ 물질량   ④ 제어대상

해설 제어량
　㉠ 제어대상의 출력량으로 간단히 출력이라고 한다. 즉 제어하려는 물리량을 말한다.
　㉡ 종류 : 서보기구, 프로세스제어, 자동조정

정답　71. ③　72. ④　73. ④　74. ④　75. ①　76. ②　77. ③　78. ②

2018년

79 전동기에 일정 부하를 걸어 운전 시 전동기 온도변화로 옳은 것은?

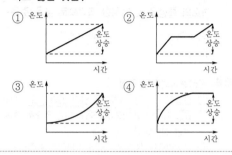

① 온도
온도상승
시간

② 온도
온도상승
시간

③ 온도
온도상승
시간

④ 온도
온도상승
시간

해설 일정 부하를 걸어 운전 시 전동기의 온도변화는 시간이 경과하면 일정해진다.

80 서보드라이브에서 펄스로 지령하는 제어운전은?

① 위치제어운전   ② 속도제어운전
③ 토크제어운전   ④ 변위제어운전

해설 **위치제어운전**
㉠ 서보드라이브에서 펄스로 지령하는 제어운전이다.
㉡ 서보드라이브는 서보모터의 성능을 충분히 발휘시키는 것 이외에 과부하, 오버히터, 퓨즈용단, 과전류, 과전압 등 보호기능이 있다.

제5과목 배관일반

★
81 배관용 보온재의 구비조건에 관한 설명으로 틀린 것은?

① 내열성이 높을수록 좋다.
② 열전도율이 적을수록 좋다.
③ 비중이 작을수록 좋다.
④ 흡수성이 클수록 좋다.

해설 **보온재의 구비조건**
㉠ 내열성 및 내식성이 있을 것
㉡ 열전도율이 적을 것
㉢ 비중과 부피가 작을 것
㉣ 흡수성이 없을 것
㉤ 균열, 신축이 적을 것
㉥ 안전사용온도가 높을 것

82 상수 및 급탕배관에서 상수 이외의 배관 또는 장치가 접속되는 것을 무엇이라고 하는가?

① 크로스커넥션   ② 역압커넥션
③ 사이펀커넥션   ④ 에어갭커넥션

해설 크로스커넥션(교차연결, cross connection)은 급수계통에 오수가 유입되어 오염되도록 배관된 것으로, 급수설비에서 오염되기 쉬운 배관이다.

83 관경 100A인 강관을 수평주관으로 시공할 때 지지간격으로 가장 적절한 것은?

① 2m 이내   ② 4m 이내
③ 8m 이내   ④ 12m 이내

해설

관지름	지지간격	관지름	지지간격
20A 이하	1.8m	90~150A	4.0m
25~40A	2.0m	200~300A	5.0m
50~80A	3.0m	–	–

84 가열기에서 최고위 급탕 전까지 높이가 12m이고, 급탕온도가 85℃, 복귀탕의 온도가 70℃일 때 자연순환수두(mmAq)는? (단, 85℃일 때 밀도는 0.96876kg/L이고, 70℃일 때 밀도는 0.97781kg/L이다.)

① 70.5   ② 80.5
③ 90.5   ④ 108.6

해설 $p =$ (복귀탕밀도 − 급탕밀도) × 높이
$= (0.97781 - 0.96876) \times 10^3 \times 12 ≒ 108.6\text{mmAq}$

★
85 냉매배관 시 주의사항으로 틀린 것은?

① 배관은 가능한 간단하게 한다.
② 배관의 굽힘을 적게 한다.
③ 배관에 큰 응력이 발생할 염려가 있는 곳에는 루프배관을 한다.
④ 냉매의 열손실을 방지하기 위해 바닥에 매설한다.

해설 **냉매배관 시 주의사항**
㉠ 배관은 가능한 간단하게 한다.
㉡ 굽힘반지름은 크게 한다(직경의 6배 이상).
㉢ 배관에 큰 응력이 발생할 염려가 있는 곳에는 루프배관(신축이음)을 한다.
㉣ 관통개소 외에는 바닥에 매설하지 않아야 한다.

정답 79. ④ 80. ① 81. ④ 82. ① 83. ② 84. ④ 85. ④

86 도시가스의 공급설비 중 가스홀더의 종류가 아닌 것은?

① 유수식　　　　② 중수식
③ 무수식　　　　④ 고압식

해설　저압식으로 유수식, 무수식 가스홀더가 있으며, 중·고압식으로 원통형 및 구형이 있다.

87 보온재를 유기질과 무기질로 구분할 때 다음 중 성질이 다른 하나는?

① 우모펠트　　　② 규조토
③ 탄산마그네슘　④ 슬래그섬유

해설　**보온재의 종류**
㉠ 유기질 : 코르크, 우모펠트, 기포성 수지, 텍스류 등
㉡ 무기질 : 유리섬유, 암면(슬래그섬유), 규조토, 탄산마그네슘 등

88 기체수송설비에서 압축공기배관의 부속장치가 아닌 것은?

① 후부냉각기　　② 공기여과기
③ 안전밸브　　　④ 공기빼기밸브

해설　**압축공기배관의 부속장치** : 후부냉각기, 공기여과기, 안전밸브, 공기압축기, 공기탱크

★
89 가스설비에 관한 설명으로 틀린 것은?

① 일반적으로 사용되고 있는 가스유량 중 1시간당 최대값을 설계유량으로 한다.
② 가스미터는 설계유량을 통과시킬 수 있는 능력을 가진 것을 선정한다.
③ 배관관경은 설계유량이 흐를 때 배관의 끝부분에서 필요한 압력이 확보될 수 있도록 한다.
④ 일반적으로 공급되고 있는 천연가스에는 일산화탄소가 많이 함유되어 있다.

해설　**가스설비**
㉠ 가스계량기는 전기개폐기로부터 0.6m 이상 이격하여 설치한다.
㉡ 가스배관은 전기콘센트로부터 30cm 이상 이격해야 한다.
㉢ 저압은 일반적으로 $0.1MPa(1kgf/cm^2)$ 미만의 압력을 말한다.

㉣ LNG의 경우 가스경보장치는 천장으로부터 30cm 이내 높이에 설치해야 한다.
㉤ LNG의 단위는 m^3/h를 사용하고, LPG의 단위는 kg/h를 사용한다.
㉥ 도시가스의 공급과정은 원료 → 제조 → 압축기로 압송 → 홀더에 저장 → 압력조정 → 공급의 순이다.

90 냉각레그(cooling leg)시공에 대한 설명으로 틀린 것은?

① 관경은 증기주관보다 한 치수 크게 한다.
② 냉각레그와 환수관 사이에는 트랩을 설치하여야 한다.
③ 응축수를 냉각하여 재증발을 방지하기 위한 배관이다.
④ 보온피복을 할 필요가 없다.

해설　**냉각레그**
㉠ 관경은 증기주관보다 한 치수 작게 한다.
㉡ 건식환수법에 있어 증기관 끝에서부터 트랩에 이르는 파이프로, 관내의 증기를 냉각하여 응축시키기 위하여 1.5m 이상의 것을 사용해야 한다.

★
91 증기트랩에 관한 설명으로 옳은 것은?

① 플로트트랩은 응축수나 공기가 자동적으로 환수관에 배출되며, 저·고압에 쓰이고 형식에 따라 앵글형과 스트레이트형이 있다.
② 열동식 트랩은 고압, 중압의 증기관에 적합하며, 환수관을 트랩보다 위쪽에 배관할 수도 있고, 형식에 따라 상향식과 하향식이 있다.
③ 임펄스증기트랩은 실린더 속의 온도변화에 따라 연속적으로 밸브가 개폐하며, 작동 시 구조상 증기가 약간 새는 결점이 있다.
④ 버킷트랩은 구조상 공기를 함께 배출하지 못하지만 다량의 응축수를 처리하는 데 적합하며, 다량트랩이라고 한다.

해설　증발로 인하여 생기는 부피의 증기를 밸브의 개폐에 이용한 것이 임펄스(충격식)증기트랩이다. 오리피스(orifice)형과 디스크(disk)형이 있다. 저압, 중압, 고압 어느 것에도 사용할 수 있고 다른 응축수의 양에 비해 소형이며, 구조상 증기가 다소 새는 결점은 있으나 공기도 함께 배출할 수 있다는 장점도 있다.

정답　86. ②　87. ①　88. ④　89. ④　90. ①　91. ③

2018년

92 폴리에틸렌관의 이음방법이 아닌 것은?

① 콤포이음   ② 융착이음

③ 플랜지이음   ④ 테이퍼이음

해설 **폴리에틸렌관의 이음방법** : 융착이음, 플랜지이음, 테이퍼이음, 나사이음, 인서트이음

93 열교환기 입구에 설치하여 탱크 내의 온도에 따라 밸브를 개폐하며, 열매의 유입량을 조절하여 탱크 내의 온도를 설정범위로 유지시키는 밸브는?

① 감압밸브   ② 플랩밸브

③ 바이패스밸브   ④ 온도조절밸브

해설 온도조절밸브는 열교환기나 증기가열기에 설치하여 탱크 내의 설정온도로 유지시키는 밸브이다.

★
94 동일 구경의 관을 직선연결할 때 사용하는 관이음 재료가 아닌 것은?

① 소켓   ② 플러그

③ 유니언   ④ 플랜지

해설 ㉠ 동경직선 : 소켓, 유니언, 플랜지
ㄴ 이경직선 : 리듀서, 부싱
ㄷ 유체흐름방향 바꿈 : 리턴밴드, 엘보
ㄹ 점검 및 수리 : 유니언, 플랜지

95 급수배관 내에 공기실을 설치하는 주된 목적은?

① 공기밸브를 작게 하기 위하여

② 수압시험을 원활하기 위하여

③ 수격작용을 방지하기 위하여

④ 관내 흐름을 원활하게 하기 위하여

해설 공기실(air chamber)은 수격작용을 방지하기 위하여 수전 부근에 설치한다.

★
96 도시가스계량기(30m^3/h 미만)의 설치 시 바닥으로부터 설치높이로 가장 적합한 것은? (단, 설치높이의 제한을 두지 않는 특정 장소는 제외한다.)

① 0.5m 이하

② 0.7m 이상 1m 이내

③ 1.6m 이상 2m 이내

④ 2m 이상 2.5m 이내

해설 도시가스계량기(30m^3/h 미만에 한한다)의 설치높이는 바닥으로부터 1.6m 이상 2m 이내에 수직·수평으로 설치하고 밴드, 보호대 등 고정장치로 고정시킬 것. 다만, 격납상자 내에 설치하는 경우에는 설치높이의 제한을 하지 아니한다.

97 25mm의 강관의 용접이음용 숏(short)엘보의 곡률반경(mm)은 얼마 정도로 하면 되는가?

① 25   ② 37.5

③ 50   ④ 62.5

해설 용접이음용 숏엘보의 곡률반경

㉠ $25A = 1B(인치) : 25.4 \times 1 = 25.4 ≒ 25mm$

ㄴ $32A = 1\frac{1}{4}B(인치) : 25.4 \times 1\frac{1}{4} = 31.8mm$

ㄷ $40A = 1\frac{1}{2}B : 25.4 \times 1\frac{1}{2} = 38.1mm$

98 다음 중 배수설비와 관련된 용어는?

① 공기실(air chamber)

② 봉수(seal water)

③ 볼탭(ball tap)

④ 드렌처(drencher)

해설 배수설비에서 봉수를 보호하기 위하여 통기관을 설치한다.

99 다음 [보기]에서 설명하는 통기관설비방식과 특징으로 적합한 방식은?

> ㉠ 배수관의 청소구위치로 인해서 수평관이 구부러지지 않게 시공한다.
> ㄴ 배수수평분기관이 수평주관의 수위에 잠기면 안 된다.
> ㄷ 배수관의 끝부분은 항상 대기 중에 개방되도록 한다.
> ㄹ 이음쇠를 통해 배수에 선회력을 주어 관내 통기를 위한 공기코어를 유지하도록 한다.

① 섹스티아(sextia)방식

② 소벤트(sovent)방식

③ 각개통기방식

④ 신정통기방식

정답 92. ①   93. ④   94. ②   95. ③   96. ③   97. ①   98. ②   99. ①

해설 섹스티아방식은 배수수직관에 선회력을 주어 배수와 통기역할을 한다.

★
100 진공환수식 증기난방배관에 대한 설명으로 틀린 것은?

① 배관 도중에 공기빼기밸브를 설치한다.
② 배관기울기를 작게 할 수 있다.
③ 리프트피팅에 의해 응축수를 상부로 배출할 수 있다.
④ 응축수의 유속이 빠르게 되므로 환수관을 가늘게 할 수가 있다.

해설 **진공환수식 증기난방배관**
㉠ 배관 도중에 공기빼기밸브를 설치하면 안 된다.
㉡ 다른 방식에 비해 배관기울기를 작게 할 수 있다.
㉢ 리프트피팅에 의해 응축수를 상부로 배출할 수 있다.
㉣ 환수관 내 유속이 빨라 응축수 배출이 빠르게 되므로 환수관을 작게 할 수 있다.
㉤ 환수관의 진공도는 100~250mmHg 정도로 한다.
㉥ 주로 대규모 난방에 많이 사용된다.

2018년

2018년 | 제2회 공조냉동기계기사

기계 열역학

★
01 피스톤 – 실린더장치 내에 있는 공기가 $0.3m^3$에서 $0.1m^3$으로 압축되었다. 압축되는 동안 압력(P)과 체적(V) 사이에 $P = aV^{-2}$의 관계가 성립하며 계수 $a = 6kPa \cdot m^6$이다. 이 과정 동안 공기가 한 일은 약 얼마인가?

① $-53.3kJ$ ② $-1.1kJ$
③ $253kJ$ ④ $-40kJ$

해설 $_1W_2 = -\int_1^2 Pdv = -\int_1^2 aV^{-2}dv$

$$= -a\int_1^2 \frac{1}{V}\,dv = -a\left[\frac{1}{V_2} - \frac{1}{V_1}\right]_{0.3}^{0.1}$$

$$= -6 \times \left(\frac{1}{0.1} - \frac{1}{0.3}\right) = -40kJ$$

별해 $_1W_2 = a\int_1^2 V^{-2}dV = a\left[\frac{V^{-2+1}}{-2+1}\right]_1^2$

$$= a\left[\frac{V^{-2+1}}{2-1}\right]_2^1 = a\left[\frac{V_1^{-1} - V_2^{-1}}{2-1}\right]$$

$$= 6 \times (0.3^{-1} - 0.1^{-1}) = -40kJ$$

---

02 랭킨사이클의 열효율을 높이는 방법으로 틀린 것은?

① 복수기의 압력을 저하시킨다.
② 보일러압력을 상승시킨다.
③ 재열(reheat)장치를 사용한다.
④ 터빈의 출구온도를 높인다.

해설 **랭킨사이클의 열효율을 높이는 방법**
㉠ 복수기의 압력을 저하시킨다.
㉡ 보일러압력을 상승시킨다.
㉢ 재열장치를 사용한다.
㉣ 터빈의 출구(방출)온도를 낮춘다.
㉤ 열공급온도를 상승시킨다.
㉥ 과열기를 설치한다.
㉦ 초온 초압은 높이고 배압은 낮춘다.

---

03 습증기상태에서 엔탈피 h를 구하는 식은? (단, h_f는 포화액의 엔탈피, h_g는 포화증기의 엔탈피, x는 건도이다.)

① $h = h_f + (xh_g - h_f)$
② $h = h_f + x(h_g - h_f)$
③ $h = h_g + (xh_f - h_g)$
④ $h = h_g + x(h_g - h_f)$

해설 습증기의 엔탈피=포화액의 엔탈피+건도(포화증기의 엔탈피−포화액의 엔탈피)
∴ $h = h_f + x(h_g - h_f)$

★
04 다음의 열역학상태량 중 종량적 상태량(extensive property)에 속하는 것은?

① 압력   ② 체적
③ 온도   ④ 밀도

해설 ㉠ 종량적 상태량 : 물질의 양에 비례하는 상태량으로 엔탈피(H), 내부에너지(U), 체적(V), 엔트로피(ΔS) 등
㉡ 강도성 상태량 : 물질의 양과는 무관한 상태량으로 온도, 압력, 비체적(v), 밀도 등

---

05 이상기체에 대한 관계식 중 옳은 것은? (단, C_p, C_v는 정압 및 정적비열, k는 비열비이고, R은 기체상수이다.)

① $C_p = C_v - R$ ② $C_v = \frac{k-1}{k}R$

③ $C_p = \frac{k}{k-1}R$ ④ $R = \frac{C_p + C_v}{2}$

해설 이상기체의 관계식에서 정압비열은 $C_p = \frac{k}{k-1}R$이고, 정적비열은 $C_v = \frac{1}{k-1}R$이다. $C_p - C_v = R$이므로 $C_p = C_v + R$이다.

정답   01. ④   02. ④   03. ②   04. ②   05. ③

06 증기압축냉동사이클로 운전하는 냉동기에서 압축기 입구, 응축기 입구, 증발기 입구의 엔탈피가 각각 387.2kJ/kg, 435.1kJ/kg, 241.8kJ/kg일 경우 성능계수는 약 얼마인가?

① 3.0   ② 4.0
③ 5.0   ④ 6.0

해설 $COP = \dfrac{h_1 - h_4}{h_2 - h_1} = \dfrac{387.2 - 241.8}{435.1 - 387.2} ≒ 3.0$

★
07 다음 그림과 같이 다수의 추를 올려놓은 피스톤이 장착된 실린더가 있는데 실린더 내의 초기압력은 300kPa, 초기체적은 0.05m³이다. 이 실린더에 열을 가하면서 적절히 추를 제거하여 폴리트로픽지수가 1.3인 폴리트로픽변화가 일어나도록 하여 최종적으로 실린더 내의 체적이 0.2m³이 되었다면 가스가 한 일은 약 몇 kJ인가?

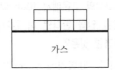

가스

① 17   ② 18
③ 19   ④ 20

해설 $W = \dfrac{1}{n-1} \times 초기압력 \times 초기체적$

$\qquad \times \left[1 - \left(\dfrac{초기체적}{가열체적} \right)^{n-1} \right]$

$\qquad = \dfrac{1}{1.3-1} \times 300 \times 0.05 \times \left[1 - \left(\dfrac{0.05}{0.2} \right)^{1.3-1} \right]$

$\qquad ≒ 17kJ$

08 1kg의 공기가 100℃를 유지하면서 가역등온팽창하여 외부에 500kJ의 일을 하였다. 이때 엔트로피의 변화량은 약 몇 kJ/K인가?

① 1.895   ② 1.665
③ 1.467   ④ 1.340

해설 $\Delta S = \dfrac{S_2 - S_1}{m} = \dfrac{Q}{mT}$

$\qquad = \dfrac{500}{1 \times (100 + 273)} ≒ 1.340 kJ/kg \cdot K$

09 다음 중 이상적인 증기터빈의 사이클인 랭킨사이클을 옳게 나타낸 것은?

① 가역등온압축 → 정압가열 → 가역등온팽창 → 정압냉각
② 가역단열압축 → 정압가열 → 가역단열팽창 → 정압냉각
③ 가역등온압축 → 정적가열 → 가역등온팽창 → 정적냉각
④ 가역단열압축 → 정적가열 → 가역단열팽창 → 정적냉각

해설 **랭킨사이클의 상태변화과정**

㉠ 1 → 2 : 급수펌프에서 가역단열압축과정(정적압축과정 : 복수기에서 응축된 포화수 → 압축수)
㉡ 2 → 3 : 보일러에서 정압가열과정(포화수 → 건포화증기)
㉢ 3 → 4 : 과열기에서 정압가열과정(건포화증기 → 과열증기)
㉣ 4 → 5 : 터빈에서 가역단열팽창과정(과열증기 → 습증기)
㉤ 5 → 1 : 복수기에서 정압방열과정(습증기 → 포화수)

★
10 이상적인 카르노사이클의 열기관이 500℃인 열원으로부터 500kJ을 받고 25℃에 열을 방출한다. 이 사이클의 일(W)과 효율(η_{th})은 얼마인가?

① $W = 307.2kJ$, $\eta_{th} = 0.6143$
② $W = 207.2kJ$, $\eta_{th} = 0.5748$
③ $W = 250.3kJ$, $\eta_{th} = 0.8316$
④ $W = 401.5kJ$, $\eta_{th} = 0.6517$

해설 ㉠ $W = 500 \times \left(1 - \dfrac{25 + 273}{500 + 273} \right) ≒ 307.2 kJ$

㉡ $\eta_{th} = \dfrac{출열}{입열} = \dfrac{307}{500} = 0.6143$

별해 ㉠ 효율 : $\eta_{th} = 1 - \dfrac{T_2}{T_1} = 1 - \dfrac{298}{773} = 0.6143$

㉡ 일 : $\eta_{th} = \dfrac{W}{Q_1}$

$\qquad \therefore W = \eta_{th} Q_1 = 0.6143 \times 500 = 307.2 kJ$

정답   06. ①   07. ①   08. ④   09. ②   10. ①

11 Brayton사이클에서 압축기의 소요일은 175kJ/kg, 공급열은 627kJ/kg, 터빈 발생일은 406kJ/kg로 작동될 때 열효율은 약 얼마인가?

① 0.28   ② 0.37

③ 0.42   ④ 0.48

해설 $\eta = \dfrac{W}{q_1} = \dfrac{406 - 175}{627} = 0.37$

★
12 온도 20℃에서 계기압력 0.183MPa의 타이어가 고속주행으로 온도 80℃로 상승할 때 압력은 주행 전과 비교하여 약 몇 kPa 상승하는가? (단, 타이어의 체적은 변하지 않고, 타이어 내의 공기는 이상기체로 가정한다. 그리고 대기압은 101.3kPa이다.)

① 37kPa   ② 58kPa

③ 286kPa   ④ 445kPa

해설 $\Delta P = $ 초기 절대압력 $\times \left(\dfrac{\text{상승 절대온도}}{\text{초기 절대온도}} - 1 \right)$

$= P_1 \left(\dfrac{T_2}{T_1} - 1 \right) = (183 + 101.3) \times \left(\dfrac{273 + 80}{273 + 20} - 1 \right)$

$= 58\text{kPa}$

13 유체의 교축과정에서 Joule-Thomson계수(μ_J)가 중요하게 고려되는데, 이에 대한 설명으로 옳은 것은?

① 등엔탈피과정에 대한 온도변화와 압력변화의 비를 나타내며 $\mu_J < 0$인 경우 온도 상승을 의미한다.

② 등엔탈피과정에 대한 온도변화와 압력변화의 비를 나타내며 $\mu_J < 0$인 경우 온도 강하를 의미한다.

③ 정적과정에 대한 온도변화와 압력변화의 비를 나타내며 $\mu_J < 0$인 경우 온도 상승을 의미한다.

④ 정적과정에 대한 온도변화와 압력변화의 비를 나타내며 $\mu_J < 0$인 경우 온도 강하를 의미한다.

해설 Joule-Thomson계수는 $\mu_J = \left(\dfrac{\partial T}{\partial P} \right)_h$ 로 정의된다.

㉠ 온도 상승 시 : $\mu_J < 0$

㉡ 온도 강하 시 : $\mu_J > 0$

★
14 온도가 T_1인 고열원으로부터 온도가 T_2인 저열원으로 열전도, 대류, 복사 등에 의해 Q만큼 열전달이 이루어졌을 때 전체 엔트로피변화량을 나타내는 식은?

① $\dfrac{T_1 - T_2}{Q(T_1 \times T_2)}$ ② $\dfrac{Q(T_1 + T_2)}{T_1 \times T_2}$

③ $\dfrac{Q(T_1 - T_2)}{T_1 \times T_2}$ ④ $\dfrac{T_1 + T_2}{Q(T_1 \times T_2)}$

해설 $\Delta S = -\dfrac{\text{열전달}}{\text{고온방출}} + \dfrac{\text{열전달}}{\text{저온흡수}}$

$= -\dfrac{Q}{T_1} + \dfrac{Q}{T_2} = Q \left(\dfrac{1}{T_2} - \dfrac{1}{T_1} \right)$

$= Q \left(\dfrac{T_1 - T_2}{T_1 T_2} \right) = \dfrac{Q(T_1 - T_2)}{T_1 T_2}$

15 어떤 카르노열기관이 100℃와 30℃ 사이에서 작동되며 100℃의 고온에서 100kJ의 열을 받아 40kJ의 유용한 일을 한다면 이 열기관에 대하여 가장 옳게 설명한 것은?

① 열역학 제1법칙에 위배된다.

② 열역학 제2법칙에 위배된다.

③ 열역학 제1법칙과 제2법칙에 모두 위배되지 않는다.

④ 열역학 제1법칙에 제2법칙에 모두 위배된다.

해설 열역학 제2법칙은 열적으로 고립된 계의 총엔트로피가 감소하지 않는다는 법칙이다(영구기관은 존재할 수 없다). 즉 열을 일로 변환하는 것은 가능하나 제2기관의 힘을 빌려야 한다.

16 온도 150℃, 압력 0.5MPa의 공기 0.2kg이 압력이 일정한 과정에서 원래 체적의 2배로 늘어난다. 이 과정에서의 일은 약 몇 kJ인가? (단, 공기는 기체상수가 0.287kJ/kg·K인 이상기체로 가정한다.)

① 12.3kJ   ② 16.5kJ

③ 20.5kJ   ④ 24.3kJ

해설 $W = GR(T_2 - T_1)$

$= 0.2 \times 0.287 \times (846.15 - 423.15)$

$= 24.3\text{kJ}$

정답   **11.** ②   **12.** ②   **13.** ①   **14.** ③   **15.** ②   **16.** ④

★
17 천제연 폭포의 높이가 55m이고 주위와 열교환을 무시한다면 폭포수가 낙하한 후 수면에 도달할 때까지 온도 상승은 약 몇 K인가? (단, 폭포수의 비열은 4.2kJ/kg·K이다.)

① 0.87　　　　② 0.31
③ 0.13　　　　④ 0.68

해설 $Q = AW = C_p\Delta t$

$\therefore \Delta t = \dfrac{Q}{C_p} = \dfrac{AW}{C_p} = \dfrac{\text{일의 열당량} \times \text{일}}{\text{정압비열}}$

$= \dfrac{1}{427} \times \dfrac{4.2 \times 55}{4.2} = 0.13\text{K}$

★
18 내부에너지가 30kJ인 물체에 열을 가하여 내부에너지가 50kJ이 되는 동안에 외부에 대하여 10kJ의 일을 하였다. 이 물체에 가해진 열량은?

① 10kJ　　　　② 20kJ
③ 30kJ　　　　④ 60kJ

해설 $_1Q_2 = (U_2 - U_1) + {}_1W_2 = (50 - 30) + 10 = 30\text{kJ}$

19 마찰이 없는 실린더 내에 온도 500K, 비엔트로피 3kJ/kg·K인 이상기체가 2kg 들어있다. 이 기체의 비엔트로피가 10kJ/kg·K이 될 때까지 등온과정으로 가열한다면 가열량은 약 몇 kJ인가?

① 1,400　　　　② 2,000
③ 3,500　　　　④ 7,000

해설 $q = Gt\Delta S = 2 \times 500 \times (10 - 3) = 7,000\text{kJ}$

★
20 매 시간 20kg의 연료를 소비하여 74kW의 동력을 생산하는 가솔린기관의 열효율은 약 몇 %인가? (단, 가솔린의 저위발열량은 43,470kJ/kg이다.)

① 18　　　　② 22
③ 31　　　　④ 43

해설 $\eta = \dfrac{\text{마력} \times 3,600}{\text{연료량} \times \text{저위발열량}} \times 100\%$

$= \dfrac{74 \times 3,600}{20 \times 43,470} \times 100\% = 31\%$

제2과목　**냉동공학**

★
21 모세관 팽창밸브의 특징에 대한 설명으로 옳은 것은?

① 가정용 냉장고 등 소용량 냉동장치에 사용된다.
② 베이퍼록현상이 발생할 수 있다.
③ 내부균압관이 설치되어 있다.
④ 증발부하에 따라 유량조절이 가능하다.

해설 팽창밸브란 고압배관과 기화기 및 실내코일 사이에 위치한 것이다. 고압액배관의 압력을 가느다란, 그리고 길게 거리를 두면서 필요 시에 둥글게 말아서 압력을 필요한 온도를 얻기 위한 저압으로 바꾸려 할 때 자칫 제대로 기화하지 못한 현상(Vapor Lock/Flash gas)을 알고 있는지 질문하는 것이다. 일반 사용에 대한 질문이 아니다. 일반으로 볼 때는 ①이 정답이 될 수 있다.

★
22 물을 냉매로 하고 LiBr을 흡수제로 하는 흡수식 냉동장치에서 장치의 성능을 향상시키기 위하여 열교환기를 설치하였다. 이 열교환기의 기능을 가장 잘 나타낸 것은?

① 발생기 출구 LiBr수용액과 흡수기 출구 LiBr수용액의 열교환
② 응축기 입구 수증기와 증발기 출구 수증기의 열교환
③ 발생기 출구 LiBr수용액과 응축기 출구 물의 열교환
④ 흡수기 출구 LiBr수용액과 증발기 출구 수증기의 열교환

해설 흡수식 냉동장치에서의 열교환기는 발생기 출구 LiBr수용액과 흡수기 출구 LiBr수용액이 열교환을 한다.

23 1대의 압축기로 증발온도를 -30℃ 이하의 저온도로 만들 경우 일어나는 현상이 아닌 것은?

① 압축기 체적효율의 감소
② 압축기 토출증기의 온도 상승
③ 압축기의 단위흡입체적당 냉동효과 상승
④ 냉동능력당의 소요동력 증대

해설 단위흡입체적당 냉동효과는 저하된다.

정답　**17.** ③　**18.** ③　**19.** ④　**20.** ③　**21.** ②　**22.** ①　**23.** ③

24 냉동능력이 7kW인 냉동장치에서 수냉식 응축기의 냉각수 입·출구온도차가 8℃인 경우 냉각수의 유량(kg/h)은? (단, 압축기의 소요동력은 2kW이다.)

① 630
② 750
③ 860
④ 964

해설 $Q_c = Q_e + AW = 7 + 2 = 9\text{kW}$

$Q_c = G_w C \Delta t$

$\therefore G_w = \dfrac{Q_c}{C \Delta t} = \dfrac{9 \times 3,600}{4.2 \times 8} ≒ 964\text{kg/h}$

25 암모니아를 사용하는 2단 압축냉동기에 대한 설명으로 틀린 것은?

① 증발온도가 −30℃ 이하가 되면 일반적으로 2단 압축방식을 사용한다.
② 중간냉각기의 냉각방식에 따라 2단 압축 1단 팽창과 2단 압축 2단 팽창으로 구분한다.
③ 2단 압축 1단 팽창냉동기에서 저단측 냉매와 고단측 냉매는 서로 같은 종류의 냉매를 사용한다.
④ 2단 압축 2단 팽창냉동기에서 저단측 냉매와 고단측 냉매는 서로 다른 종류의 냉매를 사용한다.

해설 증발온도가 −30℃ 이하가 되면 1단 압축이 아닌 2단 압축을 채용하게 된다. 2단 압축에는 2단 압축 1단 팽창사이클과 2단 압축 2단 팽창사이클이 있으며, 2단 압축 2단 팽창냉동기는 같은 냉매를 사용한다.

26 다음 냉동에 관한 설명으로 옳은 것은?

① 팽창밸브에서 팽창 전후의 냉매엔탈피값은 변한다.
② 단열압축은 외부와의 열의 출입이 없기 때문에 단열압축 전후의 냉매온도는 변한다.
③ 응축기 내에서 냉매가 버려야 하는 열은 현열이다.
④ 현열에는 응고열, 융해열, 응축열, 증발열, 승화열 등이 있다.

해설 ① 팽창밸브에서 팽창 전후의 냉매엔탈피값은 변하지 않는다.
③ 응축기 내에서 냉매가 버려야 하는 열은 잠열이다.
④ 냉동의 잠열에는 응축열과 증발열이 있다.

27 냉매에 관한 설명으로 옳은 것은?

① 냉매표기 R+xyz 형태에서 xyz는 공비혼합냉매의 경우 400번대, 비공비혼합냉매의 경우 500번대로 표시한다.
② R−502는 R−22와 R−113과의 공비혼합냉매이다.
③ 흡수식 냉동기는 냉매로 NH$_3$와 R−11이 일반적으로 사용된다.
④ R−1234yf는 HFO계열의 냉매로서 지구온난화지수(GWP)가 매우 낮아 R−134a의 대체냉매로 활용 가능하다.

해설 ㉠ 공비혼합냉매는 R−500부터 표기하며 개발된 순서대로 R−501, R−502 등 일련번호를 붙인다.
㉡ 비공비혼합냉매에는 R−404a, R−407a, R−407b, R−407c 등이 있다.
㉢ 흡수식 냉동기의 냉매와 흡수제의 종류

냉매	흡수제
암모니아(NH$_3$)	물(H$_2$O), 로단암모니아(NH$_4$CHS)
물(H$_2$O)	황산(H$_2$SO$_4$), 가성칼리(KOH) 또는 가성소다(NaOH), 브롬화리튬(LiBr) 또는 염화리튬(LiCl)
염화에틸(C$_2$H$_5$Cl)	4클로로에탄(C$_2$H$_2$Cl$_4$)
트리올(C$_7$H$_8$) 또는 펜탄(C$_5$H$_{12}$)	파라핀유
메탈온(CH$_3$OH)	브롬화리튬메탄올용액 (LiBr + CH$_3$OH)
R−21(CHFCl$_2$), 메틸클로라이드 (CH$_2$Cl$_2$)	4에틸렌글리콜2메틸에테르 (CH$_3$−O−(CH$_2$)$_4$−O−CH$_3$)

28 제빙장치에서 135kg용 빙관을 사용하는 냉동장치와 가장 거리가 먼 것은?

① 헤어핀코일
② 브라인펌프
③ 공기교반장치
④ 브라인아지테이터(agitator)

해설 135kg용 빙관을 사용하는 냉동장치에는 헤어핀코일, 공기교반장치, 브라인아지테이터 등이 있다.

정답 24. ④ 25. ④ 26. ② 27. ④ 28. ②

★
29 공비혼합물(azeotrope)냉매의 특성에 관한 설명으로 틀린 것은?

① 서로 다른 할로카본냉매들을 혼합하여 서로의 결점이 보완되는 냉매를 얻을 수 있다.

② 응축압력과 압축비를 줄일 수 있다.

③ 대표적인 냉매로 R-407C와 R-410A가 있다.

④ 각각의 냉매를 적당한 비율로 혼합하면 혼합물의 비등점이 일치할 수 있다.

해설 **공비혼합물냉매의 특성**
㉠ 서로 다른 할로겐화탄화수소냉매를 혼합하면 가스와 액체상태에서도 그 성질이 변하지 않고 서로의 결점이 보완되는 좋은 냉매를 얻을 경우가 있다.
㉡ 공비혼합물냉매를 사용하면 응축압력을 감소시킬 수 있거나 압축기의 압력비를 줄일 수 있다.
㉢ R-500과 R-502는 CFC 대체냉매로 연구되고 있다.
㉣ 적당한 비율로 혼합하면 혼합물의 비등점이 일치하는 혼합냉매를 얻을 수 있다.

30 만액식 증발기를 사용하는 R-134a용 냉동장치가 다음 그림과 같다. 이 장치에서 압축기의 냉매순환량이 0.2kg/s이며, 이론냉동사이클의 각 점에서의 엔탈피가 다음 표와 같을 때 이론성능계수(COP)는? (단, 배관의 열손실은 무시한다.)

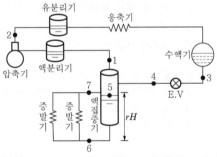

$h_1 = 393kJ/kg$	$h_2 = 440kJ/kg$
$h_3 = 230kJ/kg$	$h_4 = 230kJ/kg$
$h_5 = 185kJ/kg$	$h_6 = 185kJ/kg$
$h_7 = 385kJ/kg$	

① 1.98 　　　　② 2.39

③ 2.87 　　　　④ 3.47

해설 $COP = \dfrac{증발기\ 출구 - 증발기\ 입구}{압축기\ 출구 - 압축기\ 입구}$

$= \dfrac{h_1 - h_4}{h_2 - h_1} = \dfrac{393 - 230}{440 - 393} ≒ 3.47$

★
31 냉동장치 내 공기가 혼입되었을 때 나타나는 현상으로 옳은 것은?

① 응축기에서 소리가 난다.

② 응축온도가 떨어진다.

③ 토출온도가 높다.

④ 증발압력이 낮아진다.

해설 **공기혼입 시 나타나는 현상**
㉠ 응축기의 전열면적 감소로 전열불량
㉡ 응축기의 응축온도 상승
㉢ 토출가스온도 상승
㉣ 증발압력 상승
㉤ 압축비 증대
㉥ 체적효율 감소
㉦ 냉매순환량 감소
㉧ 소비동력 증가 및 냉동능력 감소
㉨ 고압측 압력 상승(응축압력)
㉩ 실린더 과열

32 냉동기 중 공급에너지원이 동일한 것끼리 짝지어진 것은?

① 흡수냉동기, 압축기체냉동기

② 증기분사냉동기, 증기압축냉동기

③ 압축기체냉동기, 증기분사냉동기

④ 증기분사냉동기, 흡수냉동기

해설 증기분사냉동기와 흡수냉동기는 공급에너지원이 수증기로 동일하다.

33 냉동장치가 정상적으로 운전되고 있을 때에 관한 설명으로 틀린 것은?

① 팽창밸브 직후의 온도는 직전의 온도보다 낮다.

② 크랭크케이스 내의 유온은 증발온도보다 높다.

③ 응축기의 냉각수 출구온도는 응축온도보다 높다.

④ 응축온도는 증발온도보다 높다.

해설 냉동장치가 정상적으로 운전될 때 응축기의 냉각수 출구온도는 응축온도보다 낮다. 즉 응축온도를 내리기 위해 입구로 보내 출구로 나온다.

정답 29. ③ 30. ④ 31. ③ 32. ④ 33. ③

★
34 흡수식 냉동기에서 재생기에 들어가는 희용액의 농도가 50%, 나오는 농용액의 농도가 65%일 때 용액순환비는? (단, 흡수기의 냉각열량은 730kcal/kg이다.)

① 2.5
② 3.7
③ 4.3
④ 5.2

> 해설 $f = \dfrac{농용액농도}{농용액농도 - 희용액농도} = \dfrac{65}{65-50} = 4.3$

> 참고 $f = \dfrac{발생증기농도 - 희용액농도}{농(진한)용액농도 - 희용액농도}$

35 $P-h$ 선도(압력 - 엔탈피)에서 나타내지 못하는 것은?

① 엔탈피
② 습구온도
③ 건조도
④ 비체적

> 해설 $P-h$선도에는 엔탈피, 절대온도, 건조도, 비체적, 엔트로피, 포화액, 압력, 임계점 등이 나타난다.

36 빙축열설비의 특징에 대한 설명으로 틀린 것은?

① 축열조의 크기를 소형화할 수 있다.
② 값싼 심야전력을 사용하므로 운전비용이 절감된다.
③ 자동화설비에 의한 최적화운전으로 시스템의 운전효율이 높다.
④ 제빙을 위한 냉동기 운전은 냉수취출을 위한 운전보다 증발온도가 높기 때문에 소비동력이 감소한다.

> 해설 빙축열설비에서 제빙을 위한 냉동기 운전은 냉수취출을 위한 운전보다 증발온도가 낮기 때문에 소비동력이 증가한다.

37 증발기에서의 착상이 냉동장치에 미치는 영향에 대한 설명으로 옳은 것은?

① 압축비 및 성적계수 감소
② 냉각능력 저하에 따른 냉장실 내 온도 강하
③ 증발온도 및 증발압력 강하
④ 냉동능력에 대한 소요동력 감소

> 해설 ① 압축비 상승
> ② 냉장실 내 온도 상승
> ④ 소요동력 증가

★
38 암모니아냉동장치에서 피스톤압출량 120m³/h의 압축기가 다음 선도와 같은 냉동사이클로 운전되고 있을 때 압축기의 소요동력(kW)은 얼마인가?

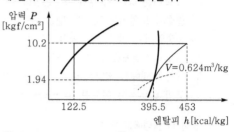

① 8.7
② 10.9
③ 12.8
④ 15.2

> 해설 $N = \dfrac{압출량}{비체적} \times 체적효율$
> $\quad\quad \times \dfrac{토출가스엔탈피 - 흡입가스엔탈피}{860 \times 기계효율 \times 압축효율}$
> $\quad = \dfrac{120}{0.624} \times \dfrac{453 - 395.5}{860} ≒ 12.8kW$

> 이때 체적효율, 기계효율, 압축효율이 없으면 생략 가능하다.

39 다음 응축기 중 열통과율이 가장 작은 형식은? (단, 동일조건기준으로 한다.)

① 7통로식 응축기
② 입형 셸 앤드 튜브식 응축기
③ 공냉식 응축기
④ 2중관식 응축기

> 해설 ① 7통로식 : 1,000kcal/m² · h · ℃
> ② 입형 셸 앤드 튜브식 : 750kcal/m² · h · ℃
> ③ 공냉식 : 20kcal/m² · h · ℃
> ④ 2중관식 : 900kcal/m² · h · ℃

40 다음 중 모세관의 압력 강하가 가장 큰 경우는 어느 것인가?

① 직경이 가늘고 길수록
② 직경이 가늘고 짧을수록
③ 직경이 굵고 짧을수록
④ 직경이 굵고 길수록

> 해설 모세관의 압력 강하는 지름에 반비례하고, 길이에 비례한다. 즉 지름이 가늘고 길수록 압력 강하가 크다.

정답 34. ③ 35. ② 36. ④ 37. ③ 38. ③ 39. ③ 40. ①

제3과목 공기조화

41 증기난방방식에서 환수주관을 보일러수면보다 높은 위치에 배관하는 환수배관방식은?

① 습식환수방법
② 강제환수방식
③ 건식환수방식
④ 중력환수방식

해설 환수관의 배관법
㉠ 건식환수관식 : 환수주관을 보일러수면보다 높게 배관
㉡ 습식환수관식 : 환수주관을 보일러수면보다 낮게 배관

★ 42 냉수코일설계상 유의사항으로 틀린 것은?

① 코일의 통과풍속은 2~3m/s로 한다.
② 코일의 설치는 관이 수평으로 놓이게 한다.
③ 코일 내 냉수속도는 2.5m/s 이상으로 한다.
④ 코일의 출입구 수온차이는 5~10℃ 전·후로 한다.

해설 냉수코일설계상 유의사항
㉠ 코일을 통과하는 공기의 유속은 2~3m/s 정도로 한다.
㉡ 코일의 설치는 관이 수평으로 놓이게 한다.
㉢ 코일을 통과하는 냉수의 유속은 1m/s로 한다.
㉣ 코일의 출입구 수온차이는 5~10℃ 전후로 한다.
㉤ 흐름은 대향류로 하여 가능한 한 대수평균온도차를 크게 한다.

★ 43 실내 설계온도 26℃인 사무실의 실내 유효현열부하는 20.42kW, 실내 유효잠열부하는 4.27kW이다. 냉각코일의 장치노점온도는 13.5℃, 바이패스팩터가 0.1일 때 송풍량(L/s)은? (단, 공기의 밀도는 1.2kg/m³, 정압비열은 1.006kJ/kg·K이다.)

① 1,350
② 1,503
③ 12,530
④ 13,532

해설 ㉠ $BF = \dfrac{t_0 - 13.5}{26 - 13.5} = 0.1$

∴ $t_0 = 14.75℃$

㉡ $Q = \dfrac{q_s}{1.2 C_p (t_1 - t_0)}$

$= \dfrac{20.42}{1.2 \times 1.006 \times (26 - 14.75)}$

$= 1.503 \text{m}^3/\text{s} = 1,503 \text{L/s}$

★ 44 다음의 공기조화장치에서 냉각코일부하를 올바르게 표현한 것은? (단, G_F는 외기량(kg/h)이며, G는 전풍량(kg/h)이다.)

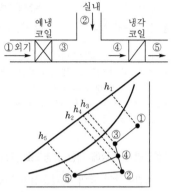

① $G_F(h_1 - h_3) + G_F(h_1 - h_2) + G(h_2 - h_5)$
② $G(h_1 - h_2) - G_F(h_1 - h_3) + G_F(h_2 - h_5)$
③ $G_F(h_1 - h_2) - G_F(h_1 - h_3) + G(h_2 - h_5)$
④ $G(h_1 - h_2) + G_F(h_1 - h_3) + G_F(h_2 - h_5)$

해설 외기부하 $= G_F(h_1 - h_2) - G_F(h_1 - h_3)$
　　　　 $=$ 전체 외기부하 − 예냉
실내부하 $= G(h_2 - h_5)$
∴ 냉각코일부하(q_c) $=$ 외기부하 $+$ 실내부하
　　　　 $= G_F(h_1 - h_2) - G_F(h_1 - h_3)$
　　　　 $\quad + G(h_2 - h_5)[\text{kcal/h}]$

45 온수난방설비에 사용되는 팽창탱크에 대한 설명으로 틀린 것은?

① 밀폐식 팽창탱크의 상부 공기층은 난방장치의 압력변동을 완화하는 역할을 할 수 있다.
② 밀폐식 팽창탱크는 일반적으로 개방식에 비해 탱크용적을 크게 설계해야 한다.
③ 개방식 탱크를 사용하는 경우는 장치 내의 온수온도를 85℃ 이상으로 해야 한다.
④ 팽창탱크는 난방장치가 정지해도 일정압 이상으로 유지하여 공기침입방지역할을 한다.

해설 팽창탱크
㉠ 온수온도가 100℃ 이하의 저압식은 소규모의 것에 사용되는데, 보통 온수의 평균온도가 80℃이고, 대기에 통하고 있어 개방식이다.
㉡ 밀폐식 온수난방의 배관 내의 온수온도는 100℃ 이상이다.

46 공기조화방식 중 혼합상자에서 적당한 비율로 냉풍과 온풍을 자동적으로 혼합하여 각 실에 공급하는 방식은?

① 중앙식   ② 2중덕트방식
③ 유인유닛방식   ④ 각 층 유닛방식

해설 공기조화방식 중 2중덕트방식(dual duct)은 처리한 냉풍과 온풍을 각각 별개의 덕트로 송풍해서 필요한 장소에 설치한 혼합상자에서 혼합한다. 이때 혼합공기는 실내 서모스탯의 지령에 의해 혼합비를 바꾸어 소정의 온도로 해서 실내로 송풍한다.

★
47 온풍난방의 특징에 대한 설명으로 틀린 것은?

① 예열시간이 짧아 간헐운전이 가능하다.
② 실내 상하의 온도차가 커서 쾌적성이 떨어진다.
③ 소음 발생이 비교적 크다.
④ 방열기, 배관설치로 인해 설비비가 비싸다.

해설 **온풍난방의 특징**
㉠ 예열시간이 짧아 간헐운전이 가능하다.
㉡ 쾌적성이 떨어진다.
㉢ 송풍동력이 크며 설계가 나쁘면 실내로 소음이 전달되기 쉽다.
㉣ 방열기가 없어서 설비비가 싸다.

48 다음 중 감습(제습)장치의 방식이 아닌 것은 어느 것인가?

① 흡수식   ② 감압식
③ 냉각식   ④ 압축식

해설 ㉠ 감습장치(Dehumidifier)에는 냉각감습장치, 압축감습장치, 흡수식 감습장치, 흡착식 감습장치가 있다.
㉡ 흡착식 감습장치(고체제습장치)의 고체흡착제는 화학적 감습장치로서 실리카겔, 아드소울, 활성알루미나 등과 같은 반도체 또는 고체흡수제를 사용하는 방법으로, 냉동장치와 병용하여 극저습도를 요구하는 곳에 사용된다.

49 덕트의 분기점에서 풍량을 조절하기 위하여 설치하는 댐퍼는?

① 방화댐퍼   ② 스플릿댐퍼
③ 피봇댐퍼   ④ 터닝베인

해설 분기덕트 내의 풍량조절용은 스플릿댐퍼(split damper)이다.

★
50 에어와셔를 통과하는 공기의 상태변화에 대한 설명으로 틀린 것은?

① 분무수의 온도가 입구공기의 노점온도보다 낮으면 냉각감습된다.
② 순환수분무하면 공기는 냉각가습되어 엔탈피가 감소한다.
③ 증기분무를 하면 공기는 가열가습되고 엔탈피도 증가한다.
④ 분무수의 온도가 입구공기 노점온도보다 높고 습구온도보다 낮으면 냉각가습된다.

해설 에어와셔에서 순환수분무는 단열변화에 의한 분무로서 엔탈피변화가 없으며 입구공기온도가 낮으면 가습효과가 떨어진다.

51 난방부하가 6,500kcal/h인 어떤 방에 대해 온수난방을 하고자 한다. 방열기의 상당방열면적(m^2)은?

① 6.7   ② 8.4
③ 10   ④ 14.4

해설 $EDR = \dfrac{Q}{q_0} = \dfrac{6,500}{450} ≒ 14.4 m^2$

여기서, q_0 : 표준방열량(증기일 때 650, 온수일 때 450)(kcal/m^2 · h)

52 온수보일러의 수두압을 측정하는 계기는?

① 수고계   ② 수면계
③ 수량계   ④ 수위조절기

해설 ② 수면계 : 증기보일러의 수면측정
③ 수량계 : 급수량측정
④ 수위조절기 : 수위조절

53 공기조화설비의 구성에서 각종 설비별 기기로 바르게 짝지어진 것은?

① 열원설비 : 냉동기, 보일러, 히트펌프
② 열교환설비 : 열교환기, 가열기
③ 열매수송설비 : 덕트, 배관, 오일펌프
④ 실내유닛 : 토출구, 유인유닛, 자동제어기기

해설 공기조화설비의 구성에서 열원설비는 냉동기, 보일러, 히트펌프, 냉각탑, 흡수식 냉온수기 등이다.

정답   46. ②   47. ④   48. ②   49. ②   50. ②   51. ④   52. ①   53. ①

54 유효온도(Effective Temperature)의 3요소는?

① 밀도, 온도, 비열
② 온도, 기류, 밀도
③ 온도, 습도, 비열
④ 온도, 습도, 기류

해설 유효온도(감각온도, ET)는 온도, 습도, 기류 등 3요소의 조합(Yaglou의 제안)이다.

55 공기조화방식을 결정할 때에 고려할 요소로 가장 거리가 먼 것은?

① 건물의 종류
② 건물의 안정성
③ 건물의 규모
④ 건물의 사용목적

해설 공기조화방식을 결정할 때는 건물의 종류, 규모, 사용목적을 고려해야 하며, 제어방식을 결정할 때에는 조정범위, 동력의 절약량, 설비비 등을 검토한 뒤 결정한다.

★
56 가열로(加熱爐)의 벽두께가 80mm이다. 벽의 안쪽과 바깥쪽의 온도차는 32℃, 벽의 면적은 60m², 벽의 열전도율은 40kcal/m·h·℃일 때 시간당 방열량(kcal/hr)은?

① 7.5×10^5
② 8.9×10^5
③ 9.6×10^5
④ 10.2×10^5

해설 $q = KA\left(\dfrac{t_2 - t_1}{L}\right) = 40 \times 60 \times \dfrac{32}{0.08}$
$= 9.6 \times 10^5 \text{kcal/h}$

57 냉방부하계산결과 실내 취득열량은 q_R, 송풍기 및 덕트취득열량은 q_F, 외기부하는 q_O, 펌프 및 배관 취득열량은 q_P일 때 공조기부하를 바르게 나타낸 것은?

① $q_R + q_O + q_P$
② $q_F + q_O + q_P$
③ $q_R + q_O + q_F$
④ $q_R + q_P + q_F$

해설 ㉠ 공조기부하 = 실내부하 + 외기부하 + 송풍기부하 + 덕트부하 + 재열부하
㉡ 열원기기에서 공조기에 이르는 배관에 있어서 열취득(손실)에 의한 배관부하, 운반용 펌프로부터의 열부하, 간헐공조에 있어서 기기·배관 등의 축열부하 등으로 열원부하를 결정한다.

58 배출가스 또는 배기가스 등의 열을 열원으로 하는 보일러는?

① 관류보일러
② 폐열보일러
③ 입형보일러
④ 수관보일러

해설 폐열보일러는 용광로, 가열로, 시멘트가마 등에서 나오는 고온의 가스를 열원으로 하여 증기를 만든다. 수관보일러가 많으므로 고온가스의 부식성이나 오염된 물에 따르는 대책이 갖추어져야 한다.

59 다음 중 온수난방과 가장 거리가 먼 것은?

① 팽창탱크
② 공기빼기밸브
③ 관말트랩
④ 순환펌프

해설 온수난방장치에는 팽창탱크, 공기빼기밸브, 순환펌프, 보일러, 팽창이음 등이 있다.

★
60 다음 공조방식 중에서 전공기방식에 속하지 않는 것은?

① 단일덕트방식
② 이중덕트방식
③ 팬코일유닛방식
④ 각 층 유닛방식

해설 ㉠ 전공기방식 : 일정 풍량 단일덕트방식, 가변풍량 단일덕트방식, 이중덕트방식(멀티존방식), 각 층 유닛방식
㉡ 수-공기방식 : 팬코일유닛방식(덕트병용), 유인유닛방식, 복사냉난방방식(패널에어방식)
㉢ 전수방식 : 팬코일유닛방식

제4과목 전기제어공학

61 전동기 2차측에 기동저항기를 접속하고 비례추이를 이용하여 기동하는 전동기는?

① 단상 유도전동기
② 2상 유도전동기
③ 권선형 유도전동기
④ 2중 농형 유도전동기

해설 ㉠ 3상 권선형 유도전동기는 2차 저항기동법이다.
㉡ 3상 농형 유도전동기의 기동법에는 직접기동법(전전압기동법), 리액터기동법, 기동보상기법, 1차 저항기동법, $Y-\Delta$기동법 등이 있다.

정답 54. ④ 55. ② 56. ③ 57. ③ 58. ② 59. ③ 60. ③ 61. ③

62 공작기계의 물품가공을 위하여 주로 펄스를 이용한 프로그램제어를 하는 것은?

① 수치제어
② 속도제어
③ PLC제어
④ 계산기제어

해설 **수치제어(NC : Numerical Control)** : 가공물의 형상이나 가공조건의 정보를 펀치한 지령테이프를 만들고, 이것을 정보처리회로가 읽어 들여 지령펄스를 발생시켜 서보기구를 구동시켜 가공하는 제어방식

★
63 다음 그림과 같이 철심에 두 개의 코일 C_1, C_2를 감고 코일 C_1에 흐르는 전류 I에 ΔI만큼의 변화를 주었다. 이때 일어나는 현상에 관한 설명으로 옳지 않은 것은?

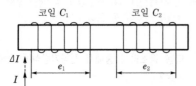

① 코일 C_2에서 발생하는 기전력 e_2는 렌츠의 법칙에 의하여 설명이 가능하다.
② 코일 C_1에서 발생하는 기전력 e_1은 자속의 시간미분값과 코일의 감은 횟수의 곱에 비례한다.
③ 전류의 변화는 자속의 변화를 일으키며, 자속의 변화는 코일 C_1에 기전력 e_1을 발생시킨다.
④ 코일 C_2에서 발생하는 기전력 e_2와 전류 I의 시간미분값의 관계를 설명해주는 것이 자기인덕턴스이다.

해설 기전력의 크기는 단위시간에 자기력선이 변화하는 비율에 비례한다.

64 직류기에서 전압정류의 역할을 하는 것은?

① 보극
② 보상권선
③ 탄소브러시
④ 리액턴스코일

해설 직류기란 정류자와 브러시에 의해 외부회로에 대하여 직류전력을 공급하는 발전기로서, 보극은 직류기에서 전압정류의 역할을 한다.

★
65 오차 발생시간과 오차의 크기로 둘러싸인 면적에 비례하여 동작하는 것은?

① P동작
② I동작
③ D동작
④ PD동작

해설 ㉠ 비례제어(P동작) : 잔류편차(offset) 생김
㉡ 적분제어(I동작) : 적분값(면적)에 비례, 잔류편차 소멸, 진동 발생
㉢ 미분제어(D동작) : 오차예측제어
㉣ 비례미분제어(PD동작) : 응답속도 향상, 과도특성 개선, 진상보상회로에 해당
㉤ 비례적분제어(PI동작) : 잔류편차와 사이클링 제거, 정상특성 개선
㉥ 비례적분미분제어(PID동작) : 속응도 향상, 잔류편차 제거, 정상/과도특성 개선
㉦ 온오프제어(=2위치제어) : 불연속제어(간헐제어)

66 다음과 같은 회로에서 i_2가 0이 되기 위한 C의 값은? (단, L은 합성인덕턴스, M은 상호인덕턴스이다.)

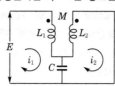

① $\dfrac{1}{\omega L}$
② $\dfrac{1}{\omega^2 L}$
③ $\dfrac{1}{\omega M}$
④ $\dfrac{1}{\omega^2 M}$

해설 **2차 회로의 전압방정식**

$$j\omega(L_2 - M)I_2 + j\omega M(I_2 - I_1) + j\frac{1}{\omega C}(I_2 + I_1) = 0$$

$$j\omega L_2 I_2 - j\omega M I_2 + j\omega M I_2 - j\omega M I_1 + j\frac{I_2}{\omega C} + j\frac{I_1}{\omega C} = 0$$

$$-j\omega M I_1 + j\frac{1}{\omega C}I_1 + j\omega L_2 I_2 + j\frac{1}{\omega C}I_2 = 0$$

$$\left(-j\omega M + j\frac{1}{\omega C}\right)I_1 + \left(j\omega L_2 + j\frac{1}{\omega C}\right)I_2 = 0$$

I_2가 0이 되면 I_1의 계수가 0이 되므로

$$-j\omega M + j\frac{1}{\omega C} = 0$$

$$j\frac{1}{\omega C} = j\omega M$$

$$\omega C = \frac{1}{\omega M}$$

$$\therefore\ C = \frac{1}{\omega^2 M}$$

정답 **62.** ① **63.** ④ **64.** ① **65.** ② **66.** ④

67 100V, 40W의 전구에 0.4A의 전류가 흐른다면 이 전구의 영향은?

① 100Ω   ② 150Ω

③ 200Ω   ④ 250Ω

해설 $R = \dfrac{V}{I} = \dfrac{100}{0.4} = 250\,\Omega$

68 PLC프로그래밍에서 여러 개의 입력신호 중 하나 또는 그 이상의 신호가 ON되었을 때 출력이 나오는 회로는?

① OR회로   ② AND회로

③ NOT회로   ④ 자기유지회로

해설 OR회로는 입력 A 또는 B의 어느 한쪽이, 또는 양자가 '1'일 때 출력이 '1'이 되는 회로로서, 논리식은 $X = A + B$ 로 표시한다.

69 온도보상용으로 사용되는 소자는?

① 서미스터   ② 바리스터

③ 제너다이오드   ④ 버랙터다이오드

해설 서미스터는 온도 상승에 따라 저항값이 작아지는 특성을 이용하여 온도보상용으로 사용되며 부온도특성을 가진 저항기이다.

70 단상 변압기 2대를 사용하여 3상 전압을 얻고자 하는 결선방법은?

① Y결선   ② V결선

③ Δ결선   ④ $Y-\Delta$결선

해설 V결선은 2대의 단상 변압기로 3상 전력을 변성하는 방식의 하나로, 단상 변압기 2대를 직렬접속해서 1조의 변압기 양단 및 2대의 접속점의 3점을 3상 회로에 접속한다. 이 방식으로 변성할 수 있는 전력은 각각의 변압기 용량을 p라 하면 $0.866 \times 2p$이다.

71 다음 중 절연저항을 측정하는 데 사용되는 계측기는?

① 메거   ② 저항계

③ 켈빈브리지   ④ 휘스톤브리지

해설 메거에 의한 방법은 $-10^5\,\Omega$ 이상의 고저항을 측정하고 절연저항측정이 가능하다.

72 저항 8Ω과 유도리액턴스 6Ω이 직렬접속된 회로의 역률은?

① 0.6   ② 0.8

③ 0.9   ④ 1

해설 $\cos\theta = \dfrac{R}{Z} = \dfrac{6}{8} \fallingdotseq 0.8$

★
73 온오프(on-off)동작에 관한 설명으로 옳은 것은?

① 응답속도는 빠르나 오프셋이 생긴다.

② 사이클링은 제거할 수 있으나 오프셋이 생긴다.

③ 간단한 단속적 제어동작이고 사이클링이 생긴다.

④ 오프셋은 없앨 수 있으나 응답시간이 늦어질 수 있다.

해설 **온오프동작**

㉠ 응답속도는 빠르나 오프셋(offset)을 일으킨다.

㉡ 사이클링(cycling)은 제거할 수 있으나 오프셋이 생긴다.

㉢ 설정값에 의하여 조작부를 개폐하여 운전한다.

㉣ 오프셋은 없앨 수 있으나 응답시간이 늦어질 수 있다.

㉤ 응답속도가 빨라야 되는 제어계는 사용 불가능이다.

74 다음의 논리식을 간단히 한 것은?

$$X = \overline{A}\,\overline{B}\,C + A\overline{B}\,\overline{C} + A\overline{B}\,C$$

① $\overline{B}(A + C)$ ② $C(A + \overline{B})$

③ $\overline{C}(A + B)$ ④ $\overline{A}(B + C)$

해설 $X = \overline{A}\,\overline{B}\,C + A\overline{B}\,\overline{C} + A\overline{B}\,C = \overline{B}(\overline{A}C + A\overline{C} + AC)$
$= \overline{B}(A + C + AC) = \overline{B}(A(1 + C) + C)$
$= \overline{B}(A + C)$

참고 배타적 논리합회로 $X = \overline{A}B + A\overline{B} = A + B$

75 검출용 스위치에 속하지 않는 것은?

① 광전스위치   ② 액면스위치

③ 리밋스위치   ④ 누름버튼스위치

해설 검출용 스위치에는 광전스위치, 액면스위치, 리밋스위치, 서미스터 등이 있다.

정답 67. ④   68. ①   69. ①   70. ②   71. ①   72. ②   73. ③   74. ①   75. ④

★
76 개루프전달함수 $G(s) = \dfrac{1}{s^2+2s+3}$ 인 단위궤환

계에서 단위계단입력을 가하였을 때의 오프셋(offset)은?

① 0   ② 0.25

③ 0.5   ④ 0.75

해설 $e_{ss} = \lim_{s \to 0} \dfrac{sR(s)}{1+G(s)} = \lim_{s \to 0} \dfrac{s \times \dfrac{1}{s}}{1+\dfrac{1}{s^2+2s+3}}$

$= \lim_{s \to 0} \dfrac{1}{\dfrac{s^2+2s+4}{s^2+2s+3}} = \lim_{s \to 0} \dfrac{s^2+2s+3}{s^2+2s+4}$

$= \dfrac{3}{4} = 0.75$

77 물체의 위치, 방위, 자세 등의 기계적 변위를 제어량으로 하여 목표값의 임의의 변화에 항상 추종되도록 구성된 제어장치는?

① 서보기구   ② 자동조정

③ 정치제어   ④ 프로세스제어

해설 물체의 위치, 방위, 자세 등의 기계적 변위를 제어량으로 하여 목표값의 임의의 변화에 항상 추종되도록 구성된 제어장치는 서보기구(비행기 및 선박의 방향제어계, 미사일 발사대의 자동위치제어계, 추적용 레이더, 자동평형기록계 등)이다.

★
78 다음과 같은 회로에서 a, b 양단자 간의 합성저항은? (단, 그림에서 저항의 단위는 Ω이다.)

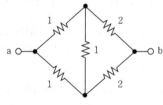

① 1.0Ω   ② 1.5Ω

③ 3.0Ω   ④ 6.0Ω

해설 $R_{ab} = \dfrac{(r_1+r_2)(r_3+r_4)}{(r_1+r_2)+(r_3+r_4)}$

$= \dfrac{(1+2) \times (1+2)}{(1+2)+(1+2)} = 1.5\,\Omega$

79 다음 중 무인엘리베이터의 자동제어로 가장 적합한 것은?

① 추종제어   ② 정치제어

③ 프로그램제어   ④ 프로세스제어

해설 프로그램제어란 목표값이 미리 정해진 시간적 변화에 따른 제어로 열처리 노의 온도제어, 무인열차운전, 무인엘리베이터, 산업운전로봇 등이 있다.

80 다음 그림과 같은 제어에 해당하는 것은?

① 개방제어   ② 시퀀스제어

③ 개루프제어   ④ 폐루프제어

해설 피드백제어(폐루프제어)는 출력신호를 입력신호로 되돌려서 제어량의 목표값과 비교하여 정확한 제어가 가능하도록 한 제어계를 말한다.

제5과목   **배관일반**

81 팬코일유닛방식의 배관방식에서 공급관이 2개이고 환수관이 1개인 방식으로 옳은 것은?

① 1관식   ② 2관식

③ 3관식   ④ 4관식

해설 팬코일유닛의 3관식은 2개의 공급관과 1개의 공통환수관을 접속하여 냉수 또는 온수를 공급하는 방식으로, 배관공사는 2관식보다 복잡하나 완전개별제어를 할 수 있어 부하변동에 대한 응답이 신속하다. 결점으로 환수관이 1개이므로 냉·온수의 혼합열손실이 있다.

82 증기트랩의 종류를 대분류한 것으로 가장 거리가 먼 것은?

① 박스트랩   ② 기계적 트랩

③ 온도조절트랩   ④ 열역학적 트랩

해설 증기트랩을 대분류로 분류하면 기계식 트랩(버킷식, 플로트식), 온도조절트랩(벨로즈식, 다이어프램식, 바이메탈식), 열역학적 트랩(디스크식, 오리피스식) 등으로 구분된다.

★

83 급수배관시공에 관한 설명으로 가장 거리가 먼 것은?

① 수리와 기타 필요 시 관 속의 물을 완전히 뺄 수 있도록 기울기를 주어야 한다.

② 공기가 모여있는 곳이 없도록 하여야 하며 공기가 모일 경우 공기빼기밸브를 부착한다.

③ 급수관에서 상향급수는 선단 하향구배로 하고, 하향급수에서는 선단 상향구배로 한다.

④ 가능한 마찰손실이 작도록 배관하며 관의 축소는 편심리듀서를 써서 공기의 고임을 피한다.

해설 급수관에서 상향급수는 선단 상향구배로 하고, 하향급수에서는 선단 하향구배로 한다.

84 급수방식 중 대규모의 급수수요에 대응이 용이하고 단수 시에도 일정량의 급수를 계속할 수 있으며 거의 일정한 압력으로 항상 급수되는 방식은?

① 양수펌프식　　② 수도직결식

③ 고가탱크식　　④ 압력탱크식

해설 고가탱크식(옥상탱크식)은 단수가 되어도 4kgf/cm² 이하의 일정 압력으로 급수가 가능하며, 경로는 수도본관 → 수수탱크 → 양수관 → 옥상탱크 → 급수관으로 이동한다.

85 다음 그림과 같은 입체도에 대한 설명으로 맞는 것은?

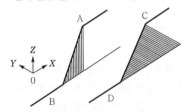

① 직선 A와 B, 직선 C와 D는 각각 동일한 수직평면에 있다.

② A와 B는 수직높이차가 다르고, 직선 C와 D는 동일한 수평평면에 있다.

③ 직선 A와 B, 직선 C와 D는 각각 동일한 수평평면에 있다.

④ 직선 A와 B는 동일한 수평평면에, 직선 C와 D는 동일한 수직평면에 있다.

해설 빗변의 방향에 따라 구분해야 한다.

86 냉매배관에 사용되는 재료에 대한 설명으로 틀린 것은?

① 배관 선택 시 냉매의 종류에 따라 적절한 재료를 선택해야 한다.

② 동관은 가능한 이음매 있는 관을 사용한다.

③ 저압용 배관은 저온에서도 재료의 물리적 성질이 변하지 않는 것으로 사용한다.

④ 구부릴 수 있는 관은 내구성을 고려하여 충분한 강도가 있는 것을 사용한다.

해설 냉매배관의 동관은 가능한 이음매 없는 관을 사용한다.

87 증기와 응축수의 온도차이를 이용하여 응축수를 배출하는 트랩은?

① 버킷트랩(bucket trap)

② 디스크트랩(disk trap)

③ 벨로즈트랩(bellows trap)

④ 플로트트랩(float trap)

해설 벨로즈트랩은 기계식 트랩(버킷식, 플로트식)으로 증기와 응축수의 온도차를 이용한다.

★

88 배수 및 통기설비에서 배관시공법에 관한 주의사항으로 틀린 것은?

① 우수수직관에 배수관을 연결해서는 안 된다.

② 오버플로관은 트랩의 유입구측에 연결해야 한다.

③ 바닥 아래에서 빼내는 각 통기관에는 횡주부를 형성시키지 않는다.

④ 통기수직관은 최하위의 배수수평지관보다 높은 위치에서 연결해야 한다.

해설 배수 및 통기설비에서 통기수직관의 하부는 관경을 축소하지 않고 가장 밑에 있는 배수수평지관보다 낮은 위치에서 배수수직관에 연결하든지 배수수평주관에 연결해야 한다.

89 베이퍼록현상을 방지하기 위한 방법으로 틀린 것은?

① 실린더라이너의 일부를 가열한다.

② 흡입배관을 크게 하고 단열처리한다.

③ 펌프의 설치위치를 낮춘다.

④ 흡입관로를 깨끗이 청소한다.

해설 실린더라이너의 외부온도가 상승하지 않도록 해야 한다.

정답 83. ③　84. ③　85. ②　86. ②　87. ③　88. ④　89. ①

90 열팽창에 의한 배관의 이동을 구속 또는 제한하기 위해 사용되는 관지지장치는?

① 행거(hanger)
② 서포트(support)
③ 브레이스(brace)
④ 리스트레인트(restraint)

해설 ① 행거 : 리지드, 스프링, 콘스탄트
② 서포트 : 스프링, 롤러, 리지드
③ 브레이스 : 방진기, 완충기

91 배관의 분해, 수리 및 교체가 필요할 때 사용하는 관 이음재의 종류는?

① 부싱
② 소켓
③ 엘보
④ 유니언

해설 배관의 분해, 수리 및 교체가 필요할 때 사용하는 관 이음재는 유니언과 플랜지이다.

★
92 급수량 산정에 있어서 시간평균예상급수량(Q_h)이 3,000L/h였다면 순간 최대 예상급수량(Q_p)은?

① 75~100L/min
② 150~200L/min
③ 225~250L/min
④ 275~300L/min

해설
$$Q_p = \frac{(3 \sim 4)Q_h}{60} = \frac{(3 \sim 4) \times 3,000}{60}$$
$$= (3 \sim 4) \times 50 = 150 \sim 200 \text{L/min}$$

93 펌프를 운전할 때 공동현상(캐비테이션)의 발생원인으로 가장 거리가 먼 것은?

① 토출양정이 높다.
② 유체의 온도가 높다.
③ 날개차의 원주속도가 크다.
④ 흡입관의 마찰저항이 크다.

해설 공동현상, 즉 캐비테이션(cavitation)은 흡입측에 일부 액체가 기체로 변하는 현상이다.
㉠ 유체의 온도가 높을 때, 원주속도가 클 때, 흡입관의 저항이 클 때, 흡입배관경이 작을 경우 흡입관의 압력이 부압일 때, 흡입관의 양정이 클 때, 날개차의 모양이 적당치 않을 때에 발생한다.
㉡ 소음 및 진동이 발생한다.
㉢ 임펠러 침식이 생길 수 있다.
㉣ 펌프의 회전수를 낮추면 줄일 수 있다.

★
94 증기난방법에 관한 설명으로 틀린 것은?

① 저압증기난방에 사용하는 증기의 압력은 $0.15 \sim 0.35 \text{kgf/cm}^2$ 정도이다.
② 단관중력환수식의 경우 증기와 응축수가 역류하지 않도록 선단 하향구배로 한다.
③ 환수주관을 보일러수면보다 높은 위치에 배관한 것은 습식환수관식이다.
④ 증기의 순환이 가장 빠르며 방열기, 보일러 등의 설치위치에 제한을 받지 않고 대규모 난방용으로 주로 채택되는 방식은 진공환수식이다.

해설 증기난방법 중 환수관의 배관법
㉠ 건식환수관식 : 환수주관을 보일러수면보다 높게 배관
㉡ 습식환수관식 : 환수주관을 보일러수면보다 낮게 배관

95 도시가스배관 시 배관이 움직이지 않도록 관지름 13~33mm 미만의 경우 몇 m마다 고정장치를 설치해야 하는가?

① 1m
② 2m
③ 3m
④ 4m

해설 도시가스배관 시 고정장치 설치위치
㉠ 13A 미만 : 1m
㉡ 13A 이상 33A 미만 : 2m
㉢ 33A 이상 : 3m

★
96 배관의 자중이나 열팽창에 의한 힘 이외에 기계의 진동, 수격작용, 지진 등 다른 하중에 의해 발생하는 변위 또는 진동을 억제시키기 위한 장치는?

① 스프링행거
② 브레이스
③ 앵커
④ 가이드

해설 ㉠ 행거 : 리지드, 스프링, 콘스탄트
㉡ 서포트 : 스프링, 롤러, 리지드
㉢ 브레이스 : 방진기, 완충기
㉣ 리스트레인트 : 앵커, 스톱, 가이드로 열팽창에 의한 배관의 이동을 구속 또는 제한

정답 **90.** ④ **91.** ④ **92.** ② **93.** ① **94.** ③ **95.** ② **96.** ②

97 방열기 전체의 수저항이 배관의 마찰손실에 비해 큰 경우 채용하는 환수방식은?

① 개방류방식   ② 재순환방식
③ 역귀환방식   ④ 직접귀환방식

해설 ㉠ 직접귀환방식은 수저항이 마찰손실에 비해 큰 경우로 귀환온수를 가장 짧은 거리로 순환할 수 있도록 배관하는 형식이다. 각 방열기에 이르는 배관길이가 다르므로 마찰저항으로 인하여 온수의 순환율이 다르게 된다.
㉡ 역귀환방식은 동일한 층에서 뿐만 아니라 각 층간에도 각 방열기에 이르는 배관에서의 순환율을 갖도록 하기 위하여 대부분 채택하고 있다. 배관길이가 길어지고 마찰저항이 증대하지만 건물 내 모든 실의 온도를 동일하게 할 수 있는 이점이 있다.

98 온수난방배관에서 에어포켓(air pocket)이 발생될 우려가 있는 곳에 설치하는 공기빼기밸브의 설치위치로 가장 적절한 것은?

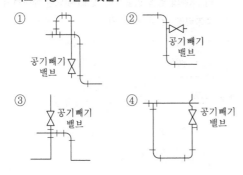

해설 에어벤트밸브(공기빼기밸브)는 난방, 급탕, 급수배관의 높은 곳에 설치되어 공기를 제거하는 위치에 설치한다.

★
99 저압증기난방장치에서 적용되는 하트포드접속법(Hartford connection)과 관련된 용어로 가장 거리가 먼 것은?

① 보일러 주변 배관
② 균형관
③ 보일러수의 역류방지
④ 리프트피팅

해설 ㉠ 하트포드접속법은 환수관의 일부가 파손된 경우 보일러수가 유출돼 안전수위 이하가 되어 보일러가 빈 상태로 되는 것을 방지하기 위한 것으로 보일러 주변 배관, 균형관, 보일러수의 역류방지 등으로 구성되어 있다.
㉡ 균형관(밸런스관)은 보일러 사용수위보다 50mm 아래에 연결한다.

100 동관의 호칭경이 20A일 때 실제 외경은?

① 15.87mm   ② 22.22mm
③ 28.57mm   ④ 34.93mm

해설 **동관의 호칭경**
㉠ K타입 : 20A, 외경 22.2mm, 두께 1.65mm
㉡ L타입 : 20A, 외경 22.2mm, 두께 1.14mm
㉢ M타입 : 20A, 외경 22.2mm, 두께 0.81mm

2018년

2018년 | 제3회 공조냉동기계기사

제1과목 기계 열역학

★
01 다음 그림과 같이 카르노사이클로 운전하는 기관 2개가 직렬로 연결되어 있는 시스템에서 두 열기관의 효율이 똑같다고 하면 중간 온도 T는 약 몇 K인가?

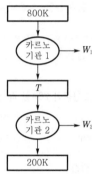

① 330K   ② 400K
③ 500K   ④ 660K

해설 $\eta = 1 - \dfrac{T_2}{T_1} = 1 - \dfrac{\text{저열원의 온도}}{\text{고열원의 온도}}$

$1 - \dfrac{X}{800} = 1 - \dfrac{200}{X}$

$\dfrac{X}{800} = \dfrac{200}{X}$

$X^2 = 200 \times 800 = 160,000\text{K}$

$\therefore X = \sqrt{160,000} = 400\text{K}$

02 역카르노사이클로 운전하는 이상적인 냉동사이클에서 응축기 온도가 40℃, 증발기 온도가 −10℃이면 성능계수는?

① 4.26   ② 5.26
③ 3.56   ④ 6.56

해설 $COP(\varepsilon) = \dfrac{Q_2(\text{저온})}{Q_1(\text{고온}) - Q_2(\text{저온})}$

$= \dfrac{T_2}{T_1 - T_2} = \dfrac{273 - 10}{(273 + 40) - (273 - 10)}$

$= 5.26$

★
03 밀폐시스템에서 초기상태가 300K, 0.5m³인 이상 기체를 등온과정으로 150kPa에서 600kPa까지 천천히 압축하였다. 이 압축과정에 필요한 일은 약 몇 kJ인가?

① 104   ② 208
③ 304   ④ 612

해설 $W = P_1 V_1 \ln\dfrac{P_1}{P_2} = 150 \times 0.5 \times \ln\dfrac{150}{600} ≒ 104\text{kJ}$

★
04 에어컨을 이용하여 실내의 열을 외부로 방출하려 한다. 실외 35℃, 실내 20℃인 조건에서 실내로부터 3kW의 열을 방출하려 할 때 필요한 에어컨의 최소동력은 약 몇 kW인가?

① 0.154   ② 1.54
③ 0.308   ④ 3.08

해설 $COP = \dfrac{\text{내부절대온도}}{\text{외기절대온도} - \text{내부절대온도}}$

$= \dfrac{\text{제거열량}}{\text{동력}} = \dfrac{T_2}{T_1 - T_2} = \dfrac{Q_e}{N}$

$\therefore N = \left(\dfrac{T_1 - T_2}{T_2}\right) Q_e$

$= \dfrac{(273 + 35) - (273 + 20)}{273 + 20} \times 3$

$≒ 0.1535\text{kW}$

05 압력 250kPa, 체적 0.35m³의 공기가 일정 압력하에서 팽창하여 체적이 0.5m³로 되었다. 이때 내부에너지의 증가가 93.9kJ이었다면 팽창에 필요한 열량은 약 몇 kJ인가?

① 43.8   ② 56.4
③ 131.4   ④ 175.2

해설 $q = \text{내부에너지변화} + \text{압력} \times \text{체적변화}$

$= \Delta U + P(V_2 - V_1)$

$= 93.9 + 250 \times (0.5 - 0.35) = 131.4\text{kJ}$

정답   01. ②   02. ②   03. ①   04. ①   05. ③

06 이상기체의 가역폴리트로픽과정은 다음과 같다. 이에 대한 설명으로 옳은 것은? (단, P는 압력, v는 비체적, C는 상수이다.)

$$Pv^n = C$$

① $n=0$이면 등온과정
② $n=1$이면 정적과정
③ $n=\infty$이면 정압과정
④ $n=k$(비열비)이면 단열과정

해설 ㉠ 이상기체의 가역폴리트로픽과정은 $Pv^n = C$에서 $n=k$(비열비)이면 단열과정이다.
㉡ 이상기체의 가역단열변화는 $TV^{k-1} =$일정하다.

★
07 열과 일에 대한 설명 중 옳은 것은?

① 열역학적 과정에서 열과 일은 모두 경로에 무관한 상태함수로 나타낸다.
② 일과 열의 단위는 대표적으로 Watt(W)를 사용한다.
③ 열역학 제1법칙은 열과 일의 방향성을 제시한다.
④ 한 사이클과정을 지나 원래 상태로 돌아왔을 때 시스템에 가해진 전체 열량은 시스템이 수행한 전체 일의 양과 같다.

해설 ① 열과 일은 도정함수(path function)이므로 경로에 관계가 있다.
② SI단위에서는 열과 일 모두 J(줄)을 사용한다.
③ 열은 에너지의 한 형태로서 일을 열로 변환하거나 열을 일로 변환하는 것이 가능하다.

★
08 공기 표준사이클로 운전하는 디젤사이클엔진에서 압축비는 18, 체절비(분사단절비)는 2일 때 이 엔진의 효율은 약 몇 %인가? (단, 비열비는 1.4이다.)

① 63%
② 68%
③ 73%
④ 78%

해설 $\eta = \dfrac{\sigma^{k-1}}{k\varepsilon^{k-1}(\sigma-1)} = \dfrac{2^{1.4-1}}{1.4 \times 18^{1.4-1} \times (2-1)}$
$\fallingdotseq 63\%$

참고 $\dfrac{T_3}{T_2} = \dfrac{v_3}{v_4} = \sigma$: 절단비, 차단비, 체절비, 단절비

09 공기의 정압비열($C_p[\text{kJ/kg} \cdot \text{℃}]$)이 다음과 같다고 가정한다. 이때 공기 5kg을 0℃에서 100℃까지 일정한 압력하에서 가열하는데 필요한 열량은 약 몇 kJ인가? (단, 다음 식에서 t는 섭씨온도를 나타낸다.)

$$C_p = 1.0053 + 0.000079t[\text{kJ/kg} \cdot \text{℃}]$$

① 85.5
② 100.9
③ 312.7
④ 504.6

해설 $q = G\displaystyle\int_0^t C_p dt$
$= 5\displaystyle\int_0^{100} (1.0053 + 0.000079t)dt$
$= 5 \times \left[1.0053t + \dfrac{1}{2} \times 0.000079t^2\right]_0^{100}$
$= 5 \times \left(1.00053 \times 100 + \dfrac{1}{2} \times 0.000079 \times 100^2\right)$
$\fallingdotseq 504.6\text{kJ}$

★
10 랭킨사이클의 각각의 지점에서 엔탈피는 다음과 같다. 이 사이클의 효율은 약 몇 %인가? (단, 펌프일은 무시한다.)

- 보일러 입구 : 290.5kJ/kg
- 보일러 출구 : 3476.9kJ/kg
- 응축기 입구 : 2622.1kJ/kg
- 응축기 출구 : 286.3kJ/kg

① 32.4%
② 29.8%
③ 26.7%
④ 23.8%

해설 $\eta = \dfrac{\text{보일러 출구} - \text{응축기 입구}}{\text{보일러 출구} - \text{보일러 입구}} \times 100\%$
$= \dfrac{3476.9 - 2622.1}{3476.9 - 286.3} \times 100\%$
$\fallingdotseq 26.7\%$

11 다음 중 이상적인 스로틀과정에서 일정하게 유지되는 양은?

① 압력
② 엔탈피
③ 엔트로피
④ 온도

해설 유체가 좁은 곳을 통과할 때 유속이 빨라지고 압력이 감소하는 것을 교축현상이라 한다. 엔탈피의 변화 없이 외부의 일도 하지 않는 상태이므로 압력이 떨어질 때 유량이 같아지려면 속도가 빨라져 비체적이 증가해야 한다.

정답 06. ④ 07. ④ 08. ① 09. ④ 10. ③ 11. ②

12 이상기체가 등온과정으로 부피가 2배로 팽창할 때 한 일이 W_1이다. 이 이상기체가 같은 초기조건하에서 폴리트로픽과정(지수=2)으로 부피가 2배로 팽창할 때 한 일은?

① $\dfrac{1}{2\ln 2} W_1$ ② $\dfrac{2}{\ln 2} W_1$

③ $\dfrac{\ln 2}{2} W_1$ ④ $2\ln 2\, W_1$

해설 ㉠ 등온과정에서 한 일(W_1) : 부피가 2배 팽창하면
$V_2 = 2V_1$이므로

$$W_1 = GRT\ln\frac{V_2}{V_1} = GRT\ln\frac{2V_1}{V_1} = GRT\ln 2$$

㉡ 폴리트로픽과정(W_2) : 지수(n)=2, $V_2 = 2V_1$,
$T = T_1$이므로

$$W_2 = \frac{1}{n-1} GRT_1\left[1 - \left(\frac{V_1}{V_2}\right)^{n-1}\right]$$

$$= \frac{1}{2-1} GRT\left[1 - \left(\frac{V_1}{2V_1}\right)^{2-1}\right]$$

$$= \frac{1}{2} GRT = \frac{1}{2\ln 2} W_1$$

13 클라우지우스(Clausius)적분 중 비가역사이클에 대하여 옳은 식은? (단, Q는 시스템에 공급되는 열, T는 절대온도를 나타낸다.)

① $\displaystyle\oint \frac{dQ}{T} = 0$ ② $\displaystyle\oint \frac{dQ}{T} < 0$

③ $\displaystyle\oint \frac{dQ}{T} > 0$ ④ $\displaystyle\oint \frac{dQ}{T} \geq 0$

해설 클라우지우스적분 중 가역이면 $0\left(\displaystyle\oint \frac{dQ}{T} = 0\right)$이고, 비가역이면 0보다 작다$\left(\displaystyle\oint \frac{dQ}{T} < 0\right)$.

14 500℃의 고온부와 50℃의 저온부 사이에서 작동하는 Carnot사이클열기관의 열효율은 얼마인가?

① 10%   ② 42%

③ 58%   ④ 90%

해설 $\eta = \dfrac{T_1 - T_2}{T_1}$

$$= \frac{(273+500) - (273+50)}{273+500} \times 100$$

$$\fallingdotseq 58\%$$

15 카르노냉동기사이클과 카르노열펌프사이클에서 최고온도와 최소온도가 서로 같다. 카르노냉동기의 성적계수는 COP_R이라고 하고 카르노열펌프의 성적계수는 COP_{HP}라고 할 때 다음 중 옳은 것은?

① $COP_{HP} + COP_R = 1$

② $COP_{HP} + COP_R = 0$

③ $COP_R - COP_{HP} = 1$

④ $COP_{HP} - COP_R = 1$

해설 카르노열펌프의 성적계수(COP_{HP})는 카르노냉동기의 성적계수(COP_R)보다 1만큼 더 크게 얻을 수 있다.

$$COP_{HP} = \frac{Q_1}{AW} = \frac{Q_2 + AW}{AW} = COP_R + 1$$

$$COP_{HP} - COP_R = 1$$

16 70kPa를 어떤 기체의 체적이 12m³이었다. 이 기체를 800kPa까지 폴리트로픽과정으로 압축했을 때 체적이 2m³으로 변화했다면 이 기체의 폴리트로픽지수는 약 얼마인가?

① 1.21   ② 1.28

③ 1.36   ④ 1.43

해설 $W = P_1 V_1 \ln\dfrac{P_1}{P_2} = \dfrac{1}{n-1}(P_1 V_1 - P_2 V_2)$

$$70 \times 12 \times \ln\frac{70}{800} = \frac{1}{n-1} \times (70 \times 12 - 800 \times 2)$$

$$\therefore\ n \fallingdotseq 1.36$$

17 두 물체가 각각 제3의 물체와 온도가 같을 때는 두 물체도 역시 서로 온도가 같다는 것을 말하는 법칙으로 온도측정의 기초가 되는 것은?

① 열역학 제0법칙   ② 열역학 제1법칙

③ 열역학 제2법칙   ④ 열역학 제3법칙

해설 ㉠ 온도는 뜨겁거나 차가운 정도를 나타낸다.
㉡ 열역학 제0법칙은 온도측정의 기초이다.
㉢ 섭씨온도는 대기압하에서 물의 어는점과 끓는점으로 각각 0과 100을 부여한 온도척도이다.
㉣ $°F = \dfrac{9}{5}℃ + 32$, $℃ = \dfrac{5}{9}(°F - 32)$
㉤ $K = \dfrac{1}{1.8}R$, $R = °F + 459.67$이므로

$$K = \frac{1}{1.8}(°F + 459.67)$$

정답   12. ①   13. ②   14. ③   15. ④   16. ③   17. ①

★
18 어떤 기체 1kg이 압력 50kPa, 체적 2.0m³의 상태에서 압력 1,000kPa, 체적 0.2m³의 상태로 변화하였다. 이 경우 내부에너지의 변화가 없다고 한다면 엔탈피의 변화는 얼마나 되겠는가?

① 50kJ
② 79kJ
③ 91kJ
④ 100kJ

해설 $\Delta h = A(P_2 V_2 - P_1 V_1)$
$= 1 \times (1,000 \times 0.2 - 50 \times 2.0) = 100 \text{kJ/kg}$

19 이상기체가 등온과정으로 체적이 감소할 때 엔탈피는 어떻게 되는가?

① 변하지 않는다.
② 체적에 비례하여 감소한다.
③ 체적에 반비례하여 증가한다.
④ 체적의 제곱에 비례하여 감소한다.

해설 이상기체($PV = nRT$)가 등온과정으로 체적이 감소할 때 엔탈피는 변화가 없다.

★
20 이상적인 디젤기관의 압축비가 16일 때 압축 전의 공기온도가 90℃라면 압축 후의 공기의 온도는 약 몇 ℃인가? (단, 공기의 비열비는 1.40이다.)

① 1,101℃
② 718℃
③ 808℃
④ 828℃

해설 $T_2 = T_1 \varepsilon^{k-1} = (273 + 90) \times 16^{1.4-1}$
$= 1,101 \text{K} - 273 \fallingdotseq 828℃$

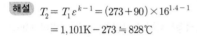
제2과목 냉동공학

★
21 흡수식 냉동기의 특징에 대한 설명으로 옳은 것은?

① 자동제어가 어렵고 운전경비가 많이 소요된다.
② 초기운전 시 정격성능을 발휘할 때까지의 도달속도가 느리다.
③ 부분부하에 대한 대응이 어렵다.
④ 증기압축식보다 소음 및 진동이 크다.

해설 **흡수식 냉동기의 특징**
㉠ 자동제어가 용이하고 운전경비가 절감된다.
㉡ 초기운전 시 정격성능을 발휘할 때까지의 도달속도가 느리다.
㉢ 부분부하에 대한 대응성이 좋다.
㉣ 압축기가 없고 운전이 조용하다.
㉤ 용량제어의 범위가 넓어 폭넓은 용량제어가 가능하다.

★
22 내경이 20mm인 관 안으로 포화상태의 냉매가 흐르고 있으며 관은 단열재로 싸여있다. 관의 두께는 1mm이며, 관재질의 열전도도는 50W/m·K이며, 단열재의 열전도도는 0.02W/m·K이다. 단열재의 내경과 외경은 각각 22mm와 42mm일 때 단위길이당 열손실(W)은? (단, 이때 냉매의 온도는 60℃, 주변공기의 온도는 0℃이며, 냉매측과 공기측의 평균대류열전달계수는 각각 2,000W/m²·K와 10W/m²·K이다. 관과 단열재 접촉부의 열저항은 무시한다.)

① 9.87
② 10.15
③ 11.10
④ 13.27

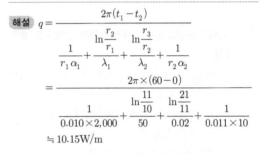

해설 $q = \dfrac{2\pi (t_1 - t_2)}{\dfrac{1}{r_1 \alpha_1} + \dfrac{\ln \dfrac{r_2}{r_1}}{\lambda_1} + \dfrac{\ln \dfrac{r_3}{r_2}}{\lambda_2} + \dfrac{1}{r_2 \alpha_2}}$

$= \dfrac{2\pi \times (60 - 0)}{\dfrac{1}{0.010 \times 2,000} + \dfrac{\ln \dfrac{11}{10}}{50} + \dfrac{\ln \dfrac{21}{11}}{0.02} + \dfrac{1}{0.011 \times 10}}$

$\fallingdotseq 10.15 \text{W/m}$

★
23 40냉동톤의 냉동부하를 가지는 제빙공장이 있다. 이 제빙공장 냉동기의 압축기 출구엔탈피가 457kcal/kg, 증발기 출구엔탈피가 369kcal/kg, 증발기 입구엔탈피가 128kcal/kg일 때 냉매순환량(kg/h)은? (단, 1RT는 3,320kcal/kg이다.)

① 551
② 403
③ 290
④ 25.9

해설 $G_L = \dfrac{냉동능력(\text{kcal/h})}{증발엔탈피 - 팽창엔탈피(\text{kcal/kg})}$
$= \dfrac{40 \times 3,320}{369 - 128}$
$\fallingdotseq 551 \text{kg/h}$

정답 18. ④ 19. ① 20. ④ 21. ② 22. ② 23. ①

2018년

★
24 증기압축식 냉동시스템에서 냉매량 부족 시 나타나는 현상으로 틀린 것은?

① 토출압력의 감소
② 냉동능력의 감소
③ 흡입가스의 과열
④ 토출가스의 온도 감소

해설 **냉매량 부족 시 나타나는 현상**
㉠ 토출가스의 온도가 상승한다.
㉡ 압축기 전체의 온도 상승으로 윤활유의 열화, 압축기 구속, 전동기 소손된다.
㉢ 증발기 입구온도가 낮으며 성에가 생긴다.
㉣ 소비전력이 낮다(80% 미만).
㉤ 압축기 흡입배관이 뜨겁다.

참고 **냉매량 많을 시 발생하는 증상**
㉠ 가스측(고압) 및 액측(저압) 압력이 모두 높아진다.
㉡ 운전 시 전류가 높아진다.
㉢ 소요동력이 증가되어 압축기 소음이 커진다.
㉣ 증발기 출구온도가 낮다.
㉤ 흡입배관에 이슬맺힘이 심하다.
㉥ 액압축이 우려되며 압축기 효율이 떨어진다.
㉦ 압축기 토출온도가 정상치보다 낮다(70℃ 미만).

25 프레온냉동장치에서 가용전에 관한 설명으로 틀린 것은?

① 가용전의 용융온도는 일반적으로 75℃ 이하로 되어 있다.
② 가용전은 Sn(주석), Cd(카드뮴), Bi(비스무트) 등의 합금이다.
③ 온도 상승에 따른 이상고압으로부터 응축기 파손을 방지한다.
④ 가용전의 구경은 안전밸브 최소구경의 1/2 이하여야 한다.

해설 ㉠ 가용전의 용융온도는 ±75℃ 이하이다.
㉡ 가용전은 Sn(주석), Cd(카드뮴), Bi(비스무트) 등의 합금이다.
㉢ 작동압력은 용기 파열압력의 80% 이하여야 하며 고압으로부터 응축기 파손을 방지한다.
㉣ 가용전의 지름은 안전밸브 최소지름의 1/2 이상으로 한다.
㉤ 파열판은 저압측에 설치하는 안전장치로, 주로 터보냉동기에 사용된다.

26 피스톤압출량이 48m³/h인 압축기를 사용하는 다음과 같은 냉동장치가 있다. 압축기 체적효율(η_v)이 0.75이고 배관에서의 열손실을 무시하는 경우 이 냉동장치의 냉동능력(RT)? (단, 1RT는 3,320kcal/h이다.)

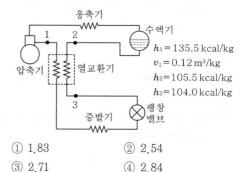

$h_1 = 135.5$ kcal/kg
$v_1 = 0.12$ m³/kg
$h_2 = 105.5$ kcal/kg
$h_3 = 104.0$ kcal/kg

① 1.83
② 2.54
③ 2.71
④ 2.84

해설 냉동능력＝냉매순환량×냉동효과

$$= Gq_e = \left(\frac{V}{v_1}\right)\eta_V(h_1 - h_2)$$

$$= \frac{\dfrac{48}{0.12}\times 0.75 \times (135.5 - 105.5)}{3,320}$$

$$\fallingdotseq 2.71\text{RT}$$

참고 냉매순환량$(G) = \dfrac{\text{피스톤압출량}}{\text{압축기 흡입증기 비체적} \times \text{체적효율}}$

$$= \frac{V}{v_1}\eta_V = \frac{\text{냉동능력(kcal/h)}}{\text{냉동효과(kcal/kg)}}$$

$$= \frac{Q}{q_e}[\text{kg/h}]$$

★
27 암모니아냉동장치에서 고압측 게이지압력이 14kg/cm²·g, 저압측 게이지압력이 3kg/cm²·g이고, 피스톤압출량이 100m³/h, 흡입증기의 비체적이 0.5m³/h라 할 때 이 장치에서의 압축비와 냉매순환량(kg/h)은 각각 얼마인가? (단, 압축기의 체적효율은 0.7로 한다.)

① 3.73, 70
② 3.73, 140
③ 4.67, 70
④ 4.67, 140

해설 ㉠ $\varepsilon = \dfrac{P_h}{P_l} = \dfrac{\text{고압절대압}}{\text{저압절대압}}$

$$= \frac{\text{게이지고압}+1.0332}{\text{게이지저압}+1.0332} = \frac{14+1.0332}{3+1.0332} \fallingdotseq 3.73$$

㉡ $G = \dfrac{\text{피스톤압출량}\times\text{체적효율}}{\text{가스비체적}}$

$$= \frac{100\times0.7}{0.5} = 140\text{kg/h}$$

정답 **24.** ④ **25.** ④ **26.** ③ **27.** ②

28 독성이 거의 없고 금속에 대한 부식성이 적어 식품냉동에 사용되는 유기질브라인은?

① 프로필렌글리콜　　② 식염수
③ 염화칼슘　　　　　④ 염화마그네슘

해설 프로필렌글리콜은 독성이 적어 식품냉동용에 사용되는 유기질브라인이다.

★
29 열통과율 900kcal/m² · h · ℃, 전열면적 5m²인 다음 그림과 같은 대향류 열교환기에서의 열교환량(kcal/h)은? (단, t_1 : 27℃, t_2 : 13℃, t_{w1} : 5℃, t_{w2} : 10℃이다.)

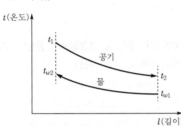

① 26,865　　　　　② 53,730
③ 45,000　　　　　④ 90,245

해설 $\Delta_1 = t_1 - t_{w2} = 27 - 10 = 17℃$

$\Delta_2 = t_2 - t_{w1} = 13 - 5 = 8℃$

$LMTD = \dfrac{17 - 8}{\ln \dfrac{17}{8}} ≒ 11.939℃$

$\therefore q_h = WC(t_2 - t_1) = KF(LMTD)$
　　$= 900 \times 5 \times 11.9 ≒ 53,730 kcal/h$

★
30 냉동장치에서 사용하는 브라인순환량이 200L/min이고 비열이 0.7kcal/kg · ℃이다. 브라인의 입 · 출구온도는 각각 −6℃와 −10℃일 때 브라인쿨러의 냉동능력(kcal/h)은? (단, 브라인의 비중은 1.2이다.)

① 36,880　　　　　② 38,860
③ 40,320　　　　　④ 43,200

해설 $G_b = \dfrac{RT}{60 C \Delta t_e \rho}$

$\therefore RT = 60 G_b C \Delta t_e \rho$
　　$= 60 \times 200 \times 0.7 \times 4 \times 1.2$
　　$= 40,320 kcal/h$

31 프레온냉매의 경우 흡입배관에 이중입상관을 설치하는 목적으로 가장 적합한 것은 어느 것인가?

① 오일의 회수를 용이하게 하기 위하여
② 흡입가스의 과열을 방지하기 위하여
③ 냉매액의 흡입을 방지하기 위하여
④ 흡입관에서의 압력 강하를 줄이기 위하여

해설 오일의 회수를 용이하게 하기 위해 이중입상관을 설치한다.

★
32 다음 중 흡수식 냉동기의 용량제어방법으로 적당하지 않은 것은?

① 흡수기 공급흡수제 조절
② 재생기 공급용액량 조절
③ 재생기 공급증기 조절
④ 응축수량 조절

해설 흡수식 냉동기의 용량제어방법
　㉠ 흡입액순환량 제어
　㉡ 재생기로 보내는 용액량 조절(바이패스제어)
　㉢ 재생기 공급증기 조절
　㉣ 응축수량 조절
　㉤ 가열증기 또는 온수유량제어
　㉥ 구동열원 입구제어
　㉦ 냉각수량 조절

33 가역카르노사이클에서 고온부 40℃, 저온부 0℃로 운전될 때 열기관의 효율은?

① 7.825　　　　　② 6.825
③ 0.147　　　　　④ 0.128

해설 $\eta = \dfrac{T_1 - T_2}{T_1} = \dfrac{(273 + 40) - (273 + 0)}{273 + 40} ≒ 0.128$

34 다음 냉동장치에서 물의 증발열을 이용하지 않는 것은?

① 흡수식 냉동장치
② 흡착식 냉동장치
③ 증기분사식 냉동장치
④ 열전식 냉동장치

해설 냉동장치에서 물의 증발열을 이용하는 것은 흡수식 냉동장치, 흡착식 냉동장치, 증기분사식 냉동장치 등이다.

정답　28. ①　29. ②　30. ③　31. ①　32. ①　33. ④　34. ④

2018년

35 압축기에 부착하는 안전밸브의 최소구경을 구하는 공식으로 옳은 것은?

① 냉매상수×(표준회전속도에서 1시간의 피스톤압출량)$^{1/2}$

② 냉매상수×(표준회전속도에서 1시간의 피스톤압출량)$^{1/3}$

③ 냉매상수×(표준회전속도에서 1시간의 피스톤압출량)$^{1/4}$

④ 냉매상수×(표준회전속도에서 1시간의 피스톤압출량)$^{1/5}$

해설 $d = C\sqrt{V}$

여기서, d : 안전밸브의 최소구경(mm)

　　　　C : 냉매의 종류에 따른 정수

　　　　V : 표준회전속도에서의 압출량(m³/h)

★
36 냉동장치 내에 불응축가스가 생성되는 원인으로 가장 거리가 먼 것은?

① 냉동장치의 압력이 대기압 이상으로 운전될 경우 저압측에서 공기가 침입한다.

② 장치를 분해, 조립하였을 경우에 공기가 잔류한다.

③ 압축기의 축봉장치 패킹연결 부분에 누설 부분이 있으면 공기가 장치 내에 침입한다.

④ 냉매, 윤활유 등의 열분해로 인해 가스가 발생한다.

해설 불응축가스가 생성되는 원인

㉠ 냉동장치의 압력이 대기압 이하이면 공기침입

㉡ 분해, 조립 시 공기잔류

㉢ 누설 부분 있을 경우

㉣ 냉매, 윤활유의 열분해로 인해 가스 발생

참고 불응축가스에 의한 영향

㉠ 고압측 압력 상승(응축압력)

㉡ 소비동력 증가

㉢ 응축기의 전열면적 감소로 전열불량

㉣ 응축기의 응축온도 상승

㉤ 압축비 증대

㉥ 체적효율 감소

㉦ 냉매순환량 감소

㉧ 냉동능력 감소

㉨ 토출가스온도 상승

㉩ 실린더 과열

★
37 냉동기유가 갖추어야 할 조건으로 틀린 것은?

① 응고점이 낮고 인화점이 높아야 한다.

② 냉매와 잘 반응하지 않아야 한다.

③ 산화가 되기 쉬운 성질을 가져야 된다.

④ 수분, 산분을 포함하지 않아야 된다.

해설 냉동기유가 갖추어야 할 조건

㉠ 응고점이 낮고 인화점이 높아야 함

㉡ 냉매와 잘 반응하지 않아야 함

㉢ 산화가 일어나지 않아야 함

㉣ 수분, 산분을 포함하지 않아야 함

㉤ 진동, 소음 충격방지

㉥ 동력소모 절감

㉦ 패킹재료 보호

38 냉동장치 운전 중 팽창밸브의 열림이 적을 때 발생하는 현상이 아닌 것은?

① 증발압력은 저하한다.

② 냉매순환량은 감소한다.

③ 액압축으로 압축기가 손상된다.

④ 체적효율은 저하한다.

해설 팽창밸브의 열림이 적을 때 증발압력이 낮아지고, 냉매순환량이 감소하고, 압축비가 증가하여 체적효율이 저하한다.

39 폐열을 회수하기 위한 히트파이프(heat pipe)의 구성요소가 아닌 것은?

① 단열부　　　② 응축부

③ 증발부　　　④ 팽창부

해설 히트파이프(heat pipe)방식 열교환기는 밀봉된 용기와 위크(wick)구조체 및 증기공간에 의해 구성되며 길이방향으로 증발부, 응축부, 단열부로 구분되는데, 가열하면 작동유체는 증발하면서 잠열을 흡수하고 증발된 증기는 저온으로 이동하며 응축되면서 열교환하는 기기이다.

40 다음 중 밀착 포장된 식품을 냉각부동액 중에 집어넣어 동결시키는 방식은?

① 침지식 동결장치　　② 접촉식 동결장치

③ 진공동결장치　　　④ 유동층동결장치

해설 침지식 동결법은 냉각한 염수 중에 식품을 담가서 동결하는 방법으로 급속동결에 해당한다. 방수성 plastic film으로 싸고 공기가 들어가지 않도록 밀착하는 것이 중요하다.

정답　35. ①　36. ①　37. ③　38. ③　39. ④　40. ①

제3과목 공기조화

41 장방형 덕트(장변 a, 단변 b)를 원형덕트로 바꿀 때 사용하는 식은 다음과 같다. 이 식으로 환산된 장방형 덕트와 원형덕트의 관계는?

$$D_e = 1.3\left[\frac{(ab)^5}{(a+b)^2}\right]^{1/8}$$

① 두 덕트의 풍량과 단위길이당 마찰손실이 같다.

② 두 덕트의 풍량과 풍속이 같다.

③ 두 덕트의 풍속과 단위길이당 마찰손실이 같다.

④ 두 덕트의 풍량과 풍속 및 단위길이당 마찰 손실이 모두 같다.

해설 장방형 덕트인 경우 가능하면 장방형으로 되도록 한다. 종횡비는 2 : 1을 표준으로 하고, 가능하면 4 : 1 이하로 제한하며 최대 8 : 1 이하로 한다.

★
42 어느 건물 서편의 유리면적이 40m²이다. 안쪽에 크림색의 베니션 블라인드를 설치한 유리면으로 부터 오후 4시에 침입하는 열량(kW)은? (단, 외기는 33℃, 실내는 27℃, 유리는 1중이며, 유리의 열통과율(K)은 5.9W/m²·℃, 유리창의 복사량(I_{gr})은 608W/m², 차폐계수(K_s)는 0.56이다.)

① 15　　　　　② 13.6

③ 3.6　　　　　④ 1.4

해설
㉠ 일사량 = 유리창복사량 × 면적 × 차폐계수
　　　　 = 523 × 40 × 0.56
　　　　 = 11715.2kcal/h
㉡ 전도량 = 유리열통과율 × 면적
　　　　 × (외기온도 − 실내온도)
　　　　 = 5.08 × 40 × (33 − 27)
　　　　 = 1219.2kcal/h
∴ 침입열량 = 일사량 + 전도량
　　　　　 = 11715.2 + 1219.2
　　　　 ≒ $\frac{12,934}{860}$ ≒ 15kW

43 열회수방식 중 공조설비의 에너지 절약기법으로 많이 이용되고 있으며 외기도입량이 많고 운전시간이 긴 시설에서 효과가 큰 것은?

① 잠열교환기방식　　② 현열교환기방식

③ 비열교환기방식　　④ 전열교환기방식

해설 전열교환기방식은 유지비용이 저렴(에너지 절약기법 이 용)하며 운전시간이 긴 시설에 적합하고, 환기 시 실내온 도 불변, 양방향 환기방식으로 환기효과 우수, 실내의 습도를 유지 가능하다.

★
44 중앙식 공조방식의 특징에 대한 설명으로 틀린 것은?

① 중앙집중식이므로 운전 및 유지관리가 용이 하다.

② 리턴팬을 설치하면 외기냉방이 가능하게 된다.

③ 대형 건물보다는 소형 건물에 적합한 방식 이다.

④ 덕트가 대형이고 개별식에 비해 설치공간이 크다.

해설 중앙식 공조방식은 대형 건물에 적합하며 유리하다.

45 보일러의 스케일방지방법으로 틀린 것은?

① 슬러지는 적절한 분출로 제거한다.

② 스케일방지성분인 칼슘의 생성을 돕기 위해 경도가 높은 물을 보일러수로 활용한다.

③ 경수연화장치를 이용하여 스케일 생성을 방 지한다.

④ 인산염을 일정 농도가 되도록 투입한다.

해설 스케일방지를 위해 경도가 낮은 물을 보일러수로 활 용한다.

46 외부의 신선한 공기를 공급하여 실내에서 발생한 열과 오염물질을 대류효과 또는 급배기팬을 이용하 여 외부로 배출시키는 환기방식은?

① 자연환기　　　　② 전달환기

③ 치환환기　　　　④ 국소환기

해설 치환환기법은 기존의 실내 오염농도를 청정한 공기를 통해 희석하는 방법에서 벗어나 실내에 거의 운동량을 받지 않는 상태로 급기(supply air)를 행하여 실내의 오염 된 공기를 청정한 공기로 치환하는 방식이다.

47 다음 중 사용되는 공기선도가 아닌 것은? (단, h : 엔탈피, x : 절대습도, t : 온도, p : 압력이다.)

① $h-x$선도   ② $t-x$선도

③ $t-h$선도   ④ $p-h$선도

해설 $p-h$선도는 냉동사이클의 몰리에르선도의 압력-엔탈피로 나타내는 선도이다.

48 일반 공기냉각용 냉수코일에서 가장 많이 사용되는 코일의 열수로 가장 적정한 것은?

① 0.5~1   ② 1.5~2

③ 4~8   ④ 10~14

해설 보편적으로 공기냉각용 코일의 열수는 4~8열이다(t_2가 12℃ 이하 또는 $LMTD$가 작을 때는 8열 이상이 될 때도 있다).

49 다음 중 온수난방용 기기가 아닌 것은?

① 방열기   ② 공기방출기

③ 순환펌프   ④ 증발탱크

해설 온수난방용 기기는 방열기(라디에이터), 공기방출기(에어벤트), 순환펌프 등이 있다.

★
50 공기의 감습장치에 관한 설명으로 틀린 것은?

① 화학적 감습법은 흡착과 흡수기능을 이용하는 방법이다.

② 압축식 감습법은 감습만을 목적으로 사용하는 경우 재열이 필요하므로 비경제적이다.

③ 흡착식 감습법은 실리카겔 등을 사용하며 흡습재의 재생이 가능하다.

④ 흡수식 감습법은 활성알루미나를 이용하기 때문에 연속적이고 큰 용량의 것에는 적용하기 곤란하다.

해설 ㉠ 감습장치(Dehumidifier)에는 냉각감습장치, 압축감습장치, 흡수식 감습장치, 흡착식 감습장치가 있다.
㉡ 흡착식 감습장치(고체제습장치)의 고체흡착제는 화학적 감습장치로서 실리카겔, 아드소울, 활성알루미나 등과 같은 반도체 또는 고체흡수제를 사용하는 방법으로, 냉동장치와 병용하여 극저습도를 요구하는 곳에 사용된다.

51 일사를 받는 외벽으로부터의 침입열량(q)을 구하는 식으로 옳은 것은? (단, k는 열관류율, A는 면적, Δt는 상당외기온도차이다.)

① $q = kA\Delta t$

② $q = 0.86A/\Delta t$

③ $q = 0.24A\Delta t/k$

④ $q = 0.29k/(A\Delta t)$

해설 q = 열관류율×단면적×상당외기온도차 = $kA\Delta t$

★
52 간접난방과 직접난방방식에 대한 설명으로 틀린 것은?

① 간접난방은 중앙공조기에 의해 공기를 가열해 실내로 공급하는 방식이다.

② 직접난방은 방열기에 의해서 실내공기를 가열하는 방식이다.

③ 직접난방은 방열체의 방열형식에 따라 대류난방과 복사난방으로 나눌 수 있다.

④ 온풍난방과 증기난방은 간접난방에 해당된다.

해설 증기난방은 직접난방방식이고, 온풍난방은 간접난방방식이다.
㉠ 직접난방 : 실내에 방열기를 두고, 여기에 열매를 공급하는 방법
㉡ 간접난방 : 일정 장소에서 공기를 가열하여 덕트를 통하여 공급하는 방법
㉢ 복사난방 : 실내 바닥, 벽, 천장 등에 온도를 상승시켜 복사열에 의한 방법

★
53 냉수코일의 설계상 유의사항으로 옳은 것은?

① 일반적으로 통과풍속은 2~3m/s로 한다.

② 입구냉수온도는 20℃ 이상으로 취급한다.

③ 관내의 물의 유속은 4m/s 전후로 한다.

④ 병류형으로 하는 것이 보통이다.

해설 냉수코일의 설계상 유의사항
㉠ 코일을 통과하는 공기의 풍속은 2~3m/s로 한다.
㉡ 코일 출입구의 수온차는 대개 5~10℃ 정도가 되도록 한다.
㉢ 코일을 통과하는 물의 속도는 1m/s 정도가 되도록 한다.
㉣ 공기와 물의 흐름은 대향류로 하는 것이 대수평균온도차가 크게 된다.
㉤ 코일의 모양은 효율을 고려하여 가능한 한 정방형으로 한다.
㉥ 코일의 설치는 관이 수평으로 놓이게 한다.

정답 47. ④ 48. ③ 49. ④ 50. ④ 51. ① 52. ④ 53. ①

54 다음 중 축류형 취출구에 해당되는 것은?

① 아네모스탯형 취출구

② 펑커루버형 취출구

③ 팬형 취출구

④ 다공판형 취출구

해설 취출구의 펑커루버형(punka louver)은 축류형이고, 그 외는 복류형이다.

55 수증기 발생으로 인한 환기를 계획하고자 할 때 필요 환기량 $Q[m^3/h]$의 계산식으로 옳은 것은? (단, q_s : 발생현열량(kJ/h), W : 수증기 발생량(kg/h), M : 먼지 발생량(m^3/h), t_i : 허용 실내온도(℃), x_i : 허용 실내 절대습도(kg/kg), t_o : 도입 외기온도 (℃), x_o : 도입 외기절대습도(kg/kg), K, K_o : 허용 실내 및 도입 외기가스농도, C, C_o : 허용 실내 및 도입 외기먼지농도이다.)

① $Q = \dfrac{q_s}{0.29(t_i - t_o)}$ ② $Q = \dfrac{W}{1.2(x_i - x_o)}$

③ $Q = \dfrac{100M}{K - K_o}$ ④ $Q = \dfrac{M}{C - C_o}$

해설 환기량(Q)

$= \dfrac{\text{수증기 발생량}}{1.2(\text{허용 실내 절대온도} - \text{도입 외기절대습도})}$

$= \dfrac{W}{1.2(x_i - x_o)}$

★

56 에어와셔 단열가습 시 포화효율은 어떻게 표시하는 가? (단, 입구공기의 건구온도 t_1, 출구공기의 건구 온도 t_2, 입구공기의 습구온도 t_{w1}, 출구공기의 습 구온도 t_{w2}이다.)

① $\eta = \dfrac{t_1 - t_2}{t_2 - t_{w2}}$ ② $\eta = \dfrac{t_1 - t_2}{t_1 - t_{w1}}$

③ $\eta = \dfrac{t_2 - t_1}{t_{w2} - t_1}$ ④ $\eta = \dfrac{t_1 - t_{w1}}{t_2 - t_1}$

해설 $\eta = \dfrac{\text{입구공기의 건구온도} - \text{출구공기의 건구온도}}{\text{입구공기의 건구온도} - \text{입구공기의 습구온도}}$

$= \dfrac{t_1 - t_2}{t_1 - t_{w1}}$

57 보일러의 종류 중 수관보일러의 분류에 속하지 않 는 것은?

① 자연순환식 보일러

② 강제순환식 보일러

③ 연관보일러

④ 관류보일러

해설 수관식 보일러에는 자연순환식, 강제순환식, 관류식 보 일러가 있다.

58 다음 그림에서 상태 ①인 공기를 ②로 변화시켰을 때의 현열비를 바르게 나타낸 것은?

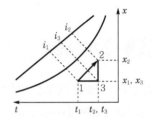

① $\dfrac{i_3 - i_1}{i_2 - i_1}$ ② $\dfrac{i_2 - i_3}{i_2 - i_1}$

③ $\dfrac{x_2 - x_1}{t_1 - t_2}$ ④ $\dfrac{t_1 - t_2}{i_3 - i_1}$

해설 현열비(SHF : Sensible Heat Factor)는 습공기 전열량 에 대한 현열량의 비이다.

$\text{현열비} = \dfrac{\text{현열량}}{\text{전열량}} = \dfrac{\text{현열량}}{\text{현열량} + \text{잠열량}}$

$= \dfrac{q_s}{q_t} = \dfrac{q_s}{q_s + q_l} = \dfrac{i_3 - i_1}{i_2 - i_1}$

★

59 송풍량 2,000m^3/min을 송풍기 전후의 전압차 20Pa 로 송풍하기 위한 필요전동기출력(kW)은? (단, 송풍 기의 전압효율은 80%, 전동효율은 V벨트로 0.95이 며, 여유율은 0.2이다.)

① 1.05   ② 10.35

③ 14.04   ④ 25.32

해설 $P_{kW} = \dfrac{Q\Delta P}{102 \times 60 \eta_t \eta_v}(1 + \alpha)$

$= \dfrac{2,000 \times 20}{102 \times 60 \times 0.95 \times 0.8} \times (1 + 0.2)$

$≒ 10.35kW$

정답   54. ②   55. ②   56. ②   57. ③   58. ①   59. ②

60 제주지방의 어느 한 건물에 대한 냉방기간 동안의 취득열량(GJ/기간)은? (단, 냉방도일 CD_{24-24}=162.4 (deg ℃ · day), 건물구조체 표면적 500m², 열관류율은 0.58W/m² · ℃, 환기에 의한 취득열량은 168W/℃ 이다.)

① 9.37   ② 6.43
③ 4.07   ④ 2.36

해설 ㉠ 건물 총열부하=관류열부하+환기부하
=0.58×500+168=458W/℃
㉡ 취득열량(Q)=건물 총열부하×냉방도일
=458×162.4×24×3,600
≒6.43GJ/기간

제4과목 전기제어공학

61 변압기의 부하손(동손)에 관한 설명으로 옳은 것은?

① 동손은 온도변화와 관계없다.
② 동손은 주파수에 의해 변화한다.
③ 동손은 부하전류에 의해 변화한다.
④ 동손은 자속밀도에 의해 변화한다.

해설 동손은 어느 한쪽의 권선에 정격주파수의 전압을 가하고 다른 쪽 권선을 단락하여 전류를 흘렸을 때의 손실이다.

62 목표값이 다른 양과 일정한 비율관계를 가지고 변화하는 경우의 제어는?

① 추종제어   ② 비율제어
③ 정치제어   ④ 프로그램제어

해설 프로그램제어는 목표치가 시간과 함께 미리 정해진 변화를 하는 제어로서 열처리의 온도제어, 열차의 무인운전, 엘리베이터, 무인자판기 등이 여기에 속한다.

63 프로세스제어용 검출기기는?

① 유량계   ② 전위차계
③ 속도검출기   ④ 전압검출기

해설 프로세스제어는 온도, 유량, 압력, 액위, 농도, 밀도 등의 생산공정 중 상태량을 제어량으로 하는 것이다.

64 다음 그림과 같은 $R-L-C$회로의 전달함수는?

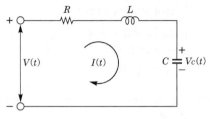

① $\dfrac{1}{LCs+RC+1}$ ② $\dfrac{1}{LC+RCs+1}$
③ $\dfrac{1}{LCs^2+RCs+1}$ ④ $\dfrac{1}{LCs+RCs^2+1}$

해설 $G=\dfrac{출력}{입력}=\dfrac{\frac{1}{jwC}}{R+jwL+\frac{1}{jwC}}$

$=\dfrac{\frac{1}{sC}\times sC}{RsC+Ls\times sC\times\frac{1}{Cs}\times sC+\frac{1}{sC}\times sC}$

$=\dfrac{1}{RCs+LCs^2+1}$ (라플라스변환)

65 $R-L-C$직렬회로에서 전압(E)과 전류(I) 사이의 위상관계에 관한 설명으로 옳지 않은 것은?

① $X_L=X_C$인 경우 I는 E와 동상이다.
② $X_L>X_C$인 경우 I는 E와 θ만큼 뒤진다.
③ $X_L<X_C$인 경우 I는 E와 θ만큼 앞선다.
④ $X_L<(X_C-R)$인 경우 I는 E보다 θ만큼 뒤진다.

해설 $R-L-C$직렬회로에서 $X_L<(X_C-R)$인 경우 I는 E보다 θ만큼 앞선다.

66 자성을 갖고 있지 않은 철편에 코일을 감아서 여기에 흐르는 전류의 크기와 방향을 바꾸면 히스테리시스곡선이 발생되는데, 이 곡선표현에서 X축과 Y축을 옳게 나타낸 것은?

① X축 : 자화력, Y축 : 자속밀도
② X축 : 자속밀도, Y축 : 자화력
③ X축 : 자화세기, Y축 : 잔류자속
④ X축 : 전류자속, Y축 : 자화세기

해설 히스테리시스곡선의 X축과 Y축은 자기장의 크기(자화력)와 자속의 밀도를 나타낸다.

정답 60. ② 61. ③ 62. ② 63. ① 64. ③ 65. ④ 66. ①

67 다음 그림과 같은 피드백제어계에서의 폐루프 종합 전달함수는?

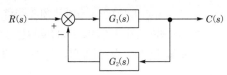

① $\dfrac{1}{G_1(s)} + \dfrac{1}{G_2(s)}$ ② $\dfrac{1}{G_1(s) + G_2(s)}$

③ $\dfrac{G_1(s)}{1 + G_1(s)G_2(s)}$ ④ $\dfrac{G_1(s)G_2(s)}{1 + G_1(s)G_2(s)}$

해설 $\dfrac{C(s)}{R(s)} = \dfrac{G_1(s)}{1 + G_1(s)G_2(s)}$

68 디지털제어에 관한 설명으로 옳지 않은 것은?

① 디지털제어의 연산속도는 샘플링계에서 결정된다.

② 디지털제어를 채택하면 조정개수 및 부품수가 아날로그제어보다 줄어든다.

③ 디지털제어는 아날로그제어보다 부품편차 및 경년변화의 영향을 덜 받는다.

④ 정밀한 속도제어가 요구되는 경우 분해능이 떨어지더라도 디지털제어를 채택하는 것이 바람직하다.

해설 디지털제어계(Digital control system)는 정밀한 속도제어가 요구되는 경우 분해능이 매우 뛰어나야 한다.

★
69 다음 그림과 같은 회로에서 전력계 W와 직류전압계 V의 지시가 각각 60W, 150V일 때 부하전력은 얼마인가? (단, 전력계의 전류코일의 저항은 무시하고 전압계의 저항은 1kΩ이다.)

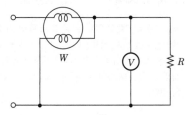

① 27.5W ② 30.5W

③ 34.5W ④ 37.5W

해설 $P_t = W_t - \dfrac{V^2}{R} = 60 - \dfrac{150^2}{1,000} = 37.5\text{W}$

70 제어계의 동작상태를 교란하는 외란의 영향을 제거할 수 있는 제어는?

① 순서제어 ② 피드백제어

③ 시퀀스제어 ④ 개루프제어

해설 피드백제어는 교란하는 외란의 영향을 제거할 수 있는 제어이다.

★
71 $G(j\omega) = \dfrac{1}{1 + 3(j\omega) + 3(j\omega)^2}$일 때 이 요소의 인디셜응답은?

① 진동 ② 비진동

③ 임계진동 ④ 선형진동

해설 $G(s) = \dfrac{1}{3s^2 + 3s + 1} = \dfrac{\dfrac{1}{3}}{s^2 + s + \dfrac{1}{3}}$

㉠ 특성방정식 $s^2 + 2\delta w_n s + w_n^2 = 0$

여기서, δ : 감쇠비(제동비), w_n : 고유진동수

• $\delta = 1$이면 임계감쇠(임계제동)
• $\delta = 0$이면 무한진동(무제동)
• $0 < \delta < 1$이면 감쇠진동(부족제동)
• $\delta > 1$이면 비진동(과제동)

㉡ 2차 시스템 전달함수 $G(s) = \dfrac{w_n^2}{s^2 + 2\delta w_n s + w_n^2}$와 비교하면

$2\delta w_n = 1$

$\therefore w_n = \dfrac{1}{\sqrt{3}}$

$\delta = \dfrac{1}{2w_n} = \dfrac{1}{2 \times \dfrac{1}{\sqrt{3}}} = \dfrac{\sqrt{3}}{2} < 1$

$\therefore$ 부족제동(감쇠진동)

★
72 다음의 논리식 중 다른 값을 나타내는 논리식은?

① $X(\overline{X} + Y)$ ② $X(X + Y)$

③ $XY + X\overline{Y}$ ④ $(X + Y)(X + \overline{Y})$

해설 ① $X(\overline{X} + Y) = X\overline{X} + Y = Y$

② $X(X + Y) = XX + XY = X + XY$
  $= X(1 + Y) = X$

③ $XY + X\overline{Y} = X(Y + \overline{Y}) = X$

④ $(X + Y)(X + \overline{Y}) = XX + X\overline{Y} + XY + Y\overline{Y}$
  $= X + X\overline{Y} + XY + 0$
  $= X + X(\overline{Y} + Y) = X + X = X$

정답 67. ③ 68. ④ 69. ④ 70. ② 71. ① 72. ①

2018년

73 다음 중 불연속제어에 속하는 것은?

① 비율제어 ② 비례제어
③ 미분제어 ④ ON−OFF제어

해설 불연속제어는 ON−OFF제어에 해당된다.

74 저항 $R[\Omega]$에 전류 $I[A]$를 일정 시간 동안 흘렸을 때 도선에 발생하는 열량의 크기로 옳은 것은?

① 전류의 세기에 비례
② 전류의 세기에 반비례
③ 전류의 세기의 제곱에 비례
④ 전류의 세기의 제곱에 반비례

해설 열량 $H = I^2 Rt[J]$

★
75 어떤 코일에 흐르는 전류가 0.01초 사이에 일정하게 50A에서 10A로 변할 때 20V의 기전력이 발생할 경우 자기인덕턴스(mH)는?

① 5 ② 10
③ 20 ④ 40

해설 $V = L\dfrac{di}{dt}$

$\therefore L = V\dfrac{dt}{di} = 20 \times \dfrac{0.01}{40} \times 1,000 = 5\text{mH}$

76 다음 설명에 알맞은 전기 관련 법칙은?

> 회로 내의 임의의 폐회로에서 한쪽 방향으로 일주하면서 취할 때 공급된 기전력의 대수합은 각 회로소자에서 발생한 전압강하의 대수합과 같다.

① 옴의 법칙 ② 가우스의 법칙
③ 쿨롱의 법칙 ④ 키르히호프의 법칙

해설 키르히호프의 법칙은 접합점법칙 또는 전류법칙이라고 한다. 회로 내의 어느 점을 취해도 그곳에 흘러들어오거나(+) 흘러나가는(−) 전류를 음양의 부호를 붙여 구별하면 들어오고 나가는 전류의 총계는 0이 된다. 즉, 전류가 흐르는 길에서 들어오는 전류와 나가는 전류의 합이 같다.

77 유도전동기에서 슬립이 "0"이라고 하는 것은?

① 유도전동기가 정지상태인 것을 나타낸다.
② 유도전동기가 전부하상태인 것을 나타낸다.
③ 유도전동기가 동기속도로 회전한다는 것이다.
④ 유도전동기가 제동기의 역할을 한다는 것이다.

해설 슬립이 '0'이면 유동전동기가 동기속도로 회전한다. 즉 기동할 때 슬립 1, 토크 0, 동기속도일 때 슬립 0, 토크 (−)이다.

78 공기식 조작기기에 관한 설명으로 옳은 것은?

① 큰 출력을 얻을 수 있다.
② PID동작을 만들기 쉽다.
③ 속응성이 장거리에서는 빠르다.
④ 신호를 먼 곳까지 보낼 수 있다.

해설 공기식 조작기기의 장점
㉠ PID동작을 만들기 쉽다.
㉡ 배관이 용이하고 위험성이 없다.
㉢ 기기구조가 간단하며 고장이 적다.

79 자기회로에서 퍼미언스(permeance)에 대응하는 전기회로의 요소는?

① 도전율 ② 컨덕턴스
③ 정전용량 ④ 엘라스턴스

해설 컨덕턴스는 전기저항의 역수로서 전류가 얼만큼 잘 흐르는가를 표시한다.

80 방사성 위험물을 원격으로 조작하는 인공수(人工手; manipulator)에 사용되는 제어계는?

① 서보기구 ② 자동조정
③ 시퀀스제어 ④ 프로세스제어

해설 서보기구는 물체의 위치, 방위, 자세 등의 기계적 변위를 제어량으로 해서 목표값이 임의의 변화에 추종하도록 구성된 제어계(비행기 및 선박의 방향제어계, 미사일 발사대의 자동위치제어계, 추적용 레이더, 자동평형기록계 등)이다.

정답 73. ④ 74. ③ 75. ① 76. ④ 77. ③ 78. ② 79. ② 80. ①

제5과목 배관일반

★
81 배관설비공사에서 파이프 래크의 폭에 관한 설명으로 틀린 것은?

① 파이프 래크의 실제 폭은 신규라인을 대비하여 계산된 폭보다 20% 정도 크게 한다.

② 파이프 래크상의 배관밀도가 작아지는 부분에 대해서는 파이프 래크의 폭을 좁게 한다.

③ 고온배관에서는 열팽창에 의하여 과대한 구속을 받지 않도록 충분한 간격을 둔다.

④ 인접하는 파이프의 외측과 외측과의 최소간격을 25mm로 하여 래크의 폭을 결정한다.

해설 ㉠ 인접하는 파이프의 외측과 외측의 간격을 3inch (76.2mm)로 한다.
ⓛ 인접하는 플랜지의 외측과 외측의 간격을 1inch (25.4mm)로 한다.
ⓒ 인접하는 파이프와 플랜지의 외측 간의 거리를 1inch(25.4mm)로 한다.
ⓔ 배관에 보온을 하는 경우에는 위의 치수에 그 두께를 가산한다.
ⓜ 위에 열거한 대로 산출된 폭을 그대로 채택하지 말고 약 20%의 여유를 두어야 한다. 그 이유는 장치상 항상 새로운 증설라인을 고려해야 하기에 배열상 실수 등을 예상해야 하는 경우에 대비한다.

82 배관의 보온재를 선택할 때 고려해야 할 점이 아닌 것은?

① 불연성일 것

② 열전도율이 클 것

③ 물리적, 화학적 강도가 클 것

④ 흡수성이 적을 것

해설 **보온재 선택 시 고려사항**
㉠ 불연성일 것
ⓛ 열전도율이 적을 것
ⓒ 물리적, 화학적 강도가 클 것
ⓔ 흡수성이 없을 것
ⓜ 균열, 신축이 적을 것
ⓗ 내식성 및 내열성이 있을 것
ⓢ 부피와 비중이 작을 것
ⓞ 안전사용온도가 높을 것

83 원심력 철근콘크리트관에 대한 설명으로 틀린 것은?

① 흄(hume)관이라고 한다.

② 보통관과 압력관으로 나뉜다.

③ A형 이음재 형상은 칼라이음쇠를 말한다.

④ B형 이음재 형상은 삽입이음쇠를 말한다.

해설 철근콘크리트관은 흄(hume)관이라고 하며 칼라이음(조인트), 심플렉스, 기볼트, 모르타르조인트 등의 접합이 있으며, 용도에 따라 보통관과 압력관이 있다. 보통관의 경우 관 끝 이음 부위의 모양에 따라 A형(칼라이음), B형(소켓이음), C형(삽입이음), NC 등 4종류가 있다. 압력관의 경우 A형(칼라이음), B형(소켓이음), NC 등 3종류가 있다.

★
84 냉매배관 중 토출관 배관시공에 관한 설명으로 틀린 것은?

① 응축기가 압축기보다 2.5m 이상 높은 곳에 있을 때는 트랩을 설치한다.

② 수평관은 모두 끝내림구배로 배관한다.

③ 수직관이 너무 높으면 3m마다 트랩을 설치한다.

④ 유분리기는 응축기보다 온도가 낮지 않은 곳에 설치한다.

해설 토출관의 입상(수직관)이 10m 이상일 경우 10m마다 중간 트랩을 설치한다.

★
85 다음 냉매액관 중에 플래시가스 발생원인이 아닌 것은?

① 열교환기를 사용하여 과냉각도가 클 때

② 관경이 매우 작거나 현저히 입상할 경우

③ 여과망이나 드라이어가 막혔을 때

④ 온도가 높은 장소를 통과 시

해설 **플래시가스 발생원인**
㉠ 관의 지름이 작거나 액관이 현저하게 입상하거나 지나치게 길 때
ⓛ 배관에 설치된 스트레이너, 필터 등이 막혀 있을 때
ⓒ 액관의 온도가 높은 곳이나 직사광선에 노출되어 있을 때
※ 과냉각도가 크면 플래시가스 방지

정답 81. ④ 82. ② 83. ④ 84. ③ 85. ①

86 다음 중 방열기나 팬코일유닛에 가장 적합한 관이음은?

① 스위블이음   ② 루프이음
③ 슬리브이음   ④ 벨로즈이음

해설 스위블이음은 저온 저압용으로 열팽창에 의한 배관의 신축이 방열기에 영향을 주지 않도록 방열기 주위 배관에 일반적으로 설치하는 신축이음쇠이다.

87 고가탱크식 급수방법에 대한 설명으로 틀린 것은?

① 고층건물이나 상수도압력이 부족할 때 사용된다.
② 고가탱크의 용량은 양수펌프의 양수량과 상호관계가 있다.
③ 건물 내의 밸브나 각 기구에 일정한 압력으로 물을 공급한다.
④ 고가탱크에 펌프로 물을 압송하여 탱크 내에 공기를 압축가압하여 일정한 압력을 유지시킨다.

해설 탱크의 크기는 1일 사용수량의 1~2시간분 이상의 양(소규모 건축물은 2~3시간분)을 저수할 수 있어야 하며, 설치높이는 샤워실 플러시밸브의 경우 7m 이상, 보통 수전은 3m 이상이 되도록 한다.

88 지역난방 열공급관로 중 지중매설방식과 비교한 공동구 내 배관시설의 장점이 아닌 것은?

① 부식 및 침수 우려가 적다.
② 유지보수가 용이하다.
③ 누수점검 및 확인이 쉽다.
④ 건설비용이 적고 시공이 용이하다.

해설 건설비용이 많이 든다.

89 스케줄번호에 의해 관의 두께를 나타내는 강관은?

① 배관용 탄소강관
② 수도용 아연도금강관
③ 압력배관용 탄소강관
④ 내식성 급수용 강관

해설 압력배관용 탄소강관, 고압배관용 탄소강관, 배관용 합금강관 등은 두께를 나타내는 관이다.

90 배관을 지지장치에 완전하게 구속시켜 움직이지 못하도록 한 장치는?

① 리지드행거   ② 앵커
③ 스토퍼   ④ 브레이스

해설
① 리지드행거 : 열팽창에 의한 신축으로 인한 배관의 좌우, 상하이동을 구속하고 제한하는 데 사용하며, 종류에는 앵커, 스톱, 가이드가 있음
③ 스톱(스토퍼) : 배관의 일정 방향의 이동과 회전만 구속하고 다른 방향은 자유롭게 이동
④ 브레이스 : 방진기, 완충기

★
91 증기보일러배관에서 환수관의 일부가 파손된 경우 보일러수의 유출로 안전수위 이하가 되어 보일러수가 빈 상태로 되는 것을 방지하기 위해 하는 접속법은?

① 하트포드접속법   ② 리프트접속법
③ 스위블접속법   ④ 슬리브접속법

해설 하트포드는 환수관의 일부가 파손된 경우에 보일러수의 유출로 안전수위 이하가 되어 보일러가 빈 상태로 되는 것을 방지하기 위한 장치이다.

92 동력나사절삭기의 종류 중 관의 절단, 나사절삭, 거스러미 제거 등의 작업을 연속적으로 할 수 있는 유형은?

① 리드형   ② 호브형
③ 오스터형   ④ 다이헤드형

해설 다이헤드형
㉠ 관의 절단, 나사절삭, 거스러미 제거 등의 연속작업
㉡ 근래 현장에서 가장 많이 사용
㉢ 관을 물린 척을 저속회전시키면서 다이헤드를 관에 밀어넣어 나사절삭

93 냉동배관재료로서 갖추어야 할 조건으로 틀린 것은?

① 저온에서 강도가 커야 한다.
② 가공성이 좋아야 한다.
③ 내식성이 작아야 한다.
④ 관내 마찰저항이 작아야 한다.

해설 냉동배관재료는 내식성이 커야 한다.

정답   86. ①   87. ④   88. ④   89. ③   90. ②   91. ①   92. ④   93. ③

★
94 급탕배관의 신축방지를 위한 시공 시 틀린 것은?

① 배관의 굽힘 부분에는 스위블이음으로 접합한다.
② 건물의 벽 관통 부분 배관에는 슬리브를 끼운다.
③ 배관 직관부에는 팽창량을 흡수하기 위해 신축이음쇠를 사용한다.
④ 급탕밸브나 플랜지 등의 패킹은 고무, 가죽 등을 사용한다.

해설 급탕배관의 신축방지시공
　㉠ 배관 중간에 신축이음을 설치한다(직관 30m 이내).
　㉡ 급탕밸브나 플랜지 등의 패킹은 고무, 가죽 등을 사용하지 말고 내열성 재료를 선택하여 시공한다.
　㉢ 동관을 지지할 때에는 석면 등의 보호재를 사용하여 고정시킨다.
　㉣ 순환펌프는 보수관리가 편리한 곳에 설치하고, 가열기를 하부에 설치하였을 경우에는 바이패스배관을 한다.

95 5명 가족이 생활하는 아파트에서 급탕가열기를 설치하려고 할 때 필요한 가열기의 용량(kcal/h)은? (단, 1일 1인당 급탕량 90L/d, 1일 사용량에 대한 가열능력비율 1/7, 탕의 온도 70℃, 급수온도 20℃이다.)

① 459 　　② 643
③ 2,250 　　④ 3,214

해설 Q =1일 사용량에 대한 가열능력비율×인원
　　×급탕량×온도차
　　$= \dfrac{1}{7} \times 5 \times 90 \times (70-20) ≒ 3,214\text{kcal/h}$

96 도시가스의 공급계통에 따른 공급순서로 옳은 것은?

① 원료 → 압송 → 제조 → 저장 → 압력조정
② 원료 → 제조 → 압송 → 저장 → 압력조정
③ 원료 → 저장 → 압송 → 제조 → 압력조정
④ 원료 → 저장 → 제조 → 압송 → 압력조정

해설 도시가스는 원료 → 제조 → 압축기로 압송 → 홀더에 저장 → 정압기로 압력조정 → 수용가에 공급한다.

97 온수난방에서 개방식 팽창탱크에 관한 설명으로 틀린 것은?

① 공기빼기 배기관을 설치한다.
② 4℃의 물을 100℃로 높였을 때 팽창체적비율이 4.3% 정도이므로 이를 고려하여 팽창탱크를 설치한다.
③ 팽창탱크에는 오버플로관을 설치한다.
④ 팽창관에는 반드시 밸브를 설치한다.

해설 ㉠ 개방식 팽창탱크에는 팽창관, 안전관, 일수관(over-flow pipe), 배기관 등을 부설하고, 팽창관의 밸브는 절대 설치하지 않는다.
　㉡ 밀폐식 팽창탱크는 수위계, 안전밸브, 압력계, 압축공기공급관으로 구성되어 있다.

98 증기배관의 수평환수관에서 관경을 축소할 때 사용하는 이음쇠로 가장 적합한 것은?

① 소켓 　　② 부싱
③ 플랜지 　　④ 리듀서

해설 ㉠ 관경 축소 : 리듀서
　㉡ 부속에서 직경 축소 : 부싱

★
99 도시가스배관 매설에 대한 설명으로 틀린 것은?

① 배관을 철도부지에 매설하는 경우 배관의 외면으로부터 궤도 중심까지 거리는 4m 이상 유지할 것
② 배관을 철도부지에 매설하는 경우 배관의 외면으로부터 철도부지경계까지 거리는 0.6m 이상 유지할 것
③ 배관을 철도부지에 매설하는 경우 지표면으로부터 배관의 외면까지의 깊이는 1.2m 이상 유지할 것
④ 배관의 외면으로부터 도로의 경계까지 수평거리 1m 이상 유지할 것

해설 ㉠ 배관을 철도부지에 매설하는 경우에는 배관의 외면으로부터 궤도 중심까지 4m 이상, 그 철도부지 경계까지는 1m 이상의 거리를 유지하고, 지표면으로부터 배관의 외면까지의 깊이를 1.2m 이상 유지할 것
　㉡ 배관의 외면으로부터 도로의 경계까지 수평거리 1m 이상, 도로 밑의 다른 시설물과는 0.3m 이상 유지할 것

정답 94. ④ 95. ④ 96. ② 97. ④ 98. ④ 99. ②

2018년

100 다음 중 안전밸브의 그림기호로 옳은 것은?

①

②

③

④

해설 ② 글로브(옥형)밸브
　　　 ④ 다이어프램 감압밸브

2019

Engineer Air-Conditioning Refrigerating Machinery

과년도 출제문제

자주 출제되는 중요한 문제는 별표(★)로 강조했습니다.
마무리학습할 때 한 번 더 풀어보기를 권합니다.

Engineer
Air-Conditioning Refrigerating Machinery

2019년 제1회 공조냉동기계기사

제1과목 기계 열역학

★
01 다음 그림과 같은 단열된 용기 안에 25℃의 물이 0.8m³ 들어있다. 이 용기 안에 100℃, 50kg의 쇳덩어리를 넣은 후 열적평형이 이루어졌을 때 최종온도는 약 몇 ℃인가? (단, 물의 비열은 4.18kJ/kg · K, 철의 비열은 0.45kJ/kg · K이다.)

Water : 25℃, 0.8m³

Iron : 50kg, 100℃

① 25.5
② 27.4
③ 29.2
④ 31.4

해설 $Q_w = G_w C_w(t_2 - t_a)$
$Q_i = G_i C_i(t_a - t_1)$
$Q_w = Q_i$ 이므로
$G_w C_w(t_2 - t_a) = G_i C_i(t_a - t_1)$
$0.8 \times 1,000 \times 4.18 \times (25 - t_a) = 50 \times 0.45 \times (t_a - 100)$
$\therefore t_a \fallingdotseq 25.5℃$

★
02 체적이 일정하고 단열된 용기 내에 80℃, 320kPa의 헬륨 2kg이 들어있다. 용기 내에 있는 회전날개가 20W의 동력으로 30분 동안 회전한다고 할 때 용기 내의 최종온도는 약 몇 ℃인가? (단, 헬륨의 정적비열은 3.12kJ/kg · K이다.)

① 81.9℃
② 83.3℃
③ 84.9℃
④ 85.8℃

해설 $q = Wh = GC(t_2 - t_1)[kJ]$
$$\therefore t_2 = \frac{Wh}{GC} + t_1 = \frac{20 \times 30 \times 60}{2 \times 3,120} + 80 \fallingdotseq 85.8℃$$

03 어느 내연기관에서 피스톤의 흡기과정으로 실린더 속에 0.2kg의 기체가 들어왔다. 이것을 압축할 때 15kJ의 일이 필요하였고 10kJ의 열을 방출하였다고 한다면 이 기체 1kg당 내부에너지의 증가량은?

① 10kJ/kg
② 25kJ/kg
③ 35kJ/kg
④ 50kJ/kg

해설 내부에너지 증가량 = 압축일 + 방출열 = 15 + 10 = 25kJ

04 유리창을 통해 실내에서 실외로 열전달이 일어난다. 이때 열전달량은 약 몇 W인가? (단, 대류열전달계수는 50W/m² · K, 유리창 표면온도는 25℃, 외기온도는 10℃, 유리창면적은 2m²이다.)

① 150
② 500
③ 1,500
④ 5,000

해설 $q = hA(t_w - t_o) = 50 \times 2 \times (25 - 10) = 1,500W$

05 열역학 제2법칙에 관해서는 여러 가지 표현으로 나타낼 수 있는데 다음 중 열역학 제2법칙과 관계되는 설명으로 볼 수 없는 것은?

① 열을 일로 변환하는 것은 불가능하다.
② 열효율이 100%인 열기관을 만들 수 없다.
③ 열은 저온물체로부터 고온물체로 자연적으로 전달되지 않는다.
④ 입력되는 일 없이 작동하는 냉동기를 만들 수 없다.

해설 **열역학 제2법칙**
㉠ 열과 기계적인 일 사이의 방향적 관계를 명시한 것이며 제2종 영구기관 제작 불가능의 법칙이라고도 한다.
㉡ 열효율이 100%인 열기관은 없다. 즉 일은 열로 전환이 가능하나 열을 일로 전환하는 것에 제약을 받는 비가역과정이다.
㉢ 열은 스스로 저온의 물체에서 고온의 물체로 이동하지 않는다.
㉣ 동일한 온도범위에서 작동되는 가역열기관은 비가역 열기관보다 열효율이 높다.

정답 01. ① 02. ④ 03. ② 04. ③ 05. ①

★
06 이상적인 오토사이클에서 열효율을 55%로 하려면 압축비를 약 얼마로 하면 되겠는가? (단, 기체의 비열비는 1.4이다.)

① 5.9 ② 6.8
③ 7.4 ④ 8.5

해설 $\eta = 1 - \dfrac{1}{압축비^{비열비-1}} = 1 - \dfrac{1}{\varepsilon^{k-1}}$

$\therefore \varepsilon = \left(\dfrac{1}{1-\eta}\right)^{\frac{1}{k-1}} = \left(\dfrac{1}{1-0.55}\right)^{\frac{1}{1.4-1}} \fallingdotseq 7.4$

★
07 시간당 380,000kg의 물을 공급하여 수증기를 생산하는 보일러가 있다. 이 보일러에 공급하는 물의 엔탈피는 830kJ/kg이고, 생산되는 수증기의 엔탈피는 3,230kJ/kg이라고 할 때 발열량이 32,000kJ/kg인 석탄을 시간당 34,000kg씩 보일러에 공급한다면 이 보일러의 효율은 약 몇 %인가?

① 66.9% ② 71.5%
③ 77.3% ④ 83.8%

해설 $\eta = \dfrac{G(h_2 - h_1)}{G_f H_f} = \dfrac{380,000 \times (3,230 - 830)}{34,000 \times 32,000} = 0.8382$
$\fallingdotseq 83.8\%$

★
08 실린더에 밀폐된 8kg의 공기가 다음 그림과 같이 $P_1 = 800$kPa, 체적 $V_1 = 0.27\text{m}^3$에서 $P_2 = 350$kPa, 체적 $V_2 = 0.80\text{m}^3$로 직선변화하였다. 이 과정에서 공기가 한 일은 약 몇 kJ인가?

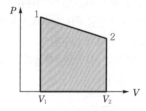

① 305 ② 334
③ 362 ④ 390

해설 일량$(W) = P - V$선도의 면적
= 위 삼각형면적 + 아래 사각형면적
$= \dfrac{1}{2} \times (800 - 350) \times (0.8 - 0.27) + 350 \times (0.8 - 0.27)$
$= 304.75\text{kJ}$

09 계의 엔트로피변화에 대한 열역학적 관계식 중 옳은 것은? (단, T는 온도, S는 엔트로피, U는 내부에너지, V는 체적, P는 압력, H는 엔탈피를 나타낸다.)

① $TdS = dU - PdV$
② $TdS = dH - PdV$
③ $TdS = dU - VdP$
④ $TdS = dH - VdP$

해설 $dS = \dfrac{dQ}{T}$

$dQ = TdS = dH - AVdT$

이때 A는 일의 열당량으로 SI단위는 생략 가능하다.

10 터빈, 압축기, 노즐과 같은 정상유동장치의 해석에 유용한 몰리에(Mollier)선도를 옳게 설명한 것은?

① 가로축에 엔트로피, 세로축에 엔탈피를 나타내는 선도이다.
② 가로축에 엔탈피, 세로축에 온도를 나타내는 선도이다.
③ 가로축에 엔트로피, 세로축에 밀도를 나타내는 선도이다.
④ 가로축에 비체적, 세로축에 압력을 나타내는 선도이다.

해설 몰리에선도는 가로축(x)에 엔트로피, 세로축(y)에 엔탈피를 나타낸다.

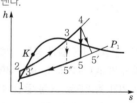

▲ 랭킨사이클의 $h - s$선도

11 다음 중 강도성 상태량(Intensive property)이 아닌 것은?

① 온도 ② 압력
③ 체적 ④ 밀도

해설 **열역학적 상태량**
㉠ 강도성 상태량 : 온도, 압력, 비체적, 밀도
㉡ 종량성 상태량 : 체적, 내부에너지, 엔탈피, 엔트로피

정답 **06.** ③ **07.** ④ **08.** ① **09.** ④ **10.** ① **11.** ③

12 다음 그림과 같은 Rankine사이클로 작동하는 터빈에서 발생하는 일은 약 몇 kJ/kg인가? (단, h는 엔탈피, s는 엔트로피를 나타내며 h_1 =191.8kJ/kg, h_2 = 193.8kJ/kg, h_3 =2799.5kJ/kg, h_4 =2007.5kJ/kg이다.)

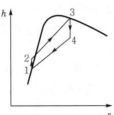

① 2.0kJ/kg
② 792.0kJ/kg
③ 2605.7kJ/kg
④ 1815.7kJ/kg

해설 $AW_T = h_3 - h_4 = 2799.5 - 2007.5 = 792.0$kJ/kg

★
13 이상기체 1kg이 초기에 압력 2kPa, 부피 0.1m³를 차지하고 있다. 가역등온과정에 따라 부피가 0.3m³로 변화했을 때 기체가 한 일은 약 몇 J인가?

① 9,540
② 2,200
③ 954
④ 220

해설 W= 압력×체적 $1 \times \ln \dfrac{\text{체적 2}}{\text{체적 1}} = P_1 V_1 \ln \dfrac{V_2}{V_1}$

$= 2,000 \times 0.1 \times \ln \dfrac{0.3}{0.1} \fallingdotseq 220$J

★
14 압력 2MPa, 300℃의 공기 0.3kg이 폴리트로픽과정으로 팽창하여 압력이 0.5MPa로 변화하였다. 이때 공기가 한 일은 약 몇 kJ인가? (단, 공기는 기체상수가 0.287kJ/kg · K인 이상기체이고 폴리트로픽지수는 1.3이다.)

① 416
② 157
③ 573
④ 45

해설 W= 공기무게×기체상수×기체절대온도

$\times \ln \dfrac{\text{초기압력}}{\text{팽창압력}}$

$= \dfrac{GRT_1}{n-1} \left\{ 1 - \left(\dfrac{P_2}{P_1} \right)^{\frac{n-1}{n}} \right\}$

$= \dfrac{0.3 \times 0.287 \times (273+300)}{1.3-1} \times \left\{ 1 - \left(\dfrac{0.5}{2} \right)^{\frac{1.3-1}{1.3}} \right\}$

$\fallingdotseq 45$kJ

15 어떤 기체동력장치가 이상적인 브레이턴사이클로 다음과 같이 작동할 때 이 사이클의 열효율은 약 몇 %인가? (단, 온도(T)-엔트로피(s)선도에서 T_1 =30℃, T_2 =200℃, T_3 =1,060℃, T_4 =160℃이다.)

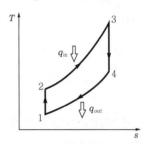

① 81%
② 85%
③ 89%
④ 92%

해설 $\eta_B = 1 - \dfrac{\text{방출열}}{\text{입열}} = 1 - \dfrac{T_C}{T_H}$

$= 1 - \dfrac{T_4 - T_1}{T_3 - T_2} = 1 - \dfrac{160 - 30}{1,060 - 200} \fallingdotseq 0.849 = 85\%$

16 600kPa, 300K상태의 이상기체 1kmol이 엔탈피가 등온과정을 거쳐 압력이 200kPa로 변했다. 이 과정 동안의 엔트로피변화량은 약 몇 kJ/K인가? (단, 일반기체상수($\overline{R}$)은 8.31451kJ/kmol · K이다.)

① 0.782
② 6.31
③ 9.13
④ 18.6

해설 ΔS= 기체상수 $\times \ln \dfrac{\text{초기압력}}{\text{변화압력}} = R \ln \dfrac{P_1}{P_2}$

$= 8.31451 \times \ln \dfrac{600}{200} \fallingdotseq 9.13$kJ/K

17 이상기체에 대한 다음 관계식 중 잘못된 것은? (단, C_v는 정적비열, C_p는 정압비열, u는 내부에너지, T는 온도, V는 부피, h는 엔탈피, R은 기체상수, k는 비열비이다.)

① $C_v = \left(\dfrac{\partial u}{\partial T} \right)_V$
② $C_p = \left(\dfrac{\partial h}{\partial T} \right)_V$

③ $C_p - C_v = R$
④ $C_p = \dfrac{kR}{k-1}$

해설 $C_p = \left(\dfrac{\partial h}{\partial T} \right)_P = \dfrac{dh}{dT}$

정답 **12.** ② **13.** ④ **14.** ④ **15.** ② **16.** ③ **17.** ②

18 다음 중 기체상수(gas constant, R[kJ/kg · K])값이 가장 큰 기체는?

① 산소(O_2)
② 수소(H_2)
③ 일산화탄소(CO)
④ 이산화탄소(CO_2)

해설 $R = \dfrac{848}{M}$

기체상수는 분자량에 반비례한다(수소(420.3) > 일산화탄소(30.3) > 질소(30.26) > 공기(29.27) > 산소(26.5) > 이산화탄소(19.3)).

19 밀폐계가 가역정압변화를 할 때 계가 받은 열량은?

① 계의 엔탈피변화량과 같다.
② 계의 내부에너지변화량과 같다.
③ 계의 엔트로피변화량과 같다.
④ 계가 주위에 대해 한 일과 같다.

해설 가역정압변화($dp = 0$) $dQ = dh - AVdp$에서 엔탈피변화량과 열량은 같다.

★
20 공기 1kg이 압력 50kPa, 부피 3m³인 상태에서 압력 900kPa, 부피 0.5m³인 상태로 변화할 때 내부에너지가 160kJ 증가하였다. 이때 엔탈피는 약 몇 kJ이 증가하였는가?

① 30
② 185
③ 235
④ 460

해설 $\Delta q = \Delta u + (P_2 V_2 - P_1 V_1) = 160 + (900 \times 0.5 - 50 \times 3)$
$= 460\text{kJ}$

제2과목 **냉동공학**

★
21 냉동장치에서 흡입압력조정밸브는 어떤 경우를 방지하기 위해 설치하는가?

① 흡입압력이 설정압력 이상으로 상승하는 경우
② 흡입압력이 일정한 경우
③ 고압측 압력이 높은 경우
④ 수액기의 액면이 높은 경우

해설 흡입압력조정밸브는 압축기로의 흡입압력이 소정의 압력 이상이 되었을 경우 과부하에 의한 압축기용 전동기의 위험을 방지한다.

22 제빙능력은 원료수온도 및 브라인온도 등 조건에 따라 다르다. 다음 중 제빙에 필요한 냉동능력을 구하는 데 필요한 항목으로 가장 거리가 먼 것은?

① 온도 t_w[℃]인 제빙용 원수를 0℃ 까지 냉각하는 데 필요한 열량
② 물의 동결잠열에 대한 열량(79.65kcal/kg)
③ 제빙장치 내의 발생열과 제빙용 원수의 수질상태
④ 브라인온도 t_1[℃] 부근까지 얼음을 냉각하는 데 필요한 열량

해설 제빙용 원수의 수질상태는 냉동능력과 관련이 없다.

★
23 25℃ 원수 1ton을 1일 동안에 -9℃의 얼음으로 만드는 데 필요한 냉동능력(RT)은? (단, 열손실은 없으며 동결잠열 80kcal/kg, 원수의 비열 1kcal/kg · ℃, 얼음의 비열 0.5kcal/kg · ℃이며, 1RT는 3,320kcal/h 한다.)

① 1.37
② 1.88
③ 2.38
④ 2.88

해설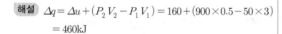

$RT = \dfrac{Q_e}{3,320} = \dfrac{GC\Delta t + G\gamma + GC\Delta t}{3,320 \times 24}$

$= \dfrac{G(C\Delta t + \gamma + C\Delta t)}{3,320 \times 24}$

$= \dfrac{1,000 \times [1 \times (25-0) + 80 + 0.5 \times (0-(-9))]}{3,320 \times 24}$

$\fallingdotseq 1.37\text{RT}$

24 다음의 냉매 중 지구온난화지수(GWP)가 가장 낮은 것은?

① R-1234yf
② R-23
③ R-12
④ R-744

해설 **지구온난화지수(GWP : Global Warming Potential)**
개별 온실가스 1kg의 태양에너지 흡수량을 이산화탄소 1kg이 가지는 태양에너지 흡수량으로 나눈 값을 말한다. 이산화탄소를 1로 볼 때 메탄은 21, 아산화질소는 310, 수소불화탄소는 1,300, 육불화황(SF_6)은 23,900이다. R-1234yf(GWP 4), R-23(GWP 1,300 정도), R-12(GWP 8,100), R-744(GWP 1)이다.

정답 18. ② 19. ① 20. ④ 21. ① 22. ③ 23. ① 24. ④

25 다음 중 증발기 출구와 압축기 흡입관 사이에 설치하는 저압측 부속장치는?

① 액분리기   ② 수액기

③ 건조기   ④ 유분리기

해설 증발기 출구와 압축기 흡입관 사이에 설치하는 어큐뮬레이터(액분리기)는 압축기 흡입가스 중에 섞여 있는 냉매액을 분리하고 액압축방지, 압축기 보호, 기동 시 증발기 내 액교란을 방지한다.

26 불응축가스를 제거하는 가스퍼저(gas purger)의 설치위치로 가장 적당한 곳은?

① 수액기 상부   ② 압축기 흡입부

③ 유분리기 상부   ④ 액분리기 상부

해설 장치 내에 고여 있는 불응축가스를 제거하는 가스퍼저는 수액기 상부에 설치한다. 가스퍼저는 요크식과 암스트롱식이 있다.

27 암모니아와 프레온냉매의 비교 설명으로 틀린 것은? (단, 동일 조건을 기준으로 한다.)

① 암모니아가 R−13보다 비등점이 높다.

② R−22는 암모니아보다 냉동효과(kcal/kg)가 크고 안전하다.

③ R−13은 R−22에 비하여 저온용으로 적합하다.

④ 암모니아는 R−22에 비하여 유분리가 용이하다.

해설 암모니아가 프레온냉매보다 냉동효과가 크고 안전하다 (NH_3 : 269kcal/kg, R−22 : 40.2kcal/kg).

28 냉동기, 열기관, 발전소, 화학플랜트 등에서의 뜨거운 배수를 주위의 공기와 직접 열교환시켜 냉각시키는 방식의 냉각탑은?

① 밀폐식 냉각탑   ② 증발식 냉각탑

③ 원심식 냉각탑   ④ 개방식 냉각탑

해설 ㉠ 개방식 냉각탑은 냉각수가 냉각탑 내에서 대기에 노출되는 개방회로방식으로, 공기조화에서는 대부분이 방식이 사용된다.

㉡ 밀폐식 냉각탑은 냉각수배관이 밀폐된 것으로서 순환수의 오염을 방지하고 연중 사용하는 전산실 등에 적합하다.

★
29 제상방식에 대한 설명으로 틀린 것은?

① 살수방식은 저온의 냉장창고용 유닛쿨러 등에서 많이 사용된다.

② 부동액 살포방식은 공기 중의 수분이 부동액에 흡수되므로 일정한 농도관리가 필요하다.

③ 핫가스제상방식은 응축기 출구의 고온의 액 냉매를 이용한다.

④ 전기히터방식은 냉각관 배열의 일부에 핀튜브형태의 전기히터를 삽입하여 착상부를 가열한다.

해설 ㉠ 제상방법에는 핫가스제상, 전열제상, 살수제상, 공기제상 등이 있다.

㉡ 핫가스제상은 압축기에서 나온 고온냉매증기를 증발기로 보내어 냉각기의 서리를 녹이는 방법이다.

★
30 염화나트륨브라인을 사용한 식품냉장용 냉동장치에서 브라인의 순환량이 220L/min이며 냉각관 입구의 브라인온도가 −5℃, 출구의 브라인온도가 −9℃라면 이 브라인쿨러의 냉동능력(kcal/h)은? (단, 브라인의 비열은 0.75kcal/kg·℃, 비중은 1.15이다.)

① 759   ② 45,540

③ 60,720   ④ 148,005

해설 냉동능력(Q) = 냉매순환량 × 냉동효과 = Gq_e

$$= 220 \times 1.15 \times 0.75 \times (-5 - (-9)) \times 60$$
$$= 45,540 \text{kcal/h}$$

★
31 냉동장치의 냉동부하가 3냉동톤이며 압축기의 소요동력이 20kW일 때 응축기에 사용되는 냉각수량(L/h)은? (단, 냉각수 입구온도는 15℃이고, 출구온도는 25℃이다.)

① 2,716   ② 2,547

③ 1,530   ④ 600

해설 $Q_c = Q_e + AW_L = 3 \times 3,320 + 20 \times 860$
$$= 27,160 \text{kcal/h}$$
$$Q_c = WC(T_2 - T_1)[\text{kcal/h}]$$
$$\therefore W = \frac{Q_c}{C \Delta t} = \frac{27,160}{1 \times 10} = 2,716 \text{L/h}$$

정답   25. ①   26. ①   27. ②   28. ④   29. ③   30. ②   31. ①

★
32 전열면적이 20m²인 수냉식 응축기의 용량이 200kW
이다. 냉각수의 유량은 5kg/s이고, 응축기 입구에서
냉각수 온도는 20℃이다. 열관류율이 800W/m²·K
일 때 응축기 내부냉매의 온도(℃)는 얼마인가? (단,
온도차는 산술평균온도차를 이용하고, 물의 비열은
4.18kJ/kg·K이며, 응축기 내부냉매의 온도는 일정
하다고 가정한다.)

① 36.5   ② 37.3

③ 38.1   ④ 38.9

해설 $Q = KF\Delta t_m$

$$\therefore \Delta t_m = \frac{Q}{KF} = \frac{200 \times 10^3}{800 \times 20} = 12.5℃$$

$$Q = WC\Delta t = WC(t_{w1} - t_{w2})$$

$$\therefore t_{w1} = \frac{Q}{WC} + t_{w2} = \frac{200}{5 \times 4.18} + 20 = 29.5℃$$

$$\Delta t_m = t_c - \frac{t_{w1} + t_{w2}}{2}$$

$$\therefore t_c = \Delta t_m + \frac{t_{w1} + t_{w2}}{2} = 12.5 + \frac{29.5 + 20}{2}$$

$$≒ 37.3℃$$

33 다음 응축기 중 동일 조건하에 열관류율이 가장 낮
은 응축기는 무엇인가?

① 셸튜브식 응축기   ② 증발식 응축기

③ 공냉식 응축기   ④ 2중관식 응축기

해설 ① 셸튜브식 : 750kcal/m²·h·℃

② 증발식 : 300kcal/m²·h·℃

③ 공냉식 : 20kcal/m²·h·℃

④ 2중관식 : 900kcal/m²·h·℃

34 압축기 토출압력 상승원인이 아닌 것은?

① 응축온도가 낮을 때

② 냉각수온도가 높을 때

③ 냉각수양이 부족할 때

④ 공기가 장치 내에 혼입되었을 때

해설 **토출압력 상승원인**

㉠ 응축온도가 높을 때

㉡ 냉각관 내 물때 및 스케일이 끼었을 때

35 다음과 같은 냉동사이클 중 성적계수가 가장 큰 사
이클은 어느 것인가?

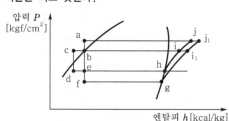

① b-e-h-i-b   ② c-d-h-i-c

③ b-f-g-i₁-b   ④ a-e-h-j-a

해설 압축일이 적거나 발열량이 클 때 성적계수는 크다(c-d
-h-i-c인 경우).

36 축열시스템방식에 대한 설명으로 틀린 것은?

① 수축열방식 : 열용량이 큰 물을 축열재료로
이용하는 방식

② 빙축열방식 : 냉열을 얼음에 저장하여 작은
체적에 효율적으로 냉열을 저장하는 방식

③ 잠열축열방식 : 물질의 융해 및 응고 시 상
변화에 따른 잠열을 이용하는 방식

④ 토양축열방식 : 심해의 해수온도 및 해양의
축열성을 이용하는 방식

해설 **토양축열방식** : 대지의 지중온도를 이용하는 방식

★
37 냉동기에서 동일한 냉동효과를 구현하기 위해 압축
기가 작동하고 있다. 이 압축기의 클리어런스(극간)
가 커질 때 나타나는 현상으로 틀린 것은?

① 윤활유가 열화된다.

② 체적효율이 저하한다.

③ 냉동능력이 감소한다.

④ 압축기의 소요동력이 감소한다.

해설 **클리어런스가 커질 때**

㉠ 윤활유 열화 및 탄화

㉡ 토출가스온도 상승

㉢ 단위능력당 소요동력 증가

㉣ 압축기(실린더) 과열

㉤ 윤활부품 마모 및 파손

정답   32. ②   33. ③   34. ①   35. ②   36. ④   37. ④

38 대기압에서 암모니아액 1kg을 증발시킨 열량은 0℃ 얼음 몇 kg을 융해시킨 것과 유사한가?

① 2.1 ② 3.1
③ 4.1 ④ 5.1

해설 ㉠ 암모니아(NH_3)의 증발잠열 : 327kcal/kg
㉡ 얼음의 용해잠열 : 79.68kcal/kg

$$\therefore G = \frac{327}{79.68} ≒ 4.1\text{kg}$$

39 단위에 대한 설명으로 틀린 것은?

① 토리첼리의 실험결과 수은주의 높이가 68cm 일 때 실험장소에서의 대기압은 1.2atm이다.
② 비체적이 0.5m³/kg인 암모니아증기 1m³의 질량은 2.0kg이다.
③ 압력 760mmHg는 1.01bar이다.
④ 작업대 위에 놓여진 밑면적이 2.4m²인 가공물의 무게가 24kg라면 작업대에 가해지는 압력은 98Pa이다.

해설 토리첼리의 실험결과 수은주의 높이가 76cm일 때 실험장소에서의 대기압은 1atm이다.
760 : 680 = 1 : x

$$\therefore x = \frac{680}{760} \times 1 ≒ 0.895\text{atm}$$

40 냉동장치의 운전 시 유의사항으로 틀린 것은?

① 펌프다운 시 저압측 압력은 대기압 정도로 한다.
② 압축기 가동 전에 냉각수펌프를 기동시킨다.
③ 장시간 정지시키는 경우에는 재가동을 위하여 배관 및 기기에 압력을 걸어둔 상태로 둔다.
④ 장시간 정지 후 시동 시에는 누설 여부를 점검한 후에 기동시킨다.

해설 장시간 정지시키는 경우에는 재가동을 위하여 배관 및 기기에 압력을 제거한 상태로 둔다.

제3과목 공기조화

41 다음 중 난방설비의 난방부하를 계산하는 방법 중 현열만을 고려하는 경우는?

① 환기부하
② 외기부하
③ 전도에 의한 열손실
④ 침입외기에 의한 난방손실

해설 난방부하
㉠ 현열 : 전도에 의한 열손실
㉡ 현열, 잠열 : 환기부하, 외기부하, 침입외기에 의한 난방손실, 극간풍에 의한 열손실

42 송풍덕트 내의 정압제어가 필요 없고 발생소음이 적은 변풍량 유닛은?

① 유인형 ② 슬롯형
③ 바이패스형 ④ 노즐형

해설 바이패스형은 부하변동에 대한 덕트 내 정압변동이 없어 소음 발생이 적은 변풍량 유닛이다.
참고 변풍량방식(VAV)은 송풍온도를 일정하게 하고 부하변동에 따라 송풍량을 조절하여 실온을 일정하게 유지하는 방식으로 풍량제어에 따라 바이패스형, 교축형(슬롯형), 유인형이 있다.

43 증기난방에 대한 설명으로 틀린 것은?

① 건식 환수시스템에서 환수관에는 증기가 유입되지 않도록 증기관과 환수관 사이에 증기트랩을 설치한다.
② 중력식 환수시스템에서 환수관은 선하향구배를 취해야 한다.
③ 증기난방은 극장 같이 천장고가 높은 실내에 적합하다.
④ 진공식 환수시스템에서 관경을 가늘게 할 수 있고 리프트피팅을 사용하여 환수관 도중에서 입상시킬 수 있다.

해설 복사난방은 천장고가 높은 극장, 공장이나 외기침입이 있는 곳에 적합하다.

44 다음 중 냉방부하의 종류에 해당되지 않는 것은?

① 일사에 의해 실내로 들어오는 열
② 벽이나 지붕을 통해 실내로 들어오는 열
③ 조명이나 인체와 같이 실내에서 발생하는 열
④ 침입외기를 가습하기 위한 열

해설 냉방부하의 취득열량은 인체, 조명, 기기에서 발생하는 열 등이 해당된다.

★
45 정방실에 35kW의 모터에 의해 구동되는 정방기가 12대 있을 때 전력에 의한 취득열량(kW)은? (단, 전동기와 이것에 의해 구동되는 기계가 같은 방에 있으며, 전동기의 가동률은 0.74이고, 전동기 효율은 0.87, 전동기 부하율은 0.92이다.)

① 483   ② 420
③ 357   ④ 329

해설 $q = 정격 \times \dfrac{1}{효율} \times 전동기대수 \times 가동률 \times \dfrac{소요동력}{정격동력}$

$= 35 \times \dfrac{1}{0.87} \times 12 \times 0.74 \times 0.92 ≒ 329\text{kW}$

46 취출구에서 수평으로 취출된 공기가 일정 거리만큼 진행된 뒤 기류 중심선과 취출구 중심과의 수직거리를 무엇이라고 하는가?

① 강하도   ② 도달거리
③ 취출온도차   ④ 셔터

해설 강하도(drop)란 취출구에서 수평으로 취출된 공기가 일정 거리만큼 진행된 뒤 기류 중심선과 취출구 중심과의 수직거리이다.

47 증기설비에 사용하는 증기트랩 중 기계식 트랩의 종류로 바르게 조합한 것은?

① 버킷트랩, 플로트트랩
② 버킷트랩, 벨로즈트랩
③ 바이메탈트랩, 열동식 트랩
④ 플로트트랩, 열동식 트랩

해설 ㉠ 기계식 트랩 : 버킷식, 플로트식
㉡ 온도조절트랩 : 벨로즈식, 다이어프램식, 바이메탈식
㉢ 열역학적 트랩 : 디스크식, 오리피스식

48 다음 중 보온, 보냉, 방로의 목적으로 덕트 전체를 단열해야 하는 것은?

① 급기덕트   ② 배기덕트
③ 외기덕트   ④ 배연덕트

해설 보온, 보냉, 방로의 목적으로 덕트 전체를 단열해야 하는 것은 급기덕트이다.

49 덕트의 소음 방지대책에 해당되지 않는 것은?

① 덕트의 도중에 흡음재를 부착한다.
② 송풍기 출구 부근에 플래넘챔버를 장치한다.
③ 댐퍼 입·출구에 흡음재를 부착한다.
④ 덕트를 여러 개로 분기시킨다.

해설 덕트를 여러 개로 분기시키면 소음이 발생된다.

★
50 공기조화방식에서 변풍량 단일덕트방식의 특징에 대한 설명으로 틀린 것은?

① 송풍기의 풍량제어가 가능하므로 부분부하 시 반송에너지 소비량을 경감시킬 수 있다.
② 동시사용률을 고려하여 기기용량을 결정할 수 있으므로 설비용량이 커질 수 있다.
③ 변풍량 유닛을 실별 또는 존별로 배치함으로써 개별제어 및 존제어가 가능하다.
④ 부하변동에 따라 실내온도를 유지할 수 있으므로 열원설비용 에너지 낭비가 적다.

해설 동시사용률을 고려하여 기기용량을 결정할 수 있으므로 설비용량을 적게 할 수 있다.

51 다음 중 축류 취출구의 종류가 아닌 것은?

① 펑커루버형 취출구
② 그릴형 취출구
③ 라인형 취출구
④ 팬형 취출구

해설 ㉠ 축류형 취출구 : 유니버설형(베인격자형, 그릴형), 노즐형, 펑커루버, 머시룸디퓨저, 천장슬롯형, 라인형(T라인 디퓨저, M라인 디퓨저, 브리지라인 디퓨저, 캄라인 디퓨저)
㉡ 복류형 취출구 : 아네모스탯형, 팬형

정답 44. ④ 45. ④ 46. ① 47. ① 48. ① 49. ④ 50. ② 51. ④

52 다음 중 공기조화설비의 계획 시 조닝을 하는 목적으로 가장 거리가 먼 것은?

① 효과적인 실내환경의 유지
② 설비비의 경감
③ 운전가동면에서의 에너지 절약
④ 부하특성에 대한 대처

해설 공기조화설비의 계획 시 조닝의 설비비는 소요된다.

★
53 건물의 콘크리트벽체의 실내측에 단열재를 부착하여 실내측 표면에 결로가 생기지 않도록 하려 한다. 외기온도가 0℃, 실내온도가 20℃, 실내공기의 노점온도가 12℃, 콘크리트두께가 100mm일 때 결로를 막기 위한 단열재의 최소 두께(mm)는? (단, 콘크리트와 단열재 접촉 부분의 열저항은 무시한다.)

열전도도	콘크리트	1.63W/m · K
	단열재	0.17W/m · K
대류열전달계수	외기	23.3W/m² · K
	실내공기	9.3W/m² · K

① 11.7　　　　② 10.7
③ 9.7　　　　④ 8.7

해설 $k = \alpha_i \left(\dfrac{t_i - t_s}{t_i - t_o} \right) = 9.3 \times \dfrac{20 - 12}{20 - 0} = 3.72\text{W/m}^2 \cdot \text{K}$

$k = \dfrac{1}{\dfrac{1}{\alpha_i} + \sum\limits_{i=1}^{n} \dfrac{l_i}{\lambda_i} + \dfrac{1}{\alpha_o}}$

$\therefore l_2 = \lambda_2 \left(\dfrac{1}{k} - \left(\dfrac{1}{\alpha_o} + \dfrac{l_1}{\lambda_1} + \dfrac{1}{\alpha_i} \right) \right)$

$= 0.17 \times \left(\dfrac{1}{3.72} - \left(\dfrac{1}{23.3} + \dfrac{0.1}{1.63} + \dfrac{1}{9.3} \right) \right)$

$= 9.69 \times 10^{-3}\text{m} \fallingdotseq 9.7\text{mm}$

★
54 외기의 건구온도 32℃와 환기의 건구온도 24℃인 공기를 1 : 3(외기 : 환기)의 비율로 혼합하였다. 이 혼합공기의 온도는?

① 26℃　　　　② 28℃
③ 29℃　　　　④ 30℃

해설 $t_m = \dfrac{(\text{외기비율} \times \text{온도}) + (\text{환기비율} \times \text{온도})}{\text{외기비율} + \text{환기비율}}$

$= \dfrac{(1 \times 32) + (3 \times 24)}{1 + 3} = 26℃$

55 공기조화방식 중 전공기방식이 아닌 것은?

① 변풍량 단일덕트방식
② 이중덕트방식
③ 정풍량 단일덕트방식
④ 팬코일유닛방식(덕트 병용)

해설 팬코일유닛방식(덕트 병용)은 수−공기방식이다.

참고 ㉠ 전공기방식 : 일정 풍량 단일덕트방식, 가변풍량 단일덕트방식, 이중덕트방식(멀티존방식)
ㄴ 수−공기방식 : 팬코일유닛방식(덕트 병용), 유인유닛방식, 복사냉난방식(패널에어방식)
ㄷ 전수방식 : 팬코일유닛방식

56 부하계산 시 고려되는 지중온도에 대한 설명으로 틀린 것은?

① 지중온도는 지하실 또는 지중배관 등의 열손실을 구하기 위하여 주로 이용된다.
② 지중온도는 외기온도 및 일사의 영향에 의해 1일 또는 연간을 통하여 주기적으로 변한다.
③ 지중온도는 지표면의 상태변화, 지중의 수분에 따라 변화하나 토질의 종류에 따라서는 큰 차이가 없다.
④ 연간변화에 있어 불역층 이하의 지중온도는 1m 증가함에 따라 0.03~0.05℃씩 상승한다.

해설 지중온도는 토질뿐만 아니라 지표면의 상태변화, 지중의 수분 등에 따라서도 영향을 받으나, 이들의 영향은 비교적 낮은 저층에 한정된다.

57 이중덕트방식에 설치하는 혼합상자의 구비조건으로 틀린 것은?

① 냉 · 온풍덕트 내의 정압변동에 의해 송풍량이 예민하게 변화할 것
② 혼합비율변동에 따른 송풍량의 변동이 완만할 것
③ 냉 · 온풍댐퍼의 공기 누설이 적을 것
④ 자동제어의 신뢰도가 높고 소음 발생이 적을 것

해설 냉 · 온풍덕트 내의 정압변동에 의해 송풍량이 예민하게 변화하지 않을 것

정답 52. ②　53. ③　54. ①　55. ④　56. ③　57. ①

58 보일러의 부속장치인 과열기가 하는 역할은?

① 연료연소에 쓰이는 공기를 예열시킨다.

② 포화액을 습증기로 만든다.

③ 습증기를 건포화증기로 만든다.

④ 포화증기를 과열증기로 만든다.

해설 과열기는 포화증기를 가열하여 온도(엔탈피)가 높은 과열증기를 만든다.

참고 **연소가스의 흐름경로** : 연소실 → 과열기 → 재열기 → 절탄기 → 공기예열기 → 집진기 → 유인송풍기 → 연돌

59 공조기 내에 일리미네이터를 설치하는 이유로 가장 적절한 것은?

① 풍량을 줄여 풍속을 낮추기 위해서

② 공조기 내의 기류의 분포를 고르게 하기 위해

③ 결로수가 비산되는 것을 방지하기 위해

④ 먼지 및 이물질을 효율적으로 제거하기 위해

해설 일리미네이터(eliminator)는 통과공기 중의 물방울(결로수)이 공기세정기에서 빠져나가는 것을 방지하는 역할을 한다.

60 저온공조방식에 관한 내용으로 가장 거리가 먼 것은?

① 배관지름의 감소

② 팬의 동력 감소로 인한 운전비 절감

③ 낮은 습도의 공기 공급으로 인한 쾌적성 향상

④ 저온공기공급으로 인한 급기풍량 증가

해설 저온공조방식은 큰 건물이나 백화점과 같이 잠열부하가 큰 건물에서 송풍량과 덕트크기를 크게 늘리지 않고자 할 때 적합한 공조방식이다.

제4과목 **전기제어공학**

61 4,000Ω의 저항기 양단에 100V의 전압을 인가할 경우 흐르는 전류의 크기(mA)는?

① 4

② 15

③ 25

④ 40

해설 $I = \dfrac{V}{R} = \dfrac{100}{4,000} \times 10^3 = 25\text{mA}$

62 다음은 직류전동기의 토크특성을 나타내는 그래프이다. (A), (B), (C), (D)에 알맞은 것은?

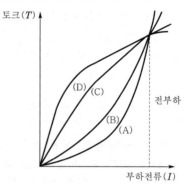

① (A) : 직권발전기, (B) : 가동복권발전기,
(C) : 분권발전기, (D) : 차동복권발전기

② (A) : 분권발전기, (B) : 직권발전기,
(C) : 가동복권발전기, (D) : 차동복권발전기

③ (A) : 직권발전기, (B) : 분권발전기,
(C) : 가동복권발전기, (D) : 차동복권발전기

④ (A) : 분권발전기, (B) : 가동복권발전기,
(C) : 직권발전기, (D) : 차동복권발전기

★
63 서보기구의 특징에 관한 설명으로 틀린 것은?

① 원격제어의 경우가 많다.

② 제어량이 기계적 변위이다.

③ 추치제어에 해당하는 제어장치가 많다.

④ 신호는 아날로그에 비해 디지털인 경우가 많다.

해설 원격제어에 적용되는 서보기구는 물체의 위치, 방위, 자세 등의 기계적 변위를 제어량으로 해서 목표값이 임의의 변화에 추종하도록 구성된 추치제어로서 아날로그신호를 이용한다.

★
64 공기 중 자계의 세기가 100A/m의 점에 놓아둔 자극에 작용하는 힘은 8×10^{-3}N이다. 이 자극의 세기는 몇 Wb인가?

① 8×10

② 8×10^5

③ 8×10^{-1}

④ 8×10^{-5}

해설 $F = mH$
$$\therefore \ m = \frac{F}{H} = \frac{8 \times 10^{-3}}{100} = 8 \times 10^{-5}\text{Wb}$$

정답 58. ④ 59. ③ 60. ④ 61. ③ 62. ① 63. ④ 64. ④

65 온도를 전압으로 변환시키는 것은?

① 광전관
② 열전대
③ 포토다이오드
④ 광전다이오드

해설 ① 광전관 : 빛 → 전류 변환
③ 포토다이오드 : 빛 → 전류 변환
④ 광전다이오드 : 빛 → 전압 변환

★ 66 신호흐름선도와 등가인 블록선도를 그리려고 한다. 이때 $G(s)$로 알맞은 것은?

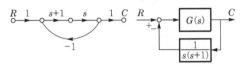

① s
② $\dfrac{1}{s+1}$
③ 1
④ $s(s+1)$

해설 ㉠ $\dfrac{C(s)}{R(s)} = \dfrac{s(s+1)}{s(s+1)+1}$

㉡ $\dfrac{C(s)}{R(s)} = \dfrac{G(s)}{1+G(s)\dfrac{1}{s(s+1)}} = \dfrac{s(s+1)G(s)}{s(s+1)+G(s)}$

㉢ ㉠=㉡일 때

$\dfrac{s(s+1)}{s(s+1)+1} = \dfrac{s(s+1)G(s)}{s(s+1)+G(s)}$

∴ $G(s) = 1$

★ 67 최대 눈금 100mA, 내부저항 1.5Ω인 전류계에 0.3 Ω의 분류기를 접속하여 전류를 측정할 때 전류계의 지시가 50mA라면 실제 전류는 몇 mA인가?

① 200
② 300
③ 400
④ 600

해설 $I_h = I_a\left(\dfrac{R}{R_i + R}\right)$

$\therefore I_a = I_h\left(\dfrac{R_i + R}{R}\right) = 50 \times \dfrac{1.5 + 0.3}{0.3} = 300\text{mA}$

68 SCR에 관한 설명으로 틀린 것은?

① PNPN소자이다.
② 스위칭소자이다.
③ 양방향성 사이리스터이다.
④ 직류나 교류의 전력제어용으로 사용된다.

해설 SCR은 단일방향성 스위칭소자이다.

69 다음 그림과 같은 RLC병렬공진회로에 관한 설명으로 틀린 것은?

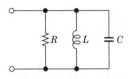

① 공진조건은 $wC = \dfrac{1}{wL}$ 이다.
② 공진 시 공진전류는 최소가 된다.
③ R이 작을수록 선택도 Q가 높다.
④ 공진 시 입력어드미턴스는 매우 작아진다.

해설 $Q = \omega CR$이므로 R이 클수록 Q가 커진다.

70 정상편차를 개선하고 응답속도를 빠르게 하며 오버슛을 감소시키는 동작은?

① K
② $K(1 + sT)$
③ $K\left(1 + \dfrac{1}{sT}\right)$
④ $K\left(1 + sT + \dfrac{1}{sT}\right)$

해설 PID동작은 비례적분동작에 미분동작을 추가한 것으로 미분동작에 의한 응답의 오버슛을 감소시키고 정정시간을 적게 하는 효과가 있다. 또한 적분동작에 의해 잔류편차를 없애는 작용도 있으므로 연속선형제어로서는 가장 좋은 제어동작이다.

$K\left(1 + sT + \dfrac{1}{sT}\right)$

71 병렬운전 시 균압모선을 설치해야 되는 직류발전기로만 구성된 것은?

① 직권발전기, 분권발전기
② 분권발전기, 복권발전기
③ 직권발전기, 복권발전기
④ 분권발전기, 동기발전기

해설 직권발전기와 복권발전기는 수하특성을 가지지 않아 두 발전기 중 한쪽의 부하가 증가할 때 그 발전기의 전압이 상승하여 부하분담이 적절하지 않다. 직권계자에 균압모선을 연결하여 전압 상승을 같게 한다(병렬운전을 하게 함).

2019년

정답 65. ② 66. ③ 67. ② 68. ③ 69. ③ 70. ④ 71. ③

72 목표값을 직접 사용하기 곤란할 때 주되먹임요소와 비교하여 사용하는 것은?

① 제어요소
② 비교장치
③ 되먹임요소
④ 기준입력요소

해설 기준입력요소는 되먹임요소와 비교하여 사용한다. 즉 목표값에 비례하는 신호를 발생한다.

73 정현파교류의 실효값(V)과 최대값(V_m)의 관계식으로 옳은 것은?

① $V = \sqrt{2}\, V_m$
② $V = \dfrac{1}{\sqrt{2}} V_m$
③ $V = \sqrt{3}\, V_m$
④ $V = \dfrac{1}{\sqrt{3}} V_m$

해설 실효값 = $\dfrac{최대값}{\sqrt{2}}$

참고 교류의 크기를 직류의 크기로 바꿔놓은 값을 실효값이라 한다.

74 비례적분제어동작의 특징으로 옳은 것은?

① 간헐현상이 있다.
② 잔류편차가 많이 생긴다.
③ 응답의 안정성이 낮은 편이다.
④ 응답의 진동시간이 매우 길다.

해설 ㉠ 비례제어(P동작) : 잔류편차(offset) 생김
㉡ 적분제어(I동작) : 적분값(면적)에 비례, 잔류편차 소멸, 진동 발생
㉢ 미분제어(D동작) : 오차예측제어
㉣ 비례미분제어(PD동작) : 응답속도 향상, 과도특성 개선, 진상보상회로에 해당
㉤ 비례적분제어(PI동작) : 간헐현상, 잔류편차와 사이클링 제거, 정상특성 개선
㉥ 비례적분미분제어(PID동작) : 속응도 향상, 잔류편차 제거, 정상/과도특성 개선
㉦ 온오프제어(2위치제어) : 불연속제어(간헐제어)

75 피드백제어계에서 목표치를 기준입력신호로 바꾸는 역할을 하는 요소는?

① 비교부
② 조절부
③ 조작부
④ 설정부

해설 ① 비교부 : 목표값과 제어량의 신호를 비교하여 제어동작에 필요한 신호를 만들어내는 부분
② 조절부 : 제어계가 작용을 하는데 필요한 신호를 만들어 조작부에 보내는 부분
③ 조작부 : 조작신호를 받아 조작량으로 변환

참고 검출부 : 제어대상으로부터 제어에 필요한 신호를 인출하는 부분

76 특성방정식이 $s^3 + 2s^2 + Ks + 5 = 0$인 제어계가 안정하기 위한 K값은?

① $K > 0$
② $K < 0$
③ $K > \dfrac{5}{2}$
④ $K < \dfrac{5}{2}$

해설 $s^3 + 2s^2 + Ks + 5 = 0$일 때 제어계가 안정되려면 $K > \dfrac{5}{2}$ 이어야 한다.

★
77 세라믹콘덴서소자의 표면에 103^{K}라고 적혀있을 때 이 콘덴서의 용량은 몇 μF인가?

① 0.01
② 0.1
③ 103
④ 10^3

해설 세라믹콘덴서소자의 표면에 103^{K}라고 적혀있으면 10,000pF $= 0.01\mu$F이다.

참고 F, J, K, M, N 등의 끝에 붙는 숫자는 허용오차를 나타낸다. 즉 F : ±1%, J : ±5%, K : ±10%, M : ±20%, N : ±30%이다.

78 PLC(Programmable Logic Controller)의 출력부에 설치하는 것이 아닌 것은?

① 전자개폐기
② 열동계전기
③ 시그널램프
④ 솔레노이드밸브

해설 PLC
㉠ 출력기구 : 전자개폐기, 시그널램프, 솔레노이드밸브, 경보기구
㉡ 입력기구 : 수동스위치, 검출스위치 및 센서
㉢ 제어회로 : 보조릴레이, 논리소자, 타이머소자, 입출력소자, PLC장치

정답 72. ④ 73. ② 74. ① 75. ④ 76. ③ 77. ① 78. ②

★
79 적분시간이 2초, 비례감도가 5mA/mV인 PI조절계의 전달함수는?

① $\dfrac{1+2s}{5s}$

② $\dfrac{1+5s}{2s}$

③ $\dfrac{1+2s}{0.4s}$

④ $\dfrac{1+0.4s}{2s}$

해설 $G(s) = \dfrac{x_o(s)}{x_i(s)} = K_p\left(1 + \dfrac{1}{T_I s}\right)$

$= 5 \times \left(1 + \dfrac{1}{2s}\right) = \dfrac{5+10s}{2s} = \dfrac{1+2s}{0.4s}$

80 다음 설명에 알맞은 전기 관련 법칙은?

> 도선에서 두 점 사이 전류의 크기는 그 두 점 사이의 전위차에 비례하고 전기저항에 반비례한다.

① 옴의 법칙
② 렌츠의 법칙
③ 플레밍의 법칙
④ 전압분배의 법칙

해설 옴의 법칙(Ohm's law)은 도체의 두 지점 사이에 나타나는 전위차에 의해 흐르는 전류가 일정한 법칙에 따르는 것을 말한다. 즉 두 점 사이의 전위차에 비례하고, 저항에 반비례한다.

$I = \dfrac{V}{R}[\text{A}]$

제5과목 **배관일반**

★
81 증기난방배관시공법에 대한 설명으로 틀린 것은?

① 증기주관에서 지관을 분기하는 경우 관의 팽창을 고려하여 스위블이음법으로 한다.
② 진공환수식 배관의 증기주관은 1/100~1/200 선상향구배로 한다.
③ 주형방열기는 일반적으로 벽에서 50~60mm 정도 떨어지게 설치한다.
④ 보일러 주변의 배관방법에서는 증기관과 환수관 사이에 밸런스관을 달고 하트포드(hart-ford)접속법을 사용한다.

해설 진공환수식 배관의 증기주관은 1/200~1/300 선하향(끝내림)구배로 한다.

82 급탕배관의 단락현상(short circuit)을 방지할 수 있는 배관방식은?

① 리버스리턴 배관방식
② 다이렉트리턴 배관방식
③ 단관식 배관방식
④ 상향식 배관방식

해설 리버스리턴 배관방식은 하향식의 경우 각 층의 온도차를 줄이기 위해 층마다 순환배관길이를 같도록 환탕관을 역회전시켜 배관한 것으로 마찰손실수두를 균일하게 하여 같은 유량을 공급하여 단락현상을 방지할 수 있다.

83 다음 중 온수온도 90℃의 온수난방배관의 보온재로 사용하기에 가장 부적합한 것은?

① 규산칼슘
② 펄라이트
③ 암면
④ 폴리스티렌

해설 폴리스티렌은 75~80℃에서 급속히 수축하며 85℃까지 견딜 수 있다. 안전사용온도는 70℃이다.

84 간접가열식 급탕법에 관한 설명으로 틀린 것은?

① 대규모 급탕설비에 부적당하다.
② 순환증기는 높이에 관계없이 저압으로 사용 가능하다.
③ 저탕탱크와 가열용 코일이 설치되어 있다.
④ 난방용 증기보일러가 있는 곳에 설치하면 설비비를 절약하고 관리가 편하다.

해설 간접가열식 급탕법은 호텔, 병원 등의 대규모 급탕설비에 적합하다.

★
85 급탕설비의 설계 및 시공에 관한 설명으로 틀린 것은?

① 중앙식 급탕방식은 개별식 급탕방식보다 시공비가 많이 든다.
② 온수의 순환이 잘 되고 공기가 고이는 것을 방지하기 위해 배관에 구배를 둔다.
③ 게이트밸브는 공기고임을 만들기 때문에 글로브밸브를 사용한다.
④ 순환방식은 순환펌프에 의한 강제순환식과 온수의 비중량 차이에 의한 중력식이 있다.

해설 게이트밸브는 공기고임을 만들지 않기 때문에 급탕설비에 사용된다.

정답 79. ③ 80. ① 81. ② 82. ① 83. ④ 84. ① 85. ③

86 냉동장치의 배관설치에 관한 내용으로 틀린 것은?

① 토출가스의 합류 부분 배관은 T이음으로 한다.
② 압축기와 응축기의 수평배관은 하향구배로 한다.
③ 토출가스배관에는 역류 방지밸브를 설치한다.
④ 토출관의 입상이 10m 이상일 경우 10m마다 중간트랩을 설치한다.

해설 냉동장치의 합류 또는 분기부배관은 Y이음으로 한다.

★
87 벤더에 의한 관 굽힘 시 주름이 생겼다. 주된 원인은?

① 재료에 결함이 있다.
② 굽힘형의 홈이 관지름보다 작다.
③ 클램프 또는 관에 기름이 묻어있다.
④ 압력형이 조정이 세고 저항이 크다.

해설 벤더로 관 굽힘 시 주름의 발생원인
㉠ 굽힘형의 홈이 관지름보다 너무 크거나 작을 경우
㉡ 파이프의 바깥지름에 비해 두께가 얇을 경우
㉢ 파이프(관)가 미끄러질 경우

88 증기난방설비의 특징에 대한 설명으로 틀린 것은?

① 증발열을 이용하므로 열의 운반능력이 크다.
② 예열시간이 온수난방에 비해 짧고 증기순환이 빠르다.
③ 방열면적을 온수난방보다 적게 할 수 있다.
④ 실내 상하온도차가 작다.

해설 증기난방설비는 실내 상하온도차가 크다

89 가스배관재료 중 내약품성 및 전기절연성이 우수하며 사용온도가 80℃ 이하인 관은?

① 주철관 ② 강관
③ 동관 ④ 폴리에틸렌관

해설 폴리에틸렌관
㉠ 내충격성과 내한성이 우수하다.
㉡ 온돌난방, 급수위생, 농업 원예배관 등에 사용한다.
㉢ 내식성, 내약품성, 전기절연성이 강하다.
㉣ −60℃에서도 취화되지 않는다.
㉤ 내열성과 보온성이 염화비닐관보다 우수하다.

★
90 도시가스배관 설비기준에서 배관을 시가지의 도로 노면 밑에 매설하는 경우에는 노면으로부터 배관의 외면까지 얼마 이상을 유지해야 하는가? (단, 방호구조물 안에 설치하는 경우는 제외한다.)

① 0.8m ② 1m
③ 1.5m ④ 2m

해설 도시가스배관을 시가지의 도로 노면 밑에 매설하는 경우에는 노면으로부터 배관의 외면까지 1.5m 이상 거리를 유지한다. 다만, 방호구조물 안에 설치하는 경우에는 노면으로부터 그 방호구조물의 외면까지 1.2m 이상 거리를 유지한다.

91 증발량 5,000kg/h인 보일러의 증기엔탈피가 640 kcal/kg이고, 급수엔탈피가 15kcal/kg일 때 보일러의 상당증발량(kg/h)은?

① 278 ② 4,800
③ 5,797 ④ 3,125,000

해설 $G_e = \dfrac{q}{539} = \dfrac{G(h_2 - h_1)}{539} = \dfrac{5,000 \times (640 - 15)}{539}$
$≒ 5,797\text{kg/h}$

★
92 배수관의 관경 선정방법에 관한 설명으로 틀린 것은?

① 기구배수관의 관경은 배수트랩의 구경 이상으로 하고 최소 30mm 정도로 한다.
② 수직, 수평관 모두 배수가 흐르는 방향으로 관경이 축소되어서는 안 된다.
③ 배수수직관은 어느 층에서나 최하부의 가장 큰 배수부하를 담당하는 부분과 동일한 관경으로 한다.
④ 땅속에 매설되는 배수관의 최소 구경은 30mm 정도로 한다.

해설 지중 혹은 지하층 바닥에 매설하는 배수관의 구경은 50mm 이상으로 한다.

93 증기 및 물배관 등에서 찌꺼기를 제거하기 위하여 설치하는 부속품은?

① 유니언 ② P트랩
③ 부싱 ④ 스트레이너

해설 스트레이너는 관내 불순물을 걸러주는 장치로 Y형, U형, V형 등이 있다.

참고 S형, P형은 배수트랩이다.

94 다음 중 "접속해 있을 때"를 나타내는 관의 도시기호는?

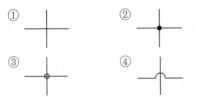

해설
㉠ 접속하고 있을 때 :

㉡ 분기하고 있을 때 :

㉢ 접속하지 않을 때 :

95 공조배관설계 시 유속을 빠르게 했을 경우의 현상으로 틀린 것은?

① 관경이 작아진다.
② 운전비가 감소한다.
③ 소음이 발생한다.
④ 마찰손실이 증대한다.

해설 유속이 빠르면 운전비(동력)가 증가한다.

★
96 관의 두께별 분류에서 가장 두꺼워 고압배관으로 사용할 수 있는 동관의 종류는?

① K형 동관   ② S형 동관
③ L형 동관   ④ N형 동관

해설 동관의 종류
㉠ K형 : 20A, 외경 22.2mm, 두께 1.65mm
㉡ L형 : 20A, 외경 22.2mm, 두께 1.14mm
㉢ M형 : 20A, 외경 22.2mm, 두께 0.81mm

97 냉매배관재료 중 암모니아를 냉매로 사용하는 냉동설비에 가장 적합한 것은?

① 동, 동합금   ② 아연, 주석
③ 철, 강   ④ 크롬, 니켈합금

해설 ㉠ 암모니아냉매 : 철, 강
㉡ 프레온냉매 : 동, 동합금

★
98 동관의 이음방법에 해당하지 않는 것은?

① 타이튼이음   ② 납땜이음
③ 압축이음   ④ 플랜지이음

해설 타이튼이음은 소켓과 고무링을 활용한 주철관이음의 한 종류이다.

참고 동관의 이음방법
㉠ 납땜이음 : 경납(은납, 황동납)을 활용한 이음
㉡ 압축이음(플레어이음) : 삽입식 접속으로 하고 분리할 필요가 있는 부분에는 호칭지름 32mm 이하
㉢ 플랜지이음 : 호칭지름 40mm 이상

99 고가수조식 급수방식의 장점이 아닌 것은?

① 급수압력이 일정하다.
② 단수 시에도 일정량의 급수가 가능하다.
③ 급수공급계통에서 물의 오염 가능성이 없다.
④ 대규모 급수에 적합하다.

해설 고가수조식(고가탱크식) 급수법은 저장하는 물의 정체에 따라 오염 가능성이 있다.

100 냉매배관시공 시 주의사항으로 틀린 것은?

① 배관길이는 되도록 짧게 한다.
② 온도변화에 의한 신축을 고려한다.
③ 곡률반지름은 가능한 작게 한다.
④ 수평배관은 냉매흐름방향으로 하향구배한다.

해설 곡률반지름은 가능한 크게($6d$ 이상) 한다.

2019년 | 제2회 공조냉동기계기사

제1과목 기계 열역학

★
01 어떤 시스템에서 공기가 초기에 290K에서 330K로 변화하였고, 이때 압력은 200kPa에서 600kPa로 변화하였다. 이때 단위질량당 엔트로피변화는 약 몇 kJ/kg · K인가? (단, 공기는 정압비열이 1.006kJ/kg · K이고, 기체상수가 0.287kJ/kg · K인 이상기체로 간주한다.)

① 0.445　　　　② −0.445

③ 0.185　　　　④ −0.185

해설 $\Delta S = C_p \ln\dfrac{T_2}{T_1} - R\ln\dfrac{P_2}{P_1}$

$\qquad = 1.006 \times \ln\dfrac{330}{290} - 0.287 \times \ln\dfrac{600}{200}$

$\qquad = -0.185 \text{kJ/kg} \cdot \text{K}$

★
02 효율이 40%인 열기관에서 유효하게 발생되는 동력이 110kW라면 주위로 방출되는 총열량은 약 몇 kW인가?

① 375　　　　② 165

③ 135　　　　④ 85

해설 $\eta = \dfrac{Q_1}{Q_1 + x} \times 100[\%]$

$\qquad \eta(Q_1 + x) = 100 Q_1$

$\qquad \therefore x = \dfrac{Q_1(100 - \eta)}{\eta} = \dfrac{110 \times (100 - 40)}{40} = 165\text{kW}$

03 100℃와 50℃ 사이에서 작동하는 냉동기로 가능한 최대 성능계수(COP)는 약 얼마인가?

① 7.46　　　　② 2.54

③ 4.25　　　　④ 6.46

해설 $COP = \dfrac{저온}{고온 - 저온} = \dfrac{T_l}{T_h - T_l}$

$\qquad = \dfrac{273 + 50}{(273 + 100) - (273 + 50)} = 6.46$

★
04 체적이 500cm³인 풍선에 압력 0.1MPa, 온도 288K의 공기가 가득 채워져 있다. 압력이 일정한 상태에서 풍선 속 공기온도가 300K으로 상승했을 때 공기에 가해진 열량은 약 얼마인가? (단, 공기는 정압비열이 1.005kJ/kg · K, 기체상수가 0.287kJ/kg · K인 이상기체로 간주한다.)

① 7.3J　　　　② 7.3kJ

③ 14.6J　　　　④ 14.6kJ

해설 $PV = GRT$

$\qquad G = \dfrac{PV}{RT} = \dfrac{0.1 \times 10^3 \times 500 \times 10^{-6}}{0.287 \times 288} = 0.0061\text{kg}$

$\qquad \therefore Q = GC_p(T_2 - T_1)$

$\qquad\qquad = 0.0061 \times 1.005 \times (300 - 288)$

$\qquad\qquad = 0.0073\text{kJ} = 7.3\text{J}$

★
05 어떤 사이클이 다음 온도(T) - 엔트로피(s)선도와 같을 때 작동유체에 주어진 열량은 약 몇 kJ/kg인가?

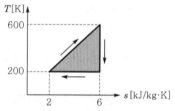

① 4　　　　② 400

③ 800　　　　④ 1,600

해설 $Q = \dfrac{1}{2} \times (600 - 200) \times (6 - 2) = 800\text{kJ/kg}$

06 카르노사이클로 작동되는 열기관이 고온체에서 100kJ의 열을 받고 있다. 이 기관의 열효율이 30%라면 방출되는 열량은 약 몇 kJ인가?

① 30　　　　② 50

③ 60　　　　④ 70

해설 $Q_2 = Q_1(1 - \eta) = 100 \times (1 - 0.3) = 70\text{kJ}$

07 500W의 전열기로 4kg의 물을 20℃에서 90℃까지 가열하는 데 몇 분이 소요되는가? (단, 전열기에서 열은 전부 온도 상승에 사용되고, 물의 비열은 4,180J/kg · K이다.)

① 16 　　　　　　② 27

③ 39 　　　　　　④ 45

해설 $t = \dfrac{\text{물의 가열량}}{\text{전열기 발생열량}} = \dfrac{GC(t_2 - t_1)}{Q}$

$= \dfrac{4 \times 4.18 \times (90 - 20)}{0.5 \times 60} ≒ 39분$

★

08 압력이 0.2MPa이고, 초기온도가 120℃인 1kg의 공기를 압축비 18로 가역단열압축하는 경우 최종온도는 약 몇 ℃인가? (단, 공기는 비열비가 1.4인 이상기체이다.)

① 676℃ 　　　　② 776℃

③ 876℃ 　　　　④ 976℃

해설 $T_2 = T_1 \varepsilon^{k-1} = (120 + 273) \times 18^{1.4-1}$

$= 1,248.82\text{K} - 273 ≒ 976℃$

09 수증기가 정상과정으로 40m/s의 속도로 노즐에 유입되어 275m/s로 빠져나간다. 유입되는 수증기의 엔탈피는 3,300kJ/kg, 노즐로부터 발생되는 열손실은 5.9kJ/kg일 때 노즐 출구에서의 수증기엔탈피는 약 몇 kJ/kg인가?

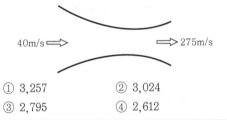

40m/s ⟹ 　　　　⟹ 275m/s

① 3,257 　　　　② 3,024

③ 2,795 　　　　④ 2,612

해설 $h_1 - h_2 - h_{loss} = \dfrac{1}{2}(v_2^2 - v_1^2)$

$\therefore h_2 = h_1 - h_{loss} - \dfrac{1}{2}(v_2^2 - v_1^2)$

$= 3,300 - 5.9 - \dfrac{1}{2} \times (275^2 - 40^2) \times 10^{-3}$

$≒ 3,257\text{kJ/kg}$

10 용기에 부착된 압력계에 읽힌 계기압력이 150kPa이고 국소대기압이 100kPa일 때 용기 안의 절대압력은?

① 250kPa 　　　　② 150kPa

③ 100kPa 　　　　④ 50kPa

해설 절대압력(P_a)=대기압+게이지압=$P_o + P_g$

$= 100 + 150 = 250\text{kPa}$

11 R-12를 작동유체로 사용하는 이상적인 증기압축 냉동사이클이 있다. 여기서 증발기 출구엔탈피는 229kJ/kg, 팽창밸브 출구엔탈피는 81kJ/kg, 응축기 입구엔탈피는 255kJ/kg일 때 이 냉동기의 성적계수는 약 얼마인가?

① 4.1 　　　　　② 4.9

③ 5.7 　　　　　④ 6.8

해설 $COP = \dfrac{Q_e}{AW} = \dfrac{h_1 - h_4}{h_2 - h_1} = \dfrac{229 - 81}{255 - 229} ≒ 5.7$

12 Van der Waals 상태방정식은 다음과 같이 나타낸다. 이 식에서 $\dfrac{a}{v^2}$, b는 각각 무엇을 의미하는 것인가? (단, P는 압력, v는 비체적, R은 기체상수, T는 온도를 나타낸다.)

$$\left(P + \frac{a}{v^2}\right) \times (v - b) = RT$$

① 분자 간의 작용인력, 분자 내부에너지

② 분자 간의 작용인력, 기체분자들이 차지하는 체적

③ 분자 자체의 질량, 분자 내부에너지

④ 분자 자체의 질량, 기체분자들이 차지하는 체적

해설 Van der Waals 상태방정식에서 $\dfrac{a}{v^2}$는 분자 사이의 상호작용의 세기(분자 간의 작용인력)를, b는 기체분자들이 차지하는 부피를 의미한다.

2019년

정답 **07.** ③ **08.** ④ **09.** ① **10.** ① **11.** ③ **12.** ②

13 어떤 시스템에서 유체는 외부로부터 19kJ의 일을 받으면서 167kJ의 열을 흡수하였다. 이때 내부에너지의 변화는 어떻게 되는가?

① 148kJ 상승한다.　② 186kJ 상승한다.
③ 148kJ 감소한다.　④ 186kJ 감소한다.

해설 $\delta q = du + \delta \overline{w} [\text{kJ/kg}]$
$\therefore du = \delta q - \delta \overline{w} = 167 - (-19) = 186\text{kJ}$ 상승

★
14 보일러에 물(온도 20℃, 엔탈피 84kJ/kg)이 유입되어 600kPa의 포화증기(온도 159℃, 엔탈피 2,757kJ/kg) 상태로 유출된다. 물의 질량유량이 300kg/h이라면 보일러에 공급된 열량은 약 몇 kW인가?

① 121　　　　　② 140
③ 223　　　　　④ 345

해설 $G = $ 질량유량 × (포화증기엔탈피 − 증발기엔탈피)
$= \dfrac{300 \times (2,757 - 84)}{60 \times 60} \fallingdotseq 223\text{kW}$

★
15 압력이 100kPa이며 온도가 25℃인 방의 크기가 240㎥이다. 이 방에 들어있는 공기의 질량은 약 몇 kg인가? (단, 공기는 이상기체로 가정하며, 공기의 기체상수는 0.287kJ/kg · K이다.)

① 0.00357　　　② 0.28
③ 3.57　　　　　④ 280

해설 $G = \dfrac{\text{압력} \times \text{체적}}{\text{기체상수} \times \text{절대온도}} = \dfrac{PV}{RT}$
$= \dfrac{100 \times 240}{0.287 \times (273 + 25)} \fallingdotseq 280\text{kg}$

16 클라우지우스(Clausius)부등식을 옳게 표현한 것은? (단, T는 절대온도, Q는 시스템으로 공급된 전체 열량을 표시한다.)

① $\oint \dfrac{\delta Q}{T} \geq 0$　　② $\oint \dfrac{\delta Q}{T} \leq 0$
③ $\oint T\delta Q \geq 0$　　④ $\oint T\delta Q \leq 0$

해설 클라우지우스적분은 $\oint \dfrac{\delta Q}{T} \leq 0$에서 가역과정은 0이고, 비가역과정은 0보다 작다.

17 다음 그림과 같이 실린더 내의 공기가 상태 1에서 상태 2로 변화할 때 공기가 한 일은? (단, P는 압력, V는 부피를 나타낸다.)

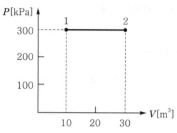

① 30kJ　　　　　② 60kJ
③ 3,000kJ　　　④ 6,000kJ

해설 $W = $ 압력 × (변화 후 체적 − 초기체적)
$= P(V_2 - V_1) = 300 \times (30 - 10) = 6,000\text{kJ}$

★
18 가역과정으로 실린더 안의 공기를 50kPa, 10℃상태에서 300kPa까지 압력(P)과 체적(V)의 관계가 다음과 같은 과정으로 압축할 때 단위질량당 방출되는 열량은 약 몇 kJ/kg인가? (단, 기체상수는 0.287 kJ/kg · K이고, 정적비열은 0.7kJ/kg · K이다.)

$$PV^{1.3} = \text{일정}$$

① 17.2　　　　　② 37.2
③ 57.2　　　　　④ 77.2

해설 $C_p = $ 정적비열 + 기체상수 $= C_v + R$
$= 0.7 + 0.287 = 0.987\text{kJ/kg · K}$
$k = \dfrac{C_p}{C_v} = \dfrac{0.987}{0.7} = 1.41$
$T_2 = T_1 \left(\dfrac{P_2}{P_1} \right)^{\frac{n-1}{n}} = (273 + 10) \times \left(\dfrac{300}{50} \right)^{\frac{1.3-1}{1.3}}$
$\fallingdotseq 428\text{K}$
$\therefore q = C_n (T_2 - T_1) = C_v \dfrac{n-k}{n-1} (T_2 - T_1)$
$= 0.7 \times \dfrac{1.3 - 1.41}{1.3 - 1} \times (428 - 283) = -37.2\text{kJ/kg}$

19 화씨온도가 86°F일 때 섭씨온도는 몇 ℃인가?

① 30　　　　　　② 45
③ 60　　　　　　④ 75

해설 $℃ = \dfrac{5}{9}(°F - 32) = \dfrac{5}{9} \times (86 - 32) = 30℃$

정답　**13.** ②　**14.** ③　**15.** ④　**16.** ②　**17.** ④　**18.** ②　**19.** ①

★
20 등엔트로피효율이 80%인 소형 공기터빈의 출력이 270kJ/kg이다. 입구온도는 600K이며, 출구압력은 100kPa이다. 공기의 정압비열은 1.004kJ/kg · K, 비열비는 1.4일 때 입구압력(kPa)은 약 몇 kPa인가? (단, 공기는 이상기체로 간주한다.)

① 1,984 　② 1,842

③ 1,773 　④ 1,621

해설 ㉠ 출구온도

$$T_o = T_i - \frac{W}{C_v} = 600 - \frac{270}{1.004} = 331\text{K}$$

㉡ 이론출구온도

$$T_{th} = 600 - \frac{270}{0.8 \times 1.004} = 263.84\text{K}$$

㉢ 입구압력

$$P = \left(\frac{600}{263.84}\right)^{\frac{1.4}{1.4-1}} \times 100 ≒ 1,773\text{kPa}$$

제2과목 　**냉동공학**

21 냉각탑의 성능이 좋아지기 위한 조건으로 적절한 것은?

① 쿨링레인지가 작을수록, 쿨링어프로치가 작을수록

② 쿨링레인지가 작을수록, 쿨링어프로치가 클수록

③ 쿨링레인지가 클수록, 쿨링어프로치가 작을수록

④ 쿨링레인지가 클수록, 쿨링어프로치가 클수록

해설 쿨링레인지가 클수록, 쿨링어프로치가 작을수록 냉각탑의 성능(효율)은 좋아진다.

22 다음 중 절연내력이 크고 절연물질을 침식시키지 않기 때문에 밀폐형 압축기에 사용하기에 적합한 냉매는?

① 프레온계 냉매　② H_2O

③ 공기　④ NH_3

해설 프레온계 냉매는 절연내력이 크고 절연물질을 침식시키지 않기 때문에 밀폐형 압축기에 적합하다.

★
23 어떤 냉동기의 증발기 내 압력이 245kPa이며, 이 압력에서의 포화온도, 포화액엔탈피 및 건포화증기 엔탈피, 정압비열은 다음 조건과 같다. 증발기 입구측 냉매의 엔탈피가 455kJ/kg이고, 증발기 출구측 냉매온도가 -10℃의 과열증기일 경우 증발기에서 냉매가 취득한 열량(kJ/kg)은?

- 포화온도 : -20℃
- 포화액엔탈피 : 396kJ/kg
- 건포화증기엔탈피 : 615.6kJ/kg
- 정압비열 : 0.67kJ/kg · K

① 167.3　② 152.3

③ 148.3　④ 112.3

해설 $q_e = h_s - h = (615.6 + C_p(t_o - t_s)) - 455$
$= (615.6 + 0.67 \times (-10 - (-20))) - 455$
$= 167.3\text{kJ/kg}$

24 냉동사이클에서 응축온도 상승에 따른 시스템의 영향으로 가장 거리가 먼 것은? (단, 증발온도는 일정하다.)

① COP 감소

② 압축비 증가

③ 압축기 토출가스온도 상승

④ 압축기 흡입가스압력 상승

해설 응축온도가 상승하면 COP 감소, 압축비 상승, 토출가스온도 상승, 흡입가스압력 상승, 냉동효과 감소 등이 나타난다.

★
25 어떤 냉장고의 방열벽면적이 500m², 열통과율이 0.311W/m² · ℃일 때 이 벽을 통하여 냉장고 내로 침입하는 열량(kW)은? (단, 이때의 외기온도는 32℃이며, 냉장고 내부온도는 -15℃이다.)

① 12.63　② 10.4

③ 9.1　④ 7.3

해설 $Q = \lambda A \Delta t$
$= 0.311 \times 500 \times (32 - (-15)) \times 10^{-3} ≒ 7.3\text{kW}$

정답 　20. ③　21. ③　22. ①　23. ①　24. ④　25. ④

2019년

26 냉동능력이 1RT인 냉동장치가 1kW의 압축동력을 필요로 할 때 응축기에서의 방열량(kW)은?

① 2   ② 3.3
③ 4.8   ④ 6

> **해설** 방열량(Q_c) = 냉동능력(Q_e) + 압축기 소요동력(AW_c)
>
> $$= \frac{1 \times 3,320}{860} + 1 \fallingdotseq 4.8 \text{kW}$$

★
27 2차 유체로 사용되는 브라인의 구비조건으로 틀린 것은?

① 비등점이 높고, 응고점이 낮을 것
② 점도가 낮을 것
③ 부식성이 없을 것
④ 열전달률이 작을 것

> **해설** **브라인의 구비조건**
> ㉠ 열전도율(열전달률)이 클 것
> ㉡ 비열이 크고 전열작용이 양호할 것
> ㉢ 불연성이며 독성이 없을 것
> ㉣ 상변화가 잘 일어나지 않을 것

★
28 냉매배관 내에 플래시가스(flash gas)가 발생했을 때 나타나는 현상으로 틀린 것은?

① 팽창밸브의 능력 부족현상 발생
② 냉매 부족과 같은 현상 발생
③ 액관 중의 기포 발생
④ 팽창밸브에서의 냉매순환량 증가

> **해설** 팽창밸브 직전 액관의 감압현상이 나타나므로 냉매순환량이 감소된다.

29 단면이 1m²인 단열재를 통하여 0.3kW의 열이 흐르고 있다. 이 단열재의 두께는 2.5cm이고 열전도계수가 0.2W/m·℃일 때 양면 사이의 온도차(℃)는?

① 54.5   ② 42.5
③ 37.5   ④ 32.5

> **해설** $q = kF\dfrac{\Delta t}{l}$
>
> $\therefore \Delta t = \dfrac{ql}{kF} = \dfrac{0.3 \times 10^3 \times 0.025}{0.2 \times 1} \fallingdotseq 37.5℃$

30 여러 대의 증발기를 사용할 경우 증발관 내의 압력이 가장 높은 증발기의 출구에 설치하여 압력을 일정값 이하로 억제하는 장치를 무엇이라고 하는가?

① 전자밸브   ② 압력개폐기
③ 증발압력조정밸브   ④ 온도조절밸브

> **해설** 증발압력조정밸브는 여러 대의 증발기를 사용할 경우 증발관 내의 압력이 가장 높은 증발기의 출구에 설치하여 일정 압력을 유지하게 하는 장치이다.

★
31 다음 그림은 2단 압축 암모니아사이클을 나타낸 것이다. 냉동능력이 2RT인 경우 저단압축기의 냉매순환량(kg/h)은? (단, 1RT는 3.8kW이다.)

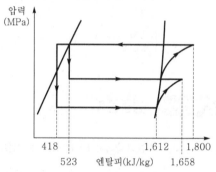

① 10.1   ② 22.9
③ 32.5   ④ 43.2

> **해설** $G_L = \dfrac{Q_e}{q_e} = \dfrac{냉동능력}{증발엔탈피 - 팽창엔탈피}$
>
> $= \dfrac{2 \times 3.8 \times 3,600}{1,612 - 418} = 22.91 \text{kg/h}$

> **참고** 1kW = 3,600kJ/h

32 다음 팽창밸브 중 인버터구동 가변용량형 공기조화장치나 증발온도가 낮은 냉동장치에서 팽창밸브의 냉매유량조절특성 향상과 유량제어범위 확대 등을 목적으로 사용하는 것은?

① 전자식 팽창밸브   ② 모세관
③ 플로트 팽창밸브   ④ 정압식 팽창밸브

> **해설** 전자식 팽창밸브는 인버터구동 가변용량형 공기조화장치나 증발온도가 낮은 냉동장치에서 팽창밸브의 냉매유량조절특성 향상과 유량제어범위 확대 등을 목적으로 사용한다. 또한 높은 과열도를 유지하여 시스템의 효율을 높일 수 있다.

정답 　26. ③　27. ④　28. ④　29. ③　30. ③　31. ②　32. ①

33 식품의 평균초온이 0℃일 때 이것을 동결하여 온도 중심점을 -15℃까지 내리는 데 걸리는 시간을 나타내는 것은?

① 유효동결시간 ② 유효냉각시간
③ 공칭동결시간 ④ 시간상수

해설 공칭동결시간은 평균초온 0℃의 식품을 동결하여 온도 중심점을 -15℃까지 내리는 데 소요되는 시간을 의미한다.

34 냉동장치를 운전할 때 다음 중 가장 먼저 실시하여야 하는 것은?

① 응축기 냉각수펌프를 기동한다.
② 증발기 팬을 기동한다.
③ 압축기를 기동한다.
④ 압축기의 유압을 조정한다.

해설 냉동장치를 운전 시 가장 먼저 응축기 냉각수펌프를 기동해야 한다.

35 고온부의 절대온도를 T_1, 저온부의 절대온도를 T_2, 고온부로 방출하는 열량을 Q_1, 저온부로부터 흡수하는 열량을 Q_2라고 할 때 이 냉동기의 이론성적계수(COP)를 구하는 식은?

① $\dfrac{Q_1}{Q_1 - Q_2}$ ② $\dfrac{Q_2}{Q_1 - Q_2}$

③ $\dfrac{T_1}{T_1 - T_2}$ ④ $\dfrac{T_1 - T_2}{T_1}$

해설 $COP = \dfrac{q_e}{A W_i} = \dfrac{Q_2}{Q_1 - Q_2} = \dfrac{T_2}{T_1 - T_2}$

36 다음 중 냉매를 사용하지 않는 냉동장치는?

① 열전냉동장치
② 흡수식 냉동장치
③ 교축팽창식 냉동장치
④ 증기압축식 냉동장치

해설 열전냉동장치는 냉매를 사용하지 않고 펠티에효과, 즉 열전기쌍에 열기전력에 저항하는 전류를 통하게 하면 고온접점 쪽에서 발열하고, 저온접점 쪽에서 흡열(냉각)이 이루어지는 효과를 이용한 냉동장치이다.

37 암모니아용 압축기의 실린더에 있는 워터재킷의 주된 설치목적은?

① 밸브 및 스프링의 수명을 연장하기 위해서
② 압축효율의 상승을 도모하기 위해서
③ 암모니아는 토출온도가 낮기 때문에 이를 방지하기 위해서
④ 암모니아의 응고를 방지하기 위해서

해설 암모니아용 압축기의 실린더에 있는 워터재킷은 압축효율의 상승을 도모하기 위해 설치한다.

★
38 축동력 10kW, 냉매순환량 33kg/min인 냉동기에서 증발기 입구엔탈피가 406kJ/kg, 증발기 출구엔탈피가 615kJ/kg, 응축기 입구엔탈피가 632kJ/kg이다. ㉠ 실제 성능계수와 ㉡ 이론성능계수는 각각 얼마인가?

① ㉠ 8.5, ㉡ 12.3 ② ㉠ 8.5, ㉡ 9.5
③ ㉠ 11.5, ㉡ 9.5 ④ ㉠ 11.5, ㉡ 12.3

해설 ㉠ 실제 성능계수

$COP = \dfrac{G q_e}{A W} = \dfrac{33 \times 60 \times (615 - 406)}{10 \times 3,600} ≒ 11.5$

㉡ 이론성능계수

$COP_{th} = \dfrac{q_e}{A W_i} = \dfrac{i_3 - i_2}{i_4 - i_3} = \dfrac{615 - 406}{632 - 615} ≒ 12.3$

★
39 스크루압축기의 특징에 대한 설명으로 틀린 것은?

① 소형 경량으로 설치면적이 작다.
② 밸브와 피스톤이 없어 장시간의 연속운전이 불가능하다.
③ 암수회전자의 회전에 의해 체적을 줄여가면서 압축한다.
④ 왕복동식과 달리 흡입밸브와 토출밸브를 사용하지 않는다.

해설 **스크루압축기의 특징**
㉠ 밸브와 피스톤이 없고 맥동이 없어 장시간 연속운전이 가능하다.
㉡ 분해조립 시 특별한 기술이 필요하다.
㉢ 냉매와 오일의 손실이 없어 체적효율이 증가한다.
㉣ 10~100%의 무단계 용량제어가 가능하다.

정답 33. ③ 34. ① 35. ② 36. ① 37. ② 38. ④ 39. ②

40 2단 압축냉동장치 내 중간냉각기 설치에 대한 설명으로 옳은 것은?

① 냉동효과를 증대시킬 수 있다.
② 증발기에 공급되는 냉매액을 과열시킨다.
③ 저압압축기 흡입가스 중의 액을 분리시킨다.
④ 압축비가 증가되어 압축효율이 저하된다.

해설 2단 압축 냉동장치 내 중간냉각기 설치
　㉠ 고압냉매액을 과냉시켜 냉동효과를 증대시킨다.
　㉡ 저단압축기의 토출가스과열도를 낮춘다.
　㉢ 저단 토출가스를 재압축하여 압축비를 감소시킨다.
　㉣ 흡입가스 중의 액을 분리하여 리퀴드백을 방지한다.

제3과목 공기조화

41 난방부하계산 시 일반적으로 무시할 수 있는 부하의 종류가 아닌 것은?

① 틈새바람부하　② 조명기구 발열부하
③ 재실자 발생부하　④ 일사부하

해설 난방부하계산 시 침입외기 영향, 외기도입 영향(틈새바람에 의한 부하), 벽체의 관류영향 등을 고려해야 한다.

42 전압기준 국부저항계수 ζ_T와 정압기준 국부저항계수 ζ_S와의 관계를 바르게 나타낸 것은? (단, 덕트 상류풍속은 v_1, 하류풍속은 v_2이다.)

① $\zeta_T = \zeta_S - 1 + \left(\dfrac{v_2}{v_1}\right)^2$

② $\zeta_T = \zeta_S + 1 - \left(\dfrac{v_2}{v_1}\right)^2$

③ $\zeta_T = \zeta_S - 1 - \left(\dfrac{v_2}{v_1}\right)^2$

④ $\zeta_T = \zeta_S + 1 + \left(\dfrac{v_2}{v_1}\right)^2$

해설 전압기준 국부저항계수(ζ_T)
$= 정압기준 국부저항계수 + 1 - \left(\dfrac{하류풍속}{상류풍속}\right)^2$
$= \zeta_S + 1 - \left(\dfrac{v_2}{v_1}\right)^2$

43 온수난방배관방식에서 단관식과 비교한 복관식에 대한 설명으로 틀린 것은?

① 설비비가 많이 든다.
② 온도변화가 많다.
③ 온수순환이 좋다.
④ 안정성이 높다.

해설 복관식은 각 방열기에 균일한 온수온도로 공급한다.

44 온수관의 온도가 80℃, 환수관의 온도가 60℃인 자연순환식 온수난방장치에서의 자연순환수두(mmAq)는? (단, 보일러에서 방열기까지의 높이는 5m, 60℃에서의 온수밀도는 983.24kg/m³, 80℃에서의 온수밀도는 971.84kg/m³이다.)

① 55　② 56
③ 57　④ 58

해설 $H = (\gamma_o - \gamma_i)h = (983.24 - 971.84) \times 5$
$= 57\text{kg/m}^2 = 57\text{mmAq}$

45 극간풍이 비교적 많고 재실인원이 적은 실의 중앙 공조방식으로 가장 경제적인 방식은?

① 변풍량 2중덕트방식
② 팬코일유닛방식
③ 정풍량 2중덕트방식
④ 정풍량 단일덕트방식

해설 팬코일유닛(FCU)방식은 환기를 충분히 할 수 없으므로 재실인원이 적고 출입구의 개폐가 빈번한 경우나 외부로부터 실내로의 유입구가 있는 경우 등에 사용한다.

46 습공기의 상태변화를 나타내는 방법 중 하나인 열수분비의 정의로 옳은 것은?

① 절대습도변화량에 대한 잠열량변화량의 비율
② 절대습도변화량에 대한 전열량변화량의 비율
③ 상대습도변화량에 대한 현열량변화량의 비율
④ 상대습도변화량에 대한 잠열량변화량의 비율

해설 열수분비(U) $= \dfrac{dh}{dx}$
$= \dfrac{비엔탈피(전열량)변화량}{절대습도(수증기)변화량}$ [kcal/kg]
수분량변화가 없는 경우 ∞이고, 엔탈피변화 없는 경우 0이다.

★
47 공장에 12kW의 전동기로 구동되는 기계장치 25대를 설치하려고 한다. 전동기는 실내에 설치하고 기계장치는 실외에 설치한다면 실내로 취득되는 열량(kW)은? (단, 전동기의 부하율은 0.78, 가동률은 0.9, 전동기효율은 0.87이다.)

① 242.1   ② 210.6
③ 44.8   ④ 31.5

해설 $q = 12 \times \dfrac{1}{0.87} \times 0.78 \times 0.9 \times 25 ≒ 242.1\text{kW}$

48 공기세정기에서 순환수분무에 대한 설명으로 틀린 것은? (단, 출구수온은 입구공기의 습구온도와 같다.)

① 단열변화   ② 증발냉각
③ 습구온도 일정   ④ 상대습도 일정

해설 순환수분무는 단열변화, 증발냉각, 습구온도 일정, 상대습도 증가, 엔탈피변화가 없다.

★
49 공기세정기에 대한 설명으로 틀린 것은?

① 세정기 단면의 종횡비를 크게 하면 성능이 떨어진다.
② 공기세정기의 수·공기비는 성능에 영향을 미친다.
③ 세정기 출구에는 분무된 물방울의 비산을 방지하기 위해 루버를 설치한다.
④ 스프레이헤더의 수를 뱅크(bank)라 하고 1본을 1뱅크, 2본을 2뱅크라 한다.

해설 세정기 출구에는 분무된 물방울의 비산을 방지하기 위해 일리미네이터를 설치한다.

50 실내의 CO_2농도기준이 1,000ppm이고, 1인당 CO_2 발생량이 18L/h인 경우 실내 1인당 필요한 환기량(m^3/h)은? (단, 외기 CO_2농도는 300ppm이다.)

① 22.7   ② 23.7
③ 25.7   ④ 26.7

해설 $Q = \dfrac{M}{C_i - C_o} = \dfrac{18 \times 10^{-3}}{1 \times 10^{-3} - 3 \times 10^{-4}} = 25.71\text{m}^3/\text{h}$

51 덕트설계 시 주의사항으로 틀린 것은?

① 장방형 덕트 단면의 종횡비는 가능한 한 6 : 1 이상으로 해야 한다.
② 덕트의 풍속은 15m/s 이하, 정압은 50mmAq 이하의 저속덕트를 이용하여 소음을 줄인다.
③ 덕트의 분기점에는 댐퍼를 설치하여 압력평행을 유지시킨다.
④ 재료는 아연도금강판, 알루미늄판 등을 이용하여 마찰저항손실을 줄인다.

해설 종횡비(aspect ratio)는 최대 10 : 1 이하로 하고 가능한 한 4 : 1 이하로 한다. 일반적으로 3 : 2이고 한 변의 최소 길이는 15cm로 제한한다.

52 타원형 덕트(flat oval duct)와 같은 저항을 갖는 상당직경 D_e를 바르게 나타낸 것은? (단, A는 타원형 덕트 단면적, P는 타원형 덕트 둘레길이이다.)

① $D_e = \dfrac{1.55P^{0.25}}{A^{0.625}}$ ② $D_e = \dfrac{1.55A^{0.25}}{P^{0.625}}$

③ $D_e = \dfrac{1.55P^{0.625}}{A^{0.25}}$ ④ $D_e = \dfrac{1.55A^{0.625}}{P^{0.25}}$

해설 **상당직경**

㉠ 타원형 : $D_e = \dfrac{1.55A^{0.625}}{P^{0.25}}$

㉡ 원형덕트에서 사각덕트 환산

$D_e = 1.3\left[\dfrac{(ab)^5}{(a+b)^2}\right]^{1/8}$

★
53 압력 1MPa, 건도 0.89인 습증기 100kg을 일정 압력의 조건에서 엔탈피가 3,052kJ/kg인 300℃의 과열증기로 되는데 필요한 열량(kJ)은? (단, 1MPa에서 포화액의 엔탈피는 759kJ/kg, 증발잠열은 2,018kJ/kg이다.)

① 44,208   ② 49,698
③ 229,311   ④ 103,432

해설 습증기엔탈피＝포화액엔탈피＋건조도×증발잠열＝ 759＋0.89×2,018＝2555.02kJ/kg
∴ 과열증기열량(q)＝증기량×(과열증기엔탈피－습증기엔탈피)＝100×(3,052－2555.02)＝49,698kcal

정답   47. ①   48. ④   49. ③   50. ③   51. ①   52. ④   53. ②

54 다음 냉방부하요소 중 잠열을 고려하지 않아도 되는 것은?

① 인체에서의 발생열
② 커피포트에서의 발생열
③ 유리를 통과하는 복사열
④ 틈새바람에 의한 취득열

해설 유리를 통과하는 복사열은 현열만 적용된다.

55 증기난방방식에 대한 설명으로 틀린 것은?

① 환수방식에 따라 중력환수식과 진공환수식, 기계환수식으로 구분한다.
② 배관방법에 따라 단관식과 복관식이 있다.
③ 예열시간이 길지만 열량조절이 용이하다.
④ 운전 시 증기해머로 인한 소음을 일으키기 쉽다.

해설 예열시간이 길지만 난방부하변동에 따른 온도조절이 용이한 것은 온수난방이다.

★
56 어떤 냉각기의 1열(列)코일의 바이패스팩터가 0.65라면 4열(列)의 바이패스팩터는 약 얼마가 되는가?

① 0.18
② 1.82
③ 2.83
④ 4.84

해설 BF=$0.65^4 ≒ 0.18$

참고 바이패스팩터(BF)는 가열·냉각코일을 접촉하지 않고 그대로 통과되는 공기의 비율로 0.01~0.2 정도이다.
바이패스팩터 = 1−콘택트팩터(BF = 1−CF)

★
57 EDR(Equivalent Direct Radiation)에 관한 설명으로 틀린 것은?

① 증기의 표준방열량은 650kcal/m^2·h이다.
② 온수의 표준방열량은 450kcal/m^2·h이다.
③ 상당방열면적을 의미한다.
④ 방열기의 표준방열량을 전방열량으로 나눈 값이다.

해설 상당방열면적(EDR)은 방열기의 열량(Q)을 표준방열량(q_0)으로 나누고 환산한 방열기 면적이다.

$$EDR = \frac{Q}{q_0}\,[m^2]$$

여기서, q_0 : 표준방열량(증기 : 650, 온수 : 450)
(kcal/m^2·h)

58 냉수코일설계기준에 대한 설명으로 틀린 것은?

① 코일은 관이 수평으로 놓이게 설치한다.
② 관내 유속은 1m/s 정도로 한다.
③ 공기냉각용 코일의 열수는 일반적으로 4~8 열이 주로 사용된다.
④ 냉수 입·출구온도차는 10℃ 이상으로 한다.

해설 냉수의 입·출구온도차는 5℃가 적당하다.

59 다음 용어에 대한 설명으로 틀린 것은?

① 자유면적 : 취출구 혹은 흡입구 구멍면적의 합계
② 도달거리 : 기류의 중심속도가 0.25m/s에 이르렀을 때 취출구에서의 수평거리
③ 유인비 : 전 공기량에 대한 취출공기량(1차 공기)의 비
④ 강하도 : 수평으로 취출된 기류가 일정 거리만큼 진행한 뒤 기류 중심선과 취출구 중심과의 수직거리

해설 유인비는 취출공기량에 대한 유인공기의 비로 3~4 정도이다.

$$유인비 = \frac{1차\ 공기량 + 2차\ 공기량}{1차\ 공기량}$$

60 덕트의 마찰저항을 증가시키는 요인 중 값이 커지면 마찰저항이 감소되는 것은?

① 덕트재료의 마찰저항계수
② 덕트길이
③ 덕트직경
④ 풍속

해설 덕트직경이 커지면 단면적이 넓어져 마찰저항이 감소한다.

제4과목 **전기제어공학**

61 정격주파수 60Hz의 농형 유도전동기를 50Hz의 정격 전압에서 사용할 때 감소하는 것은?

① 토크
② 온도
③ 역률
④ 여자전류

해설 정격주파수(Hz)가 작아지면 역률이 낮아진다.

62 다음 그림과 같은 피드백회로의 종합전달함수는?

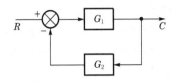

① $\dfrac{1}{G_1} + \dfrac{1}{G_2}$ ② $\dfrac{G_1}{1 - G_1 G_2}$

③ $\dfrac{G_1}{1 + G_1 G_2}$ ④ $\dfrac{G_1 G_2}{1 - G_1 G_2}$

해설 $C = RG_1 - CG_1 G_2$

$C(1 + G_1 G_2) = RG_1$

$\therefore \dfrac{C}{R} = \dfrac{G_1}{1 + G_1 G_2}$

63 도체가 대전된 경우 도체의 성질과 전하분포에 관한 설명으로 틀린 것은?

① 도체 내부의 전계는 ∞이다.
② 전하는 도체표면에만 존재한다.
③ 도체는 등전위이고, 표면은 등전위면이다.
④ 도체표면상의 전계는 면에 대하여 수직이다.

해설 도체 내부의 전계는 0이다.

★
64 어떤 교류전압의 실효값이 100V일 때 최대값은 약 몇 V가 되는가?

① 100 ② 141
③ 173 ④ 200

해설 $V_m = V\sqrt{2} = 100 \times \sqrt{2} ≒ 141\text{V}$

65 제어대상의 상태를 자동적으로 제어하며 목표값이 제어공정과 기타의 제한조건에 순응하면서 가능한 가장 짧은 시간에 요구되는 최종상태까지 가도록 설계하는 제어는?

① 디지털제어 ② 적응제어
③ 최적제어 ④ 정치제어

해설 적응제어, 최적화제어, 학습제어, 계산제어 등으로 부르는 최적제어는 제어대상의 상태를 자동적으로 제어하며 목표값이 제어공정과 기타의 제한조건에 순응하면서 가능한 가장 짧은 시간에 요구되는 최종상태까지 가도록 설계하는 제어이다.

66 PLC(Programmable Logic Controller)에서 CPU부의 구성과 거리가 먼 것은?

① 연산부 ② 전원부
③ 데이터메모리부 ④ 프로그램메모리부

해설 PLC의 CPU부는 연산부(수치연산), 데이터메모리부(처리기능), 프로그램메모리부(제어기능)로 구성된다.

★
67 90Ω의 저항 3개가 △결선으로 되어 있을 때 상당(단상)해석을 위한 등가 Y결선에 대한 각 상의 저항크기는 몇 Ω인가?

① 10 ② 30
③ 90 ④ 120

해설 $Z_a = \dfrac{90 \times 90}{90 + 90 + 90} = 30\,\Omega$

68 다음과 같은 회로에 전압계 3대와 저항 10Ω을 설치하여 $V_1 = 80\text{V}$, $V_2 = 20\text{V}$, $V_3 = 100\text{V}$의 실효치전압을 계측하였다. 이때 순저항부하에서 소모하는 유효전력은 몇 W인가?

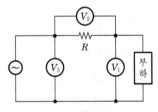

① 160 ② 320
③ 460 ④ 640

해설 $I = \dfrac{V}{R} = \dfrac{20}{10} = 2\text{A}$

$\therefore P = IV = 2 \times 80 = 160\text{W}$

★
69 $G(j\omega) = e^{-0.4}$일 때 $\omega = 2.5$에서의 위상각은 약 몇 도인가?

① -28.6 ② -42.9
③ -57.3 ④ -71.5

정답 62. ③ 63. ① 64. ② 65. ③ 66. ② 67. ② 68. ① 69. ③

2019년

해설 $G(j\omega) = e^{-0.4} = \cos 0.4\omega - j\sin 0.4\omega$

$$\therefore \theta = \angle G(j\omega) = -\tan^{-1}\frac{\sin 0.4\omega}{\cos 0.4\omega} = -0.4\omega$$

$$= -0.4 \times 2.5 = -1\text{rad} = \frac{180°}{\pi} = -57.3°$$

70 단위피드백제어계통에서 입력과 출력이 같다면 전향전달함수 $G(s)$의 값은?

① 0
② 0.707
③ 1
④ ∞

해설 입력과 출력이 같다면 $|G| = \infty$이다.

71 과도응답의 소멸되는 정도를 나타내는 감쇠비(decay ratio)로 옳은 것은?

① $\dfrac{\text{제2오버슛}}{\text{최대오버슛}}$
② $\dfrac{\text{제4오버슛}}{\text{최대오버슛}}$
③ $\dfrac{\text{최대오버슛}}{\text{제2오버슛}}$
④ $\dfrac{\text{최대오버슛}}{\text{제4오버슛}}$

해설 감쇠비 $= \dfrac{\text{제2오버슛}}{\text{최대오버슛}}$

감쇠비(제동비)는 그 값이 0에 가까울수록 응답속도는 늦어진다.

72 유도전동기에서 슬립이 '0'이란 의미와 같은 것은?

① 유도제동기의 역할을 한다.
② 유도전동기가 정지상태이다.
③ 유도전동기가 전부하운전상태이다.
④ 유도전동기가 동기속도로 회전한다.

해설 ㉠ Slip = 0 : 회전자가 동기속도로 회전
ㄴ Slip = 1 : 회전자 정지
ㄷ Slip < 0 : 유도발전기
ㄹ Slip > 1 : 유도제동기

73 다음 설명을 어떤 자성체를 표현한 것인가?

> N극을 가까이 하면 N극으로, S극을 가까이 하면 S극으로 자화되는 물질로 구리, 금, 은 등이 있다.

① 강자성체
② 상자성체
③ 반자성체
④ 초강자성체

해설 반자성체는 물질로 구리, 금, 은 등이 있다.

74 제어계의 분류에서 엘리베이터에 적용되는 제어방법은?

① 정치제어
② 추종제어
③ 비율제어
④ 프로그램제어

해설 프로그램제어는 목표치가 시간과 함께 미리 정해진 변화를 하는 제어로서 열처리의 온도제어, 열차의 무인운전, 엘리베이터 등이 속한다.

★
75 200V, 1kW 전열기에서 전열선의 길이를 1/2로 할 경우 소비전력은 몇 kW인가?

① 1
② 2
③ 3
④ 4

해설 $P_1 = \dfrac{V^2}{R_1}$

$$R_1 = \frac{V^2}{P_1} = \frac{200^2}{1,000} = 40\Omega$$

$$R_2 = R_1 \times \text{배수} = 40 \times \frac{1}{2} = 20\Omega$$

$$\therefore P_2 = \frac{V^2}{R_2} = \frac{200^2}{20} = 2,000\text{W} = 2\text{kW}$$

76 제어장치가 제어대상에 가하는 제어신호로 제어장치의 출력인 동시에 제어대상의 입력인 신호는?

① 조작량
② 제어량
③ 목표값
④ 동작신호

해설 조작량은 제어요소가 제어대상에 주는 양으로 제어대상에 가한 신호로써, 이것에 의해 제어량을 변화시킨다.

77 여러 가지 전해액을 이용한 전기분해에서 동일량의 전기로 석출되는 물질의 양은 각각의 화학당량에 비례한다고 하는 법칙은?

① 줄의 법칙
② 렌츠의 법칙
③ 쿨롱의 법칙
④ 패러데이의 법칙

해설 패러데이의 법칙에 의하면 전극-전해질계면에서 전류에 의해서 생성되는 화학변화의 양은 사용한 전기의 양에 비례하며, 다른 물질에서 동일한 양의 전기에 의해서 일어난 화학변화의 양은 그들의 당량에 비례한다.

정답 70. ④ 71. ① 72. ④ 73. ③ 74. ④ 75. ② 76. ① 77. ④

78 추종제어에 속하지 않는 제어량은?

① 위치   ② 방위

③ 자세   ④ 유량

> **해설** 추종제어는 목표치가 임의의 시간에 변화하는 제어로 위치, 방위, 자세가 속한다.
>
> **암기법** ➔ 추종은 방위세를 내야 한다.

79 제어계의 과도응답특성을 해석하기 위해 사용하는 단위계단입력은?

① $\delta(t)$ ② $u(t)$

③ $-3tu(t)$ ④ $\sin(120\pi t)$

> **해설** 제어계의 과도응답특성을 해석하기 위해 $u(t)$을 사용한다.

★
80 PI동작의 전달함수는? (단, K_P는 비례감도이고, T_I는 적분시간이다.)

① K_P ② $K_P s T_I$

③ $K_P(1+s T_I)$ ④ $K_P\left(1+\dfrac{1}{s T_I}\right)$

> **해설** 전달함수
> ㉠ 비례(P)요소 : K_P
> ㉡ 적분(I)요소 : $\dfrac{K_P}{s}$
> ㉢ 미분(D)요소 : $K_P s$
> ㉣ 비례적분(PI)동작 : $K_P\left(1+\dfrac{1}{s T_I}\right)$
> ㉤ 비례미분(PD)동작 : $K_P(1+s T_I)$
> ㉥ 비례적분미분(PID)동작 : $K_P\left(1+\dfrac{1}{s T_I}+s T_I\right)$

제5과목   배관일반

81 가스미터를 구조상 직접식(실측식)과 간접식(추정식)으로 분류한다. 다음 중 직접식 가스미터는?

① 습식   ② 터빈식

③ 벤투리식   ④ 오리피스식

> **해설** 직접식에는 습식이 있으며 일반 저압용으로 다이어프램식이 있다.

82 전기가 정전되어도 계속하여 급수를 할 수 있으며 급수오염 가능성이 적은 급수방식은?

① 압력탱크방식   ② 수도직결방식

③ 부스터방식   ④ 고가탱크방식

> **해설** 수도직결방식은 정전 시에도 급수가 가능하며 급수오염이 적은 방식이다.

83 냉동장치의 배관공사가 완료된 후 방열공사의 시공 및 냉매를 충전하기 전에 전 계통에 걸쳐 실시하며 진공시험으로 최종적인 기밀 유무를 확인하기 전에 하는 시험은?

① 내압시험   ② 기밀시험

③ 누설시험   ④ 수압시험

> **해설** 누설시험은 냉동장치의 배관공사가 완료된 후 방열공사의 시공 및 냉매를 충전하기 전에 전 계통에 걸쳐 실시하며 진공시험으로 최종적인 기밀 유무를 확인하기 전에 하는 시험이다.

84 배관작업용 공구의 설명으로 틀린 것은?

① 파이프리머(pipe reamer) : 관을 파이프커터 등으로 절단한 후 관 단면의 안쪽에 생긴 거스러미(burr)를 제거

② 플레어링툴(flaring tools) : 동관을 압축이음하기 위하여 관 끝을 나팔모양으로 가공

③ 파이프바이스(pipe vice) : 관을 절단하거나 나사이음을 할 때 관이 움직이지 않도록 고정

④ 사이징툴(sizing tools) : 동일 지름의 관을 이음쇠 없이 납땜이음을 할 때 한쪽 관 끝을 소켓모양으로 가공

> **해설** 사이징툴은 동관의 선단을 정원으로 교정하는 공구이다.

★
85 LP가스 공급, 소비설비의 압력손실요인으로 틀린 것은?

① 배관의 입하에 의한 압력손실

② 엘보, 티 등에 의한 압력손실

③ 배관의 직관부에서 일어하는 압력손실

④ 가스미터, 콕, 밸브 등에 의한 압력손실

> **해설** 배관의 입하에 의한 압력손실은 발생하지 않고 오히려 줄어든다.

정답   78. ④   79. ②   80. ④   81. ①   82. ②   83. ③   84. ④   85. ①

86 배관의 끝을 막을 때 사용하는 이음쇠는?

① 유니언　　② 니플
③ 플러그　　④ 소켓

해설　배관의 끝을 막을 때 사용하는 이음쇠는 캡(cap), 플러그(plug) 등이다.

★
87 통기관의 설치목적으로 가장 거리가 먼 것은?

① 배수의 흐름을 원활하게 하여 배수관의 부식을 방지한다.
② 봉수가 사이펀작용으로 파괴되는 것을 방지한다.
③ 배수계통 내에 신선한 공기를 유입하기 위해 환기시킨다.
④ 배수계통 내의 배수 및 공기의 흐름을 원활하게 한다.

해설　트랩의 봉수를 보호하기 위해 설치하는 통기관은 부식방지와 관계없다.

88 다음 저압가스배관의 직경(D)을 구하는 식에서 S가 의미하는 것은? (단, L은 관의 길이를 의미한다.)

$$D^5 = \frac{Q^2 SL}{K^2 H}$$

① 관의 내경　　② 공급압력차
③ 가스유량　　④ 가스비중

해설　Q : 설계유량(m^3/h), D : 관의 내경(cm), H : 압력손실(mmH$_2$O), L : 배관길이(m)(곡관, 배관부속품 등의 상당 길이 포함), S : 가스비중(공기 : 1)

89 보일러 등 압력용기와 그 밖에 고압유체를 취급하는 배관에 설치하여 관 또는 용기 내의 압력이 규정한도에 달하면 내부에너지를 자동적으로 외부에 방출하여 항상 안전한 수준으로 압력을 유지하는 밸브는?

① 감압밸브　　② 온도조절밸브
③ 안전밸브　　④ 전자밸브

해설　안전밸브는 증기보일러 또는 압력용기 내의 내압이 규정된 압력을 초과하면 초과된 압력을 외부로 배출하여 파열사고를 미연에 방지한다.

90 보온시공 시 외피의 마무리재로서 옥외 노출부에 사용되는 재료로 사용하기에 가장 적당한 것은?

① 면포　　　② 비닐테이프
③ 방수마포　④ 아연철판

해설　보온시공 시 옥외 노출부는 아연철판 등을 사용한다.

★
91 순동이음쇠를 사용할 때에 비하여 동합금주물이음쇠를 사용할 때 고려할 사항으로 가장 거리가 먼 것은?

① 순동이음쇠 사용에 비해 모세관현상에 의한 용융 확산이 어렵다.
② 순동이음쇠와 비교하여 용접재 부착력은 큰 차이가 없다.
③ 순동이음쇠와 비교하여 냉벽 부분이 발생할 수 있다.
④ 순동이음쇠 사용에 비해 열팽창의 불균일에 의한 부정적 틈새가 발생할 수 있다.

해설　모세관현상에 의한 용융납의 확산이 불량하여 용재(봉사)를 사용하여 납땜하여야 한다.

92 급수방식 중 급수량의 변화에 따라 펌프의 회전수를 제어하여 급수압을 일정하게 유지할 수 있는 회전수제어시스템을 이용한 방식은?

① 고가수조방식　　② 수도직결방식
③ 압력수조방식　　④ 펌프직송방식

해설　펌프직송방식은 급수량의 변화에 따라 펌프의 회전수를 제어하여 급수압을 일정하게 유지하는 방식이다.

93 다음 중 난방 또는 급탕설비의 보온재료로 가장 부적합한 것은?

① 유리섬유　　② 발포폴리스티렌폼
③ 암면　　　　④ 규산칼슘

해설　㉠ 보온재 : 암면, 유리섬유, 규산칼슘, 펄라이트 등
　　　㉡ 보냉재 : 발포폴리스티렌폼

94 배수의 성질에 따른 구분에서 수세식 변기의 대·소변에서 나오는 배수는?

① 오수　　　② 잡배수
③ 특수 배수　④ 우수배수

해설 오수란 수세식 변기(대변기 및 소변기 등)에서의 배수, 즉 종이와 고형물을 포함한 배수를 말한다.

95 다음 장치 중 일반적으로 보온, 보냉이 필요한 것은?

① 공조기용의 냉각수배관
② 방열기 주변 배관
③ 환기용 덕트
④ 급탕배관

해설 열손실이 나타나는 급탕배관은 보온, 보냉이 필요하다.

★
96 밀폐배관계에서는 압력계획이 필요하다. 압력계획을 하는 이유로 틀린 것은?

① 운전 중 배관계 내에 대기압보다 낮은 개소가 있으면 접속부에서 공기를 흡입할 우려가 있기 때문에
② 운전 중 수온에 알맞은 최소압력 이상으로 유지하지 않으면 순환수비등이나 플래시현상 발생 우려가 있기 때문에
③ 펌프의 운전으로 배관계 각부의 압력이 감소하므로 수격작용, 공기정체 등의 문제가 생기기 때문에
④ 수온의 변화에 의한 체적의 팽창·수축으로 배관 각부에 악영향을 미치기 때문에

해설 공기흡입, 공기정체, 순환수비등, 국부적 플래시현상 등의 우려와 팽창·수축으로 배관 각부에 악영향을 미치기 때문에 압력계획을 한다.

★
97 리버스리턴 배관방식에 대한 설명으로 틀린 것은?

① 각 기기 간의 배관회로길이가 거의 같다.
② 저항의 밸런싱을 취하기 쉽다.
③ 개방회로시스템(open loop system)에서 권장된다.
④ 환수관이 2중이므로 배관설치공간이 커지고 재료비가 많이 든다.

해설 리버스리턴방식
㉠ 공급관과 환수관의 이상적인 수량의 배분과 입상관에서 정수두(마찰손실수두)의 영향이 없게 하기 위하여 채용한다.
㉡ 개방회로시스템은 아니다.

98 패럴렐슬라이드밸브(parallel slide valve)에 대한 설명으로 틀린 것은?

① 평행한 두 개의 밸브 몸체 사이에 스프링이 삽입되어 있다.
② 밸브 몸체와 디스크 사이에 시트가 있어 밸브측면의 마찰이 적다.
③ 쐐기모양의 밸브로서 쐐기의 각도는 보통 6~8° 이다.
④ 밸브시트는 일반적으로 경질금속을 사용한다.

해설 서로 평행인 2개의 밸브디스크의 조합으로 구성된 패럴렐슬라이드밸브는 유체의 압력에 의해 출구 쪽의 밸브시트면에 면압을 주는 게이트밸브로 쐐기의 각도는 0°로 평행하다.

★
99 5세주형 700mm의 주철제방열기를 설치하여 증기온도가 110℃, 실내공기온도가 20℃이며 난방부하가 29kW일 때 방열기의 소요쪽수는? (단, 방열계수는 8W/m² · ℃, 1쪽당 방열면적은 0.28m²이다.)

① 144쪽
② 154쪽
③ 164쪽
④ 174쪽

해설 방열기 방열량(H)= $k(t_2 - t_1)$
$$= 8 \times (110 - 20) = 720 \text{W/m}^2$$
∴ 방열기 쪽수(Z)
$$= \frac{\text{난방부하}}{\text{방열기 방열량} \times 1\text{쪽당 방열면적}}$$
$$= \frac{29 \times 10^3}{720 \times 0.28} ≒ 144\text{쪽}$$

100 다음 중 열팽창에 의한 관의 신축으로 배관의 이동을 구속 또는 제한하는 장치가 아닌 것은?

① 앵커(anchor)
② 스토퍼(stopper)
③ 가이드(guide)
④ 인서트(insert)

해설 리스트레인트는 열팽창에 의한 배관의 이동을 구속 또는 제한하는 장치로, 종류는 앵커, 스톱, 가이드가 있다.

참고 인서트 : 배관 또는 덕트를 천장에 매달아 지지할 때 미리 콘크리트에 매입하는 장치

정답 95. ④ 96. ③ 97. ③ 98. ③ 99. ① 100. ④

2019년

2019년 제3회 공조냉동기계기사

기계 열역학

01 두께 10mm, 열전도율 15W/m·℃인 금속판 두 면의 온도가 각각 70℃와 50℃일 때 전열면 1m²당 1분 동안에 전달되는 열량(kJ)은 얼마인가?

① 1,800 　　　　② 14,000
③ 92,000 　　　　④ 162,000

해설 $Q = \lambda A \left(\dfrac{t_1 - t_2}{L} \right) \times 60 \times 10^{-3}$

$= 15 \times 1 \times \dfrac{70 - 50}{0.01} \times 60 \times 10^{-3} = 1,800 \text{kJ}$

02 압축비가 18인 오토사이클의 효율(%)은? (단, 기체의 비열비는 1.41이다.)

① 65.7 　　　　② 69.4
③ 71.3 　　　　④ 74.6

해설 $\eta = 1 - \dfrac{T_4 - T_1}{T_3 - T_2} = 1 - \left(\dfrac{V_2}{V_1} \right)^{k-1} = 1 - \left(\dfrac{1}{\varepsilon} \right)^{k-1}$

$= 1 - \left(\dfrac{1}{18} \right)^{1.41-1} = 0.694 ≒ 69.4\%$

03 800kPa, 350℃의 수증기를 200kPa로 교축한다. 이 과정에 대하여 운동에너지의 변화를 무시할 수 있다고 할 때 이 수증기의 Joule-Thomson계수(K/kPa)는 얼마인가? (단, 교축 후의 온도는 344℃이다.)

① 0.005 　　　　② 0.01
③ 0.02 　　　　④ 0.03

해설 $\mu_{JT} = \left(\dfrac{\partial T}{\partial P} \right)_{h=constant} = \dfrac{T_1 - T_2}{P_1 - P_2}$

$= \dfrac{(273 + 350) - (273 + 344)}{800 - 200} = 0.01 \text{K/kPa}$

04 표준대기압상태에서 물 1kg이 100℃로부터 전부 증기로 변하는 데 필요한 열량이 0.652kJ이다. 이 증발과정에서의 엔트로피 증가량(J/K)은 얼마인가?

① 1.75 　　　　② 2.75
③ 3.75 　　　　④ 4.00

해설 $\Delta S = \dfrac{\Delta Q}{T} = \dfrac{\text{열량}}{\text{절대온도}} = \dfrac{0.652}{273 + 100} ≒ 1.75 \text{J/kg}$

05 냉동기 팽창밸브장치에서 교축과정을 일반적으로 어떤 과정이라고 하는가? (단, 이때 일반적으로 운동에너지 차이를 무시한다.)

① 정압과정 　　　　② 등엔탈피과정
③ 등엔트로피과정 　　　　④ 등온과정

해설 팽창밸브에서 교축과정은 등엔탈피과정, 엔트로피 증가, 온도강하, 압력 강하로 나타난다.

06 최고온도(T_H)와 최저온도(T_L)가 모두 동일한 이상적인 가역사이클 중 효율이 다른 하나는? (단, 사이클작동에 사용되는 가스(기체)는 모두 동일하다.)

① 카르노사이클 　　　　② 브레이튼사이클
③ 스털링사이클 　　　　④ 에릭슨사이클

해설 브레이튼(Brayton)사이클은 2개의 단열과정+2개의 정압과정으로 정압연소사이클이다.

07 냉동효과가 70kW인 냉동기의 방열기온도가 20℃, 흡열기온도가 10℃이다. 이 냉동기를 운전하는 데 필요한 압축기의 이론동력(kW)은 얼마인가?

① 6.02 　　　　② 6.98
③ 7.98 　　　　④ 8.99

해설 $N_{kW} = \left(\dfrac{T_1 - T_2}{T_2} \right) Q_e = \dfrac{(273 + 20) - (273 + 10)}{273 - 10} \times 70$

$≒ 7.98 \text{kW}$

정답 01. ① 　02. ② 　03. ② 　04. ① 　05. ② 　06. ② 　07. ③

★
08 체적이 1m³인 용기에 물이 5kg 들어있으며 그 압력을 측정해보니 500kPa이었다. 이 용기에 있는 물 중에 증기량(kg)은 얼마인가? (단, 500kPa에서 포화액체와 포화증기의 비체적은 각각 0.001093m³/kg, 0.37489m³/kg이다.)

① 0.005 　　　　② 0.94
③ 1.87 　　　　④ 2.66

해설 $v_x = \dfrac{v}{G} = \dfrac{1}{5} = 0.2\text{m}^3/\text{kg}$

$x = \dfrac{v_x - v'}{v'' - v'} = \dfrac{0.2 - 0.001093}{0.37489 - 0.001093} = 0.5321$

$\therefore g = Gx = 5 \times 0.5321 = 2.66\text{kg}$

09 배기량(displacement volume)이 1,200cc, 극간체적(clearance volume)이 200cc인 가솔린기관의 압축비는 얼마인가?

① 5 　　　　② 6
③ 7 　　　　④ 8

해설 $\varepsilon = 1 + \dfrac{v_2}{v_1} = 1 + \dfrac{1,200}{200} = 7$

★
10 다음 그림과 같이 다수의 추를 올려놓은 피스톤이 끼워져 있는 실린더에 들어있는 가스를 계로 생각한다. 초기압력이 300kPa이고, 초기체적은 0.05m³이다. 피스톤을 고정하여 체적을 일정하게 유지하면서 압력이 200kPa로 떨어질 때까지 계에서 열을 제거한다. 이때 계가 외부에 한 일(kJ)은 얼마인가?

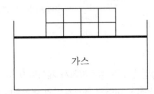

가스

① 0 　　　　② 5
③ 10 　　　　④ 15

해설 체적이 일정하므로 $V_2 = V_1$이다.

$\therefore {}_1W_2 = $ 압력 $\times$ (변화체적 $-$ 초기체적)
$= P(V_2 - V_1) = 0$

11 국소대기압력이 0.099MPa일 때 용기 내 기체의 게이지압력이 1MPa이었다. 기체의 절대압력(MPa)은 얼마인가?

① 0.901 　　　　② 1.099
③ 1.135 　　　　④ 1.275

해설 절대압력(P_a)=대기압+게이지압=$P_o + P_g$
　　　　=$0.099 + 1 = 1.099$MPa

12 질량 4kg의 액체를 15℃에서 100℃까지 가열하기 위해 714kJ의 열을 공급하였다면 액체의 비열(kJ/kg·K)은 얼마인가?

① 1.1 　　　　② 2.1
③ 3.1 　　　　④ 4.1

해설 $Q = GC(t_2 - t_1)$

$\therefore C = \dfrac{Q}{G(t_2 - t_1)} = \dfrac{714}{4 \times (100 - 15)} = 2.1\text{kJ/kg} \cdot \text{K}$

★
13 공기 3kg이 300K에서 650K까지 온도가 올라갈 때 엔트로피변화량(J/K)은 얼마인가? (단, 이때 압력은 100kPa에서 550kPa로 상승하고, 공기의 정압비열은 1.005kJ/kg·K, 기체상수는 0.287kJ/kg·K이다.)

① 712 　　　　② 863
③ 924 　　　　④ 966

해설 $\Delta S = C_p \ln \dfrac{V_2}{V_1} = C_p \ln \dfrac{T_2}{T_1} - R \ln \dfrac{P_2}{P_1}$

$= G\left(C_p \ln \dfrac{T_2}{T_1} - R \ln \dfrac{P_2}{P_1}\right)$

$= 3 \times \left(1.005 \times \ln \dfrac{650}{300} - 0.287 \times \ln \dfrac{550}{100}\right)$

$≒ 0.863\text{kJ/K} = 863\text{J/K}$

14 열역학적 상태량은 일반적으로 강도성 상태량과 용량성 상태량으로 분류할 수 있다. 강도성 상태량에 속하지 않는 것은?

① 압력 　　　　② 온도
③ 밀도 　　　　④ 체적

해설 ㉠ 강도성 상태량 : 온도, 압력, 비체적, 밀도
㉡ 용량성 상태량 : 체적, 내부에너지, 엔탈피, 엔트로피

2019년

15 공기 표준브레이턴(Brayton)사이클기관에서 최고압력이 500kPa, 최저압력은 100kPa이다. 비열비(k)가 1.4일 때 이 사이클의 열효율(%)은?

① 3.9 　　② 18.9

③ 36.9 　　④ 26.9

해설　$\gamma = \dfrac{P_2}{P_1} = \dfrac{500}{100} = 5$

$\therefore \eta = 1 - \left(\dfrac{1}{\gamma}\right)^{\frac{k-1}{k}} = 1 - \left(\dfrac{1}{5}\right)^{\frac{1.4-1}{1.4}} = 0.369$

$\fallingdotseq 36.9\%$

16 다음 냉동 사이클에서 열역학 제1법칙과 제2법칙을 모두 만족하는 Q_1, Q_2, W는?

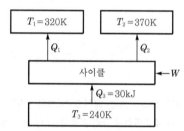

① $Q_1 = 20\text{kJ}$, $Q_2 = 20\text{kJ}$, $W = 20\text{kJ}$

② $Q_1 = 20\text{kJ}$, $Q_2 = 30\text{kJ}$, $W = 20\text{kJ}$

③ $Q_1 = 20\text{kJ}$, $Q_2 = 20\text{kJ}$, $W = 10\text{kJ}$

④ $Q_1 = 20\text{kJ}$, $Q_2 = 15\text{kJ}$, $W = 5\text{kJ}$

해설　㉠ $Q_3 + W = Q_1 + Q_2$일 때 $30 + 20 = 20 + 30$이므로 열역학 제1법칙은 성립한다.

㉡ $\Delta S = S_2 - S_1 = \left(\dfrac{Q_1}{T_1} + \dfrac{Q_2}{T_2}\right) - \dfrac{Q_3}{T_3} > 0$일 때

$\left(\dfrac{20}{320} + \dfrac{30}{370}\right) - \dfrac{30}{240} > 0$이므로 열역학 제2법칙은 성립한다.

$\therefore Q_1 = 20\text{kJ}$, $Q_2 = 30\text{kJ}$, $W = 20\text{kJ}$

17 증기가 디퓨저를 통하여 0.1MPa, 150℃, 200m/s의 속도로 유입되어 출구에서 50m/s의 속도로 빠져나간다. 이때 외부로 방열된 열량이 500J/kg일 때 출구엔탈피(kJ/kg)는 얼마인가? (단, 입구의 0.1MPa, 150℃상태에서 엔탈피는 2776.4kJ/kg이다.)

① 2751.3 　　② 2778.2

③ 2794.7 　　④ 2812.4

해설　$h_2 = h_1 - q_{out} - \dfrac{V_2^2 - V_1^2}{2}$

$= 2776.4 - 0.5 - \dfrac{50^2 - 200^2}{2} \times 10^{-3}$

$\fallingdotseq 2794.7\text{kJ/kg}$

18 체적이 0.5m³인 탱크에 분자량이 24kg/kmol인 이상기체 10kg이 들어있다. 이 기체의 온도가 25℃일 때 압력(kPa)은 얼마인가? (단, 일반기체상수는 8.3143kJ/kmol·K이다.)

① 126 　　② 845

③ 2,066 　　④ 49,578

해설　$PV = GRT$

$\therefore P = \dfrac{GRT}{V} = \dfrac{G\dfrac{\overline{R}}{M}T}{V} = \dfrac{10 \times \dfrac{8.313}{24} \times (273 + 25)}{0.5}$

$\fallingdotseq 2,066\text{kN/m}^2 = 2,066\text{kPa}$

19 이상적인 카르노사이클 열기관에서 사이클당 585.5J의 일을 얻기 위하여 필요로 하는 열량이 1kJ이다. 저열원의 온도가 15℃라면 고열원의 온도(℃)는 얼마인가?

① 422 　　② 595

③ 695 　　④ 722

해설　$\eta = \dfrac{W_{net}}{Q} = 1 - \dfrac{T_2}{T_1}$

$\dfrac{585.5}{1 \times 10^3} = 1 - \dfrac{273 + 15}{T_1}$

$\therefore T_1 = \dfrac{273 + 15}{1 - \dfrac{585.5}{1 \times 10^3}} \fallingdotseq 694.813\text{K} - 273 \fallingdotseq 422℃$

20 5kg의 산소가 정압하에서 체적이 0.2m³에서 0.6m³로 증가했다. 이때의 엔트로피의 변화량(kJ/K)은 얼마인가? (단, 산소는 이상기체이며, 정압비열은 0.92kJ/kg·K이다.)

① 1.857 　　② 2.746

③ 5.054 　　④ 6.507

해설　$\Delta S = GC_p \ln \dfrac{V_2}{V_1} = 5 \times 0.92 \times \ln \dfrac{0.6}{0.2} \fallingdotseq 5.054\text{kJ/K}$

제2과목　냉동공학

★
21 다음 중 흡수식 냉동기의 냉매흐름순서로 옳은 것은?

① 발생기→흡수기→응축기→증발기
② 발생기→흡수기→증발기→응축기
③ 흡수기→발생기→응축기→증발기
④ 응축기→흡수기→발생기→증발기

해설 ㉠ 냉매순환경로
- 흡수기 → 재생기(발생기) → 응축기 → 증발기(냉각기)

암기법 ➡ 흡수하여 재생하니 응카(축) 증발하네.

- 증발기 → 흡수기 → 열교환기(생략 가능) → 재생기(발생기) → 응축기 → 증발기

암기법 ➡ 증발하면 흡수되어 열(교환)로 재생해 응카(축)하네.

㉡ 흡수제순환경로 : 흡수기 → 열교환기 → 재생기(발생기) → 열교환기 → 흡수기

22 다음 그림은 단효용흡수식 냉동기에서 일어나는 과정을 나타낸 것이다. 각 과정에 대한 설명으로 틀린 것은?

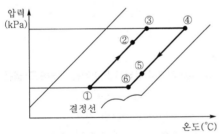

① ①→②과정 : 재생기에서 돌아오는 고온 농용용액과 열교환에 의한 희용액의 온도 증가
② ②→③과정 : 재생기 내에서 비등점에 이르기까지의 가열
③ ③→④과정 : 재생기 내에서 가열에 의한 냉매응축
④ ④→⑤과정 : 흡수기에서의 저온 희용액과 열교환에 의한 농용액의 온도 감소

해설 ③→④과정 : 재생기(발생기) 내에서의 가열에 의한 냉매 분리 및 흡수제 농축

23 다음 중 스크루압축기의 구성요소가 아닌 것은?

① 스러스트베어링　② 수로터
③ 암로터　　　　　④ 크랭크축

해설 스크루압축기는 암·수회전축(수로터, 암로터), 스러스트베어링, 오일펌프, 밸런스피스톤 등으로 구성된다.

★
24 다음 카르노사이클의 $P-V$선도를 $T-S$선도로 바르게 나타낸 것은?

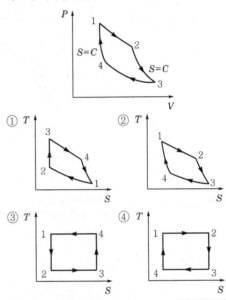

해설 **카르노사이클의 과정** : 등온팽창(1→2), 단열팽창(2→3), 등온압축(3→4), 단열압축(4→1)(등온과정 2, 단열과정 2)

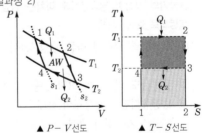

▲ $P-V$선도　　　▲ $T-S$선도

25 다음 중 일반적으로 냉방시스템에서 물을 냉매로 사용하는 냉동방식은?

① 터보식　　　② 흡수식
③ 전자식　　　④ 증기압축식

해설 흡수식 냉동장치와 증기분사식 냉동장치는 물을 냉매로 사용하는 장치이다.

★
26 다음 그림과 같은 2단 압축 1단 팽창식 냉동장치에서 고단측의 냉매순환량(kg/h)은? (단, 저단측 냉매순환량은 1,000kg/h이며, 각 지점에서의 엔탈피는 다음 표와 같다.)

지점	엔탈피 (kJ/kg)	지점	엔탈피 (kJ/kg)
1	1641.2	4	1838.0
2	1796.1	5	535.9
3	1674.7	7	420.8

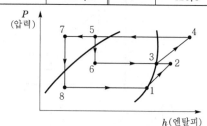

① 1058.2
② 1207.7
③ 1488.5
④ 1594.6

해설 냉매순환량(kg/h) = $\dfrac{냉동능력(kcal/h)}{냉동효과(kcal/kg)}$

냉동능력(kcal/h) = 냉매순환량(kg/h)×냉동효과(kcal/kg)

$G_l(h_2 - h_7) = G_h(h_3 - h_5)$

$\therefore G_h = \dfrac{G_l(h_2 - h_7)}{h_3 - h_5} = \dfrac{1,000 \times (1796.1 - 420.8)}{1674.7 - 535.9}$

$\fallingdotseq 1207.7 kg/h$

27 증발기의 착상이 냉동장치에 미치는 영향에 대한 설명으로 틀린 것은?

① 냉동능력 저하에 따른 냉장(동)실 내 온도 상승
② 증발온도 및 증발압력의 상승
③ 냉동능력당 소요동력의 증대
④ 액압축 가능성의 증대

해설 증발기에 착상이 생기면 증발온도와 증발압력이 낮아진다.

28 스테판-볼츠만(Stefan-Boltzmann)의 법칙과 관계있는 열이동현상은?

① 열전도
② 열대류
③ 열복사
④ 열통과

해설 스테판-볼츠만의 법칙이란 물체는 그 표면에서 그 온도와 상태에 따라 여러 가지 파장의 방사에너지를 전자파형태로 방사하여 다른 물체로 열전달이 이루어지는 것을 복사열전달을 한다.

★
29 전열면적 40m², 냉각수량 300L/min, 열통과율 3,140kJ/m²·h·℃인 수냉식 응축기를 사용하며, 응축부하가 439,614kJ/h일 때 냉각수 입구온도가 23℃이라면 응축온도(℃)는 얼마인가? (단, 냉각수의 비열은 4.186kJ/kg·K이다.)

① 29.42℃
② 25.92℃
③ 20.35℃
④ 18.28℃

해설 ㉠ $Q_c = WC\Delta t \times 60 = WC(t_{w1} - t_{w2}) \times 60[kJ/h]$

$\therefore t_{w1} = \dfrac{Q_c}{WC \times 60} + t_{w2}$

$= \dfrac{439,614}{300 \times 4.186 \times 60} + 23$

$= 28.83℃$

㉡ $Q_c = kA\Delta t_m[kJ/h]$

$\therefore \Delta t_m = \dfrac{Q_c}{kA} = \dfrac{439,614}{3,140 \times 40} = 3.55℃$

㉢ $\Delta t_m = t_c - \dfrac{t_{w1} + t_{w2}}{2}$

$\therefore t_c = \Delta t_m + \dfrac{t_{w1} + t_{w2}}{2} = 3.55 + \dfrac{28.83 + 23}{2}$

$\fallingdotseq 29.42℃$

★
30 냉동기에서 유압이 낮아지는 원인으로 옳은 것은?

① 유온이 낮은 경우
② 오일이 과충전된 경우
③ 오일에 냉매가 혼입된 경우
④ 유압조정밸브의 개도가 적은 경우

해설 **냉동기의 유압이 낮아지는 원인**
㉠ 유압계, 오일펌프의 고장 시
㉡ 유압계의 배관이 막혔을 때
㉢ 유압조정밸브가 많이 열렸을 때
㉣ 오일에 냉매가 혼입될 때
㉤ 각 베어링 부분의 마모가 심할 때
㉥ 냉동기유의 온도가 높을 때
㉦ 고도의 진공운전 시
㉧ 유량 부족 시

정답 26. ② 27. ② 28. ③ 29. ① 30. ③

31 불응축가스가 냉동장치에 미치는 영향으로 틀린 것은?

① 체적효율 상승 ② 응축압력 상승
③ 냉동능력 감소 ④ 소요동력 증대

해설 **불응축가스에 의한 영향** : 고압측 압력 상승(응축압력), 소비동력 증가, 응축기의 전열면적 감소로 전열불량, 응축기의 응축온도 상승, 압축비 증대, 체적효율 감소, 냉매순환량 감소, 냉동능력 감소, 토출가스온도 상승, 실린더 과열

32 냉동기유의 역할로 가장 거리가 먼 것은?

① 윤활작용 ② 냉각작용
③ 탄화작용 ④ 밀봉작용

해설 **윤활유의 역할** : 윤활작용(마모방지), 부식방지, 냉매누설방지(밀봉작용), 동력손실 감소, 냉각작용

33 1대의 압축기로 −20℃, −10℃, 0℃, 5℃의 온도가 다른 저장실로 구성된 냉동장치에서 증발압력조정밸브(EPR)를 설치하지 않는 저장실은?

① −20℃의 저장실 ② −10℃의 저장실
③ 0℃의 저장실 ④ 5℃의 저장실

해설 가장 온도가 낮은 곳에는 증발압력조정밸브를 설치하지 않는다.

★
34 물속에 지름 10cm, 길이 1m인 배관이 있다. 이때 표면온도가 114℃로 가열되고 있고 주위온도가 30℃라면 열전달률(kW)은? (단, 대류열전달계수는 1.6kW/m² · K이며, 복사열전달은 없는 것으로 가정한다.)

① 36.7 ② 42.2
③ 45.3 ④ 96.3

해설 $Q = hA(T_w - T)$
$= 1.6 \times (3.14 \times 0.1 \times 1) \times (114 - 30) ≒ 42.2\text{kW}$

35 냉동장치에서 1원 냉동사이클과 2원 냉동사이클을 구분 짓는 가장 큰 차이점은?

① 증발기의 대수 ② 압축기의 대수
③ 사용냉매개수 ④ 중간냉각기의 유무

해설 1원 냉동사이클과 2원 냉동사이클은 냉동장치 내의 사용 냉매개수에 따라 구분 짓는다.

★
36 냉장고 방열벽의 열통과율이 0.000117kW/m² · K일 때 방열벽의 두께(cm)는? (단, 각 값은 다음 표와 같으며, 방열재 이외의 열전도저항은 무시하는 것으로 한다.)

외기와 외벽면과의 열전달률	0.023kW/m² · K
고내 공기와 내벽면과의 열전달률	0.0116kW/m² · K
방열벽의 열전도율	0.000046kW/m · K

① 35.6 ② 37.1
③ 38.7 ④ 41.8

해설 $k = \dfrac{1}{\dfrac{1}{\alpha_1} + \dfrac{l}{\lambda} + \dfrac{1}{\alpha_2}}$

$\therefore l = \lambda \left(\dfrac{1}{k} - \dfrac{1}{\alpha_1} - \dfrac{1}{\alpha_2} \right)$

$= 0.000046 \times \left(\dfrac{1}{0.000117} - \dfrac{1}{0.023} - \dfrac{1}{0.0116} \right)$

$≒ 0.3872\text{m} = 38.7\text{cm}$

37 2단 압축냉동장치에서 관한 설명으로 틀린 것은?

① 동일한 증발온도를 얻을 때 단단 압축냉동장치 대비 압축비를 감소시킬 수 있다.
② 일반적으로 2개의 냉매를 사용하여 −30℃ 이하의 증발온도를 얻기 위해 사용된다.
③ 중간냉각기는 증발기에 공급하는 액을 과냉각시키고 냉동효과를 증대시킨다.
④ 중간냉각기는 냉매증기와 냉매액을 분리시켜 고단측 압축기 액백현상을 방지한다.

해설 일반적으로 2개의 냉매를 사용하여 −30℃ 이하의 증발온도를 얻기 위해 사용되는 것은 2원 냉동장치이다.

38 다음 중 이중효용흡수식 냉동기는 단효용흡수식 냉동기와 비교하여 어떤 장치가 복수개로 설치되는가?

① 흡수기 ② 증발기
③ 응축기 ④ 재생기

해설 재생기는 단효용흡수식 냉동기가 1개, 이중효용흡수식 냉동기가 2개 설치되어 있다.

정답 31. ① 32. ③ 33. ① 34. ② 35. ③ 36. ③ 37. ② 38. ④

2019년

★
39 냉동능력이 5kW인 제빙장치에서 0℃의 물 20kg을 모두 0℃ 얼음으로 만드는 데 걸리는 시간(min)은 얼마인가? (단, 0℃ 얼음의 융해열은 334kJ/kg이다.)

① 22.2 ② 18.7
③ 13.4 ④ 11.2

해설 $Q_e = 5 \times 60 = 300\text{kJ/min}$

$Q_L = G\gamma = 20 \times 334 = 6,680\text{kJ}$

$\therefore t = \dfrac{Q_L}{Q_e} = \dfrac{6,680}{300} = 22.27\text{min}$

40 다음 중 동일한 조건에서 열전도도가 가장 낮은 것은?

① 물 ② 얼음
③ 공기 ④ 콘크리트

해설 **열전도도** : 공기(0.0234W/m·K)＜물(0.6W/m·K)
＜콘크리트(1.3W/m·K)＜얼음(1.6W/m·K)

제3과목 **공기조화**

★
41 실내난방을 온풍기로 하고 있다. 이때 실내현열량 6.5kW, 송풍공기온도 30℃, 외기온도 −10℃, 실내온도 20℃일 때 온풍기의 풍량(m³/h)은 얼마인가? (단, 공기비열은 1.005kJ/kg·K, 밀도는 1.2kg/m³이다.)

① 1940.2 ② 1882.1
③ 1324.1 ④ 890.1

해설 $Q = \dfrac{\text{실내현열량}}{\text{밀도} \times \text{비열} \times (\text{송풍공기온도} - \text{실내온도})}$

$= \dfrac{6.5 \times 3,600}{1.2 \times 1.005 \times (30 - 20)} = 1940.2\text{m}^3/\text{h}$

42 공기조화방식 중 중앙식의 수−공기방식에 해당하는 것은?

① 유인유닛방식
② 패키지유닛방식
③ 단일덕트 정풍량방식
④ 이중덕트 정풍량방식

해설 ② 개별식 중 냉매방식
③, ④ 중앙식 중 전공기방식

★
43 난방설비에 관한 설명으로 옳은 것은?

① 증기난방은 실내 상하온도차가 적은 특징이 있다.
② 복사난방의 설비비는 온수나 증기난방에 비해 저렴하다.
③ 방열기의 트랩은 증기의 유량을 조절하는 역할을 한다.
④ 온풍난방은 신속한 난방효과를 얻을 수 있는 특징이 있다.

해설 **난방설비(온풍난방)**
㉠ 예열시간이 짧고 연료비가 적다.
㉡ 설비비가 비교적 저렴하다.
㉢ 공기의 대류를 이용한 방식이다.
㉣ 실내 상하의 온도차가 크다.
㉤ 소음이 생기기 쉽다.

★
44 덕트설계 시 주의사항으로 틀린 것은?

① 덕트의 분기지점에 댐퍼를 설치하여 압력평행을 유지시킨다.
② 압력손실이 적은 덕트를 이용하고 확대 시와 축소 시에는 일정 각도 이내가 되도록 한다.
③ 종횡비(aspect ratio)는 가능한 크게 하여 덕트 내 저항을 최소화한다.
④ 덕트 굴곡부의 곡률반경은 가능한 크게 하며, 곡률이 매우 작을 경우 가이드베인을 설치한다.

해설 **덕트설계 시 주의사항**
㉠ 덕트의 풍속은 15m/s 이하, 정압 50mmAq 이하의 저속덕트를 이용하여 소음을 줄인다.
㉡ 재료는 아연도금철판, 알루미늄판 등을 이용하여 마찰저항손실을 줄인다.
㉢ 종횡비는 가능한 한 작게 해야 저항이 적어진다. 최대 8:1 이하로 하고 가능한 한 4:1 이하로 제한함으로써 재료가 적게 들게 한다.
㉣ 압력손실이 적은 덕트를 이용하고 확대각도는 20° 이하(최대 30°), 축소각도는 45° 이하로 한다.
㉤ 덕트가 분기되는 지점에 댐퍼를 설치하여 압력평행을 유지시킨다.

정답 **39.** ① **40.** ③ **41.** ① **42.** ① **43.** ④ **44.** ③

45 보일러의 능력을 나타내는 표시방법 중 가장 적은 값을 나타내는 출력은?

① 정격출력
② 과부하출력
③ 정미출력
④ 상용출력

해설 **보일러의 능력**
㉠ 정미출력＝난방부하＋급탕부하
㉡ 상용출력＝난방부하＋급탕부하＋배관부하＝정미출력＋배관부하
㉢ 정격출력＝난방부하＋급탕부하＋배관부하＋예열부하＝상용출력＋예열부하
㉣ 과부하출력 : 24시간 연속운전 중 2시간 동안 연속적으로 운전 가능한 과부하출력을 기준(출력의 10~20% 더 많이 출력)

★
46 다음 공기선도상에서 난방풍량이 25,000m³/h인 경우 가열코일의 열량(kW)은? (단, 1은 외기, 2는 실내상태점을 나타내며, 공기의 비중량은 1.2kg/m³ 이다.)

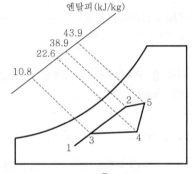

① 98.3
② 87.1
③ 73.2
④ 61.4

해설 $q = \dfrac{Q\gamma(h_4 - h_3)}{3,600} = \dfrac{25,000 \times 1.2 \times (22.6 - 10.8)}{3,600}$
$= 98.3\text{kW}$

47 다음 가습방법 중 물분무식이 아닌 것은?

① 원심식
② 초음파식
③ 노즐분무식
④ 적외선식

해설 ㉠ 물분무식 : 원심식, 초음파식, 노즐분무식
㉡ 증기발생식 : 전열식, 전극식, 적외선식(청정, 정밀제어용)

★
48 가로 20m, 세로 7m, 높이 4.3m인 방이 있다. 다음 표를 이용하여 용적기준으로 한 전체 필요환기량 (m³/h)은?

실용적 (m³)	500 미만	500~ 1,000	1,000~ 1,500	1,500~ 2,000	2,000~ 2,500
환기횟수 n[회/h]	0.7	0.6	0.55	0.5	0.42

① 421
② 361
③ 331
④ 253

해설 $V = xyh \equiv 20 \times 7 \times 4.3 = 602\text{m}^3$
주어진 표에서 $n = 0.6$회/h
∴ $Q = nV = 0.6 \times 602 = 361.2\text{m}^3/\text{h}$

49 덕트의 부속품에 관한 설명으로 틀린 것은?

① 댐퍼는 통과풍량의 조정 또는 개폐에 사용되는 기구이다.
② 분기덕트 내의 풍량제어용으로 주로 익형댐퍼를 사용한다.
③ 방화구획 관통부에는 방화댐퍼 또는 방연댐퍼를 설치한다.
④ 가이드베인은 곡부의 기류를 세분해서 와류의 크기를 적게 하는 것이 목적이다.

해설 분기덕트 내의 풍량제어용으로 주로 스플릿댐퍼(split damper)를 사용한다.

★
50 유인유닛방식에 관한 설명으로 틀린 것은?

① 각 실 제어를 쉽게 할 수 있다.
② 덕트스페이스를 작게 할 수 있다.
③ 유닛에는 가동 부분이 없어 수명이 길다.
④ 송풍량이 비교적 커 외기냉방효과가 크다.

해설 **유인유닛방식**
㉠ 각 유닛마다 개별제어가 가능하다.
㉡ 고속덕트를 채용하므로 덕트공간이 적게 차지한다.
㉢ 가동 부분이 없어 수명이 반영구적이다.
㉣ 외기냉방효과가 적다.
㉤ 유인비는 보통 3~4 정도로 한다.
㉥ 유닛에는 동력배선이 필요하지 않는다.

정답 45. ③ 46. ① 47. ④ 48. ② 49. ② 50. ④

★

51 난방부하가 10kW인 온수난방설비에서 방열기의 출·입구온도차가 12℃이고, 실내·외온도차가 18℃일 때 온수순환량(kg/s)은 얼마인가? (단, 물의 비열은 4.2kJ/kg · ℃이다.)

① 1.3 ② 0.8
③ 0.5 ④ 0.2

해설 $L_H = \dfrac{860 H_b}{0.24 \times 3,600\, C \Delta t}$

$= \dfrac{860 \times 10}{0.24 \times 3,600 \times 4.2 \times (18-12)} \fallingdotseq 0.2 \text{kg/s}$

52 공조기용 코일은 관내 유속에 따라 배열방식을 구분하는데, 그 배열방식에 해당하지 않는 것은?

① 풀서킷 ② 더블서킷
③ 하프서킷 ④ 톱다운서킷

해설 코일의 배열방식에 따른 종류
  ㉠ 풀서킷 : 보통 많이 사용하는 형식
  ㉡ 더블서킷 : 유량이 많은 경우
  ㉢ 하프서킷 : 유량이 적어서 유속이 느린 경우

53 어떤 단열된 공조기의 장치도가 다음 그림과 같을 때 수분비(U)를 구하는 식으로 옳은 것은? (단, h_1, h_2 : 입구 및 출구 엔탈피(kJ/kg), x_1, x_2 : 입구 및 출구 절대습도(kg/kg), q_s : 가열량(W), L : 가습량(kg/h), h_L : 가습 부분(L)의 엔탈피(kJ/kg), G : 유량(kg/h)이다.)

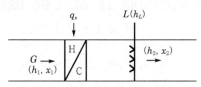

① $U = \dfrac{q_s}{G} - h_L$ ② $U = \dfrac{q_s}{L} - h_L$

③ $U = \dfrac{q_s}{L} + h_L$ ④ $U = \dfrac{q_s}{G} + h_L$

해설 $U = \dfrac{dh}{dx} = \dfrac{\text{엔탈피변화}}{\text{절대온도변화}}$

$= \dfrac{q_s + q_L}{L} = \dfrac{q_s + L h_L}{L} = \dfrac{q_s}{L} + h_L$

54 다음의 특징에 해당하는 보일러는 무엇인가?

> 공조용으로 사용하기보다는 편리하게 고압의 증기를 발생하는 경우에 사용하며 드럼이 없이 수관으로 되어 있다. 보유수량이 적어 가열시간이 짧고 부하변동에 대한 추종성이 좋다.

① 주철제보일러 ② 연관보일러
③ 수관보일러 ④ 관류보일러

해설 관류보일러는 드럼이 없고 수관으로 구성되며 부하변동에 대한 추종성이 좋다. 또한 취급이 용이하고 수처리가 필요하며 간단하게 고압의 증기를 얻기 쉽다.

55 다음 송풍기의 풍량제어방법 중 송풍량과 축동력의 관계를 고려하여 에너지 절감효과가 가장 좋은 제어방법은? (단, 모두 동일한 조건으로 운전된다.)

① 회전수제어 ② 흡입베인제어
③ 취출댐퍼제어 ④ 흡입댐퍼제어

해설 에너지 절감효과 : 토출측 댐퍼제어>흡입측 댐퍼제어>베인제어>회전수제어

56 다음 중 고속덕트와 저속덕트를 구분하는 기준이 되는 풍속은?

① 15m/s ② 20m/s
③ 25m/s ④ 30m/s

해설 풍속 15m/s를 경계로 저속덕트와 고속덕트로 구분한다. 일반적으로 저속덕트는 12m/s 정도, 고속덕트는 20~25m/s 정도이다.

57 보일러에서 급수내관을 설치하는 목적으로 가장 적합한 것은?

① 보일러수 역류 방지
② 슬러지 생성 방지
③ 부동팽창 방지
④ 과열 방지

해설 급수내관
  ㉠ 설치위치 : 안전저수위 약간 아래(50mm)
  ㉡ 설치목적 : 찬물로 인한 보일러의 국부적인 부동팽창 방지

정답 51. ④ 52. ④ 53. ③ 54. ④ 55. ① 56. ① 57. ③

★
58 공조부하 중 재열부하에 관한 설명으로 틀린 것은?

① 냉방부하에 속한다.

② 냉각코일의 용량 산출 시 포함시킨다.

③ 부하계산 시 현열, 잠열부하를 고려한다.

④ 냉각된 공기를 가열하는 데 소요되는 열량이다.

해설 재열부하는 현열부하만 고려하고 냉방부하, 냉각코일의 용량 산출에 포함되는 것으로 냉각된 공기를 가열하는 데 소요되는 열량이다.

59 다음 중 온수난방과 관계없는 장치는 무엇인가?

① 트랩   ② 공기빼기밸브

③ 순환펌프   ④ 팽창탱크

해설 증기난방에 사용하는 트랩은 온수난방과는 관계없다.

★
60 외기온도 5℃에서 실내온도 20℃로 유지되고 있는 방이 있다. 내벽 열전달계수 5.8W/m² · K, 외벽 열전달계수 17.5W/m² · K, 열전도율이 2.3W/m · K이고, 벽두께가 10cm일 때 이 벽체의 열저항(m² · K/W)은 얼마인가?

① 0.27   ② 0.55

③ 1.37   ④ 2.35

해설 $R = \dfrac{1}{K} = \dfrac{1}{\alpha_1} + \dfrac{l}{\lambda} + \dfrac{1}{\alpha_2} = \dfrac{1}{5.8} + \dfrac{0.1}{2.3} + \dfrac{1}{17.5}$
$\fallingdotseq 0.27 \text{m}^2 \cdot \text{K/W}$

제4과목 **전기제어공학**

★
61 60Hz, 4극, 슬립 6%인 유도전동기를 어느 공장에서 운전하고자 할 때 예상되는 회전수는 약 몇 rpm인가?

① 240   ② 720

③ 1,690   ④ 1,800

해설 $N_s = \dfrac{120f}{P} = \dfrac{120 \times 60}{4} = 1{,}800 \text{rpm}$

$s = \dfrac{\text{동기속도} - \text{회전속도}}{\text{동기속도}} = \dfrac{N_s - N}{N_s}$

$\therefore N = N_s - N_s s = 1{,}800 - (1{,}800 \times 0.06)$
$\qquad = 1{,}692 \text{rpm}$

---

62 사이클링(cycling)을 일으키는 제어는?

① I제어   ② PI제어

③ PID제어   ④ ON−OFF제어

해설 ON−OFF제어는 설정값에 의하여 조작부를 개폐하여 운전하는 것으로 제어결과가 사이클링 또는 오프셋(offset)을 일으킨다. 응답속도가 빨라야 되는 제어계에서는 사용 불가능하다.

63 제어동작에 대한 설명으로 틀린 것은?

① 비례동작 : 편차의 제곱에 비례한 조작신호를 출력한다.

② 적분동작 : 편차의 적분값에 비례한 조작신호를 출력한다.

③ 미분동작 : 조작신호가 편차의 변화속도에 비례하는 동작을 한다.

④ 2위치동작 : ON−OFF동작이라고도 하며 편차의 정부(+, −)에 따라 조작부를 전폐 또는 전개하는 것이다.

해설 **비례동작** : 검출값 편차의 크기에 비례하여 조작부를 제어하는 것

64 제어계에서 미분요소에 해당되는 것은?

① 한 지점을 가진 지렛대에 의하여 변위를 변환한다.

② 전기로에 열을 가하여도 처음에는 열이 올라가지 않는다.

③ 직렬의 RC회로에 전압을 가하여 C에 충전 전압을 가한다.

④ 계단전압에서 임펄스전압을 얻는다.

해설 ①은 비례요소에, ②와 ③은 적분요소에 해당된다.

65 제어시스템의 구성에서 제어요소는 무엇으로 구성 되는가?

① 검출부

② 검출부와 조절부

③ 검출부와 조작부

④ 조작부와 조절부

해설 제어요소는 동작신호를 조작량으로 변환시키는 요소로 조절부와 조작부로 구성된다.

정답 58. ③   59. ①   60. ①   61. ③   62. ④   63. ①   64. ④   65. ④

66 다음 그림과 같은 $\triangle$결선회로를 등가 Y결선으로 변환할 때 R_c의 저항값(Ω)은?

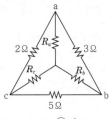

① 1 ② 3
③ 5 ④ 7

해설 $R_c = \dfrac{5 \times 2}{5+2+3} = 1\Omega$

67 전류의 측정범위를 확대하기 위하여 사용되는 것은?

① 배율기 ② 분류기
③ 전위차계 ④ 계기용 변압기

해설 전류의 측정범위를 넓히기 위해 전류계에 병렬로 달아주는 저항을 분류기 저항(shunt resistor)이라 한다.

$R = \dfrac{r}{n-1}[\Omega]$

68 특성방정식의 근이 복소평면의 좌반면에 있으면 이 계는?

① 불안정하다. ② 조건부 안정이다.
③ 반안정이다. ④ 안정하다.

해설 특성방정식의 근이 복소평면(S평면)의 좌반면에 있으면 안정, 축상에 있으면 임계안정, 우반면에 있으면 불안정에 계가 해당한다.

69 피드백(feedback)제어시스템의 피드백효과로 틀린 것은?

① 정상상태 오차 개선
② 정확도 개선
③ 시스템 복잡화
④ 외부조건의 변화에 대한 영향 증가

해설 **피드백효과** : 정상상태 오차 개선, 정확도 개선, 시스템 복잡화 및 비용 증가, 외부조건의 변화에 대한 영향 감소, 대역폭 증가

★
70 다음 그림과 같은 회로에서 부하전류 I_L은 몇 A인가?

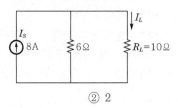

① 1 ② 2
③ 3 ④ 4

해설 $I = \dfrac{V}{R}$

$8 = \dfrac{V}{6} + \dfrac{V}{10} = \dfrac{16V}{60}$

$V = \dfrac{8 \times 60}{16} = 30\text{V}$

$\therefore I_L = \dfrac{V}{R_L} = \dfrac{30}{10} = 3\text{A}$

71 어떤 전지에 5A의 전류가 10분간 흘렀다면 이 전지에서 나온 전기량은 몇 C인가?

① 1,000 ② 2,000
③ 3,000 ④ 4,000

해설 $I = \dfrac{Q}{t}$

$\therefore Q = It = 5 \times (10 \times 60) = 3,000\text{C}$

72 다음 신호흐름선도와 등가인 블록선도는?

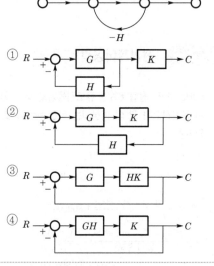

해설 $\dfrac{C}{R} = \dfrac{GK}{1+GH}$

정답 66. ① 67. ② 68. ④ 69. ④ 70. ③ 71. ③ 72. ①

73 일정 전압의 직류전원 V에 저항 R을 접속하니 정격전류 I가 흘렀다. 정격전류 I의 130%를 흘리기 위해 필요한 저항은 약 얼마인가?

① $0.6R$ ② $0.77R$

③ $1.3R$ ④ $3R$

해설 $V=IR$이므로

$$IR=1.3IR_1$$

$$\therefore R_1 = \frac{R}{1.3} = 0.77R$$

74 다음 그림에서 3개의 입력단자 모두 1을 입력하면 출력단자 A와 B의 출력은?

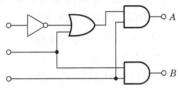

① $A=0,\ B=0$ ② $A=0,\ B=1$

③ $A=1,\ B=0$ ④ $A=1,\ B=1$

해설   ㉠ $A=(0+1)\times1=1$
      ㉡ $B=1\times1=1$

75 교류에서 역률에 관한 설명으로 틀린 것은?

① 역률은 $\sqrt{1-무효율^2}$ 로 계산할 수 있다.

② 역률을 이용하여 교류전력의 효율을 알 수 있다.

③ 역률이 클수록 유효전력보다 무효전력이 커진다.

④ 교류회로의 전압과 전류의 위상차에 코사인(cos)을 취한 값이다.

해설   역률이 클수록 무효전력보다 유효전력이 커진다.

76 온도를 임피던스로 변환시키는 요소는?

① 측온저항체   ② 광전지

③ 광전다이오드   ④ 전자석

해설   측온저항체는 온도를 임피던스로 변환한다.

★
77 근궤적의 성질로 틀린 것은?

① 근궤적은 실수축을 기준으로 대칭이다.

② 근궤적은 개루프 전달함수의 극점으로부터 출발한다.

③ 근궤적의 가지수는 특성방정식의 극점수와 영점수 중 큰 수와 같다.

④ 점근선은 허수축에서 교차한다.

해설   근궤적은 $G(s)H(s)$의 극점에서 출발하여 영점에서 종착한다.

78 변압기의 1차 및 2차의 전압, 권선수, 전류를 각각 E_1, N_1, I_1 및 E_2, N_2, I_2라고 할 때 성립하는 식으로 옳은 것은?

① $\dfrac{E_2}{E_1}=\dfrac{N_1}{N_2}=\dfrac{I_2}{I_1}$

② $\dfrac{E_1}{E_2}=\dfrac{N_2}{N_1}=\dfrac{I_1}{I_2}$

③ $\dfrac{E_2}{E_1}=\dfrac{N_2}{N_1}=\dfrac{I_1}{I_2}$

④ $\dfrac{E_1}{E_2}=\dfrac{N_1}{N_2}=\dfrac{I_1}{I_2}$

해설   변압기에서 1차 및 2차의 전압과 권선수에 비례하고, 전류에 반비례한다.

$$\frac{E_2}{E_1}=\frac{N_2}{N_1}=\frac{I_1}{I_2}$$

79 다음 블록선도의 전달함수는?

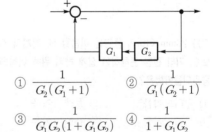

① $\dfrac{1}{G_2(G_1+1)}$ ② $\dfrac{1}{G_1(G_2+1)}$

③ $\dfrac{1}{G_1 G_2(1+G_1 G_2)}$ ④ $\dfrac{1}{1+G_1 G_2}$

해설 $G(s)=\dfrac{C}{R}=\dfrac{경로}{1+폐로}=\dfrac{1}{1+G_1 G_2}$

정답   73. ②   74. ④   75. ③   76. ①   77. ④   78. ③   79. ④

80 100mH의 인덕턴스를 갖는 코일에 10A의 전류를 흘릴 때 축적되는 에너지(J)는?

① 0.5   ② 1
③ 5   ④ 10

해설 $W = \dfrac{1}{2} \times 인덕턴스 \times 전류^2 = \dfrac{1}{2}LI^2$

$= \dfrac{1}{2} \times 100 \times 10^{-3} \times 10^2 = 5J$

제5과목   배관일반

81 방열량이 3kW인 방열기에 공급하여야 하는 온수량(L/s)은 얼마인가? (단, 방열기 입구온도 80℃, 출구온도 70℃, 온수평균온도에서 물의 비열은 4.2 kJ/kg · K, 물의 밀도는 977.5kg/m³이다.)

① 0.002   ② 0.025
③ 0.073   ④ 0.098

해설 온수량 $= \dfrac{방열량}{밀도 \times 비열 \times 온도차}$

$= \dfrac{3}{977.5 \times 4.2 \times (80 - 70)}$

$= 7.3 \times 10^{-5} \text{m}^3/\text{s} = 7.3 \times 10^{-2} = 0.073 \text{L/s}$

82 다이헤드형 동력나사절삭기에서 할 수 없는 작업은?

① 리밍   ② 나사절삭
③ 절단   ④ 벤딩

해설 다이헤드형 동력나사절삭기는 나사절삭, 절단, 리밍 등을 할 수 있다.

83 지름 20mm 이하의 동관을 이음할 때 기계의 점검보수, 기타 관을 분해하기 쉽게 하기 위해 이용하는 동관이음방법은?

① 슬리브이음   ② 플레어이음
③ 사이징이음   ④ 플랜지이음

해설 **동관의 이음방법**
㉠ 플레어이음 : 삽입식 접속으로 하고 분리할 필요가 있는 부분에는 호칭지름 32mm 이하
㉡ 플랜지이음 : 호칭지름 40mm 이상
㉢ 납땜이음 : 경납(은납, 황동납)을 활용한 이음

84 주철관의 이음방법 중 고무링(고무개스킷 포함)을 사용하지 않는 방법은?

① 기계식 이음   ② 타이톤이음
③ 소켓이음   ④ 빅토릭이음

해설 **주철관의 이음**
㉠ 소켓접합 : 납과 야안 사용
㉡ 플랜지접합 : 고무링과 플랜지 사용
㉢ 기계식(메커니컬) 접합 : 소켓접합과 플랜지접합의 장점을 채택한 것
㉣ 타이톤접합 : 소켓형에 고무링을 사용
㉤ 빅토릭접합 : 고무링과 주철칼라를 이용

85 배관계통 중 펌프에서의 공동현상(cavitation)을 방지하기 위한 대책으로 틀린 것은?

① 펌프의 설치위치를 낮춘다.
② 회전수를 줄인다.
③ 양흡입을 단흡입으로 바꾼다.
④ 굴곡부를 적게 하여 흡입관의 마찰손실수두를 작게 한다.

해설 **공동현상(캐비테이션) 방지대책**
㉠ 펌프의 회전수를 느리게 한다.
㉡ 흡입배관은 굽힘부를 적게 한다.
㉢ 단흡입펌프를 양흡입펌프로 바꾼다.
㉣ 흡입관경은 크게 하고, 흡입양정을 짧게 한다.
㉤ 굴곡부를 적게 하여 흡입측의 손실수두를 작게 한다.

86 배수 및 통기배관에 대한 설명으로 틀린 것은?

① 루프통기식은 여러 개의 기구군에 1개의 통기지관을 빼내어 통기주관에 연결하는 방식이다.
② 도피통기관의 관경은 배수관의 1/4 이상이 되어야 하며 최소 40mm 이하가 되어서는 안 된다.
③ 루프통기식 배관에 의해 통기할 수 있는 기구의 수는 8개 이내이다.
④ 한랭지의 배수관은 동결되지 않도록 피복을 한다.

해설 도피통기관의 관경은 배수관의 1/4 이상이고 최소 32mm 이상이다.

정답   80. ③   81. ③   82. ④   83. ②   84. ③   85. ③   86. ②

87 저압증기의 분기점을 2개 이상의 엘보로 연결하여 한 쪽이 팽창하면 비틀림이 일어나 팽창을 흡수하는 특징의 이음방법은?

① 슬리브형 ② 벨로즈형
③ 스위블형 ④ 루프형

해설 **신축이음** : 슬리브형(슬라이드형), 벨로즈형(파형), 루프형(만곡형), 스위블형(2개 이상의 엘보 사용), 볼조인트(볼이음쇠)

88 냉동장치의 액분리기에서 분리된 액이 압축기로 흡입되지 않도록 하기 위한 액회수방법으로 틀린 것은?

① 고압액관으로 보내는 방법
② 응축기로 재순환시키는 방법
③ 고압수액기로 보내는 방법
④ 열교환기를 이용하여 증발시키는 방법

해설 **냉매액 회수방법** : 고압액관으로 보내는 방법, 고압수액기로 보내는 방법, 열교환기를 이용하여 증발시키는 방법 등

89 고가(옥상)탱크급수방식의 특징에 대한 설명으로 틀린 것은?

① 저수시간이 길어지면 수질이 나빠지기 쉽다.
② 대규모의 급수수요에 쉽게 대응할 수 있다.
③ 단수 시에도 일정량의 급수를 계속할 수 있다.
④ 급수공급압력의 변화가 심하다.

해설 고가(옥상)탱크급수방식은 항상 일정한 수압으로 급수할 수 있다.

90 저장탱크 내부에 가열코일을 설치하고 코일 속에 증기를 공급하여 물을 가열하는 급탕법은?

① 간접가열식 ② 기수혼합식
③ 직접가열식 ④ 가스 순간 탕비식

해설 **간접가열식**
㉠ 저탕조 내에 가열코일을 설치하고, 이 코일에 증기 또는 온수를 통해서 저탕조의 물을 간접적으로 가열한다.
㉡ 난방용 보일러의 증기를 사용 시 급탕용 보일러가 불필요하다.
㉢ 보일러 내면에 스케일이 거의 끼지 않는다.

91 공장에서 제조 정제된 가스를 저장했다가 공급하기 위한 압력탱크로서 가스압력을 균일하게 하며 급격한 수요변화에도 제조량과 소비량을 조절하기 위한 장치는?

① 정압기 ② 압축기
③ 오리피스 ④ 가스홀더

해설 가스홀더는 가스를 저장했다가 공급하기 위한 압력탱크로 저압식으로 유수식, 무수식이, 중·고압식으로 원통형 및 구형이 있다.

92 배수통기배관의 시공 시 유의사항으로 옳은 것은?

① 배수입관의 최하단에는 트랩을 설치한다.
② 배수트랩은 반드시 이중으로 한다.
③ 통기관은 기구의 오버플로선 이하에서 통기입관에 연결한다.
④ 냉장고의 배수는 간접배수로 한다.

해설 **간접배수**
㉠ 보일러, 냉장고, 저탕탱크 및 도피관의 배수
㉡ 기계실 내에서는 일정 장소에 수동공기빼기밸브를 모아서 설치

★
93 지역난방의 특징에 관한 설명으로 틀린 것은?

① 대기오염물질이 증가한다.
② 도시의 방재수준 향상이 가능하다.
③ 사용자에게는 화재에 대한 우려가 적다.
④ 대규모 열원기기를 이용한 에너지의 효율적 이용이 가능하다.

해설 **지역난방의 특징**
㉠ 설비의 합리화로 대기오염이 적다.
㉡ 도시의 방재수준 향상이 가능하다.
㉢ 에너지의 안전 이용으로 화재에 대한 우려가 적다.
㉣ 대규모 열원설비로서 열효율이 좋고 인건비가 절약된다.
㉤ 개개 건물의 공간이 절감된다.
㉥ 고온수 지역난방은 100℃ 이상의 고온수를 사용한다.
㉦ 지역난방의 압력은 $1\sim15\,kgf/cm^2$의 증기를 사용한다.

94 급수관의 수리 시 물을 배제하기 위한 관의 최소 구배기준은?

① 1/120 이상 ② 1/150 이상
③ 1/200 이상 ④ 1/250 이상

해설 급수관의 모든 기울기는 최소 1/250 이상으로 한다.

정답 87. ③ 88. ② 89. ④ 90. ① 91. ④ 92. ④ 93. ① 94. ④

★
95 냉매배관 시 흡입관 시공에 대한 설명으로 틀린 것은?

① 압축기 가까이에 트랩을 설치하면 액이나 오일이 고여 액백 발생의 우려가 있으므로 피해야 한다.

② 흡입관의 입상이 매우 길 경우에는 중간에 트랩을 설치한다.

③ 각각의 증발기에서 흡입주관으로 들어가는 관은 주관의 하부에 접속한다.

④ 2대 이상의 증발기가 다른 위치에 있고 압축기가 그보다 밑에 있는 경우 증발기 출구의 관은 트랩을 만든 후 증발기 상부 이상으로 올리고 나서 압축기로 향하게 한다.

해설 각각의 증발기에서 흡입주관으로 들어가는 관은 주관의 상부로 연결한다.

96 배관용접작업 중 다음과 같은 결함을 무엇이라고 하는가?

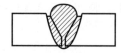

① 용입 불량　　② 언더컷
③ 오버랩　　④ 피트

해설 **용접결함**
㉠ 언더컷 : 전류가 높거나 용접속도가 빨라서 주변이 파이는 현상
㉡ 오버랩 : 전류가 낮거나 용접속도가 느려서 비드가 겹치는 현상

97 유체흐름의 방향을 바꾸어주는 관이음쇠는?

① 리턴밴드　　② 리듀서
③ 니플　　④ 유니언

해설 ② 리듀서 : 관 줄임
③ 니플 : 부속과 부속 사이의 설치하는 양쪽에 나사가 있는 관
④ 유니언 : 점검, 수리하기 위한 부속

98 온수난방배관에서 에어포켓(air pocket)이 발생될 우려가 있는 곳에 설치하는 공기빼기밸브(◇)의 설치위치로 가장 적절한 것은?

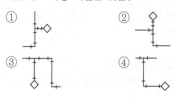

해설 공기빼기밸브는 공기가 잘 모이는 곳(에어포켓)의 가장 높은 곳에 설치한다.

99 부력에 의해 밸브를 개폐하여 간헐적으로 응축수를 배출하는 구조를 가진 증기트랩은?

① 버킷트랩　　② 열동식 트랩
③ 벨트랩　　④ 충격식 트랩

해설 버킷트랩은 상향식과 하향식이 있으며 부력을 이용한다.

★
100 가스배관에 관한 설명으로 틀린 것은?

① 특별한 경우를 제외한 옥내배관은 매설배관을 원칙으로 한다.

② 부득이하게 콘크리트 주요 구조부를 통과할 경우에는 슬리브를 사용한다.

③ 가스배관에는 적당한 구배를 두어야 한다.

④ 열에 의한 신축, 진동 등의 영향을 고려하여 적절한 간격으로 지지하여야 한다.

해설 가스배관의 옥내배관은 특별한 경우를 제외하고 노출배관을 원칙으로 한다.

2020

Engineer Air-Conditioning Refrigerating Machinery

과년도 출제문제

자주 출제되는 중요한 문제는 별표(★)로 강조했습니다.
마무리학습할 때 한 번 더 풀어보기를 권합니다.

Engineer
Air-Conditioning Refrigerating Machinery

2020년 | 제1·2회 통합 공조냉동기계기사

제1과목 기계 열역학

★
01 다음 중 가장 큰 에너지는?

① 100kW 출력의 엔진이 10시간 동안 한 일
② 발열량 10,000kJ/kg의 연료를 100kg 연소시켜 나오는 열량
③ 대기압하에서 10℃의 물 10m³를 90℃로 가열하는 데 필요한 열량(단, 물의 비열은 4.2kJ/kg·K이다.)
④ 시속 100km로 주행하는 총 질량 2,000kg인 자동차의 운동에너지

해설 ① $W = 100\text{kW} \times 10\text{h} = 1,000\text{kWh}$
$= 1,000 \times 1,000 \times 3,600\text{J} = 3,600,000\text{kJ}$

② $Q = 10,000\text{kJ/kg} \times 100\text{kg} = 1,000,000\text{kJ}$

③ $Q = GC(t_2 - t_1) = 10 \times 4.2 \times (90-10) = 3,360\text{kJ}$

④ $E = \dfrac{1}{2}mv^2 = \dfrac{1}{2} \times 2,000 \times \left(\dfrac{100 \times 1,000}{3,600}\right)^2$
$= 771,605\text{J} = 771.61\text{kJ}$

02 실린더 내의 공기가 100kPa, 20℃ 상태에서 300kPa이 될 때까지 가역단열과정으로 압축된다. 이 과정에서 실린더 내의 계에서 엔트로피의 변화(kJ/kg·K)는? (단, 공기의 비열비(k)는 1.4이다.)

① -1.35
② 0
③ 1.35
④ 13.5

해설 엔트로피의 변화는 가열단열과정 1에서 2로 엔트로피의 변화 0이다.

03 열역학적 관점에서 다음 장치들에 대한 설명으로 옳은 것은?

① 노즐은 유체를 서서히 낮은 압력으로 팽창하여 속도를 감속시키는 기구이다.
② 디퓨저는 저속의 유체를 가속하는 기구이며 그 결과 유체의 압력이 증가한다.
③ 터빈은 작동유체의 압력을 이용하여 열을 생성하는 회전식 기계이다.
④ 압축기의 목적은 외부에서 유입된 동력을 이용하여 유체의 압력을 높이는 것이다.

해설 ㉠ 노즐은 유체를 서서히 낮은 압력으로 팽창하여 속도를 증가시키는 기구이다.
㉡ 디퓨저는 저속의 유체를 감속하는 기구이며 그 결과 유체의 압력이 증가한다.
㉢ 터빈은 작동유체의 압력을 이용하여 열을 속도에너지로 변환하는 기계이다.

★
04 용기 안에 있는 유체의 초기내부에너지는 700kJ이다. 냉각과정 동안 250kJ의 열을 잃고 용기 내에 설치된 회전날개로 유체에 100kJ의 일을 한다. 최종상태의 유체의 내부에너지(kJ)는 얼마인가?

① 350
② 450
③ 550
④ 650

해설 $u_2 = q_2 - AW_2$
$\therefore u = u_1 + u_2 = 700 + \{-250 - (-100)\} = 550\text{kJ}$

05 초기압력 100kPa, 초기체적 0.1m³인 기체를 버너로 가열하여 기체체적이 정압과정으로 0.5m³이 되었다면 이 과정 동안 시스템이 외부에 한 일(kJ)은?

① 10
② 20
③ 30
④ 40

해설 $_1W_2 = P(V_2 - V_1) = 100 \times (0.5 - 0.1) = 40\text{J}$

정답 01. ① 02. ② 03. ④ 04. ③ 05. ④

06 준평형 정적과정을 거치는 시스템에 대한 열전달량은? (단, 운동에너지와 위치에너지의 변화는 무시한다.)

① 0이다.
② 이루어진 일량과 같다.
③ 엔탈피변화량과 같다.
④ 내부에너지변화량과 같다.

해설 열량 $\Delta q = \Delta u + AP\Delta v$에서 $AP\Delta v = 0$이므로 $\Delta q = \Delta u$ 이다. 즉 내부에너지변화량과 같다.

★
07 랭킨사이클에서 보일러 입구엔탈피 192.5kJ/kg, 터빈 입구엔탈피 3002.5kJ/kg, 응축기 입구엔탈피 2361.8 kJ/kg일 때 열효율(%)은? (단, 펌프의 동력은 무시한다.)

① 203 ② 22.8
③ 25.7 ④ 29.5

해설 $\eta = \dfrac{\text{보일러 출구(터빈 입구)} - \text{응축기 입구}}{\text{보일러 출구(터빈 입구)} - \text{보일러 입구}}$
$= \dfrac{3002.5 - 2361.8}{3002.5 - 192.5} \times 100 \fallingdotseq 22.8\%$

08 열역학 제2법칙에 대한 설명으로 틀린 것은?

① 효율이 100%인 열기관은 얻을 수 없다.
② 제2종의 영구기관은 작동물질의 종류에 따라 가능하다.
③ 열은 스스로 저온의 물질에서 고온의 물질로 이동하지 않는다.
④ 열기관에서 작동물질이 일을 하게 하려면 그보다 더 저온인 물질이 필요하다.

해설 열역학 제2법칙은 열과 기계적인 일 사이의 방향적 관계를 명시한 것이며 제2종 영구기관 제작 불가능의 법칙이라고도 한다.

09 공기 10kg이 압력 200kPa, 체적 5m³인 상태에서 압력 400kPa, 온도 300℃인 상태로 변한 경우 최종체적(m³)은 얼마인가? (단, 공기의 기체상수는 0.287kJ/kg·K이다.)

① 10.7 ② 8.3
③ 6.8 ④ 4.1

해설 $v = \dfrac{gRT}{p} = \dfrac{10 \times 0.287 \times 573}{400} \fallingdotseq 4.1$

★
10 다음 그림과 같은 공기표준브레이튼(Brayton)사이클에서 작동유체 1kg당 터빈일(kJ/kg)은? (단, $T_1 = 300K$, $T_2 = 475.1K$, $T_3 = 1,100K$, $T_4 = 694.5K$이고, 공기의 정압비열과 정적비열은 각각 1.0035kJ/kg·K, 0.7165kJ/kg·K이다.)

① 290
② 407
③ 448
④ 627

해설 $\omega = h_3 - h_4 = C_p(T_3 - T_4)$
$= 1.0035 \times (1,100 - 694.5) \fallingdotseq 407\text{kJ/kg}$

11 보일러에 온도 40℃, 엔탈피 167kJ/kg인 물이 공급되어 온도 350℃, 엔탈피 3,115kJ/kg인 수증기가 발생한다. 입구와 출구에서의 유속은 각각 5m/s, 50m/s이고 공급되는 물의 양이 2,000kg/h일 때 보일러에 공급해야 할 열량(kW)은? (단, 위치에너지변화는 무시한다.)

① 631 ② 832
③ 1,237 ④ 1,638

해설 $Q = G(h_2 - h_1) = 2,000 \times (3,115 - 167) \times \dfrac{1}{3,600}$
$\fallingdotseq 1,638\text{kW}$

★
12 피스톤-실린더장치에 들어있는 100kPa, 27℃의 공기가 600kPa까지 가역단열과정으로 압축된다. 비열비가 1.4로 일정하다면 이 과정 동안 공기가 받은 일(kJ/kg)은? (단, 공기의 기체상수는 0.287kJ/kg·K이다.)

① 263.6 ② 171.8
③ 143.5 ④ 116.9

해설 $W = \dfrac{RT}{k-1}\left(1 - \sigma^{\frac{k-1}{k}}\right) = \dfrac{0.287 \times 300}{1.4 - 1} \times \left(1 - 6^{\frac{1.4-1}{1.4}}\right)$
$\fallingdotseq 143.5\text{kJ/kg}$

정답 06. ④ 07. ② 08. ② 09. ④ 10. ② 11. ④ 12. ③

★
13 이상기체 1kg을 300K, 100kPa에서 500K까지 "$PV^n =$ 일정"의 과정($n =1.2$)을 따라 변화시켰다. 이 기체의 엔트로피변화량(kJ/K)은? (단, 기체의 비열비는 1.3, 기체상수는 0.287kJ/kg·K이다.)

① -0.244
② -0.287
③ -0.344
④ -0.373

해설 $k = \dfrac{C_p}{C_v} = 1.3$, $C_p - C_v = R = 0.287$

$C_p = 0.287 + C_v = 0.287 + \dfrac{C_p}{1.3} = 1.243$

$\dfrac{T_2}{T_1} = \left(\dfrac{P_2}{P_1}\right)^{\frac{n-1}{n}}$

$\dfrac{500}{300} = \left(\dfrac{P_2}{100}\right)^{\frac{1.2-1}{1.2}} = \left(\dfrac{P_2}{100}\right)^{0.167}$

$P_2 = 2143.34\text{kPa}$

$\therefore S_2 - S_1 = m\left\{C_p \ln\dfrac{T_2}{T_1} - R\ln\dfrac{P_2}{P_1}\right\}$

$= 1 \times \left\{1.243 \times \ln\dfrac{500}{300} - 0.287 \times \ln\dfrac{2143.4}{100}\right\}$

$\fallingdotseq -0.244\text{kJ/K}$

★
14 300L 체적의 진공인 탱크가 25℃, 6MPa의 공기를 공급하는 관에 연결된다. 밸브를 열어 탱크 안의 공기 압력이 5MPa이 될 때까지 공기를 채우고 밸브를 닫았다. 이 과정이 단열이고 운동에너지와 위치에너지의 변화를 무시한다면 탱크 안의 공기의 온도(℃)는 얼마가 되는가? (단, 공기의 비열비는 1.4이다.)

① 1.5
② 25.0
③ 84.4
④ 144.2

해설 $Q - W = m_e h_e - m_i h_i + [m_2 u_2 - m_1 u_1]$

단열과정이고 $m_e = 0$, $m_1 = 0$이므로

$0 = -m_i h_1 + m_2 h_2$

$m_i = m_2$

$h_i = u_2$

$C_p t_i = C_v t_i$

$\therefore t_2 = \dfrac{C_p}{C_v} t_i = k t_i = 1.4 \times (25 + 273)$

$= 417.2\text{K} - 273 = 144.2℃$

★
15 1kW의 전기히터를 이용하여 101kPa, 15℃의 공기로 차 있는 100m³의 공간을 난방하려고 한다. 이 공간은 견고하고 밀폐되어 있으며 단열되어 있다. 히터를 10분 동안 작동시킨 경우 이 공간의 최종온도(℃)는? (단, 공기의 정적비열은 0.718kJ/kg·K이고, 기체상수는 0.287kJ/kg·K이다.)

① 18.1
② 21.8
③ 25.3
④ 29.4

해설 $m = \dfrac{PV}{RT} = \dfrac{101 \times 100}{0.287 \times 288} = 122.19\text{kg}$

$\therefore T_2 = T_1 + dT = t_1 + \dfrac{kW}{C_v m}$

$= (15 + 273) + \dfrac{1 \times 10 \times 60}{0.718 \times 122.1}$

$= 294.8\text{K} - 273 \fallingdotseq 21.8℃$

16 다음은 시스템(계)과 경계에 대한 설명이다. 옳은 내용을 모두 고른 것은?

> 가. 검사하기 위하여 선택한 물질의 양이나 공간 내의 영역을 시스템(계)이라 한다.
> 나. 밀폐계는 일정한 양의 체적으로 구성된다.
> 다. 고립계의 경계를 통한 에너지 출입은 불가능하다.
> 라. 경계는 두께가 없으므로 체적을 차지하지 않는다.

① 가, 다
② 나, 라
③ 가, 다, 라
④ 가, 나, 다, 라

해설 밀폐계는 주위와 에너지는 교환할 수 있으나, 물질은 교환할 수 없는 계로 질량은 변하지 않는다.

★
17 펌프를 사용하여 150kPa, 26℃의 물을 가역단열과정으로 650kPa까지 변화시킨 경우 펌프의 일(kJ/kg)은? (단, 26℃ 포화액의 비체적은 0.001m³/kg이다.)

① 0.4
② 0.5
③ 0.6
④ 0.7

해설 $VdP = 0.001 \times 500 = 0.5\text{kJ/kg}$

$\therefore W_p =$ 포화액 비체적

$\times$ (가역 전 압력 – 가역 후 압력)

$= v(P_1 - P_2) = 0.001 \times (650 - 150)$

$= 0.5\text{kJ/kg}$

★
18 단열된 가스터빈의 입구측에서 압력 2MPa, 온도 1,200K인 가스가 유입되어 출구측에서 압력 100kPa, 온도 600K로 유출된다. 5MW의 출력을 얻기 위해 가스의 질량유량(kg/s)은 얼마여야 하는가? (단, 터빈의 효율은 100%이고, 가스의 정압비열은 1.12kJ/kg·K이다.)

① 6.44 ② 7.44
③ 8.44 ④ 9.44

해설 질량유량 $= \dfrac{MW}{C_p(T_2-T_1)}$
$= \dfrac{5\times10^3}{1.12\times(1,200-600)} \fallingdotseq 7.44\text{kg/s}$

★
19 압력 1,000kPa, 온도 300℃ 상태의 수증기(엔탈피 3051.15kJ/kg, 엔트로피 7.1228kJ/kg·K)가 증기터빈으로 들어가서 100kPa 상태로 나온다. 터빈의 출력일이 370kJ/kg일 때 터빈의 효율(%)은?

▶ 수증기의 포화상태표(압력 100kPa/온도 99.62℃)

엔탈피(kJ/kg)		엔트로피(kJ/kg·K)	
포화액체	포화증기	포화액체	포화증기
417.44	2675.46	1.3025	7.3593

① 15.6 ② 33.2
③ 66.8 ④ 79.8

해설 $7.1228 = 1.3025 + x\times(7.3593-1.3025)$
$x = 0.960953$
$\therefore \eta = \dfrac{370}{3051.15-(417.44+0.960953\times(2675.46-417.44))}$
$\fallingdotseq 0.798 = 79.8\%$

20 이상적인 냉동사이클에서 응축기 온도가 30℃, 증발기 온도가 −10℃일 때 성적계수는?

① 4.6 ② 5.2
③ 6.6 ④ 7.5

해설 $COP = \dfrac{Q_e}{AW} = \dfrac{저온}{고온-저온} = \dfrac{T_2}{T_1-T_2}$
$= \dfrac{273+(-10)}{(273+30)-(273+(-10))} \fallingdotseq 6.6$

제2과목 **냉동공학**

21 다음 그림은 냉동사이클을 압력-엔탈피선도에 나타낸 것이다. 이 그림에 대한 설명으로 옳은 것은?

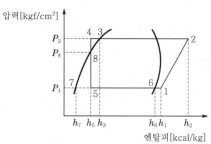

① 팽창밸브 출구의 냉매 건조도는 $[(h_5-h_7)/(h_6-h_7)]$로 계산한다.
② 증발기 출구에서의 냉매 과열도는 엔탈피차 (h_1-h_6)로 계산한다.
③ 응축기 출구에서의 냉매 과냉각도는 엔탈피차 (h_3-h_5)로 계산한다.
④ 냉매순환량은 [냉동능력/(h_6-h_5)]로 계산한다.

해설 건조도는 $\dfrac{h_5-h_7}{h_6-h_7}$, 과열도는 h_1-h_6, 과냉도는 h_3-h_4, 냉매순환량은 $\dfrac{Q_e}{q_e}=\dfrac{냉동능력}{h_1-h_5}$이다.

★
22 냉동장치의 운전에 관한 설명으로 옳은 것은?

① 압축기에 액백(liquid back)현상이 일어나면 토출가스온도가 내려가고 구동전동기의 전류계 지시값이 변동한다.
② 수액기 내에 냉매액을 충만시키면 증발기에서 열부하 감소에 대응하기 쉽다.
③ 냉매충전량이 부족하면 증발압력이 높게 되어 냉동능력이 저하한다.
④ 냉동부하에 비해 과대한 용량의 압축기를 사용하면 저압이 높게 되고, 장치의 성적계수는 상승한다.

해설 **리퀴드백(liquid back, 액백)의 영향** : 토출가스온도 저하, 실린더에 서리 발생, 냉동능력 감소, 소요동력 증가, 압축기에 이상음 발생, 압축기의 파손 우려

정답 18. ② 19. ④ 20. ③ 21. ① 22. ①

23 스크루압축기의 운전 중 로터에 오일을 분사시켜 주는 목적으로 가장 거리가 먼 것은?

① 높은 압축비를 허용하면서 토출온도 유지
② 압축효율 증대로 전력소비 증가
③ 로터의 마모를 줄여 장기간 성능 유지
④ 높은 압축비에서도 체적효율 유지

해설 압축효율 증대로 전력소비는 감소한다.

24 최근 에너지를 효율적으로 사용하자는 측면에서 빙축 열시스템이 보급되고 있다. 빙축열시스템의 분류에 대한 조합으로 적절하지 않은 것은?

① 정적제빙형 – 관외착빙형
② 정적제빙형 – 빙박리형
③ 동적제빙형 – 리퀴드아이스형
④ 동적제빙형 – 과냉각아이스형

해설 **빙축열시스템의 분류**
　㉠ 정적제빙형 : 캡슐형, 관외착빙형
　㉡ 동적제빙형 : 빙박리형(리퀴드아이스형, 과냉각아이스형), 슬러지형

25 비열이 3.86kJ/kg·K인 액 920kg을 1시간 동안 25℃에서 5℃로 냉각시키는 데 소요되는 냉각열량은 몇 냉동톤(RT)인가? (단, 1RT는 3.5kW이다.)

① 3.2 　　② 5.6
③ 7.8 　　④ 8.3

해설 $RT = \dfrac{Q_e(= GC_w \Delta t_w)}{3.5 \times 3,600} = \dfrac{920 \times (3.86 \times (25-5))}{3.5 \times 3,600}$
　　$\fallingdotseq 5.6RT$

★
26 증기압축 냉동사이클에서 압축기의 압축일은 5HP 이고, 응축기의 용량은 12.86kW이다. 이때 냉동사 이클의 냉동능력(RT)은?

① 1.8 　　② 2.6
③ 3.1 　　④ 3.5

해설 $Q_e = Q_c - AW$
냉동능력 = 응축부하(kcal/h) − 압축열량(kcal/h)
$RT = \dfrac{Q_e}{3,320} = \dfrac{12.86 \times 860 - 5 \times 642}{3,320} \fallingdotseq 2.6RT$
이때 1kW=860kcal/h, 1HP=642kcal/h

27 다음과 같은 카르노사이클에 대한 설명으로 옳은 것은?

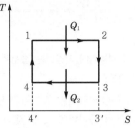

① 면적 1-2-3′-4′는 흡열 Q_1을 나타낸다.
② 면적 4-3-3′-4′는 유효열량을 나타낸다.
③ 면적 1-2-3-4는 방열 Q_2을 나타낸다.
④ Q_1, Q_2는 면적과는 무관하다.

해설 ① 흡열 : 면적 1-2-3′-4′
　　② 유효열량 : 면적 1-2-3-4
　　③ 방열 : 면적 4-3-3′-4′

참고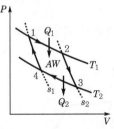

등온팽창(1→2)→단열팽창(2→3)→등온압축(3→4)→단열압축(4→1)

★
28 셸 앤드 튜브응축기에서 냉각수 입구 및 출구온도 가 각각 16℃와 22℃, 냉매의 응축온도를 25℃라 할 때 이 응축기의 냉매와 냉각수와의 대수평균온 도차(℃)는?

① 3.5 　　② 5.5
③ 6.8 　　④ 9.2

해설 $\Delta_1 = 25 - 16 = 9℃$, $\Delta_2 = 25 - 22 = 3℃$
$\therefore LMTD = \dfrac{\Delta_1 - \Delta_2}{\ln \dfrac{\Delta_1}{\Delta_2}} = \dfrac{9-3}{\ln \dfrac{9}{3}} \fallingdotseq 5.5℃$

29 1분간에 25℃의 물 100L를 0℃의 물로 냉각시키기 위하여 최소 몇 냉동톤의 냉동기가 필요한가?

① 45.2RT 　　② 4.52RT
③ 452RT 　　④ 42.5RT

정답 23. ② 24. ② 25. ② 26. ② 27. ① 28. ② 29. ①

2020년

해설 $RT = \dfrac{Q_e \, (= GC_w \Delta t_w)}{3,320} = \dfrac{100 \times (1 \times (25-0)) \times 60}{3,320}$

$\fallingdotseq 45.2RT$

★
30 흡수식 냉동기에 사용하는 흡수제의 구비조건으로 틀린 것은?

① 농도변화에 의한 증기압의 변화가 클 것
② 용액의 증기압이 낮을 것
③ 점도가 높지 않을 것
④ 부식성이 없을 것

해설 **흡수제의 구비조건**
㉠ 농도변화에 의한 증기압의 변화가 작을 것
㉡ 증기압이 낮을 것
㉢ 점도가 낮을 것
㉣ 부식성이 없을 것
㉤ 재생에 많은 열량이 필요하지 않을 것

31 다음의 역카르노사이클에서 등온팽창과정을 나타내는 것은?

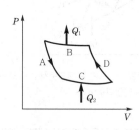

① A
② B
③ C
④ D

해설 **역카르노사이클의 등온팽창과정** : Ⓐ 단열팽창(팽창변) → Ⓑ 등온압축(응축기) → Ⓒ 등온팽창(증발기) → Ⓓ 단열압축(압축기)

32 2단 압축 1단 팽창식과 2단 압축 2단 팽창식의 비교 설명으로 옳은 것은? (단, 동일 운전조건으로 가정한다.)

① 2단 팽창식의 경우에는 두 가지의 냉매를 사용한다.
② 2단 팽창식의 경우가 성적계수가 약간 높다.
③ 2단 팽창식은 중간냉각기를 필요로 하지 않는다.
④ 1단 팽창식의 팽창밸브는 1개가 좋다.

해설 2단 팽창식과 2단 압축식의 경우가 성적계수(냉동효과)가 약간 높다.

33 암모니아냉동기의 배관재료로서 적절하지 않은 것은?

① 배관용 탄소강 강관
② 동합금관
③ 압력배관용 탄소강 강관
④ 스테인리스강관

해설 ㉠ 암모니아냉매배관 : 철, 강 사용
㉡ 프레온냉매배관 : 동, 동합금 사용

34 증발기의 종류에 대한 설명으로 옳은 것은?

① 대형 냉동기에서는 주로 직접팽창식 증발기를 사용한다.
② 직접팽창식 증발기는 2차 냉매를 냉각시켜 물체를 냉동, 냉각시키는 방식이다.
③ 만액식 증발기는 팽창밸브에서 교축팽창된 냉매를 직접증발기로 공급하는 방식이다.
④ 간접팽창식 증발기는 제빙, 양조 등의 산업용 냉동기에 주로 사용된다.

해설 **증발기의 종류**
㉠ 간접팽창식 증발기(브라인) : 제빙, 양조 등의 산업용에 사용
㉡ 직접팽창식 증발기(프레온, 암모니아) : 가정용, 차량 에어컨용에 사용

★
35 다음 그림과 같은 냉동사이클로 작동하는 압축기가 있다. 이 압축기의 체적효율이 0.65, 압축효율이 0.8, 기계효율이 0.9라고 한다면 실제 성적계수는?

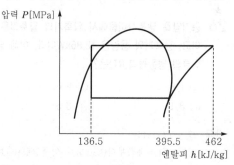

① 3.89
② 2.81
③ 1.82
④ 1.42

해설 $COP = \left(\dfrac{h_1 - h_4}{h_2 - h_1} \right) \eta_o \eta_c \eta_m$

$= \dfrac{395.5 - 136.5}{462 - 395.5} \times 0.65 \times 0.8 \times 0.9 = 1.82$

★
36 냉동기유의 구비조건으로 틀린 것은?

① 응고점이 높아 저온에서도 유동성이 있을 것
② 냉매나 수분, 공기 등이 쉽게 용해되지 않을 것
③ 쉽게 산화하거나 열화하지 않을 것
④ 적당한 점도를 가질 것

해설 **냉동기유의 구비조건**
㉠ 유동점이 낮을 것(응고점보다 2.5℃ 높은 유동 가능 정도도)
㉡ 인화점이 높을 것(140℃ 이상일 것)

37 실제 냉동사이클에서 압축과정 동안 냉매변환 중 스크루 냉동기는 어떤 압축과정에 가장 가까운가?

① 단열압축   ② 등온압축
③ 등적압축   ④ 과열압축

해설 스크루냉동기는 단열압축에 가깝다.

38 응축압력의 이상고압에 대한 원인으로 가장 거리가 먼 것은?

① 응축기의 냉각관오염
② 불응축가스혼입
③ 응축부하 증대
④ 냉매 부족

해설 **응축압력의 상승원인** : 응축기 오염, 불응축가스가 혼입되었을 때, 응축부하 증대, 냉매가 과충전되었을 때, 유분리기 불량, 냉각수 온도의 상승

39 안전밸브의 시험방법에서 약간의 기포가 발생할 때의 압력을 무엇이라고 하는가?

① 분출전개압력   ② 분출개시압력
③ 분출정지압력   ④ 분출종료압력

해설 입구 쪽의 압력이 증가하여 출구 쪽에서 유체의 미량(약간의 기포)의 유출이 검지될 때의 입구 쪽의 압력을 분출개시압력이라 한다.

★
40 운전 중인 냉동장치의 저압측 진공게이지가 50cmHg을 나타내고 있다. 이때의 진공도는?

① 65.8%   ② 40.8%
③ 26.5%   ④ 3.4%

해설 진공도 $= \dfrac{50}{76} \times 100 = 65.8\%$

제3과목 **공기조화**

★
41 단일덕트방식에 대한 설명으로 틀린 것은?

① 중앙기계실에 설치한 공기조화기에서 조화한 공기를 주덕트를 통해 각 실로 분배한다.
② 단일덕트 일정 풍량방식은 개별제어에 적합하다.
③ 단일덕트방식에서는 큰 덕트스페이스를 필요로 한다.
④ 단일덕트 일정 풍량방식에서는 재열을 필요로 할 때도 있다.

해설 정풍량 단일덕트방식(CAV)은 송풍기 동력이 커져서 에너지 소비가 크고, 개별제어도 곤란하다.

★
42 내벽열전달률 4.7W/m² · K, 외벽열전달률 5.8W/m² · K, 열전도율 2.9W/m · ℃, 벽두께 25cm, 외기온도 −10℃, 실내온도 20℃일 때 열관류율(W/m² · K)은?

① 1.8   ② 2.1
③ 3.6   ④ 5.2

해설 $K = \dfrac{1}{R} = \dfrac{1}{\dfrac{1}{\alpha_1} + \dfrac{b_1}{\lambda_1} + \dfrac{1}{\alpha_2}}$

$= \dfrac{1}{\dfrac{1}{4.7} + \dfrac{0.25}{2.9} + \dfrac{1}{5.8}} = 2.1 \text{W/m}^2 \cdot \text{K}$

43 냉방부하의 종류에 따라 연관되는 열의 종류로 틀린 것은?

① 인체의 발생열 – 현열, 잠열
② 극간풍에 의한 열량 – 현열, 잠열
③ 조명부하 – 현열, 잠열
④ 외기도입량 – 현열, 잠열

해설 ㉠ 현열부하만을 포함 : 태양복사열, 유리로부터의 취득 열량, 복사냉난방, 조명부하
㉡ 잠열과 현열 모두 포함 : 인체발열

★
44 변풍량 유닛의 종류별 특징에 대한 설명으로 틀린 것은?

① 바이패스형은 덕트 내의 정압변동이 거의 없고 발생소음이 작다.
② 유인형은 실내 발생열을 온열원으로 이용 가능하다.
③ 교축형은 압력손실이 작고 동력 절감이 가능하다.
④ 바이패스형은 압력손실이 작지만 송풍기동력 절감이 어렵다.

해설 변풍량 유닛의 종류별 특징
㉠ 바이패스형 : 소음이 적다.
㉡ 교축형 : 압력손실이 크다.
㉢ 유인형 : 온열원 이용, 1차 공기를 2차 공기로 유인한다.

45 다음 중 습공기의 습도에 대한 설명으로 틀린 것은?

① 절대습도는 건공기 중에 포함된 수증기량을 나타낸다.
② 수증기분압은 절대습도에 반비례관계가 있다.
③ 상대습도는 습공기의 수증기분압과 포화공기의 수증기분압과의 비로 나타낸다.
④ 비교습도는 습공기의 절대습도와 포화공기의 절대습도와의 비로 나타낸다.

해설 $x = 0.622\dfrac{P_w}{P_s} = 0.622\dfrac{P_w}{P-P_w} = 0.622\dfrac{\phi P_s}{P-\phi P_s}$ 이므로 절대습도(x)는 수증기분압(P_w)에 비례한다.

46 공기의 온도에 따른 밀도특성을 이용한 방식으로 실내보다 낮은 온도의 신선공기를 해당 구역에 공급함으로써 오염물질을 대류효과에 의해 실내 상부에 설치된 배기구를 통해 배출시켜 환기 목적을 달성하는 방식은?

① 기계식 환기법   ② 전반 환기법
③ 치환 환기법   ④ 국소 환기법

해설 치환 환기법은 기존의 실내오염농도를 청정한 공기를 통해 희석하는 방안에서 벗어나, 실내에 거의 운동량을 받지 않는 상태로 급기(supply air)를 행하여 실내의 오염된 공기를 청정한 공기로 치환하는 방식이다.

★
47 다음 그림에 나타낸 장치를 표의 조건으로 냉방운전을 할 때 A실에 필요한 송풍량(m³/h)은? (단, A실의 냉방부하는 현열부하 8.8kW, 잠열부하 2.8kW이고, 공기의 정압비열은 1.01kJ/kg·K, 밀도는 1.2kg/m³이며, 덕트에서의 열손실은 무시한다.)

지점	온도(DB[℃])	습도(RH[%])
A	26	50
B	17	–
C	16	85

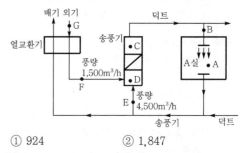

① 924   ② 1,847
③ 2,904   ④ 3,831

해설 현열량 = 비열×비중량×송풍량×온도차
$q_s = C_p \gamma Q \Delta T$

$\therefore Q = \dfrac{q_s}{C_p \gamma \Delta T}$

$= \dfrac{8.8 \times 3,600}{1.01 \times 1.2 \times (26-17)} ≒ 2,904 \text{m}^3/\text{h}$

48 다음 중 증기난방 장치의 구성으로 가장 거리가 먼 것은?

① 트랩   ② 감압밸브
③ 응축수탱크   ④ 팽창탱크

해설 팽창탱크는 온수난방에서 체적팽창을 흡수하는 장치이다.

49 환기에 따른 공기조화부하의 절감 대책으로 틀린 것은?

① 예냉, 예열 시 외기도입을 차단한다.
② 열 발생원이 집중되어있는 경우 국소배기를 채용한다.
③ 전열교환기를 채용한다.
④ 실내정화를 위해 환기횟수를 증가시킨다.

해설 실내정화를 위해 환기횟수를 줄여야 한다.

정답 44. ③ 45. ② 46. ③ 47. ③ 48. ④ 49. ④

50 온수난방에 대한 설명으로 틀린 것은?

① 저온수난방에서 공급수의 온도는 100℃ 이하이다.

② 사람이 상주하는 주택에서는 복사난방을 주로 한다.

③ 고온수난방의 경우 밀폐식 팽창탱크를 사용한다.

④ 2관식 역환수방식에서는 펌프에 가까운 방열기일수록 온수순환량이 많아진다.

> **해설** 2관식에서 직접환수방식에서는 펌프에 가까운 방열기일수록 온수순환량이 많아진다. 그래서 역환수방식을 사용하여 거의 균등하게 순환한다.

51 방열기에서 상당방열면적(EDR)은 다음의 식으로 나타낸다. 이 중 Q_o는 무엇을 뜻하는가? (단, 사용 단위로 Q는 W, Q_o는 W/m^{2}이다.)

$$EDR = \frac{Q}{Q_o}\,[\text{m}^2]$$

① 증발량

② 응축수량

③ 방열기의 전방열량

④ 방열기의 표준방열량

> **해설** 상당방열면적(EDR) = $\dfrac{Q}{Q_o}\,[\text{m}^2]$
>
> 여기서, Q_o ; 표준방열량(증기 : 650, 온수 : 450)(kcal/m$^2 \cdot$ h)

52 대류 및 복사에 의한 열전달률에 의해 기온과 평균 복사온도를 가중평균한 값으로 복사난방공간의 열환경을 평가하기 위한 지표를 나타내는 것은?

① 작용온도(Operative Temperature)

② 건구온도(Drybulb Temperature)

③ 카타냉각력(Kata Cooling Power)

④ 불쾌지수(Discomfort Index)

> **해설** ㉠ 작용온도 : 복사난방공간의 열환경을 평가하기 위한 지표
>
> ㉡ 카타냉각력 : 평균체온 36.5℃와 동일한 온도눈금에서 주변 공기에 대한 냉각률

53 공기세정기의 구성품인 일리미네이터의 주된 기능은?

① 미립화된 물과 공기와의 접촉 촉진

② 균일한 공기흐름 유도

③ 공기 내부의 먼지 제거

④ 공기 중의 물방울 제거

> **해설** 일리미네이터(eliminator)는 공기 중의 물방울 제거(물의 흐트러짐을 방지)하는 장치이다.

54 다음 중 열수분비(μ)와 현열비(SHF)와의 관계식으로 옳은 것은? (단, q_S는 현열량, q_L은 잠열량, L은 가습량이다.)

① $\mu = SHF \dfrac{q_S}{L}$

② $\mu = \dfrac{1}{SHF} \dfrac{q_L}{L}$

③ $\mu = SHF \dfrac{q_L}{L}$

④ $\mu = \dfrac{1}{SHF} \dfrac{q_S}{L}$

> **해설** $\mu = \dfrac{1}{SHF} \times \dfrac{q_s}{L} = \dfrac{1}{\text{현열비}} \times \dfrac{\text{현열량}}{\text{가습량}}$

★
55 공조기 냉수코일의 설계기준으로 틀린 것은?

① 공기류와 수류의 방향은 역류가 되도록 한다.

② 대수평균온도차는 가능한 한 작게 한다.

③ 코일을 통과하는 공기의 전면풍속은 2~3m/s로 한다.

④ 코일의 설치는 관이 수평으로 놓이게 한다.

> **해설** **공조기 냉수코일의 설계기준**
>
> ㉠ 공기류와 수류의 방향은 역류가 되도록 한다.
>
> ㉡ 대수평균온도차(LMTD)를 클수록 열전달이 좋아져서 코일의 열수가 작아도 된다.
>
> ㉢ 냉수속도 0.5~1.5m/s 정도 일반적으로 1m/s 전후이다.
>
> ㉣ 풍속 2~3m/s가 경제적이고 평균 2.5m/s이다.
>
> ㉤ 입출구온도차 5℃ 전후이다.
>
> ㉥ 코일의 설치는 관이 수평으로 놓이게 한다.
>
> ㉦ 코일의 열수는 일반 공기 냉각용에는 4~8열(列)이 많이 사용된다.

정답 **50.** ④ **51.** ④ **52.** ① **53.** ④ **54.** ④ **55.** ②

★

56 A, B 두 방의 열손실은 각각 4kW이다. 높이 600mm인 주철제 5세주 방열기를 사용하여 실내온도를 모두 18.5℃로 유지시키고자 한다. A실은 102℃의 증기를 사용하며, B실은 평균 80℃의 온수를 사용할 때 두 방 전체에 필요한 총 방열기의 절수는? (단, 표준방열량을 적용하며, 방열기 1절(節)의 상당방열면적은 0.23m²이다.)

① 23개 ② 34개
③ 42개 ④ 56개

해설 ㉠ 열손실 : $4 \times 860 = 3,440$kcal/h
㉡ 증기방열량 : $650 \times 0.23 ≒ 150$kcal/h
㉢ 온수방열량 : $450 \times 0.23 ≒ 104$kcal/h
∴ 절수 = $\dfrac{방열기손실}{증기방열량} + \dfrac{방열기손실}{온수방열량}$
$= \dfrac{3,440}{150} + \dfrac{3,440}{104} ≒ 56$쪽

★

57 실내를 항상 급기용 송풍기를 이용하여 정압(+)상태로 유지할 수 있어서 오염된 공기의 침입을 방지하고, 연소용 공기가 필요한 보일러실, 반도체 무균실, 소규모 변전실, 창고 등에 적용하기에 적합한 환기법은?

① 제1종 환기 ② 제2종 환기
③ 제3종 환기 ④ 제4종 환기

해설 환기법
① 제1종 환기(병용식) : 송풍기와 배풍기 설치
② 제2종 환기(압입식) : 송풍기만 설치
③ 제3종 환기(흡출식) : 배풍기만 설치
④ 제4종 환기(자연식) : 급배기가 자연풍에 의해서 환기

암기법 1종 기급기배, 2종 기급자배, 3종 자급기배, 4종 자급자배(강강 강자 자강 자자)

58 전공기방식에 대한 설명으로 틀린 것은?

① 송풍량이 충분하여 실내오염이 적다.
② 환기용 팬을 설치하면 외기냉방이 가능하다.
③ 실내에 노출되는 기기가 없어 마감이 깨끗하다.
④ 천장의 여유 공간이 작을 때 적합하다.

해설 전공기방식(단일덕트방식, 2중덕트방식, 멀티존 유닛방식, 각 층 유닛방식)은 천장의 여유공간이 클 때 적합하다.

59 건구온도 30℃, 습구온도 27℃일 때 불쾌지수(DI)는 얼마인가?

① 57 ② 62
③ 77 ④ 82

해설 불쾌지수 = (건구온도+습구온도)×0.72+40.6
= (30+27)×0.72+40.6 ≒ 82

★

60 송풍기의 법칙에 따라 송풍기 날개직경이 D_1일 때 소요동력이 L_1인 송풍기를 직경 D_2로 크게 했을 때 소요동력 L_2를 구하는 공식으로 옳은 것은? (단, 회전속도는 일정하다.)

① $L_2 = L_1 \left(\dfrac{D_1}{D_2}\right)^5$

② $L_2 = L_1 \left(\dfrac{D_1}{D_2}\right)^4$

③ $L_2 = L_1 \left(\dfrac{D_2}{D_1}\right)^4$

④ $L_2 = L_1 \left(\dfrac{D_2}{D_1}\right)^5$

해설 송풍기의 상사법칙
㉠ $Q_2 = Q_1 \left(\dfrac{N_2}{N_1}\right) = Q_1 \left(\dfrac{d_2}{d_1}\right)^3$
㉡ $P_2 = P_1 \left(\dfrac{N_2}{N_1}\right)^2 = P_1 \left(\dfrac{d_2}{d_1}\right)^2$
㉢ $L_2 = L_1 \left(\dfrac{N_2}{N_1}\right)^3 = L_1 \left(\dfrac{d_2}{d_1}\right)^5$

제4과목 **전기제어공학**

61 코일에 흐르고 있는 전류가 5배로 되면 축적되는 에너지는 몇 배가 되는가?

① 10 ② 15
③ 20 ④ 25

해설 $W = \dfrac{1}{2} \times 인덕턴스 \times 전류^2 = \dfrac{1}{2} L I^2$ 이므로 25배가 된다.

정답 56. ④ 57. ② 58. ④ 59. ④ 60. ④ 61. ④

★
62 다음 신호흐름선도에서 $\dfrac{C(s)}{R(s)}$ 는?

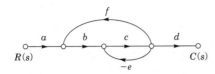

① $\dfrac{abcd}{1+ce+bcf}$ ② $\dfrac{abcd}{1-ce+bcf}$

③ $\dfrac{abcd}{1+ce-bcf}$ ④ $\dfrac{abcd}{1-ce-bcf}$

해설 $\dfrac{C}{R} = \dfrac{경로}{1-폐로}$

$= \dfrac{a \times b \times c \times d}{1-\{-(c \times e)+(b \times c \times f)\}} = \dfrac{abcd}{1+ce-bcf}$

63 역률 0.85, 선전류 50A, 유효전력 28kW인 평형 3상 △ 부하의 전압(V)은 약 얼마인가?

① 300 ② 380
③ 476 ④ 660

해설 $P = \sqrt{3}\, VI \sqrt{3} \cos\theta$

$\therefore V = \dfrac{P}{\sqrt{3}\, I \cos\theta} = \dfrac{28,000}{\sqrt{3} \times 50 \times 0.85} = 380V$

64 탄성식 압력계에 해당되는 것은?

① 경사관식 ② 압전기식
③ 환상평형식 ④ 벨로즈식

해설 **압력계의 종류**
㉠ 액주형 : U자관식, 단관식, 경사관식
㉡ 탄성식 : 부르돈관식, 다이어프램식, 벨로즈식, 전위차계식

65 맥동률이 가장 큰 정류회로는?

① 3상 전파 ② 3상 반파
③ 단상 전파 ④ 단상 반파

해설 **맥동률**
㉠ 단상 반파정류($r = 1.21$)
㉡ 단상 전파정류($r = 0.482$)
㉢ 3상 반파정류($r = 0.183$)
㉣ 3상 전파정류($r = 0.042$)

66 다음 블록선도의 전달함수는?

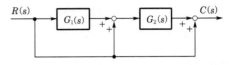

① $G_1(s)G_2(s) + G_2(s) + 1$
② $G_1(s)G_2(s) + 1$
③ $G_1(s)G_2(s) + G_2(s)$
④ $G_1(s)G_2(s) + G_1(s) + 1$

해설 $(RG_1 + R)G_2 + R = C$
$RG_1G_2 + RG_2 + R = C$
$R(G_1G_2 + G_2 + 1) = C$
$\therefore \dfrac{C}{R} = G_1G_2 + G_2 + 1$

★
67 다음 중 간략화한 논리식이 다른 것은?

① $(A+B) \cdot (A+\overline{B})$
② $A \cdot (A+B)$
③ $A + (\overline{A} \cdot B)$
④ $(A \cdot B) + (A \cdot \overline{B})$

해설 ① $(A+B)(A+\overline{B}) = AA + A\overline{B} + AB + B\overline{B}$
$= A + A\overline{B} + AB + 0$
$= A + A(\overline{B}+B) = A + A(1)$
$= A$
② $A(A+B) = AA + AB = A + AB = A$
③ $A + (\overline{A}B)$
④ $(AB) + (A\overline{B}) = A(B+\overline{B}) = A$

68 물체의 위치, 방향 및 자세 등의 기계적 변위를 제어량으로 해서 목표값의 임의의 변화에 추종하도록 구성된 제어계는?

① 프로그램제어 ② 프로세스제어
③ 서보기구 ④ 자동조정

해설 ㉠ 서보기구(servo mechanism) : 물체의 위치, 방위, 자세 등의 기계적 변위를 제어량으로 하는 제어계이며, 목표 임의의 변화에 항상 추종시키는 것을 목적으로 한다.
㉡ 프로세스제어(process control) : 온도, 유량, 압력, 액위면 등의 공업 프로세스의 상태량을 제어량으로 하는 것이며, 프로세스에 가해지는 외란의 억제를 주목적으로 한다.

정답 **62.** ③ **63.** ② **64.** ④ **65.** ④ **66.** ① **67.** ③ **68.** ③

2020년

69 논리적 $L = \bar{x} \cdot \bar{y} + \bar{x} \cdot y$를 간단히 한 식은?

① $L = x$
② $L = \bar{x}$
③ $L = y$
④ $L = \bar{y}$

해설 $L = \bar{x}\,\bar{y} + \bar{x}\,y = \bar{x}(\bar{y} + y) = \bar{x}$

★
70 단자전압 V_{ab}는 몇 V인가?

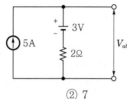

① 3
② 7
③ 10
④ 13

해설 $I = \dfrac{V}{R}$

$\therefore V = IR + V_d = 5 \times 2 + 3 = 13\text{V}$

71 전자석의 흡인력은 자속밀도 $B[\text{Wb/m}^2]$와 어떤 관계에 있는가?

① B에 비례
② $B^{1.5}$에 비례
③ B^2에 비례
④ B^3에 비례

해설 $F = \dfrac{B^2 S}{2\mu_0}[\text{N}]$

72 다음 회로와 같이 외전압계법을 통해 측정한 전력(W)은? (단, R_i : 전류계의 내부저항, R_e : 전압계의 내부저항이다.)

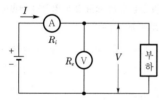

① $P = VI - \dfrac{V^2}{R_e}$
② $P = VI - \dfrac{V^2}{R_i}$
③ $P = VI - 2R_e I$
④ $P = VI - 2R_i I$

해설 $P = VI - \dfrac{V^2}{R_e}[\text{W}]$

73 목표값 이외의 외부입력으로 제어량을 변화시키며 인위적으로 제어할 수 없는 요소는?

① 제어동작신호
② 조작량
③ 외란
④ 오차

해설 기준입력신호 외의 것으로 제어량의 변화를 일으키는 신호로 변환하는 장치를 외란이라 한다.

74 다음 중 피드백제어의 특징에 대한 설명으로 틀린 것은?

① 외란에 대한 영향을 줄일 수 있다.
② 목표값과 출력을 비교한다.
③ 조절부와 조작부로 구성된 제어요소를 가지고 있다.
④ 입력과 출력의 비를 나타내는 전체 이득이 증가한다.

해설 입력과 출력의 비를 나타내는 전체 이득이 감소한다.

75 2전력계법으로 3상 전력을 측정할 때 전력계의 지시가 $W_1 = 200\text{W}$, $W_2 = 200\text{W}$이다. 부하전력(W)은?

① 200
② 400
③ $200\sqrt{3}$
④ $400\sqrt{3}$

해설 $P = P_1 + P_2 = 200 + 200 = 400\text{W}$

★
76 $R = 10\,\Omega$, $L = 10\text{mH}$에 가변콘덴서 C를 직렬로 구성시킨 회로에 교류주파수 1,000Hz를 가하여 직렬공진을 시켰다면 가변콘덴서는 약 몇 μF인가?

① 2.533
② 12.675
③ 25.35
④ 126.75

해설 $f = \dfrac{1}{2\pi\sqrt{LC}}$

$\therefore C = \dfrac{1}{(2\pi f)^2 L} = \dfrac{1}{(2 \times 3.14 \times 10)^2 \times 1,000} \times 10^6$

$\fallingdotseq 2.533\mu\text{F}$

정답   69. ②   70. ④   71. ③   72. ①   73. ③   74. ④   75. ②   76. ①

★
77 스위치 S의 개폐에 관계없이 전류 I가 항상 30A 라면 R_3와 R_4는 각각 몇 Ω인가?

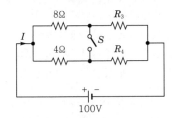

① $R_3 = 1,\ R_4 = 3$ ② $R_3 = 2,\ R_4 = 1$

③ $R_3 = 3,\ R_4 = 2$ ④ $R_3 = 4,\ R_4 = 4$

해설 ㉠ $I_1 = 30 \times \dfrac{4}{4+8} = 10A,\ I_2 = 30 \times \dfrac{8}{4+8} = 20A$

㉡ $V_1 = 10 \times 8 = 80V,$

$R_3 = \dfrac{V - V_1}{I_1} = \dfrac{100 - 80}{10} = 2\Omega$

㉢ $V_2 = 10 \times 8 = 80V,$

$R_4 = \dfrac{V - V_2}{I_2} = \dfrac{100 - 80}{20} = 1\Omega$

78 다음 $R - L - C$ 직렬회로의 합성임피던스(Ω)는?

$$\text{—}\!\!\!\bigwedge\!\!\!\text{—}\ \text{—}\!\!\!\text{0000}\!\!\!\text{—}\ \text{—}\Vert\text{—}$$
$$\quad 4\Omega \qquad\quad 7\Omega \qquad\quad 4\Omega$$

① 1   ② 5

③ 7   ④ 15

해설 $Z = \sqrt{R^2 + X^2} = \sqrt{R^2 + (X_L - X_C)^2}$

$\qquad = \sqrt{4^2 + (7-4)^2} = 5\Omega$

★
79 변압기의 효율이 가장 좋을 때의 조건은?

① 철손 $= \dfrac{2}{3} \times$ 동손

② 철손 $= 2 \times$ 동손

③ 철손 $= \dfrac{1}{2} \times$ 동손

④ 철손 $=$ 동손

해설 전부하효율 $= \dfrac{\text{출력}}{\text{출력} + \text{동손} + \text{철손}}$

$\eta = \dfrac{V_2 I_2 \cos\theta}{V_2 I_2 \cos\theta + P_i + P_c}$

손실이 최소가 되는 조건이 최대 효율이 된다. 즉 철손과 동손의 비율이 같을 때 발생한다.

80 입력신호가 모두 "1"일 때만 출력이 생성되는 논리 회로는?

① AND회로   ② OR회로

③ NOR회로   ④ NOT회로

해설 2개의 입력 A와 B가 모두 '1'일 때만 출력이 '1'이 되는 회로로서 AND회로의 논리식은 $X = AB$로 표시한다.

제5과목   배관일반

81 펌프 흡입측 수평배관에서 관경을 바꿀 때 편심리 듀서를 사용하는 목적은?

① 유속을 빠르게 하기 위하여

② 펌프압력을 높이기 위하여

③ 역류 발생을 방지하기 위하여

④ 공기가 고이는 것을 방지하기 위하여

해설 수평배관에서 관의 지름을 바꿀 때에는 편심리듀서를 사용하여 공기가 고이는 것을 방지한다.

82 다음 중 배관의 중심이동이나 구부러짐 등의 변위 를 흡수하기 위한 이음이 아닌 것은?

① 슬리브형 이음   ② 플렉시블이음

③ 루프형 이음   ④ 플라스탄이음

해설 ㉠ 신축이음 : 슬리브형, 루프형, 벨로즈형, 스위블형
㉡ 플렉시블이음 : 굴곡이 많은 곳이나 기기의 진동이 배관에 전달되지 않도록 하여 배관이나 기기의 파손 을 방지할 목적으로 사용된다.
㉢ 플라스탄이음 : 연관 이음

★
83 다음 중 온수배관 시공 시 유의사항으로 틀린 것은?

① 일반적으로 팽창관에는 밸브를 설치하지 않 는다.

② 배관의 최저부에는 배수밸브를 설치한다.

③ 공기밸브는 순환펌프의 흡입측에 부착한다.

④ 수평관은 팽창탱크를 향하여 올림구배로 배 관한다.

해설 공기밸브는 순환펌프의 출구측에 부착한다.

정답   77. ②   78. ②   79. ④   80. ①   81. ④   82. ④   83. ③

84 다음 중 밸브 몸통 내에 밸브대를 축으로 하여 원판형태의 디스크가 회전함에 따라 개폐하는 밸브는 무엇인가?

① 버터플라이밸브 　　② 슬루스밸브
③ 앵글밸브 　　　　　④ 볼밸브

해설 버터플라이밸브는 흐름방향에 직각으로 설치된 축을 중심으로 원판형의 밸브대가 회전함으로써 개폐를 하는 밸브로, 나비형 밸브라고도 한다.

85 강관의 나사이음 시 관을 절단한 후 관 단면의 안쪽에 생기는 거스러미를 제거할 때 사용하는 공구는?

① 파이프 바이스 　　② 파이프 리머
③ 파이프 렌치 　　　④ 파이프 커터

해설 ① 파이프 바이스 : 파이프 고정
③ 파이프 렌치 : 파이프 조립 및 분해
④ 파이프 커터 : 파이프 절단

86 급수 급탕설비에서 탱크류에 대한 누수의 유무를 조사하기 위한 시험방법으로 가장 적절한 것은?

① 수압시험 　　　　　② 만수시험
③ 통수시험 　　　　　④ 잔류염소의 측정

해설 급수 급탕설비에서 탱크류는 만수시험을 만수상태에서 30분 이상 실시한다.

★
87 하트포드(Hart ford) 배관법에 관한 설명으로 틀린 것은?

① 보일러 내의 안전 저수면보다 높은 위치에 환수관을 접속한다.
② 저압증기난방에서 보일러 주변의 배관에 사용한다.
③ 하트포드 배관법은 보일러 내의 수면이 안전수위 이하로 유지하기 위해 사용된다.
④ 하트포드 배관접속 시 환수주관에 침적된 찌꺼기의 보일러 유입을 방지할 수 있다.

해설 하트포드 연결법은 저압 증기난방에서 환수주관을 보일러 밑에 접속하여 생기는 나쁜 결과를 막기 위하여, 증기관과 환수관 사이에 표준 수면보다 50mm 아래 균형관을 설치하여 안전수위 이하가 되어 보일러가 빈 상태로 되는 것을 방지하기 위한 것이다.

88 옥상탱크에서 오버플로관을 설치하는 가장 적합한 위치는?

① 배수관보다 하위에 설치한다.
② 양수관보다 상위에 설치한다.
③ 급수관과 수평위치에 설치한다.
④ 양수관과 동일 수평위치에 설치한다.

해설 양수관(급수펌프에 공급하는 관)의 수위보다 상위에 설치하고 양수관경의 2배 이상으로 한다.

★
89 중앙식 급탕법에 대한 설명으로 틀린 것은?

① 탱크 속에 직접 증기를 분사하여 물을 가열하는 기수혼합식의 경우 소음이 많아 증기관에 소음기(silencer)를 설치한다.
② 열원으로 비교적 가격이 저렴한 석탄, 중유 등을 사용하므로 연료비가 적게 든다.
③ 급탕설비를 다른 설비기계류와 동일한 장소에 설치하므로 관리가 용이하다.
④ 저탕탱크 속에 가열코일을 설치하고, 여기에 증기보일러를 통해 증기를 공급하여 탱크 안의 물을 직접 가열하는 방식을 직접 가열식 중앙급탕법이라 한다.

해설 간접가열식 중앙급탕법은 저탕조 내에 가열코일을 설치하고 이 코일에 증기 또는 온수를 통해서 저탕조의 물을 간접적으로 가열하는 방법이다.

90 배관재료에 대한 설명으로 틀린 것은?

① 배관용 탄소강강관은 1MPa 이상, 10MPa 이하 증기관에 적합하다.
② 주철관은 용도에 따라 수도용, 배수용, 가스용, 광산용으로 구분된다.
③ 연관은 화학공업용으로 사용되는 1종관과 일반용으로 쓰이는 2종관, 가스용으로 사용되는 3종관이 있다.
④ 동관은 관두께에 따라 K형, L형, M형으로 구분한다.

해설 SPP는 사용압력이 비교적 낮은(10kgf/cm²(1MPa) 이하) 증기, 물, 기름, 가스 및 공기 등의 배관용으로서 흑관과 백관이 있으며, 호칭지름은 15~65A이다.

정답　84. ①　85. ②　86. ②　87. ③　88. ②　89. ④　90. ①

91 다음 공조용 배관 중 배관 샤프트 내에서 단열시공을 하지 않는 배관은?

① 온수관　　　　② 냉수관
③ 증기관　　　　④ 냉각수관

해설　냉각수관 주로 백관으로 시공하며, 단열시공을 하지 않는다.

★
92 급수온도 5℃, 급탕온도 60℃, 가열 전 급탕설비의 전수량은 2m³, 급수와 급탕의 압력차는 50kPa일 때 절대압력 300kPa의 정수두가 걸리는 위치에 설치하는 밀폐식 팽창탱크의 용량(m³)은? (단, 팽창탱크의 초기 봉입 절대압력은 300kPa이고, 5℃일 때 밀도는 1,000kg/m³, 60℃일 때 밀도는 983.1kg/m³이다.)

① 0.83　　　　② 0.57
③ 0.24　　　　④ 0.17

해설　$\Delta V = V_s \left(\dfrac{1}{\gamma_2} - \dfrac{1}{\gamma_1} \right) = 2 \times \left(\dfrac{1}{983.1} - \dfrac{1}{1,000} \right)$

$= 3.44 \times 10^{-5} \text{m}^3$

$\therefore V = \dfrac{\Delta V}{\dfrac{P_0}{P_1} - \dfrac{P_0}{P_2}} \rho = \dfrac{3.44 \times 10^{-5}}{\dfrac{300}{300} - \dfrac{300}{300+50}} \times 1,000$

$\fallingdotseq 0.24 \text{m}^3$

참고　개방식일 때

㉠ 온수의 팽창량 : $\Delta V = V_s \left(\dfrac{1}{\gamma_2} - \dfrac{1}{\gamma_1} \right)$

㉡ 팽창탱크의 용량 : $V = (1.2 \sim 1.5) \Delta V$

93 공기조화설비에서 에어워셔의 플러딩 노즐이 하는 역할은?

① 공기 중에 포함된 수분을 제거한다.
② 입구공기의 난류를 정류로 만든다.
③ 일리미네이터에 부착된 먼지를 제거한다.
④ 출구에 섞여나가는 비산수를 제거한다.

해설　플러딩 노즐은 일리미네이터 상단에 실시하여 일리미네이터에 부착된 먼지를 세척하는 장치

94 다음 중 증기난방용 방열기를 열손실이 가장 많은 창문 쪽의 벽면에 설치할 때 벽면과의 거리로 가장 적절한 것은?

① 5~6cm　　　　② 10~11cm
③ 19~20cm　　　　④ 25~26cm

해설　방열기와 벽면과의 사이에 60mm(6cm) 정도의 간격을 준다.

95 저·중압의 공기가열기, 열교환기 등 다량의 응축수를 처리하는 데 사용되며 작동원리에 따라 다량트랩, 부자형 트랩으로 구분하는 트랩은?

① 바이메탈 트랩　　　　② 벨로즈 트랩
③ 플로트 트랩　　　　④ 벨트랩

해설　증기트랩

㉠ 기계식 트랩 : 바켓식, 플로트식(다량트랩)
㉡ 온도조절트랩 : 벨로즈식, 다이어프램식, 바이메탈식
㉢ 열역학적 트랩 : 디스크식, 오리피스식

96 냉동장치에서 압축기의 표시방법으로 틀린 것은?

①　　: 밀폐형 일반

②　　: 로터리형

③　　: 원심형

④　　: 왕복동형

해설　원심형 압축기는 없다.

★
97 공조배관설비에서 수격작용의 방지방법으로 틀린 것은?

① 관내의 유속을 낮게 한다.
② 밸브는 펌프 흡입구 가까이 설치하고 제어한다.
③ 펌프에 플라이휠(fly wheel)을 설치한다.
④ 서지탱크를 설치한다.

해설　**수격작용의 방지**

㉠ 관경(직경)을 크게 한다.
㉡ 유속을 낮게 한다(관로에서 일부 고압수를 방출한다).
㉢ 조압수조(surge tank)를 관선에 설치한다.
㉣ 플라이휠(fly wheel)을 설치한다.
㉤ 송출구(토출측) 가까이에 밸브를 설치한다.
㉥ 에어챔버를 설치한다.

암기법▶ 관유 조플송에

정답　91. ④　92. ③　93. ③　94. ①　95. ③　96. ③　97. ②

★
98 압축공기 배관설비에 대한 설명으로 틀린 것은?

① 분리기는 윤활유를 공기나 가스에서 분리시켜 제거하는 장치로서 보통 중간냉각기와 후부냉각기 사이에 설치한다.
② 위험성 가스가 체류되어 있는 압축기실은 밀폐시킨다.
③ 맥동을 완화하기 위하여 공기탱크를 장치한다.
④ 가스관, 냉각수관 및 공기탱크 등에 안전밸브를 설치한다.

해설 가스가 체류할 우려가 있는 장소에는 가스누출검지 경보장치가 설치되어 있다. 이 경보장치는 설치 수량, 기능 등이 기준에 적합하게 설치되어 있을 것이다.

★
99 프레온냉동기에서 압축기로부터 응축기에 이르는 배관의 설치 시 유의사항으로 틀린 것은?

① 배관이 합류할 때는 T자형보다 Y자형으로 하는 것이 좋다.
② 압축기로부터 올라온 토출관이 응축기에 연결되는 수평 부분은 응축기 쪽으로 하향구배로 배관한다.
③ 2대의 압축기가 아래쪽에 있고 1대의 응축기가 위쪽에 있는 경우 토출가스 헤더는 압축기 위에 배관하여 토출가스관에 연결한다.
④ 압축기와 응축기가 각각 2대이고 압축기가 응축기의 하부에 설치된 경우 압축기의 크랭크케이스 균압관은 수평으로 배관한다.

해설 2대의 압축기가 아래쪽에 있고 1대의 응축기가 위쪽에 있는 경우 토출가스 배관은 압축기 위로 입상하여 토출가스 헤더에 연결한다.

100 수도 직결식 급수방식에서 건물 내에 급수를 할 경우 수도 본관에서의 최저필요압력을 구하기 위한 필요요소가 아닌 것은?

① 수도 본관에서 최고높이에 해당하는 수전까지의 관의 재질에 따른 저항
② 수도 본관에서 최고높이에 해당하는 수전이나 기구별 소요압력
③ 수도 본관에서 최고높이에 해당하는 수전까지의 관내 마찰손실수두
④ 수도 본관에서 최고높이에 해당하는 수전까지의 상당압력

해설 수도 직결식 급수방식

$$P \geq P_1 + P_2 + P_3$$

여기서, P : 수도 본관의 압력(kgf/cm^2)
P_1 : 최고층 위생기구까지의 자연수두압력 (kgf/cm^2)
P_2 : 관내 마찰손실수두에 상당하는 압력 (kgf/cm^2)
P_3 : 위생기구별 소요압력(kgf/cm^2)

2020년 | 제3회 공조냉동기계기사

제1과목 기계 열역학

★
01 어떤 습증기의 엔트로피가 6.78kJ/kg·K라고 할 때 이 습증기의 엔탈피는 약 몇 kJ/kg인가? (단, 이 기체의 포화액 및 포화증기의 엔탈피와 엔트로피는 다음과 같다.)

구분	포화액	포화증기
엔탈피(kJ/kg)	384	2,666
엔트로피(kJ/kg·K)	1.25	7.62

① 2,365
② 2,402
③ 2,473
④ 2,511

해설 ㉠ $s = s' + x(s'' - s')$
$6.78 = 1.25 + x \times (7.62 - 1.25)$
$\therefore x ≒ 0.868$
㉡ $h = h' + x(h'' - h')$
$= 384 + 0.868 \times (2,666 - 384) ≒ 2,365 \text{kJ/kg}$

02 압력(P)-부피(V)선도에서 이상기체가 다음 그림과 같은 사이클로 작동한다고 할 때 한 사이클 동안 행한 일은 어떻게 나타내는가?

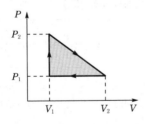

① $\dfrac{(P_2 + P_1)(V_2 + V_1)}{2}$

② $\dfrac{(P_2 - P_1)(V_2 + V_1)}{2}$

③ $\dfrac{(P_2 + P_1)(V_2 - V_1)}{2}$

④ $\dfrac{(P_2 - P_1)(V_2 - V_1)}{2}$

해설 $W = P - V$선도의 면적 $= \dfrac{1}{2}(P_2 - P_1)(V_2 - V_1)$

03 다음 중 스테판-볼츠만의 법칙과 관련이 있는 열전달은?

① 대류
② 복사
③ 전도
④ 응축

해설 **스테판-볼츠만의 법칙** : 물체는 그 표면에서 온도와 상태에 따라 여러 가지 파장의 방사에너지를 전자파 형태로 방사하여 다른 물체로 열전달이 이루어지는 것을 복사 열전달이라 한다.

★
04 냉매가 갖추어야 할 요건으로 틀린 것은?

① 증발온도에서 높은 잠열을 가져야 한다.
② 열전도율이 커야 한다.
③ 표면장력이 커야 한다.
④ 불활성이고 안전하며 비가연성이어야 한다.

해설 **냉매의 구비조건**
㉠ 증발잠열이 크고 액체의 비열이 적을 것
㉡ 점성, 즉 점도는 낮으며 열전달률(열전도율)이 양호할 것(높을 것)
㉢ 표면장력이 크고 전열성능이 좋을 것
㉣ 불활성이고 안전하며 비가연성일 것
㉤ 전기저항이 크고, 절연파괴를 일으키지 않을 것
㉥ 임계온도가 높고 응고온도가 낮을 것
㉦ 냉매가스의 용적(비체적)이 작을 것
㉧ 저온에 있어서도 대기압 이상의 압력에서 증발하고 비교적 저압에서 액화할 것

05 어떤 유체의 밀도가 741kg/m³이다. 이 유체의 비체적은 약 몇 m³/kg인가?

① 0.78×10^{-3}
② 1.35×10^{-3}
③ 2.35×10^{-3}
④ 2.98×10^{-3}

해설 $v = \dfrac{1}{\rho} = \dfrac{1}{741} ≒ 1.35 \times 10^{-3} \text{m}^3/\text{kg}$

정답 01. ① 02. ④ 03. ② 04. ③ 05. ②

06 이상기체 2kg이 압력 98kPa, 온도 25℃ 상태에서 체적이 0.5m³였다면 이 이상기체의 기체상수는 약 몇 J/kg · K인가?

① 79 ② 82
③ 97 ④ 102

> 해설 $PV = mRT$
>
> $$\therefore R = \frac{PV}{mT} = \frac{98 \times 0.5}{2 \times 298} = 0.082\text{kJ/kg} \cdot \text{K}$$
>
> $$= 82\text{J/kg} \cdot \text{K}$$

★
07 이상적인 랭킨사이클에서 터빈 입구온도가 350℃이고 75kPa과 3MPa의 압력 범위에서 작동한다. 펌프입구와 출구 · 터빈입구와 출구에서 엔탈피는 각각 384.4kJ/kg, 387.5kJ/kg, 3,116kJ/kg, 2,403kJ/kg이다. 펌프일을 고려한 사이클의 열효율과 펌프일을 무시한 사이클의 열효율 차이는 약 몇 %인가?

① 0.0011 ② 0.092
③ 0.11 ④ 0.18

> 해설 ㉠ 보일러의 일 : $W_b = 3,116 - 387.5 = 2728.5$
>
> ㉡ 터빈일 : $W_t = 3,116 - 2,403 = 713$
>
> ㉢ 펌프일 : $W_p = 387.5 - 384.4 = 3.1$
>
> ㉣ 효율 : $\eta = \dfrac{W_t - W_p}{W_b} \times 100$
>
> $$= \left(\frac{713}{2,728.5} - \frac{713 - 3.1}{2,728.5}\right) \times 100 \fallingdotseq 0.11\%$$

★
08 압력이 0.2MPa, 온도가 20℃의 공기를 압력이 2MPa로 될 때까지 가역단열 압축했을 때 온도는 약 몇 ℃인가? (단, 공기는 비열비가 1.4인 이상기체로 간주한다.)

① 225.7 ② 273.7
③ 292.7 ④ 358.7

> 해설 $T_1 = 20 + 273 = 293\text{K}$
>
> $P_1 = 0.2 \times 10^3 = 200\text{kPa}$
>
> $P_2 = 2 \times 10^3 = 2,000\text{kPa}$
>
> $$\frac{T_2}{T_1} = \left(\frac{P_2}{P_1}\right)^{\frac{k-1}{k}}$$
>
> $$\frac{T_2}{293} = \left(\frac{2,000}{200}\right)^{\frac{1.4-1}{1.4}}$$
>
> $$\therefore T_2 = 565.7\text{K} - 273 = 292.7℃$$

09 고온열원(T_1)과 저온열원(T_2) 사이에서 작동하는 역카르노사이클에 의한 열펌프(heat pump)의 성능계수는?

① $\dfrac{T_1 - T_2}{T_1}$ ② $\dfrac{T_2}{T_1 - T_2}$

③ $\dfrac{T_1}{T_1 - T_2}$ ④ $\dfrac{T_1 - T_2}{T_2}$

> 해설 $COP_H = \dfrac{q_c}{Aw} = \dfrac{T_1}{T_1 - T_2} = \dfrac{Q_1}{Q_1 - Q_2}$

10 전류 25A, 전압 13V를 가하여 축전지를 충전하고 있다. 충전하는 동안 축전지로부터 15W의 열손실이 있다. 축전지의 내부에너지변화율은 약 몇 W인가?

① 310 ② 340
③ 370 ④ 420

> 해설 $P = VI = 25 \times 13 = 325\text{W}$
>
> ∴ 내부에너지변화율 = 전체 - 열손실 = 325 - 15
>
> $$= 310\text{W}$$

★
11 어떤 물질에서 기체상수(R)가 0.189kJ/kg · K, 임계온도가 305K, 임계압력이 7,380kPa이다. 이 기체의 압축성 인자(compressibility factor, Z)가 다음과 같은 관계식을 나타낸다고 할 때 이 물질의 20℃, 1,000kPa 상태에서의 비체적(v)은 약 몇 m³/kg인가? (단, P는 압력, T는 절대온도, P_r은 환산압력, T_r은 환산온도를 나타낸다.)

$$Z = \frac{Pv}{RT} = 1 - 0.8\frac{P_r}{T_r}$$

① 0.0111 ② 0.0303
③ 0.0491 ④ 0.0554

> 해설 $P_r = \dfrac{P}{P_c} = \dfrac{1,000}{7,380} = 0.135501$
>
> $T_r = \dfrac{T}{T_c} = \dfrac{293}{305} = 0.960656$
>
> $Z = \dfrac{Pv}{RT} = 1 - 0.8\dfrac{P_r}{T_r}$
>
> $$\frac{1,000 \times v}{0.189 \times 293} = 1 - 0.8 \times \frac{0.135501}{0.960656}$$
>
> $$\therefore v \fallingdotseq 0.0491\text{m}^3/\text{kg}$$

정답 06. ② 07. ③ 08. ③ 09. ③ 10. ① 11. ③

★
12 단열된 노즐에 유체가 10m/s의 속도로 들어와서 200m/s의 속도로 가속되어 나간다. 출구에서의 엔탈피가 2,770kJ/kg일 때 입구에서의 엔탈피는 약 몇 kJ/kg인가?

① 4,370 　　　② 4,210

③ 2,850 　　　④ 2,790

해설 $h_2 - h_1 = \dfrac{(200^2 - 10^2) \times 9.8}{2 \times 9.8 \times 1,000} = 19.95 \text{kJ/kg}$

∴ $h_2 = 19.95 + h_1 = 19.95 + 2,770 ≒ 2,790 \text{kJ/kg}$

13 100℃의 구리 10kg을 20℃의 물 2kg이 들어있는 단열용기에 넣었다. 물과 구리 사이의 열전달을 통한 평형온도는 약 몇 ℃인가? (단, 구리의 비열은 0.45kJ/kg·K, 물의 비열은 4.2kJ/kg·K이다.)

① 48 　　　② 54

③ 60 　　　④ 68

해설 $Q = G_c C_c (t_2 - t_1) = G_w C_w (t_1 - t_0)$

$10 \times 0.45 \times (100 - t_1) = 2 \times 4.2 \times (t_1 - 20)$

∴ $t_1 = \dfrac{450 + 168}{4.5 + 8.4} ≒ 48℃$

14 이상적인 교축과정(throttling process)을 해석하는 데 있어서 다음 설명 중 옳지 않은 것은?

① 엔트로피는 증가한다.

② 엔탈피의 변화가 없다고 본다.

③ 정압과정으로 간주한다.

④ 냉동기의 팽창밸브의 이론적인 해석에 적용될 수 있다.

해설 교축을 시키면 압력이 떨어지므로 온도가 떨어져서 엔트로피는 증가하고, 엔탈피변화는 없다.

$P\downarrow \to T\downarrow, \ \dfrac{dQ}{T\downarrow} = dS\uparrow, \ dh = 0$

★
15 이상기체로 작동하는 어떤 기관의 압축비가 17이다. 압축 전의 압력 및 온도는 112kPa, 25℃이고, 압축 후의 압력은 4,350kPa이었다. 압축 후의 온도는 약 몇 ℃인가?

① 53.7 　　　② 180.2

③ 236.4 　　　④ 407.8

해설 $PV = mRT$ 에서 $R = \dfrac{PV}{mT}$ 이므로

$$\dfrac{P_1 V_1}{T_1} = \dfrac{P_2 V_2}{T_2}$$

$$\dfrac{P_1 \times 17 V_2}{T_1} = \dfrac{P_2 V_2}{T_2}$$

$$\dfrac{112 \times 17}{298} = \dfrac{4,350}{T_2}$$

∴ $T_2 ≒ 680.8 \text{K} - 273 = 407.8℃$

16 다음은 오토(Otto)사이클의 온도-엔트로피($T-S$) 선도이다. 이 사이클의 열효율을 온도를 이용하여 나타낼 때 옳은 것은? (단, 공기의 비열은 일정한 것으로 본다.)

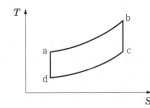

① $1 - \dfrac{T_c - T_d}{T_b - T_a}$ 　　　② $1 - \dfrac{T_b - T_a}{T_c - T_d}$

③ $1 - \dfrac{T_a - T_d}{T_b - T_c}$ 　　　④ $1 - \dfrac{T_b - T_c}{T_a - T_d}$

해설 $\eta = 1 - \dfrac{q_1}{q_2} = 1 - \dfrac{C_v (T_c - T_d)}{C_v (T_b - T_a)} = 1 - \dfrac{T_c - T_d}{T_b - T_a}$

17 클라우지우스(Clausius)의 부등식을 옳게 나타낸 것은? (단, T는 절대온도, Q는 시스템으로 공급된 전체 열량을 나타낸다.)

① $\oint T \delta Q \leq 0$ 　　　② $\oint T \delta Q \geq 0$

③ $\oint \dfrac{\delta Q}{T} \leq 0$ 　　　④ $\oint \dfrac{\delta Q}{T} \geq 0$

해설 클라우지우스의 적분은 $\oint \dfrac{\delta Q}{T} \leq 0$ 에서 가역과정은 0이고, 비가역과정은 0보다 작다.

18 다음 중 강도성 상태량(intensive property)이 아닌 것은?

① 온도 　　　② 내부에너지

③ 밀도 　　　④ 압력

정답 **12.** ④ **13.** ① **14.** ③ **15.** ④ **16.** ① **17.** ③ **18.** ②

해설 열역학적 상태량은 강도성 상태량(온도, 압력, 비체적, 밀도)과 중량성 상태량(체적, 내부에너지, 엔탈피, 엔트로피)으로 구분된다.

★
19 기체가 0.3MPa로 일정한 압력하에 8m³에서 4m³까지 마찰 없이 압축되면서 동시에 500kJ의 열을 외부로 방출하였다면 내부에너지의 변화는 약 몇 kJ인가?

① 700　　　　　　② 1,700

③ 1,200　　　　　④ 1,400

해설 $\delta q = du + pdv$

$-500 = du + 0.3 \times 1,000 \times (4-8)$

$\therefore du = 700kJ$

★
20 카르노사이클로 작동하는 열기관이 1,000℃의 열원과 300K의 대기 사이에서 작동한다. 이 열기관이 사이클당 100kJ의 일을 할 경우 사이클당 1,000℃의 열원으로부터 받은 열량은 약 몇 kJ인가?

① 70.0　　　　　　② 76.4

③ 130.8　　　　　④ 142.9

해설 $\eta = \dfrac{w_{net}}{Q} = 1 - \dfrac{T_2}{T_1} = 1 - \dfrac{300}{1,273} = 0.764$

$\therefore Q = \dfrac{w_{net}}{\eta} = \dfrac{100}{0.764} = 130.8kJ$

제2과목 냉동공학

21 다음 중 터보압축기의 용량(능력)제어방법이 아닌 것은?

① 회전속도에 의한 제어

② 흡입댐퍼에 의한 제어

③ 부스터에 의한 제어

④ 흡입가이드베인에 의한 제어

해설 **터보압축기의 용량(능력)제어방법** : 회전수(회전속도)제어, 흡입댐퍼제어, 흡입가이드베인제어, 바이패스제어, 디퓨저제어, 이중관속제어

★
22 냉동능력이 15RT인 냉동장치가 있다. 흡입증기포화온도가 −10℃이며 건조포화증기흡입압축으로 운전된다. 이때 응축온도가 45℃이라면 이 냉동장치의 응축부하(kW)는 얼마인가? (단, 1RT는 3.8kW이다.)

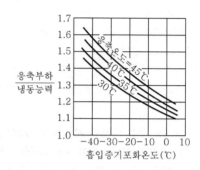

응축부하
냉동능력

흡입증기포화온도(℃)

① 74.1　　　　　　② 58.7

③ 49.8　　　　　④ 36.2

해설 $\dfrac{응축부하(Q_c)}{냉동능력(Q_e)} = 1.3$

$\therefore Q_c = 1.3Q_e = 1.3 \times 15 \times 3.8 ≒ 74.1kW$

★
23 냉매의 구비조건으로 옳은 것은?

① 표면장력이 작을 것

② 임계온도가 낮을 것

③ 증발잠열이 작을 것

④ 비체적이 클 것

해설 **냉매의 구비조건**
㉠ 임계온도와 임계압력이 높을 것(응축(액화)이 잘 됨)
㉡ 증발열(잠열)이 클 것
㉢ 열전달률(열전도도)이 양호할 것(높을 것)
㉣ 증발압력은 대기압보다 약간 높을 것
㉤ 전기저항이 크고 절연파괴를 일으키지 않을 것
㉥ 액체 비열이 적으며 비열비가 적을 것
㉦ 냉매가스의 용적(비체적)이 작을 것
㉧ 점도와 표면장력은 작을 것
㉨ 응고점이 낮고 응축압력은 낮을 것
㉩ 침식하지 않으며(부식성이 없고) 절연내력이 클 것
㉪ 불활성일 것
㉫ 오존파괴지수(ODP) 및 지구온난화지수(GWP)가 낮을 것

정답 　19. ①　20. ③　21. ③　22. ①　23. ①

24 증기압축식 열펌프에 관한 설명으로 틀린 것은?

① 하나의 장치로 난방 및 냉방으로 사용할 수 있다.
② 일반적으로 성적계수가 1보다 작다.
③ 난방을 위한 별도의 보일러 설치가 필요 없어 대기오염이 적다.
④ 증발온도가 높고 응축온도가 낮을수록 성적계수가 커진다.

해설 열펌프의 성적계수는 $\eta > 1$이므로 크다.

★
25 0℃와 100℃ 사이에서 작용하는 카르노사이클기관(㉮)과 400℃와 500℃ 사이에서 작용하는 카르노사이클기관(㉯)이 있다. ㉮기관의 열효율은 ㉯기관의 열효율의 약 몇 배가 되는가?

① 1.2배　　　　② 2배
③ 2.5배　　　　④ 4배

해설
$$\eta_1 = 1 - \frac{T_2(저온)}{T_1(고온)} ≒ 1 - \frac{273}{100+273} = 0.268$$
$$\eta_2 = 1 - \frac{T_2(저온)}{T_1(고온)} ≒ 1 - \frac{400+273}{500+273} = 0.129$$
$$\therefore \frac{\eta_1}{\eta_2} = \frac{0.268}{0.129} ≒ 2.07배$$

26 프레온냉동장치의 배관공사 중에 수분이 장치 내에 잔류했을 경우 이 수분에 의한 장치에 나타나는 현상으로 틀린 것은?

① 프레온냉매는 수분의 용해도가 적으므로 냉동장치 내의 온도가 0℃ 이하이면 수분은 빙결한다.
② 수분은 냉동장치 내에서 철재재료 등을 부식시킨다.
③ 증발기의 전열기능을 저하시키고 흡입관 내 냉매흐름을 방해한다.
④ 프레온냉매와 수분이 서로 화학반응하여 알칼리를 생성시킨다.

해설 **프레온냉동장치에 수분의 영향** : 가수분해에 의한 산의 생성으로 장치의 부식을 촉진하며 동관만 사용한다.

27 팽창밸브 중 과열도를 검출하여 냉매유량을 제어하는 것은?

① 정압식 자동팽창밸브
② 수동팽창밸브
③ 온도식 자동팽창밸브
④ 모세관

해설 **냉매유량의 제어**
㉠ 온도조절식 자동팽창밸브는 감온팽창밸브라고도 함
㉡ 프레온냉동장치에 설치하여 증발기 출구냉매의 과열도를 검지하여 냉매유량을 제어
㉢ 내부균압형과 외부균압형이 있음

28 다음 중 가연성이 있어 조건이 나쁘면 인화, 폭발위험이 가장 큰 냉매는?

① R-717　　　② R-744
③ R-718　　　④ R-502

해설 ㉠ R-717(NH₃) : 암모니아로 제2종 가연성 가스이고 폭발범위가 15~28%
㉡ R-744(CO₂) : 공기보다 무거우며, 무취 무독의 부식성 및 폭발성이 없는 냉매로서 할로겐화 탄화수소가 개발되기 전에 널리 사용되었다가 R-12로 대체
㉢ R-718(H₂O) : 빙점이 너무 높고 비체적이 크므로 증기압축식 냉동기에는 사용이 불가능하며 흡수식 냉동기나 증기분사식 냉동기 등 공기조화용 냉동기와 냉방에 이용
㉣ R-502 : R-22(48.8%)와 R-115(51.2%)의 혼합냉매로 비등점은 -45.5℃

★
29 흡수식 냉동사이클의 선도에 대한 설명으로 틀린 것은?

① 듀링선도는 수용액의 농도, 온도, 압력관계를 나타낸다.
② 증발잠열 등 흡수식 냉동기의 설계상 필요한 열량은 엔탈피-농도선도를 통해 구할 수 있다.
③ 듀링선도에서는 각 열교환기 내의 열교환량을 표현할 수 없다.
④ 엔탈피-농도선도는 수평축에 비엔탈피, 수직축에 농도를 잡고 포화용액의 등온, 등압선과 발생증기의 등압선을 그은 것이다.

정답　24. ②　25. ②　26. ④　27. ③　28. ①　29. ④

해설 엔탈피-농도선도는 수평축에 농도(x)를, 수직축에 비엔탈피(h)를 잡고 포화용액의 등온, 등압선과 발생증기의 등압선을 그은 것이다.

★
30 다음 안전장치에 대한 설명으로 틀린 것은?

① 가용전은 응축기, 수액기 등의 압력용기에 안전장치로 설치된다.

② 파열판은 얇은 금속판으로 용기의 구멍을 막고 있는 구조이며 안전밸브로 사용된다.

③ 안전밸브는 고압측의 각 부분에 설치하여 일정 이상 고압이 되면 밸브가 열려 저압부로 보내거나 외부로 방출하도록 한다.

④ 고압차단스위치는 조정설정압력보다 벨로즈에 가해진 압력이 낮아졌을 때 압축기를 정지시키는 안전장치이다.

해설 고압차단스위치는 조정설정압력보다 벨로즈에 가해진 압력이 높아졌을 때 압축기를 정지시키는 안전장치이다.

31 저온용 단열재의 조건으로 틀린 것은?

① 내구성이 있을 것
② 흡습성이 클 것
③ 팽창계수가 작을 것
④ 열전도율이 작을 것

해설 단열재는 열전도 및 팽창계수가 작고 수분을 흡수하지 않아야 한다.

★
32 다음의 $P-h$ 선도상에서 냉동능력이 1냉동톤인 소형 냉장고의 실제 소요동력(kW)은? (단, 1냉동톤은 3.8kW이며, 압축효율은 0.75, 기계효율은 0.9이다.)

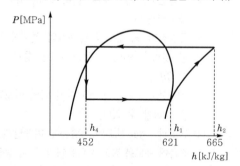

① 1.47
② 1.81
③ 2.73
④ 3.27

해설 $\varepsilon = \dfrac{q_e}{AW_C} = \dfrac{h_1 - h_4}{h_2 - h_1} = \dfrac{148.3 - 108}{158.7 - 148.3} = 3.84$

$\therefore N_c = \dfrac{Q_e}{\varepsilon \eta_c \eta_m} = \dfrac{3.8}{3.84 \times 0.75 \times 0.9} \fallingdotseq 1.47\text{kW}$

33 냉동장치의 윤활 목적으로 틀린 것은?

① 마모 방지
② 부식 방지
③ 냉매 누설 방지
④ 동력손실 증대

해설 **냉동장치의 윤활목적** : 마모 방지, 부식 방지, 냉매 누설 방지, 동력소모 절감, 패킹재료 보호, 진동·소음·충격 방지

34 흡수식 냉동기의 특징에 대한 설명으로 틀린 것은?

① 부분부하에 대한 대응성이 좋다.
② 압축식, 터보식 냉동기에 비해 소음과 진동이 적다.
③ 초기 운전 시 정격성능을 발휘할 때까지의 도달속도가 느리다.
④ 용량제어범위가 비교적 작아 큰 용량장치가 요구되는 장소에 설치 시 보조기기설비가 요구된다.

해설 흡수식 냉동기는 용량제어의 범위가 넓어 폭넓은 용량제어가 가능하다.

35 공기열원 수가열 열펌프장치를 가열운전(시운전)할 때 압축기 토출밸브 부근에서 토출가스온도를 측정하였더니 일반적인 온도보다 지나치게 높게 나타났다. 이러한 현상의 원인으로 가장 거리가 먼 것은?

① 냉매분해가 일어난다.
② 팽창밸브가 지나치게 교축되었다.
③ 공기측 열교환기(증발기)에서 눈에 띄게 착상이 일어났다.
④ 가열측 순환온수의 유량이 설계값보다 많다.

해설 **토출가스온도 상승원인**
㉠ 냉매가 부족하면 증발압력 떨어지고 압축비가 증가하여 토출온도 상승하고, 체적효율이 떨어지면 냉동능력과 성적계수가 감소하여 소요동력이 증가한다.
㉡ 온수의 유량이 많다는 것은 압축기 토출가스온도가 떨어진다.

정답 30. ④ 31. ② 32. ① 33. ④ 34. ④ 35. ④

36 두께 30cm의 벽돌로 된 벽이 있다. 내면온도 21℃, 외면온도가 35℃일 때 이 벽을 통해 흐르는 열량(W/m²)은? (단, 벽돌의 열전도율은 0.793W/m · K 이다.)

① 32   ② 37

③ 40   ④ 43

해설 $Q = \lambda \dfrac{1}{l} \Delta t = 0.793 \times \dfrac{1}{0.3} \times (35 - 21) \fallingdotseq 37 \text{W/m}^2$

37 2단 압축 1단 팽창 냉동장치에서 고단 압축기의 냉매순환량을 G_2, 저단 압축기의 냉매순환량을 G_1 이라고 할 때 G_2/G_1은 얼마인가?

- 저단 압축기 흡입증기엔탈피(h_1)
  : 610.4kJ/kg
- 저단 압축기 토출증기엔탈피(h_2)
  : 652.3kJ/kg
- 고단 압축기 흡입증기엔탈피(h_3)
  : 622.2kJ/kg
- 중간냉각기용 팽창밸브 직전 냉매엔탈피(h_4)
  : 462.6kJ/kg
- 증발기용 팽창밸브 직전 냉매엔탈피(h_5)
  : 427.1kJ/kg

① 0.8   ② 1.4

③ 2.5   ④ 3.1

해설 $\dfrac{G_2}{G_1} = \dfrac{\Delta h}{\Delta h'} = \dfrac{h_2 - h_8}{h_3 - h_6} = \dfrac{652.3 - 427.1}{662.2 - 462.6} \fallingdotseq 1.4$

★
38 프레온냉매를 사용하는 냉동장치에 공기가 침입하면 어떤 현상이 일어나는가?

① 고압압력이 높아지므로 냉매순환량이 많아지고 냉동능력도 증가한다.

② 냉동톤당 소요동력이 증가한다.

③ 고압압력은 공기의 분압만큼 낮아진다.

④ 배출가스의 온도가 상승하므로 응축기의 열통과율이 높아지고 냉동능력도 증가한다.

해설 프레온냉매를 사용하는 냉동장치
공기가 침입하여 불응축가스가 응축기 상부에 체류하면 응축압력이 상승하고 압축비가 증가하므로 토출가스온도가 상승한다. 실린더가 과열하고, 체적효율 감소, 응축압력 상승, 냉동능력 감소, 소요동력이 증대한다.

39 온도식 팽창밸브는 어떤 요인에 의해 작동되는가?

① 증발온도   ② 과냉각도

③ 과열도   ④ 액화온도

해설 온도식 자동팽창밸브(TEV)는 증발기 출구의 냉매과열도를 일정하게 유지시키고 리큐드액백 방지가 가능하며 외부균압형 팽창밸브이다.

★
40 냉동부하가 25RT인 브라인쿨러가 있다. 열전달계수가 1.53kW/m² · K이고, 브라인 입구온도가 −5℃, 출구온도가 −10℃, 냉매의 증발온도가 −15℃일 때 전열면적(m²)은 얼마인가? (단, 1RT는 3.8kW이고 산술평균온도차를 이용한다.)

① 16.7   ② 12.1

③ 8.3   ④ 6.5

해설 $F = \dfrac{3.8RT}{k\Delta t} = \dfrac{3.8RT}{k\left(\dfrac{\Delta t_1 + \Delta t_2}{2}\right)}$

$= \dfrac{25 \times 3.8}{1.53 \times \left(\dfrac{(273-5)-(273-15)+(273-10)-(273-15)}{2}\right)}$

$\fallingdotseq 8.3 \text{m}^2$

제3과목 **공기조화**

41 인체의 발열에 관한 설명으로 틀린 것은?

① 증발 : 인체 피부에서의 수분이 증발하며 그 증발열로 체내의 열을 방출한다.

② 대류 : 인체표면과 주위 공기와의 사이에 열의 이동으로 인위적으로 조절이 가능하며 주위 공기의 온도와 기류에 영향을 받는다.

③ 복사 : 실내온도와 관계없이 유리창과 벽면 등의 표면온도와 인체표면과의 온도차에 따라 실제 느끼지 못하는 사이 방출되는 열이다.

④ 전도 : 겨울철 유리창 근처에서 추위를 느끼는 것은 전도에 의한 열방출이다.

해설 겨울철 유리창 근처에서 추위를 느끼는 것. 즉 인체에 대하여 불쾌한 냉감을 주는 기류를 콜드 드래프트(cold draft)라고 한다.

★
42 냉방 시 실내부하에 속하지 않는 것은?

① 외기의 도입으로 인한 취득열량
② 극간풍에 의한 취득열량
③ 벽체로부터의 취득열량
④ 유리로부터의 취득열량

해설 **냉방 시 실내부하**
㉠ 벽체를 통한 취득열량(외벽, 지붕, 내벽, 바닥, 문)
㉡ 유리창을 통한 취득열량(복사열, 전도열)
㉢ 극간풍(틈새바람)에 의한 취득열량
㉣ 인체의 발생열량
㉤ 조명의 발생열량
㉥ 실내기구의 발생열량

참고 **외기부하** : 외기의 도입에 의한 취득열량

43 송풍기의 크기는 송풍기의 번호(No.#)로 나타내는데 원심송풍기의 송풍기 번호를 구하는 식으로 옳은 것은?

① $No.\# = \dfrac{회전날개의\ 지름(mm)}{100(mm)}$

② $No.\# = \dfrac{회전날개의\ 지름(mm)}{150(mm)}$

③ $No.\# = \dfrac{회전날개의\ 지름(mm)}{200(mm)}$

④ $No.\# = \dfrac{회전날개의\ 지름(mm)}{250(mm)}$

해설 **송풍기 번호의 공식**
㉠ 원심송풍기(다익형 등) No.# = 회전날개의 지름(mm) ÷150(mm)
㉡ 축류송풍기(프로펠러형 등) No.# = 회전날개의 지름(mm)÷100(mm)

★
44 크기 1,000×500mm의 직관덕트에 35℃의 온풍 18,000m³/h이 흐르고 있다. 이 덕트가 −10℃의 실외 부분을 지날 때 길이 20m당 덕트표면으로부터의 열손실(kW)은? (단, 덕트는 암면 25mm로 보온되어 있고, 이때 1,000m당 온도차 1℃에 대한 온도강하는 0.9℃이다. 공기의 밀도는 1.2kg/m³, 정압비열은 1.01kJ/kg·K이다.)

① 3.0 　　② 3.8
③ 4.9 　　④ 6.0

해설 $q = \rho Q C_p (t_i - t_o) \times \left(\dfrac{20}{1,000}\right) \times t \times \dfrac{1}{3,600}$
$= 1.2 \times 18,000 \times 1.01 \times 45 \times 0.02 \times 0.9 \times \dfrac{1}{3,600}$
$\fallingdotseq 4.9kW$

45 다음 습공기선도에 나타낸 과정과 일치하는 장치도는?

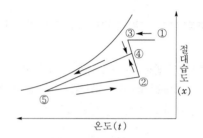

①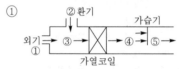

②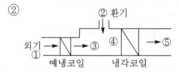

③

④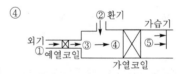

해설 **습공기선도**

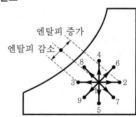

1→2 : 현열가열, 1→3 : 현열냉각, 1→4 : 가습,
1→5 : 감습, 1→6 : 가열가습, 1→7 : 가열감습,
1→8 : 냉각가습, 1→9 : 냉각감습

46 인위적으로 실내 또는 일정한 공간의 공기를 사용목적에 적합하도록 공기조화하는 데 있어서 고려하지 않아도 되는 것은?

① 온도   ② 습도

③ 색도   ④ 기류

해설 공기조화의 고려사항 : 온도, 습도, 기류, 복사열 등

★
47 동일한 덕트장치에서 송풍기 날개의 직경이 d_1, 전동기 동력이 L_1인 송풍기를 직경 d_2로 교환했을 때 동력의 변화로 옳은 것은? (단, 회전수는 일정하다.)

① $L_2 = \left(\dfrac{d_2}{d_1}\right)^2 L_1$ ② $L_2 = \left(\dfrac{d_2}{d_1}\right)^3 L_1$

③ $L_2 = \left(\dfrac{d_2}{d_1}\right)^4 L_1$ ④ $L_2 = \left(\dfrac{d_2}{d_1}\right)^5 L_1$

해설 송풍기의 동력

㉠ 직경에 따라 : $\dfrac{Q_2}{Q_1} = \left(\dfrac{d_2}{d_1}\right)^3$, $\dfrac{P_2}{P_1} = \left(\dfrac{d_2}{d_1}\right)^2$,

$\dfrac{L_2}{L_1} = \left(\dfrac{d_2}{d_1}\right)^5$

㉡ 회전수에 따라 : $\dfrac{Q_2}{Q_1} = \dfrac{N_2}{N_1}$, $\dfrac{P_2}{P_1} = \left(\dfrac{N_2}{N_1}\right)^2$,

$\dfrac{L_2}{L_1} = \left(\dfrac{N_2}{N_1}\right)^3$

★
48 다음의 취출과 관련한 용어설명으로 틀린 것은?

① 그릴(grill)은 취출구의 전면에 설치하는 면격자이다.

② 아스펙트(aspect)비는 짧은 변을 긴 변으로 나눈 값이다.

③ 셔터(shutter)는 취출구의 후부에 설치하는 풍량조절용 또는 개폐용의 기구이다.

④ 드래프트(draft)는 인체에 닿아 불쾌감을 주는 기류이다.

해설 아스펙트비

㉠ 아스펙트란 장방형 취출구의 긴 변(a)을 짧은 변(b)으로 나눈 값이다.

㉡ 아스펙트비 $\left(\dfrac{a}{b}\right)$는 최대 10 : 1 이상 되지 않도록 하며, 가능하면 6 : 1 이하로 제한한다.

49 온수난방에 대한 설명으로 틀린 것은?

① 온수의 체적팽창을 고려하여 팽창탱크를 설치한다.

② 보일러가 정지하여도 실내온도의 급격한 강하가 적다.

③ 밀폐식일 경우 배관의 부식이 많아 수명이 짧다.

④ 방열기에 공급되는 온수온도와 유량조절이 용이하다.

해설 밀폐식일 경우 외기와 폐쇄되므로 개방식보다 부식이 적어 수명이 길다.

50 증기난방배관에서 증기트랩을 사용하는 이유로 옳은 것은?

① 관내의 공기를 배출하기 위하여

② 배관의 신축을 흡수하기 위하여

③ 관내의 압력을 조절하기 위하여

④ 증기관에 발생된 응축수를 제거하기 위하여

해설 증기트랩은 증기와 응축수를 분리하여 응축수를 배출하는 장치이다.

51 보일러에서 화염이 없어지면 화염검출기가 이를 감지하여 연료공급을 즉시 정지시키는 형태의 제어는?

① 시퀀스제어   ② 피드백제어

③ 인터록제어   ④ 수면제어

해설 **인터록제어** : 어느 조건이 불충분하거나 다음 진행에 불합리한 동작으로 변환될 때 기관동작을 다음 단계에 도달되기 전에 정지시키는 제어(불착화 인터록, 저수위 인터록, 압력초과 인터록, 저연소 인터록, 프리퍼지 인터록)

52 중앙식 난방법의 하나로서 각 건물마다 보일러시설 없이 일정 장소에서 여러 건물에 증기 또는 고온수 등을 보내서 난방하는 방식은?

① 복사난방   ② 지역난방

③ 개별난방   ④ 온풍난방

해설 **지역난방** : 중앙난방법의 대규모인 것으로서 1개소의 보일러실에서 대량의 고압증기 또는 고온수를 만들어 이것을 도시 일정 구역의 많은 건물에 공급해서 난방하는 방법

정답   46. ③   47. ④   48. ②   49. ③   50. ④   51. ③   52. ②

53 보일러의 출력에는 상용출력과 정격출력이 있다. 다음 중 이들의 관계가 적당한 것은?

① 상용출력＝난방부하＋급탕부하＋배관부하
② 정격출력＝난방부하＋배관열손실부하
③ 상용출력＝배관열손실부하＋보일러예열부하
④ 정격출력＝난방부하＋급탕부하＋배관부하 ＋예열부하＋온수부하

해설 **상용출력**
㉠ 정미출력＝난방부하＋급탕부하
㉡ 상용출력＝정미출력＋배관부하
＝난방부하＋급탕부하＋배관부하
㉢ 정격출력＝난방부하＋급탕부하＋배관부하＋예열 부하

54 수관식 보일러의 특징에 관한 설명으로 틀린 것은?

① 관(드럼)의 직경이 적어서 고온·고압용에 적당하다.
② 전열면적이 커서 증기 발생시간이 빠르다.
③ 구조가 단순하여 청소나 검사, 수리가 용이하다.
④ 보유수량이 적어 부하변동 시 압력변화가 크다.

해설 수관식 보일러는 구조가 복잡하여 보수, 청소, 검사, 수리가 곤란하다.

★
55 6인용 입원실이 100실인 병원의 입원실 전체 환기를 위한 최소 신선 공기량(m^3/h)은? (단, 외기 중 CO_2함유량은 $0.0003m^3/m^3$이고 실내 CO_2의 허용농도는 0.1%, 재실자의 CO_2 발생량은 개인당 $0.015m^3/h$이다.)

① 6,857
② 8,857
③ 10,857
④ 12,857

해설 $Q_o = \dfrac{M}{C_i - C_o} = \dfrac{(6 \times 100) \times 0.015}{0.001 - 0.0003} ≒ 12,857 m^3/h$

56 다음 공기조화방식 중 냉매방식인 것은?

① 유인유닛방식
② 멀티존방식
③ 팬코일유닛방식
④ 패키지유닛방식

해설 **냉매방식의 종류** : 룸쿨러(룸에어컨), 패키지형 유닛방식(중앙식), 패키지유닛방식(터미널유닛방식)

57 전열교환기에 관한 설명으로 틀린 것은?

① 공기조화기기의 용량설계에 영향을 주지 않음
② 열교환기 설치로 설비비와 요구공간 증가
③ 회전식과 고정식이 있음
④ 배기와 환기의 열교환으로 현열과 잠열을 교환

해설 **전열교환기**
㉠ 전열교환기는 석면 등으로 만든 얇은 판에 염화리튬(LiCl)과 같은 흡수제를 침투시켜 현열과 동시에 잠열도 교환하며 종류로는 회전식과 고정식이 있다.
㉡ 로터와 로터로 구동하는 장치로 주로 회전식이 많이 사용되며 공기 대 공기 열교환기라고도 한다.

★
58 복사난방방식의 특징에 대한 설명으로 틀린 것은?

① 외기온도의 갑작스러운 변화에 대응이 용이함
② 실내 상하온도분포가 균일하여 난방효과가 이상적임
③ 실내 공기온도가 낮아도 되므로 열손실이 적음
④ 바닥에 난방기기가 필요 없어 바닥면의 이용도가 높음

해설 **복사난방방식**
㉠ 온도분포가 균일하고 열손실이 적다.
㉡ 배관의 수리와 외기의 급변화에 따른 온도조절이 곤란하다.

59 송풍기의 풍량조절법이 아닌 것은?

① 토출댐퍼에 의한 제어
② 흡입댐퍼에 의한 제어
③ 토출베인에 의한 제어
④ 흡입베인에 의한 제어

해설 **송풍기의 풍량조절법** : 회전수제어, 가변피치제어, 흡입베인제어, 흡입댐퍼제어, 토출댐퍼제어

60 유효온도차(상당외기온도차)에 대한 설명으로 틀린 것은?

① 태양일사량을 고려한 온도차이다.
② 계절, 시각 및 방위에 따라 변화한다.
③ 실내온도와는 무관하다.
④ 냉방부하 시에 적용된다.

해설 유효온도차(상당외기온도차)＝상당외기온도－실내온도

정답 53. ① 54. ③ 55. ④ 56. ④ 57. ① 58. ① 59. ③ 60. ③

제4과목   전기제어공학

★
61 다음 그림과 같은 회로에서 전달함수 $G(s) = \dfrac{I(s)}{V(s)}$
를 구하면?

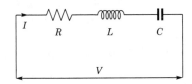

① $R + Ls + Cs$

② $\dfrac{1}{R + Ls + Cs}$

③ $R + Ls + \dfrac{1}{Cs}$

④ $\dfrac{1}{R + Ls + \dfrac{1}{Cs}}$

해설 $G(s) = \dfrac{I(s)}{V(s)} = \dfrac{1}{R + Ls + \dfrac{1}{Cs}}$

62 입력 A, B, C에 따라 Y를 출력하는 다음의 회로는 무접점 논리회로 중 어떤 회로인가?

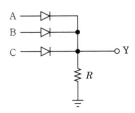

① OR회로

② NOR회로

③ AND회로

④ NAND회로

해설 OR회로는 여러 개의 입력신호 중 하나 또는 그 이상의 신호가 ON되었을 때 출력한다.

63 논리식 A + BC와 등가인 논리식은?

① $AB + AC$

② $(A + B)(A + C)$

③ $(A + B)C$

④ $(A + C)B$

해설 $(A + B)(A + C) = AA + AC + AB + BC$
$\qquad = A(1 + C) + AB + BC$
$\qquad = A + AB + BC$
$\qquad = A + BC$

64 승강기나 에스컬레이터 등의 옥내전선의 절연저항을 측정하는 데 가장 적당한 측정기기는?

① 메거

② 휘트스톤브리지

③ 켈빈더블브리지

④ 콜라우슈브리지

해설 **저항측정기기의 종류** : 메거(절연저항측정), 휘트스톤브리지(저항 및 전기용량측정), 켈빈브리지(저저항측정), 저항계(일반저항측정)

★
65 $e(t) = 200\sin wt\,[\text{V}]$, $i(t) = 4\sin\left(wt - \dfrac{\pi}{3}\right)[\text{A}]$
일 때 유효전력(W)은?

① 100

② 200

③ 300

④ 400

해설 $P = VI\cos\theta = I^2 R\,(= 소비전력 = 평균전력)$
$\qquad = \dfrac{200}{\sqrt{2}} \times \dfrac{4}{\sqrt{2}} \times \cos 60 = 200\text{W}$

66 전력(W)에 관한 설명으로 틀린 것은?

① 단위는 J/s이다.

② 열량을 적분하면 전력이다.

③ 단위시간에 대한 전기에너지이다.

④ 공률(일률)과 같은 단위를 갖는다.

해설 **전력**
㉠ 전기회로에 의해 단위시간당 전달되는 전기에너지로 공률(일률)과 같은 단위이다.
㉡ 단위는 J/s, W로 표시한다(1W = 1J/s).
㉢ $P = IV = I^2 R = \dfrac{V^2}{R}\,[\text{W, J/s}]$

67 환상솔레노이드 철심에 200회의 코일을 감고 2A의 전류를 흘릴 때 발생하는 기자력은 몇 AT인가?

① 50

② 100

③ 200

④ 400

해설 $F = NI = 200 \times 2 = 400\text{AT}$

68 제어편차가 검출될 때 편차가 변화하는 속도에 비례하여 조작량을 가감하도록 하는 제어로써 오차가 커지는 것을 미연에 방지하는 제어동작은?

① ON/OFF제어동작

② 미분제어동작

③ 적분제어동작

④ 비례제어동작

정답   61. ④ 62. ① 63. ② 64. ① 65. ② 66. ② 67. ④ 68. ②

해설 미분제어동작(D동작)은 입력의 변화비율에 비례하는 크기의 출력으로 오차가 커지는 것을 방지한다.

69 $10\mu F$의 콘덴서에 200V의 전압을 인가하였을 때 콘덴서에 축적되는 전하량은 몇 C인가?

① 2×10^{-3} ② 2×10^{-4}
③ 2×10^{-5} ④ 2×10^{-6}

해설 $Q = CV = 10 \times 200 = 2,000\mu C = 2 \times 10^{-3} C$

70 3상 유도전동기의 출력이 10kW, 슬립이 4.8%일 때의 2차 동손은 약 몇 kW인가?

① 0.24 ② 0.36
③ 0.5 ④ 0.8

해설 $P_c = \dfrac{슬립}{1-슬립} \times 전동기출력 = \dfrac{S}{1-S}P_M$
$= \dfrac{0.048}{1-0.048} \times 10 = 0.5kW$

71 유도전동기에 인가되는 전압과 주파수의 비를 일정하게 제어하여 유도전동기의 속도를 정격속도 이하로 제어하는 방식은?

① CVCF제어방식
② VVVF제어방식
③ 교류궤환제어방식
④ 교류 2단 속도제어방식

해설 VVVF제어방식(가변전압 가변주파수)은 전압과 주파수를 동시에 변환시키는 제어방식(엘리베이터에 적용하는 유도전동기)이다.

★
72 다음 그림의 신호흐름선도에서 전달함수 $\dfrac{C(s)}{R(s)}$ 는?

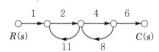

① $-\dfrac{8}{9}$ ② $-\dfrac{13}{19}$
③ $-\dfrac{48}{53}$ ④ $-\dfrac{105}{77}$

해설 $\dfrac{C(s)}{R(s)} = \dfrac{1 \times 2 \times 3 \times 4 \times 6}{1-(2 \times 11 + 4 \times 8)} = -\dfrac{48}{53}$

73 회전각을 전압으로 변환시키는 데 사용되는 위치변환기는?

① 속도계 ② 증폭기
③ 변조기 ④ 전위차계

해설 권선형 저항을 이용하여 변위, 회전각을 측정, 위치감지용(변위→전압)에서 가장 널리 사용되는 장치는 전위차계이다.

참고 서보기구용 검출기 : 싱크로, 전위차계, 차동변압기

74 폐루프제어 시스템의 구성에서 조절부와 조작부를 합쳐서 무엇이라고 하는가?

① 보상요소 ② 제어요소
③ 기준입력요소 ④ 귀환요소

해설 제어요소는 동작신호를 조작량으로 변화하는 요소로 조절부와 조작부로 이루어진다.

75 다음 그림과 같은 회로에 흐르는 전류 $I[A]$는?

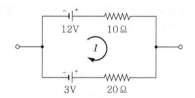

① 0.3 ② 0.6
③ 0.9 ④ 1.2

해설 $I = \dfrac{V}{R} = \dfrac{12-3}{20+10} = 0.3A$

76 다음 그림과 같은 단위피드백제어 시스템의 전달함수 $\dfrac{C(s)}{R(s)}$ 는?

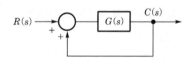

① $\dfrac{1}{1+G(s)}$ ② $\dfrac{G(s)}{1+G(s)}$
③ $\dfrac{1}{1-G(s)}$ ④ $\dfrac{G(s)}{1-G(s)}$

정답 69. ① 70. ③ 71. ② 72. ③ 73. ④ 74. ② 75. ① 76. ④

해설 $G(s) = \dfrac{C(s)}{R(s)} = \dfrac{경로}{1-폐로} = \dfrac{G(s)}{1-G(s)}$

★
77 선간전압 200V의 3상 교류전원에 화물용 승강기를 접속하고 전력과 전류를 측정하였더니 2.77kW, 10A이었다. 이 화물용 승강기 모터의 역률은 약 얼마인가?

① 0.6 ② 0.7
③ 0.8 ④ 0.9

해설 $P = \sqrt{3}\,VI\cos\theta$

$2.77 = \sqrt{3} \times 200 \times 10 \times \cos\theta$

$\therefore \cos\theta = \dfrac{2,770}{\sqrt{3} \times 200 \times 10} ≒ 0.8$

78 다음 그림의 논리회로에서 A, B, C, D를 입력, Y를 출력이라 할 때 출력식은?

① A+B+C+D ② (A+B)(C+D)
③ AB+CD ④ ABCD

해설 $Y = \overline{\overline{AB} \cdot \overline{CD}} = \overline{\overline{AB}} + \overline{\overline{CD}} = AB + CD$

★
79 다음 그림과 같은 $R-L$직렬회로에서 공급전압의 크기가 10V일 때 $|V_R| = 8$V이면 V_L의 크기는 몇 V인가?

① 2
② 4
③ 6
④ 8

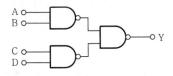

해설 $V_L = \sqrt{V^2 - V_R^2} = \sqrt{10^2 - 8^2} = 6$V

80 전기자철심을 규소강판으로 성층하는 주된 이유는?

① 정류자면의 손상이 적다.
② 가공하기 쉽다.
③ 철손을 적게 할 수 있다.
④ 기계손을 적게 할 수 있다.

해설 **규소강판**
㉠ 전기자철심을 규소강판으로 성층하는 주된 이유는 철손(와류손)을 적게 할 수 있기 때문이다.
㉡ 철손(와류손)은 자화력에 의해 생기는 전력이 손실된다.

제5과목 **배관일반**

81 팬코일유닛방식의 배관방식 중 공급관이 2개이고 환수관이 1개인 방식은?

① 1관식 ② 2관식
③ 3관식 ④ 4관식

해설 ① 1관식 : 1개의 배관으로 공급관과 환수관을 겸용으로 사용
② 2관식 : 공급관과 환수관 각 1개씩 사용
④ 4관식 : 공급관 2개, 환수관 2개 사용

★
82 냉매액관 중에 플래시가스 발생의 방지대책으로 틀린 것은?

① 온도가 높은 곳을 통과하는 액관은 방열시공을 한다.
② 액관, 드라이어 등의 구경을 충분히 선정하여 통과저항을 적게 한다.
③ 액펌프를 사용하여 압력강하를 보상할 수 있는 충분한 압력을 준다.
④ 열교환기를 사용하여 액관에 들어가는 냉매의 과냉각도를 없앤다.

해설 열교환기를 사용하여 팽창밸브 직전의 액냉매의 과냉각도를 준다.

83 배수배관시공 시 청소구의 설치 위치로 가장 적절하지 않은 곳은?

① 배수수평주관과 배수수평분기관의 분기점
② 길이가 긴 수평배수관 중간
③ 배수수직관의 제일 윗부분 또는 근처
④ 배수관이 45° 이상의 각도로 방향을 전환하는 곳

정답 77. ③ 78. ③ 79. ③ 80. ③ 81. ③ 82. ④ 83. ③

2020년

해설 청소구는 배수수직관의 제일 밑부분에 설치한다. 지름이 100A 이하는 15m마다 설치하고, 100A 이상은 30m마다 설치한다.

84 다음 중 공냉식 응축기 배관 시 유의사항으로 틀린 것은?

① 소형 냉동기에 사용하며 핀이 있는 파이프 속에 냉매를 통하여 바람이송냉각설계로 되어 있다.

② 냉방기가 응축기 아래 설치되는 경우 배관높이가 10m 이상일 때는 5m마다 오일트랩을 설치해야 한다.

③ 냉방기가 응축기 위에 위치하고, 압축기가 냉방기에 내장되었을 경우에는 오일트랩이 필요 없다.

④ 수냉식에 비해 능력은 낮지만 냉각수를 사용하지 않아 동결의 염려가 없다.

해설 냉방기가 응축기 아래 설치되는 경우 배관높이가 10m 이상일 때는 10m마다 오일트랩을 설치해야 한다.

85 급탕배관에 관한 설명으로 틀린 것은?

① 단관식의 경우 급수관경보다 큰 관을 사용해야 한다.

② 하향식 공급방식에서는 급탕관 및 복귀관은 모두 선하향구배로 한다.

③ 보통 급탕관은 수명이 짧으므로 장래에 수리, 교체가 용이하도록 노출배관하는 것이 좋다.

④ 연관은 열에 강하고 부식도 잘 되지 않으므로 급탕배관에 적합하다.

해설 연관은 산에는 강하지만 알칼리성에 약하여(부식이 잘 됨) 급탕배관에 부적합하다.

86 냉매배관 시 유의사항으로 틀린 것은?

① 냉동장치 내의 배관은 절대 기밀을 유지할 것

② 배관 도중에 고저의 변화를 될수록 피할 것

③ 기기 간의 배관은 가능한 한 짧게 할 것

④ 만곡부는 될 수 있는 한 적고, 또한 곡률반경은 작게 할 것

해설 냉매배관은 굽힘반경(1/2)을 크게 한다(직경의 6배 이상).

87 염화비닐관의 설명으로 틀린 것은?

① 열팽창률이 크다.

② 관내 마찰손실이 적다.

③ 산, 알칼리 등에 대해 내식성이 적다.

④ 고온 또는 저온의 장소에 부적당하다.

해설 경질염화비닐관은 산·알칼리성에 강하며 내수·내유·내약품성이 크다.

88 급수펌프에서 발생하는 캐비테이션현상의 방지법으로 틀린 것은?

① 펌프설치위치를 낮춘다.

② 입형 펌프를 사용한다.

③ 흡입손실수두를 줄인다.

④ 회전수를 올려 흡입속도를 증가시킨다.

해설 회전수를 낮추고 흡입속도를 감소시킨다.

89 가스배관의 설치 시 유의사항으로 틀린 것은?

① 특별한 경우를 제외한 배관의 최고사용압력은 중압 이하일 것

② 배관은 하천(하천을 횡단하는 경우는 제외) 또는 하수구 등 암거 내에 설치할 것

③ 지반이 약한 곳에 설치되는 배관은 지반침하에 의해 배관이 손상되지 않도록 필요한 조치 후 배관을 설치할 것

④ 본관 및 공급관은 건축물의 내부 또는 기초 밑에 설치하지 아니할 것

해설 배관은 하천 및 암거 내에 설치하지 말고, 가능한 한 은폐하거나 매설하지 않고 노출배관하는 것이 원칙이다.

90 밀폐식 온수난방배관에 대한 설명으로 틀린 것은?

① 팽창탱크를 사용한다.

② 배관의 부식이 비교적 적어 수명이 길다.

③ 배관경이 적어지고 방열기도 적게 할 수 있다.

④ 배관 내의 온수온도는 70℃ 이하이다.

정답 84. ② 85. ④ 86. ④ 87. ③ 88. ④ 89. ② 90. ④

해설 **밀폐식 온수난방배관**
- ㉠ 밀폐식 온수난방의 배관 내의 온수온도는 100℃ 이상이다.
- ㉡ 개방식 온수온도가 100℃ 이하의 저압식은 소규모일 때 사용되는데 보통 온수의 평균온도가 80℃이고, 팽창탱크는 대기에 통하고 있어 개방식이다.

91 동관이음 중 경납땜이음에 사용되는 것으로 가장 거리가 먼 것은?

① 황동납   ② 은납

③ 양은납   ④ 규소납

해설 ㉠ 경납땜(brazing) : 450℃ 이상 황동납, 은납, 인동납, 금납, 양은납(양백납), 망간납, 니켈크롬납
㉡ 연납땜(soldering) : 450℃ 미만 납, 주석합금(플라스턴). 땜납

92 온수난방배관에서 리버스리턴(reverse return)방식을 채택하는 주된 이유는?

① 온수의 유량분배를 균일하게 하기 위하여

② 배관의 길이를 짧게 하기 위하여

③ 배관의 신축을 흡수하기 위하여

④ 온수가 식지 않도록 하기 위하여

해설 마찰손실수두를 균일하게 하여 같은 유량을 공급하기 위하여 온수난방배관에 리버스리턴방식을 채택한다.

★
93 냉매배관에서 압축기 흡입관의 시공 시 유의사항으로 틀린 것은?

① 압축기가 증발기보다 밑에 있는 경우 흡입관은 작은 트랩을 통과한 후 증발기 상부보다 높은 위치까지 올려 압축기로 가게 한다.

② 흡입관의 수직 상승입상부가 매우 길 때는 냉동기유의 회수를 쉽게 하기 위하여 약 20m마다 중간에 트랩을 설치한다.

③ 각각의 증발기에서 흡입주관으로 들어가는 관은 주관 상부로부터 들어가도록 접속한다.

④ 2대 이상의 증발기가 있어도 부하의 변동이 그다지 크지 않은 경우는 1개의 입상관으로 충분하다.

해설 흡입관의 입상이 길 때는 높이 10m마다 중간에 트랩을 설치한다.

94 하향급수배관 방식에서 수평주관의 설치 위치로 가장 적절한 것은?

① 지하층의 천장 또는 1층의 바닥

② 중간층의 바닥 또는 천장

③ 최상층의 바닥 또는 천장

④ 최상층의 천장 또는 옥상

해설 수평주관은 공기체류부가 생기지 않도록 배관한다(최상층의 천장 또는 옥상).

95 난방배관시공을 위해 벽, 바닥 등에 관통배관시공을 할 때 슬리브(sleeve)를 사용하는 이유로 가장 거리가 먼 것은?

① 열팽창에 따른 배관신축에 적용하기 위해

② 관 교체 시 편리하게 하기 위해

③ 고장 시 수리를 편리하게 하기 위해

④ 유체의 압력을 증가시키기 위해

해설 관의 신축이 자유롭고 배관의 교체나 수리를 편리하게 하려고 설치한다.

★
96 급수방식 중 압력탱크방식에 대한 설명으로 틀린 것은?

① 국부적으로 고압을 필요로 하는 데 적합하다.

② 탱크의 설치 위치에 제한을 받지 않는다.

③ 항상 일정한 수압으로 급수할 수 있다.

④ 높은 곳에 탱크를 설치할 필요가 없으므로 건축물의 구조를 강화할 필요가 없다.

해설 급수압이 일정하지 않고 압력차가 크다.

97 냉동설비배관에서 액분리기와 압축기 사이에 냉매배관을 할 때 구배로 옳은 것은?

① 1/100 정도의 압축기측 상향구배로 한다.

② 1/100 정도의 압축기측 하향구배로 한다.

③ 1/200 정도의 압축기측 상향구배로 한다.

④ 1/200 정도의 압축기측 하향구배로 한다.

해설 냉동설비배관에서 액분리기는 압축기 사이의 냉매배관은 1/200 정도의 압축기측 하향구배로 배관한다.

정답   91. ④   92. ①   93. ②   94. ④   95. ④   96. ③   97. ④

2020년

★
98 길이 30m의 강관의 온도변화가 120℃일 때 강관에 대한 열팽창량은? (단, 강관의 열팽창계수는 11.9× 10^{-6}mm/mm · ℃이다.)

① 42.8mm   ② 42.8cm

③ 42.8m   ④ 4.28mm

해설 열팽창량 = 열팽창계수 × 길이 × 온도변화

$$= 11.9 \times 10^{-6} \times 30 \times 10^3 \times 120$$

$$≒ 42.8mm$$

99 증기나 응축수가 트랩이나 감압밸브 등의 기기에 들어가기 전 고형물을 제거하여 고장을 방지하기 위해 설치하는 장치는?

① 스트레이너   ② 리듀서

③ 신축이음   ④ 유니언

해설 **스트레이너**

㉠ 관내 유체 속의 토사 또는 칩 등의 불순물을 제거한다.

㉡ 종류로는 Y형, U형, V형이 있다.

㉢ 스트레이너는 중요한 기기의 앞쪽에 장착한다.

㉣ 스트레이너는 유체흐름의 방향에 따라 장착해야 한다.

100 부하변동에 따라 밸브의 개도를 조절함으로써 만액식 증발기의 액면을 일정하게 유지하는 역할을 하는 것은?

① 에어벤트

② 온도식 자동팽창밸브

③ 감압밸브

④ 플로트밸브

해설 **플로트밸브**

증발기 액면을 일정하게 하여 냉매량을 일정하게 유지하는 형태의 밸브로, 구조는 액면을 감지할 수 있는 플로트(부표)가 설치되어 있다. 부표가 상승하면 수액기(receiver)로부터의 냉매액의 주입이 차단되고 하강하면 냉매액이 주입된다.

2020년 제4회 공조냉동기계기사

제1과목 **기계 열역학**

01 이상적인 디젤기관의 압축비가 16일 때 압축 전의 공기온도가 90℃라면 압축 후의 공기온도(℃)는 얼마인가? (단, 공기의 비열비는 1.4이다.)

① 1101.9   ② 718.7
③ 808.2   ④ 827.4

해설 $T_2 = T_1 \varepsilon^{k-1} = (273+90) \times 16^{1.4-1}$
$\fallingdotseq 1100.4\text{K} - 273 \fallingdotseq 827.4℃$

02 풍선에 공기 2kg이 들어있다. 일정 압력 500kPa하에서 가열팽창하여 체적이 1.2배가 되었다. 공기의 초기온도가 20℃일 때 최종온도(℃)는 얼마인가?

① 32.4   ② 53.7
③ 78.6   ④ 92.3

해설 $\dfrac{T_2}{T_1} = \dfrac{V_2}{V_{1_1}}$

$\therefore T_2 = \dfrac{V_2}{V_1} T_1 = \dfrac{1.2}{1} \times (273+20) = 351.6\text{K} - 273$

$\qquad = 78.6℃$

03 자동차엔진을 수리한 후 실린더블록과 헤드 사이에 수리 전과 비교하여 더 두꺼운 개스킷을 넣었다면 압축비와 열효율은 어떻게 되겠는가?

① 압축비는 감소하고, 열효율도 감소한다.
② 압축비는 감소하고, 열효율은 증가한다.
③ 압축비는 증가하고, 열효율은 감소한다.
④ 압축비는 증가하고, 열효율도 증가한다.

해설 $\eta = 1 - \left(\dfrac{1}{압축비}\right)^{k-1}$

실린더면적이 넓어져 압축비가 감소하고, 열효율도 감소한다.

04 밀폐계에서 기체의 압력이 100kPa으로 일정하게 유지되면서 체적이 1m³에서 2m³로 증가되었을 때 옳은 설명은?

① 밀폐계의 에너지변화는 없다.
② 외부로 행한 일은 100kJ이다.
③ 기체가 이상기체라면 온도가 일정하다.
④ 기체가 받은 열은 100kJ이다.

해설 $W = P(V_2 - V_1) = 100 \times (2-1) = 100\text{kJ}$

05 엔트로피(s)변화 등과 같은 직접 측정할 수 없는 양들을 압력(P), 비체적(v), 온도(T)와 같은 측정 가능한 상태량으로 나타내는 Maxwell 관계식과 관련하여 다음 중 틀린 것은?

① $\left(\dfrac{\partial T}{\partial P}\right)_s = \left(\dfrac{\partial v}{\partial s}\right)_P$ ② $\left(\dfrac{\partial T}{\partial v}\right)_s = -\left(\dfrac{\partial P}{\partial s}\right)_v$

③ $\left(\dfrac{\partial v}{\partial T}\right)_P = -\left(\dfrac{\partial s}{\partial P}\right)_T$ ④ $\left(\dfrac{\partial P}{\partial v}\right)_T = \left(\dfrac{\partial s}{\partial T}\right)_v$

해설 Maxwell 관계식

㉠ $dH = Tds + vdP \rightarrow \left(\dfrac{\partial T}{\partial P}\right)_s = \left(\dfrac{\partial v}{\partial s}\right)_P$

㉡ $dU = Tds - Pdv \rightarrow \left(\dfrac{\partial T}{\partial v}\right)_s = -\left(\dfrac{\partial P}{\partial s}\right)_v$

㉢ $dG = vdP - sdT \rightarrow \left(\dfrac{\partial v}{\partial T}\right)_P = -\left(\dfrac{\partial s}{\partial P}\right)_T$

㉣ $dA = -sdT - Pdv \rightarrow \left(\dfrac{\partial s}{\partial v}\right)_T = \left(\dfrac{\partial P}{\partial s}\right)_v$

06 어떤 가스의 비내부에너지 u[kJ/kg], 온도 t[℃], 압력 P[kPa], 비체적 v[m³/kg] 사이에는 다음의 관계식이 성립한다면 이 가스의 정압비열(kJ/kg · ℃)은 얼마인가?

$$u = 0.28t + 532$$
$$Pv = 0.560(t + 380)$$

① 0.84   ② 0.68
③ 0.50   ④ 0.28

정답   01. ④   02. ③   03. ①   04. ②   05. ④   06. ①

해설 $h = u + Pv$

$$\therefore \frac{dh}{dt} = \frac{du}{dt} + P\frac{dv}{dt}$$

$$= (1 \times 0.28t^{1-1} + 0) + (1 \times 0.56(t^{1-1} + 0))$$

$$= 0.84\text{kJ/kg} \cdot \text{℃}$$

★
07
최고온도 1,300K와 최저온도 300K 사이에서 작동하는 공기표준 Brayton 사이클의 열효율(%)은? (단, 압력비는 9, 공기의 비열비는 1.4이다.)

① 30.4   ② 36.5

③ 42.1   ④ 46.6

해설 $\eta = 1 - \left(\dfrac{1}{\text{압력비}}\right)^{\frac{\text{공기의 비열비} - 1}{\text{공기의 비열비}}}$

$$= 1 - \left(\frac{1}{9}\right)^{\frac{1.4-1}{1.4}} = 0.466 ≒ 46.6\%$$

★
08
다음 그림과 같이 A, B 두 종류의 기체가 한 용기 안에서 박막으로 분리되어 있다. A의 체적은 0.1m³, 질량은 2kg이고, B의 체적은 0.4m³, 밀도는 1kg/m³이다. 박막이 파열되고 난 후에 평형에 도달하였을 때 기체혼합물의 밀도(kg/m³)는 얼마인가?

A	B

① 4.8   ② 6.0

③ 7.2   ④ 8.4

해설 $\rho_m = \dfrac{\left(\dfrac{\text{질량1}}{\text{체적1}} \times \text{체적1}\right) + (\text{체적2} \times \text{밀도2})}{\text{체적1} + \text{체적2}}$

$$= \frac{\left(\dfrac{2}{0.1} \times 0.1\right) + (0.4 \times 1)}{0.1 + 0.4} = 4.8\text{kg/m}^3$$

09
냉매로서 갖추어야 될 요구조건으로 적합하지 않은 것은?

① 불활성이고 안정하며 비가연성이어야 한다.

② 비체적이 커야 한다.

③ 증발온도에서 높은 잠열을 가져야 한다.

④ 열전도율이 커야 한다.

해설 냉매의 구비조건

ㄱ 불활성일 것

ㄴ 증기의 비체적이 작을 것

ㄷ 증발잠열이 크고 액체의 비열이 적을 것

ㄹ 열전달률(열전도도)이 양호할 것(높을 것)

ㅁ 점성, 즉 점도는 낮을 것

ㅂ 임계온도가 높고 응고온도가 낮을 것

ㅅ 냉매가스의 비체적이 작을 것

ㅇ 전기저항이 크고 절연파괴를 일으키지 않을 것

10
내부에너지가 30kJ인 물체에 열을 가하여 내부에너지가 50kJ이 되는 동안에 외부에 대하여 10kJ의 일을 하였다. 이 물체에 가해진 열량(kJ)은?

① 10   ② 20

③ 30   ④ 60

해설 $_1Q_2 = (U_2 - U_1) + _1W_2 = (50 - 30) + 10 = 30\text{kJ}$

11
비가역단열변화에 있어서 엔트로피변화량은 어떻게 되는가?

① 증가한다.

② 감소한다.

③ 변화량은 없다.

④ 증가할 수도, 감소할 수도 있다.

해설 엔트로피변화량은 비가역단열변화에서 증가하고, 가역단열변화에서 불변하다.

12
고온열원의 온도가 700℃이고, 저온열원의 온도가 50℃인 카르노기관의 열효율(%)은?

① 33.4   ② 50.1

③ 66.8   ④ 78.9

해설 $\eta = 1 - \dfrac{273 + 50}{273 + 700} = 0.668037 ≒ 66.8\%$

13
어떤 이상기체 1kg이 압력 100kPa, 온도 30℃의 상태에서 체적 0.8m³을 점유한다면 기체상수(kJ/kg · K)는 얼마인가?

① 0.251   ② 0.264

③ 0.275   ④ 0.293

정답 07. ④ 08. ① 09. ② 10. ③ 11. ① 12. ③ 13. ②

해설 $PV = mRT$

$$\therefore R = \frac{PV}{mT} = \frac{압력 \times 체적}{질량 \times 절대온도}$$

$$= \frac{100 \times 0.8}{1 \times (30 + 273)} = 0.264\,kJ/kg \cdot K$$

참고 $1kJ = 1kN \cdot m$, $1kPa = 1kN/m^2$

14 원형 실린더를 마찰 없는 피스톤이 덮고 있다. 피스톤에 비선형 스프링이 연결되고 실린더 내의 기체가 팽창하면서 스프링이 압축된다. 스프링의 압축길이가 $X[m]$일 때 피스톤에는 $kX^{1.5}[N]$의 힘이 걸린다. 스프링의 압축길이가 0m에서 0.1m로 변하는 동안에 피스톤이 하는 일이 W_a이고, 0.1m에서 0.2m로 변하는 동안에 하는 일이 W_b라면 W_a/W_b는 얼마인가?

① 0.083   ② 0.158

③ 0.214   ④ 0.333

해설 $W = \int F dx = \int kX^{1.5} dX[N \cdot m]$에서

$$W_a = k\left[\frac{X^{2.5}}{1.5+1}\right]_0^{0.1} = \frac{k}{2.5} \times (0.1^{2.5} - 0)$$

$$= 1.264 \times 10^{-3} k = \frac{k}{2.5} \times 0.00316 [J]$$

$$W_b = \frac{k}{2.5}[X^{2.5}]_{0.1}^{0.2} = \frac{k}{2.5} \times (0.2^{2.5} - 0.1^{2.5})$$

$$= 5.892 \times 10^{-3} k = \frac{k}{2.5} \times 0.01473 [J]$$

$$\therefore \frac{W_a}{W_b} = 0.214$$

★
15 처음 압력이 500kPa이고, 체적이 $2m^3$인 기체가 '$PV = 일정$'인 과정으로 압력이 100kPa까지 팽창할 때 밀폐계가 하는 일(kJ)을 나타내는 계산식으로 옳은 것은?

① $1,000 \ln \dfrac{2}{5}$ ② $1,000 \ln \dfrac{5}{2}$

③ $1,000 \ln 5$ ④ $1,000 \ln \dfrac{1}{5}$

해설 $W = 초기압력 \times 초기체적 \times \ln \dfrac{초기압력}{팽창압력}$

$$= P_1 V_1 \ln \frac{P_1}{P_2} = 500 \times 2 \times \ln \frac{500}{100} = 1,000 \ln 5\,kJ$$

16 다음 중 경로함수(path function)는?

① 엔탈피   ② 엔트로피

③ 내부에너지   ④ 일

해설 열이나 일 등의 에너지는 상태량이 아니며 과정이나 경로에 따라 값이 결정되므로 경로함수 또는 도정함수라 한다.

17 이상적인 가역과정에서 열량 $\triangle Q$가 전달될 때 온도 T가 일정하면 엔트로피변화 $\triangle S$를 구하는 계산식으로 옳은 것은?

① $\triangle S = 1 - \dfrac{\triangle Q}{T}$

② $\triangle S = 1 - \dfrac{T}{\triangle Q}$

③ $\triangle S = \dfrac{\triangle Q}{T}$

④ $\triangle S = \dfrac{T}{\triangle Q}$

해설 엔트로피의 변화량은 절대온도에 대한 열량변화량이다.

$$\triangle S = \frac{\triangle Q}{T}$$

★
18 성능계수가 3.2인 냉동기가 시간당 20MJ의 열을 흡수한다면 이 냉동기의 소비동력(kW)은?

① 2.25   ② 1.74

③ 2.85   ④ 1.45

해설 $W = \dfrac{Q_2}{\varepsilon_r} = \dfrac{20 \times \frac{1 \times 1,000}{3,600}}{3.2} = \dfrac{20 \times 1,000}{3.2 \times 3,600} = 1.74\,kW$

참고 $\varepsilon_r = \dfrac{Q_2}{W} = \dfrac{Q_2}{Q_1 - Q_2} = \dfrac{T_2}{T_1 - T_2}$

19 랭킨사이클에서 25℃, 0.01MPa 압력의 물 1kg을 5MPa 압력의 보일러로 공급한다. 이때 펌프가 가역단열과정으로 작용한다고 가정할 경우 펌프가 한 일(kJ)은? (단, 물의 비체적은 $0.001m^3/kg$이다.)

① 2.58   ② 4.99

③ 20.12   ④ 40.24

해설 $W_P = h_2 - h_1 = v_1(P_2 - P_1) = 0.001 \times (5,000 - 10)$
$= 4.99\,kJ$

정답   14. ③   15. ③   16. ④   17. ③   18. ②   19. ②

2020년

★
20 랭킨사이클의 각 점에서의 엔탈피가 다음과 같을 때 사이클의 이론 열효율(%)은?

- 보일러 입구 : 58.6kJ/kg
- 보일러 출구 : 810.3kJ/kg
- 응축기 입구 : 614.2kJ/kg
- 응축기 출구 : 57.4kJ/kg

① 32 ② 30
③ 28 ④ 26

해설
$$\eta_R = \frac{q_1 - q_2}{q_1} \times 100$$
$$= \frac{보일러\ 출구 - 응축수\ 입구}{보일러\ 출구 - 보일러\ 입구} \times 100$$
$$= \frac{810.3 - 614.2}{810.3 - 58.6} \times 100 ≒ 26\%$$

제2과목 **냉동공학**

21 열의 종류에 대한 설명으로 옳은 것은?

① 고체에서 기체가 될 때 필요한 열을 증발열 이라 한다.
② 온도의 변화를 일으켜 온도계에 나타나는 열 을 잠열이라 한다.
③ 기체에서 액체로 될 때 제거해야 하는 열은 응축열 또는 감열이라 한다.
④ 고체에서 액체로 될 때 필요한 열은 융해열 이며, 이를 잠열이라 한다.

해설 **열의 종류**
㉠ 증발열은 액체에서 기체로 바뀌는 증발과정에서 나타 나는 열에너지이다.
㉡ 현열은 온도계에 나타나는 열에너지이다.
㉢ 기체에서 액체로는 응축열로 잠열이다.

★
22 응축압력 및 증발압력이 일정할 때 압축기의 흡입 증기과열도가 크게 된 경우 나타나는 현상으로 옳 은 것은?

① 냉매순환량이 증대한다.
② 증발기의 냉동능력은 증대한다.
③ 압축기의 토출가스온도가 상승한다.
④ 압축기의 체적효율은 변하지 않는다.

해설 압축기의 토출가스온도가 상승하여 냉매량이 줄어 전체 냉동능력이 떨어져 압축기의 효율이 저하된다.

★
23 중간 냉각이 완전한 2단 압축 1단 팽창사이클로 운전 되는 R-134a냉동기가 있다. 냉동능력은 10kW이며 사이클의 중간압, 저압부의 압력은 각각 350kPa, 120kPa이다. 전체 냉매순환량을 $\dot{m}$, 증발기에서 증 발하는 냉매의 양을 $\dot{m}_e$라 할 때 중간 냉각시키기 위 해 바이패스되는 냉매의 양 $\dot{m} - \dot{m}_e$[kg/h]은 얼마 인가? (단, 제1압축기의 입구과열도는 0이며, 각 엔 탈피는 다음 표를 참고한다.)

압력 (kPa)	포화액체엔탈피 (kJ/kg)	포화증기엔탈피 (kJ/kg)
120	160.42	379.11
350	195.12	395.04

지점별 엔탈피(kJ/kg)	
h_2	227.23
h_4	401.08
h_7	482.41
h_8	234.29

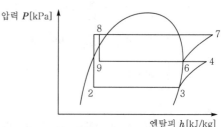

① 5.8 ② 11.1
③ 15.7 ④ 19.3

해설
$$G_L = \frac{Q_e}{q_e} = \frac{10}{379.11 - 227.23} \times 3,600 ≒ 237 \text{kg/h}$$
$$G_H = G_L\left(\frac{h_4 - h_2}{h_6 - h_{(9=8)}}\right) ≒ 237 \times \frac{401.08 - 227.23}{395.04 - 227.23}$$
$$= 256.36 \text{kg/h}$$
$$\therefore G_b = G_H - G_L = 256.36 - 237 ≒ 19.3 \text{kg/h}$$

정답 **20.** ④ **21.** ④ **22.** ③ **23.** ④

24 진공압력이 60mmHg일 경우 절대압력(kPa)은? (단, 대기압은 101.3kPa이고, 수은의 비중은 13.6이다.)

① 53.8   ② 93.2

③ 106.6   ④ 196.4

해설 절대압력 = 대기압 − 게이지압력

$$= 101.3 - \frac{60 \times 101.3}{760}$$

$$\fallingdotseq 93.2 \text{kPa}$$

25 다음 중 대기 중의 오존층을 가장 많이 파괴시키는 물질은?

① 질소   ② 수소

③ 염소   ④ 산소

해설 Cl가 오존층 파괴의 주범이다.

★
26 물(H₂O) – 리튬브로마이드(LiBr) 흡수식 냉동기에 대한 설명으로 틀린 것은?

① 특수 처리한 순수한 물을 냉매로 사용한다.

② 4~15℃ 정도의 냉수를 얻는 기기로 일반적으로 냉수온도는 출구온도 7℃ 정도를 얻도록 설계한다.

③ LiBr수용액은 성질이 소금물과 유사하여 농도가 진하고 온도가 낮을수록 냉매증기를 잘 흡수한다.

④ LiBr의 농도가 진할수록 점도가 높아져 열전도율이 높아진다.

해설 H₂O – LiBr 흡수식 냉동기

㉠ LiBr수용액은 성질이 소금물과 유사하여 농도가 진하고 온도가 낮을수록 냉매증기를 잘 흡수한다.

㉡ 점도가 높지 않아야 한다.

27 흡수식 냉동기에서 냉동시스템을 구성하는 기기들 중 냉각수가 필요한 기기의 구성으로 옳은 것은?

① 재생기와 증발기

② 흡수기와 응축기

③ 재생기와 응축기

④ 증발기와 흡수기

해설 흡수식 냉동기는 흡수기와 응축기를 냉각수로 냉각시킨다.

28 2중효용흡수식 냉동기에 대한 설명으로 틀린 것은?

① 단중효용흡수식 냉동기에 비해 증기소비량이 적다.

② 2개의 재생기를 갖고 있다.

③ 2개의 증발기를 갖고 있다.

④ 증기 대신 가스연소를 사용하기도 한다.

해설 2중효용흡수식 냉동기

㉠ 1중효용식 : 재생기와 열교환기가 하나만 있는 구조

㉡ 2중효용식 : 재생기와 열교환기가 두 개씩 있는 구조

29 다음 그림과 같이 수냉식과 공냉식 응축기의 작용을 혼합한 형태의 응축기는?

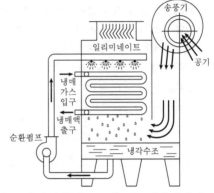

① 증발식 응축기   ② 셀코일식 응축기

③ 공냉식 응축기   ④ 7통로식 응축기

해설 증발식 응축기(역류행)로 냉각수를 응축기에 직접 뿌려 물이 증발할 때의 잠열을 직접 이용한다.

30 다음 중 흡수식 냉동기의 구성요소가 아닌 것은?

① 증발기   ② 응축기

③ 재생기   ④ 압축기

해설 흡수식 냉동장치는 압축기 대신에 발생기(재생기)와 흡수기가 있고 팽창밸브는 없다.

31 축열장치의 종류로 가장 거리가 먼 것은?

① 수축열방식   ② 빙축열방식

③ 잠열축열방식   ④ 공기축열방식

해설 **축열장치의 종류** : 수축열방식(대용량에 적용), 빙축열방식(소용량에 적용), 잠열축열방식, 구조체축열방식, 양축열방식

정답   24. ②   25. ③   26. ④   27. ②   28. ③   29. ①   30. ④   31. ④

32 두께가 0.1cm인 관으로 구성된 응축기에서 냉각수 입구온도 15℃, 출구온도 21℃, 응축온도를 24℃라고 할 때 이 응축기의 냉매와 냉각수의 대수평균온도차(℃)는?

① 9.5 ② 6.5
③ 5.5 ④ 3.5

해설 $\Delta_1 = 24-15 = 9℃$, $\Delta_2 = 24-21 = 3℃$

$$\therefore LMTD = \frac{9-3}{\ln\frac{9}{3}} ≒ 5.5℃$$

★
33 어떤 냉동사이클에서 냉동효과를 γ[kJ/kg], 흡입 건조포화증기의 비체적을 v[m³/kg]로 표시하면 NH_3와 R-22에 대한 값은 다음과 같다. 사용압축기의 피스톤압출량은 NH_3와 R-22의 경우 동일하며 체적효율도 75%로 동일하다. 이 경우 NH_3와 R-22 압축기의 냉동능력을 각각 R_N, R_F[RT]로 표시한다면 R_N/R_F는?

구분	NH_3	R-22
γ[kJ/kg]	1,126.37	168.90
v[m³/kg]	0.509	0.077

① 0.6 ② 0.7
③ 1.0 ④ 1.5

해설 $R_N = \frac{Q_e}{3,320} = \frac{Gq_e}{3,320} = \frac{60q\eta}{3,320v}$

$$= \frac{60\times1126.37\times0.75}{3,320\times0.509} = 29.994\text{RT}$$

$R_F = \frac{Q_e}{3,320} = \frac{Gq_e}{3,320} = \frac{60q\eta}{3,320v}$

$$= \frac{60\times168.90\times0.75}{3,320\times0.077} = 29.731\text{RT}$$

$$\therefore \frac{R_N}{R_F} = \frac{29.994}{29.731} ≒ 1.0$$

★
34 냉각수 입구온도 25℃, 냉각수량 900kg/min인 응축기의 냉각면적이 80m², 그 열통과율이 1.6kW/m²·K이고 응축온도와 냉각수온의 평균온도차가 6.5℃이면 냉각수 출구온도(℃)는? (단, 냉각수의 비열은 4.2 kJ/kg·K이다.)

① 28.4 ② 32.6
③ 29.6 ④ 38.2

해설 $t_2 = t_1 + \frac{kAdt}{GC} = 25 + \frac{1.6\times80\times6.5\times60}{900\times4.2} ≒ 38.2℃$

★
35 실린더 지름 200mm, 행정 200mm, 회전수 400rpm, 기통수 3기통인 냉동기의 냉동능력이 5.72RT이다. 이때 냉동효과(kJ/kg)는? (단, 체적효율은 0.75, 압축기 흡입 시의 비체적은 0.5m³/kg이고, 1RT는 3.8kW이다.)

① 115.3 ② 110.8
③ 89.4 ④ 68.8

해설 냉매순환량$(m) = \frac{Q_e}{q_e} = \frac{V\eta_v}{v}$[kg/h]

$$\therefore 냉동효과(q_e) = \frac{Q_e v}{V\eta_v} = \frac{3,600\times5.72\times3.8\times0.5}{452.16\times0.75}$$
$$= 115.37\text{kJ/kg}$$

여기서, $V = ASNZ\times60 = \frac{\pi d^2}{4}SNZ\times60$

$$= \frac{\pi\times0.2^2}{4}\times0.2\times400\times3\times60$$
$$= 452.16\text{m}^3/\text{h}$$

36 이원냉동사이클에 대한 설명으로 옳은 것은?

① -100℃ 정도의 저온을 얻고자 할 때 사용되며 보통 저온측에는 임계점이 높은 냉매를, 고온측에는 임계점이 낮은 냉매를 사용한다.
② 저온부 냉동사이클의 응축기 방열량을 고온부 냉동사이클의 증발기가 흡열하도록 되어 있다.
③ 일반적으로 저온측에 사용하는 냉매로는 R-12, R-22, 프로판이 적절하다.
④ 일반적으로 고온측에 사용하는 냉매로는 R-13, R-14가 적절하다.

해설 이원냉동사이클은 초저온용 냉매(R-23)와 일반 냉매(R-22)인 두 종류를 사용한다.

★
37 증기압축식 냉동장치 내에 순환하는 냉매의 부족으로 인해 나타나는 현상이 아닌 것은?

① 증발압력 감소 ② 토출온도 증가
③ 과냉도 감소 ④ 과열도 증가

해설 냉매 부족 시 나타나는 현상

- ㉠ 고압이 낮아진다.
- ㉡ 냉동능력이 저하한다.
- ㉢ 토출온도가 증가한다.
- ㉣ 과냉도, 과열도가 증가한다.
- ㉤ 흡입관에 서리가 부착되지 않는다.
- ㉥ 흡입압력이 너무 낮아진다.
- ㉦ 압축기의 정지시간이 길어진다.
- ㉧ 압축기가 시동하지 않는다.

38 응축기에 관한 설명으로 틀린 것은?

① 응축기의 역할은 저온, 저압의 냉매증기를 냉각하여 액화시키는 것이다.

② 응축기의 용량은 응축기에서 방출하는 열량에 의해 결정된다.

③ 응축기의 열부하는 냉동기의 냉동능력과 압축기 소요일의 열당량을 합한 값과 같다.

④ 응축기 내에서의 냉매상태는 과열영역, 포화영역, 액체영역 등으로 구분할 수 있다.

해설 응축기는 고온, 고압의 냉매증기를 냉각하여 액화시키는 것이다.

★
39 두께가 200mm인 두꺼운 평판의 한 면(t_0)은 600K, 다른 면(t_1)은 300K로 유지될 때 단위면적당 평판을 통한 열전달량(W/m^2)은? (단, 열전도율은 온도에 따라 $\lambda(t) = \lambda_o(1+\beta t_m)$로 주어지며, λ_o는 0.029W/m·K, β는 3.6×10^{-3}K^{-1}이고, t_m은 양면 간의 평균온도이다.)

① 114 ② 105
③ 97 ④ 83

해설 $q_c = \lambda\left(\dfrac{t_0 - t_1}{L}\right)$

$$= 0.029 \times (1 + 3.6 \times 10^{-3} \times 450) \times \frac{600 - 300}{2}$$

$$= 114\text{W/m}^2$$

40 냉동장치에서 증발온도를 일정하게 하고 응축온도를 높일 때 나타나는 현상으로 옳은 것은?

① 성적계수 증가 ② 압축일량 감소
③ 토출가스온도 감소 ④ 체적효율 감소

해설 응축온도를 높일 때 나타나는 현상

- ㉠ 성적계수 감소
- ㉡ 압축일량 증가
- ㉢ 토출가스온도 상승

제3과목 **공기조화**

★
41 증기난방방식에서 환수주관을 보일러수면보다 높은 위치에 배관하는 환수배관방식은?

① 습식환수방식 ② 강제환수방식
③ 건식환수방식 ④ 중력환수방식

해설 환수배관방식

- ㉠ 환수관의 배관법 : 건식환수관식(환수주관을 보일러수면보다 높게 배관), 습식환수관식(환수주관을 보일러수면보다 낮게 배관)
- ㉡ 배관방법 : 단관식(증기와 응축수가 동일 배관), 복관식(증기와 응축수가 서로 다른 배관)
- ㉢ 증기공급법 : 상향공급식, 하향공급식
- ㉣ 응축수환수법 : 중력환수식(응축수를 중력 작용으로 환수), 기계환수식(펌프로 보일러에 강제환수), 진공환수식(진공펌프로 환수관 내 응축수와 공기를 흡인 순환)
- ㉤ 증기압력 : 고압식(1kgf/cm^2 이상), 저압식(0.5~0.35kgf/cm^2)

★
42 공기조화기에 관한 설명으로 옳은 것은?

① 유닛히터는 가열코일과 팬, 케이싱으로 구성된다.

② 유인유닛은 팬만을 내장하고 있다.

③ 공기세정기를 사용하는 경우에는 일리미네이터를 사용하지 않아도 좋다.

④ 팬코일유닛은 팬과 코일, 냉동기로 구성된다.

해설 공기조화기

- ㉠ 유닛히터는 코일과 팬, 케이싱으로 구성된다.
- ㉡ 유인유닛은 케이싱 속에 코일, 공기송출구, 공기흡입구, 공기여과기, 공기노즐 등을 구비한 구조이다.
- ㉢ 공기세정기를 사용하는 경우에는 일리미네이터를 사용한다.
- ㉣ 팬코일유닛은 팬과 코일로 구성된 단순한 장치에 불과하지만, 내부에 어떠한 성능의 코일을 내장하느냐에 따라 냉방효율이 많이 달라진다.

2020년

43 냉각탑에 관한 설명으로 틀린 것은?

① 어프로치는 냉각탑 출구수온과 입구공기건구온도차

② 레인지는 냉각수의 입구와 출구의 온도차

③ 어프로치를 적게 할수록 설비비 증가

④ 어프로치는 일반 공조용에서 5℃ 정도로 설정

해설 ㉠ 어프로치=냉각수 출구온도 − 냉각탑 입구공기습구온도

㉡ 5℃ : 작을수록 냉각탑 효율이 좋다.

44 겨울철 창면을 따라 발생하는 콜드드래프트(cold draft)의 원인으로 틀린 것은?

① 인체 주위의 기류속도가 클 때

② 주위 공기의 습도가 높을 때

③ 주위 벽면의 온도가 낮을 때

④ 창문의 틈새를 통한 극간풍이 많을 때

해설 **콜드드래프트의 원인**

㉠ 인체 주위의 기류속도가 클 때

㉡ 주위 공기의 습도가 낮을 때

㉢ 주위 벽면의 온도가 낮을 때

㉣ 창문의 틈새를 통한 극간풍이 많을 때

㉤ 인체 주위의 공기온도가 낮을 때

★
45 덕트 내의 풍속이 8m/s이고 정압이 200Pa일 때 전압(Pa)은 얼마인가? (단, 공기밀도는 1.2kg/m³이다.)

① 197.3Pa

② 218.4Pa

③ 238.4Pa

④ 255.3Pa

해설 덕트 내의 공기가 흐를 때 에너지보존의 법칙에 의한 베르누이(Bernoulli)의 정리가 성립된다. P_s는 정압, $\dfrac{v^2}{2g}r$을 동압, $P_s+\dfrac{v^2}{2g}r$을 전압이라 한다.

$\therefore$ 전압(P_t)=정압(P_s)+동압(P_v)=$P_s+\dfrac{v^2}{2g}r$

$= 200+\dfrac{8^2}{2\times9.8}\times1.2\times9.8$

$\fallingdotseq 238.4\text{Pa}$

46 덕트의 굴곡부 등에서 덕트 내에 흐르는 기류를 안정시키기 위한 목적으로 사용하는 기구는?

① 스플릿댐퍼

② 가이드베인

③ 릴리프댐퍼

④ 버터플라이댐퍼

해설 **가이드베인**

㉠ 덕트 밴드부에서 기류를 안정시킨다.

㉡ 곡률반지름이 덕트 장변의 1.5배 이내일 때 설치한다.

㉢ 곡관부의 저항을 작게 한다.

㉣ 곡관부의 곡률반지름이 작은 경우 또는 직각엘보를 사용하는 경우 안쪽에 설치하는 것이 좋다.

㉤ 곡관부의 기류를 세분하여 생기는 와류의 크기를 작게 한다.

★
47 공조기의 풍량이 45,000kg/h, 코일통과풍속을 2.4m/s로 할 때 냉수코일의 전면적(m²)은? (단, 공기의 밀도는 1.2kg/m³이다.)

① 3.2

② 4.3

③ 5.2

④ 10.4

해설 $F=\dfrac{\text{공조기 풍량(kg/h)}}{\text{오염 등의 여유율}\times\text{풍속(m/s)}\times3,600}$

$=\dfrac{45,000}{1.2\times2.4\times3,600}\fallingdotseq4.3\text{m}^2$

48 장방형 덕트(장변 a, 단변 b)를 원형덕트로 바꿀 때 사용하는 계산식은 다음과 같다. 이 식으로 환산된 장방형 덕트와 원형덕트의 관계는?

$$D_e=1.3\left[\frac{(ab)^5}{(a+b)^2}\right]^{1/8}$$

① 두 덕트의 풍량과 단위길이당 마찰손실이 같다.

② 두 덕트의 풍량과 풍속이 같다.

③ 두 덕트의 풍속과 단위길이당 마찰손실이 같다.

④ 두 덕트의 풍량과 풍속 및 단위길이당 마찰손실이 모두 같다.

★
49 9m×6m×3m의 강의실에 10명의 학생이 있다. 1인당 CO₂토출량이 15L/h이면 실내 CO₂양을 0.1%로 유지시키는 데 필요한 환기량(m³/h)은? (단, 외기의 CO₂양은 0.04%로 한다.)

① 80

② 120

③ 180

④ 250

정답 43. ① 44. ② 45. ③ 46. ② 47. ② 48. ① 49. ④

해설 $Q = \dfrac{M}{C_i - C_o} = \dfrac{\text{전체 토출량}}{\text{실내}CO_2\text{량} - \text{실외}CO_2\text{량}}$

$= \dfrac{\text{학생수} \times \dfrac{CO_2\text{토출량}(L/h)}{1,000}}{\dfrac{\text{실내}CO_2\text{량}(\%)}{100} - \dfrac{\text{실외}CO_2\text{량}(\%)}{100}}$

$= \dfrac{10 \times \dfrac{15}{1,000}}{\dfrac{0.1}{100} - \dfrac{0.04}{100}} = 250 \text{m}^3/h$

50 난방용 보일러의 요구조건이 아닌 것은?

① 일상 취급 및 보수관리가 용이할 것
② 건물로의 반출입이 용이할 것
③ 높이 및 설치면적이 적을 것
④ 전열효율이 낮을 것

해설 난방용 보일러는 전열효율이 높고 증기 또는 온수의 발생에 요하는 시동시간이 짧을 것

51 온수난방에 대한 설명으로 틀린 것은?

① 증기난방에 비하여 연료소비량이 적다.
② 난방부하에 따라 온도조절을 용이하게 할 수 있다.
③ 축열용량이 크므로 운전을 정지해도 금방 식지 않는다.
④ 예열시간이 짧아 예열부하가 작다.

해설 온수난방은 열용량이 커서 예열시간이 길다.

52 온풍난방에 관한 설명으로 틀린 것은?

① 송풍동력이 크며 설계가 나쁘면 실내로 소음이 전달되기 쉽다.
② 실온과 함께 실내습도, 실내기류를 제어할 수 있다.
③ 실내층고가 높을 경우에는 상하의 온도차가 크다.
④ 예열부하가 크므로 예열시간이 길다.

해설 온풍난방은 예열부하가 거의 없으므로 기동시간(예열시간)이 짧다.

53 일사를 받는 외벽으로부터의 침입열량(q)을 구하는 계산식으로 옳은 것은? (단, K는 열관류율, A는 면적, Δt는 상당외기온도차이다.)

① $q = KA\Delta t$

② $q = \dfrac{0.86A}{\Delta t}$

③ $q = 0.24A\dfrac{\Delta t}{K}$

④ $q = \dfrac{0.29K}{A\Delta t}$

해설 침입열량(q) = 열통과율 × 면적 × 온도차 = $KA\Delta t$

★
54 건구온도(t_1) 5℃, 상대습도 80%인 습공기를 공기 가열기를 사용하여 건구온도(t_2) 43℃가 되는 가열 공기 950m³/h를 얻으려고 한다. 이때 가열에 필요한 열량(kW)은?

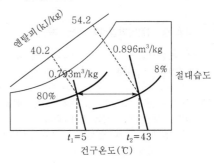

① 2.14
② 4.65
③ 8.97
④ 11.02

해설 $Q = \dfrac{950}{0.896} 0.24 \times (43 - 5) \times \dfrac{1}{860}$

　　≒ 11.02kW

★
55 팬코일유닛방식에 대한 설명으로 틀린 것은?

① 일반적으로 사무실, 호텔, 병원 및 점포 등에 사용한다.
② 배관방식에 따라 2관식, 4관식으로 분류한다.
③ 중앙기계실에서 냉수 또는 온수를 공급하여 각 실에 설치한 팬코일유닛에 의해 공조하는 방식이다.
④ 팬코일유닛방식에서의 열부하분담은 내부존 팬코일유닛방식과 외부존 터미널방식이 있다.

해설 **팬코일유닛방식**
ⓐ 간단한 공기여과기 밖에 내장하고 있지 않기 때문에 실내공기의 청정은 중앙식 공기조화기가 주로 담당하고 있다.
ⓑ 내부존은 공기조화기가, 외부존은 팬코일유닛을 담당하는 공조방식에 주로 사용되고 있다.
ⓒ 공기청정과 가습이 별도로 검토되어야 한다.

56 공기조화설비 중 수분이 공기에 포함되어 실내로 급기되는 것을 방지하기 위해 설치하는 것은?

① 에어와셔　　　② 에어필터
③ 일리미네이터　④ 벤틸레이터

해설 일리미네이터(eliminator)는 물의 흐트러짐을 방지하는 장치로 실내로 급기되는 것을 방지한다.

57 다음 중 직접난방방식이 아닌 것은?

① 온풍난방　　　② 고온수난방
③ 저압증기난방　④ 복사난방

해설 저압증기난방, 고온수난방, 복사난방은 직접난방방식이고, 온풍난방은 간접난방방식이다.
ⓐ 직접난방 : 실내에 방열기를 두고 여기에 열매를 공급하는 방법
ⓑ 간접난방 : 일정 장소에서 공기를 가열하여 덕트를 통하여 공급하는 방법
ⓒ 복사난방 : 실내 바닥, 벽, 천장 등에 온도를 상승시켜 복사열에 의한 방법

58 공기조기에서 냉·온풍을 혼합댐퍼에 의해 일정한 비율로 혼합한 후 각 존 또는 각 실로 보내는 공조방식은?

① 단일덕트재열방식　② 멀티존유닛방식
③ 단일덕트방식　　　④ 유인유닛방식

해설 **멀티존유닛방식**
공기조기에서 냉·온풍을 혼합댐퍼에 의해 일정한 비율로 혼합한 후 각 존 또는 각 실로 보내는 공조방식으로 천장 속을 확보할 수 없는 경우와 소규모 건물에도 적합하며 존별 조절이 가능하다.

59 다음 원심송풍기의 풍량제어방법 중 동일한 송풍량 기준 소요동력이 가장 적은 것은?

① 흡입구 베인제어　② 스크롤댐퍼제어

③ 토출측 댐퍼제어　④ 회전수제어

해설 송풍기 풍량제어의 효과적인 방법은 회전수제어, 흡입 베인제어, 흡입댐퍼제어, 토출댐퍼제어 순이다.

★
60 동일한 송풍기에서 회전수를 2배로 했을 경우 풍량, 정압, 소요동력의 변화에 대한 설명으로 옳은 것은?

① 풍량 1배, 정압 2배, 소요동력 2배
② 풍량 1배, 정압 2배, 소요동력 4배
③ 풍량 2배, 정압 4배, 소요동력 4배
④ 풍량 2배, 정압 4배, 소요동력 8배

해설 **송풍기의 상사법칙**
ⓐ 풍량(공기량) : $Q_1 = Q\left(\dfrac{N_2}{N_1}\right) = 2Q$

ⓑ 정압 : $P_1 = P\left(\dfrac{N_2}{N_1}\right)^2 = 2^2 P = 4P$

ⓒ 소요동력 : $L_1 = L\left(\dfrac{N_2}{N_1}\right)^3 = 2^3 L = 8L$

제4과목　전기제어공학

61 다음 접점회로의 논리식으로 옳은 것은?

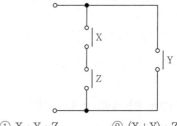

① $X \cdot Y \cdot Z$　　　② $(X+Y) \cdot Z$
③ $(X \cdot Z)+Y$　　　④ $X+Y+Z$

62 두 대 이상의 변압기를 병렬운전하고자 할 때 이상적인 조건으로 틀린 것은?

① 각 변압기의 극성이 같을 것
② 각 변압기의 손실비가 같을 것
③ 정격용량에 비례해서 전류를 분담할 것
④ 변압기 상호 간 순환전류가 흐르지 않을 것

정답　56. ③　57. ①　58. ②　59. ④　60. ④　61. ③　62. ②

해설 변압기 병렬운전 시 조건
- ㉠ 극성이 일치
- ㉡ 내부저항과 누설리액턴스비(X/R)가 같을 것
- ㉢ %Z(%임피던스) 강하가 같을 것
- ㉣ 1, 2차 정격전압이 같을 것(권수비가 같을 것)

63 다음의 신호흐름선도에서 전달함수 $\dfrac{C(s)}{R(s)}$는?

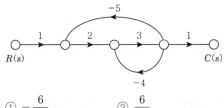

① $-\dfrac{6}{41}$ 　　　② $\dfrac{6}{41}$

③ $-\dfrac{6}{43}$ 　　　④ $\dfrac{6}{43}$

해설 $G(s) = \dfrac{C(s)}{R(s)} = \dfrac{1 \times 2 \times 3 \times 1}{1 - \{-(5 \times 2 \times 3) - (4 \times 3)\}} = \dfrac{6}{43}$

64 입력에 대한 출력의 오차가 발생하는 제어시스템에서 오차가 변화하는 속도에 비례하여 조작량을 가변하는 제어방식은?

① 미분제어 　　　② 정치제어
③ on-off제어 　　　④ 시퀀스제어

해설 미분제어는 제어편차가 검출될 때 편차가 변화하는 속도에 비례하여 조작량을 가감하도록 하는 제어로 오차가 커지는 것을 미연에 방지하는 오차예측제어이다.

65 절연의 종류를 최고허용온도가 낮은 것부터 높은 순서로 나열한 것은?

① A종〈Y종〈E종〈B종
② Y종〈A종〈E종〈B종
③ E종〈Y종〈B종〈A종
④ B종〈A종〈E종〈Y종

해설 절연물에 따른 최고허용온도

종류	Y종	A종	E종	B종	F종	H종	C종
최고온도 (℃)	90	105	120	130	155	180	180 이상

66 피드백제어에 관한 설명으로 틀린 것은?

① 정확성이 증가한다.
② 대역폭이 증가한다.
③ 입력과 출력의 비를 나타내는 전체 이득이 증가한다.
④ 개루프제어에 비해 구조가 비교적 복잡하고 설치비가 많이 든다.

해설 입력과 출력의 비를 나타내는 전체 이득, 감도, 오차가 감소한다.

★
67 어떤 코일에 흐르는 전류가 0.01초 사이에 20A에서 10A로 변할 때 20V의 기전력이 발생한다고 하면 자기인덕턴스(mH)는?

① 10 　　　② 20
③ 30 　　　④ 50

해설 $V = L\dfrac{di}{dt}$

$\therefore L = V\dfrac{dt}{di} = 20 \times \dfrac{0.01}{20 - 10} \times 1,000 = 20\text{mH}$

68 시퀀스제어에 관한 설명으로 틀린 것은?

① 조합논리회로가 사용된다.
② 시간지연요소가 사용된다.
③ 제어용 계전기가 사용된다.
④ 폐회로제어계로 사용된다.

해설 유접점과 무접점 계전기가 있으며 제어결과에 따라 조작이 자동적으로 이행된다.

참고 폐회로제어계는 피드백제어이다.

69 다음 중 전류계에 대한 설명으로 틀린 것은?

① 전류계의 내부저항이 전압계의 내부저항보다 작다.
② 전류계를 회로에 병렬접속하면 계기가 손상될 수 있다.
③ 직류용 계기에는 (+), (−)의 단자가 구별되어 있다.
④ 전류계의 측정범위를 확장하기 위해 직렬로 접속한 저항을 분류기라고 한다.

정답 63. ④ 64. ① 65. ② 66. ③ 67. ② 68. ④ 69. ④

해설 **전류계**

㉠ 배율기(multiplier) : 전압의 측정범위를 넓히기 위해 전압계에 직렬로 달아주는 저항을 배율기 저항이라 한다.

㉡ 분류기(shunt Resistor) : 전류의 측정범위를 넓히기 위해 전류계에 병렬로 달아주는 저항을 분류기 저항이라 한다.

㉢ 내부저항이 전류계는 가능한 한 작아야 하며, 전압계는 가능한 한 커야 한다.

★
70 100V에서 500W를 소비하는 저항이 있다. 이 저항에 100V의 전원을 200V로 바꾸어 접속하면 소비되는 전력(W)은?

① 250
② 500
③ 1,000
④ 2,000

해설 $P_2 = P_1 \left(\dfrac{V_2}{V_1} \right)^2 = 500 \times \left(\dfrac{200}{100} \right)^2 = 2,000\text{W}$

★
71 코일에 단상 200V의 전압을 가하면 10A의 전류가 흐르고 1.6kW의 전력을 소비된다. 이 코일과 병렬로 콘덴서를 접속하여 회로의 합성역률을 100%로 하기 위한 용량리액턴스(Ω)는 약 얼마인가?

① 11.1
② 22.2
③ 33.3
④ 44.4

해설 ㉠ 무효전력

$$P_r = \sqrt{(200 \times 10)^2 - 1,600^2} = 1,200\text{Var}$$

㉡ 용량리액턴스 : $X_c = \dfrac{V^2}{P_r} = \dfrac{200^2}{1,200} = 33.3\Omega$

72 기계적 제어의 요소로서 변위를 공기압으로 변환하는 요소는?

① 벨로즈
② 트랜지스터
③ 다이어프램
④ 노즐플래퍼

해설 **노즐플래퍼**

㉠ 변위 → 압력 : 노즐플래퍼, 유압분사관, 스프링
㉡ 변위 → 전압 : 퍼텐쇼미터, 차동변압기, 전위차계
㉢ 전압 → 변위 : 전자석, 전자코일
㉣ 압력 → 변위 : 벨로즈, 다이어프램, 스프링

★
73 다음 회로에서 $E = 100\text{V}$, $R = 4\Omega$, $X_L = 5\Omega$, $X_C = 2\Omega$일 때 이 회로에 흐르는 전류(A)는?

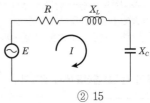

① 10
② 15
③ 20
④ 25

해설 $I = \dfrac{V}{\sqrt{R^2 + (X_L - X_C)^2}} = \dfrac{100}{\sqrt{4^2 + (5-2)^2}} = 20\text{A}$

74 전압을 V, 전류를 I, 저항을 R, 그리고 도체의 비저항을 ρ라 할 때 옴의 법칙을 나타낸 식은?

① $V = \dfrac{R}{I}$
② $V = \dfrac{I}{R}$
③ $V = IR$
④ $V = IR\rho$

해설 옴의 법칙이란 도체를 흐르는 전류의 세기는 그 도선의 양단에서의 전위차에 비례하며, 저항에 반비례한다는 법칙이다.

$$I = \dfrac{V}{R} \rightarrow V = IR$$

★
75 다음 블록선도의 전달함수 $\dfrac{C(s)}{R(s)}$는?

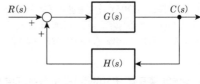

① $\dfrac{G(s)}{1 - G(s)H(s)}$
② $\dfrac{G(s)}{1 + G(s)H(s)}$
③ $\dfrac{H(s)}{1 - G(s)H(s)}$
④ $\dfrac{H(s)}{1 + G(s)H(s)}$

해설 $(R(s) - C(s)H(s))G(s) = C(s)$

$R(s)G(s) - C(s)G(s)H(s) = C(s)$

$R(s)G(s) = C(s) + C(s)H(s)G(s)$

$\qquad\quad = C(s)(1 + G(s)H(s))$

$1 = \dfrac{C(s)(1 + G(s)H(s))}{R(s)G(s)}$

$\therefore \dfrac{C(s)}{R(s)} = \dfrac{G(s)}{1 + G(s)H(s)}$

정답 70. ④ 71. ③ 72. ④ 73. ③ 74. ③ 75. ②

76 전동기를 전원에 접속한 상태에서 중력부하를 하강 시킬 때 속도가 빨라지는 경우 전동기의 유기기전 력이 전원전압보다 높아져서 발전기로 동작하고 발 생전력을 전원으로 되돌려 줌과 동시에 속도를 감 속하는 제동법은?

① 회생제동   ② 역전제동
③ 발전제동   ④ 유도제동

해설 회생제동
㉠ 전동기를 발전기로서 작동시켜 운동에너지를 전기에 너지로 변환해 회수하여 제동력을 발휘하는 전기제동 방법으로 전동기를 동력으로 하는 엘리베이터, 전동 차, 자동차 등에 넓게 이용된다.
㉡ 유도전동기를 전원에 연결한 상태에서 유도발전기로 동작시켜서 발생전력을 전원으로 반환하여서 제동하 는 방법으로 기계적 제동과 같은 큰 발열이 없고 마모 도 적으며, 또한 전력 회수에도 유리하다. 특히 권선형 에 많이 사용된다.

77 다음 회로도를 보고 진리표를 채우고자 한다. 빈칸 에 알맞은 값은?

A	B		X_1	X_2	X_3
1	1		1	0	ⓐ
1	0		0	1	ⓑ
0	1		0	0	ⓒ
0	0		0	0	ⓓ

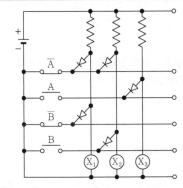

① ⓐ 1, ⓑ 1, ⓒ 0, ⓓ 0
② ⓐ 0, ⓑ 0, ⓒ 1, ⓓ 1
③ ⓐ 0, ⓑ 1, ⓒ 0, ⓓ 1
④ ⓐ 1, ⓑ 0, ⓒ 1, ⓓ 0

78 전기기기 및 전로의 누전 여부를 알아보기 위해 사 용되는 계측기는?

① 메거   ② 전압계
③ 전류계   ④ 검전기

해설 메거(megger)는 $-10^5 \Omega$ 이상의 고저항을 측정하고 절 연저항을 측정하여 누전 여부를 알아낸다.

79 영구자석의 재료로 요구되는 사항은?

① 잔류자기 및 보자력이 큰 것
② 잔류자기가 크고 보자력이 작은 것
③ 잔류자기는 작고 보자력이 큰 것
④ 잔류자기 및 보자력이 작은 것

해설 영구자석은 높은 투자율을 지닌 물질과는 반대로 잔류자 기가 크고(수천~1만G 정도) 보자력이 큰 것이다.

80 평형 3상 전원에서 각 상간전압의 위상차(rad)는?

① $\dfrac{\pi}{2}$ ② $\dfrac{\pi}{3}$
③ $\dfrac{\pi}{6}$ ④ $\dfrac{2\pi}{3}$

해설 3상 교류에 전압이나 전류는 각각 $\dfrac{2\pi}{3}$ 의 위상차를 갖고 있다.

제5과목 **배관일반**

★
81 급수배관의 수격현상 방지방법으로 가장 거리가 먼 것은?

① 펌프에 플라이휠을 설치한다.
② 관경을 작게 하고 유속을 매우 빠르게 한다.
③ 에어챔버를 설치한다.
④ 완폐형 체크밸브를 설치한다.

해설 급수배관의 수격작용을 방지하려면 관경을 크게 하고 유속을 느리게 할 것

82 경질염화비닐관의 TS식 이음에서 작용하는 3가지 접착효과로 가장 거리가 먼 것은?

① 유동삽입   ② 일출접착
③ 소성삽입   ④ 변형삽입

정답 76. ①   77. ②   78. ①   79. ①   80. ④   81. ②   82. ③

해설 TS식 이음의 접착효과 : 유동삽입, 일출삽입, 변형삽입

★
83 펌프 주위 배관시공에 관한 사항으로 틀린 것은?

① 풋밸브 등 모든 관의 이음은 수밀, 기밀을 유지할 수 있도록 한다.

② 흡입관의 길이는 가능한 한 짧게 배관하여 저항이 적도록 한다.

③ 흡입관의 수평배관은 펌프를 향하여 하향구배로 한다.

④ 양정이 높을 경우 펌프 토출구와 게이트밸브 사이에 체크밸브를 설치한다.

해설 흡입관의 수평배관은 펌프를 향해 위로 올라가도록 설계한다.

84 다음 중 기수혼합식(증기분류식) 급탕설비에서 소음을 방지하는 기구는?

① 가열코일   ② 사일렌서
③ 순환펌프   ④ 서머스탯

해설 사일렌서는 기수혼합식(증기분류식) 급탕설비에서 소음을 방지하기 위한 기구이다.

★
85 무기질 단열재에 관한 설명으로 틀린 것은?

① 암면은 단열성이 우수하고 아스팔트 가공된 보냉용의 경우 흡수성이 양호하다.

② 유리섬유는 가볍고 유연하여 작업성이 매우 좋으며 칼이나 가위 등으로 쉽게 절단된다.

③ 탄산마그네슘보온재는 열전도율이 낮으며 300~320℃에서 열분해한다.

④ 규조토보온재는 비교적 단열효과가 낮으므로 어느 정도 두껍게 시공하는 것이 좋다.

해설 무기질 단열재 중 암면은 섬유의 표면이 특수 코팅되어 있어 습기를 거의 흡수하지 않으며 수분에 강하다.

86 가스수요의 시간적 변화에 따라 일정한 가스량을 안정하게 공급하고 저장을 할 수 있는 가스홀더의 종류가 아닌 것은?

① 무수(無水)식   ② 유수(有水)식
③ 주수(主水)식   ④ 구(球)형

해설 가스홀더는 저압식으로 유수식, 무수식 가스홀더가 있으며, 중고압식으로 원통형 및 구형이 있다.

★
87 증기난방법에 관한 설명으로 틀린 것은?

① 저압식은 증기의 사용압력이 0.1MPa 미만인 경우이며 주로 10~35kPa인 증기를 사용한다.

② 단관 중력환수식의 경우 증기와 응축수가 역류하지 않도록 선단하향구배로 한다.

③ 환수주관을 보일러수면보다 높은 위치에 배관한 것은 습식환수관식이다.

④ 증기의 순환이 가장 빠르며, 방열기, 보일러 등의 설치위치에 제한을 받지 않고 대규모 난방용으로 주로 채택되는 방식은 진공환수식이다.

해설 환수관의 배관법
㉠ 건식환수관식 : 환수주관을 보일러수면보다 높게 배관
㉡ 습식환수관식 : 환수주관을 보일러수면보다 낮게 배관

88 기체수송설비에서 압축공기배관의 부속장치가 아닌 것은?

① 후부냉각기   ② 공기여과기
③ 안전밸브   ④ 공기빼기밸브

해설 압축공기배관의 부속장치 : 후부냉각기, 공기여과기, 안전밸브, 공기압축기, 공기탱크

89 같은 지름의 관을 직선으로 연결할 때 사용하는 배관이음쇠가 아닌 것은?

① 소켓   ② 유니언
③ 벤드   ④ 플랜지

해설 배관이음쇠
㉠ 배관의 방향을 바꿀 때 : 엘보, 벤드
㉡ 관을 도중에서 분기할 때 : T, Y, 크로스
㉢ 동경관을 직선결합할 때 : 소켓, 유니언, 니플, 플랜지
㉣ 이경관의 연결 : 리듀서, 줄임엘보, 줄임티, 부싱
㉤ 관 끝을 막을 때 : 캡
㉥ 부속을 막을 때 : 플러그

정답 83. ③ 84. ② 85. ① 86. ③ 87. ③ 88. ④ 89. ③

90 제조소 및 공급소 밖의 도시가스배관을 시가지 외의 도로노면 밑에 매설하는 경우에는 노면으로부터 배관의 외면까지 최소 몇 m 이상을 유지해야 하는가?

① 1.0
② 1.2
③ 1.5
④ 2.0

[해설] 도시가스배관를 배관의 외면으로부터 도로의 경계까지 수평거리 1m 이상, 시가지 외의 도로 노면 밑 매설하는 경우 1.2m 이상, 도로 밑의 다른 시설물까지 0.3m 이상 유지한다.

91 다음 도시기호의 이음은?

① 나사식 이음
② 용접식 이음
③ 소켓식 이음
④ 플랜지식 이음

[해설]
① 나사식 : ——┼——
② 용접식 : ——✕——
④ 플랜지식 : ——┤├——

92 패킹재의 선정 시 고려사항으로 관내 유체의 화학적 성질이 아닌 것은?

① 점도
② 부식성
③ 휘발성
④ 용해능력

[해설] 패킹재
㉠ 화학적 성질 : 화학성분과 안정도, 부식성, 용해능력, 휘발성, 인화성과 폭발성 등
㉡ 물리적 성질 : 온도, 압력, 가스체와 액체의 구분, 밀도, 점도 등
㉢ 기계적 성질 : 교환의 난이, 진동의 유무, 내압과 외압의 정도 등의 조건을 검토한 후에 종합적으로 가장 적합한 개스킷재료를 선정

93 도시가스배관 시 배관이 움직이지 않도록 관지름 13mm 이상 33mm 미만의 경우 몇 m마다 고정장치를 설치해야 하는가?

① 1m
② 2m
③ 3m
④ 4m

[해설] 배관은 움직이지 않도록 건축물에 고정부착하는 조치를 하되, 그 관경이 13mm 미만일 때 1m마다, 13mm 이상에서 33mm 미만일 때 2m마다, 33mm 이상일 때 3m마다

고정장치를 설치해야 한다. 이 경우 배관과 고정장치 사이에는 절연조치를 해야 한다.

94 급수관의 평균유속이 2m/s이고 유량이 100L/s로 흐르고 있다. 관내의 마찰손실을 무시할 때 안지름 (mm)은 얼마인가?

① 173
② 227
③ 247
④ 252

[해설] $Q = AV = \dfrac{\pi d^2}{4} V$

$\therefore d = \sqrt{\dfrac{4Q}{\pi V}} = \sqrt{\dfrac{4 \times 100 \times 1,000,000}{\pi \times 2 \times 1,000}} \risingdotseq 252\,mm$

95 밸브의 역할로 가장 거리가 먼 것은?

① 유체의 밀도조절
② 유체의 방향전환
③ 유체의 유량조절
④ 유체의 흐름단속

[해설] **밸브의 역할** : 유체의 방향전환, 유량조절, 흐름단속 등

96 온수배관 시공 시 유의사항으로 틀린 것은?

① 배관재료는 내열성을 고려한다.
② 온수배관에는 공기가 고이지 않도록 구배를 준다.
③ 온수보일러의 릴리프관에는 게이트밸브를 설치한다.
④ 배관의 신축을 고려한다.

[해설] 온수배관의 팽창탱크에 연결하는 팽창관에는 밸브를 절대 설치하지 않는다.

97 배관용 패킹재료 선정 시 고려해야 할 사항으로 가장 거리가 먼 것은?

① 유체의 압력
② 재료의 부식성
③ 진동의 유무
④ 시트면의 형상

[해설] **패킹재료 선정 시 고려사항**
㉠ 관내 물체의 물리적 성질 : 온도, 압력, 가스체와 액체의 구분, 밀도, 점도 등
㉡ 관내 물체의 화학적 성질 : 화학성분과 안정도, 부식성, 용해능력, 휘발성, 인화성과 폭발성 등
㉢ 기계적 성질 : 교환의 난이, 진동의 유무, 내압과 외압의 정도 등의 조건을 검토한 후에 종합적으로 가장 적합한 개스킷 재료 선정

정답 90. ② 91. ③ 92. ① 93. ② 94. ④ 95. ① 96. ③ 97. ④

★
98 냉동배관 시 플렉시블 조인트의 설치에 관한 설명으로 틀린 것은?

① 가급적 압축기 가까이에 설치한다.
② 압축기의 진동방향에 대하여 직각으로 설치한다.
③ 압축기가 가동할 때 무리한 힘이 가해지지 않도록 설치한다.
④ 기계·구조물 등에 접촉되도록 견고하게 설치한다.

해설 기계·구조물 등 기기의 진동이 다른 기기로 전달되지 않게 하기 위하여 플렉시블 조인트를 설치한다.

★
99 온수난방배관에서 역귀환방식을 채택하는 주된 목적으로 가장 적합한 것은?

① 배관의 신축을 흡수하기 위하여
② 온수가 식지 않게 하기 위하여
③ 온수의 유량배분을 균일하게 하기 위하여
④ 배관길이를 짧게 하기 위하여

해설 역귀환방식은 배관길이가 길어지고 마찰저항이 크지만 유량분배가 균일하여 건물 내 온수온도가 일정하다.

★
100 급탕배관시공에 관한 설명으로 틀린 것은?

① 배관의 굽힘 부분에는 벨로즈이음을 한다.
② 하향식 급탕주관의 최상부에는 공기빼기 장치를 설치한다.
③ 팽창관의 관경은 겨울철 동결을 고려하여 25A 이상으로 한다.
④ 단관식 급탕배관방식에는 상향배관, 하향배관방식이 있다.

해설 배관의 굽힘 부분에는 엘보나 밴드이음을 하고, 벨로즈이음은 신축이음쇠의 일종이다.

2021

Engineer Air-Conditioning Refrigerating Machinery

과년도 출제문제

제1회   공조냉동기계기사

제2회   공조냉동기계기사

제3회   공조냉동기계기사

자주 출제되는 중요한 문제는 별표(★)로 강조했습니다.
마무리학습할 때 한 번 더 풀어보기를 권합니다.

Engineer
Air-Conditioning Refrigerating Machinery

2021년 제1회 공조냉동기계기사

기계 열역학

★
01 증기터빈에서 질량유량이 1.5kg/s이고 열손실률이 8.5kW이다. 터빈으로 출입하는 수증기에 대한 값은 다음 그림과 같다면 터빈의 출력은 약 몇 kW인가?

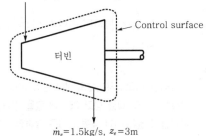

$\dot{m}_i=1.5$kg/s, $z_i=6$m
$v_i=50$m/s, $h_i=3137.0$kJ/kg

Control surface

터빈

$\dot{m}_e=1.5$kg/s, $z_e=3$m
$v_e=200$m/s, $h_e=2675.5$kJ/kg

① 273kW ② 656kW
③ 1,357kW ④ 2,616kW

해설 $Q_L = W_t + \dot{m}(h_e - h_i) + \frac{\dot{m}}{2}(v_e^2 - v_i^2) \times 10^{-3}$
$\qquad + \dot{m}g(z_e - z_i) \times 10^{-3}$
$-8.5 = W_t + 1.5 \times (2675.5 - 3,137)$
$\qquad + \frac{1.5}{2} \times (200^2 - 50^2) \times 10^{-3}$
$\qquad + 1.5 \times 9.8 \times (3 - 6) \times 10^{-3}$
$\therefore W_t = -8.5 + 692.25 - 28.125 + 0.0441$
$\qquad = 655.67 ≒ 656$kW

★
02 10℃에서 160℃까지 공기의 평균정적비열은 0.7315 kJ/kg·K이다. 이 온도변화에서 공기 1kg의 내부에너지변화는 약 몇 kJ인가?

① 101.1kJ ② 109.7kJ
③ 120.6kJ ④ 131.7kJ

해설 U = 정적비열 × (변화 후 절대온도 − 변화 전 절대온도)
$\qquad = C_v(T_2 - T_1) = 0.7315 \times (160 - 10) ≒ 109.7$kJ/kg

03 오토사이클의 압축비(ε)가 8일 때 이론열효율은 약 몇 %인가? (단, 비열비(k)는 1.4이다.)

① 36.8% ② 46.7%
③ 56.5% ④ 66.6%

해설 $\eta = 1 - \left(\frac{1}{\varepsilon}\right)^{k-1} = 1 - \left(\frac{1}{8}\right)^{1.4-1} ≒ 0.565 = 56.5\%$

04 증기를 가역단열과정을 거쳐 팽창시키면 증기의 엔트로피는?

① 증가한다.
② 감소한다.
③ 변하지 않는다.
④ 경우에 따라 증가도 하고, 감소도 한다.

해설 증기의 가역단열과정은 엔트로피 불변이다.

05 완전가스의 내부에너지(U)는 어떤 함수인가?

① 압력과 온도의 함수이다.
② 압력만의 함수이다.
③ 체적과 압력의 함수이다.
④ 온도만의 함수이다.

해설 내부에너지는 체적, 압력에 무관하며 온도에 의해서만 결정된다.
$\Delta U = C_v(T_2 - T_1)$

06 온도가 127℃, 압력이 0.5MPa, 비체적이 0.4m³/kg인 이상기체가 같은 압력하에서 비체적이 0.3m³/kg으로 되었다면 온도는 약 몇 ℃가 되는가?

① 16 ② 27
③ 96 ④ 300

해설 $\frac{V_1}{T_1} = \frac{V_2}{T_2}$
$\therefore T_2 = \frac{V_2}{V_1}T_1 = \frac{0.3}{0.4} \times (273 + 127)$
$\qquad = 300\text{K} - 273 = 27℃$

07 계가 비가역사이클을 이룰 때 클라우지우스(Clausius)의 적분을 옳게 나타낸 것은? (단, T는 온도, Q는 열량이다.)

① $\oint \dfrac{\delta Q}{T} < 0$ ② $\oint \dfrac{\delta Q}{T} > 0$

③ $\oint \dfrac{\delta Q}{T} \geq 0$ ④ $\oint \dfrac{\delta Q}{T} \leq 0$

해설 클라우지우스의 적분은 $\oint \dfrac{\delta Q}{T} \leq 0$에서 가역과정은 0이고, 비가역과정은 0보다 작다.

08 증기동력사이클의 종류 중 재열사이클의 목적으로 가장 거리가 먼 것은?

① 터빈 출구의 습도가 증가하여 터빈날개를 보호한다.

② 이론열효율이 증가한다.

③ 수명이 연장된다.

④ 터빈 출구의 질(quality)을 향상시킨다.

해설 재열사이클은 팽창일을 증대시키고 터빈 출구의 습도를 감소(건도 증가)시키기 위하여 터빈 후의 증기를 가열장치로 보내어 재가열한 후 다시 터빈에 보내는 사이클로써 열효율도 개선된다.

09 밀폐용기에 비내부에너지가 200kJ/kg인 기체가 0.5kg 들어있다. 이 기체를 용량이 500W인 전기가열기로 2분 동안 가열한다면 최종상태에서 기체의 내부에너지는 약 몇 kJ인가? (단, 열량은 기체로만 전달된다고 한다.)

① 20kJ   ② 100kJ

③ 120kJ   ④ 160kJ

해설 $u = 200 \times 0.5 + \dfrac{500}{1,000} \times (2 \times 60) = 160\text{kJ}$

10 과열증기를 냉각시켰더니 포화영역 안으로 들어와서 비체적이 0.2327m³/kg이 되었다. 이때 포화액과 포화증기의 비체적이 각각 1.079×10⁻³m³/kg, 0.5243m³/kg이라면 건도는 얼마인가?

① 0.964   ② 0.772

③ 0.653   ④ 0.443

해설 $x = \dfrac{\text{기체의 무게(비체적)}}{\text{질량합계(비체적합계)}} = \dfrac{0.2327}{1.079 \times 10^{-3} + 0.5243}$

$\fallingdotseq 0.443$

11 온도 20℃에서 계기압력 0.183MPa의 타이어가 고속주행으로 온도 80℃로 상승할 때 압력은 주행 전과 비교하여 약 몇 kPa 상승하는가? (단, 타이어의 체적은 변하지 않고, 타이어 내의 공기는 이상기체로 가정하며, 대기압은 101.3kPa이다.)

① 37kPa   ② 58kPa

③ 286kPa   ④ 445kPa

해설 $\Delta P = P_2 - P_1 = \dfrac{T_2}{T_1} P_1 - P_1$

$= P_1 \left(\dfrac{T_2}{T_1} - 1 \right) = (183 + 101.3) \times \left(\dfrac{273 + 80}{273 + 20} - 1 \right)$

$\fallingdotseq 58\text{kPa}$

12 이상적인 카르노사이클의 열기관이 500℃인 열원으로부터 500kJ을 받고 25℃에 열을 방출한다. 이 사이클의 일(W)과 효율(η_{th})은 얼마인가?

① $W = 307.2\text{kJ}$, $\eta_{th} = 0.6143$

② $W = 307.2\text{kJ}$, $\eta_{th} = 0.5748$

③ $W = 250.3\text{kJ}$, $\eta_{th} = 0.6143$

④ $W = 250.3\text{kJ}$, $\eta_{th} = 0.5748$

해설 ㉠ 효율 : $\eta_{th} = 1 - \dfrac{T_2}{T_1} = 1 - \dfrac{25 + 273}{500 + 273} = 0.6143$

㉡ 일 : $\eta_{th} = \dfrac{W}{Q_1}$

$\therefore W = \eta_{th} Q_1 = 0.6143 \times 500 = 307.2\text{kJ}$

별해 $W_c = 500 \times \left(1 - \dfrac{25 + 273}{500 + 273} \right) \fallingdotseq 307.2\text{kJ}$

$\eta = \dfrac{\text{출열}}{\text{입열}} = \dfrac{307.2}{500} = 0.6144$

13 한 밀폐계가 190kJ의 열을 받으면서 외부에 20kJ의 일을 한다면 이 계의 내부에너지의 변화는 약 얼마인가?

① 210kJ만큼 증가한다.

② 210kJ만큼 감소한다.

③ 170kJ만큼 증가한다.

④ 170kJ만큼 감소한다.

정답 07. ①   08. ①   09. ④   10. ④   11. ②   12. ①   13. ③

해설 $q = U + AW$

$\therefore U = q - AW = 190 - 20 = 170kJ$

별해 $Q = (U_2 - U_1) + {}_1W_2$

$\therefore \Delta U = U_2 - U_1 = Q - {}_1W_2 = 190 - 20 = 170kJ$

14 수소(H₂)가 이상기체라면 절대압력 1MPa, 온도 100℃에서의 비체적은 약 몇 m³/kg인가? (단, 일반기체상수는 8.3145kJ/kmol·K이다.)

① 0.781　　　　② 1.26

③ 1.55　　　　④ 3.46

해설 $R = \dfrac{\overline{R}}{M} = \dfrac{\text{일반기체상수}}{\text{분자량}} = \dfrac{8.3145}{2} = 4.157kJ/kg \cdot K$

$\therefore v = \dfrac{RT}{P} = \dfrac{\text{수소기체상수} \times \text{절대온도}}{\text{압력}}$

$= \dfrac{4.157 \times (273 + 100)}{1,000} ≒ 1.55 m^3/kg$

★
15 비열비가 1.29, 분자량이 44인 이상기체의 정압비열은 약 몇 kJ/kg·K인가? (단, 일반기체상수는 8.314kJ/kmol·K이다.)

① 0.51　　　　② 0.69

③ 0.84　　　　④ 0.91

해설 $R = \dfrac{\text{일반기체상수}}{\text{분자량}} = \dfrac{8.314}{44} = 0.189kJ/kg \cdot K$

$A = $ 일의 열당량은 1로 본다.

$\therefore C_p = \dfrac{AR}{k-1}k = \dfrac{1 \times 0.189}{1.29 - 1} \times 1.29 ≒ 0.84kJ/kg \cdot K$

16 열펌프를 난방에 이용하려 한다. 실내온도는 18℃이고, 실외온도는 −15℃이며, 벽을 통한 열손실은 12kW이다. 열펌프를 구동하기 위해 필요한 최소 동력은 약 몇 kW인가?

① 0.65kW　　　② 0.74kW

③ 1.36kW　　　④ 1.53kW

해설 $COP = \dfrac{\text{내부절대온도}}{\text{외기절대온도} - \text{내부절대온도}}$

$= \dfrac{\text{제거열량}}{\text{동력}}$

$\dfrac{T_2}{T_1 - T_2} = \dfrac{Q_e}{W_{min}}$

$\therefore W_{min} = \dfrac{T_1 - T_2}{T_2} Q_e$

$= \dfrac{(273 + (-15)) - (273 + 18)}{273 + 18} \times 12$

$≒ -1.36kW$

17 어떤 냉동기에서 0℃의 물로 0℃의 얼음 2ton을 만드는데 180MJ의 일이 소요된다면 이 냉동기의 성적계수는? (단, 물의 융해열은 334kJ/kg이다.)

① 2.05　　　　② 2.32

③ 2.65　　　　④ 3.71

해설 $COP = \dfrac{\text{얼음중량} \times \text{융해열}}{\text{소요일(열량)}}$

$= \dfrac{2,000 \times 334}{180 \times 1,000}$

$≒ 3.71$

18 다음 중 가장 낮은 온도는?

① 104℃　　　② 284℉

③ 410K　　　④ 684R

해설 ② $℃ = \dfrac{5}{9}(℉ - 32) = \dfrac{5}{9} \times (284 - 32) = 140℃$

③ $℃ = K - 273 = 410 - 273 = 137℃$

④ $℃ = K - 273 = \dfrac{5}{9}R - 273 = \left(\dfrac{5}{9} \times 684\right) - 273$

$= 107℃$

19 계가 정적과정으로 상태 1에서 상태 2로 변화할 때 단순 압축성 계에 대한 열역학 제1법칙을 바르게 설명한 것은? (단, U, Q, W는 각각 내부에너지, 열량, 일량이다.)

① $U_1 - U_2 = Q_{12}$

② $U_2 - U_1 = W_{12}$

③ $U_1 - U_2 = W_{12}$

④ $U_2 - U_1 = Q_{12}$

해설 등적과정에서 내부에너지변화(ΔU)는 열역학 제1법칙에 의해 출입된 열과 일의 합으로 구한다. 즉 $\Delta U = Q + W$에서 $Q + W = \Delta U = U_2 - U_1$가 산출되는데 W가 식에 없을 때는 $Q_{12} = \Delta U = U_2 - U_1$이다.

2021년

정답　14. ③　15. ③　16. ③　17. ④　18. ①　19. ④

★
20 온도 15℃, 압력 100kPa 상태의 체적이 일정한 용기 안에 어떤 이상기체 5kg이 들어있다. 이 기체가 50℃가 될 때까지 가열되는 동안의 엔트로피 증가량은 약 몇 kJ/K인가? (단, 이 기체의 정압비열과 정적비열은 각각 1.001kJ/kg·K, 0.7171kJ/kg·K이다.)

① 0.411　　　　② 0.486

③ 0.575　　　　④ 0.732

해설
$$\Delta S = S_2 - S_1 \int \frac{dq}{T} = GC_v \ln \frac{T_2}{T_1}$$
$$= 5 \times 0.7171 \times \ln \frac{273+50}{273+15}$$
$$\fallingdotseq 0.411 \text{kJ/K}$$

제2과목　냉동공학

21 브라인(2차 냉매) 중 무기질브라인이 아닌 것은?

① 염화마그네슘　　② 에틸렌글리콜

③ 염화칼슘　　　　④ 식염수

해설 **브라인**

㉠ 무기질브라인 : 식염수, 염화마그네슘, 염화칼슘 등

㉡ 유기질브라인 : 에틸렌글리콜, 프로필렌글리콜 등

★
22 냉동기유의 구비조건으로 틀린 것은?

① 점도가 적당할 것

② 응고점이 높고 인화점이 낮을 것

③ 유성이 좋고 유막을 잘 형성할 수 있을 것

④ 수분 등의 불순물을 포함하지 않을 것

해설 **냉동기유의 구비조건**

㉠ 유동점이 낮을 것 : 응고점보다 2.5℃ 높은 유동 가능성

㉡ 인화점이 높을 것 : 140℃ 이상일 것

㉢ 점도성이 알맞을 것

㉣ 수분함량이 2% 이하일 것

㉤ 절연저항이 크고 절연물을 침식하지 말 것

㉥ 저온에서 왁스분, 고온에서 슬러지가 없을 것

㉦ 냉매와 작용하여 영향이 없을 것 : 냉매와 분리되는 것이 좋음

㉧ 반응은 중성일 것 : 산성·알칼리성은 부식 우려

23 흡수식 냉동장치에서의 흡수제 유동방향으로 틀린 것은?

① 흡수기 → 재생기 → 흡수기

② 흡수기 → 재생기 → 증발기 → 응축기 → 흡수기

③ 흡수기 → 용액열교환기 → 재생기 → 용액열교환기 → 흡수기

④ 흡수기 → 고온재생기 → 저온재생기 → 흡수기

해설 **흡수제 순환경로** : 흡수기 → 열교환기 → 재생기 → 열교환기 → 흡수기

24 냉동장치가 정상운전되고 있을 때 나타나는 현상으로 옳은 것은?

① 팽창밸브 직후의 온도는 직전의 온도보다 높다.

② 크랭크케이스 내의 유온은 증발온도보다 낮다.

③ 수액기 내의 액온은 응축온도보다 높다.

④ 응축기의 냉각수 출구온도는 응축온도보다 낮다.

해설 냉동장치의 정상운전 시 응축기의 냉각수 출구온도는 입구온도(응축온도)보다 낮다.

참고 증발기(저온저압 기체냉매-열 흡수 ; 엔탈피 증가) → 압축기(고온고압 기체냉매-가압 ; 엔탈피 증가)

★
25 다음 그림은 R-134a를 냉매로 한 건식 증발기를 가진 냉동장치의 개략도이다. 지점 1, 2에서의 게이지압력은 각각 0.2MPa, 1.4MPa으로 측정되었다. 각 지점에서의 엔탈피가 다음 표와 같을 때 5지점에서의 엔탈피(kJ/kg)는 얼마인가? (단, 비체적(v_1)은 0.08m³/kg이다.)

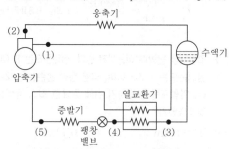

지점	엔탈피(kJ/kg)
1	623.8
2	665.7
3	460.5
4	439.6

① 20.9　　　　② 112.8

③ 408.6　　　　④ 602.9

해설 $h_5 = h_1 - (h_3 - h_4)$
$$= 623.8 - (460.5 - 439.6) = 602.9 \text{kJ/kg}$$

26 냉동용 압축기를 냉동법의 원리에 의해 분류할 때 저온에서 증발한 가스를 압축기로 압축하여 고온으로 이동시키는 냉동법을 무엇이라고 하는가?

① 화학식 냉동법　　② 기계식 냉동법
③ 흡착식 냉동법　　④ 전자식 냉동법

해설 저온에서 증발한 가스를 압축기로 압축하여 고온으로 이동시키는 냉동법을 증기압축식(기계식) 냉동법이라 한다.

★
27 실제 기체가 이상기체의 상태방정식을 근사하게 만족시키는 경우는 어떤 조건인가?

① 압력과 온도가 모두 낮은 경우
② 압력이 높고 온도가 낮은 경우
③ 압력이 낮고 온도가 높은 경우
④ 압력과 온도 모두 높은 경우

해설 실제 기체가 이상기체의 상태방정식을 근사하게 만족시키는 경우
　㉠ 기체의 밀도가 0에 가까운 경우
　㉡ 온도가 매우 높은 경우
　㉢ 압력이 낮은 경우
　㉣ 분자 간 인력이 작은 경우
　㉤ 분자량이 작은 경우

28 가역카르노사이클에서 고온부 40℃, 저온부 0℃로 운전될 때 열기관의 효율은?

① 7.825　　② 6.825
③ 0.147　　④ 0.128

해설 $\eta = \dfrac{T_1 - T_2}{T_1} = \dfrac{(273+40)-(273-0)}{273+40} = 0.128$

★
29 표준냉동사이클에서 냉매의 교축 후에 나타나는 현상으로 틀린 것은?

① 온도는 강하한다.
② 압력은 강하한다.
③ 엔탈피는 일정하다.
④ 엔트로피는 감소한다.

해설 냉동장치의 상태

구성기기	역할	상태변화	온도	압력	엔탈피	엔트로피
압축기	압력 증대장치	단열	상승	상승	증가	일정
응축기	열 제거장치	등온	일정	일정	저하	감소
팽창밸브	압력 감소, 유량조절, 교축현상	단열	저하	저하	불변	상승(小)
증발기	열흡수장치	등온	일정	일정	상승	증가

30 다음 조건을 이용하여 응축기 설계 시 1RT(3.86kW)당 응축면적(m²)은? (단, 온도차는 산술평균온도차를 적용한다.)

- 응축온도 : 35℃
- 냉각수 입구온도 : 28℃
- 냉각수 출구온도 : 32℃
- 열통과율 : 1.05kW/m² · ℃

① 1.05　　② 0.74
③ 0.52　　④ 0.35

해설 $\Delta t_m = t_c - \dfrac{t_{w1} + t_{w2}}{2}$

$$= 35 - \dfrac{28+32}{2}$$

$$= 5℃$$

$\therefore F = \dfrac{\varepsilon}{k \Delta t_m}$

$$= \dfrac{\text{냉동톤}}{\text{열통과율} \times \text{산술온도차}}$$

$$= \dfrac{3.86}{1.05 \times 5}$$

$$= 0.74 \text{m}^2$$

31 수액기에 대한 설명으로 틀린 것은?

① 응축기에서 응축된 고온 고압의 냉매액을 일시 저장하는 용기이다.
② 장치 안에 있는 모든 냉매를 응축기와 함께 회수할 정도의 크기를 선택하는 것이 좋다.
③ 소형 냉동기에는 필요로 하지 않는다.
④ 어큐뮬레이터라고도 한다.

정답 26. ② 27. ③ 28. ④ 29. ④ 30. ② 31. ④

2021년

해설 ㉠ 응축기 → 수액기 → 사이트글라스 → 드라이어(건조기) → 전자밸브 → 팽창밸브
㉡ 어큐뮬레이터(accumulator) : 축압기 또는 액분리기 (liquid separator)라고도 하며 증발기와 압축기 사이 (증발기보다 150mm 이상)에 설치하여 액압축을 방지하고 압축기를 보호한다.

32 히트파이프(heat pipe)의 구성요소가 아닌 것은?

① 단열부 ② 응축부
③ 증발부 ④ 팽창부

해설 히트파이프
㉠ 증발부, 응축부, 단열부로 구분된다.
㉡ 가열하면 작동유체는 증발하면서 잠열을 흡수하고, 증발된 증기는 저온으로 이동하며 응축되면서 열교환한다.
㉢ 구조가 간단하고 크기와 중량이 적으며 작동유체에 따라 사용온도범위가 넓다(−40~430℃).

33 다음 중 방축열시스템의 분류에 대한 조합으로 적당하지 않은 것은?

① 정적제빙형 – 관내착빙형
② 정적제빙형 – 캡슐형
③ 동적제빙형 – 관외착빙형
④ 동적제빙형 – 과냉각아이스형

해설 동적형의 관 외측에는 얼음을 만들 수 없다.

★
34 암모니아냉동장치에서 고압측 게이지압력이 1372.9kPa, 저압측 게이지압력이 294.2kPa이고, 피스톤압출량이 100m³/h, 흡입증기의 비체적이 0.5m³/kg일 때 이 장치에서의 압축비와 냉매순환량(kg/h)은 각각 얼마인가? (단, 압축기의 체적효율은 0.7이다.)

① 압축비 3.73, 냉매순환량 70
② 압축비 3.73, 냉매순환량 140
③ 압축비 4.67, 냉매순환량 70
④ 압축비 4.67, 냉매순환량 140

해설 ㉠ $\varepsilon = \dfrac{P_h}{P_l} = \dfrac{\text{고압절대압}}{\text{저압절대압}}$

$= \dfrac{\text{게이지고압} + 101.325}{\text{게이지저압} + 101.325}$

$= \dfrac{1372.9 + 101.325}{294.2 + 101.325} \fallingdotseq 3.73$

㉡ $G = \dfrac{\text{피스톤압출량} \times \text{체적효율}}{\text{가스비체적}}$

$= \dfrac{100 \times 0.7}{0.5} = 140\text{kg/h}$

35 흡수식 냉동기의 특징에 대한 설명으로 옳은 것은?

① 자동제어가 어렵고 운전경비가 많이 소요된다.
② 초기운전 시 정격성능을 발휘할 때까지의 도달속도가 느리다.
③ 부분부하에 대한 대응이 어렵다.
④ 증기압축식보다 소음 및 진동이 크다.

해설 흡수식 냉동기의 특징
㉠ 부분부하에 대한 대응성이 좋다.
㉡ 압축식, 터보식 냉동기에 비해 소음과 진동이 적다.
㉢ 초기운전 시 정격성능을 발휘할 때까지의 도달속도가 느리다.
㉣ 용량제어의 범위가 넓어 폭넓은 용량제어가 가능하다.
㉤ 압축식 냉동기에 비해 성능이 나쁘고 취급이 간단하다.
㉥ 흡수식은 소음 및 진동과 동력소비가 적다.

36 표준냉동사이클에서 상태 1, 2, 3에서의 각 성적계수값을 모두 합하면 약 얼마인가?

상태	응축온도	증발온도
1	32℃	−18℃
2	42℃	2℃
3	37℃	−13℃

① 5.11 ② 10.89
③ 17.17 ④ 25.14

해설 $\varepsilon_R = \dfrac{T_2}{T_1 - T_2} = \dfrac{\text{저온(증발온도)}}{\text{고온(응축온도)} - \text{저온(증발온도)}}$

$\varepsilon_1 = \dfrac{273 - 18}{(273 + 32) - (273 - 18)} = 5.1$

$\varepsilon_2 = \dfrac{273 + 2}{(273 + 42) - (273 + 2)} = 6.87$

$\varepsilon_3 = \dfrac{273 - 13}{(273 + 37) - (273 - 13)} = 5.2$

$\therefore \varepsilon_{all} = \varepsilon_1 + \varepsilon_2 + \varepsilon_3 = 5.1 + 6.87 + 5.2 = 17.17$

37 다음 중 액압축을 방지하고 압축기를 보호하는 역할을 하는 것은?

① 유분리기 ② 액분리기
③ 수액기 ④ 드라이어

정답 32. ④ 33. ③ 34. ② 35. ② 36. ③ 37. ②

해설 액분리기(liquid separator)는 증발기와 압축기 사이(증발기보다 150mm 이상)에 설치하여 액압축을 방지하고 압축기를 보호한다.

38 여름철 공기열원 열펌프장치로 냉방운전할 때 외기의 건구온도 저하 시 나타나는 현상으로 옳은 것은?

① 응축압력이 상승하고, 장치의 소비전력이 증가한다.

② 응축압력이 상승하고, 장치의 소비전력이 감소한다.

③ 응축압력이 저하하고, 장치의 소비전력이 증가한다.

④ 응축압력이 저하하고, 장치의 소비전력이 감소한다.

해설 외기인 응축기 쪽의 온도가 내려가면 응축압력이 내려가고, 장치의 소비전력이 감소된다.

★
39 냉동능력이 10RT이고 실제 흡입가스의 체적이 15m³/h인 냉동기의 냉동효과(kJ/kg)는? (단, 압축기 입구비체적은 0.52m³/kg이고, 1RT는 3.86kW이다.)

① 4817.2   ② 3128.1
③ 2984.7   ④ 1534.8

해설 $G = \dfrac{Q_e}{q_e} = \dfrac{3.86RT}{q_e} = \dfrac{V\eta_v}{v} = \dfrac{V_a}{v}$

$\therefore q_e = \dfrac{3.86RTv \times 3,600}{V_a}$

$= \dfrac{3.86 \times 10 \times 0.52 \times 3,600}{15}$

$≒ 4817.2\text{kJ/kg}$

40 R-22를 사용하는 냉동장치에 R-134a를 사용하려 할 때 장치의 운전 시 유의사항으로 틀린 것은?

① 냉매의 능력이 변하므로 전동기 용량이 충분한지 확인한다.

② 응축기, 증발기 용량이 충분한지 확인한다.

③ 가스켓, 시일 등의 패킹 선정에 유의해야 한다.

④ 동일 탄화수소계 냉매이므로 그대로 운전할 수 있다.

해설 R-134a는 염소를 포함하지 않으므로 ODP가 0이며 GWP도 0.26으로 매우 낮으므로 R-12의 대체냉매로 개발되었다.

제3과목 공기조화

41 기후에 따른 불쾌감을 표시하는 불쾌지수는 무엇을 고려한 지수인가?

① 기온과 기류   ② 기온과 노점
③ 기온과 복사열   ④ 기온과 습도

해설 불쾌지수는 기온과 습도를 고려한다.
불쾌지수=0.72(건구온도+습구온도)+40.6

★
42 개별공기조화방식에 사용되는 공기조화기에 대한 설명으로 틀린 것은?

① 사용하는 공기조화기의 냉각코일에는 간접 팽창코일을 사용한다.

② 설치가 간편하고 운전 및 조작이 용이하다.

③ 제어대상에 맞는 개별공조기를 설치하여 최적의 운전이 가능하다.

④ 소음이 크나 국소운전이 가능하여 에너지 절약적이다.

해설 개별공기조화방식에 사용하는 공기조화기의 냉각코일은 직접팽창식 코일이다.

43 외기 및 반송(return)공기의 분진량이 각각 C_O, C_R이고, 공급되는 외기량 및 필터로 반송되는 공기량이 각각 Q_O, Q_R이며, 실내 발생량이 M이라 할 때 필터의 효율(η)을 구하는 식으로 옳은 것은?

① $\eta = \dfrac{Q_O(C_O - C_R) + M}{C_O Q_O + C_R Q_R}$

② $\eta = \dfrac{Q_O(C_O - C_R) + M}{C_O Q_O - C_R Q_R}$

③ $\eta = \dfrac{Q_O(C_O + C_R) + M}{C_O Q_O + C_R Q_R}$

④ $\eta = \dfrac{Q_O(C_O - C_R) - M}{C_O Q_O - C_R Q_R}$

2021년

해설 효율(η)

$$= \frac{외기량(외기분진량-반송분진량)+실내 발생량}{외기분진량\times외기량+반송분진량\times반송공기량}$$

$$= \frac{Q_O(C_O-C_R)+M}{C_O Q_O + C_R Q_R}$$

★
44 극간풍(틈새바람)에 의한 침입외기량이 2,800L/s일 때 현열부하(q_S)와 잠열부하(q_L)는 얼마인가? (단, 실내의 공기온도와 절대습도는 각각 25℃, 0.0179kg/kg$_{DA}$이고, 외기의 공기온도와 절대습도는 각각 32℃, 0.0209kg/kg$_{DA}$이며, 건공기 정압비열 1.005kJ/kg·K, 0℃ 물의 증발잠열 2,501kJ/kg, 공기밀도 1.2kg/m³이다.)

① q_S : 23.6kW, q_L : 17.8kW

② q_S : 18.9kW, q_L : 17.8kW

③ q_S : 23.6kW, q_L : 25.2kW

④ q_S : 18.9kW, q_L : 25.2kW

해설 ㉠ $q_S = G_f C_p \rho(t_o - t_i)$
$= 2,800 \times 1.005 \times 1.2 \times (32-25) \fallingdotseq 23.6$kW

㉡ $q_L = G_f \gamma_w \rho(x_o - x_i)$
$= 2,800 \times 2,501 \times 1.2 \times (0.0209-0.0179)$
$\fallingdotseq 25.2$kW

45 바닥취출공조방식의 특징으로 틀린 것은?

① 천장덕트를 최소화하여 건축층고를 줄일 수 있다.

② 개개인에 맞추어 풍량 및 풍속조절이 어려워 쾌적성이 저해된다.

③ 가압식의 경우 급기거리가 18m 이하로 제한된다.

④ 취출온도와 실내온도의 차이가 10℃ 이상이면 드래프트현상을 유발할 수 있다.

해설 바닥취출공조방식은 바닥취출구를 거주자의 근처에 설치함으로써 개인의 기분이나 신체리듬에 맞게 풍량, 풍향, 온도를 자유롭게 조절할 수 있는 거주성 위주 쾌적공조시스템이다.

46 노점온도(dew point temperature)에 대한 설명으로 옳은 것은?

① 습공기가 어느 한계까지 냉각되어 그 속에 있던 수증기가 이슬방울로 응축되기 시작하는 온도

② 건공기가 어느 한계까지 냉각되어 그 속에 있던 공기가 팽창하기 시작하는 온도

③ 습공기가 어느 한계까지 냉각되어 그 속에 있던 수증기가 자연증발하기 시작하는 온도

④ 건공기가 어느 한계까지 냉각되어 그 속에 있던 공기가 수축하기 시작하는 온도

해설 노점온도(dew point, 이슬점온도)란 불포화상태의 공기를 냉각하여 포화상태(상대습도 100%)가 되었을 때, 즉 수증기가 응축하기 시작할 때 온도를 말한다.

47 온수난방에 대한 설명으로 틀린 것은?

① 난방부하에 따라 온도조절을 용이하게 할 수 있다.

② 예열시간은 길지만 잘 식지 않으므로 증기난방에 비하여 배관의 동결 우려가 적다.

③ 열용량이 증기보다 크고 실온변동이 적다.

④ 증기난방보다 작은 방열기 또는 배관 필요하므로 배관공사비를 절감할 수 있다.

해설 온수난방은 배관공사비(설비비)가 다소 고가이나 취급이 쉽고 비교적 안전하다.

★
48 습공기의 상대습도(ϕ)와 절대습도(ω)와의 관계에 대한 계산식으로 옳은 것은? (단, P_a는 건공기 분압, P_s는 습공기와 같은 온도의 포화수증기압력이다.)

① $\phi = \frac{\omega}{0.622} \frac{P_a}{P_s}$ ② $\phi = \frac{\omega}{0.622} \frac{P_s}{P_a}$

③ $\phi = \frac{0.622}{\omega} \frac{P_s}{P_a}$ ④ $\phi = \frac{0.622}{\omega} \frac{P_a}{P_s}$

해설 상대습도(ϕ) $= \frac{\omega}{0.622} \frac{P_a}{P_s}$

$$= \frac{절대습도}{0.622} \times \frac{건공기분압}{포화수증기압력}$$

참고 $\phi = \frac{\rho_v}{\rho_s} \times 100 = \frac{수증기의 밀도}{포화증가의 밀도} \times 100[\%]$

$$= \frac{P_v}{P_s} \times 100 = \frac{수증기의 분압}{포화증가의 분압} \times 100[\%]$$

정답 44. ③ 45. ② 46. ① 47. ④ 48. ①

49 취출기류에 관한 설명으로 틀린 것은?

① 거주영역에서 취출구의 최소 확산반경이 겹치면 편류현상이 발생한다.

② 취출구의 베인각도를 확대시키면 소음이 감소한다.

③ 천장취출 시 베인의 각도를 냉방과 난방 시 다르게 조정해야 한다.

④ 취출기류의 강하 및 상승거리는 기류의 풍속 및 실내공기와의 온도차에 따라 변한다.

해설 취출구의 베인각도를 확대시키면 소음이 증가한다.

50 공기조화설비에서 공기의 경로로 옳은 것은?

① 환기덕트 → 공조기 → 급기덕트 → 취출구

② 공조기 → 환기덕트 → 급기덕트 → 취출구

③ 냉각탑 → 공조기 → 냉동기 → 취출구

④ 공조기 → 냉동기 → 환기덕트 → 취출구

해설 공기조화설비의 공기흐름은 환기덕트 → 공조기 → 급기덕트 → 취출구 순이다.

51 보일러의 성능에 관한 설명으로 틀린 것은?

① 증발계수는 1시간당 증기 발생량에 시간당 연료소비량으로 나눈 값이다.

② 1보일러마력은 매시 100℃의 물 15.65kg을 같은 온도의 증기로 변화시킬 수 있는 능력이다.

③ 보일러효율은 증기에 흡수된 열량과 연료의 발열량과의 비이다.

④ 보일러마력을 전열면적으로 표시할 때는 수관보일러의 전열면적 $0.929m^2$를 1보일러마력이라 한다.

해설 **보일러의 성능**

㉠ 상당(환산)증발량(G_e) $= G\left(\dfrac{h_2 - h_1}{539}\right)$

$=$ 실제 증발량×증발계수

즉 증발계수는 환산증발량을 실제 증발량으로 나눈 값이다.

㉡ 증발계수 $= \dfrac{h_2 - h_1}{539}$

52 냉동창고의 벽체가 두께 15cm, 열전도율 1.6W/m·℃인 콘크리트와 두께 5cm, 열전도율이 1.4W/m·℃인 모르타르로 구성되어 있다면 벽체의 열통과율(W/m²·℃)은? (단, 내벽측 표면열전달률은 9.3W/m²·℃, 외벽측 표면열전달률은 23.2W/m²·℃이다.)

① 1.11 ② 2.58

③ 3.57 ④ 5.91

해설 열통과율(k) $= \dfrac{1}{$열저항$(R)}$

$= \dfrac{1}{\dfrac{1}{\alpha_i} + \dfrac{l_1}{x_1} + \dfrac{l_2}{x_2} + \dfrac{1}{\alpha_o}}$

$= \dfrac{1}{\dfrac{1}{9.3} + \dfrac{0.15}{1.6} + \dfrac{0.05}{1.4} + \dfrac{1}{23.2}}$

$\fallingdotseq 3.57 W/m^2 \cdot ℃$

53 가습장치에 대한 설명으로 옳은 것은?

① 증기분무방법은 제어의 응답성이 빠르다.

② 초음파가습기는 다량의 가습에 적당하다.

③ 순환수가습은 가열 및 가습효과가 있다.

④ 온수가습은 가열·감습이 된다.

해설 **가습장치**

㉠ 증기분무방법은 제어의 응답성이 빠르다(가습효율 100% 정도).

㉡ 초음파가습기는 가습능력(80~100kg/h)이 보통이다.

㉢ 순환수분무가습(단열가습)은 등엔탈피선을 따라 변화한다.

㉣ 온수분무가습은 열수분비선을 따라 변화한다.

㉤ 증기가습은 가습효율이 가장 좋으며 열수분비선을 따라 변화한다.

★
54 공기조화설비에 관한 설명으로 틀린 것은?

① 이중덕트방식은 개별제어를 할 수 있는 이점이 있지만 단일덕트방식에 비해 설비비 및 운전비가 많아진다.

② 변풍량방식은 부하의 증가에 대처하기 용이하며 개별제어가 가능하다.

③ 유인유닛방식은 개별제어가 용이하며 고속덕트를 사용할 수 있어 덕트스페이스를 작게할 수 있다.

④ 각 층 유닛방식은 중앙기계실면적이 작게 차지하고 공조기의 유지관리가 편하다.

해설 **각 층 유닛방식**
- ㉠ 각 층에 1대 또는 여러 대의 공조기를 설치하는 방법이다.
- ㉡ 천장의 여유공간이 클 때 적합하다.
- ㉢ 장치가 세분화되므로 설비비가 많이 든다.
- ㉣ 기기관리가 불편하다.
- ㉤ 외기용 공조기가 있는 경우 습도조절이 가능하다.

55 다음 온수난방분류 중 적당하지 않은 것은?

① 고온수식, 저온수식
② 중력순환식, 강제순환식
③ 건식환수법, 습식환수법
④ 상향공급식, 하향공급식

해설 **온수난방분류**
- ㉠ 온수온도에 의한 분류
  - 고온수 : 100℃ 이상
  - 온수 : 100℃ 이하(65~85℃)
- ㉡ 순환방법에 의한 분류
  - 중력순환 : 온수의 밀도차에 의한 순환력을 이용하여 자연순환(상향공급식, 하향공급식)
  - 강제순환(역환수) : 순환펌프에 의한 강제순환

56 축열시스템에서 수축열조의 특징으로 옳은 것은?

① 단열, 방수공사가 필요 없고 축열조를 따로 구축하는 경우 추가비용이 소요되지 않는다.
② 축열배관계통이 여분으로 필요하고 배관설비비 및 반송동력비가 절약된다.
③ 축열수의 혼합에 따른 수온 저하 때문에 공조기 코일열수, 2차측 배관계의 설비가 감소할 가능성이 있다.
④ 열원기기는 공조부하의 변동에 직접 추종할 필요가 없고 효율이 높은 전부하에서의 연속운전이 가능하다.

해설 열원기기는 공조부하의 변동에 직접 추종할 필요가 있고 효율이 높은 전부하에서의 연속운전이 가능하다.

57 온풍난방에 관한 설명으로 틀린 것은?

① 실내층고가 높을 경우 상하온도차가 커진다.
② 실내의 환기나 온습도조절이 비교적 용이하다.
③ 직접난방에 비하여 설비비가 높다.
④ 국부적으로 과열되거나 난방이 잘 안 되는 부분이 발생한다.

해설 **온풍난방**
- ㉠ 실내 상하의 온도차가 크다(난방이 잘 안 되는 부분 발생).
- ㉡ 실내의 환기나 온습도조절이 비교적 용이하다.
- ㉢ 설비비가 비교적 적다.
- ㉣ 연도의 국부적 과열에 의한 화재에 주의해야 한다.
- ㉤ 소음이 생기기 쉽다.
- ㉥ 예열시간이 짧고 연료비가 작다.
- ㉦ 공기의 대류를 이용한 방식이다.

★
58 냉방부하에 따른 열의 종류로 틀린 것은?

① 인체의 발생열 – 현열, 잠열
② 틈새바람에 의한 열량 – 현열, 잠열
③ 외기도입량 – 현열, 잠열
④ 조명의 발생열 – 현열, 잠열

해설 **냉방부하**
- ㉠ 현열만 이용(수분이 없는 것) : 벽체로부터 취득열량, 유리로부터의 취득열량, 조명부하, 송풍기에 의한 취득열량, 덕트열손실, 재열기의 취득열량

  암기법 ▶ 벽체유리에 조명과 송풍을 하니 덕트에 재열이 난다.

- ㉡ 현열, 잠열 이용(수분이 있는 것) : 극간풍(틈새바람)에 의한 취득열량, 인체의 발생열, 실내기구 발생열, 외기도입량

  암기법 ▶ 틈새에 인체가 실내기구로 들어가 외기와 멀어진다.

59 다음 중 라인형 취출구의 종류로 가장 거리가 먼 것은?

① 브리즈라인형   ② 슬롯형
③ T – 라인형   ④ 그릴형

해설 ㉠ 축류형 취출구 : 유니버설형(베인격자형, 그릴형), 노즐형, 펑커루버, 머시룸디퓨저, 천장슬롯형, 라인형(T라인 디퓨저, M라인 디퓨저, 브리지라인 디퓨저, 캄라인 디퓨저)
㉡ 복류형 취출구 : 아네모스탯형, 팬형

60 다음 중 원심식 송풍기가 아닌 것은?

① 다익송풍기   ② 프로펠러송풍기
③ 터보송풍기   ④ 익형 송풍기

정답 55. ③ 56. ④ 57. ③ 58. ④ 59. ④ 60. ②

해설 **송풍기의 종류**

㉠ 원심식 송풍기 : 터보형, 익형, 방사형(반경류형), 다익형(전곡형), 관류형
㉡ 축류송풍기 : 프로펠러형, 튜브형, 베인형, 사류형, 횡류형, 기타(관내축류형, 익붙이축류형)
㉢ 사류송풍기
㉣ 횡류송풍기

제4과목 전기제어공학

61 목표치가 시간에 관계없이 일정한 경우로 정전압장치, 일정 속도제어 등에 해당하는 제어는?

① 정치제어   ② 비율제어
③ 추종제어   ④ 프로그램제어

해설 **정치제어** : 목표치가 시간에 관계없이 정전압장치, 일정 속도제어량을 어떤 일정한 목표값으로 유지하는 것을 목적으로 하는 제어법

62 단상 교류전력을 측정하는 방법이 아닌 것은?

① 3전압계법   ② 3전류계법
③ 단상전력계법   ④ 2전력계법

해설 **단상 교류전력측정**

㉠ 직접측정방법 : 단상 전력계법
㉡ 간접측정방법
  • 3전압계법 : 1개의 전압계와 저항으로 측정
  • 3전류계법 : 1개의 전류계와 저항으로 측정

63 교류를 직류로 변환하는 전기기기가 아닌 것은?

① 수은정류기   ② 단극발전기
③ 회전변류기   ④ 컨버터

해설 **정류기(rectifier)**

㉠ 교류(AC)를 직류(DC)로 바꾸는 장치
㉡ 회전변류기, 반도체정류기, 수은정류기, 교류정류자기

참고 **컨버터(좁은 의미)** : 교류(AC)에서 직류(DC)로 변환하는 장치

64 제어계의 구성도에서 개루프제어계에는 없고 폐루프제어계에만 있는 제어구성요소는?

① 검출부   ② 조작량
③ 목표값   ④ 제어대상

해설 **검출부** : 제어대상으로부터 제어에 필요한 신호를 인출하는 부분(폐루프제어계의 구성요소)

★
65 $R=4\,\Omega$, $X_L=9\,\Omega$, $X_C=6\,\Omega$인 직렬접속회로의 어드미턴스(㉠)는?

① $4+j8$ ② $0.16-j0.12$
③ $4-j8$ ④ $0.16+j0.12$

해설 ㉠ 임피던스
$$Z=R+j(X_L-X_C)=4+j(9-6)=4+j3$$
㉡ 어드미턴스
$$Y=\frac{1}{Z}=\frac{1}{4+j3}=\frac{4-j3}{(4+j3)(4-j3)}$$
$$=\frac{4-j3}{16+9}=0.16-j0.12$$

★
66 발열체의 구비조건으로 틀린 것은?

① 내열성이 클 것
② 용융온도가 높을 것
③ 산화온도가 낮을 것
④ 고온에서 기계적 강도가 클 것

해설 **발열체의 구비조건**

㉠ 내열성이 클 것
㉡ 용융온도가 높을 것
㉢ 산화온도가 높을 것
㉣ 고온에서 기계적 강도가 클 것
㉤ 가공이 용이할 것
㉥ 내식성이 클 것
㉦ 적당한 고유저항값을 가질 것

67 PLC(Programmable Logic Controller)에 대한 설명 중 틀린 것은?

① 시퀀스제어방식과는 함께 사용할 수 없다.
② 무접점제어방식이다.
③ 산술연산, 비교연산을 처리할 수 있다.
④ 계전기, 타이머, 카운터의 기능까지 쉽게 프로그램할 수 있다.

정답 61. ① 62. ④ 63. ② 64. ① 65. ② 66. ③ 67. ①

해설 **PLC**
　㉠ 무접점제어방식
　㉡ 계전기, 타이머, 카운터의 기능까지 가능
　㉢ 산술연산, 비교연산 가능
　㉣ 시퀀스제어방식과 함께 사용 가능

68 다음 그림과 같은 유접점논리회로를 간단히 하면?

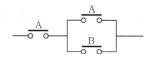

① o—o A o—o　② o—o A o—o

③ o—o B o—o　④ o—o B o—o

해설 $A(A+B)=AA+AB=A(1+B)=A$

★
69 다음 그림과 같은 블록선도에서 $C(s)$는? (단, $G_1(s)=5$, $G_2(s)=2$, $H(s)=0.1$, $R(s)=1$ 이다.)

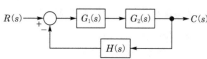

① 0　② 1
③ 5　④ ∞

해설 $C(s)=R(s)G_1(s)G_2(s)-C(s)G_1(s)G_2(s)H(s)$
$C(s)[1+G_1(s)G_2(s)H(s)]=R(s)G_1(s)G_2(s)$
$C(s)\times[1+5\times2\times0.1]=1\times5\times2$
$\therefore C(s)=\dfrac{1\times5\times2}{1+5\times2\times0.1}=5$

70 전위의 분포가 $V=15x+4y^2$으로 주어질 때 점($x=3$, $y=4$)에서 전계의 세기(V/m)는?

① $-15i+32j$　② $-15i-32j$
③ $15i+32j$　④ $15i-32j$

해설 $E=-\nabla V$
$=-\left(\dfrac{\partial V}{\partial x}i+\dfrac{\partial V}{\partial y}j+\dfrac{\partial V}{\partial z}k\right)$
$=-\dfrac{\partial(15x+4y^2)}{\partial x}i-\dfrac{\partial(15x+4y^2)}{\partial y}j-\dfrac{\partial(15x+4y^2)}{\partial z}k$
$=-(15\times1+0)i-(0+4\times2y)j-(0)k$
$=-15i-4\times2\times4j=-15i-32j[\text{V/m}]$

71 입력이 011(2)일 때 출력이 3V인 컴퓨터제어의 D/A변환기에서 입력을 101(2)로 하였을 때 출력은 몇 V인가? (단, 3bit 디지털 입력이 011(2)은 off, on, on을 뜻하고, 입력과 출력은 비례한다.)

① 3　② 4
③ 5　④ 6

해설 $101_{(2)}=1\times2^2+0\times2^1+1\times2^0=4+0+1=5\text{V}$

72 $G(s)=\dfrac{10}{s(s+1)(s+2)}$의 최종값은?

① 0　② 1
③ 5　④ 10

해설 최종값 정리 이용
$$\lim_{s\to0}f(t)=\lim_{s\to0}sF(s)=\lim_{s\to0}s\dfrac{10}{s(s+1)(s+2)}$$
$$=\lim_{s\to0}\dfrac{10}{(0+1)(0+2)}=\dfrac{10}{2}=5$$

★
73 잔류편차와 사이클링이 없고 간헐현상이 나타나는 것이 특징인 동작은?

① I동작　② D동작
③ P동작　④ PI동작

해설 ㉠ 비례제어(P동작) : 잔류편차(offset) 생김
㉡ 적분제어(I동작) : 잔류편차 소멸
㉢ 미분제어(D동작) : 오차예측제어
㉣ 비례미분제어(PD동작) : 응답속도 향상, 과도특성 개선, 진상보상회로에 해당
㉤ 비례적분제어(PI동작) : 잔류편차와 사이클링 제거, 정상특성 개선
㉥ 비례적분미분제어(PID동작) : 속응도 향상, 잔류편차 제거, 정상/과도특성 개선
㉦ 온오프제어(2위치제어) : 불연속제어(간헐제어)

74 피상전력이 P_a[kVA]이고 무효전력이 P_r[kVar]인 경우 유효전력 P[kW]를 나타낸 것은?

① $P=\sqrt{P_a-P_r}$　② $P=\sqrt{P_a{}^2-P_r{}^2}$
③ $P=\sqrt{P_a+P_r}$　④ $P=\sqrt{P_a{}^2+P_r{}^2}$

해설 ㉠ 유효전력 : $P=\sqrt{P_a{}^2-P_r{}^2}$
$=\sqrt{\text{피상전력}^2-\text{무효전력}^2}$

ⓛ 무효전력 : $P_r = \sqrt{P_a{}^2 - P^2}$

$\qquad = \sqrt{피상전력^2 - 유효전력^2}$

75 3상 교류에서 a, b, c상에 대한 전압을 기호법으로 표시하면 $E_a = E\underline{/0°}$, $E_b = E\underline{/-120°}$, $E_c = E\underline{/120°}$로 표시된다. 여기서 $a = -\dfrac{1}{2} + j\dfrac{\sqrt{3}}{2}$이라는 페이저연산자를 이용하면 E_c는 어떻게 표시되는가?

① $E_c = E$ 　　② $E_c = a^2 E$

③ $E_c = aE$ 　　④ $E_c = \dfrac{1}{a}E$

해설 **스칼라량으로 해석**
　ⓐ a상기준의 대칭분

$$E_a = \frac{1}{3}(E_a + E_b + E_c) = \frac{1}{3}(E_a + a^2 E_a + a E_a)$$
$$= \frac{E_a}{3}(1 + a^2 + a) = \frac{E_a}{3} \times 0 = 0$$

　ⓑ b상기준의 대칭분

$$E_b = \frac{1}{3}(E_a + a^2 E_b + a E_c)$$
$$= \frac{1}{3}(E_a + a^4 E_a + a^2 E_a)$$
$$= \frac{E_a}{3}(1 + a^4 + a^2)$$
$$= \frac{E_a}{3}(1 + a + a^2) = \frac{E_a}{3} \times 0 = 0$$

　ⓒ c상기준의 대칭분

$$E_c = \frac{1}{3}(E_a + a E_b + a^2 E_c)$$
$$= \frac{1}{3}(E_a + a^3 E_a + a^3 E_a)$$
$$= \frac{E_a}{3}(1 + a^3 + a^3) = \frac{E_a}{3}(1 + 1 + 1) = E_a$$

　ⓓ 대칭인 경우 정상분 : $E_c = aE$

참고 ⓐ $a = 1\underline{/120°} = -\dfrac{1}{2} + j\dfrac{\sqrt{3}}{2}$

$$a^2 = 1\underline{/120°} \times 1\underline{/120°} = 1\underline{/240°} = -\frac{1}{2} - j\frac{\sqrt{3}}{2}$$
$$a^3 = 1\underline{/120°} \times 1\underline{/120°} \times 1\underline{/120°} = 1\underline{/360°} = 1$$
$$a^4 = a \times a^3 = a$$
$$a^5 = a^2 \times a^3 = a^2$$

ⓑ $1 + a^2 + a = 1 + \left(-\dfrac{1}{2} - j\dfrac{\sqrt{3}}{2}\right) + \left(-\dfrac{1}{2} + j\dfrac{\sqrt{3}}{2}\right)$
$\qquad = 1 - \dfrac{1}{2} - \dfrac{1}{2} = 0$

76 상호인덕턴스 150mH인 a, b 두 개의 코일이 있다. b의 코일에 전류를 균일한 변화율로 $\dfrac{1}{50}$ 초 동안에 10A 변화시키면 a코일에 유기되는 기전력(V)의 크기는?

① 75 　　② 100
③ 150 　　④ 200

해설 $E_a = L\dfrac{di}{dt} = 150 \times 10^{-3} \times \dfrac{10}{1/50} = 0.15 \times 500 = 75V$

77 비전해콘덴서의 누설전류 유무를 알아보는 데 사용될 수 있는 것은?

① 역률계 　　② 전압계
③ 분류기 　　④ 자속계

해설 **전압계** : 비전해콘덴서의 누설전류 유무를 알아보는 데 사용

★
78 어떤 전지에 연결된 외부회로의 저항은 4Ω이고, 전류는 5A가 흐른다. 외부회로에 4Ω 대신 8Ω의 저항을 접속하였더니 전류가 3A로 떨어졌다면 이 전지의 기전력(V)은?

① 10 　　② 20
③ 30 　　④ 40

해설 $I = \dfrac{E}{r+R}$

ⓐ $5 = \dfrac{E_1}{r+4} \rightarrow E_1 = 5(r+4)$

　$3 = \dfrac{E_2}{r+8} \rightarrow E_2 = 3(r+8)$

　$E_1 = E_2$
　$5(r+4) = 3(r+8)$
　$\therefore r = 2$

ⓑ $E_2 = 3(r+8) = 3 \times (2+8) = 30V$

★
79 다음 논리식 중 틀린 것은?

① $\overline{A \cdot B} = \overline{A} + \overline{B}$ 　　② $\overline{A+B} = \overline{A} \cdot \overline{B}$
③ $A + A = A$ 　　④ $A + \overline{A} \cdot B = A + \overline{B}$

해설 $A + \overline{A}B = (A + \overline{A})(A + B) = (1+0)(A+B) = A + B$

80 스위치를 닫거나 열기만 하는 제어동작은?

① 비례동작 　　② 미분동작
③ 적분동작 　　④ 2위치동작

정답 **75.** ③ **76.** ① **77.** ② **78.** ③ **79.** ④ **80.** ④

2021년

해설 2위치동작은 ON−OFF동작(불연속제어)이라고도 하며 편차의 정부(+, −)에 따라 조작부를 닫거나 열기(전폐 또는 전개)하는 것이다.

제5과목 **배관일반**

★
81 증기난방설비 중 증기헤더에 관한 설명으로 틀린 것은?

① 증기를 일단 증기헤더에 모은 다음 각 계통별로 분배한다.
② 헤더의 설치위치에 따라 공급헤더와 리턴헤더로 구분한다.
③ 증기헤더는 압력계, 드레인포켓, 트랩장치 등을 함께 부착시킨다.
④ 증기헤더의 접속관에 설치하는 밸브류는 바닥 위 5m 정도의 위치에 설치하는 것이 좋다.

해설 증기헤더의 접속관에 설치하는 밸브류는 바닥 위 1.5m 정도의 위치에 설치하는 것이 좋다.

82 밸브종류 중 디스크의 형상을 원뿔모양으로 하여 고압 소유량의 유체를 누설 없이 조절할 목적으로 사용되는 밸브는?

① 앵글밸브
② 슬루스밸브
③ 니들밸브
④ 버터플라이밸브

해설 **니들밸브** : 디스크의 형상을 원뿔모양으로 하여 소유량 고압조절용 밸브

83 다음 배관지지장치 중 변위가 큰 개소에 사용하기에 가장 적절한 행거(hanger)는?

① 리지드행거
② 콘스탄트행거
③ 베리어블행거
④ 스프링행거

해설 ㉠ 콘스탄트행거 : 상하방향의 변위가 큰 곳에 설치
㉡ 행거의 종류 : 리지드행거, 스프링행거, 콘스탄트행거

84 냉매유속이 낮아지게 되면 흡입관에서의 오일회수가 어려워지므로 오일회수를 용이하게 하기 위하여 설치하는 것은?

① 이중입상관
② 루프배관
③ 액트랩
④ 리프팅배관

해설 오일회수를 용이하게 하기 위해 흡입관에 이중입상관을 설치한다.

★
85 보온재의 구비조건으로 틀린 것은?

① 부피와 비중이 커야 한다.
② 흡수성이 적어야 한다.
③ 안전사용온도범위에 적합해야 한다.
④ 열전도율이 낮아야 한다.

해설 **보온재의 구비조건**
㉠ 비중량(부피)과 흡습성이 적을 것
㉡ 시공이 용이할 것
㉢ 안전사용온도범위에 적합할 것(높을 것)
㉣ 열전도율이 적을 것
㉤ 물리적, 화학적 강도가 클 것
㉥ 불연성이고 무독, 무취, 비폭발성일 것
㉦ 내구성과 내식성이 클 것
㉧ 균열, 신축이 적을 것

86 관의 결합방식 표시방법 중 용접식의 그림기호로 옳은 것은?

① ——┼—— ② ——●——
③ ——┼┼—— ④ ——→

해설 ① 나사이음, ③ 플랜지이음, ④ 유체방향 표시

87 중차량이 통과하는 도로에서의 급수배관 매설깊이 기준으로 옳은 것은?

① 450mm 이상
② 750mm 이상
③ 900mm 이상
④ 1,200mm 이상

해설 급수배관의 지중매설깊이는 일반 부지에서는 450mm 이상, 차량풍토에서는 750mm 이상, 중차량도로에서는 1,200mm 이상으로 한다. 도로횡단부 또는 특히 하중이 걸리는 부분과 지반이 연약한 곳에서 소요의 매설심도가 없을 때에는 콘크리트 또는 콘크리트관 등으로 보호한다.

88 공조배관설계 시 유속을 빠르게 설계하였을 때 나타나는 결과로 옳은 것은?

① 소음이 작아진다.
② 펌프양정이 높아진다.
③ 설비비가 커진다.
④ 운전비가 감소한다.

정답 81. ④ 82. ③ 83. ② 84. ① 85. ① 86. ② 87. ④ 88. ②

해설 공조배관설계 시 유속을 빠르게 설계하면
ㄱ 설비비가 커진다.
ㄴ 관경이 작아진다.
ㄷ 운전비가 증가한다.
ㄹ 소음이 커진다.
ㅁ 마찰손실이 증대한다.
ㅂ 펌프양정이 높아진다.

89 온수난방설비의 온수배관 시공법에 관한 설명으로 틀린 것은?

① 공기가 고일 염려가 있는 곳에는 공기배출을 고려한다.
② 수평배관에서 관의 지름을 바꿀 때에는 편심 리듀서를 사용한다.
③ 배관재료는 내열성을 고려한다.
④ 팽창관에는 슬루스밸브를 설치한다.

해설 온수난방의 팽창관에는 밸브를 설치하지 않는다.

★
90 지중매설하는 도시가스배관 설치방법에 대한 설명으로 틀린 것은?

① 배관을 시가지 도로노면 밑에 매설하는 경우 노면으로부터 배관의 외면까지 1.5m 이상 간격을 두고 설치해야 한다.
② 배관의 외면으로부터 도로의 경계까지 수평거리 1.5m 이상, 도로 밑의 다른 시설물과는 0.5m 이상 간격을 두고 설치해야 한다.
③ 배관을 인도, 보도 등 노면 외의 도로 밑에 매설하는 경우에는 지표면으로부터 배관의 외면까지 1.2m 이상 간격을 두고 설치해야 한다.
④ 배관을 포장되어 있는 차도에 매설하는 경우 그 포장 부분의 노반의 밑에 매설하고, 배관의 외면과 노반의 최하부와의 거리는 0.5m 이상 간격을 두고 설치해야 한다.

해설 배관의 외면으로부터 도로의 경계까지 수평거리 1m 이상, 도로 밑의 다른 시설물까지 0.3m 이상, 시가지 외의 도로노면 밑 매설하는 경우 1.2m 이상 간격을 두고 설치해야 한다.

91 직접가열식 중앙급탕법의 급탕순환경로의 순서로 옳은 것은?

① 급탕입주관 → 분기관 → 저탕조 → 복귀주관 → 위생기구
② 분기관 → 저탕조 → 급탕입주관 → 위생기구 → 복귀주관
③ 저탕조 → 급탕입주관 → 복귀주관 → 분기관 → 위생기구
④ 저탕조 → 급탕입주관 → 분기관 → 위생기구 → 복귀주관

해설 직접가열식 중앙급탕법의 급탕순환경로는 저탕조 → 급탕입주관 → 분기관 → 위생기구 → 복귀주관 순이다.

참고 기수혼합식
ㄱ 사용증기압력은 0.1~0.4MPa(1~4kgf/cm²)로 저압 증기는 아니며 장소에 제한을 받지 않는다.
ㄴ 소음이 커서 S형과 F형의 스팀사일런서를 부착하는 급탕법이다.

92 증기압축식 냉동사이클에서 냉매배관의 흡입관은 어느 구간을 의미하는가?

① 압축기 - 응축기 사이
② 응축기 - 팽창밸브 사이
③ 팽창밸브 - 증발기 사이
④ 증발기 - 압축기 사이

해설 냉매배관의 흡입관은 증발기-압축기 사이를 의미한다. 즉 증발기에서 흡입주관으로 들어가는 관은 압축기의 상부로 연결한다.

★
93 도시가스의 제조소 및 공급소 밖의 배관 표시기준에 관한 내용으로 틀린 것은?

① 가스배관을 지상에 설치할 경우에는 배관의 표면색상을 황색으로 표시한다.
② 최고사용압력이 중압인 가스배관을 매설할 경우에는 황색으로 표시한다.
③ 배관을 지하에 매설하는 경우에는 그 배관이 매설되어 있음을 명확하게 알 수 있도록 표시한다.
④ 배관의 외부에 사용가스명, 최고사용압력 및 가스의 흐름방향을 표시하여야 한다. 다만, 지하에 매설하는 경우에는 흐름방향을 표시하지 아니할 수 있다.

해설 **가스배관의 표면색상**
 ㉠ 지상배관 : 황색
 ㉡ 매설배관 : 최고사용압력이 저압인 배관은 황색, 중압인 배관은 적색

94 다음 중 수직배관에서 역류 방지목적으로 사용하기에 가장 적절한 밸브는?

① 리프트식 체크밸브
② 스윙식 체크밸브
③ 안전밸브
④ 코크밸브

해설 **체크밸브** : 스윙형(수평, 수직), 리프트형(수평), 풋형(수직) 등

95 주철관이음 중 고무링 하나만으로 이음하며 이음과정이 간편하여 관 부설을 신속하게 할 수 있는 것은?

① 기계식 이음
② 빅토릭이음
③ 타이튼이음
④ 소켓이음

해설 타이튼이음은 소켓과 고무링을 활용한 주철관이음의 한 종류이다.

참고 **주철관이음** : 소켓이음, 기계적(mechanical) 이음, 플랜지이음, 빅토릭이음, 타이튼이음

96 배수설비의 종류에서 요리실, 욕조, 세척, 싱크와 세면기 등에서 배출되는 물을 배수하는 설비의 명칭으로 옳은 것은?

① 오수설비
② 잡배수설비
③ 빗물배수설비
④ 특수 배수설비

해설 ㉠ 잡배수 : 요리실, 욕조, 세척싱크, 세면기 등의 배수
 ㉡ 특수 배수 : 병원, 연구소 등에서 발생하는 배수로 하수도에 직접 방류할 수 없는 유독한 물질 등의 배수

★
97 연관의 접합과정에 쓰이는 공구가 아닌 것은?

① 봄볼
② 턴핀
③ 드레서
④ 사이징툴

해설 **연관의 공구**
 ㉠ 봄볼 : 분기관 따내기 작업 시 주관에 천공
 ㉡ 드레서 : 연관표면의 산화물을 깎아냄
 ㉢ 벤드벤 : 연관을 굽힐 때나 펼 때 사용
 ㉣ 턴핀 : 접합하려는 연관의 끝부분을 소정의 관경으로 넓힘
 ㉤ 맬릿 : 턴핀을 때려 박든가 접합부 주위를 오므리는데 사용

98 다음 중 동관의 이음방법과 가장 거리가 먼 것은?

① 플레어이음
② 납땜이음
③ 플랜지이음
④ 소켓이음

해설 ㉠ 납땜이음 : 경납(은납, 황동납)을 활용한 이음
 ㉡ 압축이음(플레어이음) : 삽입식 접속으로 하고 분리할 필요가 있는 부분에는 호칭지름 20mm 이하
 ㉢ 플랜지이음 : 호칭지름 40mm 이상
참고 소켓이음은 야안과 납을 활용한 주철관이음의 한 종류이다.

★
99 펌프의 양수량이 60m³/min이고 전양정이 20m일 때 벌류트펌프로 구동할 경우 필요한 동력(kW)은 얼마인가? (단, 물의 비중량은 9,800N/m³이고, 펌프의 효율은 60%로 한다.)

① 196.1
② 200
③ 326.7
④ 405.8

해설 $kW = \dfrac{동력}{\eta_p} = \dfrac{\gamma_w QH}{\eta_p} = \dfrac{9.8 \times 1 \times 20}{0.6} ≒ 326.67kW$

100 플래시밸브 또는 급속개폐식 수전을 사용할 때 급수의 유속이 불규칙적으로 변하여 생기는 현상을 무엇이라고 하는가?

① 수밀작용
② 파동작용
③ 맥동작용
④ 수격작용

해설 **수격작용**
 ㉠ 배관에서 밸브를 급속개폐 시에 발생하는 현상으로 난방의 특징과는 관계가 없다.
 ㉡ 수격작용이 우려되는 곳에는 에어챔버를 설치하고 유속을 낮추며, 밸브개폐는 천천히, 굴곡개소는 줄인다.

정답 94. ② 95. ③ 96. ② 97. ④ 98. ④ 99. ③ 100. ④

2021년 | 제2회 공조냉동기계기사

제1과목 기계 열역학

01 압력 100kPa, 온도 20℃인 일정량의 이상기체가 있다. 압력을 일정하게 유지하면서 부피가 처음 부피의 2배가 되었을 때 기체의 온도는 약 몇 ℃가 되는가?

① 148   ② 256
③ 313   ④ 586

해설 $Q = GC_p T_1 \left(\dfrac{T_2}{T_1} - 1 \right) = GC_p T_1 \left(\dfrac{V_2}{V_1} - 1 \right)$

$\dfrac{T_2}{T_1} = \dfrac{V_2}{V_1}$

$\dfrac{273 + x}{273 + 20} = \dfrac{2V_1}{V_1}$

$\therefore x = 2 \times (273 + 20) - 273 = 313℃$

★
02 실린더에 밀폐된 8kg의 공기가 다음 그림과 같이 압력 $P_1 = 800$kPa, 체적 $V_1 = 0.27$m³에서 $P_2 = 350$kPa, $V_2 = 0.80$m³로 직선변화하였다. 이 과정에서 공기가 한 일은 약 몇 kJ인가?

① 305
② 334
③ 362
④ 390

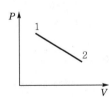

해설 $P - V$선도의 면적=위 삼각형+아래 사각형

$W = \dfrac{1}{2}(P_1 - P_2)(V_2 - V_1) + P_2(V_2 - V_1)$

$= \dfrac{1}{2} \times (800 - 350) \times (0.8 - 0.27) + 350 \times (0.8 - 0.27)$

$= 305\text{kJ}$

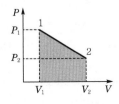

03 이상적인 오토사이클의 열효율이 56.5%이라면 압축비는 약 얼마인가? (단, 작동유체의 비열비는 1.4로 일정하다.)

① 7.5   ② 8.0
③ 9.0   ④ 9.5

해설 $\eta = 1 - \dfrac{1}{\varepsilon^{k-1}}$

$\therefore \varepsilon = \left(\dfrac{1}{1-\eta} \right)^{\frac{1}{k-1}} = \left(\dfrac{1}{1-0.565} \right)^{\frac{1}{1.4-1}} \fallingdotseq 8.0$

04 다음 4가지 경우에서 ( ) 안의 물질이 보유한 엔트로피가 증가한 경우는?

ⓐ 컵에 있는 (물)이 증발하였다.
ⓑ 목욕탕의 (수증기)가 차가운 타일벽에서 물로 응결되었다.
ⓒ 실린더 안의 (공기)가 가역단열적으로 팽창되었다.
ⓓ 뜨거운 (커피)가 식어서 주위 온도와 같게 되었다.

① ⓐ   ② ⓑ
③ ⓒ   ④ ⓓ

해설 ㉠ 증발과정(등압+등온)에서는 엔트로피가 증가한다.
㉡ 엔트로피는 ②와 ④에서는 감소하고, ③에서는 변화하지 않는다.

★
05 어느 왕복동내연기관에서 실린더 안지름이 6.8cm, 행정이 8cm일 때 평균유효압력은 1,200kPa이다. 이 기관의 1행정당 유효일은 약 몇 kJ인가?

① 0.09   ② 0.15
③ 0.35   ④ 0.48

해설 $W = PV = P \dfrac{\pi}{4} d^2 l$

$= 1,200 \times \dfrac{\pi}{4} \times 0.068^2 \times 0.08 \fallingdotseq 0.35\text{kJ}$

정답 01. ③ 02. ① 03. ② 04. ① 05. ③

06 복사열을 방사하는 방사율과 면적이 같은 2개의 방열판이 있다. 각각의 온도가 A방열판은 120℃, B 방열판은 80℃일 때 두 방열판의 복사열전달량 (Q_A / Q_B)비는?

① 1.08 　　② 1.22
③ 1.54 　　④ 2.42

해설 $Q = 4.88 \left(\dfrac{T}{100} \right)^4$

$$\therefore \frac{Q_A}{Q_B} = \frac{T_A^{\,4}}{T_B^{\,4}} = \frac{(273+120)^4}{(273+80)^4} \fallingdotseq 1.54$$

07 유리창을 통해 실내에서 실외로 열전달이 일어난다. 이때 열전달량은 약 몇 W인가? (단, 대류열전달계수는 50W/m²·K, 유리창표면온도는 25℃, 외기온도는 10℃, 유리창면적은 2m²이다.)

① 150 　　② 500
③ 1,500 　　④ 5,000

해설 $Q = hA(T_w - T) = 50 \times 2 \times (25 - 10) = 1,500\text{W}$

★
08 질량이 5kg인 강제용기 속에 물이 20L 들어있다. 용기와 물이 24℃인 상태에서 이 속에 질량이 5kg이고 온도가 180℃인 어떤 물체를 넣었더니 일정시간 후 온도가 35℃가 되면서 열평형에 도달하였다. 이때 이 물체의 비열은 약 몇 kJ/kg·K인가? (단 물의 비열은 4.2kJ/kg·K, 강의 비열은 0.46kJ/kg·K이다.)

① 0.88 　　② 1.12
③ 1.31 　　④ 1.86

해설 열역학 제0법칙(열평형의 법칙) 이용
$$G_1 C_1 (t_1 - t_m) = (G_2 C_2 + G_3 C_3)(t_m - t_2)$$
$$\therefore C_1 = \frac{(G_2 C_2 + G_3 C_3)(t_m - t_2)}{G_1(t_1 - t_m)}$$
$$= \frac{(5 \times 0.46 + 20 \times 4.2) \times (35 - 24)}{5 \times (180 - 35)}$$
$$= 1.31 \text{kJ/kg} \cdot \text{K}$$

09 기체상수가 0.462kJ/kg·K인 수증기를 이상기체로 간주할 때 정압비열(kJ/kg·K)은 약 얼마인가? (단, 이 수증기의 비열비는 1.330이다.)

① 1.86 　　② 1.54
③ 0.64 　　④ 0.44

해설 $C_p = \dfrac{kR}{k-1} = \dfrac{1.33 \times 0.462}{1.33 - 1} \fallingdotseq 1.86$

10 카르노사이클로 작동되는 열기관이 200kJ의 열을 200℃에서 공급받아 20℃에서 방출한다면 이 기관의 일은 약 얼마인가?

① 38kJ 　　② 54kJ
③ 63kJ 　　④ 76kJ

해설 $Q = \left(1 - \dfrac{T_2}{T_1}\right) q = \left(1 - \dfrac{273+20}{273+200}\right) \times 200 \fallingdotseq 76\text{kJ}$

★
11 다음 그림과 같은 Rankine사이클의 열효율은 약 얼마인가? (단, h는 엔탈피, s는 엔트로피를 나타내며, h_1 = 191.8kJ/kg, h_2 = 193.8kJ/kg, h_3 = 2799.5kJ/kg, h_4 = 2007.5kJ/kg이다.)

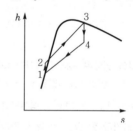

① 30.3% 　　② 36.7%
③ 42.9% 　　④ 48.1%

해설 $\eta = \dfrac{(h_3 - h_4) - (h_2 - h_1)}{h_3 - h_2}$
$$= \frac{(2799.5 - 2007.5) - (193.8 - 191.8)}{2799.5 - 193.8}$$
$$= 0.30318 \fallingdotseq 30.3\%$$

12 4kg의 공기를 온도 15℃에서 일정 체적으로 가열하여 엔트로피가 3.35kJ/K 증가하였다. 이때 온도는 약 몇 K인가? (단, 공기의 정적비열은 0.717kJ/kg·K 이다.)

① 927 　　② 337
③ 533 　　④ 483

해설 $T_2 = T_1 e^{\frac{\Delta S}{GC_v}} = (273 + 15) \times e^{\frac{3.35}{4 \times 0.717}} \fallingdotseq 927\text{K}$

정답 　06. ③　07. ③　08. ③　09. ①　10. ④　11. ①　12. ①

13 냉동기 냉매의 일반적인 구비조건으로서 적합하지 않은 것은?

① 임계온도가 높고, 응고온도가 낮을 것
② 증발열이 작고, 증기의 비체적이 클 것
③ 증기 및 액체의 점성(점성계수)이 작을 것
④ 부식성이 없고, 안정성이 있을 것

해설 **냉매의 구비조건**
㉠ 증발잠열이 크고, 비체적이 작을 것
㉡ 전기저항이 크고, 절연파괴를 일으키지 않을 것
㉢ 불활성일 것
㉣ 냉매가스의 액체의 비열이 적을 것
㉤ 열전달률(열전도도)이 높을 것

★
14 열역학 제2법칙과 관계된 설명으로 가장 옳은 것은?

① 과정(상태변화)의 방향성을 제시한다.
② 열역학적 에너지의 양을 결정한다.
③ 열역학적 에너지의 종류를 판단한다.
④ 과정에서 발생한 총 일의 양을 결정한다.

해설 **열역학 제2법칙**
㉠ 열과 기계적인 일 사이의 방향적 관계를 명시한 것이며 제2종 영구기관 제작 불가능의 법칙이라고도 한다.
㉡ 열효율이 100%인 열기관은 없다(일은 열로 전환이 가능하나 열을 일로 전환하는 것에 제약을 받는 비가역과정).
㉢ 열은 스스로 저온의 물체에서 고온의 물체로 이동하지 않는다.
㉣ 동일한 온도범위에서 작동되는 가역열기관은 비가역 열기관보다 열효율이 높다.

15 시스템 내의 임의의 이상기체 1kg이 채워져 있다. 이 기체의 정압비열은 1.0kJ/kg·K이고, 초기온도가 50℃인 상태에서 323kJ의 열량을 가하여 팽창시킬 때 변경 후 체적은 변경 전 체적의 약 몇 배가 되는가? (단, 정압과정으로 팽창한다.)

① 1.5배   ② 2배
③ 2.5배   ④ 3배

해설 $Q = GC_p(T_2-T_1) = GC_p T_1\left(\dfrac{T_2}{T_1}-1\right)$

$= GC_p T_1\left(\dfrac{V_2}{V_1}-1\right)$

$\dfrac{V_2}{V_1}-1 = \dfrac{Q}{GC_p T_1}$

$\therefore \dfrac{V_2}{V_1} = 1+\dfrac{Q}{GC_p T_1}$

$= 1+\dfrac{323}{1\times1.0\times(50+273)} = 2$배

★
16 어떤 열기관이 550K의 고열원으로부터 20kJ의 열량을 공급받아 250K의 저열원에 14kJ의 열량을 방출할 때 이 사이클의 Clausius적분값과 가역, 비가역 여부의 설명으로 옳은 것은?

① Clausius적분값은 −0.0196kJ/K이고 가역사이클이다.
② Clausius적분값은 −0.0196kJ/K이고 비가역사이클이다.
③ Clausius적분값은 0.0196kJ/K이고 가역사이클이다.
④ Clausius적분값은 0.0196kJ/K이고 비가역사이클이다.

해설 $\Delta S = \dfrac{Q_1}{T_1}+\dfrac{-Q_2}{T_2} = \dfrac{20}{550}+\dfrac{-14}{250} ≒ -0.0196kJ/K$이고 비가역사이클이다.

참고 클라우지우스의 적분은 $\oint\dfrac{\delta Q}{T}>0$이면 가역과정, $\oint\dfrac{\delta Q}{T}\leq0$이면 비가역과정이다.

17 상태 1에서 경로 A를 따라 상태 2로 변화하고 경로 B를 따라 다시 상태 1로 돌아오는 가역사이클이 있다. 다음의 사이클에 대한 설명으로 틀린 것은?

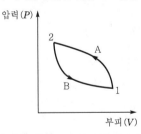

① 사이클과정 동안 시스템의 내부에너지변화량은 0이다.
② 사이클과정 동안 시스템은 외부로부터 순(net)일을 받았다.
③ 사이클과정 동안 시스템의 내부에서 외부로 순(net)열이 전달되었다.
④ 이 그림으로 사이클과정 동안 총엔트로피변화량을 알 수 없다.

해설 사이클과정 동안 시스템은 외부로부터 순(net)일을 받았기 때문에 엔트로피변화량을 알 수 있다.
일=열=에너지, 힘×거리=압력×부피=열량=에너지

18 오토사이클로 작동되는 기관에서 실린더의 극간체적(clearance volume)이 행정체적(stroke volume)의 15%라고 하면 이론열효율은 약 얼마인가? (단, 비열비 $k=1.4$이다.)

① 39.3% ② 45.2%
③ 50.6% ④ 55.7%

해설 $\varepsilon = 1 + \dfrac{V_s}{V_c} = 1 + \dfrac{1}{0.15} = 7.67$

$\therefore n_{tho} = 1 - \left(\dfrac{1}{\varepsilon}\right)^{k-1} = 1 - \left(\dfrac{1}{7.67}\right)^{1.4-1}$

$\qquad = 0.557 = 55.7\%$

★
19 보일러, 터빈, 응축기, 펌프로 구성되어 있는 증기원동소가 있다. 보일러에서 2,500kW의 열이 발생하고 터빈에서 550kW의 일을 발생시킨다. 또한 펌프를 구동하는 데 20kW의 동력이 추가로 소모된다면 응축기에서의 방열량은 약 몇 kW인가?

① 980 ② 1,930
③ 1,970 ④ 3,070

해설 ㉠ $\eta_R = \dfrac{w_{net}}{Q_1} = \dfrac{w_T - w_P}{Q_1}$

$\qquad = \dfrac{550 - 20}{2,500} = 0.212$

㉡ $\eta_R = 1 - \dfrac{Q_2}{Q}$

$\qquad \dfrac{Q_2}{Q_1} = 1 - \eta_R$

$\qquad \therefore Q_2 = (1 - \eta_R) Q_1$

$\qquad\quad = (1 - 0.212) \times 2,500 = 1,970$kW

20 완전히 단열된 실린더 안의 공기가 피스톤을 밀어 외부로 일을 하였다. 이때 외부로 행한 일의 양과 동일한 값(절대값기준)을 가지는 것은?

① 공기의 엔탈피변화량
② 공기의 온도변화량
③ 공기의 엔트로피변화량
④ 공기의 내부에너지변화량

해설 $Q = \Delta U + W$
여기서, W : 공기가 외부에 한 일(외부에 일을 하면 +, 일을 받으면 −)(부호에 주의)
단열과정이면 외부와 열교환이 없으므로 $Q = 0$이다. 따라서 열역학 제1법칙의 식은 $\Delta U = W$의 형태로 바뀐다.

제2과목 냉동공학

21 냉동장치의 냉매량이 부족할 때 일어나는 현상으로 옳은 것은?

① 흡입압력이 낮아진다.
② 토출압력이 높아진다.
③ 냉동능력이 증가한다.
④ 흡입압력이 높아진다.

해설 냉매량이 부족해지면 흡입압력, 토출압력, 냉동능력이 낮아지고 비체적이 증가한다.

22 몰리에르선도상에서 표준냉동사이클의 냉매상태변화에 대한 설명으로 옳은 것은?

① 등엔트로피변화는 압축과정에서 일어난다.
② 등엔트로피변화는 증발과정에서 일어난다.
③ 등엔트로피변화는 팽창과정에서 일어난다.
④ 등엔트로피변화는 응축과정에서 일어난다.

해설 등엔트로피변화는 압축과정, 즉 압축기의 가역단열에서 일어난다.

★
23 다음 그림에서 사이클 A(1-2-3-4-1)로 운전될 때 증발기의 냉동능력은 5RT, 압축기의 체적효율은 0.78이었다. 그러나 운전 중 부하가 감소하여 압축기 흡입밸브의 개도를 줄여서 운전하였더니 사이클 B(1′-2′-3-4-1-1′)로 되었다. 사이클 B로 운전될 때의 체적효율이 0.7이라면 이때의 냉동능력(RT)은 얼마인가? (단, 1RT는 3.8kW이다.)

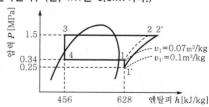

① 1.37 ② 2.63
③ 2.94 ④ 3.14

해설 ㉠ $G = \dfrac{Q_e}{q_e} = \dfrac{V\eta_v}{v_1}$ [kg/s]

$$\therefore V = \dfrac{Q_e v_1}{q_e \eta_v}$$

$$= \dfrac{(5 \times 3.8) \times 0.07}{(628 - 456) \times 0.78} = 9.91 \times 10^{-3}\,\mathrm{m^3/s}$$

㉡ $G' = \dfrac{Q_e'}{q_e} = \dfrac{V\eta_v'}{v_1'}$ [kg/s]

$$\therefore Q_e' = \dfrac{V q_e \eta_v'}{v_1'}$$

$$= \dfrac{9.91 \times 10^{-3} \times (628 - 456) \times 0.7}{0.1}$$

$$= 11.93\,\mathrm{kW} \fallingdotseq 3.14\,\mathrm{RT}$$

24 냉동장치의 운전 중 장치 내에 공기가 침입하였을 때 나타나는 현상으로 옳은 것은?

① 토출가스압력이 낮게 된다.

② 모터의 암페어가 적게 된다.

③ 냉각능력에는 변화가 없다.

④ 토출가스온도가 높게 된다.

해설 공기가 침입하면 응축온도와 압력이 상승하여 압축비가 상승하고 체적효율이 감소하며, 토출온도와 압력이 높고 냉동능력이 감소한다.

25 브라인냉각용 증발기가 설치된 소형 냉동기가 있다. 브라인순환량이 20kg/min이고, 브라인의 입출구온도차는 15K이다. 압축기의 실제 소요동력이 5.6kW일 때 이 냉동기의 실제 성적계수는? (단, 브라인의 비열은 3.3kJ/kg · K이다.)

① 1.82 ② 2.18

③ 2.94 ④ 3.31

해설 $COP = \dfrac{Q_e}{AW} = \dfrac{G_b C \Delta T}{3,600 Q}$

$$= \dfrac{20 \times 60 \times 3.3 \times 15}{5.6 \times 3,600} \fallingdotseq 2.94$$

26 흡수식 냉동기에서 냉매의 과냉원인으로 가장 거리가 먼 것은?

① 냉수 및 냉매량 부족

② 냉각수 부족

③ 증발기 전열면적 오염

④ 냉매에 용액혼입

해설 냉각수가 충분하여 응축이 많이 될 때

27 다음 중 열통과율이 가장 작은 응축기 형식은? (단, 동일조건기준으로 한다.)

① 7통로식 응축기

② 입형 셸튜브식 응축기

③ 공랭식 응축기

④ 2중관식 응축기

해설 열통과율이 가장 작은 응축기로 자연대류식, 강제대류식, 증발식 등이 있다.

★
28 증기압축식 냉동장치에 관한 설명으로 옳은 것은?

① 증발식 응축기에서는 대기의 습구온도가 저하하면 고압압력은 통상의 운전압력보다 높게 된다.

② 압축기의 흡입압력이 낮게 되면 토출압력도 낮게 되어 냉동능력이 증대하다.

③ 언로더부착 압축기를 사용하면 급격하게 부하가 증가하여도 액백현상을 막을 수 있다.

④ 액배관에 플래시가스가 발생하면 냉매순환량이 감소되어 증발기의 냉동능력이 저하된다.

해설 ① 증발식 응축기에서는 대기의 습구온도가 저하하면 고압압력은 통상의 운전압력보다 낮게 된다.
② 압축기의 흡입압력이 낮게 되면 토출압력이 증가하여 냉동능력이 감소한다.
③ 언로더부착 압축기를 사용하면 급격하게 부하가 증가하여도 액백현상을 막을 수 없다.

29 압축기의 기통수가 6기통이며 피스톤직경이 140mm, 행정이 110mm, 회전수가 800rpm인 NH_3 표준 냉동사이클의 냉동능력(kW)은? (단, 압축기의 체적효율은 0.75, 냉동효과는 1126.3kJ/kg, 비체적은 0.5$\mathrm{m^3/kg}$이다.)

① 122.7

② 148.3

③ 193.4

④ 228.9

정답 24. ④ 25. ③ 26. ② 27. ③ 28. ④ 29. ④

2021년

해설 $V_a = \dfrac{\dfrac{\pi}{4}D^2 LNR}{60}$

$= \dfrac{\dfrac{\pi}{4} \times 0.14^2 \times 0.11 \times 6 \times 800}{60} = 0.135465\,\text{m}^3/\text{s}$

$\therefore Q_e = Gq_e = \dfrac{V_a \eta_v q_e}{v}$

$= \dfrac{0.135465 \times 0.75 \times 1126.3}{0.5} \fallingdotseq 228.9\,\text{kW}$

30 펠티에(Peltier)효과를 이용하는 냉동방법에 대한 설명으로 틀린 것은?

① 펠티에효과를 냉동에 이용한 것이 전자냉동 또는 열전기식 냉동법이다.
② 펠티에효과를 냉동법으로 실용화에 어려운 점이 많았으나 반도체기술이 발달하면서 실용화되었다.
③ 펠티에효과가 적용된 냉동방법은 휴대용 냉장고, 가정용 특수 냉장고, 물 냉각기, 핵 잠수함 내의 냉난방장치 등에 사용된다.
④ 증기압축식 냉동장치와 마찬가지로 압축기, 응축기, 증발기 등을 이용한 것이다.

해설 열전냉동장치는 압축기, 응축기, 증발기와 냉매를 사용하지 않고 펠티효과, 즉 열전기쌍에 열기전력에 저항하는 전류를 통하게 하면 고온접점 쪽에서 발열하고, 저온접점 쪽에서 흡열(냉각)이 이루어지는 효과를 이용하여 냉각공간을 얻는 방법이다.

★
31 냉각탑에 대한 설명으로 틀린 것은?

① 밀폐식은 개방식 냉각탑에 비해 냉각수가 외기에 의해 오염될 염려가 적다.
② 냉각탑의 성능은 입구공기의 습구온도에 영향을 받는다.
③ 쿨링레인지는 냉각탑의 냉각수 입출구온도의 차이다.
④ 어프로치는 냉각탑의 냉각수 입구온도에서 냉각탑 입구공기의 습구온도의 차이다.

해설 ㉠ 쿨링어프로치(cooling approach)=냉각탑 냉각수 출구온도－냉각탑 냉각수 입구온도(5℃ 정도)

㉡ 냉각탑은 응축기에서 냉각수가 얻은 열을 공기 중에 방출하는 장치이다.
㉢ 쿨링레인지(cooling range)=냉각탑 냉각수 입구온도－냉각탑 냉각수 출구온도
㉣ 보급수량은 순환수량의 2~3% 정도이다.

32 제빙에 필요한 시간을 구하는 공식이 다음과 같다. 이 공식에서 a와 b가 의미하는 것은?

$$\tau = (0.53 \sim 0.6)\dfrac{a^2}{-b}$$

① a : 브라인온도, b : 결빙두께
② a : 결빙두께, b : 브라인유량
③ a : 결빙두께, b : 브라인온도
④ a : 브라인유량, b : 결빙두께

해설 제빙시간 $= \dfrac{0.56a^2}{-b}$ [시간]

여기서, a : 결빙두께(cm), b : 브라인온도(℃)

★
33 흡수식 냉동기에 사용하는 '냉매－흡수제'가 아닌 것은?

① 물－리튬브로마이드
② 물－염화리튬
③ 물－에틸렌글리콜
④ 암모니아－물

해설 **흡수식 냉동기의 냉매와 흡수제의 종류**

냉매	흡수제
암모니아(NH_3)	물(H_2O), 로단암모니아 (NH_4CHS)
물(H_2O)	황산(H_2SO_4), 가성칼리 (KOH) 또는 가성소다 (NaOH), 브롬화리튬 (LiBr) 또는 염화리튬 (LiCl)
염화에틸(C_2H_5Cl)	4클로르에탄($C_2H_2Cl_4$)
트리올(C_7H_8) 또는 펜탄(C_5H_{12})	파라핀유
메탈온(CH_3OH)	브롬화리튬메탈올용액 (LiBr + CH_3OH)
R－21($CHFCl_2$), 메틸클로라이드(CH_2Cl_2)	4에틸렌글리콜2메틸 에테르($CH_3-O-(CH_2)_4$ $-O-CH_3$)

정답 30. ④ 31. ④ 32. ③ 33. ③

34 증기압축식 냉동사이클에서 증발온도를 일정하게 유지시키고, 응축온도를 상승시킬 때 나타나는 현상이 아닌 것은?

① 소요동력 증가

② 성적계수 감소

③ 토출가스온도 상승

④ 플래시가스 발생량 감소

해설 증기압축식 냉동사이클에서 증발온도 일정, 응축온도 상승시키면

㉠ 증가 : 소요동력, 토출가스온도, 압력, 플래스가스 발생량, 압축비

㉡ 감소 : 성적계수, 냉동효과

35 냉동장치에서 흡입가스의 압력을 저하시키는 원인으로 가장 거리가 먼 것은?

① 냉매유량의 부족

② 흡입배관의 마찰손실

③ 냉각부하의 증가

④ 모세관의 막힘

해설 냉각부하의 감소

참고 흡입가스의 압력 과대원인 : 팽창밸브 냉매액의 공급 과다(팽창밸브 너무 열었을 때), 흡입밸브의 누설, 실린더의 부하 제거상태

★
36 직경 10cm, 길이 5m의 관에 두께 5cm의 보온재 (열전도율 $\lambda = 0.1163$W/m · K)로 보온을 하였다. 방열층의 내측과 외측의 온도가 각각 -50℃, 30℃ 이라면 침입하는 전열량(W)은?

① 133.4

② 248.8

③ 362.6

④ 421.7

해설 $Q = \dfrac{2\pi \lambda l}{\ln \dfrac{r_o}{r_i}}(t_o - t_i)$

$= \dfrac{2\pi \times 0.1163 \times 5}{\ln \dfrac{0.01}{0.005}} \times (30 - (-50))$

$\fallingdotseq 421.7$W

★
37 2단 압축냉동기에서 냉매의 응축온도가 38℃일 때 수냉식 응축기의 냉각수 입출구의 온도가 각각 30℃, 35℃이다. 이때 냉매와 냉각수와의 대수평균온도차 (℃)는?

① 2

② 5

③ 8

④ 10

해설 $\Delta_1 = 38 - 30 = 8$℃, $\Delta_2 = 38 - 35 = 3$℃

$\therefore LMTD = \dfrac{\Delta_1 - \Delta_2}{\ln \dfrac{\Delta_1}{\Delta_2}} = \dfrac{8-3}{\ln \dfrac{8}{3}} \fallingdotseq 5$℃

38 고온 35℃, 저온 -10℃에서 작동되는 역카르노사이클이 적용된 이론냉동사이클의 성적계수는?

① 2.8

② 3.2

③ 4.2

④ 5.8

해설 $COP = \dfrac{\text{저온}}{\text{고온} - \text{저온}} = \dfrac{T_2}{T_1 - T_2}$

$= \dfrac{273 - 10}{(273 + 35) - (273 - 10)} \fallingdotseq 5.8$

39 2단 압축 1단 팽창냉동장치에서 게이지압력계로 증발압력 0.19MPa, 응축압력 1.17MPa일 때 중간 냉각기의 절대압력(MPa)은?

① 2.166

② 1.166

③ 0.608

④ 0.409

해설 $P_0 = \sqrt{(\text{증발압력} + \text{표준대기압}) \times (\text{응축압력} + \text{표준대기압})}$

$= \sqrt{(0.19 + 0.101) \times (1.17 + 0.101)} \fallingdotseq 0.608$MPa

40 다음 압축과 관련한 설명으로 옳은 것은?

㉠ 압축비는 체적효율에 영향을 미친다.

㉡ 압축기의 클리어런스(clearance)를 크게 할수록 체적효율은 크게 된다.

㉢ 체적효율이란 압축기가 실제로 흡입하는 냉매와 이론적으로 흡입하는 냉매체적과 의 비이다.

㉣ 압축비가 클수록 냉매단위중량당의 압축 일량은 작게 된다.

① ㉠, ㉣

② ㉠, ㉢

③ ㉡, ㉣

④ ㉡, ㉢

정답 34. ④ 35. ③ 36. ④ 37. ② 38. ④ 39. ③ 40. ②

해설 ㉠ 압축비가 커지면 체적효율이 감소한다.
ㄴ 압축기의 클리어런스가 커질 때 체적효율 감소, 윤활유 열화 및 탄화, 토출가스온도 상승, 단위능력당 소요동력 증가, 냉동능력 감소, 압축기(실린더) 과열, 윤활부품 마모 및 파손된다.
ㄹ 압축비가 클수록 압축일량은 증가한다.

제3과목 공기조화

41 취출온도를 일정하게 하여 부하에 따라 송풍량을 변화시켜 실온을 제어하는 방식은?

① 가변풍량방식   ② 재열코일방식
③ 정풍량방식   ④ 유인유닛방식

해설 취출온도를 일정하게 하여 부하에 따라 송풍량을 변화시켜 실온을 제어하는 방식은 가변풍량방식이다.

★
42 복사난방방식의 특징에 대한 설명으로 틀린 것은?

① 실내에 방열기를 설치하지 않으므로 바닥이나 벽면을 유용하게 이용할 수 있다.
② 복사열에 의한 난방으로써 쾌감도가 크다.
③ 외기온도가 갑자기 변하여도 열용량이 크므로 방열량의 조정이 용이하다.
④ 실내의 온도분포가 균일하며 열이 방의 위쪽으로 빠지지 않으므로 경제적이다.

해설 복사난방방식은 온도분포가 균일하고 열손실이 적으며, 배관의 수리가 곤란하고 외기의 급변화에 따른 온도조절이 곤란하다.

43 온풍난방에서 중력식 순환방식과 비교한 강제순환방식의 특징에 관한 설명으로 틀린 것은?

① 기기 설치장소가 비교적 자유롭다.
② 급기덕트가 작아서 은폐가 용이하다.
③ 공급되는 공기는 필터 등에 의하여 깨끗하게 처리될 수 있다.
④ 공기순환이 어렵고 쾌적성 확보가 곤란하다.

해설 강제순환방식은 공기순환이 쉽고 쾌적성 확보가 가능하다.

44 다음과 같이 단열된 덕트 내에 공기가 통하고 이것에 열량 Q[kJ/h]와 수분 L[kg/h]을 가하여 열평형이 이루어졌을 때 공기에 가해진 열량(Q)은 어떻게 나타내는가? (단, 공기의 유량은 G[kg/h], 가열코일 입출구의 엔탈피, 절대습도를 각각 h_1, h_2[kJ/kg], x_1, x_2[kg/kg]이며, 수분의 엔탈피는 h_L[kJ/kg]이다.)

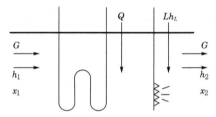

① $G(h_2 - h_1) + Lh_L$
② $G(x_2 - x_1) + Lh_L$
③ $G(h_2 - h_1) - Lh_L$
④ $G(x_2 - x_1) - Lh_L$

해설 Q=공기의 열량−수분의 열량
$= q_t - q_l$
$= G(h_2 - h_1) - Lh_L$

★
45 극간풍의 방지방법으로 가장 적절하지 않은 것은?

① 회전문 설치
② 자동문 설치
③ 에어커튼 설치
④ 충분한 간격의 이중문 설치

해설 **극간풍의 방지방법**
㉠ 회전문 설치
ㄴ 에어커튼 설치
ㄷ 이중문 설치(내측은 수동식)
ㄹ 이중문 중간에 컨벡터 설치

46 대기압(760mmHg)에서 온도 28℃, 상대습도 50%인 습공기 내의 건공기분압(mmHg)은 얼마인가? (단, 수증기포화압력은 31.84mmHg이다.)

① 16   ② 32
③ 372   ④ 744

정답   41. ①   42. ③   43. ④   44. ③   45. ②   46. ④

해설 대기압(P)=건공기분압(P_a)+수증기분압(P_w)

$\therefore P_a = P - P_w = P - \phi P_s$

$\quad\quad = 760 - 0.5 \times 31.84 = 744mmHg$

47 보일러의 수위를 제어하는 주된 목적으로 가장 적절한 것은?

① 보일러의 급수장치가 동결되지 않도록 하기 위하여

② 보일러의 연료공급이 잘 이루어지도록 하기 위하여

③ 보일러가 과열로 인해 손상되지 않도록 하기 위하여

④ 보일러에서의 출력을 부하에 따라 조절하기 위하여

해설 보일러의 수위를 제어하는 것은 보일러의 과열로 인한 폭발을 방지하기 위함이다.

48 다음 그림과 같이 송풍기의 흡입측에만 덕트가 연결되어 있을 경우 동압(mmAq)은 얼마인가?

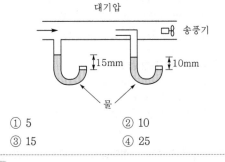

① 5　　　　　② 10

③ 15　　　　④ 25

해설 전압(P_t)=정압(P_s)+동압(P_d)

$\therefore P_d = P_t - P_s = -10 - (-15) = 5mmAq$

★
49 취출구 관련 용어에 대한 설명으로 틀린 것은?

① 장방형 취출구의 긴 변과 짧은 변의 비를 아스펙트비라 한다.

② 취출구에서 취출된 공기를 1차 공기라 하고, 취출공기에 의해 유인되는 실내공기를 2차 공기라 한다.

③ 취출구에서 취출된 공기가 진행해서 취출기류의 중심선상의 풍속이 1.5m/s로 되는 위치까지의 수평거리를 도달거리라 한다.

④ 수평으로 취출된 공기가 어떤 거리를 진행했을 때 기류의 중심선과 취출구의 중심과의 거리를 강하도라 한다.

해설 도달거리란 취출구에서 취출된 공기가 진행해서 취출기류의 중심선상의 풍속이 0.5m/s로 된 위치까지의 수평거리를 말한다.

50 단일덕트 재열방식의 특징에 관한 설명으로 옳은 것은?

① 부하패턴이 다른 다수의 실 또는 존의 공조에 적합하다.

② 식당과 같이 잠열부하가 많은 곳의 공조에는 부적합하다.

③ 전수방식으로서 부하변동이 큰 실이나 존에서 에너지 절약형으로 사용된다.

④ 시스템의 유지·보수면에서는 일반 단일덕트에 비해 우수하다.

해설 단일덕트 재열방식
㉠ 부하패턴이 다른 다수의 실 또는 존의 공조에 적합하다.
㉡ 실내의 건구온도뿐만 아니라 부분부하 시 상대습도도 유지하는 것을 목적으로 한다.

★
51 온수난방의 특징에 대한 설명으로 틀린 것은?

① 증기난방에 비하여 연료소비량이 적다.

② 예열시간은 길지만 잘 식지 않으므로 증기난방에 비하여 배관의 동결피해가 적다.

③ 보일러 취급이 증기보일러에 비해 안전하고 간단하므로 소규모 주택에 적합하다.

④ 열용량이 크기 때문에 짧은 시간에 예열할 수 있다.

해설 온수는 비열이 1kcal/kg·℃로 열용량이 커서 예열시간이 길다.

52 건구온도 30℃, 절대습도 0.01kg/kg인 외부공기 30%와 건구온도 20℃, 절대습도 0.02kg/kg인 실내공기 70%를 혼합하였을 때 최종 건구온도(t)와 절대습도(x)는 얼마인가?

① $t = 23℃$, $x = 0.017kg/kg$

② $t = 27℃$, $x = 0.017kg/kg$

③ $t = 23℃$, $x = 0.013kg/kg$

④ $t = 27℃$, $x = 0.013kg/kg$

2021년

㉠ $t = \dfrac{m_o}{m}t_o + \dfrac{m_i}{m}t_i = 0.3 \times 30 + 0.7 \times 20 = 23℃$

㉡ $x = \dfrac{m_o}{m}x_o + \dfrac{m_i}{m}x_i$

$= 0.3 \times 0.01 + 0.7 \times 0.02 = 0.017\text{kg/kg}$

53 다음 중 난방부하를 경감시키는 요인으로만 짝지어진 것은?

① 지붕을 통한 전도열량, 태양열의 일사부하

② 조명부하, 틈새바람에 의한 부하

③ 실내기구부하, 재실인원의 발생열량

④ 기기(덕트 등)부하, 외기부하

해설 **난방부하를 경감시키는 요인** : 재실인원의 발생열량(인체의 발생열), 실내기구부하(기계의 발생열), 태양열에 의한 복사열(일사량)

★
54 열매에 따른 방열기의 표준방열량(W/m²)기준으로 가장 적절한 것은?

① 온수 : 405.2, 증기 : 822.3

② 온수 : 523.3, 증기 : 822.3

③ 온수 : 405.2, 증기 : 755.8

④ 온수 : 523.3, 증기 : 755.8

해설 **표준 방열량기준**

㉠ 증기 : $650\text{kcal/m}^2 \cdot \text{h} = \dfrac{650}{860} = 0.756\text{kW/m}^2 \cdot \text{h}$

$= 756\text{W/m}^2 \cdot \text{h}$

㉡ 온수 : $450\text{kcal/m}^2 \cdot \text{h} = \dfrac{450}{860} = 0.523\text{kW/m}^2 \cdot \text{h}$

$= 523\text{W/m}^2 \cdot \text{h}$

55 가변풍량방식에 대한 설명으로 틀린 것은?

① 부분부하 대응으로 송풍기 동력이 커진다.

② 시운전 시 토출구의 풍량조정이 간단하다.

③ 부하변동에 대해 제어응답이 빠르므로 거주성이 향상된다.

④ 동시부하율을 고려하여 설비용량을 적게 할 수 있다.

해설 **가변풍량방식**

㉠ 부하변동에 대하여 응답이 빠르므로 실온조정이 유리하다.

㉡ 동시부하율을 고려해서 기기용량을 결정하므로 장치용량 및 연간 송풍동력을 절감할 수 있다.

㉢ 열부하의 감소에 의한 운전비(열에너지, 동력)를 절약할 수 있다.

㉣ 간벽의 변경, 부하의 증가에 대해서 유연성이 있다.

㉤ 덕트의 설계 시공을 간략화할 수 있고 취출구의 풍량조정이 간단하다.

56 보일러의 발생증기를 한 곳으로만 취출하면 그 부근에 압력이 저하하여 수면동요현상과 동시에 비수가 발생된다. 이를 방지하기 위한 장치는?

① 급수내관

② 비수방지관

③ 기수분리기

④ 인젝터

해설 ① 급수내관 : 급수 시 찬물로 인한 국부적인 부동팽창 방지

③ 기수분리기 : 건조한 수증기 취득장치

④ 인젝터 : 증기로 급수하는 장치(무동력)

★
57 콜드드래프트현상의 발생원인으로 가장 거리가 먼 것은?

① 인체 주위의 공기온도가 너무 낮을 때

② 기류의 속도가 낮고 습도가 높을 때

③ 주위 벽면의 온도가 낮을 때

④ 겨울에 창문의 극간풍이 많을 때

해설 **콜드드래프트현상의 발생원인**

㉠ 인체 주위의 기류속도가 클 때

㉡ 주위 공기의 습도가 낮을 때

㉢ 높은 벽면과 유리면이 있는 경우

58 건구온도 10℃, 절대습도 0.003kg/kg인 공기 50m³를 20℃까지 가열하는 데 필요한 열량(kJ)은? (단, 공기의 정압비열은 1.01kJ/kg · K, 공기의 밀도는 1.2kg/m³이다.)

① 425

② 606

③ 713

④ 884

해설 $Q = \rho V C_p \Delta t = 1.2 \times 50 \times 1.01 \times (20 - 10) = 606\text{kJ}$

59 에어와셔 내에 온수를 분무할 때 공기는 습공기선도에서 어떠한 변화과정이 일어나는가?

① 가습 · 냉각

② 과냉각

③ 건조 · 냉각

④ 감습 · 과열

해설 온수를 분무하는 에어와셔를 통과하는 공기는 가습·냉각
이 일어난다.

---

60 내부에 송풍기와 냉온수코일이 내장되어 있으며 각
실내에 설치되어 기계실로부터 냉온수를 공급받아
실내공기의 상태를 직접 조절하는 공조기는?

① 패키지형 공조기　　② 인덕션유닛
③ 팬코일유닛　　　　④ 에어핸들링유닛

해설 **팬코일유닛**
　㉠ 송풍기, 여과기(필터), 냉온수코일로 구성된다.
　㉡ 환기를 충분히 할 수 없으므로 재실인원이 적고 출입구
　　의 개폐가 빈번한 경우나 외부로부터 실내로의 유입구
　　가 있는 경우 등에 사용한다.
　㉢ 전수방식으로 내부존 터미널방식과 외부존 팬코일유
　　닛방식으로 구분한다.

제4과목 **전기제어공학**

61 저항에 전류가 흐르면 줄열이 발생하는데 저항에
흐르는 전류 I와 전력 P의 관계는?

① $I \propto P$ 　　　　② $I \propto P^{0.5}$
③ $I \propto P^{1.5}$ 　　④ $I \propto P^2$

해설 $P = VI = (IR)I = I^2 R$

$$\therefore I = \left(\frac{P}{R}\right)^{\frac{1}{2}} = \left(\frac{P}{R}\right)^{0.5}$$

따라서 저항이 없을 경우 $I \propto P^{0.5}$ 한다.

★
62 다음 논리회로의 출력은?

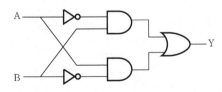

① $Y = A\overline{B} + \overline{A}B$ 　　② $Y = \overline{A}B + \overline{A}\,\overline{B}$
③ $Y = \overline{A}\,\overline{B} + A\overline{B}$ 　　④ $Y = \overline{A} + \overline{B}$

해설 ㉠ $\overline{A}$: A ▷○— Y

　㉡ $A + B$: A／B ◡— Y

㉢ $A \cdot B$: A／B ⊐— Y

$$\therefore Y = A \cdot \overline{B} + \overline{A} \cdot B$$

---

63 전동기의 회전방향을 알기 위한 법칙은?

① 렌츠의 법칙
② 암페어의 법칙
③ 플레밍의 왼손법칙
④ 플레밍의 오른손법칙

해설 ㉠ 플레밍의 왼손법칙 : 전동기의 전자력방향
　㉡ 플레밍의 오른손법칙 : 발전기의 유도전류방향

★
64 열전대에 대한 설명이 아닌 것은?

① 열전대를 구성하는 소선은 열기전력이 커야 한다.
② 철, 콘스탄탄 등의 금속을 이용한다.
③ 제벡효과를 이용한다.
④ 열팽창계수에 따른 변형 또는 내부응력을 이
용한다.

해설 ㉠ 온도→전압 : 열전대(백금–백금로듐, 철–콘스탄탄,
구리–콘스탄탄. 크로멜–알루멜)
　㉡ 압력→변위 : 벨로즈, 다이어프램, 스프링
　㉢ 변위→압력 : 노즐플래퍼, 유압분사관, 스프링
　㉣ 변위→전압 : 퍼텐쇼미터, 차동변압기, 전위차계
　㉤ 전압→변위 : 전자석, 전자코일

---

65 콘덴서의 전위차와 축적되는 에너지와의 관계식을
그림으로 나타내면 어떤 그림이 되는가?

① 직선　　　　② 타원
③ 쌍곡선　　　④ 포물선

해설 $W = \dfrac{1}{2}CV^2 = \dfrac{Q^2}{2C} = \dfrac{1}{2}QV$

$\therefore$ 포물선

---

66 다음 논리기호의 논리식은?

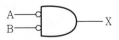

① $X = A + B$ 　　② $X = \overline{AB}$
③ $X = AB$ 　　　④ $X = \overline{A + B}$

해설 $X = \overline{A} \cdot \overline{B} = \overline{A+B}$

67 워드레오나드속도제어방식이 속하는 제어방법은?

① 저항제어 ② 계자제어
③ 전압제어 ④ 직병렬제어

해설 워드－레오나드방식은 전압제어법의 대표적인 방식으로 광범위한 속도제어로써 효율이 좋고 가역적으로 행하여 매우 우수하며, 기동토크가 크므로 엘리베이터나 전차 등에 사용한다. 이것에 부속되는 전용 발전기와 구동용 전동기가 필요하고 설비비가 높다.

68 $R_1 = 100\Omega$, $R_2 = 1{,}000\Omega$, $R_3 = 800\Omega$일 때 전류계의 지시가 0이 되었다. 이때 저항 R_4는 몇 Ω인가?

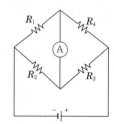

① 80   ② 160
③ 240 ④ 320

해설 $R_1 R_3 = R_2 R_4$

$100 \times 800 = 1{,}000 \times R_4$

$\therefore R_4 = \dfrac{80{,}000}{1{,}000} = 80\,\Omega$

★
69 다음 블록선도를 등가합성전달함수로 나타낸 것은?

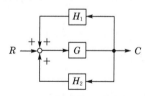

① $\dfrac{G}{1-H_1-H_2}$ ② $\dfrac{G}{1-H_1 G-H_2 G}$

③ $\dfrac{G-1}{1-H_1 G-H_2 G}$ ④ $\dfrac{H_1 G+H_2 G}{1-G}$

해설 $(R + CH_1 + CH_2)G = C$

$RG + CH_1 G + CH_2 G = C$

$RG = C - CH_1 G - CH_2 G = C(1 - H_1 G - H_2 G)$

$\therefore \dfrac{C}{R} = \dfrac{G}{1 - H_1 G - H_2 G}$

70 3상 유도전동기의 주파수가 60Hz, 극수가 6극, 전부하 시 회전수가 1,160rpm이라면 슬립은 약 얼마인가?

① 0.03   ② 0.24
③ 0.45   ④ 0.57

해설 $N_s = \dfrac{120f}{P} = \dfrac{120 \times 60}{6} = 1{,}200\,\mathrm{r\,p\,m}$

$\therefore s = 1 - \dfrac{N}{N_s} = 1 - \dfrac{1{,}160}{1{,}200} = 0.03$

★
71 100V용 전구 30W와 60W 두 개를 직렬로 연결하고 직류 100V 전원에 접속하였을 때 두 전구의 상태로 옳은 것은?

① 30W 전구가 더 밝다.
② 60W 전구가 더 밝다.
③ 두 전구의 밝기가 모두 같다.
④ 두 전구가 모두 켜지지 않는다.

해설 $P = VI = I^2 R = \dfrac{V^2}{R}$[W]에서 30W 전구의 저항이 60W 전구보다 크기 때문에 30W 전구가 밝다.

72 다음 조건을 만족시키지 못하는 회로는?

어떤 회로에 흐르는 전류가 20A이고 위상이 60도이며 앞선 전류가 흐를 수 있는 조건

① RL병렬   ② RC병렬
③ RLC병렬 ④ RLC직렬

해설 ㉠ 직렬 : 전류가 일정하게 흐르는 회로
• RL : 전류가 뒤진다
• RC : 전류가 앞선다
• RLC : X_L이 크면 전류가 뒤지고, X_C가 크면 전류가 앞선다.
㉡ 병렬 : 전압이 일정하게 걸리는 회로
• RL : 전류가 뒤진다
• RC : 전류가 앞선다
• RLC : X_L이 크면 전류가 앞서고, X_C가 크면 전류가 뒤진다.
∴ RL은 직렬과 병렬회로 모두 전류가 뒤지기 때문에 만족하지 못한다.

정답 67. ③ 68. ① 69. ② 70. ① 71. ① 72. ①

★
73 $x_2 = ax_1 + cx_3 + bx_4$의 신호흐름선도는?

① $\underset{x_1}{\circ} \xrightarrow{a} \underset{x_2}{\circ} \xrightarrow{b} \underset{x_3}{\circ} \xrightarrow{c} \underset{x_4}{\circ}$

② $\underset{x_1}{\circ} \longrightarrow \underset{x_2}{\circ} \underset{b}{\frown} \underset{x_3}{\circ} \xrightarrow{c} \underset{x_4}{\circ}$

③ $\underset{x_1}{\circ} \xrightarrow{a} \underset{x_2}{\circ} \overset{b}{\frown} \underset{c}{\frown} \underset{x_3}{\circ} \underset{x_4}{\circ}$

④ $\underset{x_1}{\circ} \xrightarrow{a} \underset{x_2}{\circ} \xrightarrow{} \underset{x_3}{\circ} \overset{b}{\frown} \underset{x_4}{\circ}$

해설 x_2로 오는 신호흐름선도를 찾으면 된다.

예

$x_3 = ax_1 + bx_2$

74 제어량에 따른 분류 중 프로세스제어에 속하지 않는 것은?

① 압력 ② 유량

③ 온도 ④ 속도

해설 프로세스제어는 온도, 유량, 압력, 액위, 농도, 밀도 등의 플랜트나 생산공정 중의 상태량을 제어량으로 하는 제어로 외란의 억제를 주목적(온도, 압력제어장치 등)으로 한다.

75 R, L, C가 서로 직렬로 연결되어 있는 회로에서 양단의 전압과 전류의 위상이 동상이 되는 조건은?

① $\omega = LC$ ② $\omega = L^2 C$

③ $\omega = \dfrac{1}{LC}$ ④ $\omega = \dfrac{1}{\sqrt{LC}}$

해설 $\omega L - \dfrac{1}{\omega C} = 0$

$\omega L = \dfrac{1}{\omega C}$

$1 = \omega^2 LC$

$\therefore \omega = \dfrac{1}{\sqrt{LC}}$

76 지상역률 80%, 1,000kW의 3상 부하가 있다. 이것에 콘덴서를 설치하여 역률을 95%로 개선하려고 한다. 필요한 콘덴서의 용량(kVar)은 약 얼마인가?

① 421.3 ② 633.3

③ 844.3 ④ 1,266.3

해설 $Q = P\left(\dfrac{\sqrt{1-\cos^2\theta_1}}{\cos\theta_1} - \dfrac{\sqrt{1-\cos^2\theta_2}}{\cos\theta_2} \right)$

$= 1,000 \times \left(\dfrac{\sqrt{1-0.8^2}}{0.8} - \dfrac{\sqrt{1-0.95^2}}{0.95} \right)$

$\fallingdotseq 421.3 \text{kVA}$

77 피드백제어에서 제어요소에 대한 설명 중 옳은 것은?

① 조작부와 검출부로 구성되어 있다.

② 동작신호를 조작량으로 변화시키는 요소이다.

③ 제어를 받는 출력량으로 제어대상에 속하는 요소이다.

④ 제어량을 주궤환신호로 변화시키는 요소이다.

해설 제어요소는 동작신호를 조작량으로 변화하는 요소로써 조절부와 조작부로 이루어진다.

★
78 입력신호 $x(t)$와 출력신호 $y(t)$의 관계가 $y(t) = K\dfrac{dx(t)}{dt}$로 표현되는 것은 어떤 요소인가?

① 비례요소

② 미분요소

③ 적분요소

④ 지연요소

해설 ㉠ 비례요소 : $y(t) = Kx(t)$

㉡ 미분요소 : $y(t) = K\dfrac{dx(t)}{dt}$

㉢ 적분요소 : $y(t) = K\displaystyle\int_0^t x(t)dt$

㉣ 1차 지연요소 : $b_1\dfrac{d}{dt}y(t) + b + 0y(t) = a_0 x(t)$

79 전류계와 전압계는 내부저항이 존재한다. 이 내부 저항은 전압 또는 전류를 측정하고자 하는 부하의 저항에 비하여 어떤 특성을 가져야 하는가?

① 내부저항이 전류계는 가능한 커야 하며, 전 압계는 가능한 작아야 한다.

② 내부저항이 전류계는 가능한 커야 하며, 전 압계도 가능한 커야 한다.

③ 내부저항이 전류계는 가능한 작아야 하며, 전압계는 가능한 커야 한다.

④ 내부저항이 전류계는 가능한 작아야 하며, 전압계도 가능한 작아야 한다.

해설 전류계는 내부저항이 가능한 작아야 하며, 전압계는 가능한 커야 전압 또는 전류를 측정할 수 있다.

80 입력신호 중 어느 하나가 "1"일 때 출력이 "0"이 되는 회로는?

① AND회로 ② OR회로

③ NOT회로 ④ NOR회로

해설 입력 중 어느 하나가 1일 때 출력이 0이 되는 회로는 NOR회로로서 논리식 $X = \overline{A + B}$로 표시한다.

제5과목 배관일반

81 동관작업용 사이징툴(sizing tool)공구에 관한 설명으로 옳은 것은?

① 동관의 확관용 공구

② 동관의 끝부분을 원형으로 정형하는 공구

③ 동관의 끝을 나팔형으로 만드는 공구

④ 동관 절단 후 생긴 거스러미를 제거하는 공구

해설 **동관작업용 공구**
㉠ 익스팬더 : 동관의 관 끝 확관용 공구
㉡ 사이징툴 : 동관의 끝부분을 정형(원)으로 수정
㉢ 플레어링툴세트 : 동관의 끝을 나팔형으로 만들어 압축접합용
㉣ 동관용 리머 : 동관 절단 후 관내의 내·외면에 생긴 거스러미 제거
㉤ 튜브벤더 : 동관 벤딩용 공구

82 다음 중 암모니아냉동장치에 사용되는 배관재료로 가장 적합하지 않은 것은?

① 이음매 없는 동관

② 배관용 탄소강관

③ 저온배관용 강관

④ 배관용 스테인리스강관

해설 **냉동장치 배관재료**
㉠ 암모니아(NH_3)냉매배관 : 철, 강 사용
㉡ 프레온냉매배관 : 동, 동합금 사용

★
83 배수배관의 시공 시 유의사항으로 틀린 것은?

① 배수를 가능한 천천히 옥외하수관으로 유출할 수 있을 것

② 옥외하수관에서 하수가스나 쥐 또는 각종 벌레 등이 건물 안으로 침입하는 것을 방지할 수 있는 방법으로 시공할 것

③ 배수관 및 통기관은 내구성이 풍부하여야 하며 가스나 물이 새지 않도록 기구 상호 간의 접합을 완벽하게 할 것

④ 한랭지에서는 배수관이 동결되지 않도록 피복을 할 것

해설 ㉠ 배수를 가능한 빨리 옥외하수관으로 유출할 수 있을 것
㉡ 한랭지에서 통기관을 제외한 배수관은 피복할 것

84 다음 중 열을 잘 반사하고 확산하여 방열기 표면 등의 도장용으로 사용하기에 가장 적합한 도료는?

① 광명단 ② 산화철

③ 합성수지 ④ 알루미늄

해설 ㉠ 알루미늄도료(은분) : AI분말에 유성바니시(oil varnish)를 섞은 도료이며, 금속광택이 있으며 열을 잘 반사하고 내열성이 있어 난방용 방열기 등의 외면에 도장한다.
㉡ 광명단 : 착색 도료 밑칠용(under coating)으로 사용되며 녹 방지를 위해 많이 사용되는 도료이다.

85 캐비테이션(cavitation)현상의 발생조건이 아닌 것은?

① 흡입양정이 지나치게 클 경우

② 흡입관의 저항이 증대될 경우

③ 흡입유체의 온도가 높은 경우

④ 흡입관의 압력이 양압인 경우

정답 79. ③ 80. ④ 81. ② 82. ① 83. ① 84. ④ 85. ④

해설 캐비테이션은 공동현상으로 펌프 흡입측에 일부 액체가 기체로 변하는 현상으로, 흡입관의 압력이 부압일 때, 흡입관의 양정이 클 때, 흡입관의 저항이 클 때, 유체의 온도가 높을 때, 원주속도가 클 때, 날개차의 모양이 적당하지 않을 때 등에 발생한다.

★
86 증기난방배관 시공에서 환수관에 수직상향부가 필요할 때 리프트피팅(lift fitting)을 써서 응축수가 위쪽으로 배출되게 하는 방식은?

① 단관 중력환수식　② 복관 중력환수식
③ 진공환수식　　　④ 압력환수식

해설 진공환수식에서 사용하는 리프트관은 환수주관보다 지름이 1~2m 정도 작은 치수를 사용하고, 1단의 흡상높이는 1.5m 이내로 하며, 그 사용개수를 가능한 한 적게 하고 급수펌프의 근처에서 1개소만 설치한다.

87 다음 보온재 중 안전사용(최고)온도가 가장 높은 것은? (단, 동일 조건기준으로 한다.)

① 글라스울보온판　② 우모펠트
③ 규산칼슘보온판　④ 석면보온판

해설 ① 글라스울 : 300℃
② 우모펠트 : 100℃
③ 규산칼슘 : 700℃
④ 석면 : 500℃
참고 안전사용온도 : 페라이트(650℃), 규조토(525℃), 암면(400℃), 삼여물(250℃), 탄산마그네슘(250℃), 탄화코르크(130℃), 경질폼라버(80℃)

88 급수관의 유속을 제한(1.5~2m/s 이하)하는 이유로 가장 거리가 먼 것은?

① 유속이 빠르면 흐름방향이 변하는 개소의 원심력에 의한 부압(-)이 생겨 캐비테이션이 발생하기 때문에
② 관 지름을 작게 할 수 있어 재료비 및 시공비가 절약되기 때문에
③ 유속이 빠른 경우 배관의 마찰손실 및 관 내면의 침식이 커지기 때문에
④ 워터해머 발생 시 충격압에 의해 소음, 진동이 발생하기 때문에

해설 급수관의 유속을 제한하는 이유는 캐비테이션 발생, 관내면의 침식, 소음 및 진동이 발생하기 때문이다.

89 보온재의 열전도율이 작아지는 조건으로 틀린 것은?

① 재료의 두께가 두꺼울수록
② 재료 내 기공이 작고 기공률이 클수록
③ 재료의 밀도가 클수록
④ 재료의 온도가 낮을수록

해설 보온재의 열전도율이 작아지는 조건 : 밀도가 작을수록, 흡수성이 작을수록

90 강관의 용접접합법으로 가장 적합하지 않은 것은?

① 맞대기용접　　② 슬리브용접
③ 플랜지용접　　④ 플라스턴용접

해설 플라스턴접합은 연관접합법(플라스턴, 맞대기, 수전소켓, 분기관, 만다린)에 해당한다.

91 고온수난방방식에서 넓은 지역에 공급하기 위해 사용되는 2차측 접속방식에 해당되지 않는 것은?

① 직결방식　　　② 브리드인방식
③ 열교환방식　　④ 오리피스접합방식

해설 고온수난방방식은 일반적으로 넓은 지역을 공급하는 경우가 많으므로 고온수를 1차측 열매로 이용하고, 부하쪽인 2차측에는 부기계실(Sub Station)을 설치하여 고온수보다 낮은 온도의 온수 또는 증기로 바꾸어 사용하는 경우가 많다. 2차측의 접속방식으로는 직결방식, 열교환방식 및 브리드인방식이 있다.

★
92 간접가열식 급탕법에 관한 설명으로 틀린 것은?

① 대규모 급탕설비에 부적당하다.
② 순환증기는 높이에 관계없이 저압으로 사용 가능하다.
③ 저탕탱크와 가열용 코일이 설치되어 있다.
④ 난방용 증기보일러가 있는 곳에 설치하면 설비비를 절약하고 관리가 편하다.

해설 간접가열식 급탕법은 호텔, 병원 등의 대규모 급탕설비에 적합하며 보일러 내에 스케일이 잘 끼지 않아 전열효율이 크다.

정답 86. ③　87. ③　88. ②　89. ③　90. ④　91. ④　92. ①

93 공기조화설비 중 복사난방의 패널형식이 아닌 것은?

① 바닥패널　　　② 천장패널

③ 벽패널　　　　④ 유닛패널

해설 **패널**
　㉠ 그 방사위치에 따라 바닥패널, 천장패널, 벽패널 등으로 나눈다.
　㉡ 주로 강관, 동관, 폴리에틸렌관 등을 사용한다.
　㉢ 열전도율은 동관>강관>폴리에틸렌관의 순으로 작아진다.
　㉣ 어떤 패널이든 한 조당 40~60m의 코일길이로 하고 마찰손실수두가 코일연장 100m당 2~3mAq 정도가 되도록 관지름을 선택한다.

94 다음 중 신축이음쇠의 종류로 가장 거리가 먼 것은?

① 벨로즈형

② 플랜지형

③ 루프형

④ 슬리브형

해설 **신축이음쇠**
　㉠ 종류 : 슬리브형, 스위블형, 루프형, 벨로즈형 등
　㉡ 배관의 곡선부의 파손을 줄이기 위한 장치(수축ㆍ팽창을 흡수하는 장치)

95 하향공급식 급탕배관법의 구배방법으로 옳은 것은?

① 급탕관은 끝올림, 복귀관은 끝내림구배를 준다.

② 급탕관은 끝내림, 복귀관은 끝올림구배를 준다.

③ 급탕관, 복귀관 모두 끝올림구배를 준다.

④ 급탕관, 복귀관 모두 끝내림구배를 준다.

해설 급탕배관에서 하향배관은 모두(급탕관, 복귀관) 끝내림구배이다.

96 공조설비에서 증기코일의 동결 방지대책으로 틀린 것은?

① 외기와 실내환기가 혼합되지 않도록 차단한다.

② 외기댐퍼와 송풍기를 인터록시킨다.

③ 야간의 운전정지 중에도 순환펌프를 운전한다.

④ 증기코일 내에 응축수가 고이지 않도록 한다.

해설 **동결**
　㉠ 실내재순환공기의 혼합 등에 의하여 코일의 입구공기 온도를 높인다.
　㉡ 방지대책 : 물빼기, 가열, 부동액 사용, 물을 유동시킴

★
97 동일 구경의 관을 직선연결할 때 사용하는 관 이음 재료가 아닌 것은?

① 소켓　　　　② 플러그

③ 유니언　　　④ 플랜지

해설 **관 이음재료**
　㉠ 동경직선 : 소켓, 유니언, 플랜지
　㉡ 이경직선 : 리듀서, 부싱
　㉢ 유체의 흐름방향 바꿈 : 리턴벤드, 엘보
　㉣ 점검 및 수리 : 유니언, 플랜지
　㉤ 끝을 막을 때 : 플러그, 캡

★
98 배관설비공사에서 파이프래크의 폭에 관한 설명으로 틀린 것은?

① 파이프래크의 실제 폭은 신규라인을 대비하여 계산된 폭보다 20% 정도 크게 한다.

② 파이프래크상의 배관밀도가 작아지는 부분에 대해서는 파이프래크의 폭을 좁게 한다.

③ 고온배관에서는 열팽창에 의하여 과대한 구속을 받지 않도록 충분한 간격을 둔다.

④ 인접하는 파이프의 외측과 외측과의 최소 간격을 25mm로 하여 래크의 폭을 결정한다.

해설 **파이프래크의 폭**
　㉠ 파이프래크의 실제 폭은 신규라인을 대비하여 계산된 폭보다 20% 정도 크게 한다.
　㉡ 파이프래크상의 배관밀도가 작아지는 부분에 대해서는 파이프래크의 폭을 좁게 한다.
　㉢ 고온배관에서는 열팽창에 의하여 과대한 구속을 받지 않도록 충분한 간격을 둔다.
　㉣ 인접하는 파이프의 외측과 외측의 간격을 3inch (76.2mm)로 한다.
　㉤ 인접하는 플랜지의 외측과 외측의 간격을 1inch (25.4mm)로 한다.
　㉥ 인접하는 파이프와 플랜지의 외측 간의 거리를 1inch(25.4mm)로 한다.
　㉦ 배관에 보온을 하는 경우에는 위의 치수에 그 두께를 가산한다.
　㉧ 위에 열거한 대로 산출된 폭을 그대로 채택하지 말고 약 20%의 여유를 두어야 한다. 이유는 장치상 항상 새로운 증설라인을 고려해야 하고 배열상 실수 등을 예상해야 하는 경우에 대비해야 하기 때문이다.

정답　93. ④　94. ②　95. ④　96. ①　97. ②　98. ④

99 수배관 사용 시 부식을 방지하기 위한 방법으로 틀린 것은?

① 밀폐사이클의 경우 물을 가득 채우고 공기를 제거한다.

② 개방사이클로 하여 순환수가 공기와 충분히 접하도록 한다.

③ 캐비테이션을 일으키지 않도록 배관한다.

④ 배관에 방식도장을 한다.

해설 개방사이클은 공기와 접하므로 부식이 발생된다.

100 온수배관에서 배관의 길이팽창을 흡수하기 위해 설치하는 것은?

① 팽창관　　　　② 완충기

③ 신축이음쇠　　④ 흡수기

해설 **신축이음쇠**

㉠ 배관의 길이팽창과 수축을 흡수하기 위한 장치

㉡ 종류 : 벨로즈형(파형), 루프형(만곡형, 고압 고온용), 슬리브형(슬라이드형, 저압 증기용), 스위블형(2개 이상의 엘보를 사용하는 온수난방 저압용)

2021년 제3회 공조냉동기계기사

제1과목 **기계 열역학**

01 비열비 1.3, 압력비 3인 이상적인 브레이턴사이클 (Brayton Cycle)의 이론열효율이 X[%]였다. 여기서 열효율 12%를 추가 향상시키기 위해서는 압력비를 약 얼마로 해야 하는가? (단, 향상된 후 열효율은 $X+12$[%]이며, 압력비를 제외한 다른 조건은 동일하다.)

① 4.6
② 6.2
③ 8.4
④ 10.8

해설 $\eta_B = 1 - \left(\dfrac{1}{\gamma}\right)^{\frac{k-1}{k}} = 1 - \left(\dfrac{1}{3}\right)^{\frac{1.3-1}{1.3}} \fallingdotseq 0.22394$

$\eta_B{}' = \eta_B + 0.12 = 0.22394 + 0.12 = 0.34394$

$\therefore \gamma = \left(\dfrac{1}{1-\eta_B{}'}\right)^{\frac{k-1}{k}} = \left(\dfrac{1}{1-0.34394}\right)^{\frac{1.3-1}{1.3}} \fallingdotseq 6.21$

02 밀폐시스템이 압력(P_1) 200kPa, 체적(V_1) 0.1m³ 인 상태에서 압력(P_2) 100kPa, 체적(V_2) 0.3m³인 상태까지 가역팽창되었다. 이 과정이 선형적으로 변화한다면 이 과정 동안 시스템이 한 일(kJ)은?

① 10
② 20
③ 30
④ 45

해설 $W = \dfrac{1}{2}(P_1 - P_2)(V_2 - V_1) + P_2(V_2 - V_1)$

$= \dfrac{1}{2} \times (200 - 100) \times (0.3 - 0.1) + 100 \times (0.3 - 0.1)$

$= 30\text{kJ}$

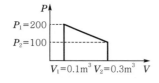

03 다음 중 그림과 같은 냉동사이클로 운전할 때 열역학 제1법칙과 제2법칙을 모두 만족하는 경우는?

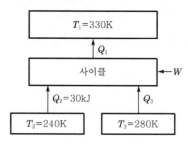

① $Q_1 = 100\text{kJ}, \quad Q_3 = 30\text{kJ}, \quad W = 30\text{kJ}$
② $Q_1 = 80\text{kJ}, \quad Q_3 = 40\text{kJ}, \quad W = 10\text{kJ}$
③ $Q_1 = 90\text{kJ}, \quad Q_3 = 50\text{kJ}, \quad W = 10\text{kJ}$
④ $Q_1 = 100\text{kJ}, \quad Q_3 = 30\text{kJ}, \quad W = 40\text{kJ}$

해설 열역학 제1법칙과 제2법칙을 만족하는 경우
㉠ 열역학 제1법칙
$Q_3 + W = Q_1 + Q_2$
$30 + 20 = 20 + 30$
㉡ 열역학 제2법칙
$\Delta S = S_2 - S_1$
$= \left(\dfrac{Q_1}{T_1} + \dfrac{Q_2}{T_2}\right) - \dfrac{Q_3}{T_3}$
$= \left(\dfrac{20}{320} + \dfrac{30}{370}\right) - \dfrac{30}{240} > 0$
$\therefore Q_1 = 100\text{kJ}, \ Q_3 = 30\text{kJ}, \ W = 40\text{kJ}$

★
04 고열원의 온도가 157℃이고, 저열원의 온도가 27℃ 인 카르노냉동기의 성적계수는 약 얼마인가?

① 1.5
② 1.8
③ 2.3
④ 3.3

해설 $(COP)_R = \dfrac{Q_2}{Q_1 - Q_2} = \dfrac{T_2}{T_1 - T_2}$

$= \dfrac{273 + 27}{(273 + 157) - (273 + 27)}$

$\fallingdotseq 2.3$

정답 **01.** ② **02.** ③ **03.** ④ **04.** ③

05 절대압력 100kPa, 온도 100℃인 상태에 있는 수소의 비체적(m^3/kg)은? (단, 수소의 분자량은 2이고, 일반기체상수는 8.3145kJ/kmol · K이다.)

① 31.0
② 15.5
③ 0.428
④ 0.0321

해설 $R = \dfrac{\text{일반기체상수}}{\text{분자량}} = \dfrac{\overline{R}}{M} = \dfrac{8.3145}{2} = 4.157\text{kJ/kg} \cdot \text{K}$

$\therefore v = \dfrac{\text{수소기체상수} \times \text{절대온도}}{\text{압력}}$

$\quad = \dfrac{RT}{P} = \dfrac{4.157 \times (273 + 100)}{100} ≒ 15.5\text{m}^3/\text{kg}$

★
06 열전도계수 1.4W/m · K, 두께 6mm 유리창의 내부표면온도는 27℃, 외부표면온도는 30℃이다. 외기온도는 36℃이고 바깥에서 창문에 전달되는 총복사열전달이 대류열전달의 50배라면 외기에 의한 대류열전달계수(W/m · K)는 약 얼마인가?

① 22.9
② 11.7
③ 2.29
④ 1.17

해설 ㉠ $Q = KA\Delta T = \dfrac{\lambda A \Delta t}{l}$

$\dfrac{Q}{A} = K\Delta t = \dfrac{\lambda \Delta t}{l} = \dfrac{1.4 \times (30 - 27)}{0.006} = 700$

㉡ $Q = KA\Delta T$

$\dfrac{Q}{A} = K\Delta T \times 50 = K \times (36 - 30) \times 50 = 300K$

㉢ ㉠=㉡

$700 = 300K$

$\therefore K = \dfrac{700}{300} ≒ 2.29\text{W/m}^2 \cdot \text{K}$

07 500℃와 100℃ 사이에서 작동하는 이상적인 Carnot 열기관이 있다. 열기관에서 생산되는 일이 200kW이라면 공급되는 열량은 약 몇 kW인가?

① 255
② 284
③ 312
④ 387

해설 $\eta = \dfrac{T_1 - T_2}{T_1} = 1 - \dfrac{T_2}{T_1} = 1 - \dfrac{100 + 273}{500 + 273} ≒ 0.517$

$\eta = \dfrac{\text{출열}}{\text{입열}} = \dfrac{W}{Q}$

$\therefore Q = \dfrac{W}{\eta} = \dfrac{200}{0.517} ≒ 387\text{kW}$

08 상온(25℃)의 실내에 있는 수은기압계에서 수은주의 높이가 730mm라면 이때 기압은 약 몇 kPa인가? (단, 25℃ 기준, 수은밀도는 13,534kg/m^3이다.)

① 91.4
② 96.9
③ 99.8
④ 104.2

해설 $P_a = \dfrac{13,534 \times 0.73}{10,332.2} \times 101.325 ≒ 96.9\text{kPa}$

★
09 8℃의 이상기체를 가역단열압축하여 그 체적을 1/5로 하였을 때 기체의 최종온도(℃)는? (단, 이 기체의 비열비는 1.4이다.)

① −125
② 294
③ 222
④ 262

해설 $T_2 = (273 + 8) \times \left(\dfrac{1}{0.2}\right)^{1.4 - 1} = 534.9\text{K} = 262℃$

★
10 어느 발명가가 바닷물로부터 매시간 1,800kJ의 열량을 공급받아 0.5kW 출력의 열기관을 만들었다고 주장한다면 이 사실은 열역학 제 몇 법칙에 위배되는가?

① 제0법칙
② 제1법칙
③ 제2법칙
④ 제3법칙

해설 열역학 제2법칙 위반, 즉 어떤 열원에서 에너지를 받아 계속적으로 일로 바꾸고 외부에 아무런 흔적을 남기지 않는 기관은 실현 불가능하다.

11 보일러 입구의 압력이 9,800kN/m^2이고, 응축기의 압력이 4,900N/m^2일 때 펌프가 수행한 일(kJ/kg)은? (단, 물의 비체적은 0.001m^3/kg이다.)

① 9.79
② 15.17
③ 87.25
④ 180.52

해설 $w_t =$ 물의 비체적×(복수기의 압력−보일러 입구압력)

$= v(P_1 - P_2)$

$= 0.001 \times (4.9 - 9,800)$

$≒ -9.79\text{kJ/kg}$

정답 05. ② 06. ③ 07. ④ 08. ② 09. ④ 10. ③ 11. ①

12 질량이 m이고 한 변의 길이가 a인 정육면체상자 안에 있는 기체의 밀도가 ρ이라면 질량이 $2m$이고 한 변의 길이가 $2a$인 정육면체상자 안에 있는 기체의 밀도는?

① ρ ② $\dfrac{1}{2}\rho$

③ $\dfrac{1}{4}\rho$ ④ $\dfrac{1}{8}\rho$

해설 밀도$(\rho) = \dfrac{\text{질량}}{\text{체적}} = \dfrac{m}{V} = \dfrac{m}{a^3}$

$$\therefore \rho' = \frac{m'}{V'} = \frac{2m}{(2a)^3} = \frac{m}{4a^3} = \frac{1}{4}\rho$$

13 어느 이상기체 2kg이 압력 200kPa, 온도 30℃의 상태에서 체적 0.8m³를 차지한다. 이 기체의 기체상수(kJ/kg · K)는 약 얼마인가?

① 0.264   ② 0.528

③ 2.34   ④ 3.53

해설 $PV = mRT$

$$\therefore R = \frac{PV}{mT} = \frac{200 \times 0.8}{2 \times (273 + 30)} = 0.264 \text{kJ/kg} \cdot \text{K}$$

★
14 흑체의 온도가 20℃에서 80℃로 되었다면 방사하는 복사에너지는 약 몇 배가 되는가?

① 1.2   ② 2.1

③ 4.7   ④ 5.5

해설 ㉠ $E_1 = 4.88 \times \left(\dfrac{273 + 20}{100}\right)^4 = 359.66 \text{kcal/m}^2 \cdot \text{h}$

㉡ $E_2 = 4.88 \times \left(\dfrac{273 + 80}{100}\right)^4 = 757.74 \text{kcal/m}^2 \cdot \text{h}$

$$\therefore \frac{E_2}{E_1} = \frac{757.74}{359.66} = 2.1$$

★
15 카르노열펌프와 카르노냉동기가 있는데, 카르노열펌프의 고열원 온도는 카르노냉동기의 고열원 온도와 같고, 카르노열펌프의 저열원 온도는 카르노냉동기의 저열원 온도와 같다. 이때 카르노열펌프의 성적계수(COP_{HP})와 카르노냉동기의 성적계수(COP_R)의 관계로 옳은 것은?

① $COP_{HP} = COP_R + 1$

② $COP_{HP} = COP_R - 1$

③ $COP_{HP} = \dfrac{1}{COP_R + 1}$

④ $COP_{HP} = \dfrac{1}{COP_R - 1}$

해설 $COP_{HP} = \dfrac{Q_1}{AW} = \dfrac{Q_2 + AW}{AW} = COP_R + 1$

★
16 1kg의 헬륨이 100kPa하에서 정압가열되어 온도가 27℃에서 77℃로 변하였을 때 엔트로피의 변화량은 약 몇 kJ/K인가? (단, 헬륨의 엔탈피(h[kJ/kg])는 다음과 같은 관계식을 가진다.)

$h = 5.238\,T$
여기서, T는 온도(K)

① 0.694   ② 0.756

③ 0.807   ④ 0.968

해설 $\Delta S = m(s_2 - s_1)\ln\dfrac{T_2}{T_1}$

$$= 1 \times 5.238 \times \ln\frac{273 + 77}{273 + 27} = 0.807$$

17 외부에서 받은 열량이 모두 내부에너지변화만을 가져오는 완전가스의 상태변화는?

① 정적변화   ② 정압변화

③ 등온변화   ④ 단열변화

해설 외부에서 받은 열량이 모두 내부에너지변화만을 가져오는 완전가스의 상태변화는 정적변화이다.

$\Delta q = \Delta u + AP\Delta V$

★
18 다음 그림은 이상적인 오토사이클의 압력(P)－부피(V)선도이다. 여기서 ㉮의 과정은 어떤 과정인가?

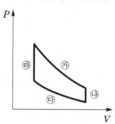

① 단열압축과정   ② 단열팽창과정

③ 등온압축과정   ④ 등온팽창과정

정답 12. ③ 13. ① 14. ② 15. ① 16. ③ 17. ① 18. ②

해설 ㉠ ㉮ : 단열팽창과정
　　㉡ ㉯ : 정적방열(팽창)과정
　　㉢ ㉰ : 단열압축과정
　　㉣ ㉱ : 정적흡열(압축)과정

19 열교환기의 1차측에서 압력 100kPa, 질량유량 0.1kg/s인 공기가 50℃로 들어가서 30℃로 나온다. 2차측에서는 물이 10℃로 들어가서 20℃로 나온다. 이때 물의 질량유량(kg/s)은 약 얼마인가? (단, 공기의 정압비열은 1kJ/kg · K이고, 물의 정압비열은 4kJ/kg · K으로 하며, 열교환과정에서 에너지손실은 무시한다.)

① 0.005　　　　② 0.01
③ 0.03　　　　④ 0.05

해설 $G_w = \dfrac{G_a C_{pa}(t_{a1} - t_{a2})}{C_{pw}(t_{w2} - t_{w1})}$

$\quad = \dfrac{0.1 \times 1 \times (50 - 30)}{4 \times (20 - 10)}$

$\quad = 0.05 \text{kg/s}$

20 다음 그림과 같이 다수의 추를 올려놓은 피스톤이 끼워져 있는 실린더에 들어있는 가스를 계로 생각한다. 초기압력이 300kPa이고, 초기체적은 0.05m³이다. 압력을 일정하게 유지하면서 열을 가하여 가스의 체적을 0.2m³로 증가시킬 때 계가 한 일(kJ)은?

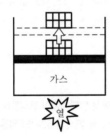

가스

열

① 30　　　　② 35
③ 40　　　　④ 45

해설 $W = P(V_2 - V_1)$

$\quad = 300 \times (0.2 - 0.05)$

$\quad = 45 \text{kJ}$

제2과목 **냉동공학**

★
21 응축기에 관한 설명으로 틀린 것은?

① 증발식 응축기의 냉각작용은 물의 증발잠열을 이용하는 방식이다.
② 이중관식 응축기는 설치면적이 작고 냉각수량도 작기 때문에 과냉각냉매를 얻을 수 있는 장점이 있다.
③ 입형 셸튜브응축기는 설치면적이 작고 전열이 양호하며 냉각관의 청소가 가능하다.
④ 공냉식 응축기는 응축압력이 수냉식보다 일반적으로 낮기 때문에 같은 냉동기일 경우 형상이 작아진다.

해설 공냉식 응축기는 응축압력과 온도가 높으므로 형상이 커진다.

22 0.24MPa 압력에서 작동되는 냉동기의 포화액 및 건포화증기의 엔탈피는 각각 396kJ/kg, 615kJ/kg이다. 동일 압력에서 건도가 0.75인 지점의 습증기의 엔탈피(kJ/kg)는 얼마인가?

① 398.75　　　　② 481.28
③ 501.49　　　　④ 560.25

해설 $h = h' + x(h'' - h')$

$\quad = 396 + 0.75 \times (615 - 396) = 560.25 \text{kcal/kg}$

★
23 염화칼슘브라인에 대한 설명으로 옳은 것은?

① 염화칼슘브라인은 식품에 대해 무해하므로 식품동결에 주로 사용된다.
② 염화칼슘브라인은 염화나트륨브라인보다 일반적으로 부식성이 크다.
③ 염화칼슘브라인은 공기 중에 장시간 방치하여 두어도 금속에 대한 부식성은 없다.
④ 염화칼슘브라인은 염화나트륨브라인보다 동일 조건에서 동결온도가 낮다.

해설 ㉠ 염화칼슘브라인에 비해 염화나트륨브라인은 동결온도가 아주 높고 금속재료에 대한 부식성도 크다.
　　㉡ 브라인으로 널리 사용하는 염화칼슘은 제빙, 냉장 및 공업용으로 사용되고, 식품에 닿으면 맛이 떨어져 좋지 않아 식품동결에는 부적합하며, 간접적 동결방법을 이용한다.

정답 **19.** ④　**20.** ④　**21.** ④　**22.** ④　**23.** ④

2021년

★
24 증기압축식 냉동기에 설치되는 가용전에 대한 설명으로 틀린 것은?

① 냉동설비의 화재 발생 시 가용합금이 용융되어 냉매를 대기로 유출시켜 냉동기 파손을 방지한다.
② 안전성을 높이기 위해 압축가스의 영향이 미치는 압축기 토출부에 설치한다.
③ 가용전의 구경은 최소 안전밸브구경의 1/2 이상으로 한다.
④ 암모니아냉동장치에서는 가용합금이 침식되므로 사용하지 않는다.

해설 가용전은 안전밸브 대신 토출가스의 영향을 받지 않는 응축기, 고압수액기에 설치하는 안전장치이다.

25 흡수냉동기의 용량제어방법으로 가장 거리가 먼 것은?

① 구동열원 입구제어
② 증기토출제어
③ 희석운전제어
④ 버너연소량제어

해설 흡수냉동기의 용량제어방법
㉠ 구동열원 입구제어
㉡ 재생기 공급증기(온수) 조절
㉢ 바이패스제어 및 버너연소량제어
㉣ 응축수량 조절
㉤ 재생기 공급용액량 조절
㉥ 흡수기 공급흡수제 조절(흡수액순환량)

26 왕복동식 압축기의 회전수를 n[rpm], 피스톤의 행정을 S[m]라 하면 피스톤의 평균속도 V_m[m/s]을 나타내는 식은?

① $V_m = \dfrac{\pi Sn}{60}$

② $V_m = \dfrac{Sn}{60}$

③ $V_m = \dfrac{Sn}{30}$

④ $V_m = \dfrac{Sn}{120}$

해설 $V_m = \dfrac{2Sn}{60} = \dfrac{Sn}{30}$

27 암모니아냉매의 특성에 대한 설명으로 틀린 것은?

① 암모니아는 오존파괴지수(ODP)와 지구온난화지수(GWP)가 각각 0으로 온실가스 배출에 대한 영향이 적다.
② 암모니아는 독성이 강하여 조금만 누설되어도 눈, 코, 기관지 등을 심하게 자극한다.
③ 암모니아는 물에 잘 용해되지만 윤활유에는 잘 녹지 않는다.
④ 암모니아는 전기절연성이 양호하므로 밀폐식 압축기에 주로 사용된다.

해설 암모니아냉매
㉠ 암모니아는 오존파괴지수(ODP)와 지구온난화지수(GWP)가 각각 0으로 온실가스 배출에 대한 영향이 적다.
㉡ 독성이 할로겐화 탄화수소계 냉매의 약 120배여서 인체에 치명적이어서 조금만 누설되어도 눈, 코, 기관지 등을 심하게 자극한다.
㉢ 암모니아는 물에 잘 용해되고, 윤활유에는 잘 녹지 않는다.
㉣ 암모니아는 전기절연물을 침식하므로 밀폐형 냉동기에 사용할 수 없지만, 프레온계 냉매는 절연내력이 커서 밀폐형 냉동기에 많이 사용된다.

28 단위시간당 전도에 의한 열량에 대한 설명으로 틀린 것은?

① 전도열량은 물체의 두께에 반비례한다.
② 전도열량은 물체의 온도차에 비례한다.
③ 전도열량은 전열면적에 반비례한다.
④ 전도열량은 열전도율에 비례한다.

해설 $Q = \dfrac{\lambda F \Delta t}{l}$ [W, kcal/h]

29 냉동장치에서 냉매 1kg이 팽창밸브를 통과하여 5℃의 포화증기로 될 때까지 50kJ의 열을 흡수하였다. 같은 조건에서 냉동능력이 400kW라면 증발냉매량(kg/s)은 얼마인가?

① 5
② 6
③ 7
④ 8

해설 $G = \dfrac{Q_e(\text{냉동능력})[\text{kcal/h}]}{q_e(\text{냉동효과})[\text{kcal/h}]} = \dfrac{400}{50} = 8\text{kg/s}$

정답 24. ② 25. ③ 26. ③ 27. ④ 28. ③ 29. ④

★
30 흡수식 냉동기에 대한 설명으로 틀린 것은?

① 흡수식 냉동기는 열의 공급과 냉각으로 냉매와 흡수제가 함께 분리되고 섞이는 형태로 사이클을 이룬다.

② 냉매가 암모니아일 경우에는 흡수제로 리튬브로마이드(LiBr)를 사용한다.

③ 리튬브로마이드수용액 사용 시 재료에 대한 부식성문제로 용액에 미량의 부식 억제제를 첨가한다.

④ 압축식에 비해 열효율이 나쁘며 설치면적을 많이 차지한다.

해설 흡수식 냉동기에서 냉매가 암모니아(NH₃)일 경우 흡수제는 물(H₂O)을 사용하며, 물을 냉매로 할 경우 흡수제로 리튬브로마이드(LiBr)를 사용한다.

참고 흡수식 냉동기의 냉매와 흡수제의 종류

냉매	흡수제
암모니아(NH₃)	물(H_2O), 로단암모니아(NH_4CHS)
물(H_2O)	황산(H_2SO_4), 가성칼리(KOH) 또는 가성소다(NaOH), 브롬화리튬(LiBr) 또는 염화리튬(LiCl)
염화에틸(C_2H_5Cl)	4클로로에탄($C_2H_2Cl_4$)
트리올(C_7H_8) 또는 펜탄(C_5H_{12})	파라핀유
메탈온(CH_3OH)	브롬화리튬메탄올용액 (LiBr + CH_3OH)
R−21($CHFCl_2$), 메틸클로라이드 (CH_2Cl_2)	4에틸렌글리콜2메틸에테르 ($CH_3 - O - (CH_2)_4 - O - CH_3$)

31 제상방식에 대한 설명으로 틀린 것은?

① 살수방식은 저온의 냉장창고용 유닛쿨러 등에서 많이 사용된다.

② 부동액 살포방식은 공기 중의 수분이 부동액에 흡수되므로 일정한 농도관리가 필요하다.

③ 핫가스 제상방식은 응축기 출구측 고온의 액냉매를 이용한다.

④ 전기히터방식은 냉각관 배열의 일부에 핀튜브형태의 전기히터를 삽입하여 착상부를 가열한다.

해설 제상방법에는 핫가스제상, 전열제상, 살수제상, 공기제상 등이 있다. 핫가스제상은 압축기에서 나온 고온냉매 증기를 증발기로 보내어 냉각기의 서리를 녹이는 방법이다.

32 나관식 냉각코일로 물 1,000kg/h를 20℃에서 5℃로 냉각시키기 위한 코일의 전열면적(m²)은? (단, 냉매액과 물과의 대수평균온도차는 5℃, 물의 비열은 4.2kJ/kg·℃, 열관류율은 0.23kW/m²·℃이다.)

① 15.2

② 30.0

③ 65.3

④ 81.4

해설 $q = G(i_1 - i_2) = G_w C_w \Delta t = KF(LMTD)$ [kW]

$$\therefore F = \frac{G_w C_w (t_2 - t_1)}{K(LMTD)}$$

$$= \frac{\dfrac{1,000}{3,600} \times 4.2 \times (20 - 5)}{0.23 \times 5}$$

$$\fallingdotseq 15.2 m^2$$

33 스크루압축기에 대한 설명으로 틀린 것은?

① 동일 용량의 왕복동압축기에 비하여 소형 경량으로 설치면적이 작다.

② 장시간 연속운전이 가능하다.

③ 부품수가 적고 수명이 길다.

④ 오일펌프를 설치하지 않는다.

해설 스크루압축기는 외부윤활유펌프(오일펌프)로 주입, 순환, 회수하는 강제순환식이 채용한다.

34 착상이 냉동장치에 미치는 영향으로 가장 거리가 먼 것은?

① 냉장실 내 온도가 상승한다.

② 증발온도 및 증발압력이 저하한다.

③ 냉동능력당 전력소비량이 감소한다.

④ 냉동능력당 소요동력이 증대한다.

해설 증발기 착상이 생기면 증발온도와 증발압력이 낮아져서 전력소비량과 소요동력이 커진다.

35 냉각탑에 관한 설명으로 옳은 것은?

① 오염된 공기를 깨끗하게 정화하며 동시에 공기를 냉각하는 장치이다.
② 냉매를 통과시켜 공기를 냉각시키는 장치이다.
③ 찬 우물물을 냉각시켜 공기를 냉각하는 장치이다.
④ 냉동기의 냉각수가 흡수한 열을 외기에 방사하고 온도가 내려간 물을 재순환시키는 장치이다.

해설 냉각탑(cooling tower)은 수냉식 응축기에 사용된 냉각수를 순환시켜 재사용하기 위하여 냉각수온과 공기를 접촉시켜 냉각수를 재사용 가능한 온도까지 냉각하는 장치이다.

36 다음 선도와 같이 응축온도만 변화하였을 때 각 사이클의 특성 비교로 틀린 것은? (단, 사이클 A : A-B-C-D-A, 사이클 B : A-B′-C′-D′-A, 사이클 C : A-B″-C″-D″-A이다.)

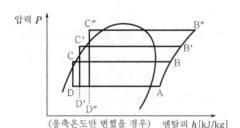

(응축온도만 변했을 경우)   엔탈피 $h\,[\text{kJ/kg}]$

① 압축비 : 사이클 C>사이클 B>사이클 A
② 압축일량 : 사이클 C>사이클 B>사이클 A
③ 냉동효과 : 사이클 C>사이클 B>사이클 A
④ 성적계수 : 사이클 A>사이클 B>사이클 C

해설 냉동효과(q_e)=증발기 출구엔탈피−증발기 입구엔탈피=$h_1 - h_4(=h_3)$
∴ 냉동효과 : A>B>C

★
37 불응축가스가 냉동기에 미치는 영향에 대한 설명으로 틀린 것은?

① 토출가스온도의 상승
② 응축압력의 상승
③ 체적효율의 증대
④ 소요동력의 증대

해설 불응축가스는 응축기 상부에 체류되면 체적효율은 감소된다.

38 열전달에 관한 설명으로 틀린 것은?

① 전도란 물체 사이의 온도차에 의한 열의 이동현상이다.
② 대류란 유체의 순환에 의한 열의 이동현상이다.
③ 대류열전달계수의 단위는 열통과율의 단위와 같다.
④ 열전도율의 단위는 W/m² · K이다.

해설 열전도율의 단위는 W/m · K, kcal/m · h · ℃이다.

39 다음 중 $P-h$선도(압력-엔탈피)에서 나타내지 못하는 것은?

① 엔탈피
② 습구온도
③ 건조도
④ 비체적

해설 몰리에르($P-h$)선도는 등압선, 등엔탈피선, 포화액선, 건포화증기선, 등온선, 등엔트로피선, 등비체적선, 등건조선, 과냉각액구역, 습포화증기구역, 과열증기구역으로 구성되어 있다.

★
40 모리엘선도 내 등건조도선의 건조도(x) 0.2는 무엇을 의미하는가?

① 습증기 중의 건포화증기 20%(중량비율)
② 습증기 중의 액체인 상태 20%(중량비율)
③ 건증기 중의 건포화증기 20%(중량비율)
④ 건증기 중의 액체인 상태 20%(중량비율)

해설 건조도란 습증기 중의 건포화증기비율이다.

정답　35. ④　36. ③　37. ③　38. ④　39. ②　40. ①

제3과목　**공기조화**

★
41 이중덕트방식에 설치하는 혼합상자의 구비조건으로 틀린 것은?

① 냉·온풍덕트 내의 정압변동에 의해 송풍량이 예민하게 변화할 것
② 혼합비율변동에 따른 송풍량의 변동이 완만할 것
③ 냉·온풍댐퍼의 공기누설이 적을 것
④ 자동제어 신뢰도가 높고 소음 발생이 적을 것

해설 이중덕트방식은 중앙식 공조기에서 냉풍과 온풍을 만들어 각각 다른 덕트에서 송풍한다. 즉 각 존 또는 각 실의 취출구로 냉풍과 온풍을 적당한 비율로 혼합하는 혼합박스를 마련하고, 각 실의 서모스탯(thermostat)에서의 제어신호에 맞춰 냉풍과 온풍을 혼합해서 적당한 온도로 실내에 송풍하는 방식이다.

42 단일덕트 정풍량방식에 대한 설명으로 틀린 것은?

① 각 실의 실온을 개별적으로 제어할 수가 있다.
② 설비비가 다른 방식에 비해서 적게 든다.
③ 기계실에 기기류가 집중 설치되므로 운전, 보수가 용이하고 진동, 소음의 전달 염려가 적다.
④ 외기의 도입이 용이하며 환기팬 등을 이용하면 외기냉방이 가능하고 전열교환기의 설치도 가능하다.

해설 단일덕트 정풍량방식은 각 실의 부하변동이 다른 건물에서 온습도의 조절에 대응하기 어렵다.

43 온수난방배관방식에서 단관식과 비교한 복관식에 대한 설명으로 틀린 것은?

① 설비비가 많이 든다.
② 온도변화가 많다.
③ 온수순환이 좋다.
④ 안정성이 높다.

해설 복관식은 균일한 온도로 각 방열기에 온수를 공급한다.

★
44 보일러 능력의 표시법에 대한 설명으로 옳은 것은?

① 과부하출력 : 운전시간 24시간 이후는 정미출력의 10~20% 더 많이 출력되는 정도이다.
② 정격출력 : 정미출력의 2배이다.
③ 상용출력 : 배관손실을 고려하여 정미출력의 1.05~1.10배 정도이다.
④ 정미출력 : 연속해서 운전할 수 있는 보일러의 최대 능력이다.

해설 ㉠ 과부하출력 : 24시간 연속운전 중 2시간 동안 연속적으로 운전 가능한 과부하출력기준
㉡ 정격출력=난방부하+급탕부하+배관부하+예열부하
　　　　　＝상용출력+예열부하
㉢ 상용출력=난방부하+급탕부하+배관부하
　　　　　＝정미출력+배관부하
㉣ 정미출력=난방부하+급탕부하

★
45 송풍기 회전날개의 크기가 일정할 때 송풍기의 회전속도를 변화시킬 경우 상사법칙에 대한 설명으로 옳은 것은?

① 송풍기 풍량은 회전속도비에 비례하여 변화한다.
② 송풍기 압력은 회전속도비의 3제곱에 비례하여 변화한다.
③ 송풍기 동력은 회전속도비의 제곱에 비례하여 변환한다.
④ 송풍기 풍량, 압력, 동력은 모두 회전속도비의 제곱에 비례하여 변화한다.

해설 **송풍기의 상사법칙**

㉠ 풍량 : $Q_1 = Q\left(\dfrac{N_2}{N_1}\right) = Q\left(\dfrac{d_1}{d}\right)^3$

㉡ 압력 : $P_1 = P\left(\dfrac{N_2}{N_1}\right)^2 = P\left(\dfrac{d_1}{d}\right)^2$

㉢ 동력 : $L_1 = L\left(\dfrac{N_2}{N_1}\right)^3 = L\left(\dfrac{d_1}{d}\right)^5$

46 공조설비의 구성은 열원설비, 열운반장치, 공조기, 자동제어장치로 이루어진다. 이에 해당하는 장치로서 직접적인 관계가 없는 것은?

① 펌프　　　　　② 덕트
③ 스프링클러　　④ 냉동기

정답　41. ①　42. ①　43. ②　44. ③　45. ①　46. ③

2021년

해설 **공조설비의 구성**
㉠ 열원설비 : 냉동기, 보일러
㉡ 열운반장치 : 펌프, 배관, 송풍기, 덕트
㉢ 공조기 : 냉각기, 가열기, 감습기, 가습기
㉣ 자동제어장치

47 실내의 냉장 현열부하가 5.8kW, 잠열부하가 0.93kW
인 방을 실온 26℃로 냉각하는 경우 송풍량(m^3/h)은?
(단, 취출온도는 15℃이며 공기의 밀도 1.2kg/m^3, 정압
비열 1.01kJ/kg · K이다.)

① 1566.1   ② 1732.4
③ 1999.8   ④ 2104.2

해설
$$q_s = 밀도 \times 송풍량 \times 정압비열 \times 온도$$
$$= \rho Q C_p (t_2 - t_1)$$
$$\therefore \ Q = \frac{q_s}{\rho C_p \Delta t}$$
$$= \frac{5.8 \times 3,600}{1.2 \times 1.01 \times (26 - 15)} \fallingdotseq 1566.1 m^3/h$$

48 난방부하를 산정할 때 난방부하의 요소에 속하지
않는 것은?

① 벽체의 열통과에 의한 열손실
② 유리창의 대류에 의한 열손실
③ 침입외기에 의한 난방손실
④ 외기부하

해설 **난방부하**
㉠ 현열 : 전도에 의한 열손실
㉡ 현열, 잠열 : 환기부하, 외기부하, 침입외기에 의한
난방손실, 극간풍에 의한 열손실

49 다음 그림은 냉방 시의 공기조화과정을 나타낸다. 그림
과 같은 조건일 경우 취출풍량이 1,000m^3/h이라면
소요되는 냉각코일의 용량(kW)은 얼마인가? (단, 공기
의 밀도는 1.2kg/m^3이다.)

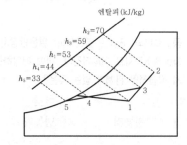

| | 1. 실내공기의 상태점 |
| 2. 외기의 상태점 |
| 3. 혼합공기의 상태점 |
| 4. 취출공기의 상태점 |
| 5. 코일의 장치노점온도 |

① 8   ② 5
③ 3   ④ 1

해설
$$Q_c = m \Delta h$$
$$= \rho Q (h_3 - h_4)$$
$$= 1.2 \times \frac{1,000}{3,600} \times (59 - 44)$$
$$= 5 kJ/s (= kW)$$

50 다음 열원방식 중에 하절기 피크전력의 평준화를
실현할 수 없는 것은?

① GHP방식   ② EHP방식
③ 지역냉난방방식   ④ 축열방식

해설 EHP(Electric Heat Pump)는 전기모터를 사용하여 컴프
레서를 구동하여 냉매를 순환하는 사이클로 공냉식 히트
펌프방식이라고도 한다.

★
51 건구온도 22℃, 절대습도 0.0135kg/kg′ 인 공기의 엔
탈피(kJ/kg)는 얼마인가? (단, 공기밀도 1.2kg/m^3,
건공기 정압비열 1.01kJ/kg · K, 수증기 정압비열
1.85kJ/kg · K, 0℃ 포화수의 증발잠열 2,501kJ/kg
이다.)

① 58.4   ② 61.2
③ 56.5   ④ 52.4

해설 h =건공기 정압비열×건구온도+(증발잠열+수증기
정압비열×건구온도)×절대습도
$$= C_{pa} t + (\gamma_0 + C_{pw} t) x$$
$$= 1.01 \times 22 + (2.501 + 1.85 \times 22) \times 0.0135$$
$$\fallingdotseq 56.5 kJ/kg$$

52 냉방부하 중 유리창을 통한 일사취득열량을 계산하
기 위한 필요사항으로 가장 거리가 먼 것은?

① 창의 열관류율   ② 창의 면적
③ 차폐계수   ④ 일사의 세기

정답   47. ①   48. ②   49. ②   50. ②   51. ③   52. ①

해설 일사취득열량은 입사각 크게, 투과율 적게, 반사율 크게, 차폐계수 적게 하면 줄일 수 있다. 즉 창의 면적, 차폐계수, 일사의 세기에 의해 계산된다.

★
53 건축구조체의 열통과율에 대한 설명으로 옳은 것은?

① 열통과율은 구조체 표면열전달 및 구조체 내 열전도율에 대한 열이동의 과정을 총 합한 값을 말한다.

② 표면열전달저항이 커지면 열통과율도 커진다.

③ 수평구조체의 경우 상향열류가 하향열류보다 열통과율이 작다.

④ 각종 재료의 열전도율은 대부분 함습율의 증가로 인하여 열전도율이 작아진다.

해설 ② 표면열전달저항이 커지면 열통과율은 작아진다.
③ 수평구조체의 경우 상향열류가 하향열류보다 열통과율이 크다.
④ 각종 재료의 열전도율은 대부분 함습률이 증가하면 열전도율도 커진다.

★
54 다음 중 출입의 빈도가 잦아 틈새바람에 의한 손실 부하가 비교적 큰 경우 난방방식으로 적용하기에 가장 적합한 것은?

① 증기난방   ② 온풍난방
③ 복사난방   ④ 온수난방

해설 복사난방은 바닥에 온수코일을 설치하여 난방하므로 틈새바람에 의한 열손실이 많은 경우에 적용한다.

★
55 다음 그림은 공조기에 ①상태의 외기와 ②상태의 실내에서 되돌아온 공기가 공조기로 들어와 ⑥상태로 실내로 공급되는 과정을 습공기선도에 표현한 것이다. 공조기 내 과정을 맞게 서술한 것은?

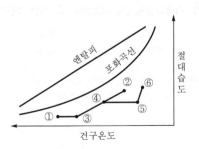

① 예열−혼합−가열−물분무가습
② 예열−혼합−가열−증기가습
③ 예열−증기가습−가열−증기가습
④ 혼합−제습−증기가습−가열

해설 예열(①→③)−혼합(④)−가열(④→⑤)−증기가습(⑤→⑥)

참고 ③→④ : 가열가습, ②→④ : 냉각감습

56 일반적으로 난방부하를 계산할 때 실내손실열량으로 고려해야 하는 것은?

① 인체에서 발생하는 잠열
② 극간풍에 의한 잠열
③ 조명에서 발생하는 현열
④ 기기에서 발생하는 현열

해설 ⑦ 냉방부하(실내취득열량) : 인체나 조명 또는 기기에서 발생하는 열량
ⓛ 난방부하(실내손실열량) : 지붕 또는 천장에서의 손실열량, 유리창에서의 손실열량, 벽에서의 손실열량, 바닥에서의 손실열량, 극간풍에 의한 부하, 신선공기에 의한 부하

57 냉수코일의 설계에 대한 설명으로 옳은 것은? (단, q_s : 코일의 냉각부하, k : 코일전열계수, FA : 코일의 정면면적, MTD : 대수평균온도차(℃), M : 젖은 면계수이다.)

① 코일 내의 순환수량은 코일 출입구의 수온차가 약 5~10℃가 되도록 선정한다.

② 관내의 수속은 2~3m/s 내외가 되도록 한다.

③ 수량이 적어 관내의 수속이 늦게 될 때에는 더블서킷(double circuit)을 사용한다.

④ 코일의 열수(N) = $\dfrac{q_s \times MTD}{M \times k \times FA}$ 이다.

해설 ⑦ 코일 입출구수온차
• 일반적 : 5~10℃(5℃ 정도)
• 지역난방, 초고층 건물 : 8~10℃
ⓛ 관내 유속 : 1.0m/s
ⓒ 수량이 적어 관내의 수속이 늦게 될 때에는 하프서킷(half circuit)을 사용한다.
ⓔ 코일의 열수 :
$$N = \frac{코일의\ 전열량 \times 대수평균온도차}{물의\ 비열 \times 열관류율 \times 면적} = \frac{q(LMTD)}{C_w kF}$$

정답   **53.** ①   **54.** ③   **55.** ②   **56.** ②   **57.** ①

ⓜ 코일 정면풍속
- 냉수코일 : 2~3m/s(2.5m/s)
- 온수코일 : 2.0~3.5m/s

58 원심송풍기에 사용되는 풍량제어방법으로 가장 거리가 먼 것은?

① 송풍기의 회전수변화에 의한 방법
② 흡입구에 설치한 베인에 의한 방법
③ 바이패스에 의한 방법
④ 스크롤댐퍼에 의한 방법

해설 원심송풍기 풍량제어의 효과적인 방법은 회전수제어, 흡입베인제어, 스크롤댐퍼제어(흡입댐퍼제어, 토출댐퍼제어) 순이다.

59 보일러의 종류 중 수관보일러 분류에 속하지 않는 것은?

① 자연순환식 보일러
② 강제순환식 보일러
③ 연관보일러
④ 관류보일러

해설 **수관보일러** : 자연순환식, 강제순환식, 관류식

★
60 온도 10℃, 상대습도 50%의 공기를 25℃로 하면 상대습도(%)는 얼마인가? (단, 10℃일 경우의 포화증기압은 1.226kPa, 25℃일 경우의 포화증기압은 3.163kPa이다.)

① 9.5
② 19.4
③ 27.2
④ 35.5

해설 $\phi_{25} = 10℃$ 상대습도 $\times \dfrac{10℃\ 포화증기압}{25℃\ 포화증기압} \times 100$

$= \phi_{10}\dfrac{P_{10}}{P_{25}} \times 100$

$= 0.5 \times \dfrac{1.226}{3.163} \times 100 ≒ 19.4\%$

---

61 $v = 141\sin\left(377t - \dfrac{\pi}{6}\right)$인 파형의 주파수(Hz)는 약 얼마인가?

① 50
② 60
③ 100
④ 377

해설 $f = \dfrac{\omega}{2\pi} = \dfrac{377}{2\pi} ≒ 60\text{Hz(CPS)}$

★
62 다음 유접점회로를 논리식으로 변환하면?

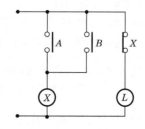

① $L = A \cdot B$
② $L = A + B$
③ $L = \overline{A + B}$
④ $L = \overline{A \cdot B}$

해설 $L = \overline{A + B}$(NOR회로)

63 다음의 제어기기에서 압력을 변위로 변환하는 변환 요소가 아닌 것은?

① 스프링
② 벨로즈
③ 노즐플래퍼
④ 다이어프램

해설 ㉠ 압력 → 변위 : 벨로즈, 다이어프램, 스프링
ⓛ 변위 → 압력 : 노즐플래퍼, 유압분사관, 스프링
ⓒ 변위 → 전압 : 퍼텐쇼미터, 차동변압기, 전위차계
ⓔ 전압 → 변위 : 전자석, 전자코일

64 자동조정제어의 제어량에 해당하는 것은?

① 전압
② 온도
③ 위치
④ 압력

해설 자동조정제어는 정전압, 정전류, 정주파수, 일정한 회전속도, 일정한 장력 등이 출력되게 제어하는 것이다.

정답 58. ③ 59. ③ 60. ② 61. ② 62. ③ 63. ③ 64. ①

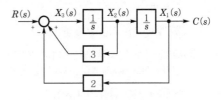

65 자극수 6극, 슬롯수 40, 슬롯 내 코일변수 6인 단중 중권직류기의 정류자 편수는?

① 60 　　　　② 80
③ 100 　　　④ 120

해설 정류자 편수(K_s)= $\dfrac{슬로\ 내\ 도체수}{2}$×슬롯수

$= \dfrac{M}{2} N_s = \dfrac{6}{2} × 40 = 120$

66 무인으로 운전되는 엘리베이터의 자동제어방식은?

① 프로그램제어 　　② 추종제어
③ 비율제어 　　　　④ 정치제어

해설 프로그램제어는 목표값이 시간과 함께 미리 정해진 변화를 하는 제어로서 열차의 무인제어, 열처리로의 온도제어, 엘리베이터(승강기), 산업운전로봇에 사용된다.

67 불평형 3상 전류 $I_a = 18 + j3$[A], $I_b = -25 - j7$[A], $I_c = -5 + j10$[A]일 때 정상분 전류 I_1[A]은 약 얼마인가?

① $-12 - j6$ 　　　② $15.9 - j5.27$
③ $6 + j6.3$ 　　　　④ $-4 + j2$

해설 $I_1 = \dfrac{1}{3}(I_a + aI_b + a^2 I_c)$

$= \dfrac{1}{3} × \{(18 + j3) + a(-25 - j7) + a^2(-5 + j10)\}$

$= \dfrac{1}{3} \{(18 + j3) + 1∠120° × (-25 - j7)$

$\qquad + 1∠-120° × (-5 + j10)\}$

$= 15.9 - j5.27$

참고 $a = 1∠120° = -\dfrac{1}{2} + j\dfrac{\sqrt{3}}{2}$

$a^2 = 1∠-120° = -\dfrac{1}{2} - j\dfrac{\sqrt{3}}{2}$

$a^3 = 1$

$a^4 = a$

68 절연저항을 측정하는데 사용되는 계기는?

① 메거(Megger) 　　② 회로시험기
③ R-L-C미터 　　　④ 검류계

해설 메거에 의한 방법은 $-10^5 Ω$ 이상의 고저항을 측정하고 절연저항측정이 가능하다.

69 다음 블록선도에서 성립이 되지 않는 식은?

① $x_3(t) = r(t) + 3x_2(t) - 2c(t)$
② $\dfrac{dx_3(t)}{dt} = x_2(t)$
③ $x_2(t) = \displaystyle\int (r(t) + 3x_2(t) - 2x_1(t))dt$
④ $x_1(t) = c(t)$

해설 ②의 x_2는 미분으로 해석했기 때문에 틀리다.

참고 $\dfrac{1}{s} → \displaystyle\int$ (적분), $s → \dfrac{d}{dt}$ (미분)

70 전압방정식이 $e(t) = Ri(t) + L\dfrac{di(t)}{dt}$로 주어지는 RL직렬회로가 있다. 직류전압 E를 인가했을 때 이 회로의 정상상태 전류는?

① $\dfrac{E}{RL}$ 　　　　② E
③ $\dfrac{E}{R}$ 　　　　　④ $\dfrac{RL}{E}$

해설 정상전류는 옴의 법칙$\left(I = \dfrac{V}{R}\right)$에서 직류전압을 인가하면 L(인덕턴스)부하는 단락상태가 된다. L은 교류전압에서는 $X_L = ωL = 2πfL$로 작동하지만, 직류전압에서는 선으로 되므로 무시된다.

$E = Ri(t) + L\dfrac{di(t)}{dt} = Ri(t)$

$∴ i = \dfrac{E}{R}$

★
71 발전기에 적용되는 법칙으로 유도기전력의 방향을 알기 위해 사용되는 법칙은?

① 옴의 법칙
② 암페어의 주회적분법칙
③ 플레밍의 왼손법칙
④ 플레밍의 오른손법칙

정답 　65. ④ 　66. ① 　67. ② 　68. ① 　69. ② 　70. ③ 　71. ④

2021년

해설 ㉠ 플레밍의 왼손법칙 : 전동기의 전자력의 방향을 결정하는 법칙

암기법 플원 엄힘 검자 중전

㉡ 플레밍의 오른손법칙 : 발전기의 전자유도에 의해서 생기는 유도전류의 방향을 나타내는 법칙

암기법 플오 엄힘 검자 중전

72 제어계에서 전달함수의 정의는?

① 모든 초기값을 0으로 하였을 때 계의 입력신호의 라플라스값에 대한 출력신호의 라플라스값의 비

② 모든 초기값을 1로 하였을 때 계의 입력신호의 라플라스값에 대한 출력신호의 라플라스값의 비

③ 모든 초기값을 ∞로 하였을 때 계의 입력신호의 라플라스값에 대한 출력신호의 라플라스값의 비

④ 모든 초기값을 입력과 출력의 비로 한다.

해설 전달함수는 모든 초기값을 0으로 하였을 때 계의 출력신호의 라플라스변환과 입력신호의 라플라스변환의 비이다.

73 2차계 시스템이 응답형태를 결정하는 것은?

① 히스테리시스　② 정밀도
③ 분해도　④ 제동계수

해설 일반형 $m\ddot{x}+c\dot{x}+kx=0$
여기서, m : 질량, c : 점성제동계수(N·s/m), k : 강성

★
74 조절부의 동작에 따른 분류 중 불연속제어에 해당되는 것은?

① ON/OFF제어동작　② 비례제어동작
③ 적분제어동작　④ 미분제어동작

해설 불연속제어(간헐제어)는 ON/OFF동작(2위치제어)이다.

75 일정전압의 직류전원에 저항을 접속하고 전류를 흘릴 때 이 전류값을 20% 감소시키기 위한 저항값은 처음 저항의 몇 배가 되는가? (단, 저항을 제외한 기타 조건은 동일하다.)

① 0.65　② 0.85
③ 0.91　④ 1.25

해설 $V = I_1 R_1 = (1-0.2)I_1 R_2$

$$\therefore R_2 = \frac{I_1}{(1-0.2)I_1}R_1 = 1.25 R_1$$

76 다음과 같은 회로에서 I_2가 0이 되기 위한 C의 값은? (단, L은 합성인덕턴스, M은 상호인덕턴스이다.)

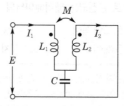

① $\dfrac{1}{\omega L}$　② $\dfrac{1}{\omega^2 L}$

③ $\dfrac{1}{\omega M}$　④ $\dfrac{1}{\omega^2 M}$

해설 $j\omega(L_2 - M)I_2 + j\omega M(I_2 - I_1) + j\dfrac{1}{\omega C}(I_2 + I_1) = 0$

$j\omega L_2 I_2 - j\omega M I_2 + j\omega M I_2 - j\omega M I_1 + j\dfrac{I_2}{\omega C} + j\dfrac{I_1}{\omega C} = 0$

$-j\omega M I_1 + j\dfrac{1}{\omega C}I_1 + j\omega L_2 I_2 + j\dfrac{1}{\omega C}I_2 = 0$

$\left(-j\omega M + j\dfrac{1}{\omega C}\right)I_1 + \left(j\omega L_2 + j\dfrac{1}{\omega C}\right)I_2 = 0$

I_2가 0이 되면 I_1의 계수가 0이 되므로

$-j\omega M + j\dfrac{1}{\omega C} = 0$

$$\therefore C = \frac{1}{\omega^2 M}$$

77 다음 그림과 같은 논리회로가 나타내는 식은?

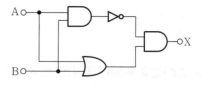

① $X = AB + BA$
② $X = (\overline{A+B})AB$
③ $X = \overline{AB}(A+B)$
④ $X = AB + (A+B)$

해설 $X = \overline{AB}(A+B)$

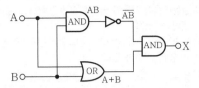

★
78 논리식 $L = \overline{x}\overline{y}z + \overline{x}yz + x\overline{y}z + xyz$를 간단히 하면?

① x　　　　　② z
③ $x\overline{y}$　　　　④ $x\overline{z}$

해설
$$L = \overline{x}\overline{y}z + \overline{x}yz + x\overline{y}z + xyz$$
$$= z(\overline{x}\overline{y} + \overline{x}y + x\overline{y} + xy)$$
$$= z[\overline{x}(\overline{y}+y) + x(\overline{y}+y)]$$
$$= z[\overline{x}(0) + x(0)]$$
$$= z$$

79 피드백제어계에서 제어요소에 대한 설명으로 옳은 것은?

① 목표값에 비례하는 기준입력신호를 발생하는 요소이다.
② 제어량의 값을 목표값과 비교하기 위하여 피드백되는 요소이다.
③ 조작부와 조절부로 구성되고 동작신호를 조작량으로 변환하는 요소이다.
④ 기준입력과 주궤환신호의 차로 제어동작을 일으키는 요소이다.

해설 제어요소는 동작신호를 조작량으로 변화하는 요소로서 조절부와 조작부로 이루어진다.

80 다음 설명이 나타내는 법칙은?

> 회로 내의 임의의 한 폐회로에서 한 방향으로 전류가 일주하면서 취한 전압 상승의 대수합은 각 회로소자에서 발생한 전압강하의 대수합과 같다.

① 옴의 법칙　　　② 가우스법칙
③ 쿨롱의 법칙　　④ 키르히호프의 법칙

해설 키르히호프의 법칙
ㄱ 제1법칙(전류의 법칙) : 어떤 회로에서 회로망의 임의의 접속점에 유입·출하는 전류의 대수합은 0이다.
ㄴ 제2법칙(전압의 법칙) : 폐회로 중의 기전력의 대수합과 전압강하의 대수합은 같다.

제5과목 **배관일반**

81 강관작업에서 다음 그림처럼 15A 나사용 90° 엘보 2개를 사용하여 길이가 200mm가 되도록 연결작업을 하려고 한다. 이때 실제 15A 강관의 길이(mm)는 얼마인가? (단, 나사가 물리는 최소 길이(여유치수)는 11mm, 이음쇠의 중심에서 단면까지의 길이는 27mm이다.)

① 142　　　　② 158
③ 168　　　　④ 176

해설 $l = L - 2(A-a) = 200 - 2 \times (27-11) = 168mm$

★
82 공기조화설비에서 수배관시공 시 주요 기기류의 접속배관에는 수리 시 전계통의 물을 배수하지 않도록 서비스용 밸브를 설치한다. 이때 밸브를 완전히 열었을 때 저항이 적은 밸브가 요구되는데 가장 적당한 밸브는?

① 나비밸브　　　② 게이트밸브
③ 니들밸브　　　④ 글로브밸브

해설 게이트밸브는 유체의 흐름을 단속하는 대표적인 일반밸브로서 저항이 적은 밸브로 사절밸브라고도 한다.

83 다음 중 배수설비에서 소제구(C.O)의 설치위치로 가장 부적절한 곳은?

① 가옥배수관과 옥외의 하수관이 접속되는 근처
② 배수수직관의 최상단부
③ 수평지관이나 횡주관의 기점부
④ 배수관이 45도 이상의 각도로 구부러지는 곳

해설 **소제구의 설치위치**
- ㉠ 가옥배수관과 대지하수관이 접속되는 곳
- ㉡ 배수수직관의 최하단부
- ㉢ 수평지관의 기점부(굴곡부)
- ㉣ 수평횡주관의 기점부(굴곡부)
- ㉤ 45도 이상의 각도로 구부러지는 곳
- ㉥ 관경 100A 이하 수평관 직선거리 15m마다, 125A 이상 30m마다
- ㉦ 각종 트랩 및 기타 막힐 우려가 많은 곳

84 스테인리스강관에 삽입하고 전용 압착공구를 사용하여 원형의 단면을 갖는 이음쇠를 6각의 형태로 압착시켜 접착하는 배관이음쇠는?

① 나사식 이음쇠　② 그립식 관이음쇠
③ 몰코조인트이음쇠　④ MR조인트이음쇠

해설 ㉠ 용접이음쇠 : 스테인리스강아크용접, TIG용접
㉡ 몰코조인트이음쇠 : 압착공구를 사용하여 원형의 단면을 갖는 이음쇠를 6각의 형태로 압착시켜 접착한 것

★
85 다음 중 흡수성이 있으므로 방습재를 병용해야 하며, 아스팔트로 가공한 것은 –60℃까지의 보냉용으로 사용이 가능한 것은?

① 펠트　② 탄화코르크
③ 석면　④ 암면

해설 **보온재**
㉠ 무기질 : 유리면, 암면, 규조토, 탄산마그네슘 등
㉡ 유기질 : 코르크, 펠트(아스팔트를 방습한 것은 –60℃까지의 보냉용에 사용 가능), 기포성 수지, 텍스류 등

86 순동이음쇠를 사용할 때에 비하여 동합금주물이음쇠를 사용할 때 고려할 사항으로 가장 거리가 먼 것은?

① 순동이음쇠 사용에 비해 모세관현상에 의한 용융 확산이 어렵다.
② 순동이음쇠와 비교하여 용접재 부착력은 큰 차이가 없다.
③ 순동이음쇠와 비교하여 냉벽 부분이 발생할 수 있다.
④ 순동이음쇠 사용에 비해 열팽창의 불균일에 의한 부정적 틈새가 발생할 수 있다.

해설 **동합금주물이음쇠를 사용할 때 고려사항**
- ㉠ 순동이음쇠 사용에 비하여 모세관현상에 의한 용융 확산이 어렵다.
- ㉡ 동합금이음쇠와 땜납과의 친화력은 동관과의 친화력과 많은 차이가 있다.
- ㉢ 동관과 이음쇠의 두께(열용량)가 다르기 때문에 양자 간의 온도분포가 불균일하게 되어 냉벽이 되기 쉽다.
- ㉣ 열팽창의 불균일에 의하여 부정적 틈새를 만들 수 있다.

87 폴리부틸렌관(PB)이음에 대한 설명으로 틀린 것은?

① 에이콘이음이라고도 한다.
② 나사이음 및 용접이음이 필요 없다.
③ 그랩링, O–링, 스페이스와셔가 필요하다.
④ 이종관접합 시는 어댑터를 사용하여 인서트 이음을 한다.

해설 **폴리부틸렌관(PB)이음**
㉠ PB이음은 에이콘이음이라고도 하며 나사이음 및 용접이음이 필요 없고, 그랩링, O–링, 스페이스와셔가 필요하다.
㉡ 특징
- 내충격성과 내한성 우수
- 온돌난방
- 급수위생, 농업·원예배관 등에 사용
- 내식성, 내약품성에 강함
- –60℃에서도 취화 안 됨
- 내열성과 보온성이 염화비닐관보다 우수

88 관 공작용 공구에 대한 설명으로 틀린 것은?

① 익스팬더 : 동관의 끝부분을 원형으로 정형 시 사용
② 봄볼 : 주관에서 분기관을 따내기 작업 시 구멍을 뚫을 때 사용
③ 열풍용접기 : PVC관의 접합, 수리를 위한 용접 시 사용
④ 리드형 오스타 : 강관에 수동으로 나사를 절삭할 때 사용

해설 ㉠ 익스팬더 : 동관의 관 끝 확관용 공구
㉡ 사이징툴 : 동관의 끝부분을 원으로 정형

정답 84. ③　85. ①　86. ②　87. ④　88. ①

89 관경 300mm, 배관길이 500mm의 중압가스수송관에서 공급압력과 도착압력이 게이지압력으로 각각 3kgf/cm², 2kgf/cm²인 경우 가스유량(m³/h)은 얼마인가? (단, 가스비중 0.64, 유량계수 52.31이다.)

① 10,238

② 20,583

③ 38,317

④ 40,153

해설 절대압력=게이지압+표준대기압

$$P_1 = 3 + 1.033 = 4.033 \text{kgf/cm}^2$$

$$P_2 = 2 + 1.033 = 3.033 \text{kgf/cm}^2$$

$$\therefore Q = K\sqrt{\frac{(P_1{}^2 - P_2{}^2)d^5}{SL}}$$

$$= 52.31\sqrt{\frac{(4.033^2 - 3.033^2) \times 30^5}{0.64 \times 500}}$$

$$\fallingdotseq 38,317 \text{m}^3/\text{h}$$

여기서, K : 유량계수, P_1, P_2 : A, B절대압력(kgf/cm²), d : 관지름(cm), S : 비중, L : 관길이(m)

90 냉매배관용 팽창밸브의 종류로 가장 거리가 먼 것은?

① 수동식 팽창밸브

② 정압식 자동팽창밸브

③ 온도식 자동팽창밸브

④ 팩리스 자동팽창밸브

해설 **냉매배관용 팽창밸브의 종류**

㉠ 수동식 팽창밸브

㉡ 자동식 팽창밸브

  • 온도식 팽창밸브(열동식)

  • 자동식 팽창밸브 혹은 정압식 팽창밸브

  • 플로트식 팽창밸브 : 저압플로트팽창밸브, 고압플로트팽창밸브

㉢ 모세관

91 온수난방에서 개방식 팽창탱크에 관한 설명으로 틀린 것은?

① 공기빼기 배기관을 설치한다.

② 4℃의 물을 100℃로 높였을 때 팽창체적비율이 4.3% 정도이므로 이를 고려하여 팽창탱크를 설치한다.

③ 팽창탱크에는 오버플로관을 설치한다.

④ 팽창관에는 반드시 밸브를 설치한다.

해설 ㉠ 개방식에는 팽창관, 안전관, 일수관(overflow pipe), 배기관 등을 부설하고, 팽창관에는 밸브를 절대 설치하지 않는다.

㉡ 밀폐식에는 수위계, 안전밸브, 압력계, 압축공기공급관으로 구성되어 있다

92 LP가스공급, 소비설비의 압력손실요인으로 틀린 것은?

① 배관의 입하에 의한 압력손실

② 엘보, 티 등에 의한 압력손실

③ 배관의 직관부에서 일어나는 압력손실

④ 가스미터, 콕, 밸브 등에 의한 압력손실

해설 배관의 입하에 의한 압력손실은 발생하지 않고 오히려 줄어든다.

93 다음 중 폴리에틸렌관의 접합법이 아닌 것은?

① 나사접합

② 인서트접합

③ 소켓접합

④ 용착슬리브접합

해설 ㉠ 폴리에틸렌관이음 : 융착이음, 플랜지이음, 테이퍼이음, 나사이음, 인서트이음 등

㉡ 주철관이음 : 소켓접합, 플랜지접합, 메커니컬접합, 타이튼접합 등

94 중앙식 급탕방식의 특징으로 틀린 것은?

① 일반적으로 다른 설비기계류와 동일한 장소에 설치할 수 있어 관리가 용이하다.

② 저탕량이 많으므로 피크부하에 대응할 수 있다.

③ 일반적으로 열원장치는 공조설비와 겸용하여 설치되기 때문에 열원단가가 싸다.

④ 배관이 연장되므로 열효율이 높다.

해설 **중앙식 급탕방식의 특징**

㉠ 다른 설비기계류와 동일한 장소에 설치되므로 관리가 용이하다.

㉡ 저탕량이 많으므로 피크로드에 대응할 수 있다.

㉢ 열원에 중유, 석탄 등의 값싼 것을 사용한다(열원장치는 공조설비와 겸하므로 연료비가 적게 든다).

㉣ 배관의 열손실이 크기 때문에 열효율이 적다.

㉤ 설비비가 많이 소요된다(처음 설치 시).

95 펌프운전 시 발생하는 캐비테이션현상에 대한 방지대책으로 틀린 것은?

① 흡입양정을 짧게 한다.
② 펌프의 회전수를 낮춘다.
③ 단흡입펌프를 사용한다.
④ 흡입관의 관경을 굵게, 굽힘을 적게 한다.

해설 **캐비테이션(공동현상) 방지대책**
　㉠ 펌프의 회전수를 느리게 한다.
　㉡ 흡입배관은 굽힘부를 적게 한다.
　㉢ 단흡입펌프를 양흡입펌프로 바꾼다.
　㉣ 흡입관경은 크게 하고, 흡입양정을 짧게 한다.
　㉤ 굴곡부를 적게 하여 흡입측의 손실수두를 작게 한다.

96 밀폐배관계에서는 압력계획이 필요하다. 압력계획을 하는 이유로 틀린 것은?

① 운전 중 배관계 내에 대기압보다 낮은 개소가 있으면 접속부에서 공기를 흡입할 우려가 있기 때문에
② 운전 중 수온에 알맞은 최소 압력 이상으로 유지하지 않으면 순환수 비등이나 플래시현상 발생 우려가 있기 때문에
③ 펌프의 운전으로 배관계 각부의 압력이 감소하므로 수격작용, 공기 정체 등의 문제가 생기기 때문에
④ 수온의 변화에 의한 체적의 팽창·수축으로 배관 각부에 악영향을 미치기 때문에

해설 **압력계획**
　㉠ 공기흡입, 정체, 순환수 비등, 국부적 플래시현상, 수격작용, 펌프의 캐비테이션
　㉡ 기기내압문제, 배관압력분포, 팽창탱크 설치 등의 문제 고려하여 계획

★
97 병원, 연구소 등에서 발생하는 배수로 하수도에 직접 방류할 수 없는 유독한 물질을 함유한 배수를 무엇이라 하는가?

① 오수　　　　　② 우수
③ 잡배수　　　　④ 특수 배수

해설 배수의 종류에는 오수(대소변기), 잡배수(주방, 세탁기, 세면기), 우수(빗물), 특수 배수(공장, 병원, 연구소) 등이 있다.

98 급탕설비에 관한 설명으로 옳은 것은?

① 급탕배관의 순환방식은 상향순환식, 하향순환식, 상하향 혼용 순환식으로 구분된다.
② 물에 증기를 직접 분사시켜 가열하는 기수혼합식의 사용증기압은 0.01MPa(0.1kgf/cm^2) 이하가 적당하다.
③ 가열에 따른 관의 신축을 흡수하기 위하여 팽창탱크를 설치한다.
④ 강제순환식 급탕배관의 구배는 1/200~1/300 정도로 한다.

해설 **급탕설비**
　㉠ 급탕배관의 순환방식은 상향순환식, 하향순환식, 역환수방식(리버스리턴)으로 구분된다.
　㉡ 기수혼합식의 증기압은 0.1~0.4MPa(1~4kgf/cm^2)로 S형과 F형의 스팀사일런서를 부착하는 급탕법이다.
　㉢ 가열에 따른 관의 신축을 흡수하기 위하여 신축이음쇠를 설치한다.
　㉣ 강제순환식 급탕배관의 구배는 1/200~1/300 정도로 한다.

★
99 증기 및 물배관 등에서 찌꺼기를 제거하기 위하여 설치하는 부속품으로 옳은 것은?

① 유니언　　　　② P트랩
③ 부싱　　　　　④ 스트레이너

해설 ㉠ 스트레이너는 관내 불순물을 걸러주는 장치로 Y형, U형, V형, 등이 있다.
　㉡ S형, P형은 배수트랩의 종류이다.

100 배관의 접합방법 중 용접접합의 특징으로 틀린 것은?

① 중량이 무겁다.
② 유체의 저항손실이 적다.
③ 접합부 강도가 강하여 누수 우려가 적다.
④ 보온피복시공이 용이하다.

해설 **용접접합**
　㉠ 중량이 가볍다.
　㉡ 유체의 저항손실이 적다.
　㉢ 기밀성과 수밀성이 뛰어나다.
　㉣ 강도가 강하다.
　㉤ 보온피복시공이 용이하다.

정답　95. ③　96. ③　97. ④　98. ④　99. ④　100. ①

2022

Engineer Air-Conditioning Refrigerating Machinery

과년도 출제문제

제1회 공조냉동기계기사

제2회 공조냉동기계기사

자주 출제되는 중요한 문제는 별표(★)로 강조했습니다.
마무리학습할 때 한 번 더 풀어보기를 권합니다.

Engineer
Air-Conditioning Refrigerating Machinery

2022년 | 제1회 공조냉동기계기사

제1과목 에너지관리

01 다음 온열환경지표 중 복사의 영향을 고려하지 않는 것은?

① 유효온도(ET)   ② 수정유효온도(CET)
③ 예상온열감(PMV)   ④ 작용온도(OT)

해설 유효온도(ET)는 기온, 습도, 풍속의 3요소가 체감에 미치는 총합효과를 단일지표로 나타낸 것으로 복사의 영향은 고려하지 않는다.

참고 온열환경지표
  ㉠ 수정유효온도(CET) : 유효온도(ET)에 복사열을 포함한 것
  ㉡ 예상온열감(PMV)의 일반적인 열적 쾌적범위 : −0.5 < PMV < +0.5
  ㉢ 작용온도(OT, 효과온도) :
$$OT = \frac{평균복사온도 + 실온}{2}[℃]$$

02 실내공기상태에 대한 설명으로 옳은 것은?

① 유리면 등의 표면에 결로가 생기는 것은 그 표면온도가 실내의 노점온도보다 높게 될 때이다.
② 실내공기온도가 높으면 절대습도도 높다.
③ 실내공기의 건구온도와 그 공기의 노점온도와의 차는 상대습도가 높을수록 작아진다.
④ 건구온도가 낮은 공기일수록 많은 수증기를 함유할 수 있다.

해설 실내공기의 건구온도와 그 공기의 노점온도와의 차는 상대습도가 높을수록 작아진다.

03 주간 피크(peak)전력을 줄이기 위한 냉방시스템방식으로 가장 거리가 먼 것은?

① 터보냉동기방식   ② 수축열방식
③ 흡수식 냉동기방식   ④ 빙축열방식

해설 주간 피크전력을 감소시키기 위한 냉방시스템방식으로 수축열방식, 흡수식 냉동기방식, 빙축열방식, GHP(가스구동히트펌프)방식 등이 있다.

★
04 열교환기에서 냉수코일 입구측의 공기와 물의 온도차 16℃, 냉수코일 출구측의 공기와 물의 온도차가 6℃이면 대수평균온도차(℃)는 얼마인가?

① 10.2   ② 9.25
③ 8.37   ④ 8.00

해설 $LMTD = \dfrac{\Delta_1 - \Delta_2}{\ln\dfrac{\Delta_1}{\Delta_2}} = \dfrac{16-6}{\ln\dfrac{16}{6}} ≒ 10.2℃$

05 습공기를 단열가습하는 경우 열수분비(u)는 얼마인가?

① 0   ② 0.5
③ 1   ④ ∞

해설 수분량의 변화가 없는 경우(∞) 엔탈피변화도 없으므로 열수분비(u)는 0이다(단열가습).

참고 열수분비$(u) = \dfrac{di}{dx} = \dfrac{전열량변화}{절대습도변화}$

06 습공기선도($t-x$선도)상에서 알 수 없는 것은?

① 엔탈피   ② 습구온도
③ 풍속   ④ 상대습도

해설 **습공기선도** : 건구온도, 비체적, 노점온도, 습구온도, 엔탈피, 절대습도, 상대습도

07 다음 중 풍량조절댐퍼의 설치위치로 가장 적절하지 않은 곳은?

① 송풍기, 공조기의 토출측 및 흡입측
② 연소의 우려가 있는 부분의 외벽 개구부
③ 분기덕트에서 풍량조정을 필요로 하는 곳
④ 덕트계에서 분기하여 사용하는 곳

정답   01. ①   02. ③   03. ①   04. ①   05. ①   06. ③   07. ②

해설 풍량조절댐퍼는 주로 분기덕트에 설치하여 토출측 및 흡입측 공기의 흐름을 수동으로 조절하는 장치이다.

08 수냉식 응축기에서 냉각수 입출구온도차가 5℃, 냉각수량이 300LPM인 경우 이 냉각수에서 1시간에 흡수하는 열량은 1시간당 LNG 몇 N·m³를 연소한 열량과 같은가? (단, 냉각수의 비열은 4.2kJ/kg·℃, LNG발열량은 43961.4kJ/N·m³, 열손실은 무시한다.)

① 4.6   ② 6.3

③ 8.6   ④ 10.8

해설 $Q = \dfrac{WC\Delta t \, [\text{kcal/h}]}{\text{LNG발열량}} = \dfrac{300 \times 60 \times 4.2 \times 5}{43961.4}$

$\fallingdotseq 8.6\text{N} \cdot \text{m}^3/\text{h}$

★
09 덕트의 분기점에서 풍량을 조절하기 위하여 설치하는 댐퍼로 가장 적절한 것은?

① 방화댐퍼   ② 스플릿댐퍼

③ 피벗댐퍼   ④ 터닝베인

해설 ㉠ 스플릿댐퍼(split damper) : 덕트의 분기부에 설치해서 풍량을 조절를 하는 데 사용
㉡ 가이드베인(guide vane) : 덕트 밴딩 부분의 기류를 안정시키기 위함. 중심반경(R)이 엘보의 평면상에서 본 폭의 1.5배일 때 가장 저항이 적음

★
10 공기 중의 수증기가 응축하기 시작할 때의 온도, 즉 공기가 포화상태로 될 때의 온도를 무엇이라고 하는가?

① 건구온도   ② 노점온도

③ 습구온도   ④ 상당외기온도

해설 노점온도(dew point temperature, 이슬점온도)란 불포화상태의 공기를 냉각하여 포화상태(상대습도 100%)가 되었을 때, 즉 수증기가 응축하기 시작할 때의 온도를 말한다.

★
11 증기난방방식에 대한 설명으로 틀린 것은?

① 환수방식에 따라 중력환수식과 진공환수식, 기계환수식으로 구분한다.

② 배관방법에 따라 단관식과 복관식이 있다.

③ 예열시간이 길지만 열량조절이 용이하다.

④ 운전 시 증기해머로 인한 소음을 일으키기 쉽다.

해설 온수난방방식은 예열시간이 길고 난방부하변동에 따른 온도조절이 용이하다.

12 다음 중 일반사무용 건물의 난방부하계산결과에 가장 작은 영향을 미치는 것은?

① 외기온도

② 벽체로부터의 손실열량

③ 인체부하

④ 틈새바람부하

해설 난방부하
㉠ 외기부하
㉡ 기기부하
㉢ 실내손실열량 : 지붕 또는 천장에서의 손실열량, 유리창에서의 손실열량, 벽체에서의 손실열량, 바닥에서의 손실열량, 극간풍(틈새)에 의한 부하, 신선공기에 의한 부하

13 정방실에 35kW의 모터에 의해 구동되는 정방기가 12대 있을 때 전력에 의한 취득열량(kW)은 얼마인가? (단, 전동기와 이것에 의해 구동되는 기계가 같은 방에 있으며, 전동기의 가동률은 0.74이고, 전동기효율은 0.87, 전동기부하율은 0.92이다.)

① 483   ② 420

③ 357   ④ 329

해설 $q = 정격 \times \dfrac{1}{효율} \times 전동기대수 \times 가동률 \times 부하율$

$\left(= \dfrac{소요동력}{정격동력}\right)$

$= 35 \times \dfrac{1}{0.87} \times 12 \times 0.74 \times 0.92 \fallingdotseq 329\text{kW}$

14 보일러의 시운전보고서에 관한 내용으로 가장 관련이 없는 것은?

① 제어기 세팅값과 입출수조건 기록

② 입출구공기의 습구온도

③ 연도가스의 분석

④ 성능과 효율측정값을 기록, 설계값과 비교

해설 보일러의 시운전보고서내용
㉠ 제어기 세팅값과 입출수조건 기록
㉡ 입출구공기의 온도
㉢ 연도가스의 분석
㉣ 성능과 효율측정값을 기록, 설계값과 비교

정답   08. ③   09. ②   10. ②   11. ③   12. ③   13. ④   14. ②

★
15 다음 용어에 대한 설명으로 틀린 것은?

① 자유면적 : 취출구 혹은 흡입구 구멍면적의 합계
② 도달거리 : 기류의 중심속도가 0.25m/s에 이르렀을 때 취출구에서의 수평거리
③ 유인비 : 전공기량에 대한 취출공기량(1차 공기)의 비
④ 강하도 : 수평으로 취출된 기류가 일정 거리만큼 진행한 뒤 기류 중심선과 취출구 중심과의 수직거리

해설 유인비는 취출공기량에 대한 유인공기의 비로 3~4 정도이며 취출공기와 실온의 온도차가 작아 기류분포가 좋다.

$$유인비 = \frac{1차\ 공기량 + 2차\ 공기량}{1차\ 공기량}$$

★
16 증기난방과 온수난방의 비교 설명으로 틀린 것은?

① 주이용열로 증기난방은 잠열이고, 온수난방은 현열이다.
② 증기난방에 비하여 온수난방은 방열량을 쉽게 조절할 수 있다.
③ 장거리 수송으로 증기난방은 발생증기압에 의하여, 온수난방은 자연순환력 또는 펌프 등의 기계력에 의한다.
④ 온수난방에 비하여 증기난방은 예열부하와 시간이 많이 소요된다.

해설 온수난방에 비해 증기난방이 예열부하와 시간이 적게 소요된다.

17 에어와셔 단열가습 시 포화효율(η)은 어떻게 표시하는가? (단, 입구공기의 건구온도 t_1, 출구공기의 건구온도 t_2, 입구공기의 습구온도 t_{w1}, 출구공기의 습구온도 t_{w2}이다.)

① $\eta = \dfrac{t_1 - t_2}{t_2 - t_{w2}}$ ② $\eta = \dfrac{t_1 - t_2}{t_1 - t_{w1}}$

③ $\eta = \dfrac{t_2 - t_1}{t_{w2} - t_1}$ ④ $\eta = \dfrac{t_1 - t_{w1}}{t_2 - t_1}$

해설 $\eta = \dfrac{입구공기의\ 건구온도 - 출구공기의\ 건구온도}{입구공기의\ 건구온도 - 입구공기의\ 습도온도}$

$= \dfrac{t_1 - t_2}{t_1 - t_{w1}}$

18 공기조화시스템에 사용되는 댐퍼의 특성에 대한 설명으로 틀린 것은?

① 일반댐퍼(Volume Control Damper) : 공기 유량조절이나 차단용이며 아연도금철판이나 알루미늄재료로 제작된다.
② 방화댐퍼(Fire Damper) : 방화벽을 관통하는 덕트에 설치되며 화재 발생 시 자동으로 폐쇄되어 화염의 전파를 방지한다.
③ 밸런싱댐퍼(Balancing Damper) : 덕트의 여러 분기관에 설치되어 분기관의 풍량을 조절하며 주로 T.A.B 시 사용된다.
④ 정풍량댐퍼(Linear Volume Control Damper) : 에너지 절약을 위해 결정된 유량을 선형적으로 조절하며 역류 방지 기능이 있어 비싸다.

해설 정풍량댐퍼는 이중덕트방식의 혼합챔버와 가변풍량방식의 정풍량유닛 등에 사용되는 것과 같은 구조이다. 그 형식에는 여러 가지가 있지만 기본적으로는 댐퍼를 통과하는 풍압을 이용해서 조리개기구를 작동시키는 것이 많이 사용된다.

★
19 공기조화기의 T.A.B측정절차 중 측정요건으로 틀린 것은?

① 시스템의 검토공정이 완료되고 시스템검토 보고서가 완료되어야 한다.
② 설계도면 및 관련 자료를 검토한 내용을 토대로 하여 보고서양식에 장비규격 등의 기준이 완료되어야 한다.
③ 댐퍼, 말단유닛, 터미널의 개도는 완전 밀폐되어야 한다.
④ 제작사의 공기조화기 시운전이 완료되어야 한다.

해설 T.A.B는 댐퍼류의 구조, 설치위치 및 작동상태를 측정해야 하므로 완전히 개폐되어야 한다.

20 강제순환식 온수난방에서 개방형 팽창탱크를 설치하려고 할 때 적당한 온수의 온도는?

① 100℃ 미만 ② 130℃ 미만
③ 150℃ 미만 ④ 170℃ 미만

해설 강제순환식 온수난방에서 개방형 팽창탱크를 설치 시 온수는 100℃ 미만이다.

정답 15. ③ 16. ④ 17. ② 18. ④ 19. ③ 20. ①

제2과목 **공조냉동설계**

21 70kPa에서 어떤 기체의 체적이 12m³이었다. 이 기체를 800kPa까지 폴리트로픽과정으로 압축했을 때 체적이 2m³로 변화했다면 이 기체의 폴리트로픽지수는 약 얼마인가?

① 1.21
② 1.28
③ 1.36
④ 1.43

해설 $P_1 V_1 \ln \dfrac{P_1}{P_2} = \dfrac{1}{n-1}(P_1 V_1 - P_2 V_2)$

$70 \times 12 \times \ln \dfrac{70}{800} = \dfrac{1}{n-1} \times (70 \times 12 - 800 \times 2)$

$\therefore n \fallingdotseq 1.36$

22 부피가 0.4m³인 밀폐된 용기에 압력 3MPa, 온도 100℃의 이상기체가 들어있다. 기체의 정압비열 5kJ/kg·K, 정적비열 3kJ/kg·K일 때 기체의 질량(kg)은 얼마인가?

① 1.2
② 1.6
③ 2.4
④ 2.7

해설 $R = C_p - C_v = 5 - 3 = 2\text{kJ/kg} \cdot \text{K}$

$PV = GRT$

$\therefore G = \dfrac{PV}{RT} = \dfrac{3,000 \times 0.4}{2 \times (273 + 100)} \fallingdotseq 1.6\text{kg}$

23 온도 100℃, 압력 200kPa의 이상기체 0.4kg이 가역단열과정으로 압력이 100kPa로 변화하였다면 기체가 한 일(kJ)은 얼마인가? (단, 기체의 비열비 1.4, 정적비열 0.7kJ/kg·K이다.)

① 13.7
② 18.8
③ 23.6
④ 29.4

해설 $_1 W_2 = G C_v T_1 \left[1 - \left(\dfrac{P_2}{P_1} \right)^{\frac{k-1}{k}} \right]$

$= 0.4 \times 0.7 \times (100 + 273) \times \left[1 - \left(\dfrac{100}{200} \right)^{\frac{1.4-1}{1.4}} \right]$

$\fallingdotseq 18.8\text{kJ}$

24 공기의 정압비열(C_p[kJ/kg·℃])이 다음과 같을 때 공기 5kg을 0℃에서 100℃까지 일정한 압력하에서 가열하는 데 필요한 열량(kJ)은 약 얼마인가? (단, 다음 식에서 t는 섭씨온도를 나타낸다.)

$$C_p = 1.0053 + 0.000079t \, [\text{kJ/kg} \cdot \text{℃}]$$

① 85.5
② 100.9
③ 312.7
④ 504.6

해설 $q = G \displaystyle\int_0^t C_p \, dt = G \int_0^{100} (1.0053 + 0.000079t) \, dt$

$= G \left[1.0053t + \dfrac{0.000079}{2} t^2 \right]_0^{100}$

$= 5 \times \left(1.0053 \times 100 + \dfrac{0.000079}{2} \times 100^2 \right) \fallingdotseq 504.6\text{kJ}$

25 흡수식 냉동기의 냉매순환과정으로 옳은 것은?

① 증발기(냉각기) → 흡수기 → 재생기 → 응축기
② 증발기(냉각기) → 재생기 → 흡수기 → 응축기
③ 흡수기 → 증발기(냉각기) → 재생기 → 응축기
④ 흡수기 → 재생기 → 증발기(냉각기) → 응축기

해설 ㉠ 냉매순환경로 : 증발기(냉각기) → 흡수기 → 열교환기 → 재생기(발생기) → 응축기 → 증발기
ⓛ 흡수제순환경로 : 흡수기 → 열교환기 → 재생기(발생기) → 열교환기 → 흡수기

26 이상기체 1kg이 초기에 압력 2kPa, 부피 0.1m³를 차지하고 있다. 가역등온과정에 따라 부피가 0.3m³로 변화했을 때 기체가 한 일(J)은 얼마인가?

① 9,540
② 2,200
③ 954
④ 220

해설 $W = 압력 \times 체적1 \times \ln \dfrac{체적2}{체적1} = P_1 V_1 \ln \dfrac{V_2}{V_1}$

$= 2,000 \times 0.1 \times \ln \dfrac{0.3}{0.1} \fallingdotseq 220\text{J}$

정답 21. ③ 22. ② 23. ② 24. ④ 25. ① 26. ④

27 증기터빈에서 질량유량이 1.5kg/s이고, 열손실률이 8.5kW이다. 터빈으로 출입하는 수증기에 대하여 다음 그림에 표시한 바와 같은 데이터가 주어진다면 터빈의 출력(kW)은 약 얼마인가?

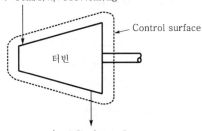

$\dot{m}_i=1.5\text{kg/s},\ z_i=6\text{m}$
$v_i=50\text{m/s},\ h_i=3137.0\text{kJ/kg}$

Control surface

터빈

$\dot{m}_e=1.5\text{kg/s},\ z_e=3\text{m}$
$v_e=200\text{m/s},\ h_e=2675.5\text{kJ/kg}$

① 273.3 ② 655.7
③ 1357.2 ④ 2616.8

해설
$$Q_L = W_t + \dot{m}(h_e - h_i) + \frac{\dot{m}}{2}(v_e^2 - v_i^2)\times10^{-3}$$
$$+\dot{m}g(z_e - z_i)\times10^{-3}$$

$$-8.5 = W_t + 1.5\times(2645.5 - 3,137) + \frac{1.5}{2}\times(200^2$$
$$-50^2)\times10^{-3} + 1.5\times9.8\times(3-6)\times10^{-3}$$

$$\therefore\ W_t = -8.5 + 692.25 - 28.125 + 1.5\times0.0441$$
$$≒655.7\text{kW}$$

★
28 냉동사이클에서 응축온도 47℃, 증발온도 −10℃이면 이론적인 최대 성적계수는 얼마인가?

① 0.21 ② 3.45
③ 4.61 ④ 5.36

해설 $COP = \dfrac{q_e}{AW} = \dfrac{T_2}{T_1 - T_2}$

$$= \frac{273 - 10}{(273 + 47) - (273 - 10)} ≒ 4.61$$

★
29 흡수식 냉동기에 사용되는 흡수제의 구비조건으로 틀린 것은?

① 냉매와 비등온도차이가 작을 것
② 화학적으로 안정하고 부식성이 없을 것
③ 재생에 필요한 열량이 크지 않을 것
④ 점성이 작을 것

해설 **흡수제의 구비조건**
㉠ 냉매와 비등온도차이가 클 것(증발 시 증발온도가 냉매의 증발온도와 차이가 있을 것)
㉡ 금속과 화학반응을 일으키지 않으며 안정적일 것
㉢ 재생에 많은 열량을 필요로 하지 않을 것(크지 않을 것)
㉣ 점도가 작을 것
㉤ 용액의 증기압이 낮을 것
㉥ 냉매의 용해도가 높을 것
㉦ 발생기와 흡수기의 용해도의 차가 클 것
㉧ 열전도율이 높을 것
㉨ 농도변화에 의한 증기압의 변화가 작을 것
㉩ 독성이 없고 비가연성일 것
㉠ 값이 싸고 입수가 용이할 것
㉫ 부식성이 없을 것

★
30 압축기의 체적효율에 대한 설명으로 옳은 것은?

① 간극체적(top clearance)이 작을수록 체적효율은 작다.
② 같은 흡입압력, 같은 증기과열도에서 압축비가 클수록 체적효율은 작다.
③ 피스톤링 및 흡입밸브의 시트에서 누설이 작을수록 체적효율이 작다.
④ 이론적 요구압축동력과 실제 소요압축동력의 비이다.

해설 ① 간극체적(top clearance)이 작을수록 체적효율은 커진다.
③ 피스톤링 및 흡입밸브의 시트에서 누설이 작을수록 체적효율이 커진다.
④ 실제로 압축기에 흡입되는 냉매증기의 체적과 피스톤이 배출한 체적과의 비를 나타낸다.

★
31 냉동장치에서 플래시가스의 발생원인으로 틀린 것은?

① 액관이 직사광선에 노출되었다.
② 응축기의 냉각수유량이 갑자기 많아졌다.
③ 액관이 현저하게 입상하거나 지나치게 길다.
④ 관의 지름이 작거나 관 내 스케일에 의해 관경이 작아졌다.

해설 응축기의 냉각수유량이 많아지면 플래시가스 발생이 줄어든다.

정답 27. ② 28. ③ 29. ① 30. ② 31. ②

2022년

32 프레온냉동장치에서 가용전에 대한 설명으로 틀린 것은?

① 가용전의 용융온도는 일반적으로 75℃ 이하로 되어 있다.
② 가용전은 Sn, Cd, Bi 등의 합금이다.
③ 온도 상승에 따른 이상고압으로부터 응축기 파손을 방지한다.
④ 가용전의 구경은 안전밸브 최소 구경의 1/2 이하이어야 한다.

해설 가용전의 구경은 안전밸브 최소 구경의 1/2 이상으로 한다.

★
33 2차 유체로 사용되는 브라인의 구비조건으로 틀린 것은?

① 비등점이 높고, 응고점이 낮을 것
② 점도가 낮을 것
③ 부식성이 없을 것
④ 열전달률이 작을 것

해설 브라인의 구비조건
㉠ 비등점이 높고, 응고점이 낮을 것
㉡ 점성(점도)이 작을 것
㉢ 부식성이 적을 것
㉣ 열전도율(열전달률)이 클 것
㉤ 불연성일 것
㉥ 동결온도가 낮을 것
㉦ 악취·독성·변색·변질이 없을 것
㉧ 구입이 용이하고, 가격이 저렴할 것

34 이상기체 1kg을 일정 체적하에 20℃로부터 100℃로 가열하는 데 836kJ의 열량이 소요되었다면 정압비열(kJ/kg · K)은 약 얼마인가? (단, 해당 가스의 분자량은 2이다.)

① 2.09　　　　② 6.27
③ 10.5　　　　④ 14.6

해설 $Q_v = GC_v \Delta t \, [\text{kJ}]$

$C_v = \dfrac{Q_v}{G\Delta t} = \dfrac{836}{1\times(100-20)} = 10.45 \, \text{kJ/kg · K}$

$R = \dfrac{8.314}{\text{분자량}} = \dfrac{8.314}{2} = 4.157 \, \text{kJ/kg · K}$

$\therefore \; C_p = C_v + R = 10.45 + 4.157 = 14.607 \, \text{kJ/kg · K}$

참고 ㉠ 정적과정 : $Q_v = mC_v \Delta T$
㉡ 정압과정 : $Q_p = mC_p \Delta T$
㉢ 전체 과정 : $Q_T = Q_v + Q_p$

35 클리어런스 포켓이 설치된 압축기에서 클리어런스가 커질 경우에 대한 설명으로 틀린 것은?

① 냉동능력이 감소한다.
② 피스톤의 체적배출량이 감소한다.
③ 체적효율이 저하한다.
④ 실제 냉매흡입량이 감소한다.

해설 클리어런스가 커질 경우
㉠ 압축기의 능력 감소
㉡ 체적배출량 증가
㉢ 체적효율 감소
㉣ 실제 냉매흡입량 감소
㉤ 윤활유 열화 및 탄화
㉥ 토출가스온도 상승
㉦ 소요동력 증가
㉧ 압축기(실린더) 과열
㉨ 윤활부품 마모 및 파손

36 카르노사이클로 작동되는 기관의 실린더 내에서 1kg의 공기가 온도 120℃에서 열량 40kJ를 받아 등온팽창한다면 엔트로피의 변화(kJ/kg · K)는 약 얼마인가?

① 0.102　　　　② 0.132
③ 0.162　　　　④ 0.192

해설 $\Delta S = \dfrac{Q}{T} = \dfrac{40}{273+120} = 0.102 \, \text{kJ/kg · K}$

★
37 20℃의 물로부터 0℃의 얼음을 매시간당 90kg을 만드는 냉동기의 냉동능력(kW)은 얼마인가? (단, 물의 비열 4.2kJ/kg · K, 물의 응고잠열 335kJ/kg이다.)

① 7.8　　　　② 8.0
③ 9.2　　　　④ 10.5

해설 $RT = \dfrac{Q_e}{3,600} = \dfrac{G(C\Delta t + \gamma)}{3,600}$

$= \dfrac{90\times[4.2\times(20-0)+335]}{3,600}$

$\fallingdotseq 10.5 \, \text{kW}$

정답　32. ④　33. ④　34. ④　35. ②　36. ①　37. ④

★
38 온도식 자동팽창밸브에 대한 설명으로 틀린 것은?

① 형식에는 일반적으로 벨로즈식과 다이어프램식이 있다.
② 구조는 크게 감온부와 작동부로 구성된다.
③ 만액식 증발기나 건식 증발기에 모두 사용이 가능하다.
④ 증발기 내 압력을 일정하게 유지하도록 냉매유량을 조절한다.

해설 온도식 자동팽창밸브(TEV)는 증발기 출구의 과열도를 일정하게 유지하도록 냉매유량을 조절한다.

39 표준냉동사이클의 단열교축과정에서 입구상태와 출구상태의 엔탈피는 어떻게 되는가?

① 입구상태가 크다.
② 출구상태가 크다.
③ 같다.
④ 경우에 따라 다르다.

해설 ㉠ 압축-응축-팽창-증발 : 단열-등온-단열-등온
㉡ 팽창과정이 교축과정이므로 입구상태와 출구상태의 엔탈피는 같다(등엔탈피과정).

40 다음 중 검사질량의 가역열전달과정에 관한 설명으로 옳은 것은?

① 열전달량은 $\int PdV$와 같다.
② 열전달량은 $\int PdV$보다 크다.
③ 열전달량은 $\int TdS$와 같다.
④ 열전달량은 $\int TdS$보다 크다.

해설 $T-S$선도에서 사이클을 이루는 도형의 크기를 구하면 일이 구해지고, 사이클을 이루는 구간을 적분하면 열이 구해진다. 가역과정은 효율이 100%이므로 TdS이다.

제3과목 시운전 및 안전관리

★
41 고압가스안전관리법령에 따라 ( ) 안의 내용으로 옳은 것은?

"충전용기"란 고압가스의 충전질량 또는 충전압력의 (㉠)이 충전되어 있는 상태의 용기를 말한다.
"잔가스용기"란 고압가스의 충전질량 또는 충전압력의 (㉡)이 충전되어 있는 상태의 용기를 말한다.

① ㉠ 2분의 1 이상, ㉡ 2분의 1 미만
② ㉠ 2분의 1 초과, ㉡ 2분의 1 이하
③ ㉠ 5분의 2 이상, ㉡ 5분의 2 미만
④ ㉠ 5분의 2 초과, ㉡ 5분의 2 이하

해설 ㉠ "충전용기"란 고압가스의 충전질량 또는 충전압력의 2분의 1 이상이 충전되어 있는 상태의 용기를 말한다.
㉡ "잔가스용기"란 고압가스의 충전질량 또는 충전압력의 2분의 1 미만이 충전되어 있는 상태의 용기를 말한다.

42 기계설비법령에 따라 기계설비 유지관리교육에 관한 업무를 위탁받아 시행하는 기관은?

① 한국기계설비건설협회
② 대한기계설비건설협회
③ 한국공작기계산업협회
④ 한국건설기계산업협회

해설 **기계설비 유지관리교육에 관한 업무위탁기관 지정**
㉠ 위탁업무의 내용 및 위탁기관

위탁업무의 내용	법 제20조 제1항에 따른 기계설비 유지관리교육에 관한 업무
관련 법령	기계설비법 시행령 제16조 제2항
위탁기관	대한기계설비건설협회

㉡ 위탁업무처리방법 : 업무를 위탁받은 기관은 그 업무를 수행함에 있어서 관련 법령의 규정에 의하여야 한다.

★
43 고압가스안전관리법령에서 규정하는 냉동기 제조등록을 해야 하는 냉동기의 기준은 얼마인가?

① 냉동능력 3톤 이상인 냉동기
② 냉동능력 5톤 이상인 냉동기
③ 냉동능력 8톤 이상인 냉동기
④ 냉동능력 10톤 이상인 냉동기

해설 **냉동기 제조신고**
ㄱ 가연성 및 독성 가스 : 냉동능력 3톤 이상
ㄴ 그 밖의 가스 : 냉동능력 20톤 이상

★
44 기계설비법령에 따라 기계설비발전 기본계획은 몇 년마다 수립·시행하여야 하는가?

① 1 ② 2
③ 3 ④ 5

해설 국토교통부장관은 기계설비산업의 육성과 기계설비의 효율적인 유지관리 및 성능 확보를 위하여 다음의 사항이 포함된 기계설비발전 기본계획(이하 "기본계획"이라 한다)을 5년마다 수립·시행하여야 한다.
ㄱ 기계설비산업의 발전을 위한 시책의 기본방향
ㄴ 기계설비산업의 부문별 육성시책에 관한 사항
ㄷ 기계설비산업의 기반조성 및 창업지원에 관한 사항
ㄹ 기계설비의 안전 및 유지관리와 관련된 정책의 기본목표 및 추진방향
ㅁ 기계설비의 안전 및 유지관리를 위한 법령·제도의 마련 등 기반조성
ㅂ 기계설비기술자 등 기계설비전문인력(이하 "전문인력"이라 한다)의 양성에 관한 사항
ㅅ 기계설비의 성능 및 기능향상을 위한 사항
ㅇ 기계설비산업의 국제협력 및 해외시장진출 지원에 관한 사항
ㅈ 기계설비기술의 연구개발 및 보급에 관한 사항
ㅊ 그 밖에 기계설비산업의 발전과 기계설비의 안전 및 유지관리를 위하여 대통령령으로 정하는 사항

★
45 전류의 측정범위를 확대하기 위하여 사용되는 것은?

① 배율기 ② 분류기
③ 저항기 ④ 계기용 변압기

해설 ㄱ 분류기(shunt) : 전류의 측정범위를 넓히기 위해 전류계에 병렬로 달아주는 저항을 분류 저항이라 한다.
ㄴ 배율기(multiplier) : 전압의 측정범위를 넓히기 위해 전압계에 직렬로 달아주는 저항을 배율기 저항이라 한다.

46 절연저항측정 시 가장 적당한 방법은?

① 메거에 의한 방법
② 전압, 전류계에 의한 방법
③ 전위차계에 의한 방법
④ 더블브리지에 의한 방법

해설 메거에 의한 방법은 $-10^5 \Omega$ 이상의 고저항을 측정하고 절연저항측정이 가능하다.

47 저항 100Ω의 전열기에 5A의 전류를 흘렸을 때 소비되는 전력은 몇 W인가?

① 500
② 1,000
③ 1,500
④ 2,500

해설 $P = IV = I^2 R = 5^2 \times 100 = 2,500\text{W}$

48 유도전동기에서 슬립이 "0"이라고 하는 것은?

① 유도전동기가 정지상태인 것을 나타낸다.
② 유도전동기가 전부하상태인 것을 나타낸다.
③ 유도전동기가 동기속도로 회전한다는 것이다.
④ 유도전동기가 제동기의 역할을 한다는 것이다.

해설 **슬립**
ㄱ $s = 0$: 회전자가 동기속도로 회전
ㄴ $s = 1$: 회전자 정지
ㄷ $s < 0$: 유도발전기
ㄹ $s > 1$: 유도제동

참고 $s = \dfrac{N_s - N}{N_s} = \dfrac{\text{동기속도} - \text{실제 속도}}{\text{동기속도}}$

★
49 다음 중 고압가스안전관리법령에 따라 500만원 이하의 벌금기준에 해당되는 경우는?

ㄱ 고압가스를 제조하려는 자가 신고를 하지 아니하고 고압가스를 제조한 경우
ㄴ 특정 고압가스사용신고자가 특정 고압가스의 사용 전에 안전관리자를 선임하지 않은 경우
ㄷ 고압가스의 수입을 업(業)으로 하려는 자가 등록을 하지 아니하고 고압가스수입업을 한 경우
ㄹ 고압가스를 운반하려는 자가 등록을 하지 아니하고 고압가스를 운반한 경우

① ㄱ ② ㄱ, ㄴ
③ ㄱ, ㄴ, ㄷ ④ ㄱ, ㄴ, ㄷ, ㄹ

정답 44. ④ 45. ② 46. ① 47. ④ 48. ③ 49. ②

해설 **벌칙**

㉠ 500만원 이하의 벌금
- 신고를 하지 아니하고 고압가스를 제조한 자
- 안전관리자를 선임하지 않은 경우

㉡ 300만원 이하의 벌금
- 용기·냉동기 및 특정 설비의 제조등록 등을 위반한 자
- 사업개시 등의 신고나 수입신고에 따른 신고를 하지 아니한 자
- 시설·용기의 안전유지나 운반 등을 위반한 자
- 정기검사 및 수시검사에 따른 정기검사나 수시검사를 받지 아니한 자
- 정밀안전검진의 실시에 따른 정밀안전검진을 받지 아니한 자
- 용기 등의 품질보장 등에 따른 회수 등의 명령을 위반한 자
- 사용신고 등에 따른 신고를 하지 아니하거나 거짓으로 신고한 자

㉢ 5년 이하의 징역 또는 5천만원 이하의 벌금 : 고압가스시설을 손괴한 자 및 용기·특정 설비를 개조한 자

㉣ 2년 이하의 금고 또는 2천만원 이하의 벌금 : 업무상 과실 또는 중대한 과실로 인하여 고압가스시설을 손괴한 자

㉤ 10년 이하의 금고 또는 1억원 이하의 벌금 : 죄를 범하여 가스를 누출시키거나 폭발하게 함으로써 사람을 상해한 자

㉥ 10년 이하의 금고 또는 1억 5천만원 이하의 벌금 : 죄를 범하여 가스를 누출시키거나 폭발하게 함으로써 사람을 사망케 한 자

★
50 다음 논리식 중 동일한 값을 나타내지 않는 것은?

① $X(X+Y)$

② $XY+X\overline{Y}$

③ $X(\overline{X}+Y)$

④ $(X+Y)(X+\overline{Y})$

해설 ① $X(X+Y)=XX+XY=X+XY$
$\qquad\qquad\qquad =X(1+Y)=X$

② $XY+X\overline{Y}=X(Y+\overline{Y})=X\cdot 1=X$

③ $X(\overline{X}+Y)=X\overline{X}+XY=0+XY=XY$

④ $(X+Y)(X+\overline{Y})=XX+X\overline{Y}+XY+Y\overline{Y}$
$\qquad\qquad\qquad =X+X\overline{Y}+XY+0$
$\qquad\qquad\qquad =X+X(\overline{Y}+Y)=X+X\cdot 0$
$\qquad\qquad\qquad =X$

51 $i_t=I_m\sin wt$인 정현파 교류가 있다. 이 전류보다 90° 앞선 전류를 표시하는 식은?

① $I_m\cos wt$

② $I_m\sin wt$

③ $I_m\cos(wt+90°)$

④ $I_m\sin(wt-90°)$

해설 $i=I_m\sin(wt+90)=I_m\cos wt$

52 추종제어에 속하지 않는 제어량은?

① 위치　　　　② 방위

③ 자세　　　　④ 유량

해설 추종제어는 목표치가 임의의 시간에 변화하는 제어로서 위치, 방위, 자세 등이 있다.

암기법 추종은 방위세을 내야 한다.

53 직류·교류 양용에 만능으로 사용할 수 있는 전동기는?

① 직권정류자전동기

② 직류복권전동기

③ 유도전동기

④ 동기전동기

해설 단상 직권정류자전동기(단상 직권전동기)는 가정용 재봉틀, 소형 공구, 영사기, 믹서, 치과 의료용 엔진 등에 사용하고 교류, 직류 양용에 사용되기 때문에 교직 양용 전동기 또는 만능 전동기(universal motor)라고 한다.

54 $i=I_{m1}\sin wt+I_{m2}\sin(2wt+\theta)$의 실효값은?

① $\dfrac{I_{m1}+I_{m2}}{2}$　　② $\sqrt{\dfrac{{I_{m1}}^2+{I_{m2}}^2}{2}}$

③ $\dfrac{\sqrt{{I_{m1}}^2+{I_{m2}}^2}}{2}$　　④ $\sqrt{\dfrac{I_{m1}+I_{m2}}{2}}$

해설 $I=\sqrt{\dfrac{{I_{m1}}^2+{I_{m2}}^2}{2}}$

참고 실효값$(I)=\dfrac{최대값}{\sqrt{2}}=\dfrac{I_m}{\sqrt{2}}$

정답 50. ③　51. ①　52. ④　53. ①　54. ②

55 다음 그림과 같은 브리지 정류회로는 어느 점에 교류 입력을 연결하여야 하는가?

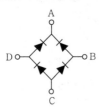

① A-B점   ② A-C점
③ B-C점   ④ B-D점

해설 B와 D에 교류 입력하면 A는 직류(+출력), C는 직류(-출력)가 나타난다.

56 배율기의 저항이 50kΩ, 전압계의 내부저항이 25kΩ이다. 전압계가 100V를 지시하였을 때 측정한 전압(V)은?

① 10   ② 50
③ 100   ④ 300

해설 $V = v\left(\dfrac{r}{r+R}\right)$

$\therefore v = V\left(\dfrac{r+R}{r}\right) = 100 \times \dfrac{25+50}{25} = 300V$

여기서, V : 전압계눈금
r : 전압계 내부저항
R : 배율기 저항

57 다음 그림과 같은 전자릴레이회로는 어떤 게이트회로인가?

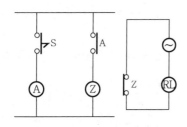

① OR   ② AND
③ NOR   ④ NOT

해설 제시된 그림은 NOT회로로 입력이 '0'일 때 출력은 '1', 입력이 '1'일 때 출력은 '0'이 되는 회로로서 입력신호에 대해서 부정(NOT)의 출력이 나오는 것이다. 논리식은 $X = \overline{A}$로 표시된다.

58 다음 그림의 논리회로와 같은 진리값을 NAND소자만으로 구성하여 나타내려면 NAND소자는 최소 몇 개가 필요한가?

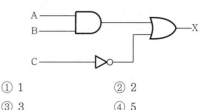

① 1   ② 2
③ 3   ④ 5

해설 $X = \overline{AB+C} = AB + \overline{C}$

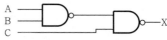

$\therefore$ NAND소자는 2개 필요하다.

참고 AND회로($X = AB$)에 NOT회로($X = \overline{A}$)를 접속한 AND-NOT회로로서 논리식은 $X = \overline{AB}$가 된다.

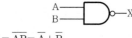

$X = \overline{AB} = \overline{A} + \overline{B}$

59 궤환제어계에 속하지 않는 신호로서 외부에서 제어량이 그 값에 맞도록 제어계에 주어지는 신호를 무엇이라 하는가?

① 목표값
② 기준입력
③ 동작신호
④ 궤환신호

해설 **목표값**(desired value) : 제어량이 어떤 값을 목표로 정하도록 외부에서 주어지는 값

★
60 제어량에 따른 분류 중 프로세스제어에 속하지 않는 것은?

① 압력   ② 유량
③ 온도   ④ 속도

해설 프로세스제어는 플랜트나 생산공정 중의 상태량을 제어량으로 하는 제어로서 온도, 유량, 압력, 액위, 농도, 밀도 등이 있다. 프로세스에 가해지는 외란의 억제를 주목적으로 한다(온도, 압력 제어장치 등).

정답   55. ④   56. ④   57. ④   58. ②   59. ①   60. ④

제4과목 **유지보수공사관리**

61 급수배관 시공 시 수격작용의 방지대책으로 틀린 것은?

① 플래시밸브 또는 급속개폐식 수전을 사용한다.
② 관지름은 유속이 2.0~2.5m/s 이내가 되도록 설정한다.
③ 역류 방지를 위하여 체크밸브를 설치하는 것이 좋다.
④ 급수관에서 분기할 때에는 T이음을 사용한다.

해설 급속개폐식 수전은 수격작용, 소음, 진동을 발생시킨다.

참고 **수격작용 방지대책**
㉠ 유속을 낮춘다(천천히 밸브 개폐, 유속 2.0~2.5m/s 이내)
㉡ 에어챔버를 설치한다.
㉢ 체크밸브를 설치한다.
㉣ 분기할 때에는 T이음을 사용한다.
㉤ 굴곡개소를 줄인다.

62 다음 중 사용압력이 가장 높은 동관은?

① L관　　② M관
③ K관　　④ N관

해설 **동관의 타입**
㉠ K형 : 두께가 두껍고 주로 고압배관에 사용한다.
㉡ L형 : 지하매설관, 옥내외의 냉온수급수관, 옥외상수도관, 저압용의 증기난방 및 복수(復水)의 회수관, 건물 내 또는 지하수관의 어느 부분에 사용한다.
㉢ M형 : K형, L형보다 두께가 얇으며 옥내의 냉온수급수관, 온수 및 저압의 증기난방배관, 지하하수관이나 통기관으로 사용한다.

63 가스배관 시공에 대한 설명으로 틀린 것은?

① 건물 내 배관은 안전을 고려, 벽, 바닥 등에 매설하여 시공한다.
② 건축물의 벽을 관통하는 부분의 배관에는 보호관 및 부식 방지 피복을 한다.
③ 배관의 경로와 위치는 장래의 계획, 다른 설비와의 조화 등을 고려하여 정한다.
④ 부식의 우려가 있는 장소에 배관하는 경우에는 방식, 절연조치를 한다.

해설 가스배관은 가능한 노출배관으로 시공하는 것을 원칙으로 한다.

★
64 공조설비 중 덕트설계 시 주의사항으로 틀린 것은?

① 덕트 내 정압손실을 적게 설계할 것
② 덕트의 경로는 가능한 최장거리로 할 것
③ 소음 및 진동이 적게 설계할 것
④ 건물의 구조에 맞도록 설계할 것

해설 **덕트설계 시 주의사항**
㉠ 덕트의 경로는 가능한 최단거리로 할 것
㉡ 종횡비(aspect ratio)는 최대 10 : 1 이하로 하고 가능한 6 : 1 이하로 하며, 일반적으로 3 : 2이고 한 변의 최소 길이는 15cm 정도로 억제할 것
㉢ 덕트의 풍속은 15m/s 이하, 정압은 50mmAq 이하의 저속덕트를 이용하여 소음을 줄일 것
㉣ 덕트의 분기점에는 댐퍼를 설치하여 압력 평형을 유지시킬 것
㉤ 재료는 아연도금강판, 알루미늄판 등을 이용하여 마찰저항손실을 줄일 것

★
65 증기배관 중 냉각레그(cooling leg)에 관한 내용으로 옳은 것은?

① 완전한 응축수를 회수하기 위함이다.
② 고온증기의 동파방지설비이다.
③ 열전도 차단을 위한 보온단열구간이다.
④ 익스팬션조인트이다.

해설 냉각레그는 트랩 전(입구)에 설치하며 1.5m 이상 비보온화를 하여 완전한 응축수를 회수하기 위함이다.

★
66 신축이음쇠의 종류에 해당하지 않는 것은?

① 벨로즈형
② 플랜지형
③ 루프형
④ 슬리브형

해설 **신축이음의 종류** : 벨로즈형(파형, 팩리스형), 루프형(만곡형, 신축곡관), 슬리브형(슬라이드형), 스위블형(2개 이상의 엘보형) 등

참고 **신축이음쇠** : 배관의 곡선부의 파손을 줄이기 위한 장치(수축, 팽창을 흡수하는 장치)

정답 61. ① 62. ③ 63. ① 64. ② 65. ① 66. ②

67 보온재의 구비조건으로 틀린 것은?

① 표면 시공이 좋아야 한다.

② 재질 자체의 모세관현상이 커야 한다.

③ 보냉효율이 좋아야 한다.

④ 난연성이나 불연성이어야 한다.

해설 보온재의 구비조건

㉠ 재질 자체의 모세관현상이 작을 것

㉡ 열전도율이 적을 것

㉢ 비중과 부피가 작을 것

㉣ 흡수성이 없을 것

㉤ 균열 신축이 적을 것

㉥ 안전사용온도가 높을 것

㉦ 내열성 및 내식성이 있을 것

68 증기난방의 환수방법 중 증기의 순환이 가장 빠르며 방열기의 설치위치에 제한을 받지 않고 대규모 난방에 주로 채택되는 방식은?

① 단관식 상향 증기난방법

② 단관식 하향 증기난방법

③ 진공환수식 증기난방법

④ 기계환수식 증기난방법

해설 진공환수식 증기난방법

㉠ 다른 방식에 비해 관지름이 작다.

㉡ 주로 대규모 난방에 많이 사용한다.

㉢ 환수관 내 유속이 빨라 응축수 배출이 빠르다.

㉣ 환수관의 진공도는 100~250mmHg 정도로 한다.

㉤ 방열기 설치위치에 제한받지 않는다.

69 온수난방배관 시 유의사항으로 틀린 것은?

① 온수방열기마다 반드시 수동식 에어벤트를 부착한다.

② 배관 중 공기가 고일 우려가 있는 곳에는 에어벤트를 설치한다.

③ 수리나 난방 휴지 시의 배수를 위한 드레인밸브를 설치한다.

④ 보일러에서 팽창탱크에 이르는 팽창관에는 밸브를 2개 이상 부착한다.

해설 팽창관 도중에는 밸브를 설치하지 않는다.

70 강관에서 호칭관경의 연결로 틀린 것은?

① 25A : $1\frac{1}{2}$B ② 20A : $\frac{3}{4}$B

③ 32A : $1\frac{1}{4}$B ④ 50A : 2B

해설 강관의 호칭관경연결

㉠ 15A : $\frac{1}{2}$B

㉡ 20A : $\frac{3}{4}$B

㉢ 25A : 1B

㉣ 32A : $1\frac{1}{4}$B

㉤ 40A : $1\frac{1}{2}$B

㉥ 50A : 2B

참고 A : mm, B : inch

71 펌프 주위 배관에 관한 설명으로 옳은 것은?

① 펌프의 흡입측에는 압력계를, 토출측에는 진공계(연성계)를 설치한다.

② 흡입관이나 토출관에는 펌프의 진동이나 관의 열팽창을 흡수하기 위하여 신축이음을 한다.

③ 흡입관의 수평배관은 펌프를 향해 1/50~1/100의 올림구배를 준다.

④ 토출관의 게이트밸브 설치높이는 1.3m 이상으로 하고 바로 위에 체크밸브를 설치한다.

해설 펌프 주위 배관

㉠ 흡입관의 수평배관은 펌프를 향하여 1/50~1/100의 상향구배(올림구배)로 한다.

㉡ 토출관에는 체크밸브를, 흡입관에는 풋밸브를 설치한다.

72 고압증기관에서 권장하는 유속기준으로 가장 적합한 것은?

① 5~10m/s

② 15~20m/s

③ 30~50m/s

④ 60~70m/s

해설 증기관 권장 유속

㉠ 저압증기관 : 20~30m/s(최대 35m/s)

㉡ 고압증기관 : 25~40m/s(최대 45m/s)

㉢ 역구배증기관 : 4~8m/s

정답 67. ② 68. ③ 69. ④ 70. ① 71. ③ 72. ③

73 중 · 고압가스배관의 유량(Q)을 구하는 계산식으로 옳은 것은? (단, P_1 : 처음 압력, P_2 : 최종압력, d : 관내경, l : 관길이, S : 가스비중, K : 유량계수)

① $Q = K\sqrt{\dfrac{(P_1 - P_2)^2 d^5}{Sl}}$

② $Q = K\sqrt{\dfrac{(P_2 - P_1)^2 d^4}{Sl}}$

③ $Q = K\sqrt{\dfrac{(P_1^2 - P_2^2) d^5}{Sl}}$

④ $Q = K\sqrt{\dfrac{(P_2^2 - P_1^2) d^4}{Sl}}$

해설 ㉠ 저압가스배관의 유량 : $Q = K\sqrt{\dfrac{d^5 H}{Sl}}$ [m³/h]

여기서, H : 허용마찰손실수두(mmH₂O)

㉡ 중 · 고압가스배관의 유량 :

$Q = K\sqrt{\dfrac{(P_1^2 - P_2^2) d^5}{Sl}}$ [m³/h]

74 보온재의 열전도율이 작아지는 조건으로 틀린 것은?

① 재료의 두께가 두꺼울수록
② 재질 내 수분이 작을수록
③ 재료의 밀도가 클수록
④ 재료의 온도가 낮을수록

해설 보온재의 열전도율이 작아지는 조건

㉠ 두께가 두꺼울수록
㉡ 재질 내 수분이 작을수록
㉢ 밀도가 작을수록
㉣ 온도가 낮을수록
㉤ 기공이 작을수록
㉥ 흡수성이 작을수록
㉦ 기공이 균일할수록
㉧ 기공률이 클수록

75 다음 중 증기사용 간접가열식 온수공급탱크의 가열관으로 가장 적절한 관은?

① 납관
② 주철관
③ 동관
④ 도관

해설 동관은 열전도가 좋아 온수공급탱크와 열교환기의 가열관으로 사용하기에 가장 적합하다.

★
76 펌프의 양수량이 60m³/min이고, 전양정이 20m일 때 벌류트펌프로 구동할 경우 필요한 동력(kW)은 얼마인가? (단, 물의 비중량은 9,800N/m³이고, 펌프의 효율은 60%로 한다.)

① 196.1
② 200.2
③ 326.7
④ 405.8

해설 $kW = \dfrac{동력}{\eta_p} = \dfrac{\gamma_w QH}{\eta_p} = \dfrac{9.8 \times \frac{60}{60} \times 20}{0.6} ≒ 326.7\text{kW}$

77 다음 중 주철관이음에 해당되는 것은?

① 납땜이음
② 열간이음
③ 타이튼이음
④ 플라스턴이음

해설 **주철관이음** : 소켓이음, 빅토릭이음, 타이튼이음, 노허브이음, 기계적 이음(메커니컬이음), 플랜지이음 등

78 전기가 정전되어도 계속하여 급수를 할 수 있으며 급수오염 가능성이 적은 급수방식은?

① 압력탱크방식
② 수도직결방식
③ 부스터방식
④ 고가탱크방식

해설 수도직결방식은 정전 시에도 급수가 가능하며 급수오염이 적다.

79 도시가스의 공급설비 중 가스홀더의 종류가 아닌 것은?

① 유수식
② 중수식
③ 무수식
④ 고압식

해설 **가스홀더의 종류**

㉠ 저압식 : 유수식, 무수식
㉡ 중 · 고압식 : 원통형, 구형

★
80 강관의 두께를 선정할 때 기준이 되는 것은?

① 곡률반경
② 내경
③ 외경
④ 스케줄번호

해설 **스케줄번호**

㉠ 관의 두께를 나타내는 계산식은 SCH No= $10 \times \dfrac{P}{S}$ 이다.

㉡ 스케줄번호는 10, 20, 30, 40, 60, 80 등이 있다.

㉢ 스케줄번호가 커질수록 관의 두께가 두꺼워진다.

참고 허용응력(S)= $\dfrac{인장강도}{안전율}$ [N/mm²]

정답 73. ③ 74. ③ 75. ③ 76. ③ 77. ③ 78. ② 79. ② 80. ④

2022년 제2회 공조냉동기계기사

제1과목 에너지관리

01 습공기의 상대습도(ϕ), 절대습도(w)와의 관계식으로 옳은 것은? (단, P_a는 건공기분압, P_s는 습공기와 같은 온도의 포화수증기압력이다.)

① $\phi = \dfrac{w}{0.622}\dfrac{P_a}{P_s}$ ② $\phi = \dfrac{w}{0.622}\dfrac{P_s}{P_a}$

③ $\phi = \dfrac{0.622}{w}\dfrac{P_s}{P_a}$ ④ $\phi = \dfrac{0.622}{w}\dfrac{P_a}{P_s}$

해설 $\phi = \dfrac{w}{0.622}\dfrac{P_a}{P_s} = \dfrac{절대습도}{0.622} \times \dfrac{건공기 분압}{포화수증기 압력}$

참고 $\phi = \dfrac{\rho_w}{\rho_s} \times 100 = \dfrac{P_w(수증기분압)}{P_s(포화수증기 분압)} \times 100[\%]$

02 난방방식의 종류별 특징에 대한 설명으로 틀린 것은?

① 저온복사난방 중 바닥복사난방은 특히 실내 기온의 온도분포가 균일하다.
② 온풍난방은 공장과 같은 난방에 많이 쓰이고 설비비가 싸며 예열시간이 짧다.
③ 온수난방은 배관부식이 크고 워밍업시간이 증기난방보다 짧으며 관의 동파 우려가 있다.
④ 증기난방은 부하변동에 대응한 조절이 곤란하고 실온분포가 온수난방보다 나쁘다.

해설 온수난방은 예열시간은 길지만 잘 식지 않으므로 증기난방에 비하여 배관의 동결 우려가 적다.

03 덕트의 경로 중 단면적이 확대되었을 경우 압력변화에 대한 설명으로 틀린 것은?

① 전압이 증가한다. ② 동압이 감소한다.
③ 정압이 증가한다. ④ 풍속은 감소한다.

해설 덕트의 단면적이 확대되었을 경우 전압 감소, 동압 감소, 정압 증가, 풍속이 감소한다.

참고 전압＝정압＋동압

04 건축의 평면도를 일정한 크기의 격자로 나누어서 이 격자의 구획 내에 취출구, 흡입구, 조명, 스프링클러 등 모든 필요한 설비요소를 배치하는 방식은?

① 모듈방식 ② 셔터방식
③ 펑커루버방식 ④ 클래스방식

해설 **모듈방식** : 모듈 설정 후 건축의 평면도에 모든 필요한 설비요소를 배치하는 방식

05 습공기의 가습방법으로 가장 거리가 먼 것은?

① 순환수를 분무하는 방법
② 온수를 분무하는 방법
③ 수증기를 분무하는 방법
④ 외부공기를 가열하는 방법

해설 **습공기 가습방법** : 온수분무가습, 순환수분무가습(세정가습, 단열분무가습), 수증기분무가습

06 공기조화설비를 구성하는 열운반장치로서 공조기에 직접 연결되어 사용하는 펌프로 가장 거리가 먼 것은?

① 냉각수펌프 ② 냉수순환펌프
③ 온수순환펌프 ④ 응축수(진공)펌프

해설 **공조설비의 구성**
㉠ 열원설비 : 냉동기, 보일러
㉡ 열운반장치 : 펌프(냉수, 온수, 응축수), 배관, 송풍기, 덕트
㉢ 공조기 : 냉각기, 가열기, 감습기, 가습기
㉣ 자동제어장치

07 다음 중 열전도율(W/m · ℃)이 가장 작은 것은?

① 납 ② 유리
③ 얼음 ④ 물

해설 ① 납 : 35W/m · ℃
② 유리 : 1.1W/m · ℃
③ 얼음 : 2.2W/m · ℃
④ 물 : 0.6W/m · ℃

정답 01. ① 02. ③ 03. ① 04. ① 05. ④ 06. ① 07. ④

★
08 현열만을 가하는 경우로 500m³/h의 건구온도(t_1) 5℃, 상대습도(Ψ_1) 80%인 습공기를 공기가열기로 가열하여 건구온도(t_2) 43℃, 상대습도(Ψ_2) 8%인 가열공기를 만들고자 한다. 이때 필요한 열량(kW)은 얼마인가? (단, 공기의 비열은 1.01kJ/kg · ℃, 공기의 밀도는 1.2kg/m³)

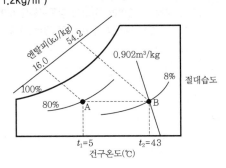

① 3.2　　　　② 5.8
③ 6.4　　　　④ 8.7

해설 $Q' = \rho Q C_p (h_B - h_A)$

$$= 1.2 \times \frac{500}{3,600} \times 1.01 \times (54.2 - 16) = 6.43 \text{kW}$$

09 저압증기난방배관에 대한 설명으로 옳은 것은?
① 하향공급식의 경우에는 상향공급식의 경우보다 배관경이 커야 한다.
② 상향공급식의 경우에는 하향공급식의 경우보다 배관경이 커야 한다.
③ 상향공급식이나 하향공급식은 배관경과 무관하다.
④ 하향공급식의 경우 상향공급식보다 워터해머를 일으키기 쉬운 배관법이다.

해설 저압증기난방배관의 증기공급방법은 상향공급식과 하향공급식이 있으며 상향공급식이 하향공급식의 경우보다 배관경이 커야 한다.

★
10 외기에 접하고 있는 벽이나 지붕으로부터의 취득열량은 건물 내외의 온도차에 의해 전도의 형식으로 전달된다. 그러나 외벽의 온도는 일사에 의한 복사열의 흡수로 외기온도보다 높게 되는데, 이 온도를 무엇이라고 하는가?
① 건구온도　　　　② 노점온도
③ 상당외기온도　　④ 습구온도

해설 **상당외기온도**
㉠ 복사열의 흡수로 외기온도보다 높은 온도(축열계수를 곱함)
㉡ 상당외기온도차요소 : 태양일사량(계절과 시각과 방위에 따라), 흡수율, 표면열전달률, 외기온도, 실내온도
㉢ 상당외기온도차=(실외온도−실내온도)×축열계수(c)

★
11 다음 중 습공기선도상의 상태변화에 대한 설명으로 틀린 것은?

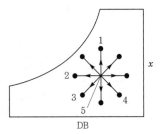

① 5 → 1 : 가습　　② 5 → 2 : 현열냉각
③ 5 → 3 : 냉각가습　④ 5 → 4 : 가열감습

해설 5 → 3 : 냉각감습

★
12 다음 표는 암모니아냉매설비의 운전을 위한 안전관리절차서에 대한 설명이다. 이 중 틀린 내용은?

㉠ 노출확인절차서 : 반드시 호흡용 보호구를 착용한 후 감지기를 이용하여 공기 중 암모니아농도를 측정한다.
㉡ 노출로 인한 위험관리절차서 : 암모니아가 노출되었을 때 호흡기를 보호할 수 있는 호흡보호프로그램을 수립하여 운영하는 것이 바람직하다.
㉢ 근로자 작업 확인 및 교육절차서 : 암모니아설비가 밀폐된 곳이나 외진 곳에 설치된 경우 해당 지역에서 근로자 작업을 할 때에는 다음 중 어느 하나에 의해 근로자의 안전을 확인할 수 있어야 한다.
(가) CCTV 등을 통한 육안 확인
(나) 무전기나 전화를 통한 음성 확인
㉣ 암모니아설비 및 안전설비의 유지관리절차서 : 암모니아설비 주변에 설치된 안전대책의 작동 및 사용 가능 여부를 최소한 매년 1회 확인하고 점검하여야 한다.

① ㉠　　　　② ㉡
③ ㉢　　　　④ ㉣

정답　08. ③　09. ②　10. ③　11. ③　12. ④

해설 **암모니아설비 및 안전설비의 유지관리절차**
ⓐ 암모니아설비 주변에 설치된 안전대책을 주기적으로 점검하고 작동 여부를 확인하여야 한다.
ⓑ 암모니아설비 주변의 안전대책에는 다음 설비들이 포함되어야 한다.
  • 모니터, 감지설비 및 경보설비
  • 무전기
  • 아이샤워(Eye shower), 비상샤워 및 응급조치함
  • 호흡용 보호구와 피부보호장비
ⓒ 암모니아설비 주변에 설치된 안전대책의 작동 및 사용 가능 여부를 최소한 분기별로 1회 확인하고 점검하여야 한다.
ⓓ 암모니아 누출감지 및 경보설비를 선정하고 관리할 때에는 다음 사항에 주의하여야 한다.
  • 신뢰도, 정확도, 응답속도(Response speed) 및 작동온도범위를 고려하여 선정하여야 한다.
  • 암모니아 외의 다른 물질이 누출된 경우에는 감응하지 않는 선택성을 갖는 감지설비를 선정하는 것이 바람직하다.
  • 매년 검교정을 실시하며, 누출을 감지하여 작동한 경우에도 검교정을 실시하여야 한다.
  • 전기화학적 감지기(Electrochemical sensor)가 장착된 경우 한번이라도 경보가 울린 후에는 반드시 감지기를 교체하여야 한다.
  • 경보음과 경보등은 외부에서 실내의 농도를 정확히 읽을 수 있도록 설치되어야 한다.
ⓔ 암모니아설비의 유지보수 중에는 안전표지와 "수리 중"이라는 표지를 설치하여 다른 사람의 접근이나 설비가동을 방지하여야 한다.
ⓕ 암모니아 열교환기 및 주변 설비의 유지보수는 반드시 작업계획을 수립하여 작업허가를 받은 후에 시행되어야 한다.

13 다음 중 보온, 보냉, 방로의 목적으로 덕트 전체를 단열해야 하는 것은?

① 급기덕트   ② 배기덕트
③ 외기덕트   ④ 배연덕트

해설 급기덕트는 보온, 보냉, 방로의 목적으로 덕트 전체를 단열한다.

14 보일러의 스케일 방지방법으로 틀린 것은?

① 슬러지는 적절한 분출로 제거한다.
② 스케일 방지성분인 칼슘의 생성을 돕기 위해 경도가 높은 물을 보일러수로 활용한다.
③ 경수연화장치를 이용하여 스케일 생성을 방지한다.
④ 인산염을 일정 농도가 되도록 투입한다.

해설 보일러의 스케일 방지를 위해 경도가 낮은 물을 보일러수로 활용한다.

★
15 어느 건물 서편의 유리면적이 40m²이다. 안쪽에 크림색의 베네시안블라인드를 설치한 유리면으로부터 침입하는 열량(kW)은 얼마인가? (단, 외기 33℃, 실내공기 27℃, 유리는 1중이며, 유리의 열통과율은 5.9W/m² · ℃, 유리창의 복사량(I_{gr})은 608W/m², 차폐계수는 0.56이다.)

① 15.0   ② 13.6
③ 3.6   ④ 1.4

해설 $Q = kI_{gr}A + KA(t_o - t_i)$
$= 0.56 \times 608 \times 10^{-3} \times 40 + (5.9 \times 10^{-3}) \times 40$
$\times (33 - 27)$
$≒ 15kW$

★
16 T.A.B 수행을 위한 계측기기의 측정위치로 가장 적절하지 않은 것은?

① 온도측정위치는 증발기 및 응축기의 입·출구에서 최대한 가까운 곳으로 한다.
② 유량측정위치는 펌프의 출구에서 가장 가까운 곳으로 한다.
③ 압력측정위치는 입·출구에 설치된 압력계용 탭에서 한다.
④ 배기가스온도측정위치는 연소기의 온도계 설치위치 또는 시료채취 출구를 이용한다.

해설 배관에 유체가 항상 만관이 되는 위치에 설치해야 하는 유량측정기는 펌프의 유입구나 확관 부위 등 기포가 발생하거나 퇴적물이 쌓이는 위치는 피해 펌프의 출구에서 떨어진 곳에 설치한다.

17 난방부하가 7559.5W인 어떤 방에 대해 온수난방을 하고자 한다. 방열기의 상당방열면적(m²)은 얼마인가? (단, 방열량은 표준방열량으로 한다.)

① 6.7   ② 8.4
③ 10.2   ④ 14.4

해설 $EDR = \dfrac{Q}{q_0} = \dfrac{7559.5}{523} ≒ 14.4m^2$

참고 **표준방열량(q_0)**
ⓐ 증기 : 650kcal/h≒756W
ⓑ 온수 : 450kcal/h≒523W

정답 **13.** ① **14.** ② **15.** ① **16.** ② **17.** ④

18 에어와셔 내에서 물을 가열하지도, 냉각하지도 않고 연속적으로 순환분무시키면서 공기를 통과시켰을 때 공기의 상태변화는 어떻게 되는가?

① 건구온도는 높아지고, 습구온도는 낮아진다.
② 절대온도는 높아지고, 습구온도는 낮아진다.
③ 상대습도는 높아지고, 건구온도는 낮아진다.
④ 건구온도는 높아지고, 상대습도는 낮아진다.

해설 에어와셔 내 순환분무 시 공기의 상태변화
ㄱ 절대습도와 상대습도 상승
ㄴ 건구온도 하강
ㄷ 엔탈피 일정

★
19 크기에 비해 전열면적이 크므로 증기 발생이 빠르고 열효율도 좋지만 내부청소가 곤란하므로 양질의 보일러수를 사용할 필요가 있는 보일러는?

① 입형보일러
② 주철제보일러
③ 노통보일러
④ 연관보일러

해설 연관보일러
ㄱ 장점
• 소형으로 장소가 좁아도 설치 가능하다.
• 설비비가 저렴하다.
• 취급이 용이하며 간편하다.
• 부하변동에 적응성이 좋다.
• 보유수량이 적어도 전열면적이 커서 증기 발생도가 빠르다.
• 물의 순환이 양호하다.
ㄴ 단점
• 연관보일러는 효율(60~70%)이 낮은 편이나 노통보일러(50%)보다는 열효율이 좋다.
• 연소실이 작기 때문에 완전 연소가 불가능하다.
• 증기부 발생부가 적어 건증기 발생이 약하다.
• 내부청소와 검사가 쉽지 않아 양질의 보일러수 사용이 필요하다.
• 급수용량제어가 필요하다.
• 보유수량이 작다.
• 연관 상부의 고열을 주의해야 한다.
• 내부구조가 복잡하다.
• 예열시간이 길다

20 온수난방과 비교하여 증기난방에 대한 설명으로 옳은 것은?

① 예열시간이 짧다.
② 실내온도의 조절이 용이하다.
③ 방열기 표면의 온도가 낮아 쾌적한 느낌을 준다.
④ 실내에서 상하온도차가 작으며 방열량의 제어가 다른 난방에 비해 쉽다.

해설 증기난방
ㄱ 예열시간이 짧고 순환이 빠르다.
ㄴ 비용이 적게 든다.
ㄷ 열의 운반능력이 크다.
ㄹ 한랭지에서 동결 우려가 적다.

제2과목 **공조냉동설계**

★
21 공기압축기에서 입구공기의 온도와 압력은 각각 27℃, 100kPa이고, 체적유량은 0.01m³/s이다. 출구에서 압력이 400kPa이고, 이 압축기의 등엔트로피효율이 0.8일 때 압축기의 소요동력(kW)은 얼마인가? (단, 공기의 정압비열과 기체상수는 각각 1kJ/kg·K, 0.287kJ/kg·K이고, 비열비는 1.40이다.)

① 0.9 ② 1.7
③ 2.1 ④ 3.8

해설 $PV = mRT$

$$\rho = \frac{m}{V} = \frac{P_1}{RT_1} = \frac{100}{0.287 \times (273+27)} = 1.16 \text{kg/m}^3$$

등엔트로피 가역단열변화이므로

$$\frac{T_2}{T_1} = \left(\frac{P_1}{P_2}\right)^{\frac{1-k}{k}}$$

$$T_2 = T_1 \left(\frac{P_1}{P_2}\right)^{\frac{1-k}{k}}$$

$$= (273+27) \times \left(\frac{400}{100}\right)^{\frac{1-1.4}{1.4}} ≒ 445.8\text{K}$$

$$\dot{W}_{th} = \dot{m} C_p \Delta T = \rho Q C_p (T_2 - T_1)$$

$$= 1.16 \times 0.01 \times 1 \times (445.8 - 300) ≒ 1.7\text{kW}$$

$$\therefore \dot{W} = \frac{\dot{W}_{th}}{\eta} = \frac{1.7}{0.8} ≒ 2.1\text{kW}$$

22 다음은 2단 압축 1단 팽창 냉동장치의 중간냉각기를 나타낸 것이다. 각부에 대한 설명으로 틀린 것은?

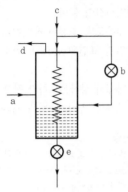

① a의 냉매관은 저단압축기에서 중간냉각기로 냉매가 유입되는 배관이다.
② b는 제1(중간냉각기 앞) 팽창밸브이다.
③ d 부분의 냉매증기온도는 a 부분의 냉매증기온도보다 낮다.
④ a와 c의 냉매순환량은 같다.

> **해설** a의 냉매순환량이 c의 냉매순환량보다 크다($m_a > m_c$).

★
23 흡수식 냉동기의 냉매와 흡수제 조합으로 가장 적절한 것은?

① 물(냉매) – 프레온(흡수제)
② 암모니아(냉매) – 물(흡수제)
③ 메틸아민(냉매) – 황산(흡수제)
④ 물(냉매) – 디메틸에테르(흡수제)

> **해설** **흡수식 냉동기의 냉매와 흡수제의 종류**
>
> | 냉매 | 흡수제 |
> |---|---|
> | 암모니아(NH_3) | 물(H_2O), 로단암모니아(NH_4CHS) |
> | 물(H_2O) | 황산(H_2SO_4), 가성칼리(KOH) 또는 가성소다(NaOH), 브롬화리튬(LiBr) 또는 염화리튬(LiCl) |
> | 염화에틸(C_2H_5Cl) | 4클로로에탄($C_2H_2Cl_4$) |
> | 트리올(C_7H_8) 또는 펜탄(C_5H_{12}) | 파라핀유 |
> | 메탈온(CH_3OH) | 브롬화리튬메탄올용액 ($LiBr + CH_3OH$) |
> | $R-21$($CHFCl_2$), 메틸클로라이드 (CH_2Cl_2) | 4에틸렌글리콜2메틸에테르 ($CH_3-O-(CH_2)_4-O-CH_3$) |

24 밀폐계에서 기체의 압력이 500kPa로 일정하게 유지되면서 체적이 $0.2m^3$에서 $0.7m^3$로 팽창하였다. 이 과정 동안에 내부에너지의 증기가 60kJ이라면 계가 한 일(kJ)은 얼마인가?

① 450 ② 310
③ 250 ④ 150

> **해설** $W = P(V_2 - V_1) = 500 \times (0.7 - 0.2) = 250kJ$

25 견고한 밀폐용기 안에 공기가 압력 100kPa, 체적 $1m^3$, 온도 20℃ 상태로 있다. 이 용기를 가열하여 압력이 150kPa이 되었다. 최종상태의 온도와 가열량은 각각 얼마인가? (단, 공기는 이상기체이며, 공기의 정적비열은 0.717 kJ/kg·K, 기체상수는 0.287kJ/kg·K 이다.)

① 303.2K, 117.8kJ
② 303.2K, 124.9kJ
③ 439.7K, 117.8kJ
④ 439.7K, 124.9kJ

> **해설** ㉠ $V = C$
>
> $$\frac{P_1}{T_1} = \frac{P_2}{T_2}$$
>
> $$\therefore \ T_2 = T_1 \frac{P_2}{P_1} = (20 + 273.15) \times \frac{150}{100} = 439.7K$$
>
> ㉡ $Q = mC_v(T_2 - T_1) = \frac{P_1 V_1}{RT_1} C_v(T_2 - T_1)$
>
> $$= \frac{100 \times 1}{0.287 \times (20 + 273.15)} \times 0.717$$
> $$\times (439.7 - (20 + 273.15))$$
> $$\approx 124.9kJ$$

26 이상기체가 등온과정으로 부피가 2배로 팽창할 때 한 일이 W_1이다. 이 이상기체가 같은 초기조건에서 폴리트로픽과정($n = 2$)으로 부피가 2배로 팽창할 때 W_1 대비 한 일은 얼마인가?

① $\frac{1}{2\ln 2} W_1$
② $\frac{2}{\ln 2} W_1$
③ $\frac{\ln 2}{2} W_1$
④ $2\ln 2\, W_1$

해설 $W_1 = P_1 V_1 \ln \dfrac{V_2}{V_1} = P_1 V_1 \ln 2 \,[\text{kJ}]$

$$\therefore W = \frac{1}{n-1} P_1 V_1 \left[1 - \left(\frac{V_1}{V_2} \right)^{n-1} \right]$$

$$= \frac{1}{2-1} P_1 V_1 \left[1 - \left(\frac{V_1}{2V_1} \right)^{2-1} \right]$$

$$= \frac{1}{2} P_1 V_1 = \frac{1}{2\ln 2} W_1 \,[\text{kJ}]$$

27 증발기에 대한 설명으로 틀린 것은?

① 냉각실온도가 일정한 경우 냉각실온도와 증발기 내 냉매증발온도의 차이가 작을수록 압축기 효율은 좋다.

② 동일 조건에서 건식 증발기는 만액식 증발기에 비해 충전냉매량이 적다.

③ 일반적으로 건식 증발기 입구에서는 냉매의 증기가 액냉매에 섞여있고, 출구에서 냉매는 과열도를 갖는다.

④ 만액식 증발기에서는 증발기 내부에 윤활유가 고일 염려가 없어 윤활유를 압축기로 보내는 장치가 필요하지 않다.

해설 만액식 증발기

㉠ 만액식 증발기 내에 오일이 고일 염려가 있으므로 프레온의 경우 유회수장치가 필요하다.

㉡ 만액식 증발기는 증발기 내 액 75%, 가스 25%로 냉매 액량이 많으므로 건식 증발기보다 전열이 양호하고 액체냉각용에 주로 사용한다.

28 다음 중 압력값이 다른 것은?

① 1mAq

② 73.56mmHg

③ 980.665Pa

④ 0.98N/cm²

해설 ① 1mAq : $P = \gamma_w h = 9{,}800 \times 1 = 9{,}800\text{N/m}^2 (= \text{Pa})$
$= 0.98\text{N/cm}^2$

② 73.56mmHg : $P = \gamma_{\text{Hg}} h = (9{,}800 \times 13.6) \times 0.07356$
$\fallingdotseq 9{,}804\text{N/m}^2 \fallingdotseq 0.98\text{N/cm}^2$

③ 980.665Pa$(= \text{N/m}^2) = 0.098\text{N/cm}^2$

29 냉동기에서 고압의 액체냉매와 저압의 흡입증기를 서로 열교환시키는 열교환기의 주된 설치목적은?

① 압축기 흡입증기과열도를 낮추어 압축효율을 높이기 위함

② 일종의 재생사이클을 만들기 위함

③ 냉매액을 과냉시켜 플래시가스 발생을 억제하기 위함

④ 이원 냉동사이클에서의 캐스케이드응축기를 만들기 위함

해설 열교환기를 사용하여 팽창밸브 직전의 냉매액을 과냉시켜 플래시가스 발생을 방지한다.

30 피스톤 – 실린더시스템에 100kPa의 압력을 갖는 1kg의 공기가 들어있다. 초기체적은 0.5m³이고, 이 시스템에 온도가 일정한 상태에서 열을 가하여 부피가 1.0m³이 되었다. 이 과정 중 시스템에 가해진 열량(kJ)은 얼마인가?

① 30.7
② 34.7
③ 44.8
④ 50.0

해설 $W = P_1 V_1 \ln \dfrac{V_2}{V_1} = 100 \times 0.5 \times \ln \dfrac{1}{0.5} \fallingdotseq 34.7\text{kJ}$

★
31 다음 조건을 이용하여 응축기 설계 시 1RT(3.86kW)당 응축면적(m²)은 얼마인가? (단, 온도차는 산술평균온도차를 적용한다.)

- 방열계수 : 1.3
- 응축온도 : 35℃
- 냉각수 입구온도 : 28℃
- 냉각수 출구온도 : 32℃
- 열통과율 : 1.05kW/m² · ℃

① 1.25
② 0.96
③ 0.74
④ 0.45

해설 $Q_L = KA\left(t_c - \dfrac{t_1 + t_2}{2} \right)$

$$\therefore A = \frac{Q_L (= k Q_e)}{K\left(t_c - \dfrac{t_1 + t_2}{2} \right)} = \frac{1.3 \times 3.86}{1.05 \times \left(35 - \dfrac{28 + 32}{2} \right)}$$

$$\fallingdotseq 0.96\text{m}^2$$

★
32 역카르노사이클로 300K와 240K 사이에서 작동하고 있는 냉동기가 있다. 이 냉동기의 성능계수는 얼마인가?

① 3　　　　　　② 4
③ 5　　　　　　④ 6

해설 $COP_R = \dfrac{T_2}{T_1 - T_2} = \dfrac{240}{300 - 240} = 4$

★
33 다음 그림은 냉동사이클을 압력 - 엔탈피($P-h$)선도에 나타낸 것이다. 다음 설명 중 옳은 것은?

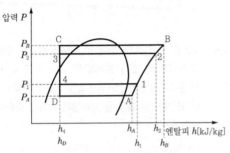

① 냉동사이클이 1-2-3-4-1에서 1-B-C -4-1로 변하는 경우 냉매 1kg당 압축일의 증가는 $(h_B - h_1)$이다.

② 냉동사이클이 1-2-3-4-1에서 1-B-C -4-1로 변하는 경우 성적계수는 $[(h_1 - h_4)/(h_2 - h_1)]$에서 $[(h_1 - h_4)/(h_B - h_1)]$로 된다.

③ 냉동사이클이 1-2-3-4-1에서 A-2-3 -D-A로 변하는 경우 증발압력이 P_1에서 P_A로 낮아져 압축비는 (P_2/P_1)에서 (P_1/P_A)로 된다.

④ 냉동사이클이 1-2-3-4-1에서 A-2-3 -D-A로 변하는 경우 냉동효과는 $(h_1 - h_4)$에서 $(h_A - h_4)$로 감소하지만, 압축기 흡입증기의 비체적은 변하지 않는다.

해설 ① 냉매 1kg당 압축일의 증가량은 $h_B - h_2$이다.
③ 압축비는 $\dfrac{P_2}{P_1}$에서 $\dfrac{P_2}{P_A}$로 된다.
④ 비체적은 v_1에서 v_A로 변화한다.

★
34 체적 2,500L인 탱크에 압력 294kPa, 온도 10℃의 공기가 들어있다. 이 공기를 80℃까지 가열하는데 필요한 열량(kJ)은 얼마인가? (단, 공기의 기체상수는 0.287kJ/kg · K, 정적비열은 0.717kJ/kg · K이다.)

① 408　　　　　② 432
③ 454　　　　　④ 469

해설 $PV = mRT$

$m = \dfrac{PV}{RT}$

$\therefore Q = mC_v \Delta t = \dfrac{PV}{RT} C_v \Delta t$

$= \dfrac{294 \times 2.5}{0.287 \times (273 + 10)} \times 0.717 \times (80 - 10)$

$= 454 \text{kJ}$

★
35 다음 중 증발기 내 압력을 일정하게 유지하기 위해 설치하는 팽창장치는?

① 모세관
② 정압식 자동팽창밸브
③ 플로트식 팽창밸브
④ 수동식 팽창밸브

해설 ㉠ 정압식 자동팽창밸브 : 증발기 내의 압력에 의해 작동하며 증발기 내 압력을 일정하게 유지한다.
㉡ 온도식 자동팽창밸브(TEV) : 증발기 출구의 과열도를 검출하여 냉매유량을 제어한다.

36 외기온도 -5℃, 실내온도 18℃, 실내습도 70%일 때 벽 내면에서 결로가 생기지 않도록 하기 위해서는 내 · 외기대류와 벽의 전도를 포함하여 전체 벽의 열통과율(W/m² · K)은 얼마 이하이어야 하는가? (단, 실내공기 18℃, 70%일 때 노점온도는 12.5℃이며, 벽의 내면 열전달률은 7W/m² · K이다.)

① 1.91　　　　② 1.83
③ 1.76　　　　④ 1.67

해설 $q = KF(t_i - t_o) = \alpha_i F(t_i - t_D)$

$\therefore K = \left(\dfrac{t_i - t_D}{t_i - t_o}\right)\alpha_i = \dfrac{18 - 12.5}{18 - (-5)} \times 7$

$= 1.67 \text{W/m}^2 \cdot \text{K}$

정답 **32.** ② **33.** ② **34.** ③ **35.** ② **36.** ④

37 다음 이상기체에 대한 설명으로 옳은 것은?

① 이상기체의 내부에너지는 압력이 높아지면 증가한다.
② 이상기체의 내부에너지는 온도만의 함수이다.
③ 이상기체의 내부에너지는 항상 일정하다.
④ 이상기체의 내부에너지는 온도와 무관하다.

해설 이상기체의 내부에너지는 체적, 압력과 무관하며, 온도에 의해서 결정된다.
$$\Delta u = C_v(T_2 - T_1)$$

38 다음 중 냉매를 사용하지 않는 냉동장치는?

① 열전냉동장치
② 흡수식 냉동장치
③ 교축팽창식 냉동장치
④ 증기압축식 냉동장치

해설 열전냉동장치는 압축기, 응축기, 증발기와 냉매를 사용하지 않고 펠티에효과, 즉 열전기쌍에 열기전력에 저항하는 전류를 통하게 하면 고온접점 쪽에서 발열하고, 저온접점 쪽에서 흡열(냉각)이 이루어지는 효과를 이용하여 냉각공간을 얻는 방법이다.

39 냉동장치의 냉동능력이 38.8kW, 소요동력이 10kW이었다. 이때 응축기 냉각수의 입출구온도차가 6℃, 응축온도와 냉각수온도와의 평균온도차가 8℃일 때 수냉식 응축기의 냉각수량(L/min)은 얼마인가? (단, 물의 정압비열은 4.2kJ/kg · ℃이다.)

① 126.1 ② 116.2
③ 97.1 ④ 87.1

해설 ㉠ $COP_R = \dfrac{Q_e}{W_c} = \dfrac{38.8}{10} = 3.88$

㉡ $COP_H = COP_R + 1 = 3.88 + 1 = 4.88$

㉢ $COP_H = \dfrac{Q_c}{W_c}$

$\therefore Q_c = COP_H W_c = 4.88 \times 10 \times 60$
$= 2,928 \text{kJ/min}$

㉣ $Q_c = WC_p \Delta t [\text{kJ/min}]$

$\therefore W = \dfrac{Q_c}{C_p \Delta t} = \dfrac{2,928}{4.2 \times 6} = 116.2 \text{L/min}$

40 열과 일에 대한 설명으로 옳은 것은?

① 열역학적 과정에서 열과 일은 모두 경로에 무관한 상태함수로 나타낸다.
② 일과 열의 단위는 대표적으로 Watt(W)를 사용한다.
③ 열역학 제1법칙은 열과 일의 방향성을 제시한다.
④ 한 사이클과정을 지나 원래 상태로 돌아왔을 때 시스템에 가해진 전체 열량은 시스템이 수행한 전체 일의 양과 같다.

해설 ① 열과 일은 모두 경로에 따라 변화하는 도정(과정)함수이다.
② 일량과 열량의 단위는 Joule(J=N · m)을 쓴다. Watt(W)는 동력(J/s)단위이다.
③ 열과 일의 방향성을 제시한 것은 열역학 제2법칙이다.

제3과목 시운전 및 안전관리

41 ★ 산업안전보건법령상 냉동 · 냉장창고시설 건설공사에 대한 유해위험방지계획서를 제출해야 하는 대상시설의 연면적기준은 얼마인가?

① 3,000m² 이상 ② 4,000m² 이상
③ 5,000m² 이상 ④ 6,000m² 이상

해설 유해위험방지계획서 제출대상
㉠ 다음의 어느 하나에 해당하는 건축물 또는 시설 등의 건설 · 개조 또는 해체(이하 "건설 등"이라 한다)공사
• 지상높이가 31m 이상인 건축물 또는 인공구조물
• 연면적 30,000m² 이상인 건축물
• 연면적 5,000m² 이상인 시설 : 문화 및 집회시설(전시장 및 동 · 식물원은 제외), 판매시설, 운수시설(고속철도의 역사 및 집배송시설은 제외), 종교시설, 의료시설 중 종합병원, 숙박시설 중 관광숙박시설, 지하도상가, 냉동 · 냉장창고시설
㉡ 연면적 5,000m² 이상인 냉동 · 냉장창고시설의 설비공사 및 단열공사
㉢ 최대 지간(支間)길이(다리의 기둥과 기둥의 중심 사이의 거리)가 50m 이상인 다리의 건설 등 공사
㉣ 터널의 건설 등 공사
㉤ 다목적댐, 발전용 댐, 저수용량 2천만ton 이상의 용수전용 댐 및 지방상수도 전용 댐의 건설 등 공사
㉥ 깊이 10m 이상인 굴착공사

정답 37. ② 38. ① 39. ② 40. ④ 41. ③

★
42 기계설비법령에 따른 기계설비의 착공 전 확인과 사용 전 검사의 대상 건축물 또는 시설물에 해당하지 않는 것은?

① 연면적 10,000m² 이상인 건축물

② 목욕장으로 사용되는 바닥면적합계가 500m² 이상인 건축물

③ 기숙사로 사용되는 바닥면적합계가 1,000m² 이상인 건축물

④ 판매시설로 사용되는 바닥면적합계가 3,000m² 이상인 건축물

해설 **기계설비의 착공 전 확인과 사용 전 검사의 대상 건축물 또는 시설물**

㉠ 용도별 건축물 중 연면적 10,000m² 이상인 건축물

㉡ 에너지를 대량으로 소비하는 건축물
- 냉동·냉장, 항온·항습 또는 특수 청정을 위한 특수 설비가 설치된 건축물로서 해당 용도에 사용되는 바닥면적의 합계가 500m² 이상인 건축물
- 아파트 및 연립주택
- 해당 용도에 사용되는 바닥면적의 합계가 500m² 이상인 건축물 : 목욕장, 놀이형 시설(물놀이를 위하여 실내에 설치된 경우로 한정한다), 운동장(실내에 설치된 수영장과 이에 딸린 건축물로 한정한다)
- 해당 용도에 사용되는 바닥면적의 합계가 2,000m² 이상인 건축물 : 기숙사, 의료시설, 유스호스텔, 숙박시설
- 해당 용도에 사용되는 바닥면적의 합계가 3,000m² 이상인 건축물 : 판매시설, 연구소, 업무시설

㉢ 지하역사 및 연면적 2,000m² 이상인 지하도상가(연속되어 있는 둘 이상의 지하도상가의 연면적합계가 2,000m² 이상인 경우를 포함한다)

★
43 고압가스안전관리법령에 따라 일체형 냉동기의 조건으로 틀린 것은?

① 냉매설비 및 압축기용 원동기가 하나의 프레임 위에 일체로 조립된 것

② 냉동설비를 사용할 때 스톱밸브조작이 필요한 것

③ 응축기 유닛 및 증발유닛이 냉매배관으로 연결된 것으로 하루냉동능력이 20톤 미만인 공조용 패키지에어컨

④ 사용장소에 분할 반입하는 경우에는 냉매설비에 용접 또는 절단을 수반하는 공사를 하지 않고 재조립하여 냉동제조용으로 사용할 수 있는 것

해설 **일체형 냉동기의 조건**

㉠ 냉매설비 및 압축기용 원동기가 하나의 프레임 위에 일체로 조립된 것

㉡ 냉동설비를 사용할 때 스톱밸브조작이 필요 없는 것

㉢ 사용장소에 분할·반입하는 경우에는 냉매설비에 용접 또는 절단을 수반하는 공사를 하지 않고 재조립하여 냉동제조용으로 사용할 수 있는 것

㉣ 냉동설비의 수리 등을 하는 경우에 냉매설비부품의 종류, 설치개수, 부착위치 및 외형치수와 압축기용 원동기의 정격출력 등이 제조 시 상태와 같도록 설계·수리될 수 있는 것

㉤ 그 외에 산업통상자원부장관이 일체형 냉동기로 인정하는 것

★
44 고압가스안전관리법령에 따라 "냉매로 사용되는 가스 등 대통령령으로 정하는 종류의 고압가스"는 품질기준을 고시하여야 하는데, 목적 또는 용량에 따라 고압가스에서 제외될 수 있다. 이러한 제외기준에 해당되는 경우로 모두 고른 것은?

┌─────────────────────────────────┐
│ ㉠ 수출용으로 판매 또는 인도되거나 판매 │
│ 또는 인도될 목적으로 저장·운송 또는 │
│ 보관되는 고압가스 │
│ ㉡ 시험용 또는 연구개발용으로 판매 또는 │
│ 인도되거나 판매 또는 인도될 목적으로 │
│ 저장·운송 또는 보관되는 고압가스(해 │
│ 당 고압가스를 직접 시험하거나 연구개 │
│ 발하는 경우만 해당한다) │
│ ㉢ 1회 수입되는 양이 400킬로그램 이하인 │
│ 고압가스 │
└─────────────────────────────────┘

① ㉠, ㉡   ② ㉠, ㉢

③ ㉡, ㉢   ④ ㉠, ㉡, ㉢

해설 **냉매로 사용되는 가스 등 대통령령으로 정하는 종류의 고압가스의 제외기준**

㉠ 수출용으로 판매 또는 인도되거나 판매 또는 인도될 목적으로 저장·운송 또는 보관되는 고압가스

㉡ 시험용 또는 연구개발용으로 판매 또는 인도되거나 판매 또는 인도될 목적으로 저장·운송 또는 보관되는 고압가스(해당 고압가스를 직접 시험하거나 연구개발하는 경우만 해당한다)

㉢ 1회 수입되는 양이 40kg 이하인 고압가스

정답 **42. ③ 43. ② 44. ①**

★
45 다음 중 엘리베이터용 전동기의 필요특성으로 틀린 것은?

① 소음이 작아야 한다.
② 기동토크가 작아야 한다.
③ 회전 부분의 관성모멘트가 작아야 한다.
④ 가속도의 변화비율이 일정값이 되어야 한다.

해설 **엘리베이터용 전동기의 필요특성**
ㄱ 소음이 작을 것
ㄴ 기동토크가 클 것(회전력이 큰 것)
ㄷ 관성모멘트가 작을 것
ㄹ 가속도의 변화비율이 일정한 값이 될 것
ㅁ 기동 · 감속 · 정지의 빈도가 많음에 양호할 것
ㅂ 속도제어범위가 클 것

46 서보전동기는 서보기구의 제어계 중 어떤 기능을 담당하는가?

① 조작부　　　　② 검출부
③ 제어부　　　　④ 비교부

해설 서보전동기는 조작기기에 속하며, 조작부는 조절부로부터 받은 신호를 조작량으로 바꾸어 제어대상에 보내주는 피드백제어를 담당한다.

47 다음은 직류전동기의 토크특성을 나타내는 그래프이다. (A), (B), (C), (D)에 알맞은 것은?

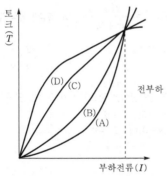

① (A) 직권발전기, (B) 가동복권발전기,
　(C) 분권발전기, (D) 차동복권발전기
② (A) 분권발전기, (B) 직권발전기,
　(C) 가동복권발전기, (D) 차동복권발전기
③ (A) 직권발전기, (B) 분권발전기,
　(C) 가동복권발전기, (D) 차동복권발전기
④ (A) 분권발전기, (B) 가동복권발전기,
　(C) 직권발전기, (D) 차동복권발전기

해설 **직류전동기의 토크특성** : 직권발전기>가동복권발전기>분권발전기>차동복권발전기

★
48 기계설비법령에 따라 기계설비성능점검업자는 기계설비성능점검업의 등록한 사항 중 대통령령으로 정하는 사항이 변경된 경우에는 변경등록을 하여야 한다. 만약 변경등록을 정해진 기간 내 못한 경우 1차 위반 시 받게 되는 행정처분기준은?

① 등록취소
② 업무정지 2개월
③ 업무정지 1개월
④ 시정명령

해설 **기계설비성능점검업자에 대한 행정처분의 기준**

위반행위	행정처분기준		
	1차 위반	2차 위반	3차 이상 위반
거짓이나 그 밖의 부정한 방법으로 등록한 경우	등록 취소		
최근 5년간 3회 이상 업무 정지처분을 받은 경우	등록 취소		
업무정지기간에 기계설비성능점검업무를 수행한 경우. 다만, 등록취소 또는 업무정지의 처분을 받기 전에 체결한 용역계약에 따른 업무를 계속한 경우는 제외한다.	등록 취소		
기계설비성능점검업자로 등록한 후 결격사유에 해당하게 된 경우(같은 항 제6호에 해당하게 된 법인이 그 대표자를 6개월 이내에 결격사유가 없는 다른 대표자로 바꾸어 임명하는 경우는 제외한다)	등록 취소		
대통령령으로 정하는 요건에 미달한 날부터 1개월이 지난 경우	등록 취소		
변경등록을 하지 않은 경우	시정 명령	업무 정지 1개월	업무 정지 2개월
등록증을 다른 사람에게 빌려 준 경우	업무 정지 6개월	등록 취소	

49 다음 그림과 같은 유접점논리회로를 간단히 하면?

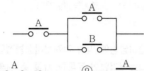

① o—o A o—o

② o—o A o—o

③ o—o B o—o

④ o—o B o—o

> 해설 A(A+B)=AA+AB=A(1+B)=A

50 10kVA의 단상변압기 2대로 V결선하여 공급할 수 있는 최대 3상 전력은 약 몇 kVA인가?

① 20   ② 17.3

③ 10   ④ 8.7

> 해설 $P=\dfrac{\sqrt{3}}{3}\times10\times3=17.32\text{kVA}$

51 교류에서 역률에 관한 설명으로 틀린 것은?

① 역률은 $\sqrt{1-\text{무효율}^2}$ 으로 계산할 수 있다.

② 역률은 이용하여 교류전력의 효율을 알 수 있다.

③ 역률이 클수록 유효전력보다 무효전력이 커진다.

④ 교류회로의 전압과 전류의 위상차에 코사인(cos)을 취한 값이다.

> 해설 역률이 클수록 무효전력보다 유효전력이 커진다.

★
52 아날로그신호로 이루어지는 정량적 제어로서 일정한 목표값과 출력값을 비교·검토하여 자동적으로 행하는 제어는?

① 피드백제어   ② 시퀀스제어

③ 오픈 루프제어   ④ 프로그램제어

> 해설 **피드백제어(폐루프제어)** : 출력의 일부를 입력방향으로 피드백시켜 목표값과 비교되도록 폐루프를 형성하는 제어

53 $R=8\Omega$, $X_L=2\Omega$, $X_C=8\Omega$의 직렬회로에 100V의 교류전압을 가할 때 전압과 전류의 위상관계로 옳은 것은?

① 전류가 전압보다 약 37° 뒤진다.

② 전류가 전압보다 약 37° 앞선다.

③ 전류가 전압보다 약 43° 뒤진다.

④ 전류가 전압보다 약 43° 앞선다.

> 해설 R-L-C 직렬회로일 때
>
> 위상각$(\theta)=\tan^{-1}\dfrac{X_L-X_C}{R}=\tan^{-1}\dfrac{2-8}{8}\fallingdotseq-37°$
>
> 즉 전류가 전압보다 약 37° 앞선다.

> 참고 전류가 전압보다 앞서기 위해서는 위상이 조건 $X_L<X_C$을 만족해야 한다.

54 역률이 80%이고 유효전력이 80kW일 때 피상전력(kVA)은?

① 100   ② 120

③ 160   ④ 200

> 해설 $\cos\theta(\text{역률})=\dfrac{P(\text{유효전력})}{P_a(\text{피상전력})}=\dfrac{P}{VI}=\dfrac{R}{Z}$
>
> $\therefore\ P_a=\dfrac{P}{\cos\theta}=\dfrac{80}{0.8}=100\text{kVA}$

> 참고 ㉠ 유효전력(소비전력, 평균전력) :
> $P=VI\cos\theta=I^2R\text{[W]}$
> ㉡ 무효전력 : $P_r=VI\sin\theta=I^2X\text{[Var]}$
> ㉢ 피상전력 : $P_a=VI=I^2Z=\sqrt{P^2+P_r{}^2}\text{[VA]}$

★
55 $G(s)=\dfrac{2(s+2)}{s^2+5s+6}$의 특성방정식의 근은?

① 2, 3   ② -2, -3

③ 2, -3   ④ -2, 3

> 해설 특성방정식은 분모가 0인 조건을 만족해야 한다.
> $s^2+5s+6=0$
> $(s+3)(s+2)=0$
> $\therefore\ s=-2,\ -3$

56 자장 안에 놓여 있는 도선에 전류가 흐를 때 도선이 받는 힘은 $F=BI l\sin\theta\text{[N]}$이다. 이것을 설명하는 법칙과 응용기기가 알맞게 짝지어진 것은?

① 플레밍의 오른손법칙 – 발전기

② 플레밍의 왼손법칙 – 전동기

③ 플레밍의 왼손법칙 – 발전기

④ 플레밍의 오른손법칙 – 전동기

정답   49. ②   50. ②   51. ③   52. ①   53. ②   54. ①   55. ②   56. ②

해설 ㉠ 플레밍의 왼손법칙 : 전동기의 전자력의 방향을 결정하는 법칙

암기법 ➡ 플왼 엄힘 검자 중전

㉡ 플레밍의 오른손법칙 : 발전기의 전자유도에 의해서 생기는 유도전류의 방향을 나타내는 법칙

암기법 ➡ 플오 엄힘 검자 중전

57 다음 그림과 같은 단자 1, 2 사이의 계전기 접점회로 논리식은?

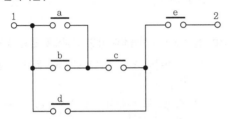

① {(a+b)d+c}e
② (ab+c)d+e
③ {(a+b)c+d}e
④ (ab+d)c+e

해설 논리식 = {(a+b)c+d}e

★
58 직류전압, 직류전류, 교류전압 및 저항 등을 측정할 수 있는 계측기는?

① 검전기
② 검상기
③ 메거
④ 회로시험기

해설 **회로시험기** : 저항, 교류전류, 교류전압, 직류전류, 직류전압 등을 측정할 수 있는 계측기

59 다음의 논리식을 간단히 한 것은?

$$X = \overline{A}\,\overline{B}C + A\overline{B}\,\overline{C} + A\overline{B}C$$

① $\overline{B}(A+C)$
② $C(A+\overline{B})$
③ $\overline{C}(A+B)$
④ $\overline{A}(B+C)$

해설 $X = \overline{A}\,\overline{B}C + A\overline{B}\,\overline{C} + A\overline{B}C$
$= \overline{B}(\overline{A}C + A\overline{C} + AC) = \overline{B}(A+C+AC)$
$= \overline{B}(A(1+C)+C)$
$= \overline{B}(A+C)$

60 전압을 인가하여 전동기가 동작하고 있는 동안에 교류 전류를 측정할 수 있는 계기는?

① 후크미터(클램프미터)
② 회로시험기
③ 절연저항계
④ 어스테스터

해설 **후크미터(클램프미터)** : 전압을 인가하여 전동기가 동작하고 있는 동안에 교류전류를 측정할 수 있는 계기

제4과목 **유지보수공사관리**

★
61 증기와 응축수의 온도차이를 이용하여 응축수를 배출하는 트랩은?

① 버킷트랩
② 디스크트랩
③ 벨로즈트랩
④ 플로트트랩

해설 ㉠ 온도차 이용 트랩 : 벨로즈식, 다이어프램식, 바이메탈식
㉡ 기계식 트랩 : 바켓트식, 플로트식(다량트랩)
㉢ 열역학적 트랩 : 디스크식, 오리피스식

62 배수배관이 막혔을 때 이것을 점검, 수리하기 위해 청소구를 설치하는데, 다음 중 설치필요장소로 적절하지 않은 것은?

① 배수수평주관과 배수수평분기관의 분기점에 설치
② 배수관이 45° 이상의 각도로 방향을 전환하는 곳에 설치
③ 길이가 긴 수평배수관인 경우 관경이 100A 이하일 때 5m마다 설치
④ 배수수직관의 제일 밑부분에 설치

해설 수평관 관경 100A 이하일 때는 15m마다, 100A 이상일 때는 30m마다 청소구를 설치한다.

정답 57. ③ 58. ④ 59. ① 60. ① 61. ③ 62. ③

★
63 정압기의 종류 중 구조에 따라 분류할 때 아닌 것은?

① 피셔식 정압기　② 액셜플로식 정압기
③ 가스미터식 정압기　④ 레이놀즈식 정압기

해설 **정압기의 종류**

종류	특징	사용압력
Axial Flow(AFV)식 (액셜플로식)	• 로딩형이다. • 정특성, 동특성이 양호하다. • 비교적 콤팩트(compact)하다.	고압→중압 중압→저압
Fisher식 (피셔식)	• 변형 언로딩형이다. • 정특성, 동특성이 양호하다. • 차압이 클수록 특성이 양호하다. • 매우 콤팩트하다.	고압→중압 중압→저압
Reynolds식 (레이놀즈식)	• 언로딩형이다. • 정특성은 좋으나, 안정성이 부족하다. • 다른 형식에 비해 부피가 크다.	중압→저압 저압→저압

★
64 강관의 종류와 KS규격기호가 바르게 짝지어진 것은?

① 배관용 탄소강관 : SPA
② 저온배관용 탄소강관 : SPPT
③ 고압배관용 탄소강관 : SPTH
④ 압력배관용 탄소강관 : SPPS

해설 **강관의 종류와 KS규격기호**

	종류	KS기호
배관용	배관용 탄소강강관	SPP
	압력배관용 탄소강강관	SPPS
	고압배관용 탄소강강관	SPPH
	고온배관용 탄소강강관	SPHT
	배관용 합금강관	SPA
	배관용 스테인리스강관	STS×TP
	저온배관용 강관	SPLT
수도용	수도용 아연도금강관	SPPW
	수도용 도복장강관	STPW
열 전달용	보일러 열교환기용 탄소강강관	STBH
	보일러 열교환기용 합금강관	STHA
	보일러 열교환기용 스테인리스강관	STS×TB
	저온열교환기용 강관	STLT
구조용	일반구조용 탄소강강관	SPS
	기계구조용 탄소강강관	STM
	구조용 합금강관	STA

암기법 SPP, SPPS, SPPH, SPHT, STS×TP, SPLT, SPPW, STBH, STHA, STLT는 암기할 것

65 간접가열급탕법과 가장 거리가 먼 장치는?

① 증기사일런서　② 저탕조
③ 보일러　④ 고가수조

해설 **가열급탕법**
㉠ 간접가열급탕법 : 저탕조, 보일러, 고가수조
㉡ 직접가열급탕법 : 증기사이런서(기수혼합장치)

★
66 슬리브 신축이음쇠에 대한 설명으로 틀린 것은?

① 신축량이 크고 신축으로 인한 응력이 생기지 않는다.
② 직선으로 이음하므로 설치공간이 루프형에 비하여 작다.
③ 배관에 곡선부가 있어도 파손이 되지 않는다.
④ 장시간 사용 시 패킹의 마모로 누수의 원인이 된다.

해설 슬리브형은 곡선부 설치가 어렵기 때문에 일직선으로 설치되어야 한다.
참고 **신축이음의 종류** : 슬리브형(슬라이브형), 스위블형(2개 이상의 엘보형), 루프형(만곡형, 신축관), 벨로즈형(팩리스형, 파형) 등

67 폴리에틸렌배관의 접합방법이 아닌 것은?

① 기볼트접합　② 용착슬리브접합
③ 인서트접합　④ 테이퍼접합

해설 ㉠ 폴리에틸렌배관접합 : 나사(플랜지)접합, 용착(버트, 슬리브, 새들)접합, 인서트접합, 테이퍼접합
㉡ 석면시멘트관(이터닛관)접합 : 기볼트접합(1개의 슬리브를 2개의 고무링에 끼우고 2개의 플랜지를 설치하여 볼트로 조여서 접합하는 방식), 칼라접합, 심플렉스이음

68 배관접속상태 표시 중 배관 A가 앞쪽으로 수직하게 구부러져 있음을 나타낸 것은?

해설 ② 관이 앞쪽에서 도면에 직각으로 구부러져 있을 때
③ 관 A가 앞쪽에서 도면에 직각으로 구부러져 관 B에 접속할 때
④ 관이음방법 중 용접형 이음을 의미

69 증기보일러배관에서 환수관의 일부가 파손된 경우 보일러수의 유출로 안전수위 이하가 되어 보일러수가 빈 상태로 되는 것을 방지하기 위해 하는 접속법은?

① 하트포드접속법
② 리프트접속법
③ 스위블접속법
④ 슬리브접속법

해설 하트포드접속법(리프트피팅)은 환수관의 일부가 파손된 경우에 보일러수가 유출해서 안전수위 이하가 되어 보일러가 빈 상태로 되는 것을 방지하기 위한 것으로 보일러 주변 배관, 균형관, 보일러수의 역류 방지 등으로 구성되어 있다. 균형관(밸런스관)은 보일러 사용수위보다 50mm 아래에 연결한다.

70 도시가스 입상배관의 관지름이 20mm일 때 움직이지 않도록 몇 m마다 고정장치를 부착해야 하는가?

① 1m
② 2m
③ 3m
④ 4m

해설 ㉠ 13mm 미만 : 1m마다
㉡ 13~33mm : 2m마다
㉢ 33mm 이상 : 3m마다

71 증기난방배관 시공법에 대한 설명으로 틀린 것은?

① 증기주관에서 지관을 분기하는 경우 관의 팽창을 고려하여 스위블이음법으로 한다.
② 진공환수식 배관의 증기주관은 1/100~1/200 선상향구배로 한다.
③ 주형방열기는 일반적으로 벽에서 50~60mm 정도 떨어지게 설치한다.
④ 보일러 주변의 배관방법에서는 증기관과 환수관 사이에 밸런스관을 달고 하트포드접속법을 사용한다.

해설 진공환수식 배관의 증기주관은 1/200~1/300 선하향(끝내림)구배로 한다.

★
72 급수배관에서 수격현상을 방지하는 방법으로 가장 적절한 것은?

① 도피관을 설치하여 옥상탱크에 연결한다.
② 수압관을 갑자기 높인다.
③ 밸브나 수도꼭지를 갑자기 열고 닫는다.
④ 급폐쇄형 밸브 근처에 공기실을 설치한다.

해설 **수격현상 방지법**
㉠ 펌프에 플라이휠을 설치한다.
㉡ 관경을 크게 한다.
㉢ 관내의 유속을 느리게 한다.
㉣ 급폐쇄형 밸브 근처에 공기실을 설치한다.
㉤ 체크밸브를 설치한다.
㉥ 밸브의 개폐는 천천히 한다.
㉦ 가능한 직선배관을 한다.

73 홈이 만들어진 관 또는 이음쇠에 고무링을 삽입하고, 그 위에 하우징(housing)을 덮어 볼트와 너트로 죄는 이음방식은?

① 그루브이음
② 그립이음
③ 플레어이음
④ 플랜지이음

해설 그루브이음은 관 말단에 그루브(홈)를 가공하고 그루브 형태의 연결부품(housing)에 링형태의 가스켓을 끼워 삽입하여 접합한다.

74 90℃의 온수 2,000kg/h을 필요로 하는 간접가열식 급탕탱크에서 가열관의 표면적(m^2)은 얼마인가? (단, 급수의 온도는 10℃, 급수의 비열은 4.2kJ/kg·K, 가열관으로 사용할 동관의 전열량은 1.28kW/m^2·℃, 증기의 온도는 110℃이며, 전열효율은 80%이다.)

① 2.92
② 3.03
③ 3.72
④ 4.07

해설
$$WC(t_2 - t_1) = 3,600KA\left(t_s - \frac{t_{w1} + t_{w2}}{2}\right)\eta$$
$$\therefore \; A = \frac{WC(t_2 - t_1)}{3,600K\left(t_s - \frac{t_{w1} + t_{w2}}{2}\right)\eta}$$
$$= \frac{2,000 \times 4.2 \times (90 - 10)}{3,600 \times 1.28 \times \left(110 - \frac{10 + 90}{2}\right) \times 0.8}$$
$$= 3.04m^2$$

정답 69. ① 70. ② 71. ② 72. ④ 73. ① 74. ②

2022년

75 급수배관에서 크로스커넥션을 방지하기 위하여 설치하는 기구는?

① 체크밸브
② 워터해머 어레스터
③ 신축이음
④ 버큠브레이커

해설 버큠브레이커(vacuum breaker)는 진공도가 필요 이상으로 높아지면 밸브를 열어 탱크 내에 공기를 넣는 안전밸브 역할을 하며 급수관 안에 생긴 마이너스압에 대해 자동적으로 공기를 보충하는 장치이다.

참고 **크로스커넥션(cross connection)** : 급수계통에 오수가 유입되어 오염되도록 배관된 것

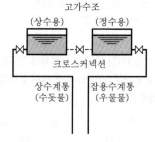

76 다음 강관 표시방법 중 "S-H"의 의미로 옳은 것은?

SPPS-S-H-1965, 11-100A×SCH40×6

① 강관의 종류
② 제조회사명
③ 제조방법
④ 제품표시

해설 **강관의 규격 표시방법**
㉠ 상표-한국공업규격표시기호-관종류-제조방법-호칭방법-스케줄번호
[예] ☐ - ⓚ - SPPS38 - E - 50A×SCH40
㉡ 제조방법
 • E : 전기저항용접관
 • E-C : 냉간 완성 전기저항용접관
 • B : 단접관
 • B-C : 냉간 완성 단접관
 • A : 아크용접관
 • A-C : 냉간 완성 아크용접관
 • S-H : 열간가공 이음매 없는 관
 • S-C : 냉간가공 이음매 없는 관

77 냉풍 또는 온풍을 만들어 각 실로 송풍하는 공기조화장치의 구성순서로 옳은 것은?

① 공기여과기 → 공기가열기 → 공기가습기 → 공기냉각기
② 공기가열기 → 공기여과기 → 공기냉각기 → 공기가습기
③ 공기여과기 → 공기가습기 → 공기가열기 → 공기냉각기
④ 공기여과기 → 공기냉각기 → 공기가열기 → 공기가습기

해설 **공기조화기**
㉠ 구성 : 필터(여과기), 세정기, 냉각기, 가열기, 가습기, 송풍기 등
㉡ 순서 : 공기여과기 → 공기냉각기 → 공기가열기 → 공기가습기

★
78 롤러서포트를 사용하여 배관을 지지하는 주된 이유는?

① 신축 허용
② 부식 방지
③ 진동 방지
④ 해체 용이

해설 롤러서포트를 사용하여 배관을 지지하는 이유는 수축량을 흡수하여 신축을 허용하여 배관의 파손을 방지하기 위함이다.

참고 ㉠ 행거 : 리지드, 스프링, 콘스탄트
㉡ 서포트 : 스프링, 롤러, 리지드
㉢ 브레이스 : 방진기, 완충기
㉣ 리스트레인트 : 앵커, 스톱, 가이드

★
79 배관의 끝을 막을 때 사용하는 이음쇠는?

① 유니언　　② 니플
③ 플러그　　④ 소켓

해설 ㉠ 배관의 방향을 바꿀 때 : 엘보, 벤드
㉡ 관을 도중에서 분기할 때 : T, Y, 크로스
㉢ 동경관을 직선결합할 때 : 소켓, 유니언, 니플, 플랜지
㉣ 이경관을 연결할 때 : 리듀서, 줄임엘보, 줄임티, 부싱
㉤ 관 끝을 막을 때 : 캡
㉥ 부속을 막을 때 : 플러그

정답 **75.** ④　**76.** ③　**77.** ④　**78.** ①　**79.** ③

80 다음 보온재 중 안전사용온도가 가장 낮은 것은?

① 규조토 　　　　② 암면
③ 펄라이트 　　　 ④ 발포 폴리스티렌

해설 **보온재의 안전사용온도**

ㄱ 무기질 : 규산칼슘 700℃, 페라이트(펄라이트) 650℃,
실리카 650℃, 암면 600℃, 규조토 525℃, 석면 500℃,
글라스울(유리섬유) 300℃, 탄산마그네슘 250℃

암기법 ➔ 규산 페실 암규석 글탄

ㄴ 유기질 : 삼여물 250℃, 탄화코르크 130℃, 텍스류
120℃, 우모펠트 100℃, 우레탄 80℃, 경질폼라버(발
포성 수지) 80℃, 루핑 60℃

암기법 ➔ 삼탄텍 우모 우경루

MEMO

CBT 대비 실전 모의고사

Engineer
Air-Conditioning Refrigerating Machinery

제1회 | 모의고사

정답 및 해설 : 부-45쪽

제1과목 에너지관리

01 두께 5cm, 면적 $10m^2$인 어떤 콘크리트벽의 외측이 40℃, 내측이 20℃라 할 때 10시간 동안 이 벽을 통하여 전도되는 열량은? (단, 콘크리트의 열전도율은 1.3W/m·K이라 한다.)

① 5.2kWh
② 52kWh
③ 7.8kWh
④ 78kWh

02 절대습도에 관한 설명으로 옳지 않은 것은?

① 절대습도는 비습도라고도 한다.
② 절대습도는 수증기분압의 함수이다.
③ 건공기질량에 대한 수증기질량에 대한 비로 정의한다.
④ 공기 중의 수분함량이 변해도 절대습도는 일정하게 유지한다.

03 1,000명을 수용하는 극장에서 1인당 CO_2토출량이 15L/h이면 실내CO_2량을 0.1%로 유지하는 데 필요한 환기량은? (단, 외기의 CO_2량은 0.04%이다.)

① 2,500m^3/h
② 25,000m^3/h
③ 3,000m^3/h
④ 30,000m^3/h

04 정풍량 단일덕트방식에 관한 설명으로 옳은 것은?

① 실내부하가 감소될 경우에 송풍량을 줄여도 실내공기의 오염이 적다.
② 가변풍량방식에 비하여 송풍기 동력이 커져서 에너지 소비가 증대한다.
③ 각 실이나 존의 부하변동이 서로 다른 건물에서도 온습도의 불균형이 생기지 않는다.
④ 송풍량과 환기량을 크게 계획할 수 없으며, 외기도입이 어려워 외기냉방을 할 수 없다.

05 다음 중 바이패스 팩터(BF)가 작아지는 경우는?

① 코일통과풍속을 크게 할 때
② 전열면적이 작을 때
③ 코일의 열수가 증가할 때
④ 코일의 간격이 클 때

06 공기 중의 수증기가 응축하기 시작할 때의 온도, 즉 공기가 포화상태로 될 때의 온도를 의미하는 것은?

① 노점온도
② 건구온도
③ 습구온도
④ 절대온도

07 환기방식에 관한 설명으로 옳은 것은?

① 제1종 환기는 자연급기와 자연배기방식이다.
② 제2종 환기는 기계설비에 의한 급기와 자연배기방식이다.
③ 제3종 환기는 기계설비에 의한 급기와 기계설비에 의한 배기방식이다.
④ 제4종 환기는 자연급기와 기계설비에 의한 배기방식이다.

08 다음 중 공기조화설비의 계획 시 조닝(zoning)을 하는 이유와 가장 거리가 먼 것은?

① 효과적인 실내환경의 유지
② 설비비의 경감
③ 운전기동면에서의 에너지 절약
④ 부하특성에 대한 대처

09 열펌프에 관한 설명으로 옳은 것은?

① 열펌프는 펌프를 가동하여 열을 내는 기관이다.
② 난방용 보일러를 냉방에 사용할 때 이를 열펌프라 한다.
③ 열펌프는 증발기에서 내는 열을 이용한다.
④ 열펌프는 응축기에서의 방열을 난방에 이용하는 것이다.

10 공기조화방식 중에서 전공기방식에 속하는 것은?

① 패키지유닛방식 ② 복사냉난방방식
③ 유인유닛방식 ④ 저온공조방식

11 다음 중 콜드 드래프트의 발생원인과 가장 거리가 먼 것은?

① 인체 주위의 공기온도가 너무 낮을 때
② 기류의 속도가 낮고 습도가 높을 때
③ 주위 벽면의 온도가 낮을 때
④ 겨울에 창문의 극간풍이 많을 때

12 흡수식 냉동기에 관한 설명으로 옳지 않은 것 은?

① 비교적 소용량보다는 대용량에 적합하다.
② 발생기에는 증기에 의한 가열이 이루어진다.
③ 냉매는 브롬화리튬($LiBr$), 흡수제는 물(H_2O)의 조합으로 이루어진다.
④ 흡수기에서는 냉각수를 사용하여 냉각시킨다.

13 복사냉난방방식(panel air system)에 대한 설명 중 틀린 것은?

① 건물의 축열을 기대할 수 있다.
② 쾌감도가 전공기식에 비해 떨어진다.
③ 많은 환기량을 요하는 장소에 부적당하다.
④ 냉각패널에 결로 우려가 있다.

14 공기조화설비의 구성에서 각종 설비별 기기로써 바르게 짝지은 것은?

① 열원설비 : 냉동기, 보일러, 히트펌프
② 열교환설비 : 열교환기, 가열기
③ 열매수송설비 : 덕트, 배관, 오일펌프
④ 실내유닛 : 토출구, 유인유닛, 자동제어기

15 노통보일러는 지름이 큰 원통형 보일러통(shell)에 큰 노통을 설치한 것으로써 노통이 2개 있는 것은?

① Lancashire보일러 ② Drum보일러
③ Shell보일러 ④ Cornish보일러

16 공조방식에서 가변풍량덕트방식에 관한 설명 중 틀린 것은?

① 운전비 및 에너지의 절약이 가능하다,
② 공조해야 할 공간의 열부하증감에 따라 송풍량을 조절할 수 있다.
③ 다른 난방방식과 동시에 이용할 수 없다.
④ 실내칸막이 변경이나 부하의 증감에 대처하기 쉽다.

17 공기조화에 대한 설명 중 틀린 것은?

① VAV방식을 가변풍량방식이라고 하며 실내부하변동에 대해 송풍온도를 변화시키지 않고 송풍량을 변화시키는 방식으로 제어한다.
② 외벽과 지붕 등의 열통과율은 벽체를 구성하는 재료의 두께가 두꺼울수록 열통과율은 작아진다.
③ 냉방 시 유리창을 통한 열부하는 태양복사열과 실내외공기의 온도차에 의한 관류열 2종류가 있다.
④ 인체로부터의 발열량은 현열 및 잠열이 있으며 주위 온도가 상승하면 둘 다 열량이 많아진다.

18 각종 공기조화방식 중에서 개별방식의 특징은?

① 수명은 대형기기에 비하여 짧다.
② 외기냉방이 어느 정도 가능하다.
③ 실 건축구조변경이 어렵다.
④ 냉동기를 내장하고 있으므로 일반적으로 소음이 작다.

19 보일러의 시운전 전 가스배관점검에 관한 내용으로 가장 관련이 없는 것은?

① 가스배관은 정상적으로 설비되었는지 확인한다.
② 가스배관이 보일러 주변에서 100cm 이상 떨어진 곳에 위치되었는지 확인한다.
③ 가스배관이 가스필터 관경과 같거나 큰지 확인한다.
④ 가스공급압력이 보일러운전에 문제가 되지 않는지 확인한다.

20 공기조화설비의 T.A.B기술기준을 적용하여 종합보고서를 작성하는 데 측정한 결과유형이 아닌 것은?

① 공기분배계통
② 물분배계통
③ 실내온습도측정
④ 건조도측정

제2과목 공조냉동설계

21 저온실로부터 46.4kW의 열을 흡수할 때 10kW의 동력을 필요로 하는 냉동기가 있다면 이 냉동기의 성능계수는?

① 4.64　　　　② 5.65
③ 56.5　　　　④ 46.4

22 밀폐된 실린더 내의 기체를 피스톤으로 압축하는 동안 300kJ의 열이 방출되었다. 압축일의 양이 400kJ이라면 내부에너지 증가는?

① 100kJ
② 300kJ
③ 400kJ
④ 700kJ

23 온도가 −23℃인 냉동실로부터 기온이 27℃인 대기 중으로 열을 뽑아내는 가역냉동기가 있다. 이 냉동기의 성능계수는?

① 3　　　　② 4
③ 5　　　　④ 6

24 공기는 압력이 일정할 때 그 정압비열이 $C_p = 1.0053$ $+0.000079t$[kJ/kg·℃]라고 하면 공기 5kg을 0℃에서 100℃까지 일정한 압력하에서 가열하는데 필요한 열량은 약 얼마인가? (단, $t = $℃이다.)

① 100.5kJ　　　　② 100.9kJ
③ 502.7kJ　　　　④ 504.6kJ

25 액체상태 물 2kg을 30℃에서 80℃로 가열하였다. 이 과정 동안 물의 엔트로피변화량을 구하면? (단, 액체상태 물의 비열은 4.184kJ/kg·K으로 일정하다.)

① 0.6391kJ/K
② 1.278kJ/K
③ 4.100kJ/K
④ 8.208kJ/K

26 실린더에 밀폐된 8kg의 공기가 다음 그림과 같이 $P_1 = $ 800kPa, 체적 $V_1 = 0.27m^3$에서 $P_2 = 350kPa$, 체적 $V_2 = 0.80m^3$로 직선변화하였다. 이 과정에서 공기가 한 일은 약 몇 kJ인가?

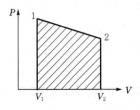

① 305　　　　② 334
③ 362　　　　④ 390

27 10℃에서 160℃까지의 공기의 평균정적비열은 0.7315 kJ/kg·℃이다. 이 온도변화에서 공기 1kg의 내부에너지변화는?

① 107.1kJ
② 109.7kJ
③ 120.6kJ
④ 121.7kJ

28 피스톤이 끼워진 실린더 내에 들어있는 기체가 계로 있다. 이 계에 열이 전달되는 동안 "$PV^{1.3} = $일정"하게 압력과 체적의 관계가 유지될 경우 기체의 최초 압력 및 체적이 200kPa 및 0.04m³이었다면 체적이 0.1m³로 되었을 때 계가 한 일(kJ)은?

① 약 4.35　　　　② 약 6.41
③ 약 10.56　　　　④ 약 12.37

29 시간당 380,000kg의 물을 공급하여 수증기를 생산하는 보일러가 있다. 이 보일러에 공급하는 물의 엔탈피는 830kJ/K이고, 생산되는 수증기의 엔탈피는 3,230kJ/kg 이라고 할 때 발열량이 32,000kJ/kg인 석탄을 시간당 34,000kg씩 보일러에 공급한다면 이 보일러의 효율은 얼마인가?

① 22.6%　　　② 39.5%
③ 72.3%　　　④ 83.8%

30 실린더 내의 유체가 68kJ/kg의 일을 받고 주위에 36kJ/kg의 열을 방출하였다. 내부에너지의 변화는?

① 32kJ/kg 증가
② 32kJ/kg 감소
③ 104kJ/kg 증가
④ 104kJ/kg 감소

31 냉매로서의 갖추어야 할 중요요건에 대한 설명으로 틀린 것은?

① 동일한 냉동능력에 대하여 냉매가스의 용적이 적을 것
② 저온에 있어서도 대기압 이상의 압력에서 증발하고 비교적 저압에서 액화할 것
③ 점도가 크고 열전도율이 좋을 것
④ 증발열이 크며 액체의 비열이 작을 것

32 일반적으로 냉방시스템에 물을 냉매로 사용하는 냉동방식은?

① 터보식　　　② 흡수식
③ 전자식　　　④ 증기압축식

33 온도식 자동팽창밸브에 관한 설명이 잘못된 것은?

① 주로 암모니아냉동장치에 사용한다.
② 감온통의 설치는 액가스열교환기가 있을 경우에는 증발기 쪽에 밀착하여 설치한다.
③ 부하변동에 따라 냉매유량제어가 가능하다.
④ 내부균압형과 외부균압형이 있다.

34 냉매 R-22를 사용하는 냉동기에서 증발기 입구엔탈피 106kcal/kg, 증발기 출구엔탈피 451kcal/kg, 응축기 입구엔탈피 471kcal/kg이었다. 이 냉동기의 냉동효과(kcal/kg)와 성적계수는 각각 얼마인가?

① 345, 17.2　　　② 365, 17.2
③ 345, 10.2　　　④ 365, 10.2

35 펠티에(Peltier)효과를 이용하는 냉동방법에 대한 설명으로 옳지 않은 것은?

① 펠티에효과를 냉동에 이용한 것이 전자냉동 또는 열전기식 냉동법이다.
② 펠티에효과를 냉동법으로 실용화에 어려운 점이 많았으나 반도체기술이 발달하면서 실용화되었다.
③ 이 냉동방법을 이용한 것으로는 휴대용 냉장고, 가정용 특수냉장고, 물냉각기, 핵잠수함 내의 냉난방장치이다.
④ 이 냉동방법도 증기압축식 냉동장치와 마찬가지로 압축기, 응축기, 증발기 등을 이용한 것이다.

36 2원 냉동사이클에 대한 설명으로 옳은 것은?

① -100℃ 정도의 저온을 얻고자 할 때 사용되며 보통 저온측에는 임계점이 높은 냉매를, 고온측에는 임계점이 낮은 냉매를 사용한다.
② 저온부 냉동사이클의 응축기 방열량을 고온부 냉동사이클의 증발기가 흡열하도록 되어 있다.
③ 일반적으로 저온측에 사용하는 냉매는 R-12, R-22 등이다.
④ 일반적으로 고온측에 사용하는 냉매는 R-13, R-14 등이다

37 냉동장치 내 팽창밸브를 통과한 냉매의 상태로 옳은 것은?

① 엔탈피 감소 및 압력 강하
② 온도 저하 및 엔탈피 감소
③ 압력 강하 및 온도 저하
④ 엔탈피 감소 및 비체적 감소

38 불응축가스를 제거하는 가스퍼저(gas purger)의 설치 위치로 적당한 곳은?

① 고압수액기 상부
② 저압수액기 상부
③ 유분리기 상부
④ 액분리기 상부

39 냉매충전량이 부족하거나 냉매가 누설로 인해 발생할 수 있는 현상이 아닌 것은?

① 토출압력이 너무 낮다.
② 흡입압력이 너무 낮다.
③ 압축기의 정지시간이 길다.
④ 압축기가 시동하지 않는다.

40 냉동사이클에서 각 지점에서의 냉매엔탈피값으로 압축기 입구에서는 150kcal/kg, 압축기 출구에서는 166kcal/kg, 팽창밸브 입구에서는 110kcal/kg인 경우 이 냉동장치의 성적계수는?

① 0.4
② 1.4
③ 2.5
④ 3.5

제3과목 시운전 및 안전관리

41 고압가스안전관리법령에서 규정하는 고압가스의 충전질량 또는 충전압력의 2분의 1 미만이 충전되어 있는 상태의 용기를 무엇이라 하는가?

① 충전용기
② 압력용기
③ 잔가스용기
④ 반충전용기

42 기계설비법령에 따라 기계설비발전 기본계획의 수립은 누가 수립·시행하여야 하는가?

① 산업통상자원부장관
② 고용노동부장관
③ 국토교통부장관
④ 대통령령

43 기계설비법령에 따라 기계설비 유지관리교육에 관한 업무를 위탁받아 시행하는 기관은?

① 한국기계설비건설협회
② 대한기계설비건설협회
③ 한국공작기계산업협회
④ 한국건설기계산업협회

44 고압가스안전관리법령에서 규정하는 냉동기 제조등록을 해야 하는 냉동기의 기준에서 그 밖의 가스는 얼마인가?

① 냉동능력 3톤 이상인 냉동기
② 냉동능력 5톤 이상인 냉동기
③ 냉동능력 8톤 이상인 냉동기
④ 냉동능력 20톤 이상인 냉동기

45 다음 중 고압가스안전관리법령에 따라 300만원 이하의 벌금기준에 해당되는 경우는?

㉠ 고압가스를 제조하려는 자가 신고를 하지 아니하고 고압가스를 제조한 경우
㉡ 특정 고압가스사용신고자가 특정 고압가스의 사용 전에 안전관리자를 선임하지 않은 경우
㉢ 사업개시 등의 신고나 수입신고에 따른 신고를 하지 아니한 자
㉣ 정기검사 및 수시검사에 따른 정기검사나 수시검사를 받지 아니한 자

① ㉠, ㉣
② ㉠, ㉡
③ ㉡, ㉢
④ ㉢, ㉣

46 다음 그림의 신호흐름선도에서 $\frac{C(s)}{R(s)}$ 는?

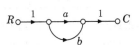

① $\frac{1}{ab}$
② $\frac{1}{a}+\frac{1}{b}$
③ ab
④ $a+b$

47 뒤진 역률 80%, 1,000kW의 3상 부하가 있다. 이것에 콘덴서를 설치하여 역률을 95%로 개선하려고 한다. 필요한 콘덴서의 용량은 약 몇 kVA인가?

① 422
② 633
③ 844
④ 1,266

48 불연속제어에 속하는 것은?

① 비율제어
② 비례제어
③ 미분제어
④ ON-OFF제어

49 200V의 전원에 접속하여 1kW의 전력을 소비하는 부하를 100V의 전원에 접속하면 소비전력은 몇 W가 되겠는가?

① 100
② 150
③ 200
④ 250

50 "도선에서 두 점 사이의 전류의 세기는 그 두 점 사이의 전위차에 비례하고, 전기저항에 반비례한다"는 무슨 법칙을 설명한 것인가?

① 렌츠의 법칙
② 옴의 법칙
③ 플레밍의 법칙
④ 전압분배의 법칙

51 다음 그림과 같은 논리회로는?

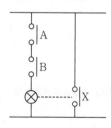

① OR회로
② AND회로
③ NOT회로
④ NOR회로

52 다음 전선 중 도전율이 가장 우수한 재질의 전선은?

① 경동선
② 연동선
③ 경알루미늄선
④ 아연도금철선

53 온-오프(on-off)동작의 설명으로 옳은 것은?

① 간단한 단속적 제어동작이고 사이클링이 생긴다.
② 사이클링은 제거할 수 있으나 오프셋이 생긴다.
③ 오프셋은 없앨 수 있으나 응답시간이 늦어질 수 있다.
④ 응답속도는 빠르나 오프셋이 생긴다.

54 사이클로 컨버터의 작용은?

① 직류-교류변환
② 직류-직류변환
③ 교류-직류변환
④ 교류-교류변환

55 목표값에 따른 분류에 따라 열차를 무인운전하고자 할 때 사용하는 제어방식은?

① 자력제어
② 추종제어
③ 비율제어
④ 프로그램제어

56 다음 중 공정제어(프로세스제어)에 속하지 않는 제어량은?

① 온도
② 압력
③ 유량
④ 방위

57 다음 중 직류전동기의 속도제어방식으로 맞는 것은?

① 주파수제어
② 극수변환제어
③ 슬립제어
④ 계자제어

58 서보전동기에 필요한 특징을 설명한 것으로 옳지 않은 것은?

① 정·역회전이 가능하여야 한다.
② 직류용은 없고 교류용만 있어야 한다.
③ 속도제어범위와 신뢰성이 우수하여야 한다.
④ 급가속, 급감속이 용이하여야 한다.

59 무인엘리베이터의 자동제어로 가장 적합한 제어는?

① 추종제어
② 정치제어
③ 프로그램제어
④ 프로세스제어

60 다음 논리식 중에서 그 결과가 다른 값을 나타낸 것은?

① $(A+B)(A+\overline{B})$

② $A(A+B)$

③ $A+\overline{A}B$

④ $AB+A\overline{B}$

제4과목 유지보수공사관리

61 트랩에서 봉수의 파괴원인으로 볼 수 없는 것은?

① 자기사이펀작용   ② 흡인작용

③ 분출작용   ④ 통기작용

62 롤러 서포트를 사용하여 배관을 지지하는 주된 이유는?

① 신축 허용   ② 부식 방지

③ 진동 방지   ④ 해체 용이

63 다음은 관의 부식 방지에 관한 것이다. 틀린 것은?

① 전기를 절연시킨다.

② 아연도금을 한다.

③ 열처리를 한다.

④ 습기의 접촉을 없게 한다.

64 공조배관설비에서 수격작용의 방지책으로 옳지 않은 것은?

① 관내의 유속을 낮게 한다.

② 밸브는 펌프 흡입구 가까이 설치하고 제어한다.

③ 펌프에 플라이휠(fly wheel)을 설치한다.

④ 조압수조(surge tank)를 관선에 설치한다.

65 호칭지름 20A 강관을 곡률반경 150mm로 90° 구부림할 경우 곡관부 길이는 약 얼마인가?

① 117.8mm   ② 235.5mm

③ 471.0mm   ④ 942.0mm

66 배관의 착색도료 밑칠용으로 사용되며 녹 방지를 위하여 많이 사용되는 도료는?

① 산화철도료   ② 광명단

③ 에나멜   ④ 조합페인트

67 관이음 도시기호 중 유니언이음은?

①   ②

③   ④

68 냉동장치의 배관 설치에 관한 내용으로 틀린 것은?

① 토출가스의 합류 부분 배관은 T이음으로 한다.

② 압축기와 응축기의 수평배관은 하향구배로 한다.

③ 토출가스배관에는 역류방지밸브를 설치한다.

④ 토출관의 입상이 10m 이상일 경우 10m마다 중간 트랩을 설치한다.

69 캐비테이션(cavitation)현상의 발생조건이 아닌 것은?

① 흡입양정이 지나치게 클 경우

② 흡입관의 저항이 증대될 경우

③ 흡입유체의 온도가 높은 경우

④ 흡입관의 압력이 양압인 경우

70 통기관에 관한 설명으로 틀린 것은?

① 통기관경은 접속하는 배수관경의 1/2 이상으로 한다.

② 통기방식에는 신정통기, 각개통기, 회로통기 방식이 있다.

③ 통기관은 트랩 내의 봉수를 보호하고 관내 청결을 유지한다.

④ 배수입관에서 통기입관의 접속은 90° T이음으로 한다.

71 경질 염화비닐관 TS식 조인트접합법에서 3가지 접착효과에 해당하지 않는 것은?

① 유동삽입   ② 일출접착

③ 소성삽입   ④ 변형삽입

72 도시가스 입상배관의 관지름이 20mm일 때 움직이지 않도록 몇 m마다 고정장치를 부착해야 하는가?

① 1m
② 2m
③ 3m
④ 4m

73 냉매배관 시 주의사항이다. 틀린 것은?

① 굽힘부의 굽힘반경을 작게 한다.
② 배관 속에 기름이 고이지 않도록 한다.
③ 배관에 큰 응력 발생의 염려가 있는 곳에는 루프형 배관을 해 준다.
④ 다른 배관과 달라서 벽 관통 시에는 강관 슬리브를 사용하여 보온 피복한다.

74 진공환수식 증기난방배관에 대한 설명으로 옳지 않은 것은?

① 배관 도중에 공기빼기밸브를 설치한다.
② 배관에는 적당한 구배를 준다.
③ 진공식에는 리프트피팅에 의해 응축수를 상부로 배출할 수 있다.
④ 응축수의 유속이 빠르게 되므로 환수관을 가늘게 할 수가 있다.

75 암모니아냉매를 사용하는 흡수식 냉동기의 배관재료로 가장 좋은 것은?

① 주철관
② 동관
③ 강관
④ 동합금관

76 냉동장치의 액순환펌프의 토출측 배관에 설치되는 밸브는?

① 게이트밸브
② 콕
③ 글로브밸브
④ 체크밸브

77 증기난방을 응축수환수법에 의해 분류하였을 때 그 종류가 아닌 것은?

① 기계환수식
② 하트포드환수식
③ 중력환수식
④ 진공환수식

78 온수난방설비의 온수배관 시공법에 관한 설명 중 틀린 것은?

① 수평배관에서 관의 지름을 바꿀 때에는 편심 리듀서를 사용한다.
② 배관재료는 내열성을 고려한다.
③ 공기가 고일 염려가 있는 곳에는 공기 배출을 고려한다.
④ 팽창관에는 슬루스밸브를 설치한다.

79 급탕배관 시공에 대한 설명 중 틀린 것은?

① 배관의 굽힘 부분에는 벨로즈이음을 한다.
② 하향식 급탕주관의 최상부에는 공기빼기장치를 설치한다.
③ 팽창관의 관경은 겨울철 동결을 고려하여 25A 이상으로 한다.
④ 단관식 급탕배관방식에는 상향배관, 하향배관 방식이 있다.

80 증기와 응축수의 온도차이를 이용하여 응축수를 배출하는 트랩은?

① 버킷트랩(bucket trap)
② 디스크트랩(disk trap)
③ 벨로즈트랩(bellows trap)
④ 플로트트랩(float trap)

제2회 | 모의고사

┃정답 및 해설 : 부−50쪽┃

제1과목 에너지관리

01 습공기의 상태변화에 관한 설명 중 틀린 것은?

① 습공기를 냉각하면 건구온도와 습구온도가 감소한다.
② 습공기를 냉각·가습하면 상대습도와 절대습도가 증가한다.
③ 습공기를 등온감습하면 노점온도와 비체적이 감소한다.
④ 습공기를 가열하면 습구온도와 상대습도가 증가한다.

02 다음 중 보일러부하로 옳은 것은?

① 난방부하＋급탕부하＋배관부하＋예열부하
② 난방부하＋배관부하＋예열부하－급탕부하
③ 난방부하＋급탕부하＋배관부하－예열부하
④ 난방부하＋급탕부하＋배관부하

03 다음 중 온수난방설비용 기기가 아닌 것은?

① 릴리프밸브
② 순환펌프
③ 관말트랩
④ 팽창탱크

04 다음 증기난방의 설명 중 옳은 것은?

① 예열시간이 짧다.
② 실내온도의 조절이 용이하다.
③ 방열기 표면의 온도가 낮아 쾌적한 느낌을 준다.
④ 실내에서 상하온도차가 작으며 방열량의 제어가 다른 난방에 비해 쉽다.

05 다음의 공기조화부하 중 잠열변화를 포함하는 것은?

① 외벽을 통한 손실열량
② 침입외기에 의한 취득열량
③ 유리창을 통한 관류취득열량
④ 지하층 바닥을 통한 손실열량

06 일반 공기냉각용 냉수코일에서 가장 많이 사용되는 코일의 열수는?

① 0.5~1
② 1.5~2
③ 3~3.5
④ 4~8

07 냉각코일의 장치노점온도(ADP)가 7℃이고, 여기를 통과하는 입구공기의 온도가 27℃라고 한다. 코일의 바이패스팩터를 0.1이라고 할 때 출구공기의 온도는?

① 8.0℃
② 8.5℃
③ 9.0℃
④ 9.5℃

08 습공기선도($t-x$선도)상에서 알 수 없는 것은?

① 엔탈피
② 습구온도
③ 풍속
④ 상대습도

09 덕트 내 풍속을 측정하는 피토관을 이용하여 전압 23.8mmAq, 정압 10mmAq를 측정하였다. 이 경우 풍속은 약 얼마인가?

① 10m/s
② 15m/s
③ 20m/s
④ 25m/s

10 공조설비를 구성하는 공기조화에는 공기여과기, 냉온수코일, 가습기, 송풍기로 구성되어 있는데, 이들 장치와 직접 연결되어 사용되는 설비가 아닌 것은?

① 공급덕트
② 주증기관
③ 냉각수관
④ 냉수관

11 다음 중 냉각탑의 용어 및 특성에 대한 설명으로 틀린 것은?

① 어프로치(approach)는 냉각탑 출구수온과 입구공기 건구온도의 차
② 레인지(range)는 냉각수의 입구와 출구의 온도차
③ 어프로치(approach)를 적게 할수록 설비비 증가
④ 레인지(range)는 공기조화에서 5~8℃ 정도로 설정

12 송풍덕트 내의 정압제어가 필요 없고 발생소음이 적은 변풍량 유닛은?

① 유인형
② 슬롯형
③ 바이패스형
④ 노즐형

13 다음 중 서로 상관이 없는 것끼리 짝지어진 것은?

① 순환수두 – 밀도차
② VAV – 변풍량방식
③ 저압증기난방 – 팽창탱크
④ MRT – 패널표면온도

14 외기온도 -5℃, 실내온도 20℃일 때 온수방열기의 방열면적이 5m²이면 방열기의 방열량은?

① 약 1.3kW   ② 약 2.6kW
③ 약 3.4kW   ④ 약 3.8kW

15 다음 중 열원설비가 아닌 것은?

① 보일러   ② 냉동기
③ 송풍기   ④ 냉각탑

16 공기조화설비에서 T.A.B의 의미가 아닌 것은?

① 시험   ② 조정
③ 평가   ④ 분석

17 다음 그림과 같은 외벽의 열관류율값은? (단, 외표면 열전달률 a_o =20W/m²·K, 내표면 열전달률 a_i =7.5W/m²·K이다.)

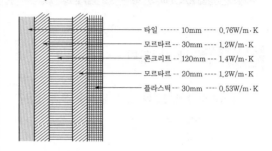

타일 ------ 10mm ---- 0.76W/m·K
모르타르 -- 30mm ---- 1.2W/m·K
콘크리트 -- 120mm ---- 1.4W/m·K
모르타르 -- 20mm ---- 1.2W/m·K
플라스틱 -- 30mm ---- 0.53W/m·K

① 약 3.03W/m²·K   ② 약 10.1W/m²·K
③ 약 12.5W/m²·K   ④ 약 17.7W/m²·K

18 공기조화설비에서 T.A.B용 기기의 종류가 아닌 것은?

① 소음측정기
② 압력측정기(공기, 수압)
③ 전기계측기
④ 재료측정기

19 펌프 시운전 관련 주의사항으로 잘못된 것은?

① 체절운전(토출밸브를 닫은 채 펌프운전)은 단시간(약 1분)하도록 한다.
② 펌프운전 중 축, 커플링 등의 회전 부분을 만지지 않도록 한다.
③ 펌프운전 시 인명사고를 방지하기 위하여 반드시 커플링커버를 설치하도록 한다.
④ 펌프흡입구경 상당분의 유량 이하에서의 운전은 펌프사고로 이어질 염려가 있으므로, 소유량 운전 가능성이 있는 경우에는 통기관배관을 설치하도록 한다.

20 공기조화설비에서 T.A.B용 회전수측정장비의 교정주기는 몇 개월인가?

① 6개월   ② 9개월
③ 12개월   ④ 24개월

제2과목 공조냉동설계

21 다음 중 경로함수(path function)는?

① 엔탈피
② 엔트로피
③ 내부에너지
④ 일

22 수은주에 의해 측정된 대기압이 753mmHg일 때 진공도 90%의 절대압력은? (단, 수은의 밀도는 13,600kg/m³, 중력가속도는 9.8m/s²이다.)

① 약 200.08kPa
② 약 190.08kPa
③ 약 100.04kPa
④ 약 10.04kPa

23 200m의 높이로부터 250kg의 물체가 땅으로 떨어질 경우 일을 열량으로 환산하면 약 몇 kJ인가? (단, 중력가속도는 9.8m/s²이다.)

① 79
② 117
③ 203
④ 490

24 열역학 제1법칙은 다음의 어떤 과정에서 성립하는가?

① 가역과정에서만 성립한다.
② 비가역과정에서만 성립한다.
③ 가역등온과정에서만 성립한다.
④ 가역이나 비가역과정을 막론하고 성립한다.

25 압축비가 7.5이고 비열비 $k=1.4$인 오토사이클의 열효율은?

① 48.7%
② 51.2%
③ 55.3%
④ 57.6%

26 두께가 10cm이고 내·외측 표면온도가 각각 20℃와 5℃인 벽이 있다. 정상상태일 때 벽의 중심온도는 몇 ℃인가?

① 4.5
② 5.5
③ 7.5
④ 12.5

27 체적이 500cm³인 풍선이 있다. 이 풍선에 압력이 0.1MPa, 온도 288K의 공기가 가득 채워져 있다. 압력이 일정한 상태에서 풍선 속 공기온도가 300K로 상승했을 때 공기에 가해진 열량은? (단, 공기의 정압비열은 1.005kJ/kg·K, 기체상수 0.287kJ/kg·K이다.)

① 7.3J
② 7.3kJ
③ 73J
④ 74kJ

28 작동유체가 상태 1부터 상태 2까지 가역변화할 때의 엔트로피변화로 옳은 것은?

① $S_2 - S_1 \geq \int_1^2 \frac{\delta Q}{T}$
② $S_2 - S_1 > \int_1^2 \frac{\delta Q}{T}$
③ $S_2 - S_1 = \int_1^2 \frac{\delta Q}{T}$
④ $S_2 - S_1 < \int_1^2 \frac{\delta Q}{T}$

29 5kg의 산소가 정압하에서 체적이 0.2m³에서 0.6m³로 증가했다. 산소를 이상기체로 보고 정압비열 $C_p = 0.92$kJ/kg·℃로 하여 엔트로피의 변화를 구하였을 때 그 값은 얼마인가?

① 1.857kJ/K
② 2.746kJ/K
③ 5.054kJ/K
④ 6.507kJ/K

30 표준 증기압축식 냉동사이클에서 압축기 입구와 출구의 엔탈피가 각각 105kJ/kg 및 125kJ/kg이다. 응축기 출구의 엔탈피가 43kJ/kg이라면 이 냉동사이클의 성능계수(COP)는 얼마인가?

① 2.3
② 2.6
③ 3.1
④ 4.3

31 냉동장치에서 증발온도를 일정하게 하고 응축온도를 높일 때 나타나는 현상으로 옳은 것은?

① 성적계수 증가
② 압축일량 감소
③ 토출가스온도 감소
④ 플래시가스 발생량 증가

32 냉동장치 내에 불응축가스가 생성되는 원인으로 가장 거리가 먼 것은?

① 냉동장치의 압력이 대기압 이상으로 운전될 경우 저압측에서 공기가 침입한다.

② 장치를 분해, 조립하였을 경우에 공기가 잔류한다.

③ 압축기의 축봉장치 패킹연결 부분에 누설 부분이 있으면 공기가 장치 내에 침입한다.

④ 냉매, 윤활유 등의 열분해로 인해 가스가 발생한다.

33 다음과 같이 운전되고 있는 열펌프의 성적계수는?

① 1.7
② 2.7
③ 3.7
④ 4.7

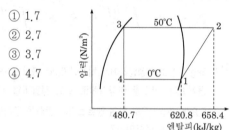

34 냉동능력 감소와 압축기 과열 등의 악영향을 미치는 냉동배관 내의 불응축가스를 제거하는 장치는?

① 액-가스 열교환기 　② 여과기

③ 어큐뮬레이터 　　　④ 가스퍼저

35 냉매와 흡수제로 $NH_3 - H_2O$을 이용한 흡수식 냉동기의 냉매의 순환과정으로 옳은 것은?

① 증발기(냉각기) → 흡수기 → 재생기 → 응축기

② 증발기(냉각기) → 재생기 → 흡수기 → 응축기

③ 흡수기 → 증발기(냉각기) → 재생기 → 응축기

④ 흡수기 → 재생기 → 증발기(냉각기) → 응축기

36 고속으로 회전하는 임펠러에 의해 대량 증기의 흡입, 압축이 가능하며 토출밸브를 잠그고 작동시켜도 일정한 압력 이상으로는 더 이상 상승하지 않는 특징을 가진 압축기는?

① 왕복동식 압축기 　② 회전식 압축기

③ 스크루식 압축기 　④ 원심식 압축기

37 냉동장치의 응축기에 관한 설명 중 옳은 것은?

① 횡형 셸튜브응축기는 전열이 양호하고 냉각관 청소가 용이하다.

② 7통로응축기는 전열이 양호하고 입형에 비해 냉각수량이 많다.

③ 대기식 응축기는 냉각수량이 적어도 되며 설치장소가 작다.

④ 입형 셸튜브응축기는 냉각관 청소가 용이하고 과부하에 잘 견딘다.

38 흡수식 냉동기에 대한 설명으로 틀린 것은?

① 흡수식 냉동기는 열의 공급과 냉각으로 냉매와 흡수제가 함께 분리되고 섞이는 형태로 사이클을 이룬다.

② 냉매가 암모니아일 경우에는 흡수제로서 리튬브로마이드(LiBr)를 사용한다.

③ 리튬브로마이드수용액 사용 시 재료에 대한 부식성 문제로 용액 중에 미량의 부식억제제를 첨가한다.

④ 압축식에 비해 열효율이 나쁘며 설치면적을 많이 차지한다.

39 고온 35℃, 저온 -10℃에서 작동되는 역카르노사이클이 적용된 이론냉동사이클의 성적계수는?

① 2.89
② 3.24
③ 4.24
④ 5.84

40 냉동능력 50RT인 브라인냉각장치에서 브라인 입구온도 -5℃, 출구온도 -10℃, 냉매의 증발온도 0℃로 운전되고 있을 때 냉각관 전열면적이 30m²이라면 열통과율은? (단, 열손실은 무시하며, 평균온도차는 산술평균으로 계산하여 1RT=3.86kW로 계산한다.)

① 약 $1.6kW/m^2 \cdot ℃$

② 약 $0.96kW/m^2 \cdot ℃$

③ 약 $0.86kW/m^2 \cdot ℃$

④ 약 $0.76kW/m^2 \cdot ℃$

제3과목　시운전 및 안전관리

41 산업안전보건법령상 유해위험방지계획서를 제출해야 하는 건설공사가 아닌 것은?

① 터널건설 등의 공사
② 최대 지간길이가 50m 이상인 교량건설 등 공사
③ 다목적댐, 발전용 댐 및 저수용량 2천만톤 이상의 용수 전용 댐, 지방상수도 전용 댐 건설 등의 공사
④ 연면적 3,000m² 이상의 냉동·냉장창고시설의 설비공사 및 단열공사

42 기계설비법령에 따른 기계설비의 착공 전 확인과 사용 전 검사의 대상 건축물 또는 시설물에 해당하지 않는 것은?

① 연면적 20,000m² 이상인 건축물
② 냉동·냉장, 항온·항습 또는 특수 청정을 위한 특수 설비가 설치된 건축물로서 해당 용도에 사용되는 바닥면적의 합계가 500m² 이상인 건축물
③ 기숙사로 사용되는 바닥면적의 합계가 2,000m² 이상인 건축물
④ 판매시설로 사용되는 바닥면적의 합계가 3,000m² 이상인 건축물

43 고압가스안전관리법령에 따라 "냉매로 사용되는 가스 등 대통령령으로 정하는 종류의 고압가스"는 품질기준으로 고시하여야 하는데, 목적 또는 용량에 따라 고압가스에서 제외될 수 있다. 이러한 제외기준에 해당되는 경우로 모두 고른 것은?

> ㉠ 영업용으로 판매 또는 인도되거나 판매 또는 인도될 목적으로 저장·운송 또는 보관되는 고압가스
> ㉡ 시험용 또는 연구개발용으로 판매 또는 인도되거나 판매 또는 인도될 목적으로 저장·운송 또는 보관되는 고압가스
> ㉢ 1회 수입되는 양이 40kg 이하인 고압가스

① ㉠, ㉡
② ㉡, ㉢
③ ㉠, ㉢
④ ㉠, ㉡, ㉢

44 고압가스안전관리법령에 따라 일체형 냉동기의 조건으로 틀린 것은?

① 냉매설비 및 압축기용 원동기가 하나의 프레임 위에 일체로 조립된 것
② 냉동설비를 사용할 때 스톱밸브 조작이 필요 없는 것
③ 응축기 유닛 및 증발유닛이 냉매배관으로 연결된 것으로 하루냉동능력이 30톤 미만인 공조용 패키지에어콘
④ 사용장소에 분할·반입하는 경우에는 냉매설비에 용접 또는 절단을 수반하는 공사를 하지 않고 재조립하여 냉동제조용으로 사용할 수 있는 것

45 기계설비법령에 따라 기계설비성능점검업자는 기계설비성능점검업의 등록한 사항 중 대통령령으로 정하는 사항이 변경된 경우에는 변경등록을 하여야 한다. 만약 변경등록을 정해진 기간 내 못한 경우 2차 위반 시 받게 되는 행정처분기준은?

① 등록취소
② 업무정지 2개월
③ 업무정지 1개월
④ 시정명령

46 고압가스안전관리법령에서 고압가스의 충전질량 또는 충전압력의 2분의 1 이상이 충전되어 있는 상태의 용기를 무엇이라 하는가?

① 충전용기
② 만충전용기
③ 잔가스용기
④ 반충전용기

47 기계설비법령에 따라 기계설비발전 기본계획의 수립은 몇 년마다 수립·시행하여야 하는가?

① 2년마다
② 3년마다
③ 5년마다
④ 10년마다

48 기계설비법령에 따라 기계설비 유지관리교육에 관한 업무위탁을 지정해주는 정부부서는?

① 보건복지부
② 행정안전부
③ 산업통상자원부
④ 국토교통부

49 고압가스안전관리법령에서 규정하는 냉동기 제조등록을 해야 하는 냉동기의 기준은 얼마인가? (단, 그 밖의 가스인 경우)

① 냉동능력 3톤 이상인 냉동기
② 냉동능력 5톤 이상인 냉동기
③ 냉동능력 8톤 이상인 냉동기
④ 냉동능력 20톤 이상인 냉동기

50 다음 중 고압가스안전관리법령에 따라 고압가스시설을 손괴한 자와 용기 및 특정 설비를 개조한 자의 벌칙은?

① 10년 이하의 금고 또는 1억 5천만원 이하의 벌금
② 500만원 이하의 벌금
③ 300만원 이하의 벌금
④ 5년 이하의 징역 또는 5천만원 이하의 벌금

51 직류전동기의 규약효율을 구하는 식은?

① $\dfrac{손실}{입력} \times 100\%$

② $\dfrac{입력 - 손실}{입력} \times 100\%$

③ $\dfrac{출력 - 손실}{출력 + 손실} \times 100\%$

④ $\dfrac{출력}{출력 - 손실} \times 100\%$

52 단자전압 200V, 전기자전류 100A, 회전속도 1,200rpm으로 운전하고 있는 직류전동기가 있다. 역기전력은 몇 V인가? (단, 전기자회로의 저항은 0.2Ω이다.)

① 80
② 120
③ 180
④ 210

53 2개의 입력이 "1"일 때 출력이 "0"이 되는 회로는?

① AND회로
② OR회로
③ NOT회로
④ NOR회로

54 입력으로 단위계단함수 $u(t)$를 가했을 때 출력이 다음 그림과 같은 조절계의 기본동작은?

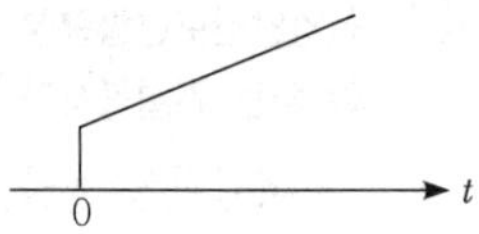

① 2위치동작
② 비례동작
③ 비례적분동작
④ 비례미분동작

55 3상 유도전동기의 출력이 5kW, 전압 200V, 효율 90%, 역률 80%일 때 이 전동기에 유입되는 선전류는 약 몇 A인가?

① 15
② 20
③ 25
④ 30

56 목표값을 직접 사용하기 곤란할 때 어떤 것을 이용하여 주되먹임요소와 비교하여 사용하는가?

① 기준입력요소
② 제어요소
③ 되먹임요소
④ 비교장치

57 전류의 측정범위를 확대하기 위하여 사용되는 것은?

① 배율기
② 분류기
③ 저항기
④ 계기용 변압기

58 제어결과로 사이클링(cycling)과 오프셋(offset)을 발생시키는 동작은?

① on-off동작
② P동작
③ I동작
④ PI동작

59 직류기의 전기자 반작용에 대한 설명으로 옳지 않은 것은?

① 중성축이 이동한다.
② 전동기는 속도가 저하된다.
③ 국부적 섬락이 발생한다.
④ 발전기는 기전력이 감소한다.

60 직류기에서 전압정류의 역할을 하는 것은?

① 탄소브러시
② 보상권선
③ 리액턴스코일
④ 보극

제4과목 **유지보수공사관리**

61 냉매계통과 윤활계통에 설치된 필터와 개스킷은 통상 1년에 몇 회 신품으로 교환하는가?

① 1회
② 2회
③ 3회
④ 4회

62 냉동기 오버홀은 냉동기의 운전시간 및 운전상태에 따라 적절한 기간 내에 압축기의 소모품을 정기적으로 교환하여 기계의 파손을 사전에 예방하는 데 있다. 왕복동식 압축기의 보편적으로 정기 오버홀(over haul)의 운전시간은?

① 10,000
② 20,000
③ 30,000
④ 40,000

63 보일러의 세관은 기계적인 세관과 화학적인 세관으로 나눈다. 다음 중 화학적 세관의 작업공정순서는?

① 보일러 하부→모터펌프→약품믹싱탱크→상부 검사구
② 모터펌프→보일러 하부→약품믹싱탱크→상부 검사구
③ 약품믹싱탱크→모터펌프→보일러 하부→상부 검사구
④ 상부 검사구→모터펌프→약품믹싱탱크→보일러 하부

64 다음 냉동기의 유지보수관리에서 주간점검이 아닌 것은?

① 윤활유저장소의 유면을 점검한다.
② 유압을 점검하고 필요하면 필터의 막힘을 조사한다.
③ 압축기를 정지시켜 샤프트 시일에서 윤활유의 누설이 없는가를 확인한다(개방형).
④ 전동기의 절연을 점검한다.

65 냉동설비의 용량 선정 시 왕복동형 압축기의 냉동능력을 구하는 식은?

① $R = \dfrac{VH + 0.08\,VL}{C}$

② $R = \dfrac{60 \times 0.785\,tn(D^2 + d^2)}{C}$

③ $R = \dfrac{60KD^2Ln}{C}$

④ $R = \dfrac{60 \times 0.785\,D^2LNn}{C}$

66 풍량조절댐퍼는 덕트 내 풍량을 조절할 수 있는 기구이다. 이 중 역류를 방지하기 위한 댐퍼는?

① 루버(louver)댐퍼   ② 버터플라이댐퍼
③ 릴리프댐퍼   ④ 방연댐퍼

67 덕트설계 시 주의사항으로 틀린 것은?

① 장방형 덕트 단면의 종횡비는 가능한 한 6 : 1 이상으로 해야 한다.
② 덕트의 풍속은 15m/s 이하, 정압은 50mmAq 이하의 저속덕트를 이용하여 소음을 줄인다.
③ 덕트의 분기점에는 댐퍼를 설치하여 압력평행을 유지시킨다.
④ 재료는 아연도금강판, 알루미늄판 등을 이용하여 마찰저항손실을 줄인다.

68 냉동장치 도면의 가변풍량에 대한 약어는 무엇인가?

① AHU : air handling unit
② R/T : ton of refrigeration
③ VAV : variable air volume
④ CAV : constant air volume

69 진공환수식 증기난방배관에 대한 설명으로 틀린 것은?

① 배관 도중에 공기빼기밸브를 설치한다.
② 배관기울기를 작게 할 수 있다.
③ 리프트피팅에 의해 응축수를 상부로 배출할 수 있다.
④ 응축수의 유속이 빠르게 되므로 환수관을 가늘게 할 수가 있다.

70 냉동장치의 액순환펌프의 토출측 배관에 설치되는 밸브는?

① 게이트밸브　　② 콕
③ 글로브밸브　　④ 체크밸브

71 증기난방을 응축수환수법에 의해 분류하였을 때 그 종류가 아닌 것은?

① 기계환수식　　② 하트포드환수식
③ 중력환수식　　④ 진공환수식

72 급탕배관 시공에 대한 설명 중 틀린 것은?

① 배관의 굽힘 부분에는 벨로즈이음을 한다.
② 하향식 급탕주관의 최상부에는 공기빼기장치를 설치한다.
③ 팽창관의 관경은 겨울철 동결을 고려하여 25A 이상으로 한다.
④ 단관식 급탕배관방식에는 상향배관, 하향배관방식이 있다.

73 증기와 응축수의 온도차를 이용하여 응축수를 배출하는 트랩은?

① 버킷트랩　　② 디스크트랩
③ 벨로즈트랩　　④ 플로트트랩

74 지름 32mm 이하의 동관을 이음할 때 또는 기계의 점검, 보수, 기타 관을 떼어내기 쉽게 하기 위한 동관이음방법은?

① 플레어접합　　② 슬리브접합
③ 플랜지접합　　④ 사이징접합

75 지역난방의 특징에 대한 설명 중 틀린 것은?

① 대규모 열원기기를 이용한 에너지의 효율적 이용이 가능하다.
② 대기오염물질이 증가한다.
③ 도시의 방재수준 향상이 가능하다.
④ 사용자에게는 화재에 대한 우려가 작다.

76 배수 및 통기설비에서 배관 시공법에 관한 주의사항으로 틀린 것은?

① 우수수직관에 배수관을 연결해서는 안 된다.
② 오버플로관은 트랩의 유입구측에 연결해야 한다.
③ 바닥 아래에서 빼내는 각 통기관에는 횡주부를 형성시키지 않는다.
④ 통기수직관은 최하위의 배수수평지관보다 높은 위치에서 연결해야 한다.

77 배관용 보온재에 관한 설명으로 틀린 것은?

① 내열성이 높을수록 좋다.
② 열전도율이 적을수록 좋다.
③ 비중이 작을수록 좋다.
④ 흡수성이 클수록 좋다.

78 급수설비에서 발생하는 수격작용의 방지법으로 틀린 것은?

① 관 내의 유속을 낮게 한다.
② 직선배관을 피하고 굴곡배관을 한다.
③ 수전류 등의 폐쇄를 서서히 한다.
④ 기구류 가까이에 공기실을 설치한다.

79 열팽창에 의한 배관의 이동을 구속 또는 제한하기 위해 사용되는 관지지장치는?

① 행거(hanger)
② 서포트(support)
③ 브레이스(brace)
④ 리스트레인트(restraint)

80 트랩의 봉수 파괴원인에 해당하지 않는 것은?

① 자기사이펀작용
② 모세관현상
③ 증발
④ 공동현상

제3회 | 모의고사

▌정답 및 해설 : 부-58쪽▐

제1과목 에너지관리

01 온수난방설계 시 다르시-바이스바흐(Darcy-Weisbach)의 수식을 적용한다. 이 식에서 마찰저항계수와 관련이 있는 인자는?

① 누셀수(Nu)와 상대조도
② 프란틀수(Pr)와 절대조도
③ 레이놀즈수(Re)와 상대조도
④ 그라쇼프수(Gr)와 절대조도

02 보일러에서 급수내관(feed water injection pipe)을 설치하는 목적으로 가장 적합한 것은?

① 보일러수 역류 방지
② 슬러지 생성 방지
③ 부동팽창 방지
④ 과열 방지

03 다음 난방방식의 표준방열량에 대한 것으로 옳은 것은?

① 증기난방 : 0.523kW
② 온수난방 : 0.756kW
③ 복사난방 : 1.003kW
④ 온풍난방 : 표준방열량이 없다.

04 열교환기의 입구측 공기 및 물의 온도가 각각 30℃, 10℃이고, 출구측 공기 및 물의 온도가 각각 15℃, 13℃일 때 대향류의 대수평균온도차($LMTD$)는 약 얼마인가?

① 6.8℃
② 7.8℃
③ 8.8℃
④ 9.8℃

05 아네모스탯(anemostat)형 취출구에서 유인비의 정의로 옳은 것은? (단, 취출구로부터 공급된 조화공기를 1차 공기(PA), 실내공기가 유인되어 1차 공기와 혼합한 공기를 2차 공기(SA), 1차와 2차 공기를 모두 합한 것을 전공기(TA)라 한다.)

① $\dfrac{TA}{PA}$
② $\dfrac{TA}{SA}$
③ $\dfrac{PA}{TA}$
④ $\dfrac{SA}{TA}$

06 에어워셔에 대한 내용으로 옳지 않은 것은?

① 세정실(spray chamber)은 일리미네이터 뒤에 있어 공기를 세정한다.
② 분무노즐(spray nozzle)은 스탠드파이프에 부착되어 스프레이헤더에 연결된다.
③ 플러딩노즐(flooding nozzle)은 먼지를 세정한다.
④ 다공판 또는 루버(louver)는 기류를 정류해서 세정실 내를 통과시키기 위한 것이다.

07 원심송풍기번호가 No.2일 때 회전날개의 지름(mm)은 얼마인가?

① 150
② 200
③ 250
④ 300

08 정압의 상승분을 다음 구간덕트의 압력손실에 이용하도록 한 덕트설계법으로 옳은 것은?

① 정압법
② 등속법
③ 등온법
④ 정압재취득법

09 건구온도 30℃, 절대습도 0.017kg/kg′인 습공기의 엔탈피는 약 몇 kJ/kg인가? (단, 건공기 정압비열 1.01kJ/kg · K, 수증기의 정압비열 1.85kJ/kg · K, 0℃에서 포화수의 증발잠열은 2,500kJ/kg이다.)

① 33
② 50
③ 60
④ 74

10 습공기를 노점온도까지 냉각시킬 때 변하지 않는 것은?

① 엔탈피   ② 상대습도

③ 비체적   ④ 수증기분압

11 팬코일의 유닛방식은 배관방식에 따라 2관식, 3관식, 4관식이 있다. 다음 설명 중 잘못된 것은?

① 4관식은 냉수배관, 온수배관을 설치하여 각 계통마다 동시에 냉난방을 자유롭게 할 수 있다.

② 4관식 중 2코일식은 냉온수 간의 밸런스문제가 복잡하고 열손실이 많다.

③ 3관식은 환수관에서 냉수와 온수가 혼합되므로 열손실이 생긴다.

④ 환경제어성능이나 열손실면에서 4관식이 가장 좋으나 설비나 설치면적이 큰 것이 단점이다.

12 다음 중 중앙식 공기조화방식이 아닌 것은?

① 유인유닛방식

② 팬코일유닛방식

③ 변풍량 단일덕트방식

④ 패키지유닛방식

13 증기난방방식을 분류한 것으로 잘못된 것은?

① 증기온도에 따른 분류

② 배관방법에 따른 분류

③ 증기압력에 따른 분류

④ 응축수환수법에 따른 분류

14 보일러의 시운전보고서에 관한 내용으로 가장 관련이 없는 것은?

① 제어기 세팅값과 입출수조건 기록

② 입출구공기의 온도

③ 배기가스의 분석

④ 성능과 효율측정값을 기록, 설계값과 비교

15 공기조화기의 T.A.B측정절차 중 측정요건으로 틀린 것은?

① 시스템의 검토공정이 완료되고 시스템검토보고서가 완료되어야 한다.

② 설계도면 및 관련 자료를 검토한 내용을 토대로 하여 보고서양식에 측정방법 등의 기준이 완료되어야 한다.

③ 댐퍼, 말단유닛, 터미널의 개도는 완전 개폐되어야 한다.

④ 제작사의 공기조화기 시운전이 완료되어야 한다.

16 암모니아냉매설비의 운전을 위한 안전관리절차서에서 암모니아설비 주변의 안전대책에는 다음 설비들이 포함되어야 한다. 틀린 내용은?

① 모니터, 감지설비 및 경보설비

② 전화기

③ 아이샤워(Eye shower), 비상샤워 및 응급조치함

④ 호흡용 보호구와 피부보호장비

17 T.A.B 수행을 위한 계측기기의 온도측정위치로 가장 적절한 것은?

① 온도측정위치는 증발기 및 응축기의 입출구에서 최대한 가까운 곳으로 한다.

② 온도측정위치는 증발기 및 응축기의 입출구에서 최대한 먼 곳으로 한다.

③ 온도측정위치는 압축기 및 팽창밸브의 입출구에서 최대한 가까운 곳으로 한다.

④ 온도측정위치는 압축기 및 팽창밸브의 입출구에서 최대한 먼 곳으로 한다.

18 공기조화설비에서 T.A.B의 필요성이 아닌 것은?

① 체계적인 생산

② 운전경비 절감

③ 초기투자비 절감

④ 쾌적한 실내환경 조성

19 공기조화설비에서 T.A.B용 압력측정(공기)기기의 종류가 아닌 것은?

① 수직형 마노미터　② 경사형 마노미터
③ 피토튜브　　　　　④ Bourdon게이지

20 공기조화설비에서 T.A.B용 온도측정장비의 교정주기는 몇 개월인가?

① 6개월　　　　　　② 9개월
③ 12개월　　　　　④ 24개월

제2과목　**공조냉동설계**

21 냉매의 구비조건에 대한 설명으로 틀린 것은?

① 증기의 비체적이 적을 것
② 임계온도가 충분히 높을 것
③ 점도와 표면장력이 크고, 전열성능이 좋을 것
④ 부식성이 적을 것

22 일반적으로 급속동결이라 하면 동결속도가 얼마 이상인 것을 말하는가?

① 0.01~0.03cm/h
② 0.05~0.08cm/h
③ 0.1~0.3cm/h
④ 0.6~2.5cm/h

23 팽창밸브 중에서 과열도를 검출하여 냉매유량을 제어하는 것은?

① 정압식 자동팽창밸브
② 수동팽창밸브
③ 온도식 자동팽창밸브
④ 모세관

24 냉동장치의 고압부에 대한 안전장치가 아닌 것은?

① 안전밸브　　　　② 고압압력스위치
③ 가용전　　　　　④ 방폭문

25 다음 그림의 사이클과 같이 운전되고 있는 R-22 냉동장치가 있다. 이때 압축기의 압축효율 80%, 기계효율 85%로 운전된다고 하면 성적계수는 약 얼마인가?

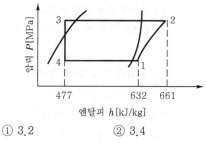

① 3.2　　　　　　② 3.4
③ 3.6　　　　　　④ 3.8

26 압축기의 체적효율에 대한 설명으로 옳은 것은?

① 톱클리어런스(top clearance)가 작을수록 체적효율은 작다.
② 같은 흡입압력, 증기과열도에서 압축비가 클수록 체적효율은 작다.
③ 피스톤링(piston ring) 및 흡입밸브의 시트(sheet)에서 누설이 작을수록 체적효율이 작다.
④ 흡입증기의 밀도가 클수록 체적효율은 크다.

27 냉동장치에서 압력용기의 안전장치로 사용되는 가용전 및 파열판에 대한 설명으로 옳지 않은 것은?

① 파열판의 파열압력은 내압시험압력 이상의 압력으로 한다.
② 응축기에 부착하는 가용전의 용융온도는 보통 75℃ 이하로 한다.
③ 안전밸브와 파열판을 부착한 경우 파열판의 파열압력은 안전밸브의 작동압력 이상으로 해도 좋다.
④ 파열판은 터보냉동기에 주로 사용된다.

28 다음 중 응축온도(응축압력)가 너무 높은 원인이 아닌 것은?

① 공기의 혼입
② 냉각관의 오염
③ 수로커버의 칸막이 누설
④ 냉각수량의 과다

29 다음은 압축기가 시동되지 않는 원인이 아닌 것은?

① 과부하보호릴레이가 작동하였다.
② 전원등의 스위치를 넣지 않았다.
③ 고압압력스위치가 작동하였다.
④ 유압보호스위치가 리셋되어 있지 않다.

30 다음 중 냉매 취급 시 유의사항이 아닌 것은?

① 고농축 수증기에 들어가지 않도록 한다.
② 냉매의 저장은 화기 및 고온금속 표면으로부터 멀리 유지되어야 한다.
③ 냉매통을 치거나 남용하지 말아야 한다.
④ 냉매통은 수평으로 놓아야 한다.

31 기체가 0.3MPa로 일정한 압력하에 8m³에서 4m³까지 마찰 없이 압축되면서 동시에 500kJ의 열을 외부에 방출하였다면 내부에너지의 변화는 얼마인가?

① 약 700kJ
② 약 1,700kJ
③ 약 1,200kJ
④ 약 1,300kJ

32 다음은 기계열역학에서 일과 열(熱)에 대한 설명이다 이 중 틀린 것은?

① 일과 열은 전달되는 에너지이지 열역학적 상태량은 아니다.
② 일의 단위는 J(joule)이다.
③ 일(work)의 크기는 힘과 그 힘이 작용하여 이동한 거리를 곱한 값이다.
④ 일과 열은 점함수이다.

33 227℃의 증기가 500kJ/kg의 열을 받으면서 가역등온 팽창한다. 이때 증기의 엔트로피변화는 약 얼마인가?

① 1.0kJ/kg · K
② 1.5kJ/kg · K
③ 2.5kJ/kg · K
④ 2.8kJ/kg · K

34 가역단열펌프에 100kPa, 50℃의 물이 2kg/s로 들어가 4MPa로 압축된다. 이 펌프의 소요동력은? (단, 50℃에서 포화액체의 비체적은 0.001m³/kg이다.)

① 3.9kW
② 4.0kW
③ 7.8kW
④ 8.0kW

35 어떤 냉장고의 소비전력이 200W이다. 이 냉장고가 부엌으로 배출하는 열이 500W라면, 이때 냉장고의 성적계수는 얼마인가?

① 1
② 2
③ 0.5
④ 1.5

36 열펌프의 성적계수를 높이는 방법이 아닌 것은?

① 응축온도를 낮춘다.
② 증발온도를 낮춘다.
③ 손실일을 줄인다.
④ 생성엔트로피를 줄인다.

37 매시간 20kg의 연료를 소비하는 100PS인 가솔린 기관의 열효율은 약 얼마인가? (단, 1PS=750W이고, 가솔린의 저위발열량은 43,470kJ/kg이다.)

① 18%
② 22%
③ 31%
④ 43%

38 이상기체 1kg이 가역등온과정에 따라 P_1=2kPa, V_1=0.1m³로부터 V_2=0.3m³로 변화했을 때 기체가 한 일은 얼마인가?

① 9,540J
② 2,200J
③ 954J
④ 220J

39 이상기체의 가역단열변화에서는 압력 P, 체적 V, 절대온도 T 사이에 어떤 관계가 성립하는가? (단, 비열비 $k = C_p / C_v$이다.)

① PV=일정
② PV^{k-1}=일정
③ PT^k=일정
④ TV^{k-1}=일정

40 압력 5kPa, 체적이 0.3m³인 기체가 일정한 압력하에서 압축되어 0.2m³로 되었을 때 이 기체가 한 일은? (단, +는 외부로 기체가 일을 한 경우이고, -는 기체가 외부로부터 일을 받은 경우이다.)

① 500J
② -500J
③ 1,000J
④ -1,000J

제3과목 시운전 및 안전관리

41 환상의 솔레노이드철심에 200회의 코일을 감고 2A 의 전류를 흘릴 때 발생하는 기자력은 몇 AT인가?

① 50
② 100
③ 200
④ 400

42 서보전동기의 특징으로 잘못 표현된 것은?

① 기동, 정지, 역전동작을 자주 반복할 수 있다.
② 발열이 작아 냉각방식이 필요 없다.
③ 속응성이 충분히 높다.
④ 신뢰도가 높다.

43 측정하고자 하는 양을 표준량과 서로 평형을 이루 도록 조절하여 표준량의 값에서 측정량을 구하는 측정방식은?

① 편위법
② 보상법
③ 치환법
④ 영위법

44 다음 그림과 같은 논리회로는?

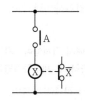

① AND회로
② OR회로
③ NOT회로
④ NOR회로

45 10kW, 20rps인 유도전동기의 토크는 약 몇 kg·m 인가?

① 39.81
② 27.09
③ 18.81
④ 8.12

46 미리 정해진 순서 또는 일정의 논리에 의해 정해진 순서에 따라 제어의 각 단계를 순차적으로 진행시 켜 가는 제어를 무엇이라 하는가?

① 비율차동제어
② 조건제어
③ 시퀀스제어
④ 루프제어

47 다음 중 프로세스제어용 검출기기는?

① 유량계
② 전압검출기
③ 속도검출기
④ 전위차계

48 공기식 조작기기의 장점을 나타낸 것은 어느 것인가?

① 신호를 먼 곳까지 보낼 수 있다.
② 선형의 특성에 가깝다.
③ PID동작을 만들기 쉽다.
④ 큰 출력을 얻을 수 있다.

49 3상 유도전동기에서 일정 토크제어를 위하여 인버 터를 사용하여 속도제어를 하고자 할 때 공급전압 과 주파수의 관계는 어떻게 해야 하는가?

① 공급전압과 주파수는 비례되어야 한다.
② 공급전압과 주파수는 반비례되어야 한다.
③ 공급전압이 항상 일정하여야 한다.
④ 공급전압의 제곱에 비례하여야 한다.

50 60Hz, 4극, 슬립 6%인 유도전동기를 어느 공장에 서 운전하고자 할 때 예상되는 회전수는 약 몇 rpm 인가?

① 1,300
② 1,400
③ 1,700
④ 1,800

51 다음 중 고압가스안전관리법령에 따라 10년 이하 의 금고 또는 1억원 이하의 벌금기준에 해당되는 경우는?

① 고압가스시설을 손괴한 자 및 용기·특정 설 비를 개조한 자
② 업무상 과실 또는 중대한 과실로 인하여 고 압가스시설을 손괴한 자
③ 죄를 범하여 가스를 누출시키거나 폭발하게 함으로써 사람을 상해하게 한 자
④ 죄를 범하여 가스를 누출시키거나 폭발하게 함으로써 사람을 사망하게 한 자

52 산업안전보건법 시행규칙에 의하면 유해위험방지계획서 작성대상 공사가 아닌 것은?

① 연면적 5,000㎡ 이상의 냉동·냉장창고시설의 설비공사 및 단열공사
② 최대 지간길이가 50m 이상인 교량건설 등 공사
③ 다목적댐, 발전용 댐 및 저수용량 2,000만톤 이상의 용수 전용 댐, 지방상수도 전용 댐건설 등의 공사
④ 깊이 100m 이상의 굴착공사

53 기계설비법령에 따른 기계설비의 착공 전 확인과 사용 전 검사의 대상 건축물 또는 시설물에서 에너지를 대량으로 소비하는 건축물의 냉동·냉장, 항온·항습 또는 특수 청정을 위한 특수 설비가 설치된 건축물로서 해당 용도에 사용되는 바닥면적은?

① 100㎡ 이상
② 300㎡ 이상
③ 500㎡ 이상
④ 700㎡ 이상

54 고압가스안전관리법령에 따라 "냉매로 사용되는 가스 등 대통령령으로 정하는 종류의 고압가스"란 냉매로 사용되는 고압가스 또는 연료전지용으로 사용되는 고압가스로서 어디에서 정하는 종류의 고압가스를 말하는가?

① 산업통상자원부령
② 보건복지부령
③ 행정안전부령
④ 국토교통부령

55 고압가스안전관리법령에 따라 일체형 냉동기의 조건으로 증발유닛이 냉매배관으로 연결된 것으로 하루 냉동능력이 몇 톤인 공조용 패키지에어콘 등을 말하는 것인가?

① 10톤 미만
② 20톤 미만
③ 30톤 미만
④ 40톤 미만

56 기계설비법령에 따라 기계설비성능점검업자는 등록증을 다른 사람에게 빌려준 경우 1차 위반 시 받게 되는 행정처분기준은?

① 등록취소
② 업무정지 6개월
③ 업무정지 1개월
④ 시정명령

57 기계설비법에서 기계설비유지관리자 선임기준에서 선임자격 및 인원이 책임(중급)유지관리자 1명인 선임대상 건축물의 기준은?

① 연면적 60,000㎡ 이상 건축물, 3,000세대 이상 공동주택
② 연면적 30,000~60,000㎡ 건축물, 2,000~3,000세대 공동주택
③ 연면적 15,000~30,000㎡ 건축물, 1,000~2,000세대 공동주택
④ 연면적 10,000~15,000㎡ 건축물, 500~1,000세대 공동주택

58 기계설비법에서 기계설비유지관리자 자격 및 등급에서 특급유지관리자의 등급에 해당되는 자격 및 실무경력은?

① 기술사 보유 시, 기능장 10년 이상, 기사 10년 이상, 산업기사 13년 이상
② 기술사 보유 시, 기능장 7년 이상, 기사 7년 이상, 산업기사 10년 이상
③ 기술사 보유 시, 기능장 4년 이상, 기사 4년 이상, 산업기사 7년 이상
④ 기술사 보유 시, 기능장 보유 시, 기사 보유 시, 산업기사 3년 이상

59 기계설비법에서 기계설비유지관리자의 자격에서 특급의 보유자격 및 세부자격명이 잘못된 것은?

① 기술사 : 건축기계설비, 공조냉동기계, 건설기계, 산업기계설비, 기계, 용접
② 기능장 : 에너지관리, 용접, 배관
③ 기사 : 건축설비, 공조냉동기계, 건설기계설비, 에너지관리, 설비보전, 일반기계, 용접
④ 기능사 : 건축설비, 공조냉동기계, 건설기계설비, 에너지관리, 용접, 배관

60 냉동·공조설비별 관련 법규에서 관련 법명이 잘못된 것은?

① 냉동기 : 고압가스법
② 보일러 : 에너지이용합리화법, 도시가스법
③ 유류탱크 : 소방법
④ 열사용기자재 압력용기 : 산업안전보건법

제4과목 유지보수공사관리

61 압축기 과열(토출가스온도 상승)의 원인이 아닌 것은?

① 고압이 저하하였을 때
② 흡입가스 과열 시(냉매 부족, 팽창밸브 개도 과소)
③ 워터재킷기능불량(암모니아냉동기)
④ 윤활불량

62 다음과 같이 두 개의 90° 엘보와 직관길이 $l=$ 262mm인 관이 연결되어있다. $L=300$mm이고 관 규격이 20A이며 엘보의 중심에서 단면까지의 길이 $A=32$mm일 때 물린 부분 B의 길이는?

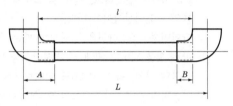

① 12mm
② 13mm
③ 14mm
④ 15mm

63 전기가 정전되어도 계속하여 급수를 할 수 있으며 급수오염의 가능성이 적은 급수방식은?

① 압력탱크방식
② 수도직결방식
③ 부스터방식
④ 고가탱크방식

64 신축곡관이라고 통용되는 신축이음은?

① 스위블형
② 벨로즈형
③ 슬리브형
④ 루프형

65 합성수지류 패킹 중 테플론(teflon)의 내열범위로 옳은 것은?

① −30~140℃
② −100~260℃
③ −260~260℃
④ −40~120℃

66 제조소 및 공급소 밖의 도시가스배관을 시가지 외의 도로 노면 밑에 매설하는 경우에는 노면으로부터 배관의 외면까지 몇 m 이상을 유지해야 하는가?

① 1m
② 1.2m
③ 1.5m
④ 2.0m

67 증기난방의 환수방법 중 증기의 순환이 가장 빠르며 방열기의 설치위치에 제한을 받지 않고 대규모 난방에 주로 채택되는 방식은?

① 단관식 상향 증기난방법
② 단관식 하향 증기난방법
③ 진공환수식 증기난방법
④ 기계환수식 증기난방법

68 옥상탱크식 급수법에 관한 설명이 옳은 것은?

① 옥상탱크의 오버플로관(overflow pipe)의 지름은 일반적으로 양수관의 지름보다 2배 정도 큰 것으로 한다.
② 옥상탱크의 용량은 1일 무제한 급수할 수 있는 용량(크기)이어야 한다.
③ 펌프에서의 양수관은 옥상탱크의 하부에 연결한다.
④ 급수를 위한 급수관은 탱크의 최저 하부에서 빼낸다.

69 펌프를 운전할 때 공동현상(캐비테이션)의 발생원인이 아닌 것은?

① 토출양정이 높다.
② 유체의 온도가 높다.
③ 날개차의 원주속도가 크다.
④ 흡입관의 마찰저항이 크다.

70 방열기나 팬코일유닛에 가장 적합한 관이음은?

① 스위블이음(swivel joint)
② 루프이음(loop joint)
③ 슬리브이음(sleeve joint)
④ 벨로즈이음(bellows joint)

71 증기난방용 방열기를 열손실이 가장 많은 창문 쪽의 벽면에 설치할 때 벽면과의 거리는 얼마가 가장 적합한가?

① 5~6cm
② 8~40cm
③ 10~45cm
④ 15~20cm

72 도시가스제조사업소의 부지경계에서 정압기까지 이르는 배관을 말하는 것은?

① 본관
② 내관
③ 공급관
④ 사용관

73 배수트랩의 구비조건으로서 옳지 않은 것은?

① 트랩 내면이 거칠고 오물 부착으로 유해가스 유입이 어려울 것
② 배수 자체의 유수에 의하여 배수로를 세정할 것
③ 봉수가 항상 유지될 수 있는 구조일 것
④ 재질은 내식 및 내구성이 있을 것

74 보온재의 선정조건으로 적당하지 않은 것은?

① 열전도율이 작아야 한다.
② 안전사용온도에 적합해야 한다.
③ 물리적·화학적 강도가 커야 한다.
④ 흡수성이 적고, 부피와 비중이 커야 한다.

75 공기조화설비에서 수배관 시공 시 주요 기기류의 접속 배관에는 수리 시에 전 계통의 물을 배수하지 않도록 서비스용 밸브를 설치한다. 이때 밸브를 완전히 열었을 때 저항이 적은 밸브가 요구되는데 가장 적당한 밸브는?

① 나비밸브
② 게이트밸브
③ 니들밸브
④ 글로브밸브

76 냉동기의 유지보수관리에서 월간점검이 아닌 것은?

① 전동기의 절연을 점검한다.
② 벨트의 장력을 점검하여 조절한다(개방형).
③ 풀리의 느슨함 또는 플렉시블커플링의 느슨함을 점검한다(개방형).
④ 토출압력을 점검하여 너무 낮으면 냉각수(냉각공기)측을 점검한다.

77 냉매 및 오일교체 판단기준이 아닌 것은?

① 수분
② 유분
③ 고형 이물
④ 관내의 압력

78 보일러의 검사종류가 아닌 것은?

① 설치검사
② 개조검사
③ 설치장소변경검사
④ 안전사용검사

79 덕트 시공 시 일반 유의사항에서 덕트의 구조내용이 틀린 것은?

① 덕트 만곡부의 구조 : 만곡부의 내측반지름은 장방형 덕트의 경우 반지름방향 덕트폭의 1/3 이상이어야 하고, 원형 덕트의 경우 지름의 1/3 이상이어야 한다.
② 단면변형구조 : 단면을 변형시킬 때는 급격한 변형을 피하고 확대 시 경사각도를 15도 이하로 하고, 축소 시 30도 이내로 한다.
③ 다습지역 구조 : 배기덕트의 이음매는 외면에서 밀봉재로 밀봉한다.
④ 관통부 구조 : 덕트와 슬리브 사이의 간격은 2.5cm 이내로 하고, 덕트 슬리브와 고정철판은 두께 0.9mm 강판재를 사용한다.

80 냉동냉장설비 설계도면 작성에서 계통도를 설명하는 것은?

① 건축물을 바닥층 위에서 수평으로 절단하여 그 절단면을 위에서 본 형상을 그리는 것이다.
② 기기나 설비의 주된 구성요소를 나타내는 것으로, 주된 기기 사이의 배관과 덕트를 선이나 화살표 등으로 연결하여 설비 전체의 구성을 나타내는 도면이다.
③ 냉동냉장설비 중 복잡한 기계실의 기계 및 배관과 덕트를 상세하게 나타내는 도면을 그리는 것으로, 복잡한 설비의 경우 여러 장의 도면이 필요하다.
④ 증발기, 응축기, 수액기 등 냉동기기의 제작을 위한 도면을 말한다.

제4회 | 모의고사

▌정답 및 해설 : 부-66쪽▐

제1과목 에너지관리

01 보일러의 수위를 제어하는 궁극적인 목적이라 할 수 있는 것은?

① 보일러의 급수장치가 동결되지 않도록 하기 위하여

② 보일러의 연료공급이 잘 이루어지도록 하기 위하여

③ 보일러가 과열로 인해 손상되지 않도록 하기 위하여

④ 보일러에서의 출력을 부하에 따라 조절하기 위하여

02 두께 15cm, 열전도율이 5.9kJ/m·h·℃인 철근콘크리트의 외벽체에 대한 열관류율(kJ/m²·h·℃)은 약 얼마인가? (단, 내측의 표면열전달률은 33.5kJ/m²·h·℃, 외측의 표면열전달률은 83.7kJ/m²·h·℃이다.)

① 0.4 ② 14.8

③ 24.7 ④ 31.8

03 다음 조건의 외기와 재순환공기를 혼합하려고 할 때 혼합공기의 건구온도는 약 얼마인가?

• 외기 : 34℃ DB, 1,000m³/h
• 재순환공기 : 26℃ DB, 2,000m³/h

① 31.3℃ ② 28.6℃

③ 18.6℃ ④ 10.3℃

04 극간풍이 비교적 많고 재실인원이 적은 실의 중앙 공조방식으로 가장 경제적인 방식은?

① 변풍량 2중덕트방식

② 팬코일유닛방식

③ 정풍량 2중덕트방식

④ 정풍량 단일덕트방식

05 습공기 100kg이 있다. 이때 혼합되어 있는 수증기의 무게를 2kg이라고 한다면 공기의 절대습도는 약 얼마인가?

① 0.02kg/kg' ② 0.002kg/kg'

③ 0.2kg/kg' ④ 0.0002kg/kg'

06 온수난방에 대한 설명으로 틀린 것은?

① 온수의 체적팽창을 고려하여 팽창탱크를 설치한다.

② 보일러가 정지하여도 실내온도의 급격한 강하가 적다.

③ 밀폐식일 경우 배관의 부식이 많아 수명이 짧다.

④ 방열기에 공급되는 온수온도와 유량조절이 용이하다.

07 온도 25℃, 상대습도 60%의 공기를 32℃로 가열하면 상대습도는 약 몇 %가 되는가? (단, 25℃의 포화수증기압은 23.5mmHg이고, 32℃의 포화수증기압은 35.4mmHg이다.)

① 25% ② 40%

③ 55% ④ 70%

08 공기조화설비의 개방식 축열수조에 대한 설명으로 틀린 것은?

① 태양열이용식에서 열회수의 피크 시와 난방부하의 피크 시가 어긋날 때 이것을 조정할 수 있다.

② 값이 비교적 저렴한 심야전력을 이용할 수 있다.

③ 호텔 등에서 생기는 심야의 부하에 열원의 가동 없이 펌프운전만으로 대응할 수 있다.

④ 공조기에 사용되는 냉수는 냉동기 출구측보다 다소 높게 되어 2차측의 온도차를 크게 할 수 있다.

09 증기난방방식에 대한 설명 중 틀린 것은?

① 배관방법에 따라 단관식과 복관식이 있다.

② 환수방식에 따라 중력환수식과 진공환수식, 기계환수식으로 구분한다.

③ 제어성이 온수에 비해 양호하다.

④ 부하기기에서 증기를 응축시켜 응축수만을 배출한다.

10 공기세정기에 대한 설명으로 틀린 것은?

① 세정기의 단면의 종횡비를 크게 하면 성능이 떨어진다.

② 공기세정기의 성능에 가장 큰 영향을 주는 것은 분무수의 압력이다.

③ 세정기 출구에는 분무된 물방울의 비산을 방지하기 위해 일리미네이터를 설치한다.

④ 스프레이헤더의 수를 뱅크(bank)라 하고 1 본을 1뱅크, 2본을 2뱅크라 한다.

11 다음은 공기조화기에 걸리는 열부하요소에 대한 것이다. 적당하지 않은 것은?

① 외기부하

② 재열부하

③ 덕트계통에서의 열부하

④ 배관계통에서의 열부하

12 공기조화방식에서 변풍량 단일덕트방식의 특징으로 틀린 것은?

① 변풍량 유닛을 실별 또는 존(zone)별로 배치함으로써 개별제어 및 존제어가 가능하다.

② 부하변동에 따라 실내온도를 유지할 수 없으므로 열원설비용 에너지 낭비가 많다.

③ 송풍기의 풍량제어를 할 수 있으므로 부분부하 시 반송에너지소비량을 경감시킬 수 있다.

④ 동시사용률을 고려하여 기기용량을 결정할 수 있다.

13 공기 중의 악취 제거를 위한 공기정화에어필터로 가장 적합한 것은?

① 유닛형 필터

② 롤형 필터

③ 활성탄 필터

④ 고성능 필터

14 보일러의 시운전보고서에 관한 내용으로 가장 관련이 없는 것은?

① 제어기 세팅값과 압력조건 기록

② 입출구공기의 온도

③ 연도가스의 분석

④ 성능과 효율측정값을 기록, 설계값과 비교

15 공기조화기의 T.A.B측정절차 중 측정요건으로 틀린 것은?

① 시스템의 유지보수가 완료되고 시스템검토보고서가 완료되어야 한다.

② 설계도면 및 관련 자료를 검토한 내용을 토대로 하여 보고서양식에 장비규격 등의 기준이 완료되어야 한다.

③ 댐퍼, 말단유닛, 터미널의 개도는 완전 개폐되어야 한다.

④ 제작사의 공기조화기 시운전이 완료되어야 한다.

16 암모니아냉매설비의 운전을 위한 안전관리절차서에서 암모니아 누출 감지 및 경보설비를 선정하고 관리할 때에는 다음 사항에 주의해야 한다, 틀린 내용은?

① 신뢰도, 정확도, 응답속도(response speed) 및 작동온도범위를 고려하여 선정하여야 한다.

② 암모니아 외의 다른 물질이 누출된 경우에는 감응하지 않는 선택성을 갖는 감지설비를 선정하는 것이 바람직하다.

③ 매주 검교정을 실시하며 누출을 감지하여 작동한 경우에도 검교정을 실시하여야 한다.

④ 전기화학적 감지기(electrochemical sensor)가 장착된 경우 한번이라도 경보가 울린 후에는 반드시 감지기를 교체하여야 한다.

17 T.A.B 수행을 위한 계측기기의 유량측정위치로 가장 적절한 것은?

① 유량측정위치는 배관에 유체가 항상 만관이 되는 위치에 설치해야 하며 증발기 및 응축기의 출구에서 최대한 가까운 곳으로 한다.
② 유량측정위치는 배관에 유체가 항상 만관이 되는 위치에 설치해야 하며 펌프의 출구에 최대한 떨어진 곳으로 한다.
③ 유량측정위치는 배관에 유체가 항상 만관이 되는 위치에 설치해야 하며 압축기 및 팽창밸브의 출구에서 최대한 가까운 곳으로 한다.
④ 유량측정위치는 배관에 유체가 항상 만관이 되는 위치에 설치해야 하며 압축기 및 팽창밸브의 출구에서 최대한 먼 곳으로 한다.

18 공기조화설비에서 T.A.B의 필요성이 아닌 것은?

① 효율적인 운전관리
② 운전경비 절감
③ 개보수투자비 관리
④ 쾌적한 실내환경 조성

19 공기조화설비에서 T.A.B용 측정장치가 잘못된 것은?

① 풍량측정(수압) : 피토튜브
② 수량측정 : 초음파 유량측정기
③ 전기계측 : 디지털미터
④ 회전속도측정 : 마이크로폰

20 공기조화설비에서 T.A.B용 측정장치의 교정주기가 잘못된 것은?

① 회전수측정장비 : 24개월
② 온도측정장비(물, 공기계통용) : 12개월
③ 전기계측장비 : 12개월
④ 소음측정장비 : 24개월

21 프레온냉매를 사용하는 냉동장치에 공기가 침입하면 어떤 현상이 일어나는가?

① 고압압력이 높아지므로 냉매순환량이 많아지고 냉동능력도 증가한다.
② 냉동톤당 소요동력이 증가한다.
③ 고압압력은 공기의 분압만큼 낮아진다.
④ 배출가스의 온도가 상승하므로 응축기의 열통과율이 높아지고 냉동능력도 증가한다.

22 냉장고의 방열벽의 열통과율이 0.548kJ/$m^2 \cdot h \cdot ℃$일 때 방열벽의 두께는 약 몇 cm인가? (단, 외기와 외벽면과의 열전달률 : 83.72kJ/$m^2 \cdot h \cdot ℃$, 고내공기와 내벽면과의 열전달률 : 41.86kJ/$m^2 \cdot h \cdot ℃$, 방열재의 열전도율 : 0.167kJ/$m \cdot h \cdot ℃$이다. 또 방열재 이외의 열전도저항은 무시하는 것으로 한다.)

① 0.3 ② 3
③ 30 ④ 300

23 나선상의 관에 냉매를 통과시키고, 그 나선관을 원형 또는 구형의 수조에 담그고 물을 순환시켜서 냉각하는 방식의 응축기는?

① 대기식 응축기 ② 이중관식 응축기
③ 지수식 응축기 ④ 증발식 응축기

24 15℃의 물로부터 0℃의 얼음을 매시 50kg 만드는 냉동기의 냉동능력은 약 몇 냉동톤인가?

① 1.4냉동톤 ② 2.2냉동톤
③ 3.1냉동톤 ④ 4.3냉동톤

25 암모니아냉매의 누설검지에 대한 설명으로 잘못된 것은?

① 냄새로써 알 수 있다.
② 리트머스시험지가 청색으로 변한다.
③ 페놀프탈레인시험지가 적색으로 변한다.
④ 할로겐 누설검지기를 사용한다.

26 증발기 내의 압력에 의해 작동하는 팽창밸브는?

① 정압식 자동팽창밸브

② 열전식 팽창밸브

③ 모세관

④ 수동식 팽창밸브

27 물(H_2O) - 리튬브로마이드(LiBr) 흡수식 냉동기의 설명 중 잘못된 것은?

① 특수 처리한 순수한 물을 냉매로 사용한다.

② 열교환기의 저항 등으로 인해 보통 7℃ 전후의 냉수를 얻도록 설계되어 있다.

③ LiBr수용액은 성질이 소금물과 유사하여 농도가 진하고 온도가 낮을수록 냉매증기를 잘 흡수한다.

④ 묽게 된 흡수액(희용액)을 연속적으로 사용할 수 있도록 하는 장치가 압축기이다.

28 수냉패키지형 공조기의 냉각수온도를 측정하였더니 입구온도 32℃, 출구온도 37℃, 수량 70L/min였다. 이 밀폐형 압축기의 소요동력이 5kW일 때 이 공조기의 냉동능력은 몇 kJ/h인가? (단, 열손실은 무시한다.)

① 89,119

② 76,149

③ 69,873

④ 59,413

29 다음의 기본 랭킨사이클의 보일러에서 가하는 열량을 엔탈피값으로 표시하였을 때 올바른 것은? (단, h : 엔탈피)

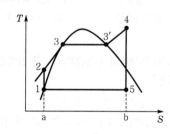

① $h_5 - h_1$

② $h_4 - h_5$

③ $h_4 - h_2$

④ $h_2 - h_1$

30 온도 5℃와 35℃ 사이에서 작동되는 냉동기의 최대 성적계수는?

① 10.3

② 5.3

③ 7.3

④ 9.3

31 1kg의 공기가 압력 P_1=100kPa, 온도 t_1=20℃의 상태로부터 P_2=200kPa, 온도 t_2=100℃의 상태로 변화하였다면 체적은 약 몇 배로 되는가?

① 0.64

② 1.57

③ 3.64

④ 4.57

32 초기에 온도 T, 압력 P인 상태기체의 질량 m이 들어있는 견고한 용기에 같은 기체를 추가로 주입하여 질량 $3m$이 온도 $2T$인 상태로 들어있게 되었다. 최종상태에서 압력은? (단, 기체는 이상기체이다.)

① $6P$

② $3P$

③ $2P$

④ $\dfrac{3P}{2}$

33 온도가 127℃, 압력이 0.5MPa, 비체적이 0.4m³/kg인 이상기체가 같은 압력하에서 비체적이 0.3m³/kg으로 되었다면 온도는 약 몇 ℃인가?

① 16

② 27

③ 96

④ 300

34 표준대기압, 온도 100℃하에서 포화액체 물 1kg이 포화증기로 변하는데 2,255kJ의 열이 필요하였다. 이 증발과정에서 엔트로피의 증가량은 얼마인가?

① 18.6kJ/kg·K

② 14.4kJ/kg·K

③ 10.2kJ/kg·K

④ 6.0kJ/kg·K

35 성적계수가 3.2인 냉동기가 시간당 20MJ의 열을 흡수한다. 이 냉동기를 작동하기 위한 동력은 몇 kW인가?

① 2.25

② 1.74

③ 2.85

④ 1.45

36 흡수식 냉동기에서 고온의 열을 필요로 하는 곳은?

① 응축기 ② 흡수기
③ 재생기 ④ 증발기

37 기체가 167kJ의 열을 흡수하고 동시에 외부로 20kJ의 일을 했을 때 내부에너지변화는?

① 약 187kJ 증가
② 약 187kJ 감소
③ 약 147kJ 증가
④ 약 147kJ 감소

38 냉동기 고장에서 토출압력이 너무 높은 원인이 아닌 것은?

① 공기가 냉매계통에 혼입된 경우
② 냉각수(냉각공기)의 온도가 낮거나 유량 과다인 경우
③ 응축된 냉각관에 스케일이 퇴적되었거나 수로커버의 칸막이 벽이 부식된 경우(공냉식 응축기의 팬이 오염된 경우)
④ 냉매를 과잉 충전하여 응축기의 냉각관이 액냉매에 잠겨 유효전열면적이 감소된 경우

39 다음은 냉동기유의 온도가 너무 높은 원인이 아닌 것은?

① 압축기 실린더재킷에 냉각수가 흐르지 않았다.
② 실린더재킷 부분이 물때(스케일)에 의해 막혔다.
③ 냉매가 누설되었다.
④ 토출온도가 너무 높다.

40 다음 중 냉매가 부족할 때의 현상이 아닌 것은?

① 고압이 낮아진다.
② 냉동능력이 저하한다.
③ 흡입관에 서리가 부착되지 않는다.
④ 흡입압력이 너무 높아진다.

제3과목 시운전 및 안전관리

41 서미스터는 온도가 증가할 때 그 저항은 어떻게 되는가?

① 증가한다.
② 감소한다.
③ 임의로 변화한다.
④ 변화가 전혀 없다.

42 PLC프로그래밍에서 여러 개의 입력신호 중 하나 또는 그 이상의 신호가 ON 되었을 때 출력이 나오는 회로는?

① AND회로
② OR회로
③ NOT회로
④ 자기유지회로

43 다음 그림과 같은 계전기 접점회로의 논리식은?

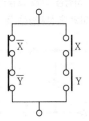

① XY
② $\overline{X}\,\overline{Y}+XY$
③ X + Y
④ $(\overline{X}+\overline{Y})(X+Y)$

44 서보기구의 제어에 사용되는 검출기기가 아닌 것은?

① 전압검출기 ② 전위차계
③ 싱크로 ④ 차동변압기

45 엘리베이터용 전동기로서 필요한 특성이 아닌 것은?

① 기동토크가 클 것
② 관성모멘트가 작을 것
③ 기동전류가 클 것
④ 속도제어범위가 클 것

46 다음 그림과 같은 병렬공진회로에서 주파수를 f 라 할 때 전압 E가 전류 I보다 앞서는 조건은?

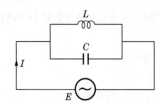

① $f < \dfrac{1}{2\pi\sqrt{LC}}$ ② $f > \dfrac{1}{2\pi\sqrt{LC}}$

③ $f = \dfrac{1}{2\pi\sqrt{LC}}$ ④ $f \geq \dfrac{1}{2\pi\sqrt{LC}}$

47 시퀀스제어에 관한 설명 중 틀린 것은 어느 것인가?

① 조합논리회로도 사용된다.
② 시간지연요소도 사용된다.
③ 유접점계전기만 사용된다.
④ 제어결과에 따라 조작이 자동적으로 이행된다.

48 $r = 2\,\Omega$인 저항을 다음 그림과 같이 무한히 연결할 때 ab 사이의 합성저항은 몇 Ω인가?

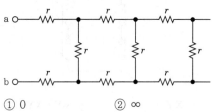

① 0   ② ∞
③ 2   ④ $2(1+\sqrt{3})$

49 전동기의 회전방향을 알기 위한 법칙은 어느 것인가?

① 플레밍의 오른손법칙
② 플레밍의 왼손법칙
③ 렌츠의 법칙
④ 암페어의 법칙

50 제어계의 구성도에서 시퀀스제어계에는 없고 피드백제어계에는 있는 요소는?

① 조작량   ② 목표값
③ 검출부   ④ 제어대상

51 다음 중 고압가스안전관리법령에 따라 500만원 이하의 벌금기준에 해당되는 경우는?

> ㉠ 안전관리자를 선임하지 않은 경우
> ㉡ 정밀안전검진의 실시에 따른 정밀안전검진을 받지 아니한 자
> ㉢ 신고를 하지 아니하고 고압가스를 제조한 자
> ㉣ 시설·용기의 안전유지나 운반 등을 위반한 자

① ㉠, ㉡   ② ㉠, ㉢
③ ㉡, ㉢   ④ ㉡, ㉣

52 산업안전보건법 시행규칙에 의하면 유해위험방지계획서 작성대상 공사가 아닌 것은?

① 지상높이가 31m 이상인 건축물 또는 인공구조물
② 연면적 30,000m² 이상인 건축물
③ 연면적 5,000m² 이상의 문화 및 집회시설, 판매시설, 운수시설, 종교시설, 의료시설 중 종합병원, 숙박시설 중 관광숙박시설, 지하도상가 또는 냉동·냉장창고시설의 건설·개조 또는 해체
④ 최대 지간길이가 30m 이상인 교량건설 등 공사

53 기계설비법령에 따른 기계설비의 착공 전 확인과 사용 전 검사의 대상 건축물 또는 시설물에서 다음의 어느 하나에 해당하는 건축물로서 해당 용도에 사용되는 바닥면적의 합계가 2,000m² 이상인 건축물이 아닌 것은?

① 놀이시설   ② 의료시설
③ 유스호스텔   ④ 숙박시설

54 고압가스안전관리법령에서 정기검사의 대상별 검사주기에서 고압가스 특정 제조자 외의 가연성가스·독성가스 및 산소의 제조자·저장자 또는 판매자(수입업자 포함)의 검사주기는?

① 매 4년   ② 매 3년
③ 매 2년   ④ 매 1년

55 고압가스안전관리법령에 따라 허가를 받거나 신고를 한 자가 고압가스의 제조·저장시설의 설치공사나 변경공사를 할 때에는 산업통산자원부령으로 정하는 바에 따라 그 공사의 공정별로 중간검사를 받아야 한다. 공정별 중간공사가 아닌 것은?

① 가스설비 또는 배관의 설치가 완료되어 기밀시험 또는 내압시험을 할 수 있는 상태의 공정
② 저장탱크를 지하에 매설하기 직전의 공정
③ 배관을 지하에 설치하는 경우 매몰하기 직전의 공정
④ 보온공사를 하는 공정

56 기계설비법령에 따라 기계설비성능점검업자는 1차 위반 시 등록취소를 받게 되는 위반행위가 아닌 것은?

① 거짓이나 그 밖의 부정한 방법으로 등록한 경우
② 최근 5년간 2회 이상 업무정지처분을 받은 경우
③ 업무정지기간에 기계설비성능점검업무를 수행한 경우
④ 기계설비성능점검업자로 등록한 후 결격사유에 해당하게 된 경우

57 기계설비법에서 기계설비유지관리자 선임기준에서 선임자격 및 인원이 책임(고급)유지관리자 1명, 보조관리자 1명인 선임대상 건축물의 기준은?

① 연면적 60,000m² 이상 건축물, 3,000세대 이상 공동주택
② 연면적 30,000~60,000m² 건축물, 2,000~3,000세대 공동주택
③ 연면적 15,000~30,000m² 건축물, 1,000~2,000세대 공동주택
④ 연면적 10,000~15,000m² 건축물, 500~1,000세대 공동주택

58 기계설비법에서 기계설비유지관리자 자격 및 등급에서 중급유지관리자의 등급에 해당되는 자격 및 실무경력은?

① 기술사 보유 시, 기능장 10년 이상, 기사 10년 이상, 산업기사 13년 이상
② 기능장 7년 이상, 기사 7년 이상, 산업기사 10년 이상
③ 기능장 4년 이상, 기사 4년 이상, 산업기사 7년 이상
④ 기능장 보유 시, 기사 보유 시, 산업기사 3년 이상

59 기계설비법에서 기계설비유지관리자의 자격에서 특급의 보유자격 및 세부자격명이 잘못된 것은?

① 기술사 : 건축설비, 공조냉동기계, 건설기계, 산업기계설비, 기계, 용접(취득 시)
② 기능장 : 에너지관리, 용접, 배관(10년 이상)
③ 기사 : 건축설비, 공조냉동기계, 건설기계설비, 에너지관리, 설비보전, 일반기계, 용접(10년 이상)
④ 산업기사 : 건축설비, 공조냉동기계, 건설기계설비, 에너지관리, 용접, 배관(13년 이상)

60 냉동·공조설비별 관련 법규에서 관련 법명 잘못된 것은?

① 냉동기 : 고압가스법
② 보일러 : 에너지이용합리화법, 산업안전보건법
③ 유류탱크 : 소방법
④ 열사용기자재 압력용기 : 에너지이용합리화법

제4과목 유지보수공사관리

61 냉동설비에서 응축기의 냉각용수를 다시 냉각시키는 장치를 무엇이라 하는가?

① 냉각탑　　② 냉동실
③ 증발기　　④ 팽창탱크

62 배관용 패킹재료 선정 시 고려해야 할 사항으로 거리가 먼 것은?

① 유체의 압력　　② 재료의 부식성
③ 진동의 유무　　④ 시트(seat)면의 형상

63 진공환수식 증기난방설비에서 흡상이음(lift fitting)시 1단의 흡상높이로 적당한 것은?

① 1.5m 이내   ② 2.5m 이내
③ 3.5m 이내   ④ 4.5m 이내

64 배관 및 수도용 동관의 표준치수에서 호칭지름은 관의 어느 지름을 기준으로 하는가?

① 유효지름   ② 안지름
③ 중간지름   ④ 바깥지름

65 저온열교환기용 강관의 KS기호로 맞는 것은?

① STBH   ② STHA
③ SPLT   ④ STLT

66 급수방식 중 대규모의 급수수요에 대응이 용이하고 단수 시에도 일정량의 급수를 계속할 수 있으며 거의 일정한 압력으로 항상 급수되는 방식은?

① 양수펌프식   ② 수도직결식
③ 고가탱크식   ④ 압력탱크식

67 다음 중 안전밸브의 그림기호로 맞는 것은?

①   ②
③   ④

68 배관계통 중 펌프에서의 공동현상(cavitation)을 방지하기 위한 대책으로 해당되지 않는 것은?

① 펌프의 설치위치를 낮춘다.
② 회전수를 줄인다.
③ 양흡입을 단흡입으로 바꾼다.
④ 굴곡부를 적게 하여 흡입관의 마찰손실수두를 작게 한다.

69 다음 중 급탕설비에 관한 설명으로 맞는 것은?

① 급탕배관의 순환방식은 상향 순환식, 하향 순환식, 상하향 혼용 순환식으로 구분된다.

② 물에 증기를 직접 분사시켜 가열하는 기수혼합식의 사용증기압은 0.01MPa 이하가 적당하다.
③ 가열에 따른 관의 신축을 흡수하기 위하여 팽창탱크를 설치한다.
④ 강제순환식 급탕배관의 구배는 $\frac{1}{200}$ 이상으로 구배한다.

70 다음에서 설명하는 급수공급방식은?

- 고가탱크를 필요로 하지 않는다.
- 일정 수압으로 급수할 수 있다.
- 자동제어설비에 비용이 든다.

① 부스터방식
② 층별식 급수조닝방식
③ 고가수조방식
④ 압력수조방식

71 다음 중 온도계를 설치하지 않아도 되는 곳은?

① 열교환기
② 감압밸브
③ 냉온수헤더
④ 냉수코일

72 급탕배관에서 강관의 신축을 흡수하기 위한 신축이음쇠의 설치간격으로 적합한 것은?

① 10m 이내   ② 20m 이내
③ 30m 이내   ④ 40m 이내

73 공조설비 중 덕트 설계 시 주의사항으로 틀린 것은?

① 덕트 내의 정압손실을 적게 설계할 것
② 덕트의 경로는 될 수 있는 한 최장거리로 할 것
③ 소음 및 진동이 적게 설계할 것
④ 건물의 구조에 맞도록 설계할 것

74 다음에서 설명하는 통기관의 설비방식으로 적합한 것은?

> • 배수관의 청소구위치로 인해서 수평관이 구부러지지 않게 시공한다.
> • 수평주관의 방향전환은 가능한 없도록 한다.
> • 배수관의 끝부분은 항상 대기 중에 개방되도록 한다.
> • 배수 수평분기관이 수평주관의 수위에 잠기면 안 된다.

① 섹스티아(sextia)방식
② 소벤트(sovent)방식
③ 각개통기방식
④ 신정통기방식

75 배수트랩의 봉수파괴원인 중 트랩 출구 수직배관부에 머리카락이나 실 등이 걸려서 봉수가 파괴되는 현상은?

① 사이펀작용
② 모세관작용
③ 흡인작용
④ 토출작용

76 냉동기의 유지보수관리에서 연간점검이 아닌 것은?

① 응축기를 배수시켜 점검하고 냉각관을 청소하며, 동시에 냉각수계통도 동시에 점검한다.
② 전동기의 베어링상태를 점검한다.
③ 압축기를 개방점검한다.
④ 윤활유저장소의 유면을 점검한다.

77 냉매 및 오일교체 판단기준에 유분이 냉매를 신규 충진한 후 윤활유의 추가보충량이 냉매충진량의 몇 %를 초과해야 하는가?

① 5%를 초과할 때
② 30%를 초과할 때
③ 20%를 초과할 때
④ 10%를 초과할 때

78 보일러의 검사종류 중 계속사용검사가 아닌 것은?

① 안전검사
② 운전성능검사
③ 재사용검사
④ 압력검사

79 덕트 시공 시 일반 유의사항에서 덕트의 구조내용이 틀린 것은?

① 덕트 만곡부의 구조 : 만곡부의 내측반지름은 장방형 덕트의 경우 반지름방향 덕트폭의 1/2 이상이어야 하고, 원형 덕트의 경우 지름의 1/2 이상이어야 한다.
② 단면변형구조 : 단면을 변형시킬 때는 급격한 변형을 피하고 확대 시 경사각도를 15도 이하로 하고, 축소 시 30도 이내로 한다.
③ 방화구획 관통부 구조 : 관통부에는 방화댐퍼를 설치하고 슬리브 사이에는 내화충전재로 충진한다.
④ 관통부 구조 : 덕트와 슬리브 사이의 간격은 3.5cm 이내로 하고, 덕트 슬리브와 고정철판은 두께 1.9mm 강판재를 사용한다.

80 냉동냉장설비 설계도면 작성에서 평면도를 설명하는 것은?

① 건축물을 바닥층 위에서 수평으로 절단하여 그 절단면을 위에서 본 형상을 그리는 것이다.
② 기기나 설비의 주된 구성요소를 나타내는 것으로, 주된 기기 사이의 배관과 덕트를 선이나 화살표 등으로 연결하여 설비 전체의 구성을 나타내는 도면이다.
③ 냉동냉장설비 중 복잡한 기계실의 기계 및 배관과 덕트를 상세하게 나타내는 도면을 그리는 것으로, 복잡한 설비의 경우 여러 장의 도면이 필요하다.
④ 증발기, 응축기, 수액기 등 냉동기기의 제작을 위한 도면을 말한다.

제5회 | 모의고사

┃정답 및 해설 : 부-74쪽┃

제1과목 에너지관리

01 에어와셔(air washer)에 의해 단열가습을 하였다. 온도 변화가 다음 그림과 같을 때 포화효율 η_s은 얼마인가?

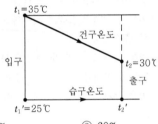

① 50% ② 60%
③ 70% ④ 80%

02 다음 보온재 중에서 안전사용온도가 제일 높은 것은?

① 규산칼슘 ② 경질폼라버
③ 탄화코르크 ④ 우모펠트

03 극간풍(틈새바람)에 의한 침입외기량이 3,000L/s일 때 현열부하와 잠열부하는 얼마인가? (단, 실내온도 25℃, 절대습도 0.0179kg/kg DA, 외기온도 32℃, 절대습도 0.0209kg/kg DA, 건공기의 정압비열 1.005kJ/kg · K, 0℃ 물의 증발잠열 2,501kJ/kg, 공기밀도 1.2kg/m³)

① 현열부하 19.9kW, 잠열부하 20.9kW
② 현열부하 21.1kW, 잠열부하 22.5kW
③ 현열부한 23.3kW, 잠열부하 25.4kW
④ 현열부하 25.3kW, 잠열부하 27kW

04 다음은 어느 방식에 대한 설명인가?

- 각 실이나 존의 온도를 개별제어하기가 쉽다.
- 일사량변화가 심한 페리미터존에 적합하다.
- 실내부하가 적어지면 송풍량이 적어지므로 실내공기의 오염도가 높다.

① 정풍량 단일덕트방식
② 변풍량 단일덕트방식
③ 패키지방식
④ 유인유닛방식

05 다음 습공기선도($h-x$선도)상에서 공기의 상태가 1에서 2로 변할 때 일어나는 현상이 아닌 것은?

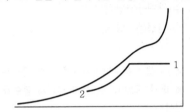

① 건구온도 감소 ② 절대습도 감소
③ 습구온도 감소 ④ 상대습도 감소

06 열회수방식 중 공조설비의 에너지 절약기법으로 많이 이용되고 있으며 외기도입량이 많고 운전시간이 긴 시설에서 효과가 큰 것은?

① 잠열교환기방식 ② 현열교환기방식
③ 비열교환기방식 ④ 전열교환기방식

07 다음 설명 중 옳은 것은?

① 잠열은 0℃의 물을 가열하여 100℃의 증기로 변할 때까지 가해진 열량이다.
② 잠열은 100℃의 물이 증발하는데 필요한 열량으로서 증기의 압력과는 관계없이 일정하다.
③ 임계점에서는 물과 증기의 비체적이 같다.
④ 증기의 정적비열은 정압비열보다 항상 크다.

08 공기조화설비는 공기조화기, 열원장치 등 4대 주요 장치로 구성되어 있다. 4대 주요 장치의 하나인 공기조화기에 해당되는 것이 아닌 것은?

① 에어필터 ② 공기냉각기
③ 공기가열기 ④ 왕복동압축기

09 덕트의 크기를 결정하는 방법이 아닌 것은?

① 등속법　　　　② 등마찰법
③ 등중량법　　　④ 정압재취득법

10 송풍기의 법칙에서 회전속도가 일정하고 직경이 d, 동력이 L인 송풍기의 직경을 d_1으로 크게 했을 때 동력 L_1을 나타내는 식은?

① $L_1 = (d_1/d)^2 L$　　② $L_1 = (d_1/d)^3 L$

③ $L_1 = (d_1/d)^4 L$　　④ $L_1 = (d_1/d)^5 L$

11 냉각탑(cooling tower)에 대한 설명 중 잘못된 것은?

① 어프로치(approach)는 5℃ 정도로 한다.
② 냉각탑은 응축기에서 냉각수가 얻은 열을 공기 중에 방출하는 장치이다.
③ 쿨링레인지란 냉각탑에서의 냉각수 입출구 수온차이다.
④ 보급수량은 순환수량의 15% 정도이다.

12 단일덕트 재열방식의 특징으로 적합하지 않은 것은?

① 냉각기에 재열부하가 추가된다.
② 송풍공기량이 증가한다.
③ 실별 제어가 가능하다.
④ 현열비가 큰 장소에 적합하다.

13 냉방부하의 종류 중 현열부하만을 포함하고 있는 것은?

① 유리로부터의 취득열량
② 극간풍에 의한 열량
③ 인체 발생부하
④ 외기도입으로 인한 취득열량

14 보일러의 시운전보고서에 관한 내용으로 가장 관련이 없는 것은?

① 제어기 세팅값과 입출수조건 기록
② 입출구공기의 온도
③ 외기가스의 분석
④ 성능과 효율측정값을 기록, 설계값과 비교

15 공기조화기의 T.A.B측정절차 중 측정요건으로 틀린 것은?

① 시스템의 검토공정이 완료되고 시스템검토 보고서가 완료되어야 한다.
② 설계도면 및 관련 자료를 검토한 내용을 토대로 하여 보고서양식에 장비규격 등의 기준이 완료되어야 한다.
③ 댐퍼, 말단유닛, 터미널의 개도는 완전 밀폐되어야 한다.
④ 제작사의 공기조화기 시운전이 완료되어야 한다.

16 암모니아냉매설비의 운전을 위한 안전관리절차서에서 암모니아 누출 감지 및 경보설비를 선정하고 관리할 때에는 다음 사항에 주의해야 한다. 틀린 내용은?

① 전기화학적 감지기(electrochemical sensor)가 장착된 경우 한번이라도 경보가 울린 후에는 리셋을 한 후 사용해야 한다.
② 경보음과 경보등은 외부에서 실내의 농도를 정확히 읽을 수 있도록 설치되어야 한다.
③ 암모니아설비의 유지보수 중에는 안전표지와 "수리중"이라는 표지를 설치하여 다른 사람의 접근이나 설비가동을 방지하여야 한다.
④ 암모니아열교환기 및 주변 설비의 유지보수는 반드시 작업계획을 수립하여 작업허가를 받은 후에 시행되어야 한다.

17 T.A.B 수행을 위한 계측기기의 배기가스온도측정 위치로 가장 적절한 것은?

① 배기가스온도측정위치는 연소기의 온도계 설치위치 또는 시료 채취 입구를 이용한다.
② 배기가스온도측정위치는 연소기의 온도계 설치위치 또는 시료 채취 출구를 이용한다.
③ 배기가스온도측정위치는 연도에서 최대한 가까운 곳으로 한다.
④ 배기가스온도측정위치는 연도에서 최대한 먼 곳으로 한다.

18 공기조화설비에서 T.A.B의 필요성이 아닌 것은?

① 시공품질 증대

② 운전경비 절감

③ 재료수급 증대

④ 완벽한 계획하의 개보수작업

19 공기조화설비에서 T.A.B용 측정장치가 잘못된 것은?

① 수직형 마노미터 : 20m/s 이상 풍속

② 경사형 마노미터 : 20m/s 이하 풍속

③ 피토튜브 : 동압측정용

④ 부르돈압력계 : 전압측정용

20 급배수설비 시운전준비에서 펌프 설치의 일반사항이 잘못된 것은?

① 단단한 기초 위에 펌프세트를 설치한다.

② 완전한 수평을 유지하도록 한다.

③ 펌프의 배관에는 어떠한 응력이나 전단력이 작용치 않도록 해야 하고, 운전온도가 높을 경우 열팽창에 의해 열응력이 작용하므로 플랜지를 사용해서 배관한다.

④ 배관을 고정시킨 후 커플링을 재점검한다.

제2과목   **공조냉동설계**

21 실린더직경 80mm, 행정 50mm, 실린더수 6개, 회전수 1,750rpm인 왕복동식 압축기의 피스톤압출량은 약 얼마인가?

① 158m³/h ② 168m³/h

③ 178m³/h ④ 188m³/h

22 건식 증발기의 일반적인 장점이라 할 수 없는 것은?

① 냉매사용량이 아주 많아진다.

② 물회로의 유로저항이 작다.

③ 냉매량 조절을 비교적 간단히 할 수 있다.

④ 냉매증기속도가 빨라 압축기로의 유회수가 좋다.

23 냉동장치의 운전에 관한 설명 중 맞는 것은?

① 압축기에 액백(liquid back)현상이 일어나면 토출가스온도가 내려가고 구동전동기의 전류계 지시값이 변동한다.

② 수액기 내에 냉매액을 충만시키면 증발기에서 열부하 감소에 대응하기 쉽다.

③ 냉매충전량이 부족하면 증발압력이 높게 되어 냉동능력이 저하한다.

④ 냉동부하에 비해 과대한 용량의 압축기를 사용하면 전압이 높게 되고, 장치의 성적계수는 상승한다.

24 어큐뮬레이터(accumulator)에 대한 설명으로 옳은 것은?

① 건식 증발기에 설치하여 냉매액과 증기를 분리시킨다.

② 냉매액과 증기를 분리시켜 증기만을 압축기에 보낸다.

③ 분리된 증기는 다시 응축하도록 응축기로 보낸다.

④ 냉매 속에 흐르는 냉동유를 분리시키는 장치이다.

25 온도식 자동팽창밸브의 감온통 설치방법으로 잘못된 것은?

① 증발기 출구측 압축기로 흡입되는 곳에 설치할 것

② 흡입관경이 20A 이하인 경우에는 관 상부에 설치할 것

③ 외기의 영향을 받을 경우는 보온해주거나 감온통포켓을 설치할 것

④ 압축기 흡입관에 트랩이 있는 경우에는 트랩 부분에 부착할 것

26 소형 냉동기의 브라인순환량이 10kg/min이고, 출입구온도차는 10℃이며, 압축기의 실소요마력이 3PS일 때 이 냉동기의 실제 성적계수는 약 얼마인가? (단, 브라인의 비열은 3.35kJ/kg·℃이다)

① 1.8 ② 2.5

③ 3.2 ④ 4.7

27 다음 그림은 이상적인 냉동사이클을 나타낸 것이다. 설명이 맞지 않는 것은?

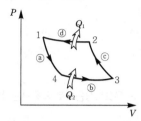

① ⓐ과정은 단열팽창이다.
② ⓑ과정은 등온압축이다.
③ ⓒ과정은 단열압축이다.
④ ⓓ과정은 등온압축이다.

28 온도 600℃의 고온열원에서 열을 받고, 온도 150℃의 저온열원에 방열하면서 5.5kW의 출력을 내는 카르노기관이 있다면 이 기관의 공급열량은?

① 20.2kW
② 14.3kW
③ 12.5kW
④ 10.7kW

29 다음은 증기사이클의 $P-V$ 선도이다. 이것은 어떤 종류의 사이클인가?

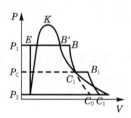

① 재생사이클
② 재생재열사이클
③ 재열사이클
④ 급수가열사이클

30 체적 2,500L인 탱크에 압력 294kPa, 온도 10℃의 공기가 들어있다. 이 공기를 80℃까지 가열하는 데 필요한 열량은? (단, 공기의 기체상수 $R=0.287$kJ/kg · K, 정적비열 $C_v =0.717$kJ/kg)

① 약 408kJ
② 약 432kJ
③ 약 454kJ
④ 약 469kJ

31 14.33W의 전등을 매일 7시간 사용하는 집이 있다. 1개월(30일) 동안 몇 kJ의 에너지를 사용하는가?

① 10,833kJ
② 15,020kJ
③ 17,420kJ
④ 10,840kJ

32 다음 중 정압연소가스터빈의 표준사이클이라 할 수 있는 것은?

① 랭킨사이클
② 오토사이클
③ 디젤사이클
④ 브레이턴사이클

33 냉동기에서 0℃의 물로 0℃의 얼음 2ton을 만드는데 50kWh의 일이 소요된다면 이 냉동기의 성적계수는? (단, 얼음의 융해잠열은 334.94kJ/kg이다)

① 1.05
② 2.32
③ 2.67
④ 3.72

34 온도 90℃의 물이 일정 압력하에서 냉각되어 30℃가 되고, 이때 25℃의 주위로 500kJ의 열이 전달된다. 주위의 엔트로피 증가량은 얼마인가?

① 1.50kJ/K
② 1.68kJ/K
③ 8.33kJ/℃
④ 20.0kJ/℃

35 랭킨사이클의 각 점에서 작동유체의 엔탈피가 다음과 같다면 열효율은 약 얼마인가?

• 보일러 입구 : 69.4kJ/kg
• 보일러 출구 : 830.6kJ/kg
• 응축기 입구 : 626.4kJ/kg
• 응축기 출구 : 68.6kJ/kg

① 26.7%
② 28.9%
③ 30.2%
④ 32.4%

36 냉장창고는 용도와 사용온도별에서 C3급에 해당하는 온도는 몇 도(℃)인가?

① -2~10℃
② -10~-2℃
③ -20~-10℃
④ -30~-20℃

37 냉동설비 시운전 및 안전대책에서 기동 전 냉동기 점검사항이 아닌 것은?

① 오일탱크의 유면과 유온이 적정한지 확인한다.
② 액면계로 증발기의 냉매액면을 확인한다.
③ 냉매가 안정된 상태로 냉수온도에 상당하는 포화압력과 비교하여 정상인지 확인한다.
④ 압축기에서 이상소음의 발생 여부를 확인한다.

38 냉동기 고장에서 압축기 흡입압력이 너무 높은 원인이 아닌 것은?

① 냉동부하의 증가
② 팽창밸브가 너무 많이 닫힘
③ 흡입밸브, 밸브시트, 피스톤링 등이 파손되었거나 언로더기구의 고장
④ 유분리기의 오일리턴장치의 누설(가스리턴)

39 다음은 냉동기유의 유압이 낮은 원인이 아닌 것은?

① 유압계의 고장
② 유압계 배관이 막힘
③ 유압조정밸브가 너무 많이 닫힘
④ 오일에 냉매가 혼입된 경우

40 다음 중 냉매가 부족할 때의 현상이 아닌 것은?

① 토출온도가 감소한다.
② 압축기의 정지시간이 길어진다.
③ 흡입압력이 너무 낮아진다.
④ 압축기가 시동하지 않는다

제3과목 시운전 및 안전관리

41 $G(s) = \dfrac{2s+1}{s^2+1}$ 에서 특성방정식의 근은?

① $s = -\dfrac{1}{2}$
② $s = -1$
③ $s = -\dfrac{1}{2} - j$
④ $s = \pm j$

42 2개의 SCR로 단상 전파정류하여 $100\sqrt{2}$ V의 직류전압을 얻는데 필요한 1차측 교류전압은 약 몇 V인가?

① 120
② 141
③ 157
④ 220

43 다음 중 온도보상용으로 사용되는 소자는?

① 서미스터
② 바리스터
③ 바랙터다이오드
④ 제너다이오드

44 60Hz, 15kW, 4극의 3상 유도전동기가 있다. 전부하가 걸렸을 때 슬립이 4%라면, 이때의 2차(회전자)측 동손은 얼마인가?

① 0.428kW
② 0.528kW
③ 0.625kW
④ 0.724kW

45 전기자전류가 100A일 때 50kg·m의 토크가 발생하는 전동기가 있다. 전동기의 자계의 세기가 80%로 감소되고 전기자전류가 120A로 되었다면 토크는 얼마인가?

① 39kg·m
② 43kg·m
③ 48kg·m
④ 52kg·m

46 제동계수 중 최대 초과량이 가장 큰 것은?

① $\delta = 0.5$
② $\delta = 1$
③ $\delta = 2$
④ $\delta = 3$

47 열기전력형 센서에 대한 설명이 아닌 것은?

① 전압변화용 센서이다.
② 철, 콘스탄탄의 금속을 이용한다.
③ 제벡효과(Seebeck effect)를 이용한다.
④ 진동주파수는 $\dfrac{1}{2\pi\sqrt{LC}}$ 이다.

48 논리식 A+BC와 등가인 논리식은?

① AB+AC
② (A+B)(A+C)
③ (A+B)C
④ (A+C)B

49 논리식 A=X(X+Y)를 간단히 하면?

① A=X
② A=Y
③ A=X+Y
④ A=XY

50 절연저항측정 시 가장 적당한 방법은?

① 메거에 의한 방법
② 전압, 전류계에 의한 방법
③ 전위차계에 의한 방법
④ 더블브리지에 의한 방법

51 다음 중 고압가스안전관리법령에 따라 5년 이하의 징역 또는 5,000만원 이하의 벌금에 해당되는 경우는?

① 신고를 하지 아니하고 고압가스를 제조한 자
② 시설·용기의 안전유지나 운반 등을 위반한 자
③ 고압가스시설을 손괴한 자 및 용기·특정 설비를 개조한 자
④ 죄를 범하여 가스를 누출시키거나 폭발하게 함으로써 사람을 상해한 자

52 고압가스안전관리법 시행령의 냉동제조시설 관련 법규에서 안전관리자의 종류 및 자격에서 냉동기제조시설에 안전관리자의 구분 및 선임인원은?

① 안전관리 총괄자 : 1명, 안전관리 부총괄자 : 1명, 안전관리 책임자 : 1명, 안전관리원 : 1명 이상
② 안전관리 총괄자 : 1명, 안전관리 책임자 : 1명, 안전관리원 : 2명 이상
③ 안전관리 총괄자 : 1명, 안전관리 책임자 : 1명, 안전관리원 : 1명 이상
④ 안전관리 총괄자 : 1명, 안전관리 부총괄자 : 1명, 안전관리 책임자 : 1명

53 고압가스냉동제조의 시설·기술·검사 및 정밀안전검진기준에서 검사기준에서 수시검사가 아닌 것은?

① 체크밸브
② 긴급차단장치

③ 독성가스제해설비
④ 가스누출검지경보장치

54 고압가스안전관리법령에서 정기검사의 대상별 검사주기에서 고압가스 특정 제조자 외의 불연성가스(독성가스 제외)의 제조자·저장자 또는 판매자의 검사주기는?

① 매 4년
② 매 3년
③ 매 2년
④ 매 1년

55 고압가스안전관리법령에서 허가를 받거나 신고를 한 자는 당해 사업장 내의 안전관리를 위해 작성한 안전관리규정에 의하여 최초 수시검사를 실시한 날로부터 산업통상자원부령으로 정하는 바에 따라 몇 개월마다 실시하는가?

① 2개월마다 기간이 경과한 날의 전후 15일 이내에 실시
② 4개월마다 기간이 경과한 날의 전후 15일 이내에 실시
③ 6개월마다 기간이 경과한 날의 전후 15일 이내에 실시
④ 12개월마다 기간이 경과한 날의 전후 15일 이내에 실시

56 기계설비법령에 따라 기계설비성능점검업자는 등록증을 다른 사람에게 빌려준 경우 2차 위반 시 행정처분기준은?

① 시정명령
② 업무정지 1개월
③ 업무정지 6개월
④ 등록취소

57 기계설비법에서 기계설비유지관리자 선임기준에서 연면적 60,000m² 이상 건축물, 3,000세대 이상 공동주택의 선임자격 및 인원은?

① 책임(특급)유지관리자 1명, 보조관리자 1명
② 책임(고급)유지관리자 1명, 보조관리자 1명
③ 책임(중급)유지관리자 1명
④ 책임(초급)유지관리자 1명

58 기계설비법에서 기계설비유지관리자의 자격 및 등급에서 특급유지관리자의 등급에 해당되는 자격 및 실무경력은?

① 기술사 보유 시, 기능장 13년 이상, 기사 13년 이상, 산업기사 15년 이상

② 기술사 보유 시, 기능장 10년 이상, 기사 10년 이상, 산업기사 13년 이상

③ 기능장 7년 이상, 기사 7년 이상, 산업기사 10년 이상

④ 기능장 4년 이상, 기사 4년 이상, 산업기사 7년 이상

59 기계설비법에서 기계설비유지관리자의 자격에서 고급의 보유자격 및 세부자격명이 잘못된 것은?

① 고급건설기술인 : 건설기술인(공조냉동, 설비, 용접)

② 기능장 : 건축설비, 에너지관리, 용접, 배관(7년 이상)

③ 기사 : 건축설비, 공조냉동기계, 건설기계설비, 에너지관리, 설비보전, 일반기계, 용접(7년 이상)

④ 산업기사 : 건축설비, 공조냉동기계, 건설기계설비, 에너지관리, 용접, 배관(10년 이상)

60 공조기(항온항습기) 제작도면 검토사항 및 계획 수립 시 준공서류가 아닌 것은?

① 성능 및 시험성적서

② 장치 및 자재보증서

③ 운전 및 유지관리지침서

④ 예비품리스트 : 계약서 및 시방서 확인(V벨트, 필터, 베어링, 기타 보수공구 등)

제4과목 **유지보수공사관리**

61 신축이음쇠의 종류에 해당되지 않는 것은?

① 벨로즈형　　② 플랜지형

③ 루프형　　　④ 슬리브형

62 온수난방배관에서 역귀환방식을 채택하는 목적으로 적합한 것은?

① 배관의 신축을 흡수하기 위하여

② 온수가 식지 않게 하기 위하여

③ 온수의 유량분배를 균일하게 하기 위하여

④ 배관길이를 짧게 하기 위하여

63 강관의 나사이음 시 관을 절단한 후 관 단면의 안쪽에 생기는 거스러미를 제거할 때 사용하는 공구는?

① 파이프바이스　　② 파이프리머

③ 파이프렌치　　　④ 파이프커터

64 증기트랩에 관한 설명으로서 맞는 것은?

① 응축수나 공기가 자동적으로 환수관에 배출되며 실로폰트랩, 방열기트랩이라고도 하는 트랩은 플로트트랩이다.

② 열동식 트랩은 고압, 중압의 증기관에 적합하며 환수관을 트랩보다 위쪽에 배관할 수도 있고 형식에 따라 상향식과 하향식이 있다.

③ 버킷트랩은 구조상 공기를 함께 배출하지 못하지만 다량의 응축수를 처리하는데 적합하며 다량트랩이라고 한다.

④ 고압, 중압, 저압에 사용되며 작동 시 구조상 증기가 약간 새는 결점이 있는 것이 충격식 트랩이다.

65 보온재의 구비조건 중 틀린 것은?

① 열전도율이 적을 것

② 균열, 신축이 적을 것

③ 내식성 및 내열성이 있을 것

④ 비중이 크고 흡습성이 클 것

66 도시가스배관 시 배관이 움직이지 않도록 관지름 13~33mm 미만은 몇 m마다 고정장치를 설치해야 하는가?

① 1　　　　　　② 2

③ 3　　　　　　④ 4

67 열교환기 입구에 설치하여 탱크 내의 온도에 따라 밸브를 개폐하며 열매의 유입량을 조절하여 탱크 내의 온도를 설정범위로 유지시키는 밸브는?

① 감압밸브　　　　② 플랩밸브
③ 바이패스밸브　　④ 온도조절밸브

68 냉매배관의 재료 중 암모니아를 냉매로 사용하는 냉동설비에 일반적으로 많이 사용하는 것은?

① 동, 동합금　　　② 아연, 주석
③ 철, 강　　　　　④ 크롬, 니켈합금

69 각 수전에 급수공급이 일반적으로 하향식에 의해 공급되는 급수방식은?

① 수도직결식　　　② 옥상탱크식
③ 압력탱크식　　　④ 부스터방식

70 중·고압가스배관의 유량(Q)를 나타내는 일반식으로 옳은 것은? (단, P_1 : 초기압력, P_2 : 나중 압력, d : 관경, l : 관길이, S : 비중, K : 유량계수)

① $Q = K\dfrac{\sqrt{(P_1 - P_2)^2 d^3}}{SL}$

② $Q = K\dfrac{\sqrt{(P_1 - P_2)^2 d^4}}{SL}$

③ $Q = K\dfrac{\sqrt{(P_1{}^2 - P_2{}^2) d^5}}{SL}$

④ $Q = K\dfrac{\sqrt{(P_1{}^2 - P_2{}^2) d^6}}{SL}$

71 고압배관용 탄소강관에 대한 설명으로 틀린 것은?

① 10MPa 이상에 사용하는 고압용 강관이다.
② KS규격기호로 SPPH라고 표시한다.
③ 치수는 '호칭지름×호칭두께(Sch. No.)×바깥지름'으로 표시하며, 림드강을 사용하여 만든다.
④ 350℃ 이하에서 내연기관용 연료분사관, 화학공업의 고압배관용으로 사용된다.

72 배수관에서 자정작용을 위해 필요한 최소 유속으로 적당한 것은?

① 0.1m/s　　　　② 0.2m/s
③ 0.4m/s　　　　④ 0.6m/s

73 기계배기와 기계급기의 조합에 의한 환기방법으로 일반적으로 외기를 정화하기 위한 에어필터를 필요로 하는 환기법은?

① 1종 환기　　　② 2종 환기
③ 3종 환기　　　④ 4종 환기

74 댐퍼의 종류에 관련된 내용이다. 서로 그 관련된 내용이 틀린 것은?

① 풍량조절댐퍼(VD) : 버터플라이댐퍼
② 방화댐퍼(FD) : 루버형 댐퍼
③ 방연댐퍼(SD) : 연기감지기
④ 방연방화댐퍼(SFD) : 스플릿댐퍼

75 가스배관의 경로 선정 시 고려하여야 할 내용으로 적당하지 않은 것은?

① 최단거리로 할 것
② 구부러지거나 오르내림을 적게 할 것
③ 가능한 은폐매설을 할 것
④ 가능한 옥외에 설치할 것

76 냉동기의 유지보수관리에서 연간점검이 아닌 것은?

① 냉매계통의 필터를 청소한다.
② 안전밸브를 점검하며, 필요하면 설정압력을 시험한다.
③ 각 시동기, 제어기기의 절연저항 및 작동상태를 점검한다.
④ 유압을 점검하고 필요하면 필터의 막힘을 조사한다.

77 냉동기 정비·세관작업관리의 왕복동식 냉동기 오버홀 정비에서 오일필터 교환시기는?

① 1,000시간　　　② 2,000시간
③ 3,000시간　　　④ 4,000시간

78 보일러의 검사종류 및 유효기간이 잘못된 것은?

① 설치검사 : 보일러는 1년, 운전성능 부문의 경우에는 3년 1월, 압력용기 및 철금속가열로는 2년

② 개조검사 : 보일러는 1년, 압력용기 및 철금속가열로는 2년

③ 설치장소변경검사 : 보일러는 1년, 압력용기 및 철금속가열로는 2년

④ 계속사용검사(안전검사) : 보일러는 2년, 압력용기는 1년

79 냉동장치 도면의 정풍량 약어는?

① AHU : air handling unit

② R/T : ton of refrigeration

③ VAV : variable air volume

④ CAV : constant air volume

80 덕트 시공 시 일반 유의사항에서 덕트의 구조내용이 틀린 것은?

① 덕트 만곡부의 구조 : 만곡부의 내측반지름은 장방형 덕트의 경우 반지름방향 덕트폭의 1/2 이상이어야 하고, 원형 덕트의 경우 지름의 1/2 이상이어야 한다.

② 단면변형구조 : 단면을 변형시킬 때는 급격한 변형을 피하고 확대 시 경사각도를 30도 이하로 하고, 축소 시 45도 이내로 한다.

③ 방화구획 관통부 구조 : 관통부에는 방화댐퍼를 설치하고, 슬리브 사이에는 내화충전재로 충진한다.

④ 관통부 구조 : 덕트와 슬리브 사이의 간격은 2.5cm 이내로 하고, 덕트 슬리브와 고정철판은 두께 0.9mm 강판재를 사용한다.

정답 및 해설

01	02	03	04	05	06	07	08	09	10	11	12	13	14	15	16	17	18	19	20
②	④	②	②	③	①	②	②	④	④	②	③	②	①	①	③	④	②	②	③
21	22	23	24	25	26	27	28	29	30	31	32	33	34	35	36	37	38	39	40
①	①	③	④	②	①	②	②	④	①	③	②	①	①	④	②	③	①	③	③
41	42	43	44	45	46	47	48	49	50	51	52	53	54	55	56	57	58	59	60
③	③	②	④	④	④	④	④	④	②	②	②	①	④	④	④	④	②	③	③
61	62	63	64	65	66	67	68	69	70	71	72	73	74	75	76	77	78	79	80
④	①	③	②	②	②	④	①	④	④	③	②	③	④	④	②	④	②	①	③

01
$$Q = \lambda \frac{A}{l}(t_2 - t_1)$$
$$= 1.3 \times 10^{-3} \times \frac{10}{0.05} \times (40-20) \times 10$$
$$= 52\text{kWh}$$

02 공기 중의 수분함량이 변화하면 절대습도 역시 변화한다.

03
$$Q = \frac{M}{C_i - C_o} = \frac{\text{전체 토출량}}{\text{실내}CO_2\text{량} - \text{실외}CO_2\text{량}}$$
$$= \frac{\text{학생수} \times \dfrac{CO_2\text{토출량(L/h)}}{1{,}000}}{\dfrac{\text{실내}CO_2\text{량(\%)}}{100} - \dfrac{\text{실외}CO_2\text{량(\%)}}{100}}$$
$$= \frac{1{,}000 \times \dfrac{15}{1{,}000}}{\dfrac{0.1}{100} - \dfrac{0.04}{100}} = 25{,}000\text{m}^3/\text{h}$$

04 정풍량 단일덕트방식은 가변풍량방식에 비하여 송풍기 동력이 커져서 에너지 소비가 증대되고 개별제어도 곤란하다.

05 바이패스 팩터가 작아지는 경우
ㄱ 코일열수가 많을 때(증가할 때)
ㄴ 전열면적이 클 때
ㄷ 송풍량이 적을 때
ㄹ 코일간격이 작을 때
ㅁ 장치노점온도가 높을 때

06 노점온도(dew point temperature)란 공기를 냉각하여 포화상태(상대습도 100%)가 되었을 때, 즉 수증기가 응축하기 시작할 때의 온도를 말한다.

07 ① 제1종 환기(병용식) : 강제급기+강제배기, 송풍기와 배풍기 설치
③ 제3종 환기(흡출식) : 자연급기+강제배기, 배풍기만 설치
④ 제4종 환기(자연식) : 자연급기+자연배기, 자연환기
[참고] 제2종 환기(압입식) : 강제급기+자연배기, 송풍기만 설치

암기팁 1종 기급기배, 2종 기급자배, 3종 자급기배, 4종 자급자배(강강 강자 자강 자자)

08 조닝을 하는 이유
- ㉠ 효과적인 실내환경(온습도) 유지
- ㉡ 운전기동면에서 에너지 절약
- ㉢ 합리적인 공조시스템 적용(부하특성에 대한 대처)
- ㉣ 설비비 증대

09 열펌프는 응축기에서의 방열을 난방으로 이용하는 것이다.

10 ㉠ 전공기방식 : 일정 풍량 단일덕트방식, 가변풍량 단일덕트방식, 이중덕트방식, 멀티존유닛방식
- ㉡ 수-공기방식 : 팬코일유닛방식(덕트 병용), 유인유닛방식, 복사냉난방방식(패널에어방식)
- ㉢ 전수방식 : 팬코일유닛방식

11 콜드 드래프트(cold draft)의 발생원인
- ㉠ 인체 주위의 공기온도가 너무 낮을 때
- ㉡ 인체 주위의 기류속도가 클 때
- ㉢ 주위 벽면의 온도가 낮을 때
- ㉣ 인체 주위의 습도가 낮을 때
- ㉤ 겨울철 창문의 틈새를 통한 극간풍이 많을 때

12 흡수식 냉동기에서 냉매는 물(H_2O)을, 흡수제는 브롬화리튬(LiBr)을 사용한다.

13 복사냉난방방식은 수-공기방식으로 쾌감도가 제일 좋으나 설비비가 가장 비싸다.

14 공기조화설비의 구성
- ㉠ 열원설비 : 냉동기, 보일러, 히트펌프, 냉온수기, 냉각탑
- ㉡ 공기조화기(AHU) : 여과기, 냉각코일(C/C), 가열코일(H/C), 공기세정기(A/W)
- ㉢ 열운반설비 : 덕트, 송풍기, 배관, 냉온수펌프
- ㉣ 자동제어장치

15 ㉠ 코르니시(Cornish)보일러 : 노통이 1개 있는 것
- ㉡ 랭커셔(Lancashire)보일러 : 노통이 2개 있는 것

16 가변풍량방식의 특징
- ㉠ 장점
  - 동시부하율을 고려해서 기기용량을 결정하므로 장치용량 및 연간 송풍동력을 절감할 수 있다.
  - 열부하의 감소에 의한 운전비(열에너지, 동력)를 절약할 수 있다.
  - 간벽의 변경, 부하의 증가에 대해서 유연성이 있다.

- 덕트의 설계 시공을 간략화할 수 있고 취출구의 풍량조정이 간단하다.
- 부하변동에 대하여 응답이 빠르므로 실온조정이 유리하다.
- ㉡ 단점
  - VAV Unit 압력조정장치 등이 고가이므로 설비비가 많이 든다.
  - 부하가 감소하면 풍량이 감소하여 환기에 문제가 발생한다.
  - 풍량 감소 시 실내기류분포가 나빠지고 소음이 발생될 우려가 있다.
  - 정압변동에 대한 송풍기의 용량제어가 필요하다.

17 인체로부터의 발열량은 현열 및 잠열이 있으며 주위 온도가 상승하면 둘 다 열량이 감소한다.

18 개별방식은 외기냉방이 어렵다.

19 보일러의 시운전 전 가스배관점검사항
- ㉠ 가스배관은 정상적으로 설비되었는지 확인한다.
- ㉡ 가스배관이 보일러 주변에서 30cm 이상 떨어진 곳에 위치되었는지 확인한다.
- ㉢ 가스배관이 가스필터 관경과 같거나 큰지 확인한다.
- ㉣ 가스공급압력이 보일러운전에 문제가 되지 않는지 확인한다.

20 종합보고서는 설계자료 및 조정자를 장비유형별로 구분한다.
- ㉠ 공기분배계통
- ㉡ 물분배계통
- ㉢ 실내온습도측정
- ㉣ 소음측정
- ㉤ 문제점 및 특기사항

21 $\varepsilon = \dfrac{Q_e}{W_c} = \dfrac{46.4}{10} = 4.64$

22 $_1Q_2 = (U_2 - U_1) + {}_1W_2 \text{[kJ]}$
$\therefore\ U_2 - U_1 = {}_1Q_2 - {}_1W_2$
$= -300 - (-400) = 100\text{kJ}$

23 $COP = \dfrac{T_2}{T_1 - T_2} = \dfrac{-23 + 273}{(27 + 273) - (-23 + 273)} \fallingdotseq 5$

24 $C_p = \dfrac{1}{t_2 - t_1} \displaystyle\int_{t_1}^{t_2} (1.0053 + 0.000079t)$

$\quad = \dfrac{1}{t_2 - t_1} \left[1.0053(t_2 - t_1) + \dfrac{0.000079}{2}(t_2{}^2 - t_1{}^2) \right]$

$\quad = 1.0053 + \dfrac{0.000079}{2} \times 100 = 1.00925 \text{kJ/kg} \cdot \text{℃}$

$\therefore Q = mC_p(t_2 - t_1)$

$\quad = 5 \times 1.00925 \times (100 - 0) ≒ 504.6 \text{kJ}$

25 $\Delta S = \dfrac{\delta Q}{T} = \dfrac{mC_p dT}{T}$ 을 적분하면

$\displaystyle\int_1^2 \Delta S = mC_p \int_1^2 \dfrac{1}{T} dT$

$S_2 - S_1 = mC_p [\ln T]_1^2 = mC_p(\ln T_2 - \ln T_1)$

$\therefore \ \Delta S = mC_p \ln \dfrac{T_2}{T_1} = 2 \times 4.184 \times \ln \dfrac{80 + 273}{30 + 273}$

$\quad = 1.278 \text{kJ/K}$

26 일량$(W) = P - V$선도의 면적

$\quad = $ 위 삼각형면적 $+$ 아래 사각형면적

$\quad = \dfrac{1}{2} \times (800 - 350) \times (0.8 - 0.27)$

$\qquad + 350 \times (0.8 - 0.27)$

$\quad = 304.75 \text{kJ}$

27 $U_2 - U_1 = mC_v(t_2 - t_1)$

$\qquad = 1 \times 0.7315 \times (160 - 10) = 109.7 \text{kJ}$

28 $_1W_2 = \dfrac{P_1 V_1}{n - 1} \left[1 - \left(\dfrac{V_1}{V_2} \right)^{n-1} \right]$

$\quad = \dfrac{200 \times 0.04}{1.3 - 1} \times \left[1 - \left(\dfrac{0.04}{0.1} \right)^{1.3 - 1} \right] ≒ 6.41 \text{kJ}$

29 $\eta = \dfrac{G(h_2 - h_1)}{G_f H_l} \times 100$

$\quad = \dfrac{380,000 \times (3,230 - 830)}{34,000 \times 32,000} \times 100 = 83.8\%$

30 $q = \Delta u + W [\text{kJ/kg}]$

$\therefore \Delta u = q - W = -36 - (-68) = 32 \text{kJ/kg}$ 증가

31 냉매의 구비조건

　㉠ 냉매가스의 용적(비체적)이 적을 것

　㉡ 저온에 있어서도 대기압 이상의 압력에서 증발
　　하고 비교적 저압에서 액화할 것

　㉢ 점도가 작고 열전도율이 좋을 것

　㉣ 증발열이 크며 액체의 비열이 작을 것

　㉤ 표면장력이 크고 전열성능이 좋을 것

　㉥ 불활성이고 안전하며 비가연성일 것

　㉦ 전기저항이 크고 절연파괴를 일으키지 않을 것

　㉧ 임계온도가 높고 응고온도가 낮을 것

32 흡수식 냉동기는 냉매는 물(H_2O)을, 흡수제는 브롬화리튬(LiBr)을 사용한다.

33 온도식 자동팽창밸브(TEV)

　㉠ 주로 프레온냉동장치에 사용한다.

　㉡ 증발기 출구의 냉매과열도를 일정하게 유지시
　　킨다.

　㉢ 리퀴드액백 방지가 가능하다.

　㉣ 외부균압형 팽창밸브는 0.14kgf/cm^2 이상이다.

　㉤ 감온통(Sensing bulb)은 내부에 동일 냉매가
　　충전되며 증발기 출구에 밀착하여 설치한다.

34 ㉠ $q_e = h_{c2} - h_{c1} = 451 - 106 = 345 \text{kcal/kg}$

　㉡ $\varepsilon_r = \dfrac{q_e}{AW} = \dfrac{345}{471 - 451} = 17.2$

35 펠티에효과를 이용하는 냉동방법은 냉매를 전자, 압축기를 P-N소자, 응축기를 고온측 발열부, 증발기를 저온측 발열부로 대신한다.

36 2원 냉동사이클은 초저온(-70℃ 이하)을 얻기 위해 저온부 냉동사이클의 응축기 방열량을 고온부 냉동사이클의 증발기가 흡열하도록 되어 있다.

37 냉동장치 내 팽창밸브를 통과한 냉매상태

　㉠ 압력 강하$(P_1 > P_2)$

　㉡ 온도 강하$(T_1 > T_2)$

　㉢ 등엔탈피$(h_1 = h_2)$

　㉣ 엔트로피 증가$(\Delta S > 0)$

38 불응축가스는 응축기에서 액화되지 않는 가스로, 불응축가스의 분압만큼 압력이 상승하며 압축기의 과열 소요동력 증대, 냉동능력 감소 등 악영향을 미치므로 가스퍼저를 이용하여 불응축가스를 방출시킨다. 따라서 가스퍼저는 고압수액기 상부에 설치한다.

39 냉매충전량이 부족하거나 냉매가 누설될 경우 발생현상

　㉠ 흡입압력과 토출압력이 낮다.

　㉡ 압축기 시동이 되지 않는다.

40 냉동기 성적계수(ε_R)

$\quad = \dfrac{\text{압축기 입구엔탈피} - \text{팽창밸브 입구엔탈피}}{\text{압축기 출구엔탈피} - \text{압축기 입구엔탈피}}$

$\quad = \dfrac{150 - 110}{166 - 150} = 2.5$

41 고압가스안전관리법 시행규칙 제2조(정의)

    14. "충전용기"란 고압가스의 충전질량 또는 충전압력의 2분의 1 이상이 충전되어 있는 상태의 용기를 말한다.

    15. "잔가스용기"란 고압가스의 충전질량 또는 충전압력의 2분의 1 미만이 충전되어 있는 상태의 용기를 말한다.

42 기계설비법 제5조(기계설비발전 기본계획의 수립)

    ① 국토교통부장관은 기계설비산업의 육성과 기계설비의 효율적인 유지관리 및 성능 확보를 위하여 다음 각 호의 사항이 포함된 기계설비발전 기본계획(이하 "기본계획"이라 한다)을 5년마다 수립·시행하여야 한다.

        1. 기계설비산업의 발전을 위한 시책의 기본방향

        2. 기계설비산업의 부문별 육성시책에 관한 사항

        3. 기계설비산업의 기반조성 및 창업지원에 관한 사항

        4. 기계설비의 안전 및 유지관리와 관련된 정책의 기본목표 및 추진방향

        5. 기계설비의 안전 및 유지관리를 위한 법령·제도의 마련 등 기반조성

        6. 기계설비기술자 등 기계설비전문인력(이하 "전문인력"이라 한다)의 양성에 관한 사항

        7. 기계설비의 성능 및 기능향상을 위한 사항

        8. 기계설비산업의 국제협력 및 해외시장 진출지원에 관한 사항

        9. 기계설비기술의 연구개발 및 보급에 관한 사항

        10. 그 밖에 기계설비산업의 발전과 기계설비의 안전 및 유지관리를 위하여 대통령령으로 정하는 사항

    ② 국토교통부장관은 기본계획을 수립하는 경우 관계 중앙행정기관의 장과 협의를 거쳐야 한다.

43 기계설비 유지관리교육에 관한 업무위탁기관 지정

    ㉠ 위탁업무의 내용 및 위탁기관

위탁업무의 내용	관련 법령	위탁기관
법 제20조 제1항에 따른 기계설비 유지관리교육에 관한 업무	기계설비법 시행령 제16조 제2항	대한기계설비건설협회

    ㉡ 위탁업무처리방법 : 업무를 위탁받은 기관은 그 업무를 수행함에 있어서 관련 법령의 규정에 의하여야 한다.

[참고] 기계설비법 시행령 제16조(유지관리교육)

    ② 국토교통부장관은 법 제20조 제2항에 따라 유지관리교육에 관한 업무를 기계설비와 관련된 업무를 수행하는 협회 중 국토교통부장관이 정하여 고시하는 협회에 위탁한다.

44 냉동기 제조등록 신고기준

    ㉠ 가연성 및 독성 가스 : 냉동능력 3톤 이상

    ㉡ 그 밖의 가스 : 냉동능력 20톤 이상

45 벌칙

    ㉠ 500만원 이하의 벌금

      • 신고를 하지 아니하고 고압가스를 제조한 자

      • 안전관리자를 선임하지 않은 경우

    ㉡ 300만원 이하의 벌금

      • 용기·냉동기 및 특정 설비의 제조등록 등을 위반한 자

      • 사업개시 등의 신고나 수입신고에 따른 신고를 하지 아니한 자

      • 시설·용기의 안전유지나 운반 등을 위반한 자

      • 정기검사 및 수시검사에 따른 정기검사나 수시검사를 받지 아니한 자

      • 정밀안전검진의 실시에 따른 정밀안전검진을 받지 아니한 자

      • 용기 등의 품질보장 등에 따른 회수 등의 명령을 위반한 자

      • 사용신고 등에 따른 신고를 하지 아니하거나 거짓으로 신고한 자

    ㉢ 5년 이하의 징역 또는 5천만원 이하의 벌금 : 고압가스시설을 손괴한 자 및 용기·특정 설비를 개조한 자

    ㉣ 2년 이하의 금고(禁錮) 또는 2천만원 이하의 벌금 : 업무상 과실 또는 중대한 과실로 인하여 고압가스시설을 손괴한 자

    ㉤ 10년 이하의 금고 또는 1억원 이하의 벌금 : 죄를 범하여 가스를 누출시키거나 폭발하게 함으로써 사람을 상해하게 한 자

    ㉥ 10년 이하의 금고 또는 1억 5천만원 이하의 벌금 : 죄를 범하여 가스를 누출시키거나 폭발하게 함으로써 사람을 사망하게 한 자

46 $\dfrac{C(s)}{R(s)} = a + b$

47 ㉠ $\cos\theta_1 = 0.8$

    ∴ $\theta_1 = 36.87°$

㉡ $\cos\theta_2 = 0.95$

    ∴ $\theta_2 = 18.10°$

㉢ $Q = P(\tan\theta_1 - \tan\theta_2)$

    $= 1,000 \times (\tan 36.87° - \tan 18.10°) = 422\text{kVA}$

48 ㉠ 연속제어 : 비례(P)제어, 미분(D)제어, 적분(I)제어, 비례적분(PI)제어, 비율제어, 비례적분미분(PID)제어 등

㉡ 불연속제어 : 온–오프제어, 다위치제어, 샘플값제어

49 $P_2 = P_1 \left(\dfrac{V_2}{V_1}\right)^2 = 1,000 \times \left(\dfrac{100}{200}\right)^2 = 250\text{W}$

50 옴의 법칙(Ohm's law)은 도체의 두 지점 사이에 나타나는 전위차에 의해 흐르는 전류가 일정한 법칙에 따르는 것을 말한다. 즉 두 점 사이의 전위차에 비례하고, 저항에 반비례한다.

$I = \dfrac{V}{R}[\text{A}]$

51 AND회로 : X=AB

52 연동선은 경동선에 비해 도전율이 좋지만 인장강도는 떨어진다.

53 온–오프(ON–OFF)동작은 불연속동작으로 간단한 단속적 제어동작이고 사이클링이 생긴다.

54 사이클(cycle)로 컨버터의 작용은 교류(AC)–주파수가 낮은 교류(AC)변환방식이다.

55 프로그램제어는 목표치가 시간과 함께 미리 정해진 변화를 하는 제어로서 열처리의 온도제어, 열차의 무인운전, 엘리베이터, 무인자판기 등이 속한다.

[참고] 추치제어(서보제어)

    ㉠ 추종제어 : 목표치가 임의의 시간에 변화하는 제어로서 대공포 포신제어(미사일유도), 자동아날로그선반 등이 속한다.

    ㉡ 비율제어 : 목표치가 다른 어떤 양에 비례하는 제어로서 보일러의 자동연소제어, 암모니아의 합성프로세스제어 등이 속한다.

    ㉢ 프로그램제어 : 목표치가 시간과 함께 미리 정해진 변화를 하는 제어로서 열처리의 온도제어, 열차의 무인운전, 엘리베이터, 무인자판기 등이 속한다.

56 프로세스제어 : 온도, 유량, 압력, 액위, 농도, 밀도 등의 플랜트나 생산공정 중의 상태량을 제어량으로 하는 제어

57 직류전동기의 속도제어방식에는 계자제어, 직렬저항제어, 전압제어방식 등이 있다.

58 서보전동기는 크게 DC(직류)모터와 AC(교류)모터로 나눈다.

59 무인엘리베이터에 적합한 제어는 프로그램제어이다. 프로그램제어는 목표치가 처음에 정해진 변화를 하는 경우를 말한다.

60 ① $(A+B)(A+\bar{B}) = AA + A\bar{B} + AB + B\bar{B}$

    $= A + A\bar{B} + AB + 0$

    $= A + A(\bar{B} + B)$

    $= A + A = A$

② $A(A+B) = AA + AB = A(1+B)$

    $= A \cdot 1 = A$

③ $A + \bar{A}B = A + B$

④ $AB + A\bar{B} = A(B+\bar{B}) = A$

61 봉수파괴의 원인과 대책

㉠ 자기사이펀식 작용(S트랩) : 통기관 설치

㉡ 흡출(흡인)작용(고층부) : 통기관 설치

㉢ 분출(역압)작용(저층부) : 통기관 설치

㉣ 모세관현상(머리카락, 이물질) : 청소

㉤ 증발현상(장기간 방치) : 기름막 형성

㉥ 자기운동량에 의한 관성작용(최상층) : 격자석쇠 설치

62 ㉠ 롤러 서포트 : 신축 허용

㉡ 서포트 종류 : 스프링 서포트, 롤러 서포트, 파이프 슈, 리지드 서포트

㉢ 리스트레인트 : 앵커, 스톱, 가이드

㉣ 브레이스 : 진동 방지

63 관의 부식 방지 : 전기절연, 아연도금, 습기접촉 제거 등

64 밸브는 펌프 토출구 가까이 설치한다.

65 $l = 2\pi R \dfrac{\theta}{360} = 2 \times 3.14 \times 150 \times \dfrac{90}{360} = 235.5mm$

66 광명단은 착색도료 밑칠용(under coating)으로 사용되며 녹을 방지하기 위해 많이 사용되는 도료이다.

67 ① 나사이음
② 플랜지이음
③ 턱걸이(소켓)이음

68 토출가스의 합류 부분 배관은 Y이음으로 한다.

69 캐비테이션(cavitation)은 공동현상으로 펌프 흡입측에 일부 액체가 기체로 변하는 현상으로써 흡입관의 압력이 부압일 때, 흡입관의 양정이 클 때, 흡입관의 저항이 클 때, 유체의 온도가 높을 때, 원주속도가 클 때, 날개차의 모양이 적당치 않을 때 등에서 발생한다.

70 배수수평관에서 통기관을 분지하는 경우는 배수관 단면의 수직 중심선 상부로부터 45° 이내의 각도에서 분지한다.

71 경질 염화비닐관 TS식 조인트의 접착효과는 유동삽입, 일출접착, 변형삽입을 구분한다.

72 ㉠ 13mm 미만 : 1m마다
㉡ 13mm 이상 33mm 미만 : 2m마다
㉢ 33mm 이상 : 3m마다

73 냉매배관은 굽힘반경(1/2)을 크게 한다(직경의 6배 이상).

74 진공환수식 증기난방배관은 진공펌프를 사용하여 공기를 배출한다.

75 암모니아를 냉매로 하는 배관은 강관이 사용되며, 동관 및 동합금관은 부식되므로 사용이 불가하다.

76 체크밸브는 펌프의 역류를 막기 위하여 토출측 배관에 설치한다.

77 증기난방의 응축수환수법 : 기계환수식, 중력환수식, 진공환수식

78 팽창관에는 밸브를 설치하지 않는다.

79 배관의 굽힘 부분에는 루프형(만곡형) 이음을 사용한다.

80 온도차를 이용하는 트랩 : 벨로즈트랩, 바이메탈트랩 등

모의 제2회 정답 및 해설

01	02	03	04	05	06	07	08	09	10	11	12	13	14	15	16	17	18	19	20
④	①	③	①	②	④	③	③	②	③	①	③	③	②	③	④	①	④	④	④
21	22	23	24	25	26	27	28	29	30	31	32	33	34	35	36	37	38	39	40
④	④	④	④	③	④	①	③	③	③	④	①	④	④	④	④	④	②	④	③
41	42	43	44	45	46	47	48	49	50	51	52	53	54	55	56	57	58	59	60
④	④	②	④	③	①	③	④	③	④	②	④	④	③	②	①	②	①	②	④
61	62	63	64	65	66	67	68	69	70	71	72	73	74	75	76	77	78	79	80
①	②	①	④	④	③	①	④	③	①	④	②	①	③	④	④	④	②	④	④

01 습공기를 가열하면 건구온도 및 습구온도는 증가하나, 상대습도는 감소한다.

02 보일러부하=난방부하+급탕부하+배관부하+예열부하

03 온수난방설비에는 릴리프밸브, 순환펌프, 팽창탱크가 있고, 관말트랩은 증기난방설비이다.

04 증기난방은 열용량이 작아 예열시간이 짧다.

05 침입외기에 의한 취득열량은 현열과 잠열을 모두 포함한다.

06 일반 공기냉각용 냉수코일에서 가장 많이 사용되는 코일의 열수는 4~8열이다.

07 바이패스팩터$(BF) = \dfrac{t_o - ADP}{t_i - ADP}$

$\therefore t_o = ADP + BF(t_i - ADP)$

$\qquad = 7 + 0.1 \times (27 - 7)$

$\qquad = 9℃$

08 습공기선도 : 건구온도, 비체적, 노점온도, 습구온도, 엔탈피, 절대습도, 상대습도

09 ㉠ 전압(P_t)=정압(P_s)+동압(P_d)

$\therefore$ 동압(P_d)=전압(P_t)-정압(P_s)

$\qquad = 23.8 - 10 = 13.8 \text{mmAq}$

㉡ $P_d = \dfrac{V^2}{2g}\gamma$

$\therefore V = \sqrt{\dfrac{2gP_d}{\gamma}} = \sqrt{\dfrac{2 \times 9.8 \times 13.8}{1.2}} = 15 \text{m/s}$

여기서, γ(공기의 비중량) : 1.2kg/m³(20℃ 기준)

10 냉각수관은 냉각탑과 응축기 사이에 설치되어 고온 고압의 냉매기체를 응축액화시키는 역할을 한다.

11 ㉠ 쿨링어프로치(cooling approach)=냉각탑 냉각수 출구온도-냉각탑 냉각수 입구온도

㉡ 쿨링레인지(cooling range)=냉각탑 냉각수 입구온도-냉각탑 냉각수 출구온도

12 바이패스형은 부하변동에 대한 덕트 내 정압변동이 없어 소음 발생이 적은 변풍량 유닛이다.

[참고] 변풍량방식(VAV)은 송풍온도를 일정하게 하고 부하변동에 따라 송풍량을 조절하여 실온을 일정하게 유지하는 방식으로 풍량제어에 따라 바이패스형, 교축형(슬롯형), 유인형이 있다.

13 팽창탱크는 온수난방의 안전장치이다.

14 $q = A$(방열면적)×표준 방열량=5×0.523≒2.6kW

[참고] 표준 방열량

㉠ 증기 : 650kacl/m² · h=0.756kW/m²

㉡ 온수 : 450kacl/m² · h=0.523kW/m²

15 송풍기는 열운반장치이다.

16 T.A.B(Testing, Adjusting and Balancing)란 공기조화설비에 대한 종합시험조정으로 시험, 조정, 평가라는 뜻이다.

17 열관류율값$(K) = \dfrac{1}{R}$

$= \dfrac{1}{\dfrac{1}{\alpha_o} + \dfrac{b_1}{\lambda_1} + \dfrac{b_2}{\lambda_2} + \dfrac{b_3}{\lambda_3} + \dfrac{b_4}{\lambda_4} + \dfrac{b_5}{\lambda_5} + \dfrac{1}{\alpha_i}}$

$= \dfrac{1}{\dfrac{1}{20} + \dfrac{0.01}{0.76} + \dfrac{0.03}{1.2} + \dfrac{0.12}{1.4} + \dfrac{0.02}{1.2} + \dfrac{0.003}{0.53} + \dfrac{1}{7.5}}$

$= 3.03 \text{W/m}^2 \cdot \text{K}$

18 T.A.B용 기기의 종류

㉠ 온도측정
- 수은주온도계 : 1/10℃ 정도로 세분화된 것

㉡ 압력측정(공기)
- 수직형 마노미터 : 20m/s 이상 풍속
- 경사형 마노미터 : 20m/s 이하 풍속
- 피토튜브 : 동압측정용
- 차압게이지 : 정압측정용

㉢ 압력측정(수압)
- 수주계 수은봉입 마노미터 : 기본계기
- Bourdon게이지 : 정압측정용

㉣ 풍량측정(수압) : 피토튜브

㉤ 수량측정 : 초음파 유량측정기

㉥ 전기계측 : 디지털미터, 후크형 볼트/암페어미터

㉦ 회전속도측정 : 타코미터

㉧ 소음측정 : 소음계측기, 마이크로폰

19 펌프 시운전 관련 주의사항

㉠ 체절운전(토출밸브를 닫은 채 펌프운전)은 단시간(약 1분)하도록 한다. 펌프 내부의 액체온도 상승 및 소음과 진동을 발생시켜 펌프가 파손될 우려가 있기 때문이다.

㉡ 펌프운전 중 축, 커플링 등의 회전 부분을 만지지 않도록 한다. 고속으로 회전을 하므로 부상의 원인이 된다.

㉢ 펌프운전 시 인명사고를 방지하기 위하여 반드시 커플링커버를 설치하도록 한다.

㉣ 펌프흡입구경 상당분의 유량 이하에서의 운전은 펌프사고로 이어질 염려가 있으므로, 소유량 운전 가능성이 있는 경우에는 바이패스배관을 설치하도록 한다.

㉤ 양수 중에 공기가 혼입되어 배출되지 않으면 베어링, 축봉 등이 파손되거나 양수 불능이 될 위험이 있다.

20 공기 및 물계통의 측정에 사용되는 대표적인 장비들에 관한 측정범위, 허용오차 및 교정주기는 다음과 같다.

장비	측정범위	허용오차	교정주기
회전수측정장비	0~5,000rpm	0±2%	24개월
온도측정장비 (물계통용)	−40~50℃ −20~105℃	최소 눈금의 1/2범위	12개월
온도측정장비 (공기계통용)	−40~50℃ −20~105℃	최소 눈금의 1/2범위	12개월
전기계측장비	0~600AVC 0~100AMPS 0~30VDC	전체 눈금의 3%	12개월
소음측정장비	25~130dB	±2dB	12개월

21 열이나 일 등의 에너지는 상태량이 아니며 과정이나 경로에 따라 값이 결정되므로 경로함수 또는 도정함수라 한다.

22 $P_a = P_o - P_g$

$\quad = \dfrac{753}{760} \times 101.325 - \dfrac{753 \times 0.9}{760} \times 101.325$

$\quad = \dfrac{753}{760} \times 101.325 \times (1 - 0.9) = 10.04\text{kPa}$

23 $Q = mgz = 250 \times 98 \times 200 = 490,000\text{J} = 490\text{kJ}$

24 열역학 제1법칙은 에너지보존의 법칙으로 제1종 영구기관의 존재를 부정하는 법칙이다. 또 가역이나 비가역과정을 막론하고 성립한다.

25 $\eta_o = 1 - \left(\dfrac{1}{\varepsilon}\right)^{k-1} = 1 - \left(\dfrac{1}{7.5}\right)^{1.4-1} = 0.553 = 55.3\%$

26 $t_m = \dfrac{20 + 5}{2} = 12.5℃$

27 $PV = GRT$

$\quad G = \dfrac{PV}{RT} = \dfrac{0.1 \times 1,000 \times 0.0005}{0.287 \times 288} = 0.61\text{kg}$

$\quad \therefore Q = GC_p(t_2 - t_1) = 0.61 \times 1.005 \times (300 - 288)$

$\quad\quad = 7.3\text{J}$

[참고] $0.1\text{MPa} = 100\text{kPa} = 1\text{kgf/cm}^2$

$\quad\quad 500\text{cm}^3 = 0.0005\text{m}^3$

28 $\Delta S = \dfrac{dQ}{T}$

$\quad S_2 - S_1 = \displaystyle\int_1^2 \dfrac{\delta Q}{T}$

가역사이클은 엔트로피가 일정하고, 비가역사이클은 엔트로피가 증가한다.

29 $\Delta S = mC_p \ln \dfrac{T_2}{T_1} = mC_p \ln \dfrac{V_2}{V_1} = 5 \times 0.92 \times \ln \dfrac{0.6}{0.2}$

$\quad = 5.054\text{kJ/K}$

30 $COP = \dfrac{Q}{AW} = \dfrac{43 + (125 - 105)}{125 - 105} = 3.15$

31 냉동장치에서 증발온도를 일정하게 하고 응축온도를 높일 때 일어나는 현상

ㄱ 성적계수 감소

ㄴ 압축일량 증가(소비동력 증대)

ㄷ 토출가스온도 상승

ㄹ 플래시가스 발생량 증가

ㅁ 압축비 증가

ㅂ 체적효율 감소

32 불응축가스가 생성되는 원인

ㄱ 냉동장치의 압력이 대기압 이하이면 공기침입

ㄴ 분해, 조립 시 공기잔류

ㄷ 누설 부분 있을 경우

ㄹ 냉매, 윤활유의 열분해로 인해 가스 발생

[참고] 불응축가스에 의한 영향

ㄱ 고압측 압력 상승(응축압력)

ㄴ 소비동력 증가

ㄷ 응축기의 전열면적 감소로 전열불량

ㄹ 응축기의 응축온도 상승

ㅁ 압축비 증대

ㅂ 체적효율 감소

ㅅ 냉매순환량 감소

ㅇ 냉동능력 감소

ㅈ 토출가스온도 상승

ㅊ 실린더 과열

33 $COP_C = \dfrac{q}{AW} = \dfrac{620.8 - 480.7}{658.4 - 620.8} = 3.7$

$\quad \therefore COP_H = COP_C + 1 = 3.7 + 1 = 4.7$

34 가스퍼저는 장치 내에 고여있는 불응축가스를 가스퍼저로 회수하여 냉매와 불응축가스를 분리하여 수조로 방출하는 장치로 요크식과 암스트롱식이 있다.

35 냉매의 순환과정 : 증발기(냉각기) → 흡수기 → 재생기 → 응축기

36 원심식 압축기는 터보형이라고 하며 임펠러의 고속회전에 의해 냉매가 압축된다. 대용량 냉동시스템 및 냉수를 순환시키는 공기조화냉방시스템에 주로 적용된다.

37 입형 셸튜브식 응축기

ⓐ 냉각관 청소가 용이하고 과부하에 잘 견딘다.

ⓑ 입형에 비해 냉각수량이 적게 소요된다.

ⓒ 냉각수량이 많이 소모된다.

38 흡수식 냉동기에서 냉매가 암모니아(NH_3)일 경우 흡수제는 물(H_2O)을 사용하며, 물을 냉매로 할 경우 흡수제로 리튬브로마이드($LiBr$)를 사용한다.

[참고] 흡수식 냉동기의 장단점

ⓐ 장점

- 압축기의 구동용 전동기가 없으므로 소음 및 진동이 없다.
- 증기를 열원으로 사용할 경우 전력수요가 적다.
- 자동제어가 용이하며, 연료비가 저렴하여 운전경비가 절감된다.
- 과부하에도 사고 발생의 우려가 없다.

ⓑ 단점

- 압축식에 비해 열효율이 나쁘며 설치면적, 높이, 중량이 크므로 설비비가 많이 든다.
- 냉각탑, 기타 부속설비가 압축식의 2배 정도로 커진다.
- 냉각수온의 급냉으로 결정사고가 발생하기 쉽다.
- 예냉시간이 길다.

39 $COP = \dfrac{T_1}{T_2 - T_1} = \dfrac{-10 + 273}{(35 + 273) - (-10 + 273)} = 5.84$

40 $\Delta t = \dfrac{(0 - (-5)) + (0 - (-10))}{2} = 7.5℃$

$Q_e = KA\Delta t \,[\text{kW}]$

$\therefore K = \dfrac{Q_e}{A\Delta t} = \dfrac{50 \times 3.86}{30 \times 7.5} = 0.86 \text{kW/m}^2 \cdot ℃$

41 유해위험방지계획서 제출대상 건설공사

ⓐ 지상높이가 31m 이상인 건축물 또는 인공구조물, 연면적 30,000m^2 이상인 건축물 또는 연면적 5,000m^2 이상의 문화 및 집회시설(전시장 및 동·식물원은 제외), 판매시설, 운수시설(고속철도의 역사 및 집배송시설은 제외), 종교시설, 의료시설 중 종합병원, 숙박시설 중 관광숙박시설, 지하도상가 또는 냉동·냉장창고시설의 건설·개조 또는 해체(이하 "건설 등")

ⓑ 연면적 5,000m^2 이상의 냉동·냉장창고시설의 설비공사 및 단열공사

ⓒ 최대 지간길이가 50m 이상인 교량건설 등 공사

ⓓ 터널건설 등의 공사

ⓔ 다목적댐, 발전용 댐 및 저수용량 2천만톤 이상의 용수 전용 댐, 지방상수도 전용 댐 건설 등의 공사

ⓕ 깊이 10m 이상인 굴착공사

42 기계설비의 착공 전 확인과 사용 전 검사의 대상 건축물 또는 시설물

ⓐ 용도별 건축물 중 연면적 10,000m^2 이상인 건축물

ⓑ 에너지를 대량으로 소비하는 건축물

- 냉동·냉장, 항온·항습 또는 특수 청정을 위한 특수 설비가 설치된 건축물로서 해당 용도에 사용되는 바닥면적의 합계가 500m^2 이상인 건축물
- 아파트 및 연립주택
- 해당 용도에 사용되는 바닥면적의 합계가 500m^2 이상인 건축물 : 목욕장, 놀이형 시설(물놀이를 위하여 실내에 설치된 경우로 한정한다), 운동장(실내에 설치된 수영장과 이에 딸린 건축물로 한정한다)
- 해당 용도에 사용되는 바닥면적의 합계가 2,000m^2 이상인 건축물 : 기숙사, 의료시설, 유스호스텔, 숙박시설
- 해당 용도에 사용되는 바닥면적의 합계가 3,000m^2 이상인 건축물 : 판매시설, 연구소, 업무시설

ⓒ 지하역사 및 연면적 2,000m^2 이상인 지하도상가(연속되어 있는 둘 이상의 지하도상가의 연면적합계가 2,000m^2 이상인 경우를 포함한다)

43 ⓐ "냉매로 사용되는 가스 등 대통령령으로 정하는 종류의 고압가스"란 냉매로 사용되는 고압가스 또는 연료전지용으로 사용되는 고압가스로서 산업통상자원부령으로 정하는 종류의 고압가스를 말한다.

ⓑ 냉매로 사용되는 가스 등 대통령령으로 정하는 종류의 고압가스의 제외기준

- 수출용으로 판매 또는 인도되거나 판매 또는 인도될 목적으로 저장·운송 또는 보관되는 고압가스
- 시험용 또는 연구개발용으로 판매 또는 인도되거나 판매 또는 인도될 목적으로 저장·운송 또는 보관되는 고압가스(해당 고압가스를 직접 시험하거나 연구개발하는 경우만 해당)
- 1회 수입되는 양이 40kg 이하인 고압가스

44 일체형 냉동기의 조건

㉠부터 ㉣까지의 모든 조건 또는 ㉤의 조건에 적합한 것과 응축기유닛 및 증발유닛이 냉매배관으로 연결된 것으로 하루냉동능력이 20톤 미만인 공조용 패키지에어콘 등을 말한다.

㉠ 냉매설비 및 압축기용 원동기가 하나의 프레임 위에 일체로 조립된 것

㉡ 냉동설비를 사용할 때 스톱밸브 조작이 필요없는 것

㉢ 사용장소에 분할·반입하는 경우에는 냉매설비에 용접 또는 절단을 수반하는 공사를 하지 않고 재조립하여 냉동제조용으로 사용할 수 있는 것

㉣ 냉동설비의 수리 등을 하는 경우에 냉매설비 부품의 종류, 설치개수, 부착위치 및 외형치수와 압축기용 원동기의 정격출력 등이 제조 시 상태와 같도록 설계·수리될 수 있는 것

㉤ ㉠부터 까지 외에 산업통상자원부장관이 일체형 냉동기로 인정하는 것

45 기계설비성능점검업자에 대한 행정처분의 기준

위반행위	행정처분기준		
	1차 위반	2차 위반	3차 이상 위반
거짓이나 그 밖의 부정한 방법으로 등록한 경우	등록 취소		
최근 5년간 3회 이상 업무정지처분을 받은 경우	등록 취소		
업무정지기간에 기계설비성능점검업무를 수행한 경우. 다만, 등록취소 또는 업무정지의 처분을 받기 전에 체결한 용역계약에 따른 업무를 계속한 경우는 제외한다.	등록 취소		
기계설비성능점검업자로 등록 후 결격사유에 해당하게 된 경우(같은 항 제6호에 해당하게 된 법인이 그 대표자를 6개월 이내에 결격사유가 없는 다른 대표자로 바꾸어 임명하는 경우는 제외한다)	등록 취소		
대통령령으로 정하는 요건에 미달한 날부터 1개월이 지난 경우	등록 취소		
변경등록을 하지 않은 경우	시정 명령	업무 정지 1개월	업무 정지 2개월
등록증을 다른 사람에게 빌려 준 경우	업무 정지 6개월	등록 취소	

46 고압가스안전관리법 시행규칙 제2조(정의)

12. 초저온용기 : −50℃ 이하의 액화가스를 충전하기 위한 용기로서 단열재를 씌우거나 냉동설비로 냉각시키는 등의 방법으로 용기 내의 가스온도가 상용온도를 초과하지 아니하도록 한 것

13. 저온용기 : 액화가스를 충전하기 위한 용기로서 단열재를 씌우거나 냉동설비로 냉각시키는 등의 방법으로 용기 내의 가스온도가 상용온도를 초과하지 아니하도록 한 것 중 초저온용기 외의 것

14. 충전용기 : 고압가스의 충전질량 또는 충전압력의 2분의 1 이상이 충전되어 있는 상태의 용기

15. 잔가스용기 : 고압가스의 충전질량 또는 충전압력의 2분의 1 미만이 충전되어 있는 상태의 용기

24. 용접용기 : 동판 및 경판(동체의 양 끝부분에 부착하는 판)을 각각 성형하고 용접하여 제조한 용기

25. 이음매 없는 용기 : 동판 및 경판을 일체로 성형하여 이음매가 없이 제조한 용기

26. 접합 또는 납붙임용기 : 동판 및 경판을 각각 성형하여 심(seam)용접이나 그 밖의 방법으로 접합하거나 납붙임하여 만든 내용적 1L 이하인 일회용 용기

47 국토교통부장관은 기계설비산업의 육성과 기계설비의 효율적인 유지관리 및 성능 확보를 위하여 다음의 사항이 포함된 기계설비발전 기본계획(이하 "기본계획"이라 한다)을 5년마다 수립·시행하여야 한다.

㉠ 기계설비산업의 발전을 위한 시책의 기본방향

㉡ 기계설비산업의 부문별 육성시책에 관한 사항

㉢ 기계설비산업의 기반조성 및 창업지원에 관한 사항

㉣ 기계설비의 안전 및 유지관리와 관련된 정책의 기본목표 및 추진방향

㉤ 기계설비의 안전 및 유지관리를 위한 법령·제도의 마련 등 기반조성

㉥ 기계설비기술자 등 기계설비전문인력(이하 "전문인력"이라 한다)의 양성에 관한 사항

㉦ 기계설비의 성능 및 기능향상을 위한 사항

㉧ 기계설비산업의 국제협력 및 해외시장진출 지원에 관한 사항

㉨ 기계설비기술의 연구개발 및 보급에 관한 사항

㉩ 그 밖에 기계설비산업의 발전과 기계설비의 안전 및 유지관리를 위하여 대통령령으로 정하는 사항

48 기계설비 유지관리교육에 관한 업무위탁기관 지정
　㉠ 위탁업무의 내용 및 위탁기관

위탁업무의 내용	관련 법령	위탁기관
법 제20조 제1항에 따른 기계설비 유지관리교육에 관한 업무	기계설비법 시행령 제16조 제2항	대한기계설비건설협회

　㉡ 위탁업무처리방법 : 업무를 위탁받은 기관은 그 업무를 수행함에 있어서 관련 법령의 규정에 의하여야 한다.
　[참고] 기계설비법 시행령 제16조(유지관리교육)
　　② 국토교통부장관은 법 제20조 제2항에 따라 유지관리교육에 관한 업무를 기계설비와 관련된 업무를 수행하는 협회 중 국토교통부장관이 정하여 고시하는 협회에 위탁한다.

49 냉동기 제조신고
　㉠ 가연성 및 독성 가스 : 냉동능력 3톤 이상
　㉡ 그 밖의 가스 : 냉동능력 20톤 이상

50 벌칙
　㉠ 500만원 이하의 벌금
　　• 신고를 하지 아니하고 고압가스를 제조한 자
　　• 안전관리자를 선임하지 않은 경우
　㉡ 300만원 이하의 벌금
　　• 용기·냉동기 및 특정 설비의 제조등록 등을 위반한 자
　　• 사업개시 등의 신고나 수입신고에 따른 신고를 하지 아니한 자
　　• 시설·용기의 안전유지나 운반 등을 위반한 자
　　• 정기검사 및 수시검사에 따른 정기검사나 수시검사를 받지 아니한 자
　　• 정밀안전검진의 실시에 따른 정밀안전검진을 받지 아니한 자
　　• 용기 등의 품질보장 등에 따른 회수 등의 명령을 위반한 자
　　• 사용신고 등에 따른 신고를 하지 아니하거나 거짓으로 신고한 자
　㉢ 5년 이하의 징역 또는 5천만원 이하의 벌금 : 고압가스시설을 손괴한 자 및 용기·특정 설비를 개조한 자
　㉣ 2년 이하의 금고(禁錮) 또는 2천만원 이하의 벌금 : 업무상 과실 또는 중대한 과실로 인하여 고압가스시설을 손괴한 자

　㉤ 10년 이하의 금고 또는 1억원 이하의 벌금 : 죄를 범하여 가스를 누출시키거나 폭발하게 함으로써 사람을 상해하게 한 자
　㉥ 10년 이하의 금고 또는 1억 5천만원 이하의 벌금 : 죄를 범하여 가스를 누출시키거나 폭발하게 함으로써 사람을 사망하게 한 자

51 효율$= \dfrac{\text{출력}}{\text{입력}} \times 100\% = \dfrac{\text{입력}-\text{손실}}{\text{입력}} \times 100\%$

52 $E = V - IR = 200 - (100 \times 0.2) = 180\text{V}$

53 2개의 입력이 1일 때 출력이 0이 되는 회로는 NOR회로이다.

54 비례적분(PI)동작 $m = K_p\left(e + \dfrac{1}{T_1}\displaystyle\int_{edt}\right)$
　여기서, K_p : 비례감도
　　　　T_1 : 적분시간
　　　　$\dfrac{1}{T_1}$: 리셋율

55 $I = \dfrac{\text{출력(W)}}{\sqrt{3}\,V\cos\theta\,\eta} = \dfrac{5,000}{\sqrt{3} \times 200 \times 0.8 \times 0.9} = 20\text{A}$

56 기준입력요소는 되먹임요소와 비교하여 사용한다. 즉 목표값에 비례하는 신호를 발생한다.

57 분류기(shunt)는 전류의 측정범위를 확대하기 위하여 사용한다.

58 on-off동작(2위치제어)은 사이클링과 오프셋을 발생시키는 동작이다.

59 전동기는 속도가 증가한다.

60 직류기란 정류자와 브러시에 의해 외부회로에 대하여 직류전력을 공급하는 발전기로서, 보극은 직류기에서 전압정류의 역할을 한다.

61 냉매계통과 윤활계통에 설치된 필터와 개스킷은 통상 1년에 1회 신품으로 교환한다. 특히 필터 교환 시 필터에 걸려 있는 이물질의 종류를 조사하여 먼지, 쇳가루, 녹 가루, 금속분말 등 그 성분에 따라 냉동기 내의 상황을 추정할 수 있다.

62 왕복동식 압축기의 오버홀(over haul)
왕복동식 압축기의 압축링, 오일링, 피스톤핀, 고압밸브, 저압밸브는 필수적으로 교환을 요하는 소모품이며, 피스톤, 커넥팅로드, 메탈베어링,

크랭크샤프트, 밸브 플레이트 등의 부품은 마모와 손상의 정도에 따라 교환 및 보수를 요한다. 보편적으로 정기 오버홀의 운전시간은 20,000시간으로 보며, 운전조건 및 사용용도에 따라 부품의 소모시기가 단축 또는 연장될 수 있다.

63 보일러 세관 및 정비공사
　㉠ 보일러의 세관은 기계적인 세관과 화학적인 세관이 있으며, 그 시기에 따라 보일러를 가동정지하여 실시하는 세관과 보일러를 가동 중에 실시하는 세관으로 생각할 수 있다. 세관을 실시하는 목적은 스케일이 수관에 부착되어서 오는 전열효과의 저하를 막고 수관의 과열 팽창 및 파열, 부식 조장 등 보일러에 미치는 장해를 방지하기 위해 실시하게 된다.
　㉡ 화학적 세관의 작업공정 : 보일러 하부 → 모터 펌프 → 약품믹싱탱크 → 상부 검사구 순으로 연결하고, 고압호스를 사용할 때는 반드시 밴드(band)로 조여서 누수가 되지 않도록 한다.

64 냉동기의 유지보수관리
　㉠ 주간점검
　　• 윤활유저장소의 유면을 점검한다.
　　• 유압을 점검하고 필요하면 필터의 막힘을 조사한다.
　　• 압축기를 정지시켜 샤프트 시일에서 윤활유의 누설이 없는가를 확인한다(개방형).
　　• 장치 전체에 이상이 없는가를 점검한다.
　　• 운전기록을 조사하여 이상 유무를 확인한다.
　㉡ 월간점검
　　• 전동기의 절연을 점검한다.
　　• 벨트의 장력을 점검하여 조절한다(개방형).
　　• 풀리의 느슨함 또는 플렉시블커플링의 느슨함을 점검한다(개방형).
　　• 토출압력을 점검하여 너무 높으면 냉각수(냉각공기)측을 점검한다.
　　• 흡입압력을 점검하여 이상이 있으면 증발기, 흡입배관을 점검하고 팽창밸브를 점검, 조절한다.
　　• 냉매계통의 가스누설을 가스검지관으로 조사한다.
　　• 고압 압력스위치의 작동을 확인한다. 기타 안전장치도 필요에 따라 실시한다.
　　• 냉각수 및 냉수의 오염도 점검 및 수질검사를 실시한다.
　　• 전기설비의 절연을 검사한다.

　㉢ 연간점검
　　• 응축기를 배수시켜 점검하고 냉각관을 청소한다. 또한 냉각수계통도 동시에 점검한다.
　　• 전동기의 베어링상태를 점검한다.
　　• 압축기를 개방점검한다.
　　• 마모된 벨트를 교환한다(개방형).
　　• 드라이어의 피터를 청소한다.
　　• 냉매계통의 필터를 청소한다.
　　• 안전밸브를 점검한다. 필요하면 설정압력을 시험한다.
　　• 각 시동기, 제어기기의 절연저항 및 작동상태를 점검한다.
　　• 시설 전반에 대하여 점검하고 수리한다.

65 냉동능력 산정기준
　㉠ 다단 압축방식 또는 다원 냉동방식
$$R = \frac{VH + 0.08\,VL}{C}$$
　㉡ 회전피스톤형 압축기
$$R = \frac{60 \times 0.785\,t\,n(D^2 + d^2)}{C}$$
　㉢ 스크루형 압축기
$$R = \frac{60KD^2Ln}{C}$$
　㉣ 왕복동형 압축기
$$R = \frac{60 \times 0.785D^2LNn}{C}$$
　여기서, VH : 압축기 최종단 또는 최종원 기통의 1시간 피스톤압출량(m^3)
　　　　　VL : 압축기 최종단 또는 최종원 앞의 기통의 1시간의 피스톤압출량(m^3)
　　　　　C : 냉매가스의 종류에 따른 추치
　　　　　t : 회전피스톤 가스압축 부분의 두께(m)
　　　　　n : 회전피스톤 1분간의 표준 회전수(스크루형의 것은 로터의 회전수)
　　　　　D : 기통의 안지름(스크루형은 로터의 직경)(m)
　　　　　d : 회전피스톤의 바깥지름(m)
　　　　　K : 치형의 종류에 따른 계수
　　　　　L : 로터의 압축에 유효한 부분의 길이 또는 피스톤의 행정(m)
　　　　　N : 실린더의 수

66 풍량조절댐퍼(volume damper)는 덕트 내 풍량을 조절할 수 있는 기구이다. 여러 날개를 작동시켜서 풍량을 조절하는 루버(louver)댐퍼가 대표

적이며, 댐퍼의 축과 연결된 레버의 핸들을 수동 또는 액추에이터를 이용하여 자동으로 동작할 수 있다. 덕트가 소형일 경우에는 하나의 날개로 풍량을 제어하는 버터플라이댐퍼도 적용된다. 역류를 방지하기 위해 릴리프댐퍼도 사용되는데, 덕트 내 압력차가 역으로 걸리면 댐퍼가 닫혀서 역방향으로는 유체가 흐를 수 없다.

67 종횡비(aspect ratio)는 최대 10 : 1 이하로 하고 가능한 한 4 : 1 이하로 한다. 일반적으로 3 : 2이고 한 변의 최소 길이는 15cm로 제한한다.

68 냉동장치 도면의 약어
  ㉠ AHU : air handling unit(공기조화기, 공조기)
  ㉡ FCU : fan coil unit(팬코일유닛)
  ㉢ R/T : ton of refrigeration(냉동톤)
  ㉣ VAV : variable air volume(가변풍량)
  ㉤ CAV : constant air volume(정풍량)
  ㉥ FP : fan powered unit(팬동력유닛)
  ㉦ IU : induction unit(유인유닛)
  ㉧ HV UNIT : heating and ventilating unit(환기조화기)
  ㉨ C/T : cooling tower(냉각탑)
  ㉩ PAC. A/C : package type air conditioning unit(패키지타입 에어컨)
  ㉪ HE : heat exchanger(열교환기)

69 진공환수식 증기난방배관
  ㉠ 배관 도중에 공기빼기밸브를 설치하면 안 된다.
  ㉡ 다른 방식에 비해 배관기울기를 작게 할 수 있다.
  ㉢ 리프트피팅에 의해 응축수를 상부로 배출할 수 있다.
  ㉣ 환수관 내 유속이 빨라 응축수 배출이 빠르게 되므로 환수관을 작게 할 수 있다.
  ㉤ 환수관의 진공도는 100~250mmHg 정도로 한다.
  ㉥ 주로 대규모 난방에 많이 사용된다.

70 체크밸브는 펌프의 역류를 막기 위하여 토출측 배관에 설치한다.

71 증기난방의 응축수환수법에는 기계환수식, 중력환수식, 진공환수식이 있다.

72 배관의 굽힘 부분에는 루프형(만곡형) 이음을 사용한다.

73 ㉠ 온도차 이용 트랩 : 벨로즈식, 다이어프램식, 바이메탈식
  ㉡ 기계식 트랩 : 버킷식, 플로트식(다량트랩)
  ㉢ 열역학적 트랩 : 디스크식, 오리피스식

74 동관의 이음방법
  ㉠ 플레어이음 : 삽입식 접속으로 하고 분리할 필요가 있는 부분에는 호칭지름 32mm 이하
  ㉡ 플랜지이음 : 호칭지름 40mm 이상
  ㉢ 납땜이음 : 경납(은납, 황동납)을 활용한 이음

75 지역난방은 보일러가 한 곳에 집중되어 있어 대기오염이 감소된다.

76 배수 및 통기설비에서 통기수직관의 하부는 관경을 축소하지 않고 가장 밑에 있는 배수수평지관보다 낮은 위치에서 배수수직관에 연결하든지 배수수평주관에 연결해야 한다.

77 보온재는 흡수성이 작을수록 좋다.

78 직선배관 또는 굴곡배관은 압력손실이 커지고 수격작용 발생의 원인이 된다.

79 ① 행거 : 리지드, 스프링, 콘스탄트
  ② 서포트 : 스프링, 롤러, 리지드
  ③ 브레이스 : 방진기, 완충기
  ④ 리스트레인트 : 앵커, 스톱, 가이드

80 공동현상은 흡입측에서 발생하는 이상현상이다

모의 제3회 정답 및 해설

01	02	03	04	05	06	07	08	09	10	11	12	13	14	15	16	17	18	19	20
③	③	④	④	①	①	④	④	③	④	②	④	①	③	②	②	①	①	④	③
21	22	23	24	25	26	27	28	29	30	31	32	33	34	35	36	37	38	39	40
③	④	③	④	③	②	①	④	③	④	①	①	③	④	②	③	④	④	④	②
41	42	43	44	45	46	47	48	49	50	51	52	53	54	55	56	57	58	59	60
④	②	④	③	④	③	①	①	④	③	③	④	③	①	③	①	③	④	④	④
61	62	63	64	65	66	67	68	69	70	71	72	73	74	75	76	77	78	79	80
①	②	④	④	③	②	③	①	①	①	①	①	①	④	②	④	④	④	①	②

01 레이놀즈수(Re)와 상대조도는 마찰저항계수와 관련 있다.

02 급수내관
ㄱ 설치위치 : 안전저수위 약간 아래(50mm)
ㄴ 설치목적 : 찬물로 인한 보일러의 국부적인 부동팽창 방지

03 표준방열량
ㄱ 증기난방 : 650kcal/m² · h≒0.756kW
ㄴ 온수난방 : 450kcal/m² · h≒0.523kW
ㄷ 복사난방과 온풍난방은 표준방열량이 없다.

04 $\Delta T_1 = 30 - 13 = 17℃$
$\Delta T_2 = 15 - 10 = 5℃$
$$\therefore LMTD = \frac{\Delta T_1 - \Delta T_2}{\ln\dfrac{\Delta T_1}{\Delta T_2}} = \frac{17 - 5}{\ln\dfrac{17}{5}} ≒ 9.8℃$$

05 유인비 $= \dfrac{전공기}{1차 공기} = \dfrac{TA}{PA}$

06 세정실은 일리미네이터 앞에 위치한다.

07 원심송풍기의 회전날개지름은 150mm의 배수이므로
∴ 날개지름 $= 2 \times 150 = 300$mm

08 덕트설계법 : 등마찰손실법, 등속법, 정압재취득법(덕트의 압력손실 이용), 전압법, 감속법 등

09 습공기의 엔탈피 = 건공기의 엔탈피 + 수증기의 엔탈피
$h_w = C_p t + x(\gamma_o + C_{pw} t)$
$= 1.01 \times 30 + 0.017 \times (2,500 + 1.85 \times 30)$
$≒ 73.74$kJ/kg

10 습공기를 노점온도까지 냉각시킬 때 수증기분압과 절대습도는 변하지 않는다.

11 3관식은 냉온수 간의 밸런스문제가 복잡하고 열손실이 많다.

12 패키지유닛방식은 개별식 공기조화방식에 해당된다.

13 증기난방의 분류

분류	종류
증기 압력	• 고압식(증기압력 1MPa 이상) • 저압식(증기압력 0.015~0.035MPa)
배관 방법	• 단관식(증기와 응축수가 동일 배관) • 복관식(증기와 응축수가 서로 다른 배관)
증기 공급법	• 상향공급식 • 하향공급식
응축수 환수법	• 중력환수식(응축수를 중력작용으로 환수) • 기계환수식(펌프로 보일러에 강제환수) • 진공환수식(진공펌프로 환수관 내 응축수와 공기를 흡인순환)
환수관의 배관법	• 건식환수관식(환수주관을 보일러수면보다 높게 배관) • 습식환수관식(환수주관을 보일러수면보다 낮게 배관)

14 보일러의 시운전보고서
ㄱ 제어기 세팅값과 입출수조건 기록
ㄴ 입출구공기의 온도
ㄷ 연도가스의 분석
ㄹ 성능과 효율측정값을 기록, 설계값과 비교

15 공기조화기의 T.A.B측정절차 중 측정요건

㉠ 시스템의 검토공정이 완료되고 시스템검토보고서가 완료되어야 한다.

㉡ 설계도면 및 관련 자료를 검토한 내용을 토대로 하여 보고서양식에 장비규격 등의 기준이 완료되어야 한다.

㉢ 댐퍼, 말단유닛, 터미널의 개도는 완전 개폐되어야 한다.

㉣ 제작사의 공기조화기 시운전이 완료되어야 한다.

16 암모니아설비 및 안전설비의 유지관리절차서

㉠ 암모니아설비 주변에 설치된 안전대책을 주기적으로 점검하고 작동 여부를 확인하여야 한다.

㉡ 암모니아설비 주변의 안전대책에는 다음 설비들이 포함되어야 한다.

• 모니터, 감지설비 및 경보설비
• 무전기
• 아이샤워(Eye shower), 비상샤워 및 응급조치함
• 호흡용 보호구와 피부보호장비

㉢ 암모니아설비 주변에 설치된 안전대책의 작동 및 사용 가능 여부를 최소한 분기별로 1회 확인하고 점검하여야 한다.

㉣ 암모니아 누출 감지 및 경보설비를 선정하고 관리할 때에는 다음 사항에 주의하여야 한다.

• 신뢰도, 정확도, 응답속도(response speed) 및 작동온도범위를 고려하여 선정하여야 한다.
• 암모니아 외의 다른 물질이 누출된 경우에는 감응하지 않는 선택성을 갖는 감지설비를 선정하는 것이 바람직하다.
• 매년 검교정을 실시하며, 누출을 감지하여 작동한 경우에도 검교정을 실시하여야 한다.
• 전기화학적 감지기(electrochemical sensor)가 장착된 경우 한번이라도 경보가 울린 후에는 반드시 감지기를 교체하여야 한다.
• 경보음과 경보등은 외부에서 실내의 농도를 정확히 읽을 수 있도록 설치되어야 한다.

㉤ 암모니아설비의 유지보수 중에는 안전표지와 "수리중"이라는 표지를 설치하여 다른 사람의 접근이나 설비가동을 방지하여야 한다.

㉥ 암모니아열교환기 및 주변 설비의 유지보수는 반드시 작업계획을 수립하여 작업허가를 받은 후에 시행되어야 한다.

17 측정위치

㉠ 온도측정위치는 증발기 및 응축기의 입출구에서 최대한 가까운 곳으로 한다.

㉡ 유량측정위치는 배관에 유체가 항상 만관이 되는 위치에 설치해야 하며, 펌프의 유입구나 확관 부위 등 기포가 발생하거나 퇴적물이 쌓이는 위치는 피해야 하므로 출구에서 떨어진 곳에 설치한다.

㉢ 압력측정위치는 입출구에 설치된 압력계용 탭에서 한다.

㉣ 배기가스온도측정위치는 연소기의 온도계 설치위치 또는 시료 채취 출구를 이용한다.

18 T.A.B의 필요성

㉠ 초기투자비 절감
㉡ 시공품질 증대
㉢ 운전경비 절감
㉣ 쾌적한 실내환경 조성
㉤ 장비수명 연장
㉥ 완벽한 계획하의 개보수작업
㉦ 효율적인 운전관리

19 T.A.B용 측정기기의 종류

㉠ 온도측정
• 수은주온도계 : 1/10℃ 정도로 세분화된 것

㉡ 압력측정(공기)
• 수직형 마노미터 : 20m/s 이상 풍속
• 경사형 마노미터 : 20m/s 이하 풍속
• 피토튜브 : 동압측정용
• 차압게이지 : 정압측정용

㉢ 압력측정(수압)
• 수주계 수은봉입 마노미터 : 기본계기
• Bourdon게이지 : 정압측정용

㉣ 풍량측정(수압) : 피토튜브

㉤ 수량측정 : 초음파 유량측정기

㉥ 전기계측 : 디지털미터, 후크형 볼트/암페어미터

㉦ 회전속도측정 : 타코미터

㉧ 소음측정 : 소음계측기, 마이크로폰

20 공기 및 물계통의 측정에 사용되는 대표적인 장비들에 관한 측정범위, 허용오차 및 교정주기는 다음 표에 따른다.

장비	측정범위	허용오차	교정주기
회전수측정장비	0~5,000rpm	0±2%	24개월
온도측정장비 (물계통용)	−40~50℃ −20~105℃	최소 눈금의 1/2범위	12개월
온도측정장비 (공기계통용)	−40~50℃ −20~105℃	최소 눈금의 1/2범위	12개월
전기계측장비	0~600AVC 0~100AMPS 0~30VDC	전체 눈금의 3%	12개월
소음측정장비	25~130dB	±2dB	12개월

21 냉매의 점도는 적당하고, 표면장력은 작을 것

22 동결속도
- ㉠ 완만동결(자연대류식 동결) : 0.2~0.5cm/h
- ㉡ 중속동결(강제대류식 동결, 접촉식 동결) : 0.5~3cm/h
- ㉢ 급속동결(유동층동결, IQF) : 5~10cm/h
- ㉣ 초급속동결(액화질소 및 이산화탄소동결) : 10~100cm/h

23 온도식 자동팽창밸브(TEV)는 증발기 출구의 과열도를 검출하여 냉매유량을 일정하게 유지한다.

24 방폭문은 보일러의 안전장치이다.

25 $COP = \left(\dfrac{h_1 - h_4}{h_2 - h_1} \right) \eta_p \eta_m$

$= \dfrac{632 - 477}{611 - 632} \times 0.8 \times 0.85 ≒ 3.6$

26 체적효율이 작아지려면
- ㉠ 압축비가 클수록
- ㉡ 톱클리어런스가 클수록
- ㉢ 밸브의 시트에 누설이 클수록
- ㉣ 흡입증기의 밀도가 클수록

27 ㉠ 가용전의 용융온도는 ±75℃ 이하이다.
- ㉡ 파열판은 저압측에 설치하는 안전장치로 주로 터보냉동기에 사용된다.
- ㉢ 작동압력은 용기 파열압력의 80%(0.8TP) 이하여야 한다.

28 응축온도가 너무 높은 원인
- ㉠ 공기의 혼입
- ㉡ 냉각관의 오염
- ㉢ 수로커버의 칸막이 누설
- ㉣ 냉각수량(공기량)의 부족
- ㉤ 냉각면적의 부족

29 압축기가 시동되지 않는 원인
- ㉠ 과부하보호릴레리가 작동하였다.
- ㉡ 전원 등의 스위치를 넣지 않았다.
- ㉢ 저압압력스위치가 작동하였다.
- ㉣ 유압보호스위치가 리셋되어 있지 않다.
- ㉤ 냉매가 누설하였다.
- ㉥ 냉매액 전자밸브가 닫혀 있다(펌프다운 관련).

30 냉매 취급 시 유의사항
- ㉠ 고농축 수증기에 들어가지 않도록 한다. 일부 냉매는 상온 및 압력조건에서 가연성이 아니

지만, 이들의 혼합물은 고압 및 고농축 공기에서 발화하거나 폭발할 수도 있다.
- ㉡ 냉매의 저장은 화기 및 고온금속 표면으로부터 멀리 유지되어야 한다.
- ㉢ 눈, 손, 피부에 냉매가 닿으면 동상을 일으킬 수 있으므로 접촉이 필요한 경우 부동액 장갑을 착용해야 한다.
- ㉣ 공기와 혼합된 가스를 압력 및 누출시험에 사용하지 말아야 한다.
- ㉤ 냉매가 들어있는 수액부를 가열하지 말아야 한다.
- ㉥ 냉매통을 치거나 남용하지 말아야 한다.
- ㉦ 냉매통은 수직으로 놓아야 한다.
- ㉧ 적절한 렌치를 사용하여 냉매통의 밸브를 열고 닫아야 한다.

31 $\Delta u = $ 외부방출열 $-$ (압력 × 변화체적)

$= -500 - [0.3 \times 10^3 \times (4 - 8)] = 700kJ$

32 일과 열은 도정함수(path function)이다.

33 $S = \dfrac{증기열}{절대온도} = \dfrac{500}{273 + 227} = 1.0kJ/kg \cdot K$

34 $HP = V(P_2 - P_1)$

$= 2 \times 0.001 \times (4,000 - 100) = 7.8kJ/s = 7.8kW$

35 $COP = \dfrac{배출열 - 소비전력}{소비전력} = \dfrac{500 - 200}{200} = 1.5$

36 $COP_H = \dfrac{q_c}{AW} = \dfrac{T_1}{T_1 - T_2} = \dfrac{Q_1}{Q_1 - Q_2}$ 일 때 응축온도 T_1는 일정하고 증발온도 T_2가 낮아지면 열펌프의 성적계수가 감소한다.

37 $\eta = \dfrac{마력 \times 3,600}{연료량 \times 저위발열량}$

$= \dfrac{100 \times 0.75 \times 3,600}{20 \times 43,470} ≒ 0.31 = 31\%$

38 $W = $ 압력 × 체적 $1 \times \ln \dfrac{체적\,2}{체적\,1} = P_1 V_1 \ln \dfrac{V_2}{V_1}$

$= 2,000 \times 0.1 \times \ln \dfrac{0.3}{0.1} ≒ 220J$

39 이상기체의 가역단열변화는 $TV^{k-1} = $ 일정이다.

40 $W = P(V_2 - V_1) = 5,000 \times (0.2 - 0.3) = -500J$

41 $F = NI = $ 코일의 감긴 회수 × 전류값

$= 200 \times 2 = 400AT$

42 서보전동기는 발열이 크므로 강한 냉각방식이 필요하다.

43 측정방식

　㉠ 편위법(deflection method)

　　• 변위를 눈금과 비교하여 측정치를 얻는 방법으로써 다이얼게이지, 전류계, 전압계 등에 사용된다.

　　• 정밀도가 낮고 조작이 간단하여 널리 사용된다.

　㉡ 영위법(zero method) : 측정하는 양을 표준량과 서로 평형을 이루도록 조절하여 표준량의 값에서 측정량을 구하는 측정방식으로 정밀도가 높은 측정을 할 수 있다.

　㉢ 치환법(substitution method)

　　• 지시량과 미리 알고 있는 양으로부터 측정량을 구하는 방법이다.

　　• 블록게이지의 높이를 알면 측정물의 높이를 구할 수 있는 방식이다.

　㉣ 보상법(compensation method) : 측정량과의 차이로부터 측정량을 알아내는 방법이다.

44

논리	논리식	회로기호 (MIL기호)
NOT	$\overline{A}$	
OR	$A+B$	
AND	$A \cdot B$	
XOR	$A \oplus B$	
NOR	$\overline{A+B}$	
NAND	$\overline{A \cdot B}$	

45 $T_m = \dfrac{\text{정격출력(kW)} \times 102}{2\pi \times \text{회전수(rps)}} = \dfrac{P[\text{kW}] \times 102}{2\pi N}$

　　$= \dfrac{10 \times 102}{2\pi \times 20} = 8.12\text{kg} \cdot \text{m}$

[참고] ㉠ $1\text{kW} = 102\text{kg} \cdot \text{m/s}$

　　　㉡ 마력(kW) = 토크(T_m) × 각속도(ω)

　　　　　　$= T_m(2\pi N)$

　　　∴ $T_m = \dfrac{\text{마력(kW)} \times 102\text{kg} \cdot \text{m/s}}{2\pi N}$

　　　여기서, N : 회전수

46 시퀀스제어는 미리 정해진 순서 또는 논리에 의해 정해진 순서에 따라 제어하는 것을 말한다.

47 프로세스제어 : 온도, 유량, 압력, 액위, 농도, 밀도 등의 플랜트나 생산공정 중의 상태량을 제어량으로 하는 제어

48 공기식 조작기기의 장점

　㉠ PID동작을 만들기 쉽다.

　㉡ 배관이 용이하고 위험성이 없다.

　㉢ 기기구조가 간단하며 고장이 적다.

49 3상 유도전동기에서 일정 토크제어를 위하여 인버터를 사용하여 속도제어를 하고자 할 때 공급전압과 주파수는 비례되어야 한다.

50 $N = \dfrac{120f}{P}(1-s)$

　　$= \dfrac{120 \times 60}{4} \times (1 - 0.06) ≒ 1,700\text{rpm}$

51 벌칙

　㉠ 500만원 이하의 벌금

　　• 신고를 하지 아니하고 고압가스를 제조한 자

　　• 안전관리자를 선임하지 않은 경우

　㉡ 300만원 이하의 벌금

　　• 용기 · 냉동기 및 특정 설비의 제조등록 등을 위반한 자

　　• 사업개시 등의 신고나 수입신고에 따른 신고를 하지 아니한 자

　　• 시설 · 용기의 안전유지나 운반 등을 위반한 자

　　• 정기검사 및 수시검사에 따른 정기검사나 수시검사를 받지 아니한 자

　　• 정밀안전검진의 실시에 따른 정밀안전검진을 받지 아니한 자

　　• 용기 등의 품질보장 등에 따른 회수 등의 명령을 위반한 자

　　• 사용신고 등에 따른 신고를 하지 아니하거나 거짓으로 신고한 자

　㉢ 5년 이하의 징역 또는 5천만원 이하의 벌금 : 고압가스시설을 손괴한 자 및 용기 · 특정 설비를 개조한 자

　㉣ 2년 이하의 금고(禁錮) 또는 2천만원 이하의 벌금 : 업무상 과실 또는 중대한 과실로 인하여 고압가스시설을 손괴한 자

　㉤ 10년 이하의 금고 또는 1억원 이하의 벌금 : 죄를 범하여 가스를 누출시키거나 폭발하게 함으로써 사람을 상해하게 한 자

ⓑ 10년 이하의 금고 또는 1억 5천만원 이하의 벌금 : 죄를 범하여 가스를 누출시키거나 폭발하게 함으로써 사람을 사망하게 한 자

52 유해위험방지계획서 작성대상 건설공사

ⓐ 지상높이가 31m 이상인 건축물 또는 인공구조물, 연면적 30,000m² 이상인 건축물 또는 연면적 5,000m² 이상의 문화 및 집회시설(전시장 및 동·식물원은 제외), 판매시설, 운수시설(고속철도의 역사 및 집배송시설은 제외), 종교시설, 의료시설, 중 종합병원, 숙박시설 중 관광숙박시설, 지하상가 또는 냉동·냉장창고시설의 건설·개조 또는 해체 (이하 "건설 등")

ⓑ 연면적 5,000m² 이상의 냉동·냉장창고시설의 설비공사 및 단열공사

ⓒ 최대 지간길이가 50m 이상인 교량건설 등 공사

ⓓ 터널건설 등의 공사

ⓔ 다목적댐, 발전용 댐 및 저수용량 2,000만톤 이상의 용수 전용 댐, 지방상수도 전용 댐 건설 등의 공사

ⓕ 깊이 10m 이상의 굴착공사

53 기계설비의 착공 전 확인과 사용 전 검사의 대상 건축물 또는 시설물

ⓐ 용도별 건축물 중 연면적 10,000m² 이상인 건축물

ⓑ 에너지를 대량으로 소비하는 건축물

• 냉동·냉장, 항온·항습 또는 특수 청정을 위한 특수 설비가 설치된 건축물로서 해당 용도에 사용되는 바닥면적의 합계가 500m² 이상인 건축물

• 아파트 및 연립주택

• 해당 용도에 사용되는 바닥면적의 합계가 500m² 이상인 건축물 : 목욕장, 놀이형 시설(물놀이를 위하여 실내에 설치된 경우로 한정한다), 운동장(실내에 설치된 수영장과 이에 딸린 건축물로 한정한다)

• 해당 용도에 사용되는 바닥면적의 합계가 2,000m² 이상인 건축물 : 기숙사, 의료시설, 유스호스텔, 숙박시설·해당 용도에 사용되는 바닥면적의 합계가 3,000m² 이상인 건축물 : 판매시설, 연구소, 업무시설

ⓒ 지하역사 및 연면적 2,000m² 이상인 지하도상가(연속되어 있는 둘 이상의 지하도상가의 연면적합계가 2,000m² 이상인 경우를 포함한다)

54 품질유지대상인 고압가스의 종류(고압가스안전관리법 시행령 제15조의3)

법 제18조의2 제1항에서 "냉매로 사용되는 가스 등 대통령령으로 정하는 종류의 고압가스"란 냉매로 사용되는 고압가스 또는 연료전지용으로 사용되는 고압가스로서 산업통상자원부령으로 정하는 종류의 고압가스를 말한다. 다만, 다음의 어느 하나에 해당하는 고압가스는 제외한다.

ⓐ 수출용으로 판매 또는 인도되거나 판매 또는 인도될 목적으로 저장·운송 또는 보관되는 고압가스

ⓑ 시험용 또는 연구개발용으로 판매 또는 인도되거나 판매 또는 인도될 목적으로 저장·운송 또는 보관되는 고압가스(해당 고압가스를 직접 시험하거나 연구개발하는 경우만 해당한다)

ⓒ 1회 수입되는 양이 40kg 이하인 고압가스

55 일체형 냉동기의 조건

ⓐ부터 ⓓ까지의 모든 조건 또는 ⓔ의 조건에 적합한 것과 응축기유닛 및 증발유닛이 냉매배관으로 연결된 것으로 하루냉동능력이 20톤 미만인 공조용 패키지에어컨 등을 말한다.

ⓐ 냉매설비 및 압축기용 원동기가 하나의 프레임 위에 일체로 조립된 것

ⓑ 냉동설비를 사용할 때 스톱밸브 조작이 필요 없는 것

ⓒ 사용장소에 분할·반입하는 경우에는 냉매설비에 용접 또는 절단을 수반하는 공사를 하지 않고 재조립하여 냉동제조용으로 사용할 수 있는 것

ⓓ 냉동설비의 수리 등을 하는 경우에 냉매설비 부품의 종류, 설치개수, 부착위치 및 외형치수와 압축기용 원동기의 정격출력 등이 제조 시 상태와 같도록 설계·수리될 수 있는 것

ⓔ ⓐ부터 ⓓ까지 외에 산업통상자원부장관이 일체형 냉동기로 인정하는 것

56 기계설비성능점검업자에 대한 행정처분기준

위반행위	행정처분기준		
	1차 위반	2차 위반	3차 이상 위반
거짓이나 그 밖의 부정한 방법으로 등록한 경우	등록취소		
최근 5년간 3회 이상 업무정지처분을 받은 경우	등록취소		
업무정지기간에 기계설비성능점검업무를 수행한 경우. 다만, 등록취소 또는 업무정지의 처분을 받기 전에 체결한 용역계약에 따른 업무를 계속한 경우는 제외한다.	등록취소		

위반행위	행정처분기준		
	1차 위반	2차 위반	3차 이상 위반
기계설비성능점검업자로 등록한 후 결격사유에 해당하게 된 경우(같은 항 제6호에 해당하게 된 법인이 그 대표자를 6개월 이내에 결격사유가 없는 다른 대표자로 바꾸어 임명하는 경우는 제외한다)	등록취소		
대통령령으로 정하는 요건에 미달한 날부터 1개월이 지난 경우	등록취소		
변경등록을 하지 않은 경우	시정명령	업무정지 1개월	업무정지 2개월
등록증을 다른 사람에게 빌려준 경우	업무정지 6개월	등록취소	

57 기계설비유지관리자 선임기준

선임대상 건축물 등(창고시설 제외)	선임자격 및 인원
• 연면적 60,000m² 이상 건축물, 3,000세대 이상 공동주택	• 책임(특급)유지 관리자 1명 • 보조관리자 1명
• 연면적 30,000~60,000m² 건축물, 2,000~3,000세대 공동주택	• 책임(고급)유지 관리자 1명 • 보조관리자 1명
• 연면적 15,000~30,000m² 건축물, 1,000~2,000세대 공동주택 •공공건축물 등 국토부장관 고시 건축물 등	• 책임(중급)유지 관리자 1명
• 연면적 10,000~15,000m² 건축물, 500~1,000세대 공동주택 •300세대 이상 500세대 미만 중앙집중식 (지역)난방방식 공동주택	• 책임(초급)유지 관리자 1명

58 기계설비유지관리자 자격 및 등급

등급		국가기술자격 및 유지관리 실무경력				
		기술사	기능장	기사	산업 기사	건설 기술인
책임	특급	보유 시	10년 이상	10년 이상	13년 이상	(특급) 10년 이상
	고급		7년 이상	7년 이상	10년 이상	(고급) 7년 이상
	중급		4년 이상	4년 이상	7년 이상	(중급) 4년 이상
	초급		보유 시	보유 시	3년 이상	(초급) 보유 시
보조		• 산업기사 보유 • 기능사 보유 및 실무경력 3년 이상 • 인정기능사 보유 또는 기계설비기술자 중 유지관리자가 아닌 자 또는 기계설비 관련 학위 취득 또는 학과 졸업 및 실무경력 5년 이상				

59 기계설비유지관리자의 자격

등급		자격 및 경력기준		
		보유자격	세부자격명	실무경력
책임	특급	기술사	건축기계설비, 공조냉동기계, 건설기계, 산업기계설비, 기계, 용접	취득 시
		기능장	에너지관리, 용접, 배관	10년 이상
		기사	건축설비, 공조냉동기계, 건설기계설비, 에너지관리, 설비보전, 일반기계, 용접	
		산업기사	건축설비, 공조냉동기계, 건설기계설비, 에너지관리, 용접, 배관	13년 이상
		특급건설 기술인	건설기술인(공조냉동, 설비, 용접)	시행령 참고
	고급	기능장	에너지관리, 용접, 배관	7년 이상
		기사	건축설비, 공조냉동기계, 건설기계설비, 에너지관리, 설비보전, 일반기계, 용접	
		산업기사	건축설비, 공조냉동기계, 건설기계설비, 에너지관리, 용접, 배관	10년 이상
		특급건설 기술인	건설기술인(공조냉동, 설비, 용접)	시행령 참고
	중급	기능장	에너지관리, 용접, 배관	4년 이상
		기사	건축설비, 공조냉동기계, 건설기계설비, 에너지관리, 설비보전, 일반기계, 용접	
		산업기사	건축설비, 공조냉동기계, 건설기계설비, 에너지관리, 용접, 배관	7년 이상
		특급건설 기술인	건설기술인(공조냉동, 설비, 용접)	시행령 참고
	초급	기능장	에너지관리, 용접, 배관	취득 시
		기사	건축설비, 공조냉동기계, 건설기계설비, 에너지관리, 설비보전, 일반기계, 용접	
		산업기사	건축설비, 공조냉동기계, 건설기계설비, 에너지관리, 용접, 배관	3년 이상
		특급건설 기술인	건설기술인(공조냉동, 설비, 용접)	시행령 참고
보조		국토교통부장관이 고시		

※ 「국가기술자격법」에 따른 에너지관리 기능장 (삭제)

※ 「국가기술자격법」에 따른 공조냉동기계 · 에너지관리 · 설비보전 · 용접 · 배관 기능사 이상의 자격을 소지한 사람

※ 「건설산업기본법」에 따른 공조냉동기계 · 에너지관리 · 배관 · 용접 인정기능사

60 냉동 · 공조설비별 관련 법규명
　　㉠ 냉동기 : 고압가스법
　　㉡ 보일러 : 에너지이용합리화법, 도시가스법
　　㉢ 유류탱크 : 소방법
　　㉣ 열사용기자재 압력용기 : 에너지이용합리화법
　　㉤ 냉수배관 밀폐형 탱크 : 산업안전보건법

61 고압이 상승하였을 때 압축비 증대로 토출가스온도는 상승한다.

62 $l = L - 2(A - B)$
　∴ $B = A - \dfrac{L-l}{2} = 32 - \dfrac{300-262}{2} = 13\text{mm}$

63 고가탱크방식(옥상탱크방식)은 전기가 정전되어도 계속하여 급수를 할 수 있으며 급수오염의 가능성이 적다.

64 루프형은 신축곡관, 만곡형으로 고압용에 사용된다.

65 테플론의 내열온도범위는 $-260 \sim 260\,℃$이다.

66 도시가스배관를 배관의 외면으로부터 도로의 경계까지 수평거리 1m 이상, 시가지 외의 도로 노면 밑 매설하는 경우 1.2m 이상, 도로 밑의 다른 시설물까지 0.3m 이상 유지한다.

67 진공환수식 증기난방법은 설치위치에 제한을 받지 않는다.

68 ② 옥상탱크의 용량은 1일 사용수량의 1~2시간 저장용량으로 한다.
　　③ 양수관은 옥상탱크의 상부에 설치한다.
　　④ 급수관은 수조 바닥보다 10cm 이상 올려 설치한다.

69 토출양정보다 흡입양정이 높을 때 공동현상이 발생한다.

70 스위블이음는 저압용 난방배관의 신축이음에 사용한다.

71 증기난방용 방열기를 창문 쪽에 설치할 때 벽면과의 거리는 5~6cm 정도가 적합하다.

72 ㉠ 본관 : 도시가스제조사업소의 부지경계에서 정압기까지의 이르는 배관
　　㉡ 내관 : 건축물의 외벽에서 연소기까지에 이르는 배관

　　㉢ 공급관 : 건축물의 외벽에 설치하는 계량기의 전단밸브까지 이르는 배관, 점유하고 있는 토지의 경계까지에 이르는 배관, 대량수요자의 가스사용시설까지에 이르는 배관

73 배수트랩은 트랩 내면의 거칠기가 아니라 봉수로 유해가스가 차단될 것

74 보온재는 부피와 비중이 작아야 한다.

75 ㉠ 나비밸브 : 원형으로 된 밸브가 회전하여 유로를 열고 닫는 동작기구의 밸브
　　㉡ 게이트밸브 : 유체의 흐름을 단속하는 대표적인 일반밸브로 게이트밸브(사절밸브)라 함
　　㉢ 니들밸브 : 디스크의 형상을 원뿔모양으로 소유량 고압조절용 밸브
　　㉣ 글로브밸브 : 유량조절용

76 냉동기의 유지보수관리
　　㉠ 주간점검
　　　• 윤활유저장소의 유면을 점검한다.
　　　• 유압을 점검하고 필요하면 필터의 막힘을 조사한다.
　　　• 압축기를 정지시켜 샤프트 시일에서 윤활유의 누설이 없는가를 확인한다(개방형).
　　　• 장치 전체에 이상이 없는가를 점검한다.
　　　• 운전기록을 조사하여 이상 유무를 확인한다.
　　㉡ 월간점검
　　　• 전동기의 절연을 점검한다.
　　　• 벨트의 장력을 점검하여 조절한다(개방형).
　　　• 풀리의 느슨함 또는 플렉시블커플링의 느슨함을 점검한다(개방형).
　　　• 토출압력을 점검하여 너무 높으면 냉각수(냉각공기)측을 점검한다.
　　　• 흡입압력을 점검하여 이상이 있으면 증발기, 흡입배관을 점검하고 팽창밸브를 점검, 조절한다.
　　　• 냉매계통의 가스누설을 가스검지관으로 조사한다.
　　　• 고압 압력스위치의 작동을 확인한다. 기타 안전장치도 필요에 따라 실시한다.
　　　• 냉각수 및 냉수의 오염도 점검 및 수질검사를 실시한다.
　　　• 전기설비의 절연을 검사한다.
　　㉢ 연간점검
　　　• 응축기를 배수시켜 점검하고 냉각관을 청소한다. 또한 냉각수계통도 동시에 점검한다.

- 전동기의 베어링상태를 점검한다.
- 압축기를 개방점검한다.
- 마모된 벨트를 교환한다(개방형).
- 드라이어의 필터를 청소한다.
- 냉매계통의 필터를 청소한다.
- 안전밸브를 점검한다. 필요하면 설정압력을 시험한다.
- 각 시동기, 제어기기의 절연저항 및 작동상태를 점검한다.
- 시설 전반에 대하여 점검하고 수리한다.

77 냉매 및 오일교체 판단기준

ㄱ. 수분 : 냉동기 운전 중에 추기장치 사이트그라스로 수분의 유무를 확인하여 과도하게 수분이 축적되었을 경우
ㄴ. 유분 : 냉매를 신규 충진한 후 윤활유의 추가 보충량이 냉매충진량의 10%를 초과할 때
ㄷ. 고형 이물 : 정비 시 냉매 및 오일필터가 전에 없이 심하게 오염되었을 때
ㄹ. 이상한 냄새 : 정비 시 냉매 및 오일필터를 교환할 때 이상한 냄새가 날 때

78 보일러의 검사종류 및 유효기간

종류		유효기간
설치검사		• 보일러 : 1년. 다만, 운전성능 부문의 경우에는 3년 1월로 한다. • 압력용기 및 철금속가열로 : 2년
개조검사		• 보일러 : 1년 • 압력용기 및 철금속가열로 : 2년
설치장소변경검사		• 보일러 : 1년 • 압력용기 및 철금속가열로 : 2년
계속 사용 검사	안전검사	• 보일러 : 1년 • 압력용기 : 2년
	운전성능검사	• 보일러 : 1년 • 철금속가열로 : 2년
	재사용검사	• 보일러 : 1년 • 압력용기 및 철금속가열로 : 2년

79 덕트 시공 시 덕트의 구조에 대한 일반 유의사항

공기조화 및 환기용 덕트는 공기압력에 대해서 변형이 적고, 또는 공기의 저항 및 누설이 적으며 기류에 의해 발생하는 소음이 적은 구조를 가져야 한다.

ㄱ. 덕트 만곡부의 구조 : 만곡부의 내측반지름은 장방형 덕트의 경우 반지름방향 덕트폭의 1/2 이상이어야 하고, 원형 덕트의 경우 지름의 1/2 이상이어야 한다.
ㄴ. 단면변형구조 : 단면을 변형시킬 때는 급격한 변형을 피하고 확대 시 경사각도를 15도 이하로 하고, 축소 시 30도 이내로 한다.
ㄷ. 다습지역 구조 : 배기덕트의 이음매는 외면에서 밀봉재로 밀봉한다.
ㄹ. 관통부 구조
- 덕트와 슬리브 사이의 간격은 2.5cm 이내로 한다.
- 덕트 슬리브와 고정철판은 두께 0.9mm 강판재를 사용한다.
- 관통하는 덕트의 틈새는 불연재로 충진하고, 외벽을 관통할 경우 콜타르, 아스팔트, 콤파운드 또는 기타 수밀성 재료 등으로 코킹한다.
ㅁ. 방화구획 관통부 구조 : 관통부에는 방화댐퍼를 설치하고, 슬리브 사이에는 내화충전재로 충진한다.

80 설계도면의 정의

ㄱ. 평면도
- 건축물을 바닥층 위에서 수평으로 절단하여 그 절단면을 위에서 본 형상을 그리는 것이다.
- 모든 도면의 가장 기본이 되는 것으로 도면에서 가장 중요하다.
ㄴ. 계통도 : 기기나 설비의 주된 구성요소를 나타내는 것으로, 주된 기기 사이의 배관과 덕트를 선이나 화살표 등으로 연결하여 설비 전체의 구성을 나타내는 도면이다.
ㄷ. 상세도 : 냉동냉장설비 중 복잡한 기계실의 기계 및 배관과 덕트를 상세하게 나타내는 도면을 그리는 것으로, 복잡한 설비의 경우 여러 장의 상세도면이 필요하다.
ㄹ. 제작도 : 증발기, 응축기, 수액기 등 냉동기기의 제작을 위한 도면을 말한다.

제4회 정답 및 해설

01	02	03	04	05	06	07	08	09	10	11	12	13	14	15	16	17	18	19	20
③	②	②	②	①	③	②	④	②	④	②	②	③	①	①	③	②	④	④	④
21	22	23	24	25	26	27	28	29	30	31	32	33	34	35	36	37	38	39	40
②	③	③	①	④	①	④	④	③	④	①	①	③	④	④	③	④	②	③	④
41	42	43	44	45	46	47	48	49	50	51	52	53	54	55	56	57	58	59	60
②	④	②	①	③	①	③	④	③	④	②	④	①	④	④	②	④	③	①	②
61	62	63	64	65	66	67	68	69	70	71	72	73	74	75	76	77	78	79	80
①	④	①	④	④	③	④	③	④	①	②	③	②	①	④	④	④	④	④	①

01 보일러의 수위를 제어하는 목적은 보일러의 과열로 인한 폭발을 방지하기 위해서이다.

02 $R = \dfrac{1}{\alpha_i} + \dfrac{l}{\lambda} + \dfrac{1}{\alpha_o}$

$= \dfrac{1}{33.5} + \dfrac{0.15}{5.9} + \dfrac{1}{83.7} = 0.067 \text{m}^2 \cdot \text{h} \cdot \text{℃/kJ}$

$\therefore K = \dfrac{1}{R} = \dfrac{1}{0.067} ≒ 14.8 \text{kJ/m}^2 \cdot \text{h} \cdot \text{℃}$

03 혼합공기의 건구온도(t)

$= \dfrac{(외기량 \times 외기온도) + (순환공기량 \times 순환온도)}{외기량 + 순환공기량}$

$= \dfrac{(1,000 \times 34) + (2,000 \times 26)}{1,000 + 2,000} ≒ 28.6℃$

04 팬코일유닛(FCU)방식은 환기를 충분히 할 수 없으므로 재실인원이 적고 출입구의 개폐가 빈번한 경우나 외부로부터 실내로의 유입구가 있는 경우 등에 사용한다.

05 절대습도$= \dfrac{수증기무게}{습공기무게} = \dfrac{2}{100} = 0.02 \text{kg/kg}'$

06 밀폐식일 경우 외기와 폐쇄되므로 개방식보다 부식이 적어 수명이 길다.

07 상대습도(R_h)

$= \dfrac{초기상대습도 \times 초기포화수증기압}{변화포화수증기압} \times 100$

$= \dfrac{0.6 \times 23.5}{35.4} \times 100 ≒ 40\%$

08 개방식 축열수조
ⓐ 태양열이용식에서 열회수의 피크 시와 난방부하의 피크 시가 어긋날 때 이것을 조정할 수 있다.

ⓑ 염가의 심야전력을 이용할 수 있다.
ⓒ 호텔 등에서 생기는 심야의 부하에 열원의 가동 없이 펌프운전만으로 대응할 수 있다.
ⓓ 공조기에 사용되는 냉수는 냉동기 출구측보다 다소 높게 되어 2차측의 온도차가 다소 낮다.
ⓔ 부식 방지를 위해 수질관리가 필요하다.
ⓕ 공조기용 2차 펌프의 양정과 동력소비량은 일반 공조장치와 같이 줄일 수 없다.
ⓖ 축열조의 열손실분만큼 열원의 에너지소비량이 증가한다.
ⓗ 개방식 축열수조는 공조기 2차측 온도차를 크게 할 수 없고 5℃ 정도가 적합하다.

09 증기난방방식은 제어성이 온수에 비해 나쁘다.

10 ㉠ 공기세정기
• 공기세정기의 수 · 공기비는 성능에 영향을 미친다.
• 노즐에서 물을 분무하여 공기 중의 불순물을 깨끗이 제거하여 공기를 정화하는 장치이다.
• 공기에 수분을 주어 가습하기도 하며 분무수의 온도를 낮게 유지함에 따라 공기를 냉각하고 수분을 감습할 때에 사용한다.
㉡ 가습세정기
• 세정기의 단면적은 공기조화기의 조립상 공기냉각 및 가열코일과 동면적이 바람직스럽다.
• 통과풍속은 일반적으로 2~3m/s로 결정된다.
• 분무수압은 노즐성능상 0.15~0.2MPa이다.

11 배관계통에서의 열부하는 냉동장치의 증발기부하이다.

12 변풍량 단일덕트방식은 부하변동에 따라 실내온
도를 유지할 수 있어 에너지가 절약된다.

13 활성탄 필터(carbon filter)의 특성
  ㉠ 각종 냄새 제거
  ㉡ 방사능 및 대기 중의 유해성분 제거
  ㉢ 탈취를 목적으로 하는 소재의 제품 중 가장 경
     제적인 필터
  ㉣ 원하는 형상으로의 제작이 가능하고 유지 및
     보수가 간단함
  ㉤ 가장 보편적으로 널리 사용되는 제품으로 구
     입이 쉬움

14 보일러의 시운전보고서
  ㉠ 제어기 세팅값과 입출수조건 기록
  ㉡ 입출구공기의 온도
  ㉢ 연도가스의 분석
  ㉣ 성능과 효율측정값을 기록, 설계값과 비교

15 공기조화기의 T.A.B측정절차 중 측정요건
  ㉠ 시스템의 검토공정이 완료되고 시스템검토보
     고서가 완료되어야 한다.
  ㉡ 설계도면 및 관련 자료를 검토한 내용을 토대
     로 하여 보고서양식에 장비규격 등의 기준이
     완료되어야 한다.
  ㉢ 댐퍼, 말단유닛, 터미널의 개도는 완전 개폐되
     어야 한다.
  ㉣ 제작사의 공기조화기 시운전이 완료되어야 한다.

16 암모니아설비 및 안전설비의 유지관리절차서
  ㉠ 암모니아설비 주변에 설치된 안전대책을 주기
     적으로 점검하고 작동 여부를 확인하여야 한다.
  ㉡ 암모니아설비 주변의 안전대책에는 다음 설비
     들이 포함되어야 한다.
    • 모니터, 감지설비 및 경보설비
    • 무전기
    • 아이샤워(Eye shower), 비상샤워 및 응급
      조치함
    • 호흡용 보호구와 피부보호장비
  ㉢ 암모니아설비 주변에 설치된 안전대책의 작동
     및 사용 가능 여부를 최소한 분기별로 1회 확
     인하고 점검하여야 한다.
  ㉣ 암모니아 누출 감지 및 경보설비를 선정하고
     관리할 때에는 다음 사항에 주의하여야 한다.
    • 신뢰도, 정확도, 응답속도(response speed)
      및 작동온도범위를 고려하여 선정하여야 한다.
    • 암모니아 외의 다른 물질이 누출된 경우에
      는 감응하지 않는 선택성을 갖는 감지설비
      를 선정하는 것이 바람직하다.

  • 매년 검교정을 실시하며, 누출을 감지하여 작
    동한 경우에도 검교정을 실시하여야 한다.
  • 전기화학적 감지기(electrochemical sensor)
    가 장착된 경우 한번이라도 경보가 울린 후에
    는 반드시 감지기를 교체하여야 한다.
  • 경보음과 경보등은 외부에서 실내의 농도를
    정확히 읽을 수 있도록 설치되어야 한다.
  ㉤ 암모니아설비의 유지보수 중에는 안전표지와
     "수리중"이라는 표지를 설치하여 다른 사람의
     접근이나 설비가동을 방지하여야 한다.
  ㉥ 암모니아열교환기 및 주변 설비의 유지보수는
     반드시 작업계획을 수립하여 작업허가를 받은
     후에 시행되어야 한다.

17 측정위치
  ㉠ 온도측정위치는 증발기 및 응축기의 입출구에
     서 최대한 가까운 곳으로 한다.
  ㉡ 유량측정위치는 배관에 유체가 항상 만관이
     되는 위치에 설치해야 하며, 펌프의 유입구나
     확관 부위 등 기포가 발생하거나 퇴적물이 쌓
     이는 위치는 피해야 하므로 출구에서 떨어진
     곳에 설치한다.
  ㉢ 압력측정위치는 입출구에 설치된 압력계용 탭
     에서 한다.
  ㉣ 배기가스온도측정위치는 연소기의 온도계 설
     치위치 또는 시료 채취 출구를 이용한다.

18 T.A.B의 필요성
  ㉠ 초기투자비 절감
  ㉡ 시공품질 증대
  ㉢ 운전경비 절감
  ㉣ 쾌적한 실내환경 조성
  ㉤ 장비수명 연장
  ㉥ 완벽한 계획하의 개보수작업
  ㉦ 효율적인 운전관리

19 T.A.B용 측정기기의 종류
  ㉠ 온도측정
    • 수은주온도계 : 1/10℃ 정도로 세분화된 것
  ㉡ 압력측정(공기)
    • 수직형 마노미터 : 20m/s 이상 풍속
    • 경사형 마노미터 : 20m/s 이하 풍속
    • 피토튜브 : 동압측정용
    • 차압게이지 : 정압측정용
  ㉢ 압력측정(수압)
    • 수주계 수은봉입 마노미터 : 기본계기
    • Bourdon게이지 : 정압측정용

ⓛ 풍량측정(수압) : 피토튜브
ⓜ 수량측정 : 초음파 유량측정기
ⓗ 전기계측 : 디지털미터, 후크형 볼트/암페어미터
ⓢ 회전속도측정 : 타코미터
ⓞ 소음측정 : 소음계측기, 마이크로폰

20 공기 및 물계통의 측정에 사용되는 대표적인 장비들에 관한 측정범위, 허용오차 및 교정주기는 다음 표에 따른다.

장비	측정범위	허용오차	교정주기
회전수측정장비	0~5,000rpm	0±2%	24개월
온도측정장비 (물계통용)	−40~50℃ −20~105℃	최소 눈금의 1/2범위	12개월
온도측정장비 (공기계통용)	−40~50℃ −20~105℃	최소 눈금의 1/2범위	12개월
전기계측장비	0~600AVC 0~100AMPS 0~30VDC	전체 눈금의 3%	12개월
소음측정장비	25~130dB	±2dB	12개월

21 프레온냉매를 사용하는 냉동장치에 공기가 침입하면 나타나는 현상
ⓐ 침입한 공기의 분압만큼 압력 상승
ⓑ 압축비 증대로 소요동력 증대
ⓒ 실린더 과열, 윤활유 열화 및 탄화
ⓓ 윤활불량으로 활동부 마모
ⓔ 체적효율 감소로 냉동능력 감소
ⓕ 성적계수 감소

22 $K = \dfrac{1}{R} = \dfrac{1}{\dfrac{1}{\alpha_i} + \dfrac{l}{\lambda} + \dfrac{1}{\alpha_o}}$

$\therefore\ l = \lambda\left(\dfrac{1}{K} - \dfrac{1}{\alpha_i} - \dfrac{1}{\alpha_o}\right)$

$= 0.167 \times \left(\dfrac{1}{0.548} - \dfrac{1}{83.72} - \dfrac{1}{41.86}\right)$

$≒ 0.3\text{m} = 30\text{cm}$

23 지수식 응축기는 셸 앤드 코일식이라 하며 나선상의 관에 냉매를 통과시키는 방식이다.

24 $RT = \dfrac{Q_e}{13897.52}$

$= \dfrac{50 \times 334 + 50 \times 1 \times (15-0) \times 4.184}{13897.52} ≒ 1.4RT$

[참고] 1냉동톤(RT)은 0℃의 물 1ton을 24시간에 0℃ 얼음으로 만들 때에 제거해야 할 열량이다.
$1RT = 3,320\text{kcal/h} = 13897.52\text{kJ/h}$
$= 3.86\text{kW}$

25 프레온냉매의 누설검지에 할로겐 누설검지기를 사용한다.
[참고] 암모니아냉매의 누설검지방법
ⓐ 냄새로서 알 수 있다.
ⓑ 리트머스시험지가 청색으로 변한다.
ⓒ 페놀프탈레인시험지를 물에 적셔 갖다대면 약알칼리성이므로 홍색으로 된다.
ⓓ 유황초나 유황을 묻힌 심지에 불을 붙여 암모니아에 가까이 가면 흰 연기가 발생한다.
ⓔ 네슬러시약을 사용하면 물 또는 브라인에 암모니아가 소량 누설 시에는 황색으로, 다량 누설 시에는 자색으로 색이 변화한다.

26 정압식 자동팽창밸브는 증발기 내의 압력에 의해 작동한다.

27 흡수식 냉동장치는 압축기가 없고 대신 발생기(재생기)가 있다.

28 냉동능력(Q) = (수량×비열×온도차−소요동력)
$\times 4.184$
$= [(70 \times 60) \times 1 \times (37-32) - 5 \times 860]$
$\times 4.184$
$≒ 69,873\text{kJ/h}$

29 ⓐ 5−1 : 복수기(정압방열)
ⓑ 4−5 : 터빈(단열팽창)
ⓒ 4−2 : 보일러(정압가열)
ⓓ 2−1 : 펌프(단열압축)

30 $COP = \dfrac{T_1}{T_2 - T_1} = \dfrac{273+5}{(273+35)-(273+5)} ≒ 9.3$

31 $\dfrac{P_1 V_1}{T_1} = \dfrac{P_2 V_2}{T_2}$

$\therefore\ V_2 = \dfrac{P_1 T_2}{P_2 T_1} V_1 = \dfrac{100 \times (273+100)}{200 \times (273+20)} V_1 ≒ 0.64 V_1$

32 $V = \dfrac{mRT}{P_1} = \dfrac{3m \times R \times 2T}{P_2}$

$\dfrac{1}{P_1} = \dfrac{6}{P_2}$

$\therefore\ P_2 = 6P_1$

33 $\dfrac{V_1}{T_1} = \dfrac{V_2}{T_2}$

$\therefore\ T_2 = \dfrac{V_2}{V_1} T_1 = \dfrac{0.3}{0.4} \times (273+127) = 300K = 27℃$

34 $\Delta S = \dfrac{Q}{T} = \dfrac{2,225}{273+100} \fallingdotseq 5.96 \text{kJ/kg} \cdot \text{K}$

35 성적계수$(\varepsilon) = \dfrac{\text{흡수열(MJ/h)}}{\text{작동동력(kW)} \times 3,600}$

∴ 동력$(\text{kW}) = \dfrac{\text{흡수열(MJ/h)}}{\text{성적계수}(\varepsilon) \times 3,600}$

$= \dfrac{20,000}{3.2 \times 3,600} \fallingdotseq 1.74 \text{kW}$

36 재생기(발생기)에서 고온의 열이 필요하며 냉매와 흡수제를 분리한다.

37 $\Delta u = q - Aw = 167 - 20 = 147 \text{kJ}$

38 토출압력이 너무 높은 원인
  ㉠ 공기가 냉매계통에 혼입된 경우
  ㉡ 냉각수(냉각공기)의 온도가 높거나 유량이 부족한 경우
  ㉢ 응축된 냉각관에 스케일이 퇴적되었거나 수로 커버의 칸막이 벽이 부식된 경우(공냉식 응축기의 팬이 오염된 경우)
  ㉣ 냉매를 과잉 충전하여 응축기의 냉각관이 액냉매에 잠겨 유효전열면적이 감소된 경우
  ㉤ 토출배관 중의 스톱밸브가 완전히 열려있지 않은 경우

39 냉동기유의 온도가 너무 높은 원인
  ㉠ 압축기 실린더재킷에 냉각수가 흐르지 않았다.
  ㉡ 실린더재킷 부분이 물때(스케일)에 의해 막혔다.
  ㉢ 토출온도가 너무 높다.
  ㉣ 크랭크케이스온도가 상승되었다.
  ㉤ 베어링 부분, 마찰 부분의 조정이 불량하다.

40 냉매가 부족할 때의 현상
  ㉠ 고압이 낮아진다.
  ㉡ 냉동능력이 저하한다.
  ㉢ 흡입관에 서리가 부착되지 않는다.
  ㉣ 흡입압력이 너무 낮아진다.
  ㉤ 토출온도가 증가한다.
  ㉥ 과냉도, 과열도가 증가한다.
  ㉦ 압축기의 정지시간이 길어진다.
  ㉧ 압축기가 시동하지 않는다.

41 서미스터는 온도가 증가할 때 그 저항은 감소한다. 즉 반도체저항은 온도에 반비례한다.

42 OR회로는 여러 개의 입력신호 중 하나 또는 그 이상의 신호가 ON 되었을 때 출력된다.

43 논리식 $= \overline{X}\,\overline{Y} + XY$

44 전압검출기는 자동조정장치이다.

45 엘리베이터용 전동기의 필요특성
  ㉠ 소음이 작을 것
  ㉡ 기동토크가 클 것(회전력이 큰 것)
  ㉢ 관성모멘트가 작을 것
  ㉣ 가속도의 변화비율이 일정한 값이 될 것
  ㉤ 기동·감속·정지의 빈도가 많음에 양호할 것
  ㉥ 속도제어범위가 클 것

46 ㉠ $f < \dfrac{1}{2\pi\sqrt{LC}}$: 전압 E가 전류 I보다 앞서는 조건

  ㉡ $f > \dfrac{1}{2\pi\sqrt{LC}}$: 전류 I가 전압 E보다 앞서는 조건

47 시퀀스제어는 유접점계전기와 무접점계전기가 있다.

48 ab단자의 합성저항을 r_0라 하면 cd단자에서 본 합성저항도가 $r_0{'}$가 되므로 합성저항은

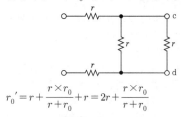

$r_0{'} = r + \dfrac{r \times r_0}{r + r_0} + r = 2r + \dfrac{r \times r_0}{r + r_0}$

$= 2 \times 2 + \dfrac{2 \times 2}{2 + 2} = 4\Omega$

여기서 r_0는 양의 값만 가지므로

∴ $r_0 = \dfrac{2r \pm \sqrt{4r^2 + 8r^2}}{2} = r(1 \pm \sqrt{3})$

$= 2(1 + \sqrt{3})\Omega$

49 ㉠ 플레밍의 왼손법칙 : 전동기의 전자력방향을 결정하는 법칙

  암기법 플윈 엄힘 검자 중전

  ㉡ 플레밍의 오른손법칙 : 발전기의 전자유도에 의해서 생기는 유도전류의 방향을 나타내는 법칙

  암기법 플오 엄힘 검자 중전

▲ 플레밍의 왼손법칙

▲ 플레밍의 오른손법칙

50 검출부 : 제어대상으로부터 제어에 필요한 신호를 인출하는 부분(피드백제어계의 구성요소)

51 벌칙
- ㉠ 500만원 이하의 벌금
  - 신고를 하지 아니하고 고압가스를 제조한 자
  - 안전관리자를 선임하지 않은 경우
- ㉡ 300만원 이하의 벌금
  - 용기·냉동기 및 특정 설비의 제조등록 등을 위반한 자
  - 사업개시 등의 신고나 수입신고에 따른 신고를 하지 아니한 자
  - 시설·용기의 안전유지나 운반 등을 위반한 자
  - 정기검사 및 수시검사에 따른 정기검사나 수시검사를 받지 아니한 자
  - 정밀안전검진의 실시에 따른 정밀안전검진을 받지 아니한 자
  - 용기 등의 품질보장 등에 따른 회수 등의 명령을 위반한 자
  - 사용신고 등에 따른 신고를 하지 아니하거나 거짓으로 신고한 자
- ㉢ 5년 이하의 징역 또는 5천만원 이하의 벌금 : 고압가스시설을 손괴한 자 및 용기·특정 설비를 개조한 자
- ㉣ 2년 이하의 금고(禁錮) 또는 2천만원 이하의 벌금 : 업무상 과실 또는 중대한 과실로 인하여 고압가스시설을 손괴한 자
- ㉤ 10년 이하의 금고 또는 1억원 이하의 벌금 : 죄를 범하여 가스를 누출시키거나 폭발하게 함으로써 사람을 상해하게 한 자
- ㉥ 10년 이하의 금고 또는 1억 5천만원 이하의 벌금 : 죄를 범하여 가스를 누출시키거나 폭발하게 함으로써 사람을 사망하게 한 자

52 유해위험방지계획서 작성대상 건설공사
- ㉠ 지상높이가 31m 이상인 건축물 또는 인공구조물, 연면적 30,000m^2 이상인 건축물 또는 연면적 5,000m^2 이상의 문화 및 집회시설(전시장 및 동·식물원은 제외), 판매시설, 운수시설(고속철도의 역사 및 집배송시설은 제외), 종교시설, 의료시설, 중 종합병원, 숙박시설 중 관광숙박시설, 지하도상가 또는 냉동·냉장창고시설의 건설·개조 또는 해체(이하 "건설 등")
- ㉡ 연면적 5,000m^2 이상의 냉동·냉장창고시설의 설비공사 및 단열공사
- ㉢ 최대 지간길이가 50m 이상인 교량건설 등 공사
- ㉣ 터널건설 등의 공사
- ㉤ 다목적댐, 발전용 댐 및 저수용량 2,000만톤 이상의 용수 전용 댐, 지방상수도 전용 댐 건설 등의 공사
- ㉥ 깊이 10m 이상의 굴착공사

53 기계설비의 착공 전 확인과 사용 전 검사의 대상 건축물 또는 시설물
- ㉠ 용도별 건축물 중 연면적 10,000m^2 이상인 건축물
- ㉡ 에너지를 대량으로 소비하는 건축물
  - 냉동·냉장, 항온·항습 또는 특수 청정을 위한 특수 설비가 설치된 건축물로서 해당 용도에 사용되는 바닥면적의 합계가 500m^2 이상인 건축물
  - 아파트 및 연립주택
  - 해당 용도에 사용되는 바닥면적의 합계가 500m^2 이상인 건축물 : 목욕장, 놀이형 시설(물놀이를 위하여 실내에 설치된 경우로 한정한다), 운동장(실내에 설치된 수영장과 이에 딸린 건축물로 한정한다)
  - 해당 용도에 사용되는 바닥면적의 합계가 2,000m^2 이상인 건축물 : 기숙사, 의료시설, 유스호스텔, 숙박시설
  - 해당 용도에 사용되는 바닥면적의 합계가 3,000m^2 이상인 건축물 : 판매시설, 연구소, 업무시설
- ㉢ 지하역사 및 연면적 2,000m^2 이상인 지하도상가(연속되어 있는 둘 이상의 지하도상가의 연면적합계가 2,000m^2 이상인 경우를 포함한다)

54 정기검사의 대상별 검사주기
- ㉠ 대상별 검사주기는 다음과 같다. 다만, 가스설비 안의 고압가스를 제거한 상태에서의 휴지기간은 정기검사기간 산정에서 제외한다.

검사대상	검사주기
제3조 제1호·제2호 및 제4호에 따른 고압가스 특정 제조허가를 받은 자(이하 이 표에서 "고압가스 특정 제조자")	매 4년
고압가스 특정 제조자 외의 가연성가스·독성가스 및 산소의 제조자·저장자 또는 판매자(수입업자 포함)	매 1년
고압가스 특정 제조자 외의 불연성가스(독성가스 제외)의 제조자·저장자 또는 판매자	매 2년
그 밖에 공공의 안전을 위하여 특히 필요하다고 산업통상자원부장관이 인정하여 지정하는 시설의 제조자 또는 저장자	산업통상자원부장관이 지정하는 시기

ⓛ 대상별 검사주기는 해당 시설의 설치에 대한 최초의 완성검사증명서를 발급받은 날을 기준으로 ㉠에 따른 기간이 지난 날(㉠의 단서에 따른 정기검사를 받은 자의 경우에는 그 정기검사를 받은 날을 기준으로 2년이 지난 날)의 전후 15일 안에 받아야 한다. 다만, 제3조 제3호에 해당하는 고압가스 특정 제조시설에 대한 검사는 해당 연도의 정기보수기간(해당 연도에 정기보수기간이 없는 경우에는 다음 연도의 정기보수기간)과 그 기간 전후의 적절한 시기에 받아야 한다.

55 검사 등(고압가스안전관리법 시행규칙)

㉠ 완성검사 : 사업자 등이 고압가스의 제조·저장시설의 설치공사 또는 변경공사를 완공한 때에는 그 시설을 사용하기 전에 완성검사를 받고 합격한 후에 이를 사용하여야 한다.

ⓛ 중간검사 : 허가를 받거나 신고를 한 자가 고압가스의 제조·저장시설의 설치공사나 변경공사를 할 때에는 산업통상자원부령으로 정하는 바에 따라 그 공사의 공정별로 중간검사를 받아야 한다.
- 가스설비 또는 배관의 설치가 완료되어 기밀시험 또는 내압시험을 할 수 있는 상태의 공정
- 저장탱크를 지하에 매설하기 직전의 공정
- 배관을 지하에 설치하는 경우 매몰하기 직전의 공정
- 비파괴시험을 하는 공정
- 방호벽 또는 저장탱크의 기초설치공정
- 내진설계대상설비의 기초설치공정 등

ⓒ 정기검사 : 허가를 받거나 신고를 한 자는 최초 완성검사증명서를 교부받은 날로부터 산업통상자원부령으로 정하는 바에 따라 기간이 경과한 날의 전후 15일 이내에 정기적으로 검사를 받아야 한다.

ⓔ 수시검사 : 허가를 받거나 신고를 한 자는 당해 사업장 내의 안전관리를 위해 작성한 안전관리규정에 의하여 최초 수시검사를 실시한 날로부터 산업통상자원부령으로 정하는 바에 따라 6개월마다 기간이 경과한 날의 전후 15일 이내에 실시한다.

56 기계설비성능점검업자에 대한 행정처분기준

위반행위	행정처분기준		
	1차 위반	2차 위반	3차 이상 위반
거짓이나 그 밖의 부정한 방법으로 등록한 경우	등록취소		
최근 5년간 3회 이상 업무정지처분을 받은 경우	등록취소		

업무정지기간에 기계설비성능점검업무를 수행한 경우. 다만, 등록취소 또는 업무정지의 처분을 받기 전에 체결한 용역계약에 따른 업무를 계속한 경우는 제외한다.	등록취소		
기계설비성능점검업자로 등록한 후 결격사유에 해당하게 된 경우(같은 항 제6호에 해당하게 된 법인이 그 대표자를 6개월 이내에 결격사유가 없는 다른 대표자로 바꾸어 임명하는 경우는 제외한다)	등록취소		
대통령령으로 정하는 요건에 미달한 날부터 1개월이 지난 경우	등록취소		
변경등록을 하지 않은 경우	시정명령	업무정지 1개월	업무정지 2개월
등록증을 다른 사람에게 빌려준 경우	업무정지 6개월	등록취소	

57 기계설비유지관리자 선임기준

선임대상 건축물 등(창고시설 제외)	선임자격 및 인원
• 연면적 60,000m² 이상 건축물, 3,000세대 이상 공동주택	• 책임(특급)유지관리자 1명 • 보조관리자 1명
• 연면적 30,000~60,000m² 건축물, 2,000~3,000세대 공동주택	• 책임(고급)유지관리자 1명 • 보조관리자 1명
• 연면적 15,000~30,000m² 건축물, 1,000~2,000세대 공동주택 • 공공건축물 등 국토부장관 고시 건축물 등	• 책임(중급)유지관리자 1명
• 연면적 10,000~15,000m² 건축물, 500~1,000세대 공동주택 • 300세대 이상 500세대 미만 중앙집중식 (지역)난방방식 공동주택	• 책임(초급)유지관리자 1명

58 기계설비유지관리자 자격 및 등급

등급		국가기술자격 및 유지관리 실무경력				
		기술사	기능장	기사	산업기사	건설기술인
책임	특급	보유 시	10년 이상	10년 이상	13년 이상	(특급) 10년 이상
	고급		7년 이상	7년 이상	10년 이상	(고급) 7년 이상
	중급		4년 이상	4년 이상	7년 이상	(중급) 4년 이상
	초급		보유 시	보유 시	3년 이상	(초급) 보유 시
보조		• 산업기사 보유 • 기능사 보유 및 실무경력 3년 이상 • 인정기능사 보유 또는 기계설비기술자 중 유지관리자가 아닌 자 또는 기계설비 관련 학위 취득 또는 학과 졸업 및 실무경력 5년 이상				

59 기계설비유지관리자의 자격

등급		자격 및 경력기준		
		보유자격	세부자격명	실무경력
책임	특급	기술사	건축기계설비, 공조냉동기계, 건설기계, 산업기계설비, 기계, 용접	취득 시
		기능장	에너지관리, 용접, 배관	10년 이상
		기사	건축설비, 공조냉동기계, 건설기계설비, 에너지관리, 설비보전, 일반기계, 용접	10년 이상
		산업기사	건축설비, 공조냉동기계, 건설기계설비, 에너지관리, 용접, 배관	13년 이상
		특급건설기술인	건설기술인(공조냉동, 설비, 용접)	시행령 참고
	고급	기능장	에너지관리, 용접, 배관	7년 이상
		기사	건축설비, 공조냉동기계, 건설기계설비, 에너지관리, 설비보전, 일반기계, 용접	7년 이상
		산업기사	건축설비, 공조냉동기계, 건설기계설비, 에너지관리, 용접, 배관	10년 이상
		특급건설기술인	건설기술인(공조냉동, 설비, 용접)	시행령 참고
	중급	기능장	에너지관리, 용접, 배관	4년 이상
		기사	건축설비, 공조냉동기계, 건설기계설비, 에너지관리, 설비보전, 일반기계, 용접	4년 이상
		산업기사	건축설비, 공조냉동기계, 건설기계설비, 에너지관리, 용접, 배관	7년 이상
		특급건설기술인	건설기술인(공조냉동, 설비, 용접)	시행령 참고
	초급	기능장	에너지관리, 용접, 배관	취득 시
		기사	건축설비, 공조냉동기계, 건설기계설비, 에너지관리, 설비보전, 일반기계, 용접	취득 시
		산업기사	건축설비, 공조냉동기계, 건설기계설비, 에너지관리, 용접, 배관	3년 이상
		특급건설기술인	건설기술인(공조냉동, 설비, 용접)	시행령 참고
보조		국토교통부장관이 고시		

※ 「국가기술자격법」에 따른 에너지관리 기능장 (삭제)
※ 「국가기술자격법」에 따른 공조냉동기계ㆍ에너지관리ㆍ설비보전ㆍ용접ㆍ배관 기능사 이상의 자격을 소지한 사람
※ 「건설산업기본법」에 따른 공조냉동기계ㆍ에너지관리ㆍ배관ㆍ용접 인정기능사

60 냉동ㆍ공조설비별 관련 법규명
ㄱ 냉동기 : 고압가스법
ㄴ 보일러 : 에너지이용합리화법, 도시가스법
ㄷ 유류탱크 : 소방법
ㄹ 열사용기자재 압력용기 : 에너지이용합리화법
ㅁ 냉수배관 밀폐형 탱크 : 산업안전보건법

61 냉각탑은 응축기의 냉각용수를 다시 냉각시키는 장치이다.

62 패킹재료 고려사항
ㄱ 유체의 압력
ㄴ 재료의 부식성
ㄷ 진동의 유무

63 흡상이음 시 1단의 흡상높이는 1.5m 이내이다.

64 비철금속(동관 포함) 또는 비금속 배관지름의 호칭은 바깥지름을 기준으로 한다.

65 강관의 KS기호
ㄱ STBH : 보일러 열교환기용 탄소강강관
ㄴ STHA : 보일러 열교환기용 합금강관
ㄷ SPLT : 저온배관용 탄소강강관
ㄹ SPHT : 고온배관용 탄소강강관
ㅁ SPPH : 고압배관용 탄소강강관
ㅂ SPPS : 압력배관용 탄소강강관
ㅅ STLT : 저온열교환기용 강관

66 고가탱크식은 단수가 되어도 0.4MPa 이하의 일정 압력으로 급수가 가능하다.

67 ① 수동밸브
② 감압밸브
③ 스프링식 안전밸브
④ 다이어프램 감압밸브

68 단흡입을 양흡입으로 해야 공동현상이 방지된다.

69 강제순환식 급탕배관의 구배는 1/200 이상으로 구배한다.

70 부스터방식
ㄱ 고가탱크가 필요하지 않고 일정 수압으로 급수하며 자동제어설비비용이 소요된다.
ㄴ 압력탱크 대신에 소형의 서지탱크를 설치하여 연속 운전되는 한 대의 펌프 외에 보조펌프를 여러 대 작동시켜 운전한다.

71 감압밸브에는 압력계를 설치한다.

72 신축이음쇠의 설치간격
㉠ 강관 : 30m 이내
㉡ 동관과 PVC : 20m 이내

73 덕트의 경로는 될 수 있는 한 최단거리로 할 것

74 섹스티아(sextia)방식은 배수 수직관에 선회류를 주어 배수와 통기역할을 한다.

75 봉수파괴의 원인과 대책
㉠ 자기사이펀식 작용(S트랩) : 통기관 설치
㉡ 흡출(흡인)작용(고층부) : 통기관 설치
㉢ 분출(역압)작용(저층부) : 통기관 설치
㉣ 모세관현상(머리카락, 이물질) : 청소
㉤ 증발현상(장기간 방치) : 기름막 형성
㉥ 자기운동량에 의한 관성작용(최상층) : 격자 석쇠 설치

76 냉동기의 유지보수관리
㉠ 주간점검
• 윤활유저장소의 유면을 점검한다.
• 유압을 점검하고 필요하면 필터의 막힘을 조사한다.
• 압축기를 정지시켜 샤프트 시일에서 윤활유의 누설이 없는가를 확인한다(개방형).
• 장치 전체에 이상이 없는가를 점검한다.
• 운전기록을 조사하여 이상 유무를 확인한다.
㉡ 월간점검
• 전동기의 절연을 점검한다.
• 벨트의 장력을 점검하여 조절한다(개방형).
• 풀리의 느슨함 또는 플렉시블커플링의 느슨함을 점검한다(개방형).
• 토출압력을 점검하여 너무 높으면 냉각수(냉각공기)측을 점검한다.
• 흡입압력을 점검하여 이상이 있으면 증발기, 흡입배관을 점검하고 팽창밸브를 점검, 조절한다.
• 냉매계통의 가스누설을 가스검지관으로 조사한다.
• 고압 압력스위치의 작동을 확인한다. 기타 안전장치도 필요에 따라 실시한다.
• 냉각수 및 냉수의 오염도 점검 및 수질검사를 실시한다.
• 전기설비의 절연을 검사한다.
㉢ 연간점검
• 응축기를 배수시켜 점검하고 냉각관을 청소한다. 또한 냉각수계통도 동시에 점검한다.
• 전동기의 베어링상태를 점검한다.
• 압축기를 개방점검한다.

• 마모된 벨트를 교환한다(개방형).
• 드라이어의 필터를 청소한다.
• 냉매계통의 필터를 청소한다.
• 안전밸브를 점검한다. 필요하면 설정압력을 시험한다.
• 각 시동기, 제어기기의 절연저항 및 작동상태를 점검한다.
• 시설 전반에 대하여 점검하고 수리한다.

77 냉매 및 오일교체 판단기준
㉠ 수분 : 냉동기 운전 중에 추기장치 사이트그라스로 수분의 유무를 확인하여 과도하게 수분이 축적되었을 경우
㉡ 유분 : 냉매를 신규 충진한 후 윤활유의 추가 보충량이 냉매충진량의 10%를 초과할 때
㉢ 고형 이물 : 정비 시 냉매 및 오일필터가 전에 없이 심하게 오염되었을 때
㉣ 이상한 냄새 : 정비 시 냉매 및 오일필터를 교환할 때 이상한 냄새가 날 때

78 보일러의 검사종류 및 유효기간

종류		유효기간
설치검사		• 보일러 : 1년. 다만, 운전성능 부문의 경우에는 3년 1월로 한다. • 압력용기 및 철금속가열로 : 2년
개조검사		• 보일러 : 1년 • 압력용기 및 철금속가열로 : 2년
설치장소변경검사		• 보일러 : 1년 • 압력용기 및 철금속가열로 : 2년
계속 사용 검사	안전검사	• 보일러 : 1년 • 압력용기 : 2년
	운전성능 검사	• 보일러 : 1년 • 철금속가열로 : 2년
	재사용 검사	• 보일러 : 1년 • 압력용기 및 철금속가열로 : 2년

79 덕트 시공 시 덕트의 구조에 대한 일반 유의사항
공기조화 및 환기용 덕트는 공기압력에 대해서 변형이 적고, 또는 공기의 저항 및 누설이 적으며 기류에 의해 발생하는 소음이 적은 구조를 가져야 한다.
㉠ 덕트 만곡부의 구조 : 만곡부의 내측반지름은 장방형 덕트의 경우 반지름방향 덕트폭의 1/2 이상이어야 하고, 원형 덕트의 경우 지름의 1/2 이상이어야 한다.
㉡ 단면변형구조 : 단면을 변형시킬 때는 급격한 변형을 피하고 확대 시 경사각도를 15도 이하로 하고, 축소 시 30도 이내로 한다.

ⓒ 다습지역 구조 : 배기덕트의 이음매는 외면에서 밀봉재로 밀봉한다.

ⓔ 관통부 구조
- 덕트와 슬리브 사이의 간격은 2.5cm 이내로 한다.
- 덕트 슬리브와 고정철판은 두께 0.9mm 강판재를 사용한다.
- 관통하는 덕트의 틈새는 불연재로 충진하고, 외벽을 관통할 경우 콜타르, 아스팔트, 콤파운드 또는 기타 수밀성 재료 등으로 코킹한다.

ⓑ 방화구획 관통부 구조 : 관통부에는 방화댐퍼를 설치하고, 슬리브 사이에는 내화충전재로 충진한다.

80 설계도면의 정의

ⓐ 평면도
- 건축물을 바닥층 위에서 수평으로 절단하여 그 절단면을 위에서 본 형상을 그리는 것이다.
- 모든 도면의 가장 기본이 되는 것으로 도면에서 가장 중요하다.

ⓑ 계통도 : 기기나 설비의 주된 구성요소를 나타내는 것으로, 주된 기기 사이의 배관과 덕트를 선이나 화살표 등으로 연결하여 설비 전체의 구성을 나타내는 도면이다.

ⓒ 상세도 : 냉동냉장설비 중 복잡한 기계실의 기계 및 배관과 덕트를 상세하게 나타내는 도면을 그리는 것으로, 복잡한 설비의 경우 여러 장의 상세도면이 필요하다.

ⓔ 제작도 : 증발기, 응축기, 수액기 등 냉동기기의 제작을 위한 도면을 말한다.

제5회 정답 및 해설

01	02	03	04	05	06	07	08	09	10	11	12	13	14	15	16	17	18	19	20
①	①	④	②	④	④	③	④	③	④	④	④	①	③	③	①	②	③	④	③
21	22	23	24	25	26	27	28	29	30	31	32	33	34	35	36	37	38	39	40
①	①	④	②	④	②	④	②	③	④	①	④	④	②	④	④	④	③	④	①
41	42	43	44	45	46	47	48	49	50	51	52	53	54	55	56	57	58	59	60
④	③	④	③	①	④	④	③	④	③	③	①	③	④	③	④	②	②	②	②
61	62	63	64	65	66	67	68	69	70	71	72	73	74	75	76	77	78	79	80
②	③	④	④	②	④	②	④	③	④	③	④	①	④	③	④	④	④	④	②

01 $\eta_s = \dfrac{t_1 - t_2}{t_1 - t_1{}'} = \dfrac{35 - 30}{35 - 25} = 50\%$

02
① 규산칼슘 : 700℃
② 경질폼라버 : 80℃
③ 탄화코르크 : 130℃
④ 우모펠트 : 100℃

[참고] 안전사용온도
ⓐ 규산칼슘 : 700℃
ⓑ 페라이트 : 650℃
ⓒ 규조토 : 525℃
ⓔ 석면 : 500℃
ⓜ 암면 : 400℃

ⓗ 글라스울 : 300℃
ⓢ 삼여물 : 250℃
ⓞ 탄산마그네슘 : 250℃
ⓩ 탄화코르크 : 130℃
⓬ 우모펠트 : 100℃
ⓣ 경질폼라버 : 80℃

03
ⓐ $q_s = G_f\,C_p\,\rho(t_o - t_i)$
$= 3,000 \times 1.005 \times 1.2 \times (32 - 25) = 25.3\text{kW}$

ⓑ $q_L = G_f\,\gamma_w\,\rho(x_o - x_i)$
$= 3,000 \times 2,501 \times 1.2 \times (0.0209 - 0.0179)$
$\fallingdotseq 27\text{kW}$

04 변풍량 단일덕트방식
 ㉠ 각 실이나 존의 온도를 개별제어하기가 쉽다.
 ㉡ 일사량변화가 심한 페리미터존에 적합하다.
 ㉢ 실내부하가 적어지면 송풍량이 적어지므로 실내공기의 오염도가 높다.
 ㉣ 부하변동에 대하여 응답이 빠르므로 실온조정이 유리하다.
 ㉤ 풍량 감소 시 실내기류분포가 나빠지고 소음이 발생할 우려가 있다.

05 냉각되면 건구온도, 절대습도, 습구온도는 감소하고, 상대습도는 증가한다.
 [참고] 습공기선도
  ㉠ 1→2 : 현열가열(절대습도 증가)
  ㉡ 1→3 : 현열냉각(절대습도 감소)
  ㉢ 1→4 : 가습(건구온도 증가)
  ㉣ 1→5 : 감습(건구온도 감소)
  ㉤ 1→6 : 가열가습(상대습도 감소)
  ㉥ 1→7 : 가열감습(단열변화)(습구온도 증가)
  ㉦ 1→8 : 냉각가습(단열변화)(습구온도 감소)
  ㉧ 1→9 : 냉각감습(상대습도 증가)

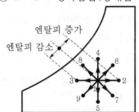

06 전열교환기방식은 공조설비의 에너지 절약기법으로 많이 이용되고 있으며 외기도입량이 많고 운전시간이 긴 시설에서 효과가 크다.
 [참고] 전열교환기
  ㉠ 석면 등으로 만든 얇은 판에 염화리튬(LiCl)과 같은 흡수제를 침투시켜 현열과 동시에 잠열도 교환한다.
  ㉡ 종류로는 회전식과 고정식이 있으나 주로 회전식이 많이 사용된다.

07 ① 0℃의 물을 가열하여 100℃의 증기로 변할 때까지 현열과 잠열이 모두 필요하다.
 ② 잠열은 증기의 압력과 관계있다.
 ④ 증기의 정적비열은 정압비열보다 작다($C_v < C_p$).

08 공기조화기는 필터, 세정기, 냉각기, 가열기, 송풍기 등이 있고, 압축기는 열원기기의 일종이다.

09 덕트크기 결정방법에는 등속법, 등마찰법, 정압재취득법(덕트의 압력손실 이용), 전압법, 감속법 등이 있다.

10 $L_1 = \left(\dfrac{d_1}{d}\right)^5 L$
 [참고] 송풍기의 상사법칙
  ㉠ 유량 : $Q_2 = Q_1\left(\dfrac{N_2}{N_1}\right) = Q_1\left(\dfrac{d_2}{d_1}\right)^3$
  ㉡ 양정 : $H_2 = H_1\left(\dfrac{N_2}{N_1}\right)^2 = H_1\left(\dfrac{d_2}{d_1}\right)^2$
  ㉢ 동력 : $L_2 = L_1\left(\dfrac{N_2}{N_1}\right)^3 = L_1\left(\dfrac{d_2}{d_1}\right)^5$

11 냉각탑의 보급수량은 순환수량의 2~3% 정도이다.
 [참고] ㉠ 쿨링어프로치(cooling approach)=냉각탑 냉각수 출구온도−냉각탑 냉각수 입구온도(5℃ 정도)
  ㉡ 쿨링레인지(cooling range)=냉각탑 냉각수 입구온도−냉각탑 냉각수 출구온도

12 단일덕트 재열방식
 ㉠ 현열비가 큰 장소에 적합하지 않다.
 ㉡ 각 존(zone)에 대한 덕트분기 부분 또는 각 실의 토출구 직전에 재열기(reheater)를 설치한다.
 ㉢ 온도조절기(thermostat)로써 실내부하변동을 감지하여 재열기로 재가열 후 송풍하는 것이다.

13 ㉠ 현열부하만 포함 : 태양복사열, 유리로부터의 취득열량, 복사냉난방, 조명부하 등
 ㉡ 잠열부하와 현열부하 모두 포함 : 극간풍(틈새바람) 취득열량, 인체 발생열량, 실내기구 발생열량, 외기도입으로 인한 취득열량

14 보일러의 시운전보고서
 ㉠ 제어기 세팅값과 입출수조건 기록
 ㉡ 입출구공기의 온도
 ㉢ 연도가스의 분석
 ㉣ 성능과 효율측정값을 기록, 설계값과 비교

15 공기조화기의 T.A.B측정절차 중 측정요건
 ㉠ 시스템의 검토공정이 완료되고 시스템검토보고서가 완료되어야 한다.
 ㉡ 설계도면 및 관련 자료를 검토한 내용을 토대로 하여 보고서양식에 장비규격 등의 기준이 완료되어야 한다.
 ㉢ 댐퍼, 말단유닛, 터미널의 개도는 완전 개폐되어야 한다.
 ㉣ 제작사의 공기조화기 시운전이 완료되어야 한다.

16 암모니아설비 및 안전설비의 유지관리절차서

㉠ 암모니아설비 주변에 설치된 안전대책을 주기적으로 점검하고 작동 여부를 확인하여야 한다.

㉡ 암모니아설비 주변의 안전대책에는 다음 설비들이 포함되어야 한다.

- 모니터, 감지설비 및 경보설비
- 무전기
- 아이샤워(Eye shower), 비상샤워 및 응급조치함
- 호흡용 보호구와 피부보호장비

㉢ 암모니아설비 주변에 설치된 안전대책의 작동 및 사용 가능 여부를 최소한 분기별로 1회 확인하고 점검하여야 한다.

㉣ 암모니아 누출 감지 및 경보설비를 선정하고 관리할 때에는 다음 사항에 주의하여야 한다.

- 신뢰도, 정확도, 응답속도(response speed) 및 작동온도범위를 고려하여 선정하여야 한다.
- 암모니아 외의 다른 물질이 누출된 경우에는 감응하지 않는 선택성을 갖는 감지설비를 선정하는 것이 바람직하다.
- 매년 검교정을 실시하며, 누출을 감지하여 작동한 경우에도 검교정을 실시하여야 한다.
- 전기화학적 감지기(electrochemical sensor)가 장착된 경우 한번이라도 경보가 울린 후에는 반드시 감지기를 교체하여야 한다.
- 경보음과 경보등은 외부에서 실내의 농도를 정확히 읽을 수 있도록 설치되어야 한다.

㉤ 암모니아설비의 유지보수 중에는 안전표지와 "수리중"이라는 표지를 설치하여 다른 사람의 접근이나 설비가동을 방지하여야 한다.

㉥ 암모니아열교환기 및 주변 설비의 유지보수는 반드시 작업계획을 수립하여 작업허가를 받은 후에 시행되어야 한다.

17 측정위치

㉠ 온도측정위치는 증발기 및 응축기의 입출구에서 최대한 가까운 곳으로 한다.

㉡ 유량측정위치는 배관에 유체가 항상 만관이 되는 위치에 설치해야 하며, 펌프의 유입구나 확관 부위 등 기포가 발생하거나 퇴적물이 쌓이는 위치는 피해야 하므로 출구에서 떨어진 곳에 설치한다.

㉢ 압력측정위치는 입출구에 설치된 압력계용 탭에서 한다.

㉣ 배기가스온도측정위치는 연소기의 온도계 설치위치 또는 시료 채취 출구를 이용한다.

18 T.A.B의 필요성

㉠ 초기투자비 절감

㉡ 시공품질 증대

㉢ 운전경비 절감

㉣ 쾌적한 실내환경 조성

㉤ 장비수명 연장

㉥ 완벽한 계획하의 개보수작업

㉦ 효율적인 운전관리

19 T.A.B용 측정기기의 종류

㉠ 온도측정

- 수은주온도계 : 1/10℃ 정도로 세분화된 것

㉡ 압력측정(공기)

- 수직형 마노미터 : 20m/s 이상 풍속
- 경사형 마노미터 : 20m/s 이하 풍속
- 피토튜브 : 동압측정용
- 차압게이지 : 정압측정용

㉢ 압력측정(수압)

- 수주계 수은봉입 마노미터 : 기본계기
- Bourdon게이지 : 정압측정용

㉣ 풍량측정(수압) : 피토튜브

㉤ 수량측정 : 초음파 유량측정기

㉥ 전기계측 : 디지털미터, 후크형 볼트/암페어미터

㉦ 회전속도측정 : 타코미터

㉧ 소음측정 : 소음계측기, 마이크로폰

20 급배수설비 시운전준비 중 펌프 설치

㉠ 일반 사항

- 단단한 기초 위에 펌프세트를 설치한다.
- 완전한 수평을 유지하도록 한다.
- 펌프의 배관에는 어떠한 응력이나 전단력이 작용치 않도록 해야 하고, 운전온도가 높을 경우 열팽창에 의해 열응력이 작용하므로 신축이음관을 사용해서 배관한다.
- 배관을 고정시킨 후 커플링을 재점검한다.

㉡ 안전사항

- 전기설비기술기준, 내선규정, 건축기준법 및 적용 법규에 따라 정확하게 시공하도록 한다.
- 인양 전에 외형도, 카탈로그로 중량 및 외형을 확인하고 안전하게 작업을 하도록 한다.
- 인양상태에서의 사용 및 부품 설치작업은 낙하로 인한 위험이 있으므로 절대로 하지 않도록 한다.
- 커플링커버는 반드시 설치하여 운전하도록 한다.

ⓒ 유의사항
- 펌프를 설치할 장소의 작업조건을 면밀히 검토하고, 부적당한 작업조건이 있을 때에는 즉시 바로잡아 요구조건에 부합하도록 하고 제조업자의 설치지침서에 따라 지시된 곳에 펌프를 설치한다.
- 펌프의 운전 및 보수를 위한 작업공간을 확보하되, 제조업자가 권장하는 공간보다 적어서는 안 된다.
- 수평형 또는 수직형은 기초대가 휘거나 처지지 않도록 주의하여 기초 윗면에 수평 또는 수직으로 고정하고 기초볼트는 균등하게 조인다. 펌프와 모터의 연결주축은 정확하게 직선이 되도록 조정한다.
- 펌프에 밸브 및 관을 부착할 때에는 그 하중이 직접 펌프에 걸리지 않도록 충분히 지지된 상태에서 작업해야 한다.
- 펌프의 공급횡주관에는 진동을 흡수할 수 있는 방진행거를 설치해야 한다.
- 펌프의 토출측에 충격완화용 체크밸브를 설치해야 한다.
- 펌프의 흡·토출구에 플렉시블조인트 또는 플렉시블커넥터를 설치하여 배관의 진동전달을 막아야 한다.
- 펌프축 중심 조절은 제조업자의 기술자 입회하에 실시하고, 시동하기 전에 윤활유를 급유한다.

21 $V = 60ALNR = 60\dfrac{\pi d^2}{4}LNR$

$= 60 \times \dfrac{\pi \times 0.08^2}{4} \times 0.05 \times 6 \times 1,750 = 158\text{m}^3/\text{h}$

22 건식 증발기의 장점
ⓐ 냉매액이 25%, 가스가 75%이다(위에서 아래로 공급).
ⓑ 유로저항이 작다
ⓒ 냉매량 조절을 간단히 할 수 있다.
ⓓ 압축기로의 유회수가 좋다.

23 리퀴드백(liquid back, 액백)의 영향
ⓐ 토출가스온도 저하
ⓑ 실린더에 서리 발생
ⓒ 냉동능력 감소
ⓓ 소요동력 증가
ⓔ 압축기에 이상음 발생
ⓕ 압축기의 파손 우려

24 어큐뮬레이터(액분리기)
ⓐ 증발기보다 150mm 이상 높은 위치에 설치하며 증발기와 압축기 사이에 설치한다.
ⓑ 기능
- 흡입가스 중에 냉매액이 혼입되었을 때, 이것을 분리하여 액은 증발기로 보내고 증기만을 압축기에 흡입시켜 액압축을 방지하고 압축기를 보호한다.
- 부하변동에 의한 증발기의 액면변동을 흡수하고 자동적으로 액순환을 조절한다.
- 기동 시 증발기 내의 급격한 교란을 흡수하여 리퀴드백을 방지한다.

25 압축기 흡입관에 트랩이 있는 경우에는 트랩 전에 설치하며 외기의 영향을 받지 않는 곳에 설치한다.

26 $AW = 3\text{PS} = 3 \times 632 \times 4.184 ≒ 7,941\text{kJ/h}$

$Q = GC\Delta t = 10 \times 60 \times 3.35 \times 10 = 20,100\text{kJ/h}$

$\therefore COP = \dfrac{Q}{AW} = \dfrac{GC\Delta t}{AW} = \dfrac{20,100}{7,941} ≒ 2.5$

[참고] 1PS≒632kcal/h, 1kcal≒4.184kJ

27 제시된 냉동사이클은 역카르노사이클과정으로
ⓐ 단열팽창(팽창변) → ⓑ 등온팽창(증발기) → ⓒ 단열압축(압축기) → ⓓ 등온압축(응축기)과정이다.

28 $\eta = \dfrac{AW}{Q_1} = \dfrac{T_1 - T_2}{T_1}$

$\therefore Q_1 = \dfrac{AW \cdot T_1}{T_1 - T_2}$

$= \dfrac{5.5 \times (600+273)}{(600+273)-(150+273)} ≒ 10.7\text{kW}$

29 재열사이클은 팽창일을 증대시키고 터빈 출구의 습도를 감소(건도 증가)시키기 위하여 터빈 후의 증기를 가열장치로 보내어 재가열한 후 다시 터빈에 보내는 사이클이다.

30 $Q = mC_v\Delta t = \dfrac{PV}{RT}C_v\Delta t$

$= \dfrac{294 \times 2.5}{0.287 \times (10+273)} \times 0.717 \times (80-10) ≒ 454\text{kJ}$

[참고] $PV = mRT$

$\therefore m = \dfrac{PV}{RT}$

31 $Q = Wt = 14.33 \times 7 \times 3,600 \times 30 \times \dfrac{1}{1,000} ≒ 10,833\text{kJ}$

[참고] 1Wh＝3,600J, 1kWh＝3,600kJ

32 ㉠ 브레이턴사이클 : 정압연소
　　㉡ 오토사이클 : 정적연소
　　㉢ 카르노사이클 : 등온연소
　　㉣ 사바테사이클 : 합성연소

33 $COP = \dfrac{Q}{AW} = \dfrac{G\gamma}{AW} = \dfrac{2,000 \times 334.94}{50 \times 3,600} = 3.72$

34 $dS = \dfrac{\delta Q}{T} = \dfrac{500}{25 + 273} = 1.68\,kJ/K$

35 $\eta = \dfrac{한\ 일}{받은\ 열} = \dfrac{W}{Q} = \dfrac{830.6 - 626.4}{830.6 - 69.4} \times 100 ≒ 26.7\%$

36 냉장창고는 용도와 사용온도별 분류

용도	사용온도	용도	사용온도
C3급	-2~10℃	F1급	-30~-20℃
C2급	-10~-2℃	F2급	-40~-30℃
C1급	-20~-10℃	F3급	-50~-40℃
-		F4급	-50 이하

37 냉동설비 시운전 및 안전대책
　　㉠ 기동 전 냉동기를 점검한다.
　　　• 오일탱크의 유면과 유온이 적정한지 확인한다.
　　　• 액면계로 증발기의 냉매액면을 확인한다.
　　　• 냉동기 기동 전의 냉매가 안정된 상태로 냉수온도에 상당하는 포화압력과 비교하여 정상인지 확인한다.
　　　• 압축기의 베인이 완전히 닫혀 있는지 확인한다.
　　　• 제어반의 베인 설정이 자동으로 설정되어 있는지 확인한다.
　　　• 증발기, 응축기에 물이 흐르도록 한 후 수실 및 수배관 중의 공기를 추출한다.
　　　• 오일펌프를 기동해 유압이 정상인지 확인한다.
　　　• 각 밸브의 개폐상태가 올바른 위치에 있는지 확인한다.
　　㉡ 운전 중 냉동기를 점검한다.
　　　• 압축기에서 이상소음의 발생 여부를 확인한다.
　　　• 증발기, 응축기, 이코노마이저 등의 사이트글라스의 냉매상태를 확인하여 냉동사이클의 안정 여부를 확인한다.
　　㉢ 시운전한다.
　　　• 냉각수펌프를 시동해서 응축기 등에 통수한다.
　　　• 냉각탑을 운전한다.
　　　• 응축기의 물통로의 정상부에 있는 공기빼기밸브 또는 배관 중의 공기빼기밸브를 열어서 냉각수계통 내의 공기를 방출하고 완전히 만수시킨 후 확실하게 닫는다.
　　　• 증발기의 송풍기 또는 냉수순환펌프를 운전하여 확실하게 공기를 뺀다.
　　　• 제조회사의 취급설명서를 참조하여 압축기의 유압을 확인 조정한다.
　　　• 운전상태가 안정되면 전동기의 전압, 운전전류를 확인한다.
　　　• 압축기 크랭크케이스의 유면을 점검한다.
　　　• 응축기 또는 수액기의 액면에 주의한다.
　　　• 팽창밸브의 상태에 주의해서 소정의 흡입가스압력, 적당한 과열도가 되도록 조절한다.
　　　• 토출가스압력을 점검하고 필요에 따라 냉각수량, 냉각수조절밸브를 조정한다.
　　　• 증발기에서의 냉각상태, 착상상태, 냉매액면을 점검한다.
　　　• 고저압, 유압 보호, 냉각수압력스위치 등의 상황을 확인하고 필요에 따라 조정한다.
　　　• 유분리기의 기능을 점검한다.
　　　• 운전 중 체크리스트를 작성한다.
　　㉣ 시운전 완료 후 조치사항을 작성한다.
　　　• 시운전 완료 후 체크리스트를 확인하여 이상 유무를 확인한다.
　　　• 이상항목에 대한 재설정, 세팅, 교체 등의 계획을 작성하고 수정한다.
　　　• 이상항목에 대한 재설정, 교체, 수정항목별 조치사항을 작성한다.
　　　• 시운전 후 냉동기 주위를 정리·정돈한다.

38 압축기 흡입압력이 너무 높은 원인
　　㉠ 냉동부하의 증가
　　㉡ 팽창밸브가 너무 많이 열림
　　㉢ 흡입밸브, 밸브시트, 피스톤링 등이 파손되었거나 언로더기구의 고장
　　㉣ 유분리기의 오일리턴장치의 누설(가스리턴)
　　㉤ 실린더가 부하 제거상태
　　㉥ 언로더제어장치의 설정치가 너무 높을 때

39 냉동기유의 유압이 너무 낮은 원인
　　㉠ 유압계의 고장
　　㉡ 유압계 배관이 막힘
　　㉢ 유압조정밸브가 너무 많이 열림
　　㉣ 오일에 냉매가 혼입된 경우
　　㉤ 각 베어링 부분의 마모가 심함
　　㉥ 냉동기유온도가 높음
　　㉦ 고도의 진공운전
　　㉧ 오일펌프의 고장으로 유량 부족

40 냉매가 부족할 때의 현상
　　㉠ 고압이 낮아진다.
　　㉡ 냉동능력이 저하한다.
　　㉢ 흡입관에 서리가 부착되지 않는다.

ⓔ 흡입압력이 너무 낮아진다.
ⓜ 토출온도가 증가한다.
ⓗ 과냉도, 과열도 증가한다.
ⓢ 압축기의 정지시간이 길어진다.
ⓞ 압축기가 시동하지 않는다.

41 특성방정식은 전달함수의 분모가 0인 방정식이므로
$$s^2 + 1 = 0$$
$$(s+j)(s-j) = 0$$
$$\therefore \ s = \pm j$$

42 $E_e = \dfrac{E_m}{\sqrt{2}} = \dfrac{\frac{\pi}{2}E_d}{\sqrt{2}} = \dfrac{\frac{\pi}{2} \times 100\sqrt{2}}{\sqrt{2}} ≒ 157\mathrm{V}$

[참고] $E_d = \dfrac{2}{\pi}E_m$

$\therefore \ E_m = \dfrac{\pi}{2}E_d$

43 서미스터는 온도 상승에 따라 저항값이 작아지는 특성을 이용하여 온도보상용으로 사용되며 부온도특성을 가진 저항기이다.

44 $P_2 = \left(\dfrac{s}{1-s}\right)P_m = \dfrac{0.04}{1-0.04} \times 15 = 0.625\mathrm{kW}$

45 토크는 전류와 자속에 비례하므로
$100 : 50 = (120 \times 0.8) : \tau_2$

$\therefore \ \tau_2 = \dfrac{120 \times 0.8}{100} \times 50 = 48\mathrm{kg \cdot m}$

[참고] $\tau = K\phi I_a$

46 제동계수(감쇠율)는 과도응답이 소멸되는 정도를 나타내는 양으로써 최대 오버슛과 다음 주기에 오는 오버슛과의 비로, 이것이 적을수록 커지며, 입력신호에 대한 계통의 응답속도는 높아지나 정상값까지 도달하기에는 비교적 긴 시간이 소요된다.

47 $\dfrac{1}{2\pi\sqrt{LC}}$ 는 공진주파수이다.

48 $(A+B)(A+C) = AA + AC + AB + BC$
$\qquad\qquad\qquad = A(1+C) + AB + BC$
$\qquad\qquad\qquad = A + AB + BC = A(1+B) + BC$
$\qquad\qquad\qquad = A + BC$

[참고] **흡수법칙 적용**
$\qquad$ ㉠ $A + AB = A(1+B) = A \cdot 1 = A$
$\qquad$ ㉡ $A(A+B) = AA + AB = A + AB = A$

49 $A = X(X+Y) = XX + XY = X + XY = X$

50 메거에 의한 방법은 $-10^5 \Omega$ 이상의 고저항을 측정하고 절연저항측정이 가능하다.

51 벌칙
㉠ 500만원 이하의 벌금
- 신고를 하지 아니하고 고압가스를 제조한 자
- 안전관리자를 선임하지 않은 경우

㉡ 300만원 이하의 벌금
- 용기·냉동기 및 특정 설비의 제조등록 등을 위반한 자
- 사업개시 등의 신고나 수입신고에 따른 신고를 하지 아니한 자
- 시설·용기의 안전유지나 운반 등을 위반한 자
- 정기검사 및 수시검사에 따른 정기검사나 수시검사를 받지 아니한 자
- 정밀안전검진의 실시에 따른 정밀안전검진을 받지 아니한 자
- 용기 등의 품질보장 등에 따른 회수 등의 명령을 위반한 자
- 사용신고 등에 따른 신고를 하지 아니하거나 거짓으로 신고한 자

㉢ 5년 이하의 징역 또는 5천만원 이하의 벌금 : 고압가스시설을 손괴한 자 및 용기·특정 설비를 개조한 자

㉣ 2년 이하의 금고(禁錮) 또는 2천만원 이하의 벌금 : 업무상 과실 또는 중대한 과실로 인하여 고압가스시설을 손괴한 자

㉤ 10년 이하의 금고 또는 1억원 이하의 벌금 : 죄를 범하여 가스를 누출시키거나 폭발하게 함으로써 사람을 상해하게 한 자

㉥ 10년 이하의 금고 또는 1억 5천만원 이하의 벌금 : 죄를 범하여 가스를 누출시키거나 폭발하게 함으로써 사람을 사망하게 한 자

52 안전관리자의 종류 및 자격
㉠ 안전관리자의 종류 : 안전관리 총괄자, 안전관리 부총괄자, 안전관리 책임자, 안전관리원
㉡ 냉동제조시설 안전관리자의 자격과 선임인원

저장 또는 처리능력	안전관리자의 구분	선임인원
냉동능력 100톤 초과 300톤 이하(프레온을 냉매로 사용하는 것은 냉동능력 200톤 초과 600톤 이하)	안전관리 총괄자	1명
	안전관리 책임자	1명
	안전관리원	1명 이상
냉동능력 50톤 초과 100톤 이하(프레온을 냉매로 사용하는 것은 냉동능력 100톤 초과 200톤 이하)	안전관리 총괄자	1명
	안전관리 책임자	1명
	안전관리원	1명 이상
냉동능력 50톤 이하(프레온을 냉매로 사용하는 것은 냉동능력 100톤 이하)	안전관리 총괄자	1명
	안전관리 책임자	1명

53 고압가스냉동제조의 시설 · 기술 · 검사 및 정밀
안전검진기준에서 검사기준

    ㉠ 중간검사 : 시설기준에 규정된 항목 중
- 가스설비의 설치가 끝나고 기밀 또는 내압시험을 할 수 있는 상태의 공정으로 한정함
- 내진설계대상설비의 기초설치공정에 한정함
- 저장탱크를 지하에 매설하기 직전의 공정으로 한정함
- 가스설비의 설치가 완료되어 기밀 또는 내압시험을 할 수 있는 상태의 공정으로 한정함
- 배관을 지하에 매설하는 경우 한국가스안전공사가 지정하는 부분을 매몰하기 직전의 공정으로 한정함
- 방호벽의 기초설치공정으로 한정함

    ㉡ 완성검사 : 시설기준에 규정된 항목. 다만, 중간검사에서 확인된 검사항목은 제외할 수 있다.

    ㉢ 정기검사
- 시설기준에 규정된 항목 중 해당사항
- 기술기준에 규정된 항목 중 해당사항
- 그 밖의 사항
    - 고압가스제조공정의 자동제어방식은 공정의 특성에 따라 적합한 방법을 택하고 있을 것
    - 배관에는 부식 방지를 위한 조치가 되어 있을 것
    - 화재 · 폭발 · 가스 누출 등의 사고 시 인근에 미칠 피해범위의 예측과 그 대책이 수립되어 있을 것 등

    ㉣ 수시검사 : 각 시설별 정기검사항목 중에서 다음에서 열거한 안전장치의 유지 · 관리상태 중 필요한 사항과 법 제11조에 따른 안전관리규정 이행실태
- 안전밸브
- 긴급차단장치
- 독성가스제해설비
- 가스누출검지경보장치
- 물분무장치(살수장치 포함) 및 소화전
- 긴급이송설비
- 강제환기시설
- 안전제어장치
- 운영상태감시장치
- 안전용 접지기기, 방폭전기기기
- 그밖에 안전관리상 필요한 사항

54 정기검사의 대상별 검사주기

    ㉠ 대상별 검사주기는 다음과 같다. 다만, 가스설비 안의 고압가스를 제거한 상태에서의 휴지기간은 정기검사기간 산정에서 제외한다.

검사대상	검사주기
제3조 제1호 · 제2호 및 제4호에 따른 고압가스 특정 제조허가를 받은 자(이하 이 표에서 "고압가스 특정 제조자")	매 4년
고압가스 특정 제조자 외의 가연성가스 · 독성가스 및 산소의 제조자 · 저장자 또는 판매자(수입업자 포함)	매 1년
고압가스 특정 제조자 외의 불연성가스(독성가스 제외)의 제조자 · 저장자 또는 판매자	매 2년
그 밖에 공공의 안전을 위하여 특히 필요하다고 산업통상자원부장관이 인정하여 지정하는 시설의 제조자 또는 저장자	산업통상자원부장관이 지정하는 시기

    ㉡ 대상별 검사주기는 해당 시설의 설치에 대한 최초의 완성검사증명서를 발급받은 날을 기준으로 ㉠에 따른 기간이 지난 날(㉠의 단서에 따른 정기검사를 받은 자의 경우에는 그 정기검사를 받은 날을 기준으로 2년이 지난 날)의 전후 15일 안에 받아야 한다. 다만, 제3조 제3호에 해당하는 고압가스 특정 제조시설에 대한 검사는 해당 연도의 정기보수기간(해당 연도에 정기보수기간이 없는 경우에는 다음 연도의 정기보수기간)과 그 기간 전후의 적절한 시기에 받아야 한다.

55 검사 등(고압가스안전관리법 시행규칙)

    ㉠ 완성검사 : 사업자 등이 고압가스의 제조 · 저장시설의 설치공사 또는 변경공사를 완공한 때에는 그 시설을 사용하기 전에 완성검사를 받고 합격한 후에 이를 사용하여야 한다.

    ㉡ 중간검사 : 허가를 받거나 신고를 한 자가 고압가스의 제조 · 저장시설의 설치공사나 변경공사를 할 때에는 산업통산자원부령으로 정하는 바에 따라 그 공사의 공정별로 중간검사를 받아야 한다.
- 가스설비 또는 배관의 설치가 완료되어 기밀시험 또는 내압시험을 할 수 있는 상태의 공정
- 저장탱크를 지하에 매설하기 직전의 공정

- 배관을 지하에 설치하는 경우 매몰하기 직전의 공정
- 비파괴시험을 하는 공정
- 방호벽 또는 저장탱크의 기초설치공정
- 내진설계대상설비의 기초설치공정 등

ⓒ 정기검사 : 허가를 받거나 신고를 한 자는 최초 완성검사증명서를 교부받은 날로부터 산업통산자원부령으로 정하는 바에 따라 기간이 경과한 날의 전후 15일 이내에 정기적으로 검사를 받아야 한다.

ⓔ 수시검사 : 허가를 받거나 신고를 한 자는 당해 사업장 내의 안전관리를 위해 작성한 안전관리규정에 의하여 최초 수시검사를 실시한 날로부터 산업통산자원부령으로 정하는 바에 따라 6개월마다 기간이 경과한 날의 전후 15일 이내에 실시한다.

56 기계설비성능점검업자에 대한 행정처분기준

위반행위	행정처분기준		
	1차 위반	2차 위반	3차 이상 위반
거짓이나 그 밖의 부정한 방법으로 등록한 경우	등록 취소		
최근 5년간 3회 이상 업무정지처분을 받은 경우	등록 취소		
업무정지기간에 기계설비성능점검업무를 수행한 경우. 다만, 등록취소 또는 업무정지의 처분을 받기 전에 체결한 용역계약에 따른 업무를 계속한 경우는 제외한다.	등록 취소		
기계설비성능점검업자로 등록한 후 결격사유에 해당하게 된 경우(같은 항 제6호에 해당하게 된 법인이 그 대표자를 6개월 이내에 결격사유가 없는 다른 대표자로 바꾸어 임명하는 경우는 제외한다)	등록 취소		
대통령령으로 정하는 요건에 미달한 날부터 1개월이 지난 경우	등록 취소		
변경등록을 하지 않은 경우	시정 명령	업무 정지 1개월	업무 정지 2개월
등록증을 다른 사람에게 빌려준 경우	업무 정지 6개월	등록 취소	

57 기계설비법에서 기계설비유지관리자 선임기준

선임대상 건축물 등(창고시설 제외)	선임자격 및 인원
• 연면적 60,000m^2 이상 건축물, 3,000세대 이상 공동주택	• 책임(특급)유지관리자 1명 • 보조관리자 1명
• 연면적 30,000~60,000m^2 건축물, 2,000~3,000세대 공동주택	• 책임(고급)유지관리자 1명 • 보조관리자 1명
• 연면적 15,000~30,000m^2 건축물, 1,000~2,000세대 공동주택 • 공공건축물 등 국토부장관 고시 건축물 등	• 책임(중급)유지관리자 1명
• 연면적 10,000~15,000m^2 건축물, 500~1,000세대 공동주택 • 300세대 이상 500세대 미만 중앙집중식 (지역)난방방식 공동주택	• 책임(초급)유지관리자 1명

58 기계설비유지관리자 자격 및 등급

등급		국가기술자격 및 유지관리 실무경력				
		기술사	기능장	기사	산업기사	건설기술인
책임	특급	보유 시	10년 이상	10년 이상	13년 이상	(특급) 10년 이상
	고급		7년 이상	7년 이상	10년 이상	(고급) 7년 이상
	중급		4년 이상	4년 이상	7년 이상	(중급) 4년 이상
	초급		보유 시	보유 시	3년 이상	(초급) 보유 시
보조		• 산업기사 보유 • 기능사 보유 및 실무경력 3년 이상 • 인정기능사 보유 또는 기계설비기술자 중 유지관리자가 아닌 자 또는 기계설비 관련 학위 취득 또는 학과 졸업 및 실무경력 5년 이상				

59 기계설비유지관리자의 자격

등급		자격 및 경력기준		
		보유자격	세부자격명	실무경력
책임	특급	기술사	건축기계설비, 공조냉동기계, 건설기계, 산업기계설비, 기계, 용접	취득 시
		기능장	에너지관리, 용접, 배관	10년 이상
		기사	건축설비, 공조냉동기계, 건설기계설비, 에너지관리, 설비보전, 일반기계, 용접	
		산업기사	건축설비, 공조냉동기계, 건설기계설비, 에너지관리, 용접, 배관	13년 이상
		특급건설기술인	건설기술인(공조냉동, 설비, 용접)	시행령 참고

등급	자격 및 경력기준		
	보유자격	세부자격명	실무경력
책임 / 고급	기능장	에너지관리, 용접, 배관	7년 이상
	기사	건축설비, 공조냉동기계, 건설기계설비, 에너지관리, 설비보전, 일반기계, 용접	7년 이상
	산업기사	건축설비, 공조냉동기계, 건설기계설비, 에너지관리, 용접, 배관	10년 이상
	특급건설기술인	건설기술인(공조냉동, 설비, 용접)	시행령 참고
책임 / 중급	기능장	에너지관리, 용접, 배관	4년 이상
	기사	건축설비, 공조냉동기계, 건설기계설비, 에너지관리, 설비보전, 일반기계, 용접	4년 이상
	산업기사	건축설비, 공조냉동기계, 건설기계설비, 에너지관리, 용접, 배관	7년 이상
	특급건설기술인	건설기술인(공조냉동, 설비, 용접)	시행령 참고
책임 / 초급	기능장	에너지관리, 용접, 배관	취득 시
	기사	건축설비, 공조냉동기계, 건설기계설비, 에너지관리, 설비보전, 일반기계, 용접	취득 시
	산업기사	건축설비, 공조냉동기계, 건설기계설비, 에너지관리, 용접, 배관	3년 이상
	특급건설기술인	건설기술인(공조냉동, 설비, 용접)	시행령 참고
보조	국토교통부장관이 고시		

※「국가기술자격법」에 따른 에너지관리 기능장 (삭제)

※「국가기술자격법」에 따른 공조냉동기계·에너지관리·설비보전·용접·배관 기능사 이상의 자격을 소지한 사람

※「건설산업기본법」에 따른 공조냉동기계·에너지관리·배관·용접 인정기능사

60 공조기(항온항습기) 제작도면 검토사항 및 계획 수립
㉠ 제작공정표 : 중간검사일 및 반입예정일
㉡ 제작사양
  • 용량계산서(입출구온도, 유량, 유속 등)
  • 공조기 종류의 일치 여부(수직, 수평 등)
  • 냉온수코일의 사용압력
  • 규격 및 재질 확인, 외부마감 도장(색상, 도장 방법)

• 방진방법의 적정성 여부(방진계산서)
• 공기여과방식(premedium 등) 가습방법, 코일헤더의 재질
㉢ 구성
  • 송풍기 : 임펠러 재질 및 강도, 베어링 규격, 팬 샤프트 밸런싱
  • 전동기 : 전동기 용량, 극수, 전원, 전류, 기동방식
  • 코일 : 재질(KS D 3522 이음매 없는 인탈산 동관 및 조건에 맞는 재질), 방열판은 알루미늄 등
  • 케이싱 : 케이싱 재질, 강도, 단열, 흡음, 방법
  • 댐퍼 : 재질 및 공기 누설
  • 공기여과기 : 세척 가능 여부, 여과능력, 압력 손실값의 적정성
  • 가습기 : 가습방법(온수, 증기, 수분무), 사용압력, 분사압력 등
  • 응축수받이 : 드레인판의 재질(STS304 이상), 판 하부 단열(결로 방지)
  • 방진 : 방진의 변위량, 선정의 위치 적정 여부
㉣ 중간검사
  • 승인조건(재질 및 사양 등)과 일치하는지 검사
  • 시험항목 : 풍량, 정압, 팬 밸런싱, 소음, 코일 수압시험
㉤ 반입 설치
  • 제작도면과 일치 여부
  • 중간검사 지적사항 보완 여부
  • 설치상태 : 방진 및 외관검사(도장, 단열, 흡음)
㉥ 시운전
  • 송풍기 및 압축기
  • 풍량, 정압, 소음, 정격부하 및 가변부하시험
㉦ 준공서류
  • 성능 및 시험성적서
  • 품질 및 하자보증서
  • 운전 및 유지관리지침서
  • 예비품리스트 : 계약서 및 시방서 확인(V벨트, 필터, 베어링, 기타 보수공구 등)

61 신축이음쇠의 종류
㉠ 벨로즈형 : 파형이라고도 함
㉡ 루프형 : 만곡형이라 하며 내구성이 좋은 고압 고온용
㉢ 슬리브형 : 슬라이드형이라 하며 저압증기용
㉣ 스위블형 : 2개 이상의 엘보를 사용하는 방열기 주변 온수난방 저압용
㉤ 볼조인트 : 입체적인 변위

62 역귀환방식은 배관길이가 길어지고 마찰저항이 크지만, 유량분배가 균일하여 건물 내 온수온도 가 일정하다.

63 ① 파이프바이스 : 파이프 고정
③ 파이프렌치 : 파이프와 부속의 조립 및 분해
④ 파이프커터 : 파이프 절단

64 ① 벨로즈형 트랩
② 버킷트랩
③ 플로트트랩

65 보온재의 구비조건
㉠ 부피와 비중, 흡습성이 작을 것
㉡ 흡수성이 없을 것
㉢ 안전사용온도가 높을 것
㉣ 열전도율이 적을 것
㉤ 균열, 신축이 적을 것
㉥ 내식성 및 내열성이 있을 것

66 고정장치 설치간격
㉠ 13A 미만 : 1m
㉡ 13A 이상 33A 미만 : 2m
㉢ 33A 이상 : 3m

67 온도조절밸브는 열매의 유입량을 조절하여 탱크 내의 온도를 설정범위로 유지시키는 밸브이다.

68 ㉠ 암모니아냉매배관 : 철, 강 사용
㉡ 프레온냉매배관 : 동, 동합금 사용

69 옥상탱크식(고가탱크식)은 옥상에 탱크를 설치 하여 일정한 수압으로 하향식으로 급수하는 방 식이다.

70 가스유량

㉠ 저압배관(Pole의 공식) : $Q = K\sqrt{\dfrac{Hd^5}{SL}}$ [m³/h]

㉡ 중·고압배관(Cox의 공식) :

$$Q = K\sqrt{\dfrac{(P_1^{\,2} - P_2^{\,2})d^5}{SL}}\ \text{[m}^3\text{/h]}$$

여기서, H : 허용마찰손실수두, K : 유량계수
(Pole : 0.707, Cox : 52.31)

71 치수는 '호칭지름×호칭두께(Sch. No.)' 또는 '바 깥지름×호칭두께(Sch. No.)'로 표시하며, 킬드 강을 사용한다.

72 배수관 자정의 일반적인 유속은 0.5~1.5m/s이며, 실험에 의하면 최소 유속은 0.6m/s 이상이다.

73 환기의 분류
㉠ 1종 환기 : 병용식, 강제급기+강제배기
㉡ 2종 환기 : 압입식, 강제급기+자연배기
㉢ 3종 환기 : 흡출식, 자연급기+강제배기
㉣ 4종 환기 : 자연식, 자연급기+자연배기

74 스플릿댐퍼는 분기부 덕트 내의 풍량제어용으로 사용된다.

75 가스배관은 원칙적으로 노출할 것

76 냉동기의 유지보수관리
㉠ 주간점검
• 윤활유저장소의 유면을 점검한다.
• 유압을 점검하고 필요하면 필터의 막힘을 조 사한다.
• 압축기를 정지시켜 샤프트 시일에서 윤활유 의 누설이 없는가를 확인한다(개방형).
• 장치 전체에 이상이 없는가를 점검한다.
• 운전기록을 조사하여 이상 유무를 확인한다.
㉡ 월간점검
• 전동기의 절연을 점검한다.
• 벨트의 장력을 점검하여 조절한다(개방형).
• 풀리의 느슨함 또는 플렉시블커플링의 느슨 함을 점검한다(개방형).
• 토출압력을 점검하여 너무 높으면 냉각수(냉 각공기)측을 점검한다.
• 흡입압력을 점검하여 이상이 있으면 증발기, 흡입배관을 점검하고 팽창밸브를 점검, 조절 한다.
• 냉매계통의 가스누설을 가스검지관으로 조 사한다.
• 고압 압력스위치의 작동을 확인한다. 기타 안 전장치도 필요에 따라 실시한다.
• 냉각수 및 냉수의 오염도 점검 및 수질검사 를 실시한다.
• 전기설비의 절연을 검사한다.
㉢ 연간점검
• 응축기를 배수시켜 점검하고 냉각관을 청소 한다. 또한 냉각수계통도 동시에 점검한다.
• 베어링상태를 점검한다.
• 압축기를 개방점검한다.
• 마모된 벨트를 교환한다(개방형).
• 드라이어의 피터를 청소한다.
• 냉매계통의 필터를 청소한다.
• 안전밸브를 점검한다. 필요하면 설정압력을 시험한다.
• 각 시동기, 제어기기의 절연저항 및 작동상태 를 점검한다.
• 시설 전반에 대하여 점검하고 수리한다.

77 왕복동식 압축기의 오버홀부품

㉠ 메인베어링 : 모터축 중압의 압력이 저압축, 크랭크케이스로 넘어가는 것을 막아주는 중압 축실링(sealing) 교환을 필요로 한다.

㉡ 오일필터 : 3,000시간 사용 시 필터의 교환을 필요로 한다.

㉢ 크랭크샤프트 : 보수방법으로는, 육성 연마 및 저온용접에 의한 재생이 가능하다.

㉣ 고단측 니들베어링 : 베어링의 수명은 약 20,000시간 정도이다.

㉤ 실린더 라이너 : 고단, 저단 관계없이 사용할 수 있으며, 마모 시 교환을 권장한다.

㉥ 필터스크린 : 소손이 거의 없으며, 필요시 세척하여 사용 가능하다.

㉦ 커넥팅로드 : 20,000시간 운전 시 피스톤링, 로드의 커넥팅로드의 마모상태에 따라 교환을 권장한다.

㉧ 밸브 플레이트 : 고단축 밸브 플레이트는 고온고압에서 작동되므로 고압밸브 누설 시 오일 탄화로 인하여 저하될 수 있다.

㉨ 오일펌프 : 냉동기 기동 시 압축기의 회전방향에 따라 유압이 형성되므로 시운전 및 보수작업 시 회전방향에 주의해야 한다.

78 보일러의 검사종류 및 유효기간

종류		유효기간
설치검사		• 보일러 : 1년. 다만, 운전성능 부문의 경우에는 3년 1월로 한다. • 압력용기 및 철금속가열로 : 2년
개조검사		• 보일러 : 1년 • 압력용기 및 철금속가열로 : 2년
설치장소변경검사		• 보일러 : 1년 • 압력용기 및 철금속가열로 : 2년
계속 사용 검사	안전검사	• 보일러 : 1년 • 압력용기 : 2년
	운전성능 검사	• 보일러 : 1년 • 철금속가열로 : 2년
	재사용 검사	• 보일러 : 1년 • 압력용기 및 철금속가열로 : 2년

79 냉동장치 도면의 약어

㉠ AHU : air handling unit(공기조화기, 공조기)

㉡ FCU : fan coil unit(팬코일유닛)

㉢ R/T : ton of refrigeration(냉동톤)

㉣ VAV : variable air volume(가변풍량)

㉤ CAV : constant air volume(정풍량)

㉥ FP : fan powered unit(팬동력유닛)

㉦ IU : induction unit(유인유닛)

㉧ HV UNIT : heating and ventilating unit(환기조화기)

㉨ C/T : cooling tower(냉각탑)

㉩ PAC. A/C : package type air conditioning unit(패키지타입 에어컨)

㉪ HE : heat exchanger(열교환기)

80 덕트 시공 시 덕트의 구조에 대한 일반 유의사항

공기조화 및 환기용 덕트는 공기압력에 대해서 변형이 적고, 또는 공기의 저항 및 누설이 적으며 기류에 의해 발생하는 소음이 적은 구조를 가져야 한다.

㉠ 덕트 만곡부의 구조 : 만곡부의 내측반지름은 장방형 덕트의 경우 반지름방향 덕트폭의 1/2 이상이어야 하고, 원형 덕트의 경우 지름의 1/2 이상이어야 한다.

㉡ 단면변형구조 : 단면을 변형시킬 때는 급격한 변형을 피하고 확대 시 경사각도를 15도 이하로 하고, 축소 시 30도 이내로 한다.

㉢ 다습지역 구조 : 배기덕트의 이음매는 외면에서 밀봉재로 밀봉한다.

㉣ 관통부 구조
  • 덕트와 슬리브 사이의 간격은 2.5cm 이내로 한다.
  • 덕트 슬리브와 고정철판은 두께 0.9mm 강판재를 사용한다.
  • 관통하는 덕트의 틈새는 불연재로 충진하고, 외벽을 관통할 경우 콜타르, 아스팔트, 콤파운드 또는 기타 수밀성 재료 등으로 코킹한다.

㉤ 방화구획 관통부 구조 : 관통부에는 방화댐퍼를 설치하고, 슬리브 사이에는 내화충전재로 충진한다.

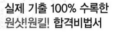

저자소개

최승일

- 한밭대학교 기계공학과 학사(기계공학 전공)
- 한밭대학교 기계공학과 석사(열유체 전공, 열전달관련 석사학위 취득)
- 경상대학교 대학원 정밀기계공학과 박사(열유체공학 전공, 냉동시스템 부하에 관한 박사학위 취득)

현) 한국폴리텍대학 전북캠퍼스 산업설비자동화과 명예교수
  대한설비공학회 호남지회 감사
  엠테크이엔지 기술이사 / 케이티이엔지 기술이사 / BM한국용접기 기술이사

전) 농민교육원 교관 역임
  한국산업인력공단 산업설비과 교사 역임
  한국폴리텍대학 신기술교육원 교수 역임

7 개년 과년도 공조냉동기계기사 필기

2021. 2. 8. 초 판 1쇄 발행
2025. 1. 8. 개정증보 4판 1쇄 발행

지은이 | 최승일
펴낸이 | 이종춘
펴낸곳 | BM ㈜도서출판 성안당

주소 | 04032 서울시 마포구 양화로 127 첨단빌딩 3층(출판기획 R&D 센터)
   10881 경기도 파주시 문발로 112 파주 출판 문화도시(제작 및 물류)
전화 | 02) 3142-0036
   031) 950-6300
팩스 | 031) 955-0510
등록 | 1973. 2. 1. 제406-2005-000046호
출판사 홈페이지 | www.cyber.co.kr
ISBN | 978-89-315-1158-1 (13550)
정가 | 25,000원

이 책을 만든 사람들

기획 | 최옥현
진행 | 이희영
교정 · 교열 | 문 황
전산편집 | 이다은
표지 디자인 | 박원석
홍보 | 김계향, 임진성, 김주승, 최정민
국제부 | 이선민, 조혜란
마케팅 | 구본철, 차정욱, 오영일, 나진호, 강호묵
마케팅 지원 | 장상범
제작 | 김유석